KUHMINSA

한 발 앞서나가는 출판사, 구민사
독자분들도 구민사와 함께 한 발 앞서나가길 바랍니다.

구민사 출간도서 中 수험서 분야

- 용접
- 자동차
- 조경/산림
- 품질경영
- 산업안전
- 전기
- 건축토목
- 실내건축

- 기술사
- 기계
- 금속
- 환경
- 보일러
- 가스
- 공조냉동
- 위험물

전문가를 위한 첫걸음, 구민사는 그 이상을 봅니다!

전국 도서판매처

- 일산남부서점
- 안산대동서적
- 대구북앤북스
- 대구하나도서
- 부산브레인박스
- 포항학원사
- 울산처용서림
- 창원그랜드문고
- 순천중앙서점
- 광주조은서림

www.kuhminsa.co.kr

자격증 시험 접수부터 자격증 수령까지!

1. 필기 원서 접수
큐넷(www.q-net.or.kr)
필기 시험은 회원 가입 후
인터넷 접수만 가능
(사진 파일, 접수비(인터넷 결제) 필요)
응시자격 요건 반드시 확인

2. 필기 시험
입실 시간 미준수 시 시험 응시 불가
준비물 : 수험표, 신분증, 필기구 지참

5. 실기 시험
필답형과 작업형으로 분류
원서 접수 시 선택한 장소와
시간에 맞게 시험을 봅니다.
준비물 : 수험표, 신분증,
필기구 지참!

6. 최종합격 확인
큐넷(www.q-net.or.kr)
사이트에서 확인

전문가를 위한 첫걸음, 구민사는 그 이상을 봅니다!

상시시험 12종목
굴착기운전기능사, 지게차운전기능사, 미용사(일반), 미용사(피부), 미용사(네일)
미용사(메이크업), 조리기능사(양식, 일식, 중식, 한식), 제과·제빵기능사

필기 합격 확인
큐넷(www.q-net.or.kr) 사이트에서 확인

실기 원서 접수
큐넷(www.q-net.or.kr) 응시 자격 서류는 **실기시험 접수기간(4일 내)에** 제출해야만 접수 가능

자격증 신청
인터넷으로 신청
(수첩형 자격증의 경우 내방신청 폐지 예정)

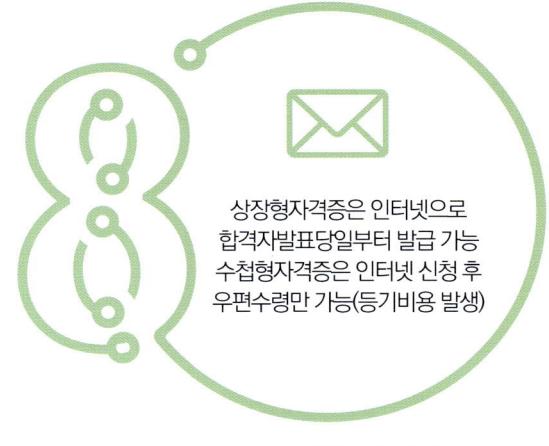

자격증 수령
상장형자격증은 인터넷으로 합격자발표당일부터 발급 가능
수첩형자격증은 인터넷 신청 후 우편수령만 가능(등기비용 발생)

D-DAY 60 용접기능장 필기&실기 60일 합격 플랜

(위의 플랜은 가장 이상적인 것이므로 참고하여 개인의 입장과 일정에 맞춰 준비하시기 바랍니다.)

월요일	화요일	수요일	목요일	금요일	토요일	일요일
D-60	D-59	D-58	D-57	D-56	D-55	D-54
제1편 용접공학						
D-53	D-52	D-51	D-50	D-49	D-48	D-47
제2편 용접 재료, 금속재료 & 제3편 용접 설계, 시공						
D-46	D-45	D-44	D-43	D-42	D-41	D-40
제 4, 5편 용접 자동화, 공업 경영, 용접 실기						
D-39	D-38	D-37	D-36	D-35	D-34	D-33
이론 복습						
D-32	D-31	D-30	D-29	D-28	D-27	D-26
최근 기출문제 및 CBT 복원문제 풀이						

D-DAY 60 놓친 부분 다시보기

월요일	화요일	수요일	목요일	금요일	토요일	일요일
D-25	D-24	D-23 이론 복습 (O / X)	D-22	D-21	D-20	D-19 문제 풀이 (O / X)
D-18	D-17	D-16 이론 복습 (O / X)	D-15	D-14	D-13	D-12 문제 풀이 (O / X)
D-11	D-10	D-9 이론 복습 (O / X)	D-8	D-7	D-6	D-5 문제 풀이 (O / X)
D-4	D-3	D-2 이론 복습 (O / X)	D-1			

📌 시험장 가기 전에 TIP!

Q : 계산기를 따로 가져가야 하나요?
A : 시험을 치르는 PC에 설치된 계산기를 이용하실 수 있습니다.(개인 계산기 지참 가능)

Q : PC로 시험을 치르면 종이는 못쓰나요?
A : 시험장에서 필요한 사람에 한해 종이를 제공합니다. 시험장마다 상황이 다를 수 있으니 전화로 해당 시험장의 상황을 파악해보시길 권장합니다. 이 때, 시험이 끝나고 종이 반납은 필수입니다.

고수열강 용접기능장 필기&실기 교재를 펴면서...

최근 들어 조선과 해양 플랜트 산업이 다시 뜨고 있으며, 발전 설비, 자동차 산업 등이 하루가 다르게, 눈부시게 발전함과 더불어 용접 기술의 향상과 높은 기량을 가진 용접사의 필요성도 높아지고 있습니다.

따라서 단순히 자격증만 취득하고 경험이 없는 용접사보다는 체계적인 교육훈련과 경험을 바탕으로 철저히 시험하고 검증된 설계와 시공법에 의한 지식과 실무를 가진 고급 용접기사의 필요성이 더욱 절실히 요구되고 있으며, 용접기사 등 국가기술 자격 취득을 위하여 많은 사람들이 준비하고 도전하고 있으나, 항간에는 체계적인 학습에 의한 자격시험 준비보다는 자격증 취득만을 위해 기출문제만 달달 외워 합격하려는 사람들이 일부 있어 안타깝습니다.

필자는 1973년부터 지금에 이르기까지 산업현장과 교육현장에서 '금속과 용접' 한 분야만을 고집하면서 꾸준히 기술을 익히고 학생들을 지도하여 왔으며, 모 공단의 이론 및 실기 교재의 집필, 문제 출제와 검토 등을 해오면서 대학의 용접 분야 전공자 및 현장 종사자, 용접 자격시험 준비를 하는 분들에게 꼭 필요한 교재를 남겨야겠다는 일념에서 2012년 9월 말 '핵심 용접공학'을 출간하였습니다.

그 후 많은 분들이 자격시험 준비를 위한 수험서 집필을 절실히 요구함에 따라 용접관련 '고수열강 피복/가스텅스텐/이산화탄소가스 기능사, 용접산업기사, 용접기사, 용접실습, 핵심 용접실무실습/금속·용접야금학개론'을 출간하였습니다.

2013년 말 '고수열강 용접기능장'을 출간, 높은 호평을 받고 있으나, 날로 변하는 산업 현장과 교육현장에 맞는 바람직한 용접기능장이 될 수 있게 하고 자격시험 합격률 향상을 위해 2023년에 2회 이상 중복되는 265여 문제를 2007년 41회 이전 기출문제로 교체와, 폭넓은 해설 등 대폭 개편 집필을 완성하여 개정판은 더욱 알찬 교제가 되도록 하였습니다.

본 교재는 '제1편 용접공학, 제2편 용접재료, 금속재료, 제3편 용접설계, 시공, 제4편 용접 자동화, 공업 경영, 제5편 용접 실기 부록 : 최근 기출문제' 등으로 구성하였으며, 용접기능장에 필요한 이론과 실기를 준비하는데 부족함이 없는 지침서라고 생각됩니다.

다만 집필 중에 최대한 검토하고 수정하였지만 아직도 발견되지 못한 잘못된 부분은 다음 개정판 출판시 수정할 것을 약속드립니다.

마지막으로 이 책이 나오기까지 격려와 조언을 주신 학계와 산업체의 많은 분들과 이 책의 출판을 위해 적극적으로 도움주신 도서출판 구민사 조규백 대표님과 직원 여러분께 깊은 감사를 드립니다.

저자 올림

CONTENTS

제1편 용접 공학

제1장 용접공학 총론 ... 3
    제1절 용접의 개요 ... 3
    제2절 용접의 기초 ... 4

제2장 피복 아크 용접 ... 6
    제1절 피복 아크용접의 개요 ... 6
    제2절 피복 아크의 성질 ... 7
    제3절 아크용접 설비 및 기구 ... 9
    제4절 피복아크용접봉 ... 13
    제5절 피복아크용접작업 ... 18

제3장 가스용접 ... 23
    제1절 가스용접의 개요, 불꽃 ... 23
    제2절 가스용접 장치 및 기구 ... 28
    제3절 가스용접 재료 및 작업 ... 32
    제4절 납땜 ... 34

제4장 절단 및 가스 가공 ... 37
    제1절 가스 절단 ... 37
    제2절 특수절단, 가스 가공 ... 41
    제3절 아크 절단 ... 43

제5장 특수 용접 및 기타 용접 ... 45
    제1절 서브머지드 아크용접 ... 45
    제2절 불활성 가스 아크용접 ... 50
    제3절 이산화탄소가스 아크용접 ... 58
    제4절 플라스마 아크용접 ... 63
    제5절 일렉트로 슬래그 및 가스용접 ... 65
    제6절 레이저 용접, 전자 빔 용접 ... 67
    제7절 기타 특수 용접 ... 69
    제8절 전기 저항 용접 ... 71
    제9절 압접 ... 75

제6장 각종 금속의 용접 ... 77
    제1절 철강, 주철의 용접 ... 77
    제2절 스테인리스강의 용접 ... 80
    제3절 비철금속의 용접 ... 81

제7장 용접 안전 ... 84
    제1절 산업 재해 ... 84
    제2절 작업일반 안전 ... 85
    제3절 작업 환경, 화재, 폭발 ... 85
    제4절 안전 표지와 색채 ... 86
    제5절 작업 환경과 조건 ... 87
    제6절 응급 처지와 구급 처치 ... 88
    제7절 기계 작업 안전 ... 89
    제8절 프레스 작업 안전 ... 90
    제9절 아크 용접 안전 ... 91
    제10절 가스 용접 및 절단 안전 ... 93

제8장 기계설비법시행 규칙 ... 94

제2편 용접 재료, 금속재료

제1장 금속재료 일반 성질 — 103
- 제1절 개요 — 103
- 제2절 금속의 결정 구조 등 — 105
- 제3절 금속 변태, 평형 상태도 — 107
- 제4절 금속의 강화 기구 — 109
- 제5절 응고 조직 — 111
- 제6절 소성가공 — 112

제2장 금속 결합과 결함 균열 — 117
- 제1절 금속의 결합과 금속의 결함 — 117
- 제2절 용접 균열 — 118
- 제3절 수소 취화 — 120
- 제4절 각종 금속의 균열 — 120

제3장 철강 재료 — 122
- 제1절 철강 제조, 분류, 탄소강 — 122
- 제2절 특수(합금)강, 주철 — 126

제4장 비철 금속재료 — 135
- 제1절 구리와 그 합금 — 135
- 제2절 알루미늄과 그 합금 — 139
- 제3절 기타 비철 합금 — 141

제5장 열처리 및 표면 경화 — 145
- 제1절 일반 열처리 — 145
- 제2절 항온 열처리, 표면강화 — 149

제3편 용접 설계, 시공

제1장 용접 구조물 설계 — 155
- 제1절 용접 구조물의 설계 — 155
- 제2절 용접 이음부의 강도 — 157

제2장 용접 도면 해독 — 166
- 제1절 제도의 개요 — 166
- 제2절 도면의 종류와 크기 — 166
- 제3절 문자와 선 — 169
- 제4절 투상법 — 171
- 제5절 도형의 표시 방법 — 173
- 제6절 스케치 — 182
- 제7절 치수 표시법 — 183
- 제8절 재료 기호 및 표시 방법 — 187
- 제9절 용접이음부의 기호 — 188

제3장 용접 시공 — 197
- 제1절 용접시공, 경비 용착량계산 — 197
- 제2절 용접 준비 — 199
- 제3절 본용접 및 후처리 — 201
- 제4절 용접온도 분포, 잔류응력 — 205
- 제5절 변형, 결함과 방지 대책 — 207

제4장 용접 검사(시험) — 213
- 제1절 비파괴, 파괴 시험, 검사 — 213
- 제2절 용접성 시험 — 225

CONTENTS

제4편 용접 자동화, 공업 경영

제1장 용접 자동화 … 231
제1절 자동화 용접 … 231
제2절 로봇 용접 … 232

제2장 공업경영 … 237
제1절 품질 관리 … 237
제2절 작업 관리 … 258
제3절 생산 관리 … 263

제5편 용접 실기

제1장 피복 아크용접 … 271
제1절 비드놓기 피복 아크용접 … 271
제2절 아래보기 자세 V형 맞대기 피복 아크용접 … 279
제3절 수평 자세 V형 맞대기 피복 아크용접 … 287
제4절 수직 자세 V형 맞대기 피복 아크용접 … 291
제5절 위보기 자세 V형 맞대기 피복 아크용접 … 295

제2장 이산화탄소가스 아크용접 … 300
제1절 FCAW V형 맞대기 CO_2 용접 … 300

제3장 가스텅스텐 아크용접 … 308
제1절 연강판 V형 맞대기 TIG 용접 … 308
제2절 스테인리스강판 V형 맞대기 TIG 용접 … 314

제4장 용접기능장 실기 … 321
제1절 자격 종목별 용접법과 자세, 과제 … 321
제2절 용접기능장 실기 … 322

부록 최근 기출문제

연도	회차	페이지
2007년	제41회 용접기능장(4월 1일 시행)	329
	제42회 용접기능장(7월 15일 시행)	338
2008년	제43회 용접기능장(3월 30일 시행)	348
	제44회 용접기능장(7월 13일 시행)	358
2009년	제45회 용접기능장(3월 29일 시행)	367
	제46회 용접기능장(7월 12일 시행)	376
2010년	제47회 용접기능장(3월 28일 시행)	358
	제48회 용접기능장(7월 23일 시행)	394
2011년	제49회 용접기능장(4월 17일 시행)	403
	제50회 용접기능장(7월 31일 시행)	413
2012년	제51회 용접기능장(4월 8일 시행)	423
	제52회 용접기능장(7월 22일 시행)	433
2013년	제53회 용접기능장(4월 14일 시행)	442
	제54회 용접기능장(7월 21일 시행)	451
2014년	제55회 용접기능장(4월 6일 시행)	461
	제56회 용접기능장(7월 20일 시행)	470
2015년	제57회 용접기능장(4월 4일 시행)	480
	제58회 용접기능장(7월 19일 시행)	490
2016년	제59회 용접기능장(4월 4일 시행)	501
	제60회 용접기능장(7월 10일 시행)	511
2017년	제61회 용접기능장(3월 5일 시행)	521
	제62회 용접기능장(7월 8일 시행)	531
2018년	제63회 용접기능장(3월 31일 시행)	541
	제64회 용접기능장 CBT 기출복원 문제	551
제65회	용접기능장 CBT 기출복원 문제	561
제66회	용접기능장 CBT 기출복원 문제	570

기출복원문제란?
저자께서 수검자들의 도움으로 최대한 유형에 가깝게 복원한 문제입니다. 앞으로도 높은 적중률을 위해 노력하겠습니다.

 # 이 책의 구성과 특징

01 체계적인 핵심 요약

최신 개정 내용을 반영한 단원별 핵심요약으로 이론을 구성하였습니다.

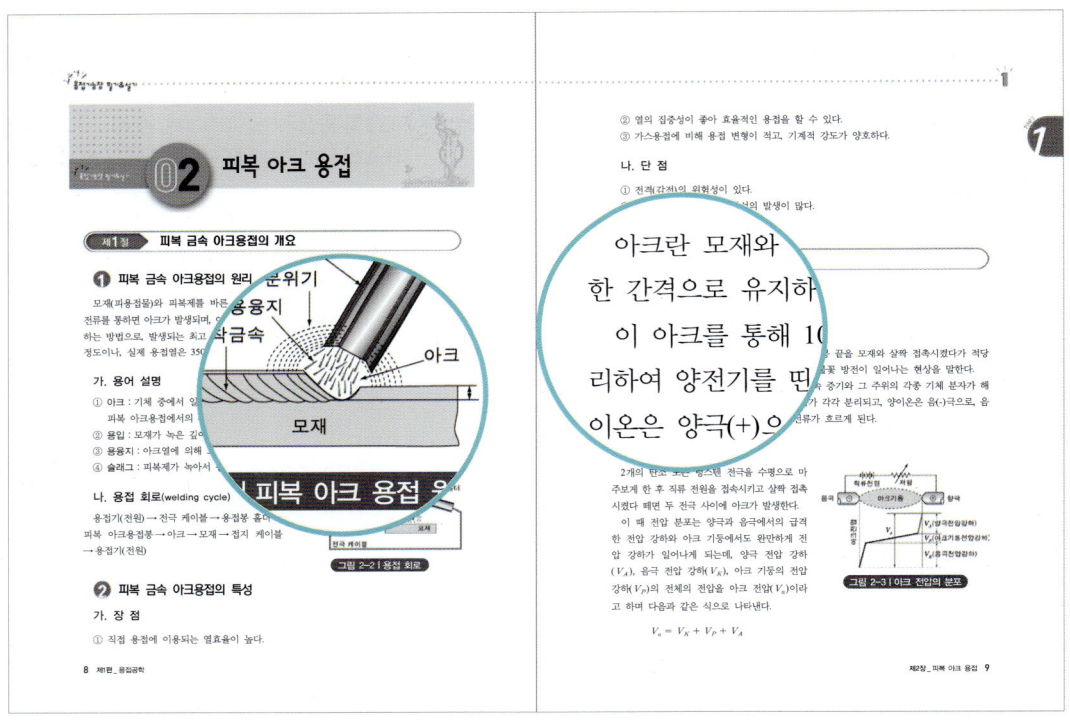

02 용접 실습편 수록

용접 실습편에서는 실기시험에 대비한 준비과정과 작업방법을 상세하게 설명하였습니다.

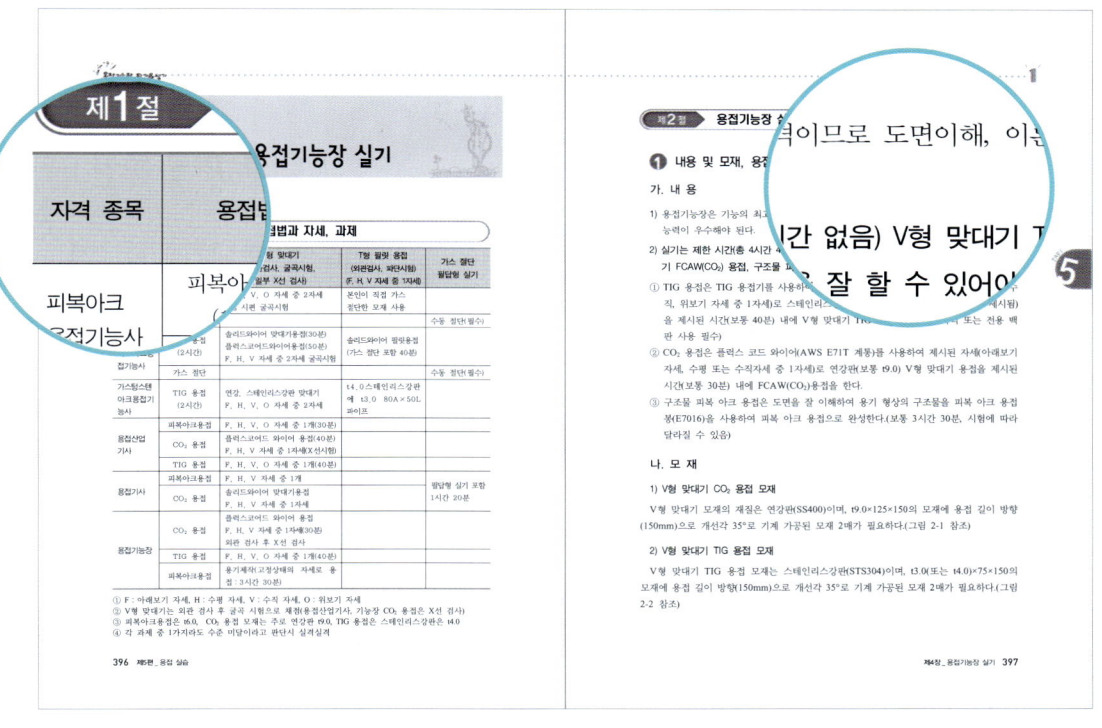

이 책의 구성과 특징

03 기출문제 & CBT 기출복원문제 및 해설 수록

최근 기출문제 & CBT 기출복원문제와 상세한 해설을 수록하여 실전시험에 대비하였습니다.

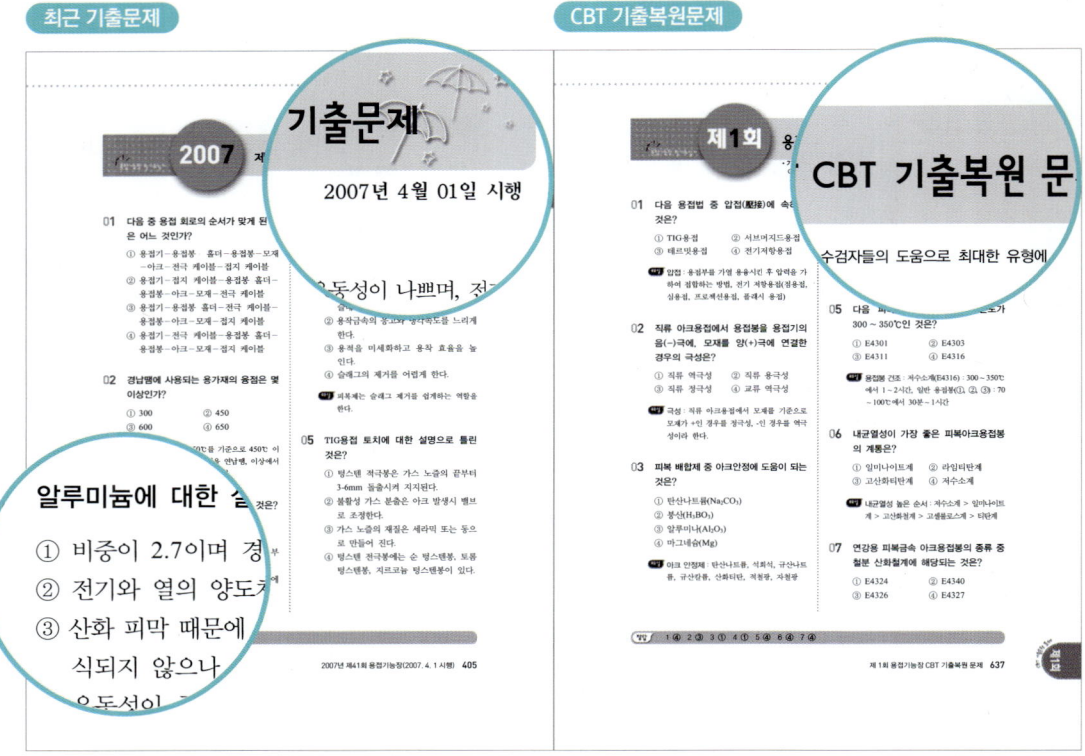

출제기준 – 용접기능장 필기

직무분야	재료	중직무분야	금속재료
자격종목	용접기능장	적용기간	2024.1.1~2028.12.31.
직무내용	용접에 관한 최고의 숙련기능을 가지고, 산업현장에서 작업관리, 소속기능자의 지도 및 감독, 현장 교육훈련, 환경관리, 경영층과 생산계층을 유기적으로 결합시켜주는 현장관리 등의 직무 수행			
필기검정 방법	객관식	문제수	60문제	시험시간	1시간

필기과목명	문제수	주요항목	세부항목
용접공학, 용접설계 시공, 용접재료, 용접자동화 용접검사 공업경영에 관한 사항	60	1. 용접공학	1. 용접공학
			2. 피복아크 용접법
			3. 가스용접법
			4. 절단 및 가공
			5. 특수용접 및 기타 용접
			6. 각종금속의 용접
			7. 용접안전
		2. 용접재료	1. 용접재료 및 금속재료
		3. 용접 설계시공	1. 용접설계
			2. 용접시공
		4. 용접 자동화	1. 용접의 자동화
		5. 용접 검사 (시험)	1. 파괴, 비파괴 및 기타 검사(시험)
		6. 공업경영	1. 품질관리
			2. 생산관리
			3. 작업관리
			4. 기타공업경영에 관한 사항

※ 출제기준의 세세항목은 http://www.q-net.or.kr/에서 확인하실 수 있습니다.

출제기준 – 용접기능장 실기

직무분야	재료	중직무분야	금속재료
자격종목	용접기능장	적용기간	2024.1.1~2028.12.31.
직무내용	용접에 관한 최고의 숙련기능을 가지고, 산업현장에서 작업관리, 소속기능자의 지도 및 감독, 현장교육훈련, 환경관리, 경영층과 생산계층을 유기적으로 결합시켜주는 현장관리 등의 직무 수행			
수행준거	1. 도면, 용접절차사양서, 작업지시서에서 용접요구사항을 수행할 수 있다. 2. 용접재료 준비와 작업환경을 확인할 수 있다. 3. 안전보호구 착용 및 용접장치 특성을 이해하고, 용접기 설치 및 점검관리를 할 수 있다. 4. 주어진 도면을 해독하여 소요 재료를 산출할 수 있다. 5. 작업공정계획을 수립하여, 제작할 수 있다. 6. 작업공정에 따라 용접재료를 용도에 맞게 절단, 가공 및 용접할 수 있다. 7. 용접작업시 수시(자주)검사와 결함부위를 수정하고, 용접부의 전·후처리를 할 수 있다. 8. 작업장정리 및 용접기록부를 작성할 수 있다.			
실기검정 방법	작업형	시험시간	6시간 정도

실기과목명	주요항목	세부항목
용접 실무	1. 피복아크용접 도면해독	1. 용접기호 확인하기 2. 도면 파악하기 3. 용접절차사양서 파악하기
	2. 피복아크용접 재료준비	1. 모재 준비하기 2. 용접봉 준비하기 3. 용접치공구 준비하기
	3. 피복아크용접 장비준비	1. 용접장비 설치하기 2. 용접설비 점검하기 3. 환기장치 설치하기
	4. 피복아크용접 작업안전보건관리	1. 용접작업 안전수칙 파악하기 2. 용접작업장 주변정리상태 점검하기 3. 용접안전보호구 점검하기
	5. 피복아크용접 가용접작업	1. 모재치수 확인하기 2. 용접부 이음형상 확인하기
	6. 피복아크용접 본용접작업	1. 용접조건 설정하기 2. 용접부 온도관리 3. 용접부 본용접하기
	7. 피복아크 용접부 검사	1. 용접 전 검사하기 2. 용접 중 검사하기 3. 용접 후 검사하기
	8. 피복아크 용접 작업 후 정리정돈	1. 용접작업장 정리정돈하기
	9. 가스텅스텐 아크용접 도면해독	1. 도면 파악하기 2. 용접기호 확인하기 3. 용접절차사양서 파악하기

실기과목명	주요항목	세부항목
	10. 가스텅스텐 아크용접 재료준비	1. 모재준비하기 2. 용가재준비하기
	11. 가스텅스텐 아크용접 작업안전 보건관리	1. 용접작업안전수칙 파악하기 2. 용접안전보호구 점검하기
	12. 가스텅스텐 아크용접 장비준비	1. 용접장비 설치하기 2. 보호가스 설치하기
	13. 가스텅스텐 아크용접 가용접 작업	1. 모재치수 확인하기 1. 본용접하기
	14. 가스텅스텐 아크용접 본용접 작업	
	15. 가스텅스텐 아크용접부 검사	1. 용접전 검사 2. 용접중 검사 3. 용접후 검사
	16. 가스텅스텐 아크용접 결함부 보수용접 작업	1. 용접결함 확인하기
	17. 가스텅스텐 아크용접 작업 후 정리정돈	1. 보호가스차단하기 2. 전원차단하기 3. 용접작업장 정리정돈하기
	18. CO$_2$용접 재료 준비	1. 모재 준비하기 2. 용접와이어 준비하기 3. 보호가스 준비하기 4. 백킹재 준비하기
	19. CO$_2$용접 장비 준비	1. 용접장비 점검하기
	20. 가용접 작업	1. 모재치수확인하기 2. 홈가공하기 3. 가용접하기
	21. 솔리드 와이어용접 작업	1. 솔리드와이어용접 조건 설정하기 2. 솔리드와이어 선택하기 3. 솔리드와이어용접 보호가스 선택하기 4. 솔리드와이어 용접하기
	22. 플럭스코어드 와이어용접 작업	1. 플럭스코어드 와이어용접 조건설정하기 2. 플럭스코어드 와이어선택하기 3. 플럭스코어드 와이어용접 작업 4. 플럭스코어드 와이어용접하기
	23. 용접부 검사	1. 용접전 검사 2. 용접중 검사 3. 용접후 검사
	24. 작업 후 정리 · 정돈	1. 보호가스 차단하기 2. 전원 차단하기 3. 작업장 정리 · 정돈하기

※ 출제기준의 세세항목은 http://www.q-net.or.kr/에서 확인하실 수 있습니다.

PART 01

용접공학

- Chapter 01 용접공학 총론
- Chapter 02 피복 아크 용접
- Chapter 03 가스용접
- Chapter 04 절단 및 가스 가공
- Chapter 05 특수 용접 및 기타 용접
- Chapter 06 각종 금속의 용접
- Chapter 07 용접 안전
- Chapter 08 기계 설비법

용접공학 총론

제1절 용접의 개요

1 용접의 원리와 역사

01 용접의 원리를 바르게 설명한 것은?

①, ②
① 야금적 접합법
② 금속원자 사이의 인력을 이용한 접합

02 금속간 원자의 거리를 얼마 정도로 하면 영구적 접합이 가능한가(인력 범위는)?

수 Å (옹그스트롱, 10^{-8} cm)

03 실제 접합이 안되는 이유는?

재료 표면의 요철, 산화막 등 때문

04 용접법의 개발자

① 베르나도스 : 탄소 아크용접법
② 슬라비아노프 : 피복 금속아크용접
③ 프세, 피카르 : 가스용접법
④ 호버트 : 불활성 가스 아크용
⑤ 케네디 : 서브머지드 아크용접

05 다음 중 금속 아크 용접 개발자는?

슬라비아노프

[베르나도스, 슬라비아노프, 프세, 호버트, 케네디]

2 용접의 종류(분류)

01 용접의 대분류는?

융접, 압접, 납접(땜)

02 융접의 뜻과 해당하는 융접의 종류는?

① 모재의 접합부를 용융시키고 여기에 용가재를 첨가하여 접합하는 방법
② 종류 : 피복아크용접, 서브머지드 아크용접, 전자빔용접, 테르밋 용접, 스터드용접 등

03 용접 분류 방법 중 아크용접에 해당하는 것은? : ④

① 프로젝션 용접　② 마찰 용접
③ 초음파 용접　④ 서브머지드용접

04 압접의 뜻과 해당하는 용접의 종류는?

① 모재를 겹치거나 맞대어 가압하고 용가재없이 냉간 또는 가열 후 모재가 용융되었을 때 압력을 가하여 접합하는 방법
② 종류 : 전기저항 용접, 단접, 냉간압접, 마찰용접, 초음파 용접 등

05 납접의 뜻과 해당하는 용접의 종류는?

① 모재를 녹이지 않고 접합하는 용접법
② 종류 : 연납땜, 경납땜

③ 용접의 특징

01 용접의 장점은? : ①~④

① 재료(자재)가 절약된다.
② 무게가 가볍다.(제품의 중량 감소)
③ 기밀, 수밀, 유밀성이 우수하다.
④ 제품의 성능과 수명이 향상된다.

02 용접의 장점으로 옳지 않은 것은?

① 이종 재질을 접합시킬 수 있다.
② 작업 공정을 늘릴 수 있다.
③ 리벳 접합에 비하여 강도가 크다.
④ 보수와 수리가 용이하다.

해설 ②, 작업 공정을 감소할 수 있다.

03 용접 구조물을 리벳 구조물과 비교할 때 용접 구조물의 장점은? : ①~④

① 리벳에 비하여 구멍뚫기 작업 등의 공정이 절약된다.
② 재료의 절약과 무게가 경감된다.
③ 리벳구멍에 의한 유효 단면적의 감소가 없으므로 이음효율이 높다.
④ 리벳이음에 비해 수밀, 유입 및 기밀유지가 잘 된다.

04 단조에 비교하여 용접의 장점은? ①~④

① 재료의 두께에 제한이 없다.
② 시설비가 적게 든다.
③ 제품의 중량이 가벼워진다.
④ 서로 다른 금속을 접합할 수 있다.

05 용접의 단점은? ①~④

① 내부 결함이 생기기 쉽다.
② 저온 취성의 발생이 우려된다.
③ 응력 집중에 대해 매우 민감하다.(응력이 집중되기 쉽다.)
④ 품질 검사가 곤란하다.

06 일반적으로 용접의 단점은? ①~④

① 재질의 변형과 품질 검사가 곤란하다.
② 용접사의 기량에 의해 좌우된다.
③ 용접 모재의 재질에 대한 영향이 크다.
④ 수축변형 및 잔류응력이 발생한다.(생긴다.)

제2절 용접의 기초

① 용접의 자세

01 용접 자세

① 아래보기 자세(F : Flat position)
② 수평자세(H : Horizontal posion) : 모재, 수직, 용접선 수평인 자세
③ 수직 자세(V : Vertical position) : 용접선이 수직이 되게 하는 용접 자세
④ 위보기자세(O : Overhead posion) : 용접봉을 위로 향하여 용접하는 자세
⑤ 전 자세(AP : All position) : 위 자세의 2~ 4가지 전부를 응용하는 자세

02 아래보기 자세란?

모재가 수평면과 90° 또는 45° 이상의 경사를 가지며 용접선이 수평인 용접 자세

(a) 아래보기 자세 (b) 수평 자세 (c) 수직 자세

 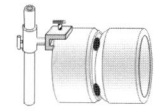 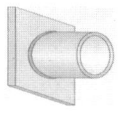

(d) 위보기 자세   (e) 전자세(5G) (f) 전자세 필릿
(5F)

(g) 45도경사자세(6G) (h) 45도경사장애물자세(6GR)

03 용접 자세와 기호의 연결 : ①~⑤

① 아래보기 자세 - F(1G, 1F)
② 수평 자세 - H(2G, 2F)
③ 수직 자세 - V(3G, 3F)
④ 위보기 자세 - O(4G, 4F)
⑤ 전자세의 용접 기호 - AP(5G, 5F)

참고 G(groove) : 맞대기(홈)이음, F : 필릿이음
( )안은 국제 공인 자세 기호임)

❷ 용접의 열원

01 용접 작업을 구성 주요 요소는?

용접 재료(모재), 열원, 용가재

02 용접에 이용되는 에너지

전기 에너지, 가스 에너지, 전자파 에너지, 기계적 에너지, 화학적 에너지

03 전기 에너지를 이용하는 용접법이 아닌 것은? : 테르밋 용접

[피복 아크 용접, 테르밋 용접, 불활성 가스 아크 용접, 스터드 용접, CO_2 용접]

04 다음 중 전기 저항열을 이용하는 용접법이 아닌 것은?

① 점용접   ② 프로젝션 용접
③ 전자 빔 용접 ④ 심용접

해설 ③. 전자 빔 용접은 융접법의 일종임

05 금속의 화학 반응열을 이용하는 용접법은? : 테르밋 용접

06 다음 중 전자파를 이용하는 용접법이 아닌 것은? : 서브머지드 용접

[전자 빔 용접, 레이저 용접, 고주파 용접, 서브머지드 용접]

07 다음 중 기계적 에너지를 이용하는 용접법이 아닌 것은? : 스터드 용접

[마찰 용접, 초음파 용접, 냉간 압접, 스터드 용접]

08 용접법의 선택은

사용 목적이나, 모재의 재질, 구조물의 형상 등에 따라 적합한 용접법을 선택

09 용접 작업을 구성 주요 요소는?

용접 재료(모재), 열원, 용가재

10 전기 저항 용접

① 이용하는 전기 법칙 : 줄의 법칙
② 종류 : 점 용접, 심(seam) 용접, 프로젝션(projection) 용접, 플래시 업셋 용접

11 테르밋 용접

① 금속의 화학 반응열을 이용한 용접법
② 테르밋제 ; 알루미늄분말과 산화철 분말

02 피복 아크 용접

제1절 피복 아크용접의 개요

❶ 피복 아크용접의 원리

01 피복 아크용접의 원리

모재(피용접물)와 피복제를 바른 용접봉 사이에 전류를 통하면 아크가 발생되며, 이 아크열로서 용접하는 방법

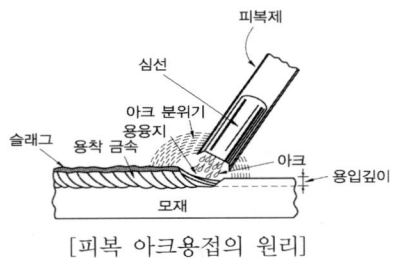

[피복 아크용접의 원리]

02 일반적인 아크용접의 불꽃 온도는?

3500 ~ 5000℃, 최고 6000℃ 정도

03 아크를 필터렌즈를 통해 구분되는 것은?

아크 코어, 아크 흐름, 아크 불꽃

04 용어 설명

① 용입(penetration) : 아크용접할 때 아크열에 의해 모재가 녹은 깊이
② 슬래그 : 피복제가 녹아서 용접부를 덮고 있는 비금속 물질
③ 용융지 : 아크열에 의하여 용융된 쇳물 부분
④ 용가제 : 용착부를 만들기 위하여 첨가하는 금속
⑤ 스패터 : 용접 중에 용융금속이 용융지에 옮겨지지 않고 비드나 모재 주위에 떨어진 작은 용적

05 "아크용접의 비드 끝에 오목하게 파진 곳"을 뜻하는 것은? : 크레이터

06 아크의 강한 열에 의하여 용접봉이 녹아 물방울처럼 떨어지는 것은?

용적(droplet)

07 아크 기둥(아크 플라스마)이란?

두 개의 전극에서 아크를 발생시켰을 때 음극(-)과 양(+)극간에 생기는 상태, 아크는 불꽃 방전으로 생긴 청백색 불빛 기둥

08 용접 회로(welding cycle)의 순서는?

용접기(전원)-전극 케이블-용접봉 홀더-용접봉-아크-모재-접지 케이블 - 용접기

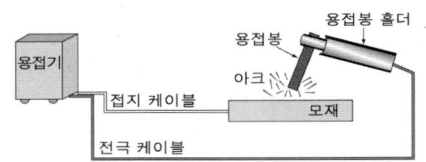

[피복 아크용접 회로]

❷ 피복 아크용접의 특성

01 피복 아크용접이 가스용접에 비해 장점(우수한 점)은? : ①~④

① 직접 용접에 이용되는 열효율이 높다.
② 열의 집중성이 좋아 효율적인 용접을 할 수 있다.
③ 용접 변형이 적다.
④ 기계적 강도가 양호(우수)하다.

02 피복 아크용접의 단점은? : ①~③

① 전격(감전)의 위험성이 있다.
② 가스용접에 비해 유해 광선의 발생이 많다.
③ 흄 가스의 발생이 많다.

제2절 피복 아크의 성질

❶ 아크 특성과 극성

01 아크 현상

모재와 용접봉 사이에 전원을 걸고 봉 끝을 모재와 살짝 접촉시켰다가 띄면 두 전극 사이에서 일어나는 불꽃 방전 현상

02 피복 아크용접시 아크를 통하여 얼마의 전류가 흐르는가? : 10~500A

03 전기 회로에서 '동일 저항에 흐르는 전류는 그 전압에 비례한다'는 법칙은?

옴의 법칙

04 직류 아크전압 분포에서 음극 전압 강하를 V_K, 양극 전압 강하를 V_A, 아크 기둥의 전압 강하를 V_P라 할 때 전체의 전압 V_a은? : $V_a = V_K + V_P + V_A$

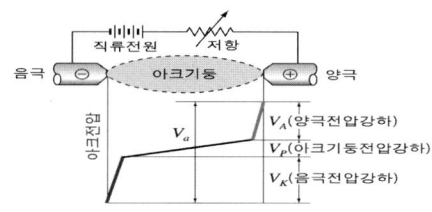

[아크전압 분포]

05 극성의 특성은?

전자의 충격을 받은 양(+)극이 음극보다 발열량이 커서 60 ~ 75%, 음극은 25 ~ 40%(약 30%) 정도 열이 발생한다.

06 직류 정극성의 특성은? : ①~③

① 직류 피복 아크용접에서 모재를 (+), 용접봉(홀더)을 (-)에 연결한 경우의 극성
② 모재의 용입이 깊고, 비드 폭이 좁다.
③ 탄소강 용접 등 일반적으로 많이 쓰인다.

07 교류(AC)

① 1초에 120회의 전원이 끊어지는 현상으로 아크가 불안정한 원인이 된다.
② 용접기 제작이 쉽고 고장이 적어 관리가 편하므로 많이 사용되고 있다.
③ 교류는 1/2은 정극성, 1/2은 역극성을 형성하므로 정극성과 역극성의 중간 정도이다.

08 ACHF는 무슨 기호인가?

'고주파 중첩 교류'를 나타내는 기호

09 직류 역극성(DCRP)의 특성

① 용접봉의 녹음이 빠르고, 모재 녹음이 느리므로 비드 폭이 넓고 용입이 얕다.
② 모재의 발열량이 적다.
③ 박판, 비철 금속 용접에 적합하다.

10 직류 아크용접의 역극성에 대한 결선 상태는? : 용접봉(+), 모재(−)

극성	정극성(DCSP)	역극성(DCRP)
극성 그림	직류용접기 ⊖ 용접봉 ⊕ 모재	직류용접기 ⊕ 용접봉 ⊖ 모재
용접부 형상	− + 열 분배 (−)에서 30% (+)에서 70%	+ − 열 분배 (+)에서 70% (−)에서 30%

11 직류 역극성을 이용하는 용접법은?

GMAW(CO_2/MAG, MIG 용접, FCAW), 아크 에어 가우징

12 극성에서 용입 깊이가 깊은 것부터 순서

DCSP > AC, ACHF > DCRP

해설 극성 기호
ACHF : 고주파 중첩 교류, AC : 교류

❷ 용접 입열, 용적 이행

01 용접 입열이란?

용접부의 외부에서 주어지는 열량

02 용접 모재에 흡수되는 열량은?

용접 입열의 65 ~ 75%

03 교류 아크용접에서 용접봉 측과 모재 측에 발생하는 열량은 어떻게 되는가?

같다.

04 아크 전류가 200A, 아크 전압이 25V, 용접 속도가 15cm/min인 경우 단위 길이 1cm당 발생하는 입열(전기적 에너지)은 얼마인가?

$$H = \frac{60EI}{V} = \frac{60 \times 25 \times 200}{15} = 20000 \text{ J}$$

05 피복 아크용접봉의 용적 이행 형식은?

단락형, 글로뷸러(핀치 효과)형, 분무(스프레이)형

06 맨 용접봉이나 비피복봉을 사용할 때 많이 볼 수 있는 상태는? : 단락형

07 우측 그림은 어떤 이행 형을 나타낸 것인가?

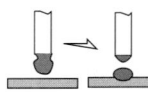

: 글로뷸러형

08 비교적 큰 용적이 단락되지 않고 모재로 옮겨가는 용적 이행 상태를 무엇이라 하는가?

글로뷸러형

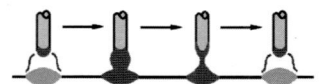

(a) 단락 이행(short circuit transfer)

 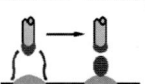

(b) 분무 이행   (c) 입상 이행

제3절 아크용접 설비 및 기구

❶ 용접기의 특성

01 부(부저항) 특성이란?

작은 전류 범위에서 아크 전류가 증가함에 따라 아크 저항이 작아져 결국 아크 전압이 낮아지는 특성

02 정전압 특성(CP 특성)은?

① 아크 길이에 따라 와이어 녹는 속도가 변하면서 적당한 아크 길이를 유지하는 특성으로,
② 전류 밀도가 높은 특성으로 자기 제어 특성을 갖고 있음

03 정전압 특성이 이용되는 용접법은?

자동 또는 반자동 용접, 서브머지드 아크 용접, 불활성 가스 금속 아크용접

04 정전류 특성은? : ①~⑤

① 아크 길이는 변하여도 아크 전류는 별로(거의) 변하지 않는다.
② 수동 아크용접기는 수하 특성과 정전류 특성으로 설계되어 있다.
③ 용접 입열은 전류에 비례하므로 일반적으로 전류 변동이 거의 없다.
④ 용입과 용접봉 녹음이 거의 일정하다.
⑤ 피복 아크용접에 알맞은 특성

05 수하 특성이란?

전류-전압의 특성, 피복 아크용접에서 부하 전류가 증가하면 단자 전압이 저하하는 현상

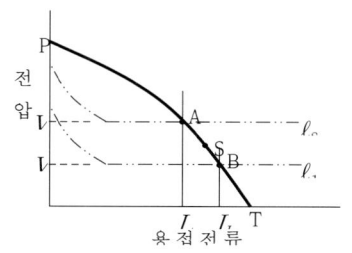

❷ 역률과 효율, 사용률

01 AW-200, 무부하 전압 80V, 아크 전압 30V인 교류 용접기를 사용할 때 역률과 효율은 얼마인가? (단, 내부 손실은 4kW이다.)

$$역률 = \frac{소비 전력(kW)}{전원 입력(kVA)} \times 100$$

$$= \frac{30 \times 200 + 4000}{80 \times 200} \times 100 = 62.5\%$$

$$효율 = \frac{아크출력(kW)}{소비 전력(kW)} \times 100$$

$$= \frac{30 \times 200}{30 \times 200 + 4000} \times 100 = 60\%$$

02 피복 아크용접기를 4분 사용하고 6분 정도 쉬었다면 이 용접기의 정격 사용률은?

$$사용률 = \frac{아크 발생 시간}{아크 발생 시간 + 휴식 시간} \times 100$$

$$= \frac{4}{4+6} \times 100 = 40\%$$

03 AW-300 용접기의 규정된 정격 사용률은?

40%

04 피복 아크용접시 실제 사용 전류가 120A, 정격 2차 전류가 300A일 때 허용 사용률은 얼마인가? (단, 정격 사용률은 40%이다.)

허용사용률
$= \dfrac{\text{정격 2차 전류}^2}{\text{실제 용접 전류}^2} \times \text{정격 사용률}$
$= \dfrac{300^2}{120^2} \times 40 = 250\%$

05 허용 사용률이 100% 이상이면 용접기는?

연속 사용이 가능하다.

06 전압이 30V이고 전류가 150A라면 전력량은?

전력(P) = VI = 30×150 = 4500W = 4.5kW

07 1차 입력이 24kVA이고, 1차 측 전원 전압이 200V일 때 휴즈 용량은?

휴즈용량 $= \dfrac{24000}{200} = 120$

❷ 피복 아크용접기의 종류와 특성

01 교류 아크용접기의 특성은? : ①~④

① 무부하 전압이 직류 아크용접기보다 높아 감전의 위험이 크다.
② 취급이 쉽고 고장이 적다.
③ 발전형 직류 아크용접기에 비해 소음이 적다.
④ 직류 아크용접기에 비해 아크가 불안정하나 아크 쏠림 현상이 없다.

02 다음 중 교류 아크용접기의 종류가 아닌 것은? : 정류기형

[가포화 리액터형, 탭 전환형, 정류기형, 가동 코일형]

03 교류 아크용접기의 특성은? : ①~③

① 보통 변압기와 같이 구조가 간단하고 가격도 싸며 보수가 쉽다.
② 용접 변압기와 병렬로 역률 개선용 콘덴서를 사용한다.
③ 2차 단자전압은 높은 무부하 전압에서 20~30V의 아크전압으로 저하한다.

04 가동 철심형의 단점은? : ①~③

① 광범위한 전류 조정이 어렵다.
② 아크가 직류에 비해 불안정하다.
③ 철심 부위의 간격이 있을 때 소음이 난다.

05 가동 코일형 용접기는? : ①~④

① 용접기 케이스 내의 1차 코일과 2차 코일 중 하나를 이동시켜 누설 리액턴스의 값을 변화시켜 전류를 조절한다.
② 용접기 케이스 내에 1차, 2차 코일이 있다.
③ 소형이며 경량이다.
④ 세밀한 전류 조정이 가능하다.

06 가포화 리액터형의 장점은? : ①~③

① 기계 마멸이 적다.
② 전기적으로 전류 조정을 한다.
③ 가변 저항에 의해 전류를 조정하기 때문에 원격 전류 조정이 가능하다.

07 탭 전환형 교류 아크용접기의 단점은?

①~③

① 탭 전환부의 소손이 많다.
② 넓은 범위의 전류 조정이 어렵다.
③ 무부하 전압이 높다.

08 교류 아크용접기 내부에 장치된 철심의 재질은? : 규소강

09 교류 아크용접기의 표시판에 AW 200 의 의미는? : 정격 2차 전류값

10 아크용접기의 용량을 나타내는 것은?

정격 2차 전류, 입력(kVA)

11 KS 규격에 일반적으로 AW 400 이하는 무부하 전압이 얼마이며, AW 500 인 경우 규정된 무부하(개로) 전압은?

① AW400 : 70 ~ 80V
② AW500 : 95V 이하

12 교류 아크가 직류 아크보다 불안정한 이유는?

전류값이 1사이클에 2번 0이 되므로

13 교류 아크용접기의 정격 2차 전류의 조정 범위는? : 20 ~ 110%

14 AW 200인 교류 아크용접기로 조정할 수 있는 최대 전류 값은? : 220A

15 교류 용접기에 역률 개선용 콘덴서를 사용하였을 때, 그 이점은? : ①~③

① 전압 변동률이 적어진다.
② 전원 용량이 적어도 된다.
③ 배전선의 재료가 절감된다.

16 직류 아크용접기의 특성은? : ①~⑤

① 아크가 안정되나, 아크 쏠림이 있다.
② 무부하 전압이 낮으므로 감전의 위험이 적다.
③ 정류기형에서는 정류기의 소손 및 먼지, 수분 등에 의한 고장에 주의해야 한다.
④ 발전기형은 소음이 나고 회전부에 고장이 많다.
⑤ 교류 아크용접기보다 보수나 점검에 있어서 더 많은 노력이 필요하다.

17 다음 중 직류 아크용접기의 종류가 아닌 것은? : 탭 전환형

[전동 발전형, 정류기형, 엔진 구동형, 탭 전환형]

18 아크를 계속 유지하는데 필요한 전압은?

20 ~ 30V

19 용접기는 아크의 안정을 위하여 아크 용접전원의 외부특성 곡성이 필요하다. 관련이 없는 것은? : ④

① 수하 특성 ② 정전압 특성
③ 상승 특성 ④ 과부하 특성

20 정류기형 용접기에 사용되는 정류기의 형식이(종류가) 아닌 것은?

몰리브덴 정류기

[셀렌 정류기, 실리콘 정류기, 게르마늄 정류기, 몰리브덴 정류기]

21 온도 상승에 따른 정류기의 파손 온도는?

① 셀렌 정류기 : 80℃
② 실리콘 정류기 : 150℃ 이상

22 직류 아크용접기의 무부하 전압은?

보통 40 ~ 60V 정도이다.
[직류 아크용접기의 종류와 특성]

제2장_ 피복 아크 용접

종류	특징
발전기형 (전동 발전, 엔진 구동형)	• 완전한 직류를 얻으나, 보수와 점검이 어렵다. • 옥외나 교류 전원이 없는 장소에서 사용한다.(엔진형) • 회전하므로 고장나기 쉽고 소음이 난다. • 구동부, 발전기부로 되어 고가이다.
정류기형	• 소음이 없고, 취급이 간단하며, 가격이 싸고 보수가 간단하다. • 교류를 직류로 정류하므로 불완전한 직류다. • 정류기의 파손에 주의한다.

23 용접기를 설치 해서는 안되는 장소는?

①~④
① 수증기, 습기, 먼지가 많은 곳이나, 옥외의 비바람이 치는 곳
② 휘발성 기름이나 가스가 있는 곳이나, 유해한 부식성 가스가 존재하는 장소
③ 진동이나 충격을 받는 곳이나, 폭발성 가스가 존재하는 곳
④ 주위 온도가 -10℃ 이하인 곳

24 용접기의 유지보수 및 점검시에 지켜야 할 사항은?   ①~⑥

① 용접기는 습기나 먼지가 많은 곳은 가급적 설치를 하지 말아야 한다.
② 2차측 단자의 한쪽과 용접기 케이스는 접지를 확실히 해 둔다.
③ 탭 전환의 전기적 접속부는 자주 샌드 페이퍼 등으로 잘 닦아 준다.
④ 용접기에서 회전하는 부분인 냉각팬은 주유를 해야 한다.
⑤ 가동 부분 냉각팬을 점검하고 주유해야 한다.
⑥ 용접 케이블 등의 파손된 부분은 절연 테이프로 감아야 한다.

❸ 아크용접용 기구

01 용접봉 안전 홀더(A형)

① 감전을 방지하고 감전에 의한 사고를 방지한다.
② 홀더 호수는 정격 전류를 나타낸다.
400호 : 400A용

[완전 절연형 (안전 홀더, A형)]   [손잡이 부분만 절연형 B형]

02 용접봉 홀더 200호로 접속할 수 있는 최대 홀더용 케이블의 도체 공칭 단면적은 몇 ㎟인가?   : 38㎟

03 용접기의 1차선에 대하여 2차선에 굵은 도선을 사용하는 이유는?

2차선의 전압이 낮고 전류가 많이 흐르기 때문에

04 용접기 케이블의 규격은?   : ①~④

① 200A일 때 : 1차 5.5mm, 2차 38mm^2
② 300A일 때 : 1차 8mm, 2차 50mm2
③ 400A일 때 : 1차 14mm, 2차 : 60mm^2
④ 2차 측 캡 타이어 구리 전선의 지름은 0.2~0.5mm

[케이블의 적정 크기]

용접기의 용량(A)	200	300	400
1차측케이블 (지름 mm)	5.5	8	14
2차측 케이블 (단면적 mm²)	38	50	60

05 접지 클램프의 접속이 불량할 때 일어나는 현상은?

아크 불안정, 과도한 열 발생, 전력 낭비

06 홀더 및 어스선의 접속이 불량할 때는?

①~③
① 접촉 저항이 심해서 전력 손실과 저항열에 의한 단자 등의 소손, 감전(전격)의 위험이 있고, 전력 손상이 많아진다.
② 아크가 아크가 일어나지 않거나 불안정하게 된다.
③ 전격을 일으키기 쉽다.

07 아크용접 보호구는?

용접헬멧, 핸드실드, 용접용 장갑, 앞치마, 발커버, 팔커버 등

(a) 용접 헬멧

(b) 핸드 실드 (c) 자동 용접 헬멧

08 필터렌즈(차광유리)의 크기는?

50.8×108mm

09 용접 종류별 차광도 번호

① 연납땜 : 2 ~ 4번
② 피복 아크용접 : 10 ~ 12번
③ 탄소 용접 : 13 ~ 14번(400A 이상에 사용)

[용접 전류와 차광도]

용접전류 (A)	차광도	용접전류 (A)	차광도
30 이하	6	30~45	7
45~75	8	75~100	9
100~200	10	150~250	11
200~300	12	300~400	13
400 이상	14		

제4절 피복 아크용접봉

1 피복 아크용접봉의 특성

01 연강용 피복 아크용접봉의 심선의 특성은? : ①~③

① 용접금속의 균열을 방지하기 위하여 저탄소강을 사용한다.
② 규소 양을 적게 한 림드강으로 제조한다.
③ 망간은 용융금속의 탈산 작용을 한다.

02 심선의 5가지 화학 성분 원소는?

C, Si, Mn, S, P

03 피복 아크용접봉 1종 기호는?

SWRW 1A

04 용접봉 심선 지름의 종류는?

1.0, 1.4, 2.0, 2.6, 3.2, 4.0, 4.5, 5.0, 5.5, 6.0, 6.4, 7.0 ~ 10.0까지 있다.

05 심선 지름 굵기의 일반적인 허용 오차는?

± 0.05mm

06 피복 아크용접봉의 형상 등은? ①~④

① 피복제 무게가 전체의 10% 이상이다.
② 심선 중 25mm 정도를 피복하지 않고, 다른 쪽은 아크 발생이 쉽도록 약 1mm 정도 피복하지 않았다.
③ 심선의 지름은 1 ~ 10mm 정도이다.
④ 봉의 길이는 350 ~ 900mm 정도이다.

07 피복 아크용접봉의 피복제의 작용(역할)은? : ①~④

① 용적(globule)을 미세화한다.
② 용착금속에 적당한 합금 원소를 첨가한다.
③ 피복제는 전기 절연 작용을 한다.
④ 용착금속의 응고와 냉각 속도를 느리게 한다.

08 피복제의 작용(역할)은? ; ①~④

① 심선보다 늦게 녹으면서 환원성 분위기를 만든다.
② 아크를 안정하게 한다.
③ 용융점이 낮은 적당한 점성의 가벼운 슬래그(slag)를 만든다.
④ 용착금속의 탈산 정련 작용을 한다.

09 피복제의작용(역할)은? : ①~③

① 파형이 고운 비드를 만든다.
② 모재 표면의 산화물을 제거한다.
③ 용착 효율을 높인다.

10 KS에서 피복제의 허용 편심률은?

① 3% 이내로 규정함

② 편심률 % = $\dfrac{D-D'}{D} \times 100$

11 피복제의 성분에 포함된 것은?

아크 안정제(안정 성분), 고착제
탈산제(탈산 성분), 합금제(합금 성분),
슬래그 생성제, 가스 발생제 등

12 피복 아크 용접에서 용접부의 보호방식은?

슬래그 생성식, 반가스 발생식,
가스 발생식

> **해설** 가스 발생식은 유독 가스와 스패터 발생이 많다.

13 슬래그 생성식은?

무기물형 슬래그를 많이 생성하여 용착금속의 냉각속도를 느리게 하는 방식

14 피복 아크 용접에 사용되는 피복 배합제의 성질을 작용면에서 분류

① 아크 안정제 : 아크발생은 쉽게 하고, 아크를 안정시킨다.
② 가스 발생제 : CO2 가스 등의 중성 또는 환원성 가스를 발생하여 용접부(용착금속)를 대기로부터 보호하며, 산화 및 질화를 방지하는 작용을 한다.
③ 고착제 : 피복제를 단단하게 심선에 고착시킨다.
④ 합금 첨가제 : 용강 중에 금속원소를 첨가하여 용접금속의 성질을 개선한다.

15 피복제의 종류 중 아크 안정제는?

석회석, 산화티탄(티타늄), 규산나트륨, 규산칼륨, 형석, 규사 등

16 슬래그 생성제는?

석회석, 마그네사이트, 이산화망간, 규사, 운모, 형석, 장석(석면), 붕사, 산화철, 일미나이트, 산화티탄, 규산나트륨 등

17 가스 발생제가 아닌 것은? : 석회석

[녹말, 톱밥(목재), 셀룰로스, 탄산바륨, 석회석]

18 합금제는?

페로망간(Fe-Mn), 페로실리콘(Fe-Si), 니켈, 몰리브덴, 크롬, 구리, 바나듐 등

19 탈산제는?

① 용융금속 중의 산화물을 탈산 정련하는 작용을 하는 것
② 종류 : 규소철(Fe-Si), 페로망간(Fe-Mn), Al, 소맥분 등

20 고착제는?

규산칼륨, 규산나트륨, 소맥분, 해초, 아교, 젤라틴, 카세민, 아라비아 고무, 당밀

21 아크 발생열에 의하여 피복제가 분해되어 일산화탄소, 이산화탄소, 수증기 등의 가스 발생제가 되는 가스 실드식 피복제의 성분은? : 셀룰로오스

22 피복제의 무게는 봉 전체의 몇 % 정도인가? : 약 10% 정도임

23 피복 아크용접봉의 조건은? : ①~⑥

① 아크를 안정하게 할 것
② 용착금속의 탈산 정련 작용을 할 것
③ 용착 효율을 높일 것
④ 용접 작업을 용이하(쉽)게 할 것
⑤ 용착금속의 성질을 우수하게 할 것
⑥ 슬래그를 용이하게 제거할 수 있을 것

24 용접봉의 표시법

[KS E 4316,   AWS E7016]
E : 전극(피복 아크용접봉)
43 : 최소(저) 인장 강도 kgf/mm2
70 : 최소 인장강도 70lb/in2
16 : 피복제 계통(0, 1 : 전자세, 6 : 피복제 종류, 저수소계)

❷ 연강용 피복 아크용접봉 종류

01 일미나이트계(E4301)의 특성은?

①~④

① 일미나이트의 성분을 30% 정도 함유, 사철 등을 주성분으로 한 용접봉
② 전자세 용접에 사용한다.
③ 슬래그는 비교적 유동성이 좋고 용입 및 기계적 성질도 양호하다.
④ 일반 구조물용접에 쓰인다.

02 고셀룰로스계(E4311)의 특성으로 옳지 않은 것은?

① 가스 발생식, 유기물질인 셀룰로스를 20~30% 정도 포함한 용접봉이다.
② 스패터가 적고 표면이 아름답다.
③ 용융금속 이행 형식은 스프레이형이다.
④ 용입이 깊어(좋아) 아주 좁은 홈의 용접에 적합하다.

해설 ②, 스패터가 많고 표면이 거칠다.

03 고셀룰로스계(E4311)의 특성은?

①~③
① 슬래그의 생성량이 대단히 적다.
② 수직 자세와 위보기 자세에 좋다.
③ 유독 가스가 발생한다.

04 고산화티탄계(E4313, AWS E6013)의 특성은? ①~④ : E4324와 유사함

① 산화티타늄 (TiO2)이 약 30% 함유함
② 아크가 안정되고 스패터가 적으며, 슬래그 박리성도 대단히 좋고 비드의 외관이 좋다.
③ 작업성이 좋고 전자세 용접이 가능하다.
④ 용입이 비교적 얕아서 얇은(박) 판의 용접에 적당하며, 용접 중에 고온 균열을 일으키기 쉽다.

05 저수소계(E4316, E7016)의 특성은?

①~④

① 석회석(CaCO₃) 등의 염기성 탄산염을 주성분으로 하고 형석(CaF₂), 페로 실리콘 등을 배합한 용접봉이다.
② 피복제는 다른 종류보다 습기의 영향을 더 많이 받으므로 사용하기 전에 건조시켜 사용해야 한다.
③ 건조 전 아크 분위기 조성 중 CO가 50.7%, CO_2가 23.6%, H2가 6.9% 정도로 H₂(수소)가 가장 적게 발생한다.
④ 균열에 대한 감수성이 좋아서 구속도가 커서 균열이 발생하기 쉬운 구조물의 용접에 사용된다.

06 저수소계(E4316, E7016)의 장점으로 틀린 것은?

① 균열에 대한 감수성이 낮아서 구속도가 적어 고탄소강 및 황이 많은 강의 용접에는 부적합하다.
② 용착금속의 충격값이 가장 높다.
③ 용착금속은 인성이 좋으며, 기계적 성질도 좋다.
④ 일미나이트계 용접봉을 사용할 때보다 예열 온도가 낮아도 좋다.

〈해설〉 ①, 균열에 대한 감수성이 좋아서 구속도가 커서 고탄소강 및 황이 많은 강의 용접에 적합하다.

07 피복 금속 아크 용접봉 중 수소의 함유량이 가장 적은 것은? : 저수소계

〈해설〉 저수소계는 다른 용접봉에 비해 수소의 함량이 1/10 정도로 적게 발생한다.

08 철분계 봉의 종류는?

E4324, E4326, E4327 등 철분계 용접봉은 수평 필릿 자세(H-Fill)에 적합하다.

09 E4324는 티탄계에 철분을 더 함유한 철분 산화티탄계를 뜻한다. 끝에서 2번째 자리수의 2의 의미는?

보통 용접 자세의 의미로, 2의 숫자는 아래보기 및 수평 필릿 자세의 봉을 뜻한다.

10 철분 산화티탄계(E4324) 용접봉은 철분이 몇 % 함유되어 있는가?

30% 이상 함유하여 능률을 향상시킴

11 용입이 얕은 봉은?

티탄계로 E4303, E4313, E4324가 있다.

12 피복 아크 용접봉 기호와 피복제 계통을 각각 연결한 것은? : ①~④

① E4301 - 일미나이트계
② E4303 - 라임 티타니아계
③ E4311 - 고셀룰로오스계
④ E4313(E6013) - 고산화티탄계

13 피복 아크 용접봉 기호와 피복제 계통을 각각 연결한 것으로 틀린 것은?

① E4316(E7016) - 저수소계
② E4324 - 철분 셀룰로오스계
③ E4326 - 철분 저수소계
④ E4327 - 철분 산화철계

해설 ②, E4324 - 철분 산화티탄계

14 용융 슬래그의 염기도를 나타내는 식은?

$$염기도\ P = \frac{\Sigma 염기성\ 성분(\%)}{\Sigma 산성\ 성분(\%)}$$

15 피복봉 종류별 염기도가 높은 순서

E4316(0.9) > E4301(-0.1) > E4327(-0.7) > E4303 : -0.9 > E4311(-1.3) > E4313 : -2.0 순이다.

16 용융 슬래그의 염기도가 높으면?

내균열성은 크지만 작업성은 나빠진다.

해설 산성도가 높으면 내균열성은 낮고, 용접성은 좋아진다.

❸ 고장력강 등 피복 아크용접봉

01 고장력강용 피복 아크용접봉의 특성은? ①~④

① 항복점이 392MPa(40kgf/mm^2), 인장 강도가 490MPa(50kgf/mm^2) 이상

이다.
② 탄소 함유량을 적게 하여 노치 인성 저하와 메짐성을 방지한다.
③ 구조물 용접에 특히 적합하다.
④ 판두께를 얇게 할 수 있어 무게 경감과 재료의 절약, 내식성 향상 등을 목적으로 사용된다.

02 고장력강의 종류는? ; ①, ②

① 종류 : HT70 : 70 ~ 801kgf/mm^2, HT80 : 80 ~ 901kgf/mm^2
② KSD 규정에 50kgf/mm^2(490MPa), 53kgf/mm^2(520MPa), 58kgf/mm^2(569MPa)가 있다.

03 주철용 피복 아크용접봉의 성분은?

1.7~3.5%C, 0.6~2.5%Si, 0.2~12%Mn, 0.5%P, 0.1%S

04 주철 피복봉의 특성은? : ①~④

① 주철의 용접은 주로 결함 및 파손된 주물의 수리(보수)에 이용된다.
② 주철은 실온에서 거의 연성이 없고 매우 여리다.
③ 연강 및 탄소강에 비해 용접이 어려워 전, 후 처리와 선택이 중요하다.
④ 종류 : 니켈계, 모넬 메탈봉, 연강용 용접봉 등이 있다.

05 스테인리스강 피복 아크용접봉의 특성

① 티탄계 : 루틸을 주성분으로 하며, 아크가 안정되고 스패터가 적으며, 슬래그 제거성도 양호하다.
② 우리나라의 스테인리스강 용접봉은 거의 티탄계이다.
③ 종류 : E 308, E 308L, E 309, E 309

Mo, E 310, E 316

④ 용도 : X선 검사 성능이 양호하여 고압 용기나 중구조물 용접에 쓰인다.

06 동 및 동합금용 피복 아크용접봉 특성

① 주로 탈산 구리 용접봉 또는 구리 합금 용접봉이 사용되고 있다.
② 연강에 비해 열전도도와 열팽창 계수가 크기 때문에 용접에 어려움이 있다.

④ 피복 아크용접봉 선택과 관리

01 용접봉의 선택과 건조는? : ①~④

① 봉 선택시 아크의 안정성이 가장 중요하다.
② 피복 아크용접봉은 피복제에 염기성이 높을수록 내균열성이 좋다.
③ 저수소계 피복봉 : 사용 전에 300 ~ 350℃에서 2시간 정도 건조 후 사용
④ 일반봉 건조 : 70 ~ 100℃에서 30분 ~ 1시간

02 용접봉 보관 및 취급시 주의 사항

① 습기에 민감하므로 진동이 없고 하중을 받지 않는 건조한 장소에 보관한다.
② 사용 중에 피복제가 떨어지지 않도록 통에 넣어 운반하여 사용하도록 한다.

제5절 피복 아크용접작업

① 피복 아크용접 작업 준비

01 용접봉 건조 및 모재 청소

도면 이해, 필요한 용접봉의 선택과 건조, 모재 청결(기름, 녹, 페인트 및 기타 불순물은 기공, 균열의 원인)

02 용접 설비 점검 및 보호구 착용

용접기의 이상 유무를 점검하고 보호구를 착용한 후 전류를 조정한다.

03 환기 장치

용접 장소는 환기 및 통풍이 잘 되게 하여 유해 가스 및 분진을 흡입하지 않도록 한다.

② 피복 아크용접작업

01 아크 발생법

점찍기법과 긁기법이 있으며, 작업자의 편의에 따라 선택한다.

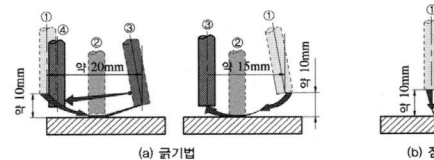

(a) 긁기법   (b) 점찍기법

02 진행각이란?

용접봉과 이음 방향에 나란하게 세워진 수직 평면과의 각도

03 용접 전류는 대체로 용접봉 단면적 1mm²에 대하여 얼마 정도의 전류 밀도를 택하는가? : 10~11A 정도

04 두께 3.2mm인 연강판을 지름 2.6mm의 피복 아크용접봉으로 용접하려고 할 때 가장 적당한 용접 전류값은?

50 ~ 70A

해설 계산에 의한 전류 : $\dfrac{\pi d^2}{4} \times 10 \sim 11$

$= \dfrac{3.14 \times 2.6^2}{4} \times 10 \sim 11 (단면적당) = 53 \sim 58A$

05 아크(용접) 전류 설정

① 피용접물의 재질, 모양, 크기, 이음의 형상, 예열, 용접봉 크기와 종류, 용접 속도, 용접사의 숙련도 등에 따라 결정
② 일반적으로 용접봉 지름 3.2 : 80~120A, 지름 4.0 : 120~160A 적용함
③ WPS를 기준으로 설정한다.

06 용접(운봉) 속도

① 모재에 대한 용접선 방향의 아크 속도
② 모재의 재질, 이음 모양, 용접봉의 종류와 지름 및 전류값에 따라 다르다.
③ 동일 조건에서 용접 속도를 증가시키면 비드 폭이 좁아지고 용입도 얕아진다.
④ 용입의 정도는 용접 전류값을 용접 속도로 나눈 값에 따라 결정된다.

07 피복 아크용접시 적정 아크 길이

① 아크 길이 : 모재 표면에서 용접봉 끝까지의 거리, 보통 3mm 정도 유지
② 적정 아크 길이 : 보통 용접봉 심선 지름의 1배 정도(3mm 정도)이며, 아크 길이를 짧게 하는 것이 좋다.
③ 아크전압은 아크 길이에 비례하여 증가하고, 용접 전류는 반대로 감소한다.

08 아크 길이가 길 때 현상은? : ①~⑤

① 아크전압은 높아지고, 아크가 불안정해지며, 용입 불량, 언더컷이 생기기 쉽다.
② 열량이 많아지고, 스패터의 발생이 많아진다.(심해진다)
③ 용착금속의 재질이 불량해진다.
④ 비드 외관이 불량해지고, 블로우 홀(기공)이 생길 수 있다.
⑤ 용융 금속이 산화 및 질화되기 쉽다.

09 아크 소멸과 크레이터 처리

① 아크 소멸 : 용접을 정지하려는 곳에서 아크 길이를 짧게 하여 크레이터를 채운 후 용접봉을 빠른 속도로 들어 올린다.
② 크레이터 : 아크 중단 부분이 오목하거나 납작하게 파진 부분을 말하며, 이곳은 불순물과 편석이 남게 되고 균열이 발생할 수 있으므로 이곳을 채워야 된다.

10 접지 클램프의 접속이 불량할 때 일어나는 현상은?

아크 불안정, 과도한 열 발생, 전력 낭비

11 용접봉을 용접 방향에 대하여 옆으로 이리 저리 움직이며 용접하는 방법을?

위빙

12 위빙은 용접봉을 용접 방향에 대하여 옆으로 이리 저리 움직이며 용접하는 방법이다. 백스텝 운봉법은 어느 자세에 적합한가? : 수직 상진법

13 우측 그림과 같은 운봉법은 어느 자세에 적합한가? : 수직 상진 자세

14 여러 가지 운봉법

① 직선(straight) 비드 : 용접봉을 일정

한 각도를 유지하며 용접선에 따라 직선으로 움직이며 놓은 비드
모든 자세의 박판 용접, 홈 용접의 이면 비드 형성시 사용한다.
② 위빙(weaving) 비드 : 비드를 넓게 할 때 사용, 운봉각을 일정하게 유지하며, 위빙 폭은 심선 지름의 2~3배로 한다. 언더컷 발생에 주의한다.

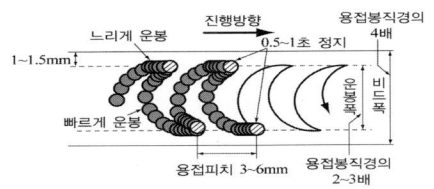

15 위빙 폭은 심선 지름의 몇 배가 적합한가? : 2 ~ 3배

16 아크(자기) 쏠림(arc blow) 현상이란?
①~④

① 직류 용접기에서 +극과 -극 사이에서 생성되는 자력에 의해 아크가 한쪽으로 쏠리는 현상
② 용접 전류에 의해 아크 주위에 발생하는 자장이 용접봉에 대하여 비대칭일 때 일어난다.
③ 자기 불림이라고도 하며, 아크 전류에 의한 자장에 원인이 있다.
④ 짧은 용접선으로 작은 물건을 용접할 때 나타난다.

17 아크쏠림 방지대책은? : ①~⑤

① 직류 대신 교류 용접으로 하며, 용접봉 끝을 쏠림 반대방향으로 기울인다.
② 가접부 또는 이미 용접이 끝난 용착부를 향하여 용접한다.
③ 이음의 처음과 끝에 엔드탭을 사용하며, 용접부가 긴 경우 후퇴 용접법으로 한다.
④ 접지점을 가능한 한 용접부에서 멀리 하며, 접지점 2개를 연결한다.
⑤ 아크 길이를 짧게 한다.

18 자기 불림의 현상이 가장 강하게 일어나는 용접기는? : 정류기형

[정류기형(직류 용접기), 가동 철심형, 탭전환형, 가동 코일형]

19 용접 속도(아크속도, 운봉속도)와 가장 관계 있는 사항은? : ①~③

① 용접봉의 종류 및 전류값
② 끝가공 모양 및 이음의 모양(형상)
③ 모재의 재질 및 위빙 유무

20 용접봉의 용융 속도는? : ①, ②

① 아크 전류 × 용접봉쪽 전압 강하
② 단위 시간당 소비되는 용접봉의 길이 또는 무게로 나타낸다.

21 피복 아크용접에서 일반적인 아크 속도는? : 8 ~ 30cm/min가 적당

22 다층 용접시 비드의 두께를 몇 mm 이하로 유지해야 풀림 및 피이닝(peening) 효과를 얻을 수 있는가? : 3mm 이하

❸ 용접 결함의 원인과 대책

01 용접 결함의 대분류는?

성질상 결함, 구조상 결함, 치수상 결함

02 성질상 결함의 종류가 아닌 것은?

선상 조직, 변형

[강도(인장, 압축, 충격, 피로 등), 내식성, 경도, 부식, 선상 조직, 변형]

03 구조상 결함의 종류는?

언더컷, 오버랩, 균열, 기공, 슬래그 섞임, 용입불량, 용착불량, 은점, 선상 조직, 피트

04 치수상 불량(결함)의 종류는?

치수오차, 형상불량, 변형, 각도 불량

05 전류의 세기와 관계없는 결함은?

선상조직, 은점

[선상조직, 은점, 오버랩, 언더컷, 용입 불량]

> 참고 선상 조직 : 용착금속의 파면에 서릿발 모양의 매우 미세한 주상정이 병립하며, 비금속 개재물이나 기공을 포함한 것

06 용접전류가 낮아질 때 일어나는 현상은?

오버랩, 용입 불량(얕음), 용착 불량 등

07 전류가 높아질 때 일어나는 현상은?

스패터링이 많고, 용입이 깊어지며, 용접봉이 가열되기 쉽고 언더컷이 생기기 쉽다.

08 피복 아크 용접시 아크 길이가 너무 길 때 발생하는 현상은? : ①~⑤

① 스패터가 심해진다.
② 용입 불량이 나타난다.
③ 아크가 불안정하다.
④ 용융 금속이 산화 및 질화되기 쉽다.
⑤ 기공, 언더컷이 생기기 쉽다.

09 습기가 있는 용접봉을 사용하면?

①~③

① 피복제가 벗겨지기 쉽고 아크가 불안정하다.
② 용착금속의 기계적 성질이 불량해진다.
③ 불로 홀(blow hole)이 생긴다.

10 수평 필릿 자세 용접에서 언더컷은 어디에 생기는가?

비드 위쪽의 토우 부분에 생기기 쉽다.

11 용입 부족(불량)의 원인

① 이음 설계의 결함이 있을 때
② 용접 속도가 너무 빠를 때
③ 용접전류가 낮을 때

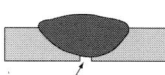
용입 불량

12 오버랩이 생기는 원인

① 용접 전류가 너무 낮을 때
② 운봉 및 유지 각도가 불량할 때
③ 부적당한 봉을 사용했을 때
④ 용접 속도가 너무 느릴 때

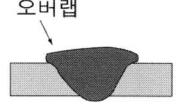
오버랩

13 언더컷의 발생 원인

① 전류가 너무 높거나 아크 길이가 길 때
② 부적당한 봉을 사용했을 때
③ 용접 속도가 너무 빠를 때
④ 운봉 및 유지 각도가 불량할 때

언더컷

14 스패터는 어떤 경우에 생기는 원인이 아닌 것은?

① 운봉 각도가 부적당할 때
② 봉에 습기가 많고, 아크 길이가 길 때
③ 용접 전류가 높을 때
④ 모재의 온도가 높을 때

해설 ④, 모재의 온도가 낮을 때

15 용접시 기공발생의 방지대책은? ①~⑤

① 위빙을 하여 열량을 늘리거나, 예열하거나 후열한다.
② 건조된 용접봉을 사용하며, 모재를 깨끗이 한다.
③ 저수소계 봉을 사용한다.
④ 적정 아크 길이 유지, 적정 전류 사용
⑤ 용접 속도를 조금 늦춘다.

 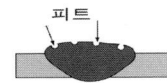

16 아크용접을 할 때 불로 홀 등의 발생으로 용접부의 외표면에 작은 홈이 나타나는 현상은? : 피트

17 용접시 균열이 발생하는 원인은? ①~⑤

① 이음 강성이 큰 경우
② 부적당한 용접봉 사용시
③ 모재에 합금 원소가 많을 때
④ 과대 전류 및 과대 속도일 때
⑤ 모재에 유황 함량이 많을 때

18 선상 조직의 발생원인과 대책

① 용착금속의 냉각속도가 빠를 때,
② 모재 재질 불량

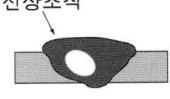

19 슬래그 섞임의 원인과 방지 대책

① 슬래그를 깨끗이 제거한다.
② 적정 전류 선택, 운봉을 잘한다.
③ 이음부 설계를 잘한다.
④ 봉의 적정 각도를 유지한다.
⑤ 예열, 후열을 한다.
⑥ 운봉속도를 조절한다.

20 아크 분위기는? ; ①~③

① 피복제는 아크열에 의해서 분해되어 많은 가스를 발생한다.
② 저수소계(E4316) 이외의 용접봉은 일산화탄소와 수소 가스가 대부분이다.
③ 가스는 주로 피복제 중의 유기물, 탄산염, 습기에서 발생한다.

21 용접 중 용융금속 중에 가스의 흡수로 인한 기공이 발생되는 화학 반응식은?

① $FeO + Mn \rightarrow MnO + Fe$
② $2FeO + Si \rightarrow SiO_2 + 2Fe$
③ $FeO + C \rightarrow CO + Fe$
④ $3FeO + 2Al \rightarrow Al_2O_3 + 3Fe$

해설 ③, 반응식에서 MnO, SiO_2, Al_2O_3 등은 모두 탈산 반응으로 가스를 제거하는 역할을 한다.

03 가스용접

제1절 가스용접의 개요, 불꽃

1 원리와 특징

01 가스용접법은 융접법이다. 가장 많이 사용하는 것은? : 산소-아세틸렌 용접

> **해설** 열량이 높고 용착부에 나쁜 영향을 주지 않는 산소 - 아세틸렌 용접법이 가장 많이 사용된다.

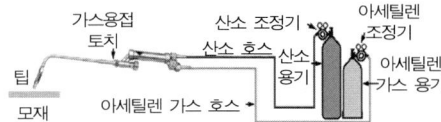

02 가스용접의 장점(피복 아크용접과 비교)은? : ①~⑥

① 응용 범위가 넓고 운반이 편리하다.
② 열량 조절이 비교적 자유로워 박판 용접에 적합하다.
③ 아크용접에 비해 유해 광선이 적다.
④ 전기가 필요 없어 전원이 없는 곳에서도 설치가 가능하다.
⑤ 용접부 가열 범위의 조정이 쉽다.
⑥ 유해 광선의 발생이 적다.

> **해설** 가스용접의 단점은 금속의 변질, 산화성이 크며, 폭발의 위험이 크다.

03 가스용접의 단점은? : ①~③

① 불꽃 온도가 낮아 열효율이 낮고 용접 속도도 느리다.
② 가열 범위가 크고 가열 시간이 길다.
③ 금속의 변질, 탄화, 산화성이 크며, 폭발의 위험이 크다.

04 사용 가스별 불꽃의 최고 온도

① 산소 - 아세틸렌 불꽃 : 3430℃
② 산소 - 수소 불꽃 : 2900℃
③ 산소 - 프로판 불꽃 : 2820℃
④ 산소 - 메탄 불꽃 : 2700℃ 정도

2 용접용 가스의 종류

01 가스용접용 가연성 가스가 아닌 것은?

산소, 질소

[도시 가스, 아세틸렌, 프로판 가스, 산소, 질소, 수소, 메탄, 일산화탄소]

> **참고** 산소는 조연(지연)성 가스, 질소는 불연성가스이며, 가스 용접 열원으로 사용안함

02 산소의 성질은? : ①~④

① 액체 산소는 보통 연한 청색을 띤다.
② 무미, 무색, 무취의 기체이다.
③ 자체는 연소하지 않는 조연성 가스이다.
④ 산소는 공기와 물이 주성분이다.

03 산소의 성질을 설명한 것으로 옳지 않

은 것은?

① 비중은 0.906으로 공기보다 가볍다.
② 1ℓ의 중량은 0℃, 1기압에서 1.429g
③ 공기 중에 산소는 21% 존재한다.
④ KS 규격에 의한 공업용 산소 순도의 허용치는 99.5%이다.

해설 ①, 비중은 1.105로 공기보다 무겁다.

04 액체 산소의 특성은? : ①~④

① 용기의 저장, 운반이 편리하다.
② 소비자 측면에서 경제적이다.
③ 99.8% 이상 고순도를 유지할 수 있다.
④ 대량의 가스를 사용하는 곳에 편리하다.

05 산소의 용도로 부적당한 것은?

질화용, 질화 열처리용으로 쓰이지 않음
[가스용접, 가스절단, 응급 환자용, 질화용]

06 가스 종류별 충전 온도와 압력

① 산소 : 35℃에서 15MPa(150kgf/cm²)
② 수소 : 35℃에서 15MPa(150kgf/cm²)
③ 아세틸렌 : 15℃에서 1.55MPa (15.5kgf/cm²)

07 전기로에서 석회석과 석탄을 56 : 36으로 혼합하여 3000℃의 고온으로 가열하여 얻어지는 것은? : 카바이드

08 순수한 카바이드 1kgf에서 이론적으로 몇 ℓ의 아세틸렌 가스가 발생하는가?

348ℓ

09 카바이드 취급시 주의사항은? ①~④

① 운반시 타격, 충격, 마찰을 주지 않는다.
② 물이나 습기가 없는 곳에 보관한다.
③ 저장소에 인화성 물질이나 화기를 가까이 하지 않는다.
④ 카바이드 통을 딸 때는 모넬메탈 정을 사용한다.(철강 공구 사용은 안됨)

10 비중이 0.906으로 공기보다 가벼우며, 산소와 반응시 3000℃ 이상 높은 열을 얻을 수 있는 가스는? : 아세틸렌

11 아세틸렌(C_2H_2)의 특성은? : ①~④

① 순수한 것은 무색, 무취의 기체이다.
② 금속을 접합하는데 사용한다.
③ 폭발 위험성이 있다.
④ 각종 액체에 잘 용해된다.

참고 물에 1배, 석유에 2배, 벤젠에 4배, 알코올에 6배, 아세톤에 25배 용해한다.

12 발생기 아세틸렌과 비교한 용해 아세틸렌의 특성은? : ①~⑥

① 순도가 높아, 용접부가 양호하다.
② 운반이 편리하고, 폭발의 위험이 적다.
③ 아세틸렌 발생기가 불필요하다.
④ 가격은 비싸나, 시설비가 적게 든다.
⑤ 불순물에 의한 강도 저하가 적다.
⑥ 카바이드 찌꺼기가 나오지 않아 깨끗하다.

13 용해 아세틸렌의 용해량은 압력에 비례하나 15℃, 15기압에서 아세톤 1ℓ에 대하여 아세틸렌 몇 ℓ가 용해되는가?

375 ℓ

해설 15℃ 1기압에서 아세톤에 아세틸렌이 25배 용해되므로, 15기압 × 25배 = 375

14 아세틸렌 1ℓ의 무게는 15℃ 1기압에서 얼마인가? : 1.176g

15 아세틸렌 가스의 폭발과 관계없는 것은?
탄소
[온도, 압력, 진동, 충격, 구리, 탄소]

16 아세틸렌 가스를 15℃에서 몇 기압(kg_f/cm^2) 이상으로 압축하면 충격, 가열 등의 자극을 받아 분해 폭발할 수 있는가? : $1.5kg_f/cm^2$

17 아세틸렌 가스의 자연 폭발 압력은 몇 기압이나 되는가? : 2기압

18 용해 아세틸렌을 몇 기압 이하로 사용하면 안전한가? : 1.3기압

19 아세틸렌 가스가 몇 % 이상의 구리와 화합하면 120℃ 부근에서 폭발성 화합물을 생성하는가? : 62%Cu 합금

20 산소와 아세틸렌의 혼합비가 얼마일 때 폭발 위험이 가장 큰가? (단위는 %)
85 : 15

21 아세틸렌 가스의 자연발화 온도는?
406 ~ 408℃

22 아세틸렌 가스는 일정 온도 이상이 되면 산소가 없어도 자연 폭발하게 되는데 그 온도는? : 780℃ 이상

23 아세틸렌과 어떤 가스가 화합할 때 가장 폭발 위험이 있는가? : 인화 수소

24 용해 아세틸렌의 이점은? : ①~④
① 아세틸렌을 발생시키는 발생기와 부속 기구가 필요하지 않다.
② 저장과 운반이 용이하며, 어떠한 장소에서도 간단히 작업할 수 있다.
③ 순도가 높아 열효율이 좋다.
④ 시설비가 적게 들며, 카바이드 찌꺼기가 나오지 않아 깨끗하다.

25 발생기 아세틸렌과 비교한 용해 아세틸렌의 장점이 아닌 것은?
① 아세틸렌 발생기가 불필요하다.
② 폭발의 위험이 적다.
③ 순도가 적어 용접부가 양호하며 가격이 싸다.
④ 불순물에 의한 강도 저하가 적다.

> **해설** ③, 용해 아세틸렌이 발생기 아세틸렌보다 순도가 높아 불순물에 의한 용접부의 강도 저하가 적으나 가격은 비싸다.

26 용해 아세틸렌의 취급상 주의 사항은? ①~⑤
① 통풍이 잘 되어야 한다.
② 저장실의 전기는 방폭 구조여야 한다.
③ 사용 전에 비눗물 누설 검사를 한다.
④ 용기는 40℃ 이하에서 보관한다.
⑤ 용기를 사용할 때는 안전을 위해 세워 둔다.(뉘어 사용하면 아세톤이 유출)

27 용해 아세틸렌의 취급상 주의 사항은? ①~④
① 저장 장소는 화기와 멀리하며,

제3장_가스용접

② 직사 광선을 피하고 용기 밸브는 1/4~1/2만 연다.
③ 용기의 가용전 안전밸브는 105±5℃에서 녹게 되므로 끓는 물을 붓지 않는다.
④ 사용 후 반드시 약간의 잔압(0.1kgf/cm²)을 남겨둔다.

28 용해 아세틸렌 가스 1kgf이 기화하였을 때 몇 ℓ 의 아세틸렌이 발생하는가?

905ℓ 의 가스가 발생

29 15℃ 1기압하에서 용해 아세틸렌 병 전체의 무게가 61kgf이고, 빈병의 무게가 56kgf일 때 아세틸렌 가스의 용적은?

C = 905(A−B) = 905(61−56) = 4525ℓ

30 프로판(LP)의 성질이 아닌 것은?

① 액화 석유에서 얻어진다.
② 액화가 쉬워 용기에 넣어 수송하기 쉽다.
③ 공기보다 가벼우며, 무색·무취의 가스다.
④ 열효율이 높은 연소 기구의 제작이 쉽다.

[해설] ③, 프로판은 비중이 1.52로 공기보다 무겁다.

31 다음은 프로판의 성질을 설명한 것이다. 틀린 것은?

① 폭발 한계가 좁아 안전도가 높다.
② 쉽게 기화하며 발열량이 높다.
③ 증발 잠열이 크다.
④ 팽창률이 적고 물에 잘 녹는다.

[해설] ④, 팽창률이 크고 물에 잘 녹지 않는다.

32 다음 중 액화 석유 가스(LPG)의 주성분이 아닌 것은?   : 아세틸렌

[부탄, 프로판, 프로필렌, 아세틸렌]

33 아세틸렌과 프로판 가스 보관시 환기구는 어디에 설치해야 되는가?

① 아세틸렌은 상단에,
② 프로판은 하단에 설치(비중 때문에)

34 수소의 성질

① 폭발 범위가 넓은 가연성 가스이다.
② 모든 가스 중에서 가장 가볍다.
③ 고온 고압에서 수소 취성이 일어난다.
④ 무색, 무취, 무미이며 인체에 해가 없다.

[해설] 수소의 용도 : 납의 용접(납땜), 수중 절단, 인조 보석 세공

35 백심이 뚜렷한 불꽃을 얻을 수 없고 청색의 겉불꽃이 쌓인 무광의 불꽃은?

수소 불꽃

36 다음 중 기체를 가벼운 것부터 무거운 순서로 된 것은?

수소 > 아세틸렌 > 공기 > 산소

[해설]
- H_2(수소)   비중 : 0.069
- C_2H_2(아세틸렌)   비중 : 0.906
- CH_4(메탄)   비중 : 0.55
- C_3H_8(프로판)   비중 : 1.52

37 가스별 발열량이 가장 높은 것은? ⑤

① 수소 : 3050 kcal/Nm³
② 메탄 : 9520 kcal/Nm³
③ 아세틸렌 : 13600 kcal/Nm³
④ 프로판 : 24320 kcal/Nm³
⑤ 부탄가스 : 29500 kcal/Nm³

38 다음 중 산소와 반응시 발열량이 가장 높은 것은? : 프로판

[프로판, 메탄, 아세틸렌, 도시 가스]

해설 ① 프로판 발열량 : 20780 kcal/Nm^3
② 메탄 발열량 : 14515 kcal/Nm^3
③ 아세틸렌 발열량 : 12690 kcal/Nm^3
④ 도시 가스 발열량 : 7120 kcal/Nm^3

③ 산소-아세틸렌 불꽃

01 산소-아세틸렌 불꽃의 3대 구성은?

불꽃심, 속불꽃, 겉불꽃

02 산소-아세틸렌 불꽃의 구성 온도가 가장 높은 것은? : 속불꽃

참고 속불꽃(내염) : 약 3200~3500℃
겉불꽃(외염) : 약 2000℃ 정도
불꽃심(백심) : 약 1500℃

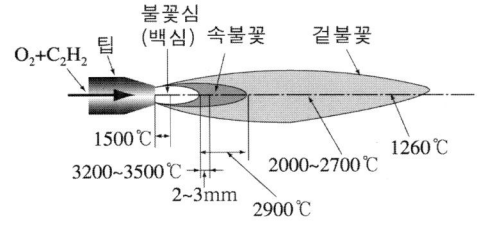

[산소-아세틸렌 불꽃 구성]

03 백심에서 2~3mm 떨어진 속불꽃 부분의 온도는? : 3200~3500℃

04 산소-아세틸렌을 대기 중에서 연소시킬 때 산소량에 따라 분류한 불꽃의 종류가 아닌 것은? ; ④

① 산화 불꽃   ② 중성 불꽃
③ 탄화 불꽃   ④ 질화 불꽃

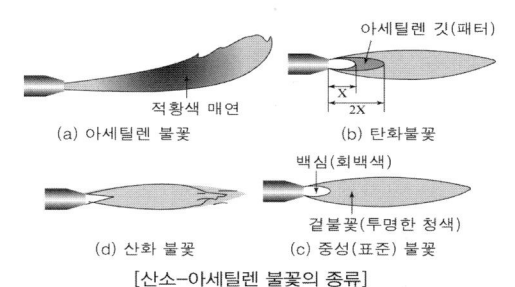

[산소-아세틸렌 불꽃의 종류]

05 아세틸렌 과잉 불꽃이란?

산소-아세틸렌 불꽃에서 매연을 내면서 적황색으로 타는 불꽃

06 백심과 겉불꽃 사이에 연한 청색의 제3의 불꽃으로 아세틸렌 깃이 존재하는 불꽃은? : 탄화 불꽃

07 중성 불꽃(표준 불꽃)의 특성

① 금속에 화학적 영향 적다. 백심 불꽃 끝에서 2~3mm 앞쪽에서 용접한다.
② 탄소강(연강) 용접에 사용

08 중성 불꽃의 산소와 아세틸렌 가스의 이론적인 혼합비는?

$2.5(1\frac{1}{2})$: 1

09 가스용접시 백심 끝에서부터 약 몇 mm 정도의 간격이 이상적이겠는가?

약 2~3mm

10 스테인리스강, 스텔라이트, 모넬메탈 등과 같은 금속을 가스용접할 때 사용해야 하는 불꽃은? : 탄화 불꽃

11 중성이나 약한 탄화 불꽃으로 용접할 수 있는 금속은? : 알루미늄

12 중성 불꽃에 비해 백심 부근에서 연소가 완전히 일어나 산화성 분위기이므로 철강 용접에는 사용하지 않고 구리, 황동 등의 가스용접에 이용되는 불꽃은?

산화(산소 과잉) 불꽃

제2절 가스용접 장치 및 기구

① 가스 용기

01 산소 용기의 제조와 기계적 성질

① 봄베라고도 하며 고압으로 압축하여 사용한다.
② 제조 : 만네스만법으로 이음매 없이 제조함
③ 산소용기 재료 : 인장강도 5.59MPa (57kgf/cm^2), 연신률 18% 이상일 것

02 산소 용기의 크기를 내용적(대기 중에서 환산량)에 따라 구분하면?

33.7(5000)ℓ, 40.7(6000)ℓ, 46.7(7000)ℓ

03 33.7ℓ 용기에 충전된 산소를 대기 중에서 환산한 용적은?

5000ℓ(33.7ℓ × 150 = 5055ℓ)

04 7000ℓ의 산소를 150기압으로 충전하는데 필요한 용기는?

L = P×V, V = L/P = 7000/150 = 46.7ℓ

05 산소 용기의 취급시 주의 사항은?

①~⑤

① 가스 설비는 기름 묻은 천으로 닦지 않는다.
② 병은 반드시 캡을 씌워 이동하며, 충격을 주지 않는다.
③ 40℃ 이하 온도에서 보관한다.
④ 화기로부터 5m 이상 거리를 둔다.
⑤ 직사 광선을 피해야 한다.

06 가스용접용으로 사용되는 가스가 갖추어야 할 성질로 옳지 않은 것은?

① 불꽃의 온도가 높을 것
② 연소속도가 빠를 것
③ 발열량이 높을(많을) 것
④ 용융금속과 화학반응을 잘 일으킬 것

해설 ④, 용융금속과 화학반응을 일으키지 않을 것

07 아세틸렌 용기에 채우는 다공 물질의 구비 조건은? : ①~③

① 강도와 안정성이 있을 것
② 화학적으로 안정되고 다공성일 것
③ 아세톤이 골고루 침윤될 것

참고 아세톤은 아세틸렌 가스가 25배나 용해되므로

08 용해 아세틸렌 용기의 다공 물질의 종류는?

① 목탄, 규조토, 아세톤 등이 들어감
② 용기 속의 다공질 물질의 다공도 : 75 ~ 92% 미만

참고 너무 다공도가 낮으면 아세톤을 흡수시킬 수 없다.

09 아세틸렌 용기의 내용적별 크기는?

내용적 : 30ℓ, 40ℓ, 50ℓ

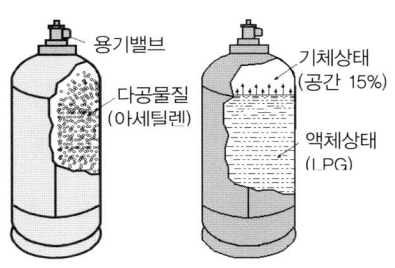

(a) 아세틸렌 용기 (b) LPG(프로판) 용기

10 아세틸렌 용기는 용접 용기를 사용한다. 이 때 용기 안에 다공질 물질을 채운 후 무엇을 흡수시킨 후 아세틸렌을 충전해야 되는가? : 아세톤

11 아세틸렌 용기에 아세톤을 흡수시키는 이유는?

아세틸렌을 기체 상태로 압축하면 폭발할 위험이 있으므로 아세틸렌이 많이 흡수되는 아세톤을 넣은 후 충전한다.

12 가스 매니폴드를 설치시 고려사항

① 순간 최대 사용량
② 필요한 가스 용기의 수
③ 가스를 교환하는 주기

❷ 용기의 검사 및 각인, 도색

01 용기의 각각의 각인 기호와 뜻

① W : 용기 중량 kgf
② FP : 최고 충전 압력 kgf/cm^2
③ TP : 내압 시험 압력 kgf/cm^2
④ V : 내용적(리터)

각인기호	
□	: 용기 제조자의 명칭
02	: 충전가스 명칭
10.8.1999	: 내압시험연월일(월. 일. 년)
△BC 1234	: 제조자의 용기번호 및 제조번호
T.P 250	: 내압시험압력(kgf/cm^2)
V 40.6	: 내용적(ℓ)
F.P 150	: 최고 충전압력(kgf/cm^2)
W 65.4	: 용기중량(kgf)

02 다음 중 가스 용기의 각인 사항에 포함되지 않는 것은? : ③

① 내용적   ② 내압시험압력
③ 가스충전일시   ④ 용기의 번호

03 산소 용기에 각인되어 있는 TP와 FP는 무엇을 의미하는가?

① TP : 내압 시험압력
② FP : 최고 충전압력

04 용기 검사에서 산소 용기는 내압 시험압력이 얼마 정도이어야 하는가?

충전 압력×5/3 이상(250kgf/cm^2)

05 가스용기에서 충전 가스의 용기 도색으로 틀린 것은?

① 산소—녹색   ② 프로판—회색
③ 탄산가스—백색   ④ 아세틸렌—황색색

해설 ③, 탄산가스 병 : 청색, 암모니아 : 백색, 수소 : 주황색, 아르곤 : 회색

❸ 가스용접 토치, 호스, 조정기

01 가스용접 토치의 구성은?

손잡이, 혼합실, 팁

> **참고** 혼합실 : 연소 가스와 산소를 혼합하는 부분

02 산소-아세틸렌 토치(torch)를 고안자는?

푸세와 피카르

03 토치의 팁 재료는? : 구리 합금

> **참고** 팁 재료는 열전도성과 내열성이 큰 것이 요구되므로 구리(동)가 좋으나 순구리는 아세틸렌과 접촉하면 폭발성 화합물을 만들게 되므로 구리 합금이 쓰인다.

04 가스용접 토치의 구조에 따라 구분할 때 3가지와 다른 것은?

① 프랑스식 토치 ② B형 토치
③ 가변압식 토치 ④ 불변압식 토치

> **해설** ④, 가스용접 토치는 구조에 따라 독일식(A형, 불변압식)과 프랑스식(B형, 가변압식)으로 구분한다.

05 저압식 토치 중 1개의 팁에 1개의 인젝터가 있으나 니들밸브가 없는 토치는?

독일식 토치

06 저압식 토치 중에서 인젝터 부분에 니들 밸브가 있어 유량을 조절할 수 있는 토치가 아닌 것은?

① 가변압식 토치 ② 프랑스식
③ B형 토치   ④ 불변압식 토치

> **해설** ④, 불변압식은 인젝터만 있어 불꽃의 능력을 변경할 수 없는 토치이다.

07 아세틸렌 가스 압력에 따른 토치는?

저압식, 중압식, 고압식

08 고압의 산소로 발생기 압력 $0.07kg_f/cm^2$ (용해식 : $0.2kg_f/cm^2$) 이하의 아세틸렌 가스를 빨아내는 인젝터를 가지고 있는 토치는? : 저압식

> **해설** 가스용접 토치는 아세틸렌 가스 압력에 따라 저압식은 $0.07kg_f/cm^2$, 중압식은 $0.07 \sim 1.3kg_f/cm^2$, 고압식은 $1.3kg_f/cm^2$ 이상을 사용한다.

09 다음 중 중압식 토치의 특징을 설명한 것으로 적당하지 않은 것은?

① 역류할 우려가 없다.
② 혼합 상태가 좋아 안정된 불꽃을 얻을 수 있다.
③ $0.07kg_f/cm^2$ 범위의 아세틸렌 압력을 사용한다.
④ 산소의 압력은 아세틸렌 압력과 같거나 약간 높다.

> **해설** ③, 중압식은 $0.07 \sim 1.3kg_f/cm^2$,

10 토치의 능력은? : 팁의 구멍 크기

11 독일식 팁 2번은 몇 mm의 강판을 용접할 수 있는가? : 2mm

12 불변압식 팁의 크기 표시는?

용접 가능한 판두께 mm를 번호로 나타냄

13 가변압(프랑스)식 팁의 크기 표시는?

매 시간당 아세틸렌 가스의 소비량

14 표준 불꽃을 사용하여 1시간 용접할

경우 아세틸렌 가스의 소비량 ℓ 를 번호로 나타내는 토치는? : 프랑스식

15 내용적 40ℓ의 산소 용기에 100기압의 산소가 들어 있다. 1시간에 100ℓ를 사용하는 토치로 중성 불꽃으로 작업한다면 몇 시간 사용하겠는가? : 40시간

해설 40ℓ×100기압/100ℓ = 40시간

16 팁의 분출 구멍이 일정하고 팁의 능력도 일정하여 불꽃의 능력을 변경할 수 없는 토치는? : 독일식(A형, 불변압식)

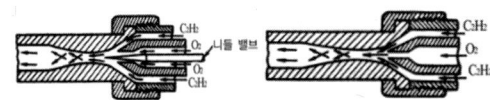

(a) 가변압식 토치   (b) 불변압식 토치

17 가스용접 토치의 취급상 주의 사항은?
①~④

① 작업 목적에 따라서 팁을 선정한다.
② 토치를 망치 등 다른 용도로 사용해서는 안된다.
③ 점화 전에 반드시 토치의 안전 여부를 점검한다.
④ 토치를 작업장 바닥에 방치하지 않는다.

18 가스용접 토치의 취급상 주의 사항은?
①, ②

① 점화되어 있는 토치를 아무 곳이나 방치하지 않는다.
② 팁이 과열되었을 때는 산소 밸브를 약간 열고 물 속에서 냉각시킨다.

19 가스장치의 적정(가장 많이 사용되는) 호스 내경과 적정 길이는?

내경 7.9mm, 길이 5m가 많이 사용됨

참고 가스용접용 호스는 천이 섞인 고무관을 사용하며, 호스의 내경은 6.3, 7.9, 9.5mm가 있으며, 7.9mm가 가장 많이 사용된다

20 아세틸렌 용기 및 도관에 몇 % 정도의 구리 합금을 사용할 수 있는가?

62% 이하

해설 아세틸렌과 구리가 접촉하면 폭발성 화합물을 생성하므로 62%Cu 이하의 구리 합금을 사용해야 된다.

21 가스 호스 색과 내압시험 압력

① 산소 호스 색 : 녹색, 또는 검정색
   내압 시험 : $90 kgf/cm^2$
② 아세틸렌, 프로판 호스 색 : 적색
   내압 시험 : $10 kgf/cm^2$으로 실시

22 가스용접용 호스 속을 청소할 때 사용하면 위험한 가스는 무엇인가?

산소

23 압력 조정기(스템형)의 작동 순서는?

부르동관 - 캘리브레이팅 링크 - 섹터 기어 - 피니언 - 눈금판

24 압력계의 접속구 나사 방향

① 아세틸렌, LPG 압력계나 토치 접속구 나사의 방향 : 왼나사
② 산소, 탄산가스, 아르곤 게이지 등 : 오른 나사로 되어 있다.

[산소 압력 게이지]

25 산소 조정기의 밸브 시트에 사용하는 에보나이트는 몇 ℃에서 연화하는가?

70℃에서 연화한다.

제3절 가스용접 재료 및 작업

❶ 가스용접봉

01 가스용접봉의 구비(선택) 조건은? ①~⑥

① 될 수 있는 대로 모재와 같은 재질일 것
② 모재에 충분한 강도를 줄 수 있을 것
③ 봉의 용융온도가 모재와 같거나, 약간 낮을 것
④ 기계적 성질에 나쁜 영향을 주지 않을 것
⑤ 용접봉의 재질 중에 불순물이 포함하고 있지 않을 것
⑥ 연강용 : 인, 유황 등이 적은 저탄소강을 사용한다.

02 가스용접봉 성분의 영향은? : ①~④

① 탄소(C) : 강의 강도를 증가시키나 굽힘성 등이 감소된다.
② 규소(Si) : 기공을 막을 수 있으나 강도를 떨어지게(저하) 한다.
③ 인(P) : 상온 취성의 원인이 되므로 0.04% 이하로 제한한다.
④ 유황(S) : 용접부의 저항력을 감소시키고 기공 및 적열 취성을 일으킨다.

03 가스용접봉 표시법은? : ①, ②

① GA 46 : GA : 재질, 46 : 최소인장강도
② NSR : 용접한 그대로 응력을 제거하지 않음

04 가스용접봉 시험편의 처리에서 SR은 무엇을 뜻하는가?

625±25℃에서 1시간 동안 응력 제거한 것

05 가스용접봉의 지름 D을 결정하는 공식은? (단, T는 판두께 mm)

$$D = \frac{T}{2} + 1$$

06 가스용접봉의 표준 치수는?

① 1.0, 1.6, 2.0, 2.6, 3.2, 4.0, 5.0, 6.0의 8종
② 길이는 1000mm

07 가스용접시 백심 끝에서부터 모재간 적정 거리는? : 2~3mm 정도

08 가스용접 작업에서 후진법에 대해 전진법의 특성은? : ①~⑤

① 용접 변형이 크고, 산화가 심하다.
② 열이용률이 나쁘고, 용접속도가 느리다.
③ 용착금속의 조직이 거칠(조대하)다.
④ 비드 모양은 보기 좋으나, 용접 홈 각

도가 크다.
⑤ 5mm 이하의 맞대기 용접에 쓰인다.

09 가스용접으로 주철을 용접할 때 가장 적합한 예열 온도는? : 500 ~ 600℃

❷ 가스용접

01 가스용접 용제의 작용은? : ①~④
① 모재와 용착금속의 융합을 돕는다.
② 용착금속의 성질을 양호하게 한다.
③ 용융 온도보다 낮은 슬래그를 만든다.
④ 용착금속의 성질을 양호하게 한다.

02 가스용접에서 용제를 사용하는 이유는?
용접 중 산화물, 유화물, 비금속 개제물 등을 제거하기 위하여

03 재질에 따른 용제는? : ①~④
① 연강 : 사용하지 않음
② 구리 및 구리 합금 : 붕사, 붕산
③ 주철 : 탄산나트륨, 중탄산나트륨, 붕사
④ 알루미늄 : 염화칼륨, 염화나트륨, 염화리튬, 풀루오르화칼륨, 황산칼륨

04 가스용접(절단)기 설치 전, 후 점검 및 주의 사항으로 적당하지 않은 설명은?
① 모든 접속부에 비눗물로 가스 누설 검사를 한다.
② 가스의 종류에 맞는 색깔의 호스를 접속한다.
③ 용기의 고압 밸브는 3회전 이상 돌린다.
④ 고압밸브를 열 때 출구 쪽에 서지 않는다.

05 가스용접시 역류의 현상과 방지법은?
① 역류 : 토치 내부의 청소가 불량할 때 토치 내부가 막혀서 고압의 산소가 아세틸렌 호스로 흐르는 현상
② 방지법 : 팁을 깨끗이 청소, 역류시 산소 차단, 아세틸렌을 차단시킨다.

06 팁 끝이 모재에 닿아 순간적으로 팁 끝이 막히거나 과열 등으로 팁 속에서 폭발음이 나며 불꽃이 꺼졌다가 다시 나타나는 현상을? : 역화

07 역화시 방지대책으로 적당하지 않은 것은?
① 산소 밸브를 차단한다.
② 팁을 물에 식힌다.
③ 토치의 기능을 점검한다.
④ 산소의 압력을 높인다.

해설 ④, 가스 용접 중 역화 현상이 발생하면 제일 먼저 토치의 산소 밸브를 차단시킨다.

08 인화의 현상과 방지법은?
① 인화 : 팁 끝이 순간적으로 막혀 가스 분출이 나빠지고 토치의 가스 혼합실까지 불꽃이 도달되어 토치가 빨갛게 달구어지는 현상
② 인화시 먼저 아세틸렌 밸브를 잠근다.

09 역류, 역화, 인화의 원인은?
팁 끝 막힘, 팁 과열, 팁 시트의 접촉불량

10 가스 절단 작업 중에 탁탁 소리가 날 경우 방지 대책으로 부적당한 것은? ④
① 불을 끄고 산소를 약간 열어 물에 식힌다.
② 아세틸렌 양의 상태를 조사한다.

③ 산소의 양의 부족 여부를 조사한다.
④ 노즐을 모재에 살짝 닿게 한다.

11 가스 용접 중 고무호스에 인화가 일어났을 때 제일 먼저 해야 할 일은?

아세틸렌 밸브를 잠근다.

> **해설** 역화시는 제일 먼저 산소 밸브를 닫으며, 인화시는 아세틸렌 밸브를 먼저 닫는다.

12 팁이 막혔을 때 청소하는 방법으로 옳은 것은? : 팁 클리너로 제거한다.

제4절 납 땜

❶ 납땜의 개요(원리, 종류, 조건)

01 납땜법의 원리는?

접합하고자 하는 금속을 용융시키지 않고 두 금속 사이에 용융점이 낮은 금속을 첨가하여 접합하는 법

02 연납과 경납의 구분은? : 450℃ 전후

03 연납땜이란? : ①, ②

① 융점이 450℃ 이하인 주석, 납의 합금 등의 용가재를 사용하는 납땜
② 용제는 수지, 염화아연 등을 사용

04 경납땜이란? : ①~③

① 융점이 450℃ 이상인 은납, 동납, 황동납 등의 용가재를 사용하는 납땜
② 용융점이 높고, 강도나 내식성이 크다.
③ 용제는 붕사, 붕산 등이 쓰인다.

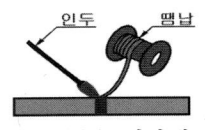
(a) 연납땜

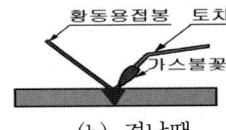
(b) 경납땜

❷ 연납재와 경납재

01 땜납의 구비 조건으로 옳지 않은 것은?

① 모재보다 용융점이 낮으며, 표면 장력이 적어 모재 표면에 잘 퍼져야 한다.
② 유동성이 좋아서 틈이 잘 메워져야 한다.
③ 모재와 친화력이 적고 접합부 구분이 확실해야 한다.
④ 사용 목적에 적합해야 한다.(강인성, 내식성, 내마멸성, 전기 전도도 등)

> **해설** ③, 모재와 친화력이 있고 접합이 튼튼해야 한다.

02 연납땜의 특성

① 연납땜 : 주석납, 주로 인두납땜 함
② 흡착 작용은 주로 주석의 함량에 의존한다.

> **해설** 주석 100%일 때 가장 흡착성이 좋으며 납 100%일 때 가장 흡착성이 없다.

03 연납재의 특성

① Sn40%-Pb 60%가 대표적임
② 종류 : Pb-Ag 합금, 저융점 땜납, Cd-Zn 합금
③ 주석 30%, 납 70%이고 용융점이 260℃ 정도인 연납은 건축, 큰 주석판의 세공용으로 쓰인다.

04 경납재의 종류

1) 은납(Cu-Ag-Zn)

① 융점이 낮고, 유동성이 좋으며, 인장 강도, 전연성 등이 우수하다.
② 용도 : 구리와 그 합금, 철강, 스테인리스강 등에 사용, 불꽃 경납, 고주파 경납, 로내 경납 등

2) 황동 납(Cu-Zn)

3) 인동 납(Cu-P)
① 구리가 주성분이며 소량의 은, 인을 포함한 합금
② 전기 전도와 기계적 성질이 좋으며, 황산에 대한 내식성이 우수하다.

4) 기타 경납땜의 종류
① 망간 납 : 구리-망간, 구리-망간-아연 합금, 융점이 810~890℃ 정도이다.
② 양은 납 : 구리-아연-니켈 합금납
③ 알루미늄 납 : Al-Si-Cu 합금으로, 융점이 600℃ 정도이다.

05 스테인리스 강판이 납땜하기 곤란한 이유는? : 강한 산화막이 있으므로

06 황동납의 결점은?

250℃ 이상에서는 인장 강도가 대단히 약해진다.(아연이 기공을 일으키거나 재질 변화가 온다.)

❸ 납땜용 용제와 납땜법

01 납땜 용제의 구비 조건은? ①~⑥

① 모재의 산화물 등을 제거하고 유동성이 좋을 것
② 금속면의 산화를 방지하며, 부식 작용이 최소한이며, 인체에 해가 없을 것
③ 모재와의 친화력을 높일 것
④ 납땜 후 슬래그 부착성이 없으며, 제거가 용이할(쉬울) 것
⑤ 전기 저항 납땜에 사용되는 것은 전기가 통하는(도체) 물체일 것
⑥ 용제의 유효 온도 범위와 납땜 온도가 일치할 것

02 연납용 용제는?

목재 수지(부식성이 가장 적음), 염산, 염화 아연(부식성 매우 강함)

03 연납시 용제의 역할이 아닌 것은? ③

① 산화막을 제거한다.
② 산화의 발생을 방지한다.
③ 녹은 납은 모재끼리 접촉하게 한다.
④ 녹은 납은 모재끼리 결합되게 한다.

04 연납땜 인두의 적정 온도는?

300℃ 전후가 적당, 온도 알맞을 경우 녹은 땜납은 은백색, 땜납의 온도가 높을 경우 납땜의 색깔은 회색

05 다음 중 부식성이 가장 강한 용제는?

염화 아연

[붕사, 붕산, 염화 아연, 염화 나트륨]

06 염화 아연을 사용하여 납땜을 하였더니 그 후에 그 부분이 부식되기 시작했다. 그 이유는?

납땜 후 염화 아연을 닦아내지 않았기 때문에

> **해설** 용제는 거의가 부식성이 있으므로 납땜 후 물로 깨끗이 세척해야 한다.

07 납땜 인두의 머리 부분을 구리로 만드는 이유는?

땜납과 친화력이 매우 크므로

08 식기류의 납땜시 납재의 함량은?

10% 이하

09 경납 용제는?

① 붕사, 붕산, 염화나트륨, 알칼리 등
② 구리, 구리 합금의 납땜시 적당한 용제
  : 붕사, 규산나트륨

10 경납용 용제로 적당하지 않은 것은?

[염화 아연, 붕사, 붕산, 염화 나트륨]

해설 염화아연, 염화암모니아 등은 연납용제

11 다음 중 알루미늄 경납땜에 사용되는 용제로 적당하지 않은 것은?   : ③

① 열화 칼륨   ② 염화리튬
③ 붕산   ④ 풀르오르화 칼륨

12 은납의 주성분과 특성, 용도는?

① 주성분 : 구리, 은, 아연,
② 유동성, 인장 강도, 전연성 등이 우수하다.
③ 구리 합금, 철강, 스테인리스강 등의 납땜에 사용

13 경납재의 성분은?   : ①~④

① 황동납 : Cu + Zn
② 은납 : Ag + Cu + Zn
③ 금납 : Ag+Au+Cu+Zn
④ 양은납 : Cu + Zn + Ni 3원 합금계 납재, 구리, 황동, 백동, 모넬메탈 납땜

14 방법별 경납땜의 종류는?

담금 납땜, 유도 납땜, 로내 납땜

15 용해된 땜납 또는 화학 약품이 녹아 있는 용기 속에서 납땜하는 방법은?

담금 경납땜

16 이음부에 납땜재의 용제를 발라 저항열로 가열하는 방법으로 저항 용접이 곤란한 금속의 납땜이나 작은 이종 금속의 납땜에 적당한 방법은?

저항 납땜

17 다음 그림과 같은 용기를 만들어 밑부분을 납땜하려고 할 때 접합법 중 어느 것이 가장 좋은가?

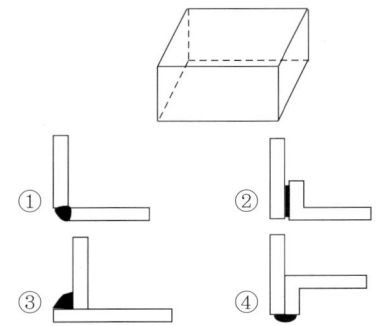

해설 ②, 가장 강력한 접합이다.

04 절단 및 가스 가공

제1절 가스절단

1 가스절단의 개요

01 가스절단의 원리는?

절단할 부분을 예열(800~900℃)한 후 고압 산소를 분출시키면 철과 산소가 연소 반응을 일으켜 산화철이 되면서 고압 산소의 기류에 밀려 절단된다.

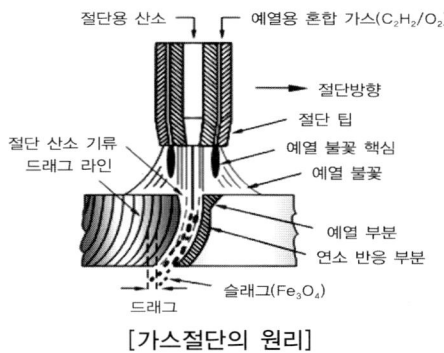

[가스절단의 원리]

02 가스절단에 주로 사용하는 방법

① 주로 산소(O_2) – 아세틸렌(C_2H_2) 절단
② 산소 (O_2) – 프로판 가스(C_3H_8) 절단

해설 현장에서는 거의(대부분) 산소-프로판 가스 절단법이 사용된다.

03 산소와 금속의 산화 반응을 이용한 절단법의 종류와 용도는?

가스절단, 분말 절단, 가스 가우징, 스카핑 등이 있으며, 강 또는 합금강의 절단에 이용된다.

04 가스절단시 일어나는 산화 반응

① $Fe + \frac{1}{2}O_2 \rightarrow FeO + 63.8(kcal)$

② $2Fe + 1\frac{1}{2}O_2 \rightarrow Fe_2O_3 + 196.8(kcal)$

③ $3Fe + 2O_2 \rightarrow Fe_3O_4 + 267.8(kcal)$

05 가스절단이 연속적으로 이루어질 수 있는 이유는?

철(Fe)이 산화연소시 발열을 가져오므로 연속 가열이 된다.

2 가스절단에 미치는 인자

01 가스절단에 영향을 주는 요소는?

절단재, 예열 온도, 절단 속도, 산소의 순도, 팁의 형상과 크기

02 가스 절단에서 절단 속도와 관계없는 것은?

병 속의 압력

[팁의 구멍, 산소 압력, 산소 순도, 병 속의 압력]

03 가스절단시 절단 속도는? : ①, ②

① 모재의 온도가 높을수록, 절단 산소의 압력이 높을수록, 산소 소비량이 많을수록 비례하여 증가한다.
② 산소의 순도나 팁의 모양에 따라 다르다.

04 가스절단 조건은? : ①~⑤

① 절단재의 산화 연소 온도가 용융점보다 낮을 것(낮아야 된다.)
② 생성된 산화물의 용융온도는 모재의 용융온도보다 낮고, 유동성이 좋을 것
③ 절단재는 불연성(연소되지 않는) 물질을 품고 있지 않을(적을) 것
④ 산화 반응이 격렬하고 발열량이 많을 것
⑤ 산화 반응이 격렬하고 다량의 열을 발생할 것

05 가스절단에서 산소 중에 불순물이 증가할(산소의 순도가 낮을) 때 나타나는 결과는? : ①~⑥

① 절단 속도가 늦어진다.(능률 급 저하)
② 산소의 소비량이 많아진다.
③ 절단면이 거칠어진다.
④ 슬래그의 이탈성이 나빠진다.
⑤ 절단 개시 시간이 길어진다.
⑥ 절단 홈의 폭이 넓어진다.

06 가스절단시 예열 불꽃이 약할 경우는? ①~④

① 절단이 잘 안되거나, 절단이 중단되기 쉬우며, 절단 속도가 느려진다.
② 역화를 일으키기 쉽다.
③ 드래그가 커지고 뒷면까지 통과하기 어렵다.
④ 절단면이 더러워진다.

07 가스절단시 예열 불꽃이 너무 세면? ①~③

① 절단면 위의 기슭이 잘 녹게 된다.
② 모재 뒤쪽에 슬래그가 많이 달라 붙는다.
③ 필요 이상으로 불꽃이 세면 팁에서 불꽃이 떨어진다.

08 절단시 사용하는 산소의 순도는?

99.5% 이상 사용

09 가스절단으로 절단이 잘 되지 않는 금속은?

주철, 스테인리스강, 구리, 알루미늄 등 비철금속

10 텅스텐이 몇 % 이상이 되면 가스 절단이 곤란한가? : 20%

해설 텅스텐 12~14%까지는 가스 절단 가능

11 가스절단이 곤란한 금속의 절단법은?

분말 절단이나 플라스마 아크절단 등을 이용하고 있다.

12 가스절단이 가장 잘 되는 금속은?

연강, 주강

해설 탄소량, 합금 원소가 많을수록 절단 곤란

❸ 가스절단 장치

01 가스절단기의 구조는?

산소와 아세틸렌을 혼합하여 예열용 가스를 만드는 부분과 고압 산소만 분출하는 부분으로 되어 있다.

02 절단 장치의 구성은?

절단 토치, 산소, 가연성가스, 가스용 호스, 압력 조정기

03 가스절단기의 종류

① 형식에 따라 : 프랑스식과 독일식
② 압력에 따라 : 저압식 토치(0.07 kg/cm² 이하의 아세틸렌 압력을 사용), 중압식 토치(0.07~0.4kg/cm²의 아세틸렌 압력 사용)
③ 팁의 형식에 따라 : 동심형(프랑스식)과 이심형(독일식)

04 독일식(A형, 불변압식) 절단 토치는?

절단 산소와 혼합 가스를 각각 다른 팁에서 분출시키는 이심형 팁이며, 예열 팁과 산소팁이 있는 토치

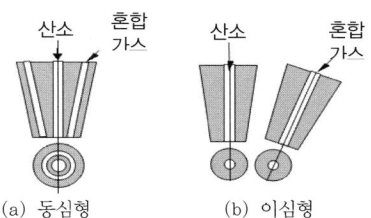

[절단 팁의 모양]

05 이심형 팁의 특징은? : ①~③

① 절단면이 매우 아름답다.
② 예열 불꽃용 팁과 절단 산소용 팁이 분리되어 있다.
③ 직선 절단에 있어 매우 능률적이다.

06 보통의 팁에 비해 산소의 소비량이 같을 때 다이버젠트형 팁의 특징과 절단 속도는?

① 고속 분출을 얻는데 적합하고,
② 보통 팁에 비해 산소 소비량이 같을 때 절단 속도를 20~25% 증가시킬 수 있다.

07 자동 가스절단은? : ①~③

① 곧고 긴 물체의 직선 절단
② V형, X홈 가공
③ 불규칙한 곡선, 짧은 곡선은 곤란

④ 가스절단 방법

01 가스절단 방법

① 예열 불꽃은 표준(중성) 불꽃을 사용한다.
② 예열 불꽃의 세기를 적당히 맞춘다.

02 수동 절단에서 판재 6~9mm 절단시 적당한 절단 속도는?

400 ~ 500mm/min

03 드래그(drag) 라인이란? : ①, ②

① 가스절단을 일정 속도로 실시할 때 절단 홈의 하부에 절단이 지연되는데 그 절단면을 보면 거의 일정한 간격의 나란한 곡선
② 가스절단시 가스절단의 양부를 결정한다.

04 표준 드래그 길이는?

① 표준 드래그 길이 : 절단 속도, 산소 소비량에 따라 변화하며, 절단면 말단부가 남지 않을 정도의 길이
② 판두께의 20%(1/5t) 정도

$$드래그(\%) = \frac{드래그\ 길이(mm)}{판\ 두께(mm)} \times 100$$

제4장_절단 및 가스 가공

05 보통 절단시 판두께가 12.7mm일 때 표준 드래그(drag)의 길이는 몇 mm 인가?

판두께의 20%, 12.7×0.2 = 2.54mm

06 절단시 드래그 라인을 최소화하기 위한 조치는?

산소 압력을 높이고 속도를 적당히 한다.

07 그림에서 드래그 길이는? : ②

해설 ①은 모재 두께, ③은 드래그 라인, ④는 절단 나비(gap)

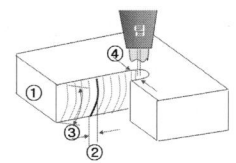

08 가스절단시 모서리가 둥글게 녹아내리는 이유는? : ①~③

① 예열 불꽃이 강할 때
② 산소 압력이 낮을 때
③ 절단 속도가 느릴 때 모재가 과열되어 기류에 의해

09 가스절단시 모재 표면과 백심과의 거리가 너무 가까울 때 일어나는 현상은?

①~③

① 절단면 상부가 용융되어 둥글게 된다.
② 절단부가 현저하게 탄화한다.
③ 절단 폭이 넓어진다.

10 가스절단 팁의 백심과 모재 표면과의 적당한 거리는? : 1.5~2.0mm

11 연강판을 절단할 때 절단 부분의 예열 온도는? : 약 800~1000℃

12 아름다운 절단면을 얻기 위해서 산소 압력을 어느 정도로 하면 좋은가?

$3~4kgf/cm^2$

해설 아세틸렌가스의 압력은 $0.1~0.3kgf/cm^2$

5 산소-LP 가스절단

01 가스절단에서 완전 연소시 가스의 이론적인 혼합 비율은?

① 프로판 가스절단에서 프로판 : 산소 = 1 : 4.5
② 아세틸렌 가스절단에서 아세틸렌과 산소 혼합 비율 : 1 : 1

02 가스절단 작업에서 프로판(LP 가스)와 아세틸렌 가스 사용시의 비교?

①~④

① 점화는 아세틸렌 가스가 더 쉽다.
② 박판 절단시는 아세틸렌이 우수하다.
③ 프로판 사용시 슬래그 제거가 쉽고, 포갬 절단이 빠르(우수하)다.
④ 절단면은 프로판이 더 깨끗하다.

03 가스절단 작업에서 LPG(프로판)와 아세틸렌 가스 사용시의 비교?

①~④

① 후판 절단 속도는 프로판 가스가 빠르다.
② 슬래그 제거는 프로판 가스 사용이 더

쉽다.
③ 아세틸렌이 중성 불꽃을 만들기 쉽다.
④ 산소 소비는 프로판 사용이 더 많이 든다.

04 LP 가스용 절단 팁 설계는? ①~③

① 토치의 혼합실을 크게 하여 팁에도 충분히 혼합할 수 있게 설계한다.
② 예열 불꽃의 구멍을 크게 하고 개수를 많이 하여 불꽃이 불려 꺼지지 않게 한다.
③ 팁 끝의 슬리브를 약 1.5mm 정도 가공면보다 깊게 한다.

제2절 특수절단, 가스 가공

❶ 특수 절단

01 분말 절단의 원리는?

철 분말, 용제 분말을 자동 또 연속적으로 절단용 산소에 혼입 공급하여 그 산화열 또는 용제 작용을 이용한 절단 방법

02 분말 절단의 특징은? : ①~④

① 철, 비철 금속 등의 절단에 이용하며, 콘크리트 절단도 가능하다.
② 산소 소비량이 적다.
③ 분말 절단에는 나트륨에 탄산염 및 중탄산염을 주체로 하는 용제도 사용된다.
④ 보통의 토치 팁에 분말을 주체로 하는 보조 장치가 필요하다.

03 용제 분말 절단의 용도는?

산화막을 형성하여 절단이 곤란한 스테인리스강 금속에 사용된다.

04 오스테나이트계 스테인리스강의 절단에 적합하지 않은 절단법은?

① 철분 절단   ② 용제 절단
③ 플라스마 절단 ④ 레이저 절단

> **해설** ①, 철분 절단시 스테인리스강에 철분이 혼입될 위험성이 크므로 용제 절단을 해야 함

05 용제 분말 절단에 사용되는 용제의 주성분은? : 탄산소다

06 철분 분말 절단에 주로 사용되는 것은?

주철, 주강, 콘크리트

07 수중 절단의 특징은? : ①~④

① 예열용 연소 가스는 육상과 비교하여 압력을 높게 조정한다.
② 수중 절단에 사용되는 가스 : 수소, 아세틸렌, 벤젠
③ LP 가스는 압력을 가하면 쉽게 액화되므로 잘 사용하지 않음
④ 수중 절단은 수중 45m까지 가능하다.

08 수중 8m 이상에서 절단 작업할 때 사용하는 가스는? : 수소

> **참고** 수소는 압력을 가해도 기포 발생이 적어 많이 사용되며, 아세틸렌은 수압에 의하여 폭발 가능성이 있다.

09 수중 절단시 산소압력과 예열가스의 양은 공기 중에서 보다 몇 배 필요한가?

산소압력은 1.5~2배, 예열가스는 4~8배

10 수중 절단시 절단 속도는?

12~50mm/min 정도로 한다.

11 산소창 절단의 원리는?

토치의 팁 대신 내경이 작은 강관을 사용하여 고압 산소를 분출시켜 절단하는 방법

12 산소창 절단에 이용되는 강관의 안지름과 길이는?

안지름 3.2 ~ 6mm, 길이 1.5 ~ 3m

13 산소창 절단의 용도는?

용광로, 평로의 tap 구멍의 천공, 강괴 절단, 암석의 천공, 두꺼운 판의 절단, 주강 슬래그의 덩어리 절단

참고 알루미늄판, 구리판 절단은 불가능함

14 포갬(겹치기) 절단이란?

얇은 판(6mm 이하)을 여러 장 포개어 틈이 없도록 압착한 후 산소-프로판 불꽃으로 한꺼번에 절단하는 방법

15 포갬(겹치기) 절단시 판의 최소 틈새는 얼마로 해야 되는가? : 0.08mm 이하

16 워터 제트 절단(water jet cutting)

물을 3500~4000bar 이상 초고압으로 압축한 후 0.75mm의 노즐로 음속 이상으로 분사시켜 절단

17 워터 절단의 특징은? : ①~③

① 연질재료는 순수한 물을, 경질재에는 연마재와 물을 분사시켜 절단한다.
② 워터 제트 절단은 모든 재료의 절단이 가능하다.
③ 로봇 등과 조합시켜 자동화가 가능하고, 열변형이 없고 정밀도가 높아 후속 처리가 거의 불필요하다.

❷ 가스 가공

01 가스 가우징의 용도는?

용접 홈을 가공

02 가스 가우징 작업의 속도는 가스절단 때 보다 몇 배 빠른가? : 2.5배

03 가스 가우징 작업에 있어서 홈의 깊이와 나비의 비는? : 1 : 1 ~ 1 : 3

04 가스 가우징시 산소와 아세틸렌의 압력은?

① 가스 압력은 팁의 크기에 따라 다르나 보통 3~7kgf/cm2(294~686kPa),
② 아세틸렌의 경우 0.2~0.3kgf/cm^2(19.6~29.4kPa)이 널리 쓰인다.

05 스카핑의 특징은? ①~③

① 강괴 표면 탈탄층 및 홈 제거에 사용
② 가우징 토치에 비해 능력이 크다.
③ 주로 넓은 표면의 홈을 제거할 때 사용

06 냉간재를 스카핑할 경우 스카핑의 속도는? : 5 ~ 7m//min

07 스카핑시 사용되는 산소의 압력은?

0.5~0.7MPa

제3절 　아크절단

❶ 산소, 탄소 아크절단 등

01　비철 금속 절단에 바람직한 절단법은?

아크절단 또는 분말 가스절단

02　아크절단법의 종류

탄소 아크절단, 금속 아크절단, 산소 아크절단, 불활성 가스 아크(티그, 미그) 절단, 플라즈마 젯트 절단법 등이 있다. 아크절단시 압축 공기나 산소 기류를 이용하면 좋다.

03　탄소 아크절단(carbon arc cutting)

탄소 또는 흑연 전극과 모재 사이에 아크를 일으켜 절단하는 방법

> 참고　전극봉은 전도성 향상을 위해 표면에 구리 도금한 것을 사용한다.

04　탄소 아크절단에 적합한 전원은?

직류, 교류 모두 사용되나, 주로 직류 정극성이 사용한다.

05　탄소 아크절단의 특징 및 용도는?

고탄소강의 경우 절단 영향부가 경화되기 쉬우며, 주철, 고탄소강 등 가스절단이 곤란한 재료에 사용된다.

06　금속 아크절단의 특징은? : ①~③

① 교류 및 직류 용접기를 사용하여 절단 전용 피복 용접봉으로 절단하는 방법
② 피복 금속 아크절단라고도 한다.
③ 피복제는 발열량이 많고 산화성이 풍부한 것을 사용하며, 용융물은 유동성이 좋아야 한다.

07　산소 아크절단의 특징은? : ①~③

① 중공(속이 빈)의 피복 용접봉과 모재 사이에 아크를 발생시켜 용융시키고, 중공의 전극봉에 고압 산소를 분출하여 절단하는 방법
② 전원은 보통 직류 정극성이 사용되나 교류도 가능하다.
③ 철구조물 및 수중 해체, 고크롬강, 스테인리스강, 고합금강 등에 이용된다.

08　TIG 절단의 특징

① 텅스텐 전극과 모재 사이에 아크를 발생시켜 모재를 용융하여 절단
② 비철 금속, 스테인리스강의 절단

09　MIG 절단의 특징

① 금속 전극에 큰 전류를 흐르게 하여 10~15% 산소를 혼합한 아르곤 가스를 분출시키며 절단
② 직류 역극성을 사용하며, 모든 금속의 절단에 이용된다.

10　플라즈마 젯 절단의 원리는?

플라즈마 아크의 바깥 둘레를 강제로 냉각하여 생성된 10000 ~ 30000℃의 고온, 고속의 플라즈마를 이용한 절단

11　플라즈마 젯 절단에 사용하는 전원은?

직류, 비철 금속 절단에 이용된다.

12　플라즈마 젯 절단에 사용하는 가스는?

① Al, 경금속에는 아르곤과 수소의 혼합

가스를 사용하며,
② 스테인리스강에는 질소와 수소 혼합 가스를 사용한다.

13 플라스마 절단의 용도는?

경금속, 철강, 고합금강, 스테인리스강, 비철 금속, 주철, 구리 합금 등의 금속재료와 콘크리트, 내화물 등의 절단

14 절단하려는 재료에 전기적 접촉을 하지 않으므로 금속재료뿐만 아니라 비금속의 절단도 가능한 절단법은?

플라즈마(plasma) 아크절단

15 스테인리스강에 사용되는 플라즈마 절단 작동가스로 가장 적합한 것은?

질소 + 수소

② 아크 에어 가우징

01 아크 에어 가우징의 원리는?

탄소 전극에 의한 아크열로 용융시킨 금속에 압축 공기를 연속적으로 불어 넣어 금속 표면에 홈을 파는 방법

02 아크 에어 가우징의 특징은? ①~⑥

① 가스 가우징보다 모재에 악영향이 거의 없다.
② 가스 가우징보다 2 ~ 3배의 작업 능률을 얻을 수 있다.
③ 용접 결함 특히 균열의 발견이 쉽다.
④ 아크열을 이용하며, 압축 공기가 필요하다.
⑤ 조작법이 간단하고, 응용 범위가 넓으며, 경비가 저렴하다.
⑥ 용융금속을 순간적으로 불어내므로 모재에 악영향을 주지 않으며, 소음이 적다.

03 아크 에어 가우징의 용도는?

주강, 주물, 스테인리스강 경합금 절단에도 사용된다.

04 아크 에어 가우징에 적합한 극성은?

직류 역극성(DCRP)

05 아크 에어 가우징 작업시 알맞은 압축 공기의 압력은?

① 5~7 kgf/cm² 정도가 적당하며, 질소나 Ar도 가능하다.
② 아크 에어 가우징 작업시 알맞은 콤프레셔(공기 압축기)는 3마력(HP) 이상의 압축력이 필요하다.

06 아크 에어 가우징 작업시 압축 공기가 없는 경우는?

압축 질소나 아르곤 가스를 사용하여 작업할 수 있다. 압축 공기 분사는 항상 가우징봉의 바로 뒤에서 이루어져야 효과적이다.

07 가우징봉은?

① 탄소와 흑연의 혼합물인 탄소와 흑연으로 제조하며, 사용 전원에 따라 직류용과 교류용이 있다.
② 전기를 잘 통할 수 있도록 표면에 구리 도금을 사용한다.

05 특수 용접 및 기타 용접

제1절 서브머지드 아크용접

1 원리 및 특징

01 서브머지드 아크용접(SAW)의 원리는?

용접할 모재에 입상의 용제(flux)를 살포한 후 용제 속에 비피복 와이어를 넣고 모재 및 와이어를 용융시켜 용접부를 대기로부터 보호하면서 용접하는 방법

참고 SAW : Submerged Arc Welding

[서브머지드 아크용접의 원리]

02 서브머지드 아크용접 특성(장점)은? ①~④

① 대(고)전류 사용으로 전류 밀도가 높아 용입이 깊어 후판 용접이 용이하다.
② 작업능률(용착속도)이 피복 금속 아크용접에 비하여 판두께 12mm에서 2~3배, 25mm에서 5~6배, 50mm에서 8~12배 빠르(높)다.
③ 용착금속의 기계적 성질이 우수하다.
④ 비드 외관이 곱(아름답)다.

03 잠호(불가시) 용접의 특징은? : ①~③

① 개선각을 작게 하여 용접 패스 수를 줄일 수 있다.
② 유해 광선이나 퓸(흄, fume) 등이 적게 발생되어 작업 환경이 깨끗하다.
③ 이음부의 청정(수분, 녹, 스케일 제거 등)에 특히 유의하여야 한다.

04 SAW 용접법의 단점으로 틀린 것은?

① 두꺼운 판 용접에서 비효율적이다.
② 용접선이 곡선이거나 짧으면 비능률적이다.
③ 용제 속에서 아크가 발생되므로 육안으로 식별이 불가능하다.
④ 용접선이 수직인 경우 적용이 곤란하다.(용접 자세에 제약을 받는다.)

해설 ①, 두꺼운 판 용접에서 효율적이다.

05 SAW 용접법의 단점은? : ①~③

① 장비의 가격이 비싸다.(고가이다)
② 개선가공 및 루트 간격에 정밀을 요한다.
③ 용접 입열이 커(많아) 변형이 크고, 열영향부가 넓다.

06 이음부의 루트 간격 치수에 특히 유의하여야 하며, 아크가 보이지 않는 상태에서 용접이 진행되는 용접은?

서브머지드 아크 용접

07 서브머지드 아크용접의 다른 명칭으로 불리우는 것에 속하지 않는 것은?

① 잠호 용접   ② 유니언 멜트 용접
③ 헬리 아크용접 ④ 불가시 아크용접

참고 ③은 티그용접의 다른 이름이다.

08 콤퍼지션(composition) 용제를 사용하는 용접법은? : SAW 용접

해설 SAW 용접법은 용제(flux)가 필요한 용접법

09 이음부의 청정(수분, 녹, 스케일 제거 등)에 특히 유의하여야 하는 용접법은?

서브머지드 아크용접

❷ 용접 장치

01 서브머지드 아크용접기에서 용접 헤드(welding head)의 구성은?

와이어 송급 장치, 전압 제어장치, 접촉(콘텍트) 팁, 용제(flux) 호퍼, 주행 대차

참고 가이드 레일, 수냉동판은 헤드가 아니다.

[서브머지드 아크용접기의 헤드]

02 서브머지드 아크용접 장치의 구성 및 종류에 관한 설명은? : ①~③

① 용접 전원으로 직류가 시설비가 많(비싸)고 자기불림 현상이 매우 심하다.
② 용접 전류는 접촉팁에서 와이어에 송급된다.
③ 용접 전류는 용접 전원으로부터 용접 전극을 통하여 공급된다.

03 SAW 용접에서 75mm의 후판을 한꺼번에 용접이 가능한 용접기는? : ④

① 반자동(UMW, FSW)형 : 최대 전류 900A
② 경량(DS, SW)형 : 최대 전류 1200A
③ 표준 만능(UE, USW)형 : 최대 전류 2000A
④ 대형 : 최대 전류 4000A

04 다전극 방식 서브머지드 아크용접법

① 텐덤식(다전원 연결)
② 횡병렬식(동일전원 연결)
③ 횡직렬식(직렬 연결)

05 다전극 서브머지드 아크용접시 두(2) 개의 전극 와이어를 각각 독립된 전원에 연결하는 방식으로 비드 폭이 좁고 용입이 깊으며, 용접 속도가 빠른 방식은?

텐덤식(tandem process)

해설 텐덤식은 배관(파이프라인) 용접에 적합

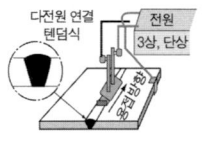
[텐덤식]

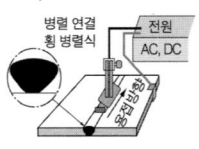
[횡병렬식]

06 서브머지드 아크용접에서 두 개의 전

극(와이어)을 똑같은(동일) 전원에 접속하며, 비드 폭이 넓고 용입이 깊은 용접부가 얻어져 능률이 높은 다전극 방식은? : 횡병렬식

07 다전극식 서브머지드 아크용접법에서 비교적 용입이 얕아 주로 스테인리스강 등의 덧붙이(육성) 용접에 흔히 사용하는 용접 방식은? : 횡직렬식

❸ 용접 재료

01 서브머지드 아크용접시 사용하는 용제의 구비 조건

① 아크 발생이 잘 되고 적당한 용융 온도 및 점성 온도 특성을 가질 것
② 합금 성분의 첨가, 탈산, 탈유 등의 결과로 양질의 용접금속이 얻어질 것
③ 용접 후 슬래그 박리성이 양호하며, 양호한 비드를 형성할 것

02 SAW용접에서 용제의 역할은? ①~③

① 아크 안정, 아크 주변 용접부 보호
② 화학적, 금속학적 반응에 의한 정련 작용과 합금 원소 첨가
③ 와이어의 용융 속도를 증가시키는 효과는 없다.

03 SAW시 사용하는 용융형 용제(fusion type flux)의 특징으로 틀린 것은?

① 광물성 원료를 1300℃ 이상으로 용융한 후 분쇄하여 적당한 입자로 만든 것
② 입도는 12×150[mesh] 등이 잘 쓰인다.
③ 미국의 린데 회사의 것이 유명하다.
④ 낮은 전류에서는 입도가 미세한 용제를 사용하면 기공 발생이 적다.

해설 ④, 낮은 전류에서는 입도가 큰 용제를 사용하면 기공 발생이 적다.

04 서브머지드 아크용접시 사용하는 용융형 용제의 특징은? : ①~④

① 흡습성이 적(없)어 재건조 불필요, 미용융 용제는 재(반복) 사용이 가능하다.
② 비드 외관이 아름답고, 용제의 화학적 균일성이 양호하다.
③ 고속 용접성이 양호하고, 보관이 쉽다.
④ 용접 전류에 따라 입자 크기가 다른 것을 사용해야 하며, 용접시 산화나 분해되는 원소는 첨가해선 안된다.

05 용융형 용제의 주성분은?

규산(SiO_2), 산화마그네슘, 이산화망간, 알루미나(Al_2O_3), 산화망간, 산화철, 산화나트륨, 산화바륨, 산화티타늄, 산화칼륨 등

06 용융형 용제의 주 용도는?

고장력강 용접, 저온용기 용접, 건축, 교량 구조재 용접, 극후판 용기류의 다층 용접

07 원료 광석 가루, 합금제, 탈산제 등을 규산나트륨과 같은 점결제와 함께 용융되지 않을 정도로 소결하여 입도를 조정한 용제는?

소결형 용제(sintered type flux)

08 서브머지드 아크 용접에서 소결형 용제의 특징은? : ①~⑤

① 고전류에서의 용접 작업성이 좋다.
② 탈산제, 합금원소의 첨가가 용이하다. (합금 성분이 많다.)
③ 전류에 상관없이 동일한 용제로 용접이 가능하다.
④ 용융형 용제에 비하여 용제의 소모량이 적고 경제적이다.
⑤ 스테인리스강 용접, 덧살 붙임 용접, 조선의 대판계(大板繼) 등을 용접에 쓰인다.

09 저합금강이나 스테인리스강의 용접에 적합한 용제는? : 소결형 용제

참고 소결형 용제 용도 : 고장력강 용접, 저온용기 용접, 조선의 후판 용접, 덧살 용접

10 용제 중 흡습성이 가장 높은 것은?

소결형 : 흡습량 허용값은 0.5% 이하

참고 흡습성 정도 :용융형 < 혼성형 < 소결형

11 혼성형 용제(bonded type flux)는?

분말상 원료에 고착제(물유리 등)를 가하여 비교적 저온(300~400℃)에서 건조하여 제조한 것

참고 혼성형 용제 : 습기에 민감하므로 건조한 곳이나 오븐에 구워 저장해야 된다.

12 용제의 입자가 클수록 용입은 어떻게 되는가? : 용입이 깊어진다.

13 입도를 표시할 때 8×200은?

8메시보다 가늘고, 200메시보다 거친 것

참고 입도 20×D : 20메시에서 D는 미분(dust)의 표시

14 용융형 용제의 입도 12×150에 적당한 전류는? : 500×800A

입도 치수	8×48	12×65	12×150	12×200	20×D
적정 전류	600>	600>	500×800	500×800	800

15 SAW 용접에서 용접용 와이어는?

코일상의 금속선으로 릴에 감겨져 있으며, 와이어 표면은 구리 도금한 것이 보통이다.

16 망간의 함유량에 따른 서브머지드 아크 용접 와이어의 분류

① 저망간계 : 0.6%Mn 이하
② 중망간계 : 1.25%Mn 이하
③ 고망간계 : 2.25%Mn 이하

17 SAW 용접용 코일의 표준 무게

① 작은 코일(S) : 12.5kgf
② 중간 코일(M) : 25kgf
③ 큰 코일(L) : 75kgf
④ 초대형 코일(XL) : 100kgf

18 서브머지드 아크용접 와이어 지름은?

2.0, 2.4, 3.2, 4.0, 4.8, 6.4, 7.9, 12.7이 있으며, 2.4 ~ 7.9mm가 주로 사용된다.

19 와이어 종류 중 서브머지드 아크용접의 연강에 주로 사용되는 것은?

US 36, US 43, US 47

참고 US 410은 연강용으로 사용되지 않는다.

20 서브머지드 아크용접에 사용되는 와이어 지름에 따른 전류 범위

① 2.4 : 150 ~ 350A
② 3.2 : 300 ~ 500A
③ 4.0 : 350 ~ 800A
④ 4.8 : 500 ~ 1100A
⑤ 6.4 : 700 ~ 1600A
⑥ 7.9 : 1000 ~ 2000A

21 단층, 다층 또는 맞대기 용접, 필릿 용접에 적용되며, G 20, G 80 등의 용제와 맞추어 사용되는 와이어는? : US 36

22 서브머지드 아크용접용 와이어 표면에 구리를 도금한 이유는? : ①~③

① 접촉팁과 전기 접촉을 좋게 한다.
② 와이어에 녹슴을 방지한다.
③ 송급 롤러와 접촉을 원활히 한다.

④ 용접 작업

01 서브머지드 아크용접의 V형 맞대기 용접시 루트면 쪽에 받침쇠가 없는 경우에 알맞은 홈 각도, 루트 간격과 루트면은? ①~③

① 홈 각도 : ±5°
② 루트 간격 : 0.8mm 이하
③ 루트면 : 7 ~ 16mm

해설 홈각도가 크면 용입이 깊고, 작으면 용입은 얕아진다.

02 서브머지드 아크용접시 전류가 증가하면 어떻게 되는가?

용입이 급증하(깊어지)며 비드 높이도 높아지고 오버랩도 생긴다.

03 서브머지드 아크용접에서 아크전압이 낮을 때 일어나는 현상은?

용입이 깊어지고, 비드 폭이 좁아지며, 보강 덧붙이가 커진다.

참고 아크전압이 증가하면 아크 길이가 길어지고 비드 폭이 넓어지면서 평평한 비드가 형성된다.

04 서브머지드 아크용접의 용접 조건으로 옳지 않은 것은?

① 와이어 돌출 길이를 길게 하면 와이어의 저항열이 많이 발생하게 된다.
② 와이어 지름이 증가하면 용입도 증가한다.
③ 용착량과 비드 폭과 용입은 용접 속도의 증가에 거의 비례하여 감소한다.
④ 홈 각도가 크면 용입이 깊어진다.

해설 ②, 전류 밀도가 감소하므로 용입이 낮(얕)아진다.

05 서브머지드 아크용접기로 아크를 발생할 때 모재와 용접 와이어 사이에 놓고 통전시켜주는 재료는? : 스틸 울

해설 과거엔 스틸 울을 놓고 통전시켜 아크를 발생, 요즘은 고주파 발생 장치를 사용

06 서브머지드 아크용접시 아크 길이가 길면 일어나는 현상은?

용입은 얕고 비드 폭이 넓어진다.

07 서브머지드 아크용접의 시공시 뒷받침(backing)을 사용하는 이유

① 단층 용접으로 뒷면까지 완전 용입이 필요한 경우
② 루트면의 치수가 용융 금속을 지지할 수 없을 정도일 때(용락의 우려)
③ 루트 간격이 0.8mm를 넘을 경우 수동 용접에 의해 누설 방지 비드를 놓거나 받침을 사용해야 된다.

08 서브머지드 아크용접의 시공시 사용하는 받침의 종류는?

멜트 백킹, 구리 받침쇠, 컴퍼지션 백킹, 세라믹

> 참고 가스 백킹은 사용하지 않는다.

09 서브머지드 아크용접용 받침쇠는? ①~④

① 구리판에는 홈 깊이 0.5 ~ 1.5mm, 폭 6 ~ 20mm 정도로 만든다.
② 구리판 대신 모재와 동일한 재료로 받쳐 완전 용입하는 것도 좋다.
③ 용접 열량이 많을 때는 수랭식 받침쇠를 사용한다.
④ Al판은 열전도는 좋으나 용융점이 낮으므로 받침판으로 사용할 수 없다.

10 엔드 탭 사용 이유와 형상

① 용접이 시점, 종점에 결함이 많이 발생하므로 이것을 방지하기 위해
② 형상 : 모재와 홈의 형상이나 두께, 재질 등이 동일한 것의 부착이 필요하다.
③ 용접 후 절단 제거, 또는 중요한 이음에서는 큰 엔드 탭을 붙여 용접 후 절단하여 기계적 성질 시험용으로 사용한다.

11 어느 용접이나 용접 속도가 증가하면?

모재의 입열이 감소되어 용입이 얕아지고 비드 폭이 좁아진다.

12 진행 방향의 영향

전진법은 용입이 감소하며 비드 폭이 증가하고, 비드 면이 평평해지며, 후진법은 반대 현상이 일어난다.

13 SAW 용접의 기공 발생 원인은?

용접 속도 과대, 전압 부적당, 용제의 건조 불량, 용접부 표면 불결, 이면 슬래그 미제거

14 서브머지드 아크용접시 모재에 수분이 있을 경우 예열 방법과 온도는?

가스 불꽃으로 60 ~ 80℃ 정도 예열

제2절 | 불활성 가스 아크용접 (TIG/ MIG)

❶ 원리 및 특징

01 불활성 가스 아크용접의 원리

불활성 가스 분위기 속에서 텅스텐 전극봉 또는 와이어와 모재 사이에서 아크를 발생하여 그 열로 용접하는 방법

> 참고 불활성 가스 텅스텐 아크용접(TIG 용접)과 불활성 가스 금속 아크용접(MIG 용접)법이 있다.

02 불활성가스 아크용접의 장점은? ①~⑤

① 산화하기 쉬운 금속의 용접이 쉽다.
② 모든(전) 자세의 용접이 용이하며, 열 집중성이 좋아 고능률적이다.
③ 피복제와 플럭스(용제)가 필요없다.
④ 아크가 안정되어 스패터가 적다.

⑤ 용접 변형이 비교적 적다. 조작이 쉽다.

03 불활성 가스 아크용접의 단점은? : ①~③

① 장비비가 고가이고 이동해서 사용하기 힘들다.
② 실드 가스가 바람에 의해 불려나갈 수 있어 옥외 작업이 힘들다.
③ 토치가 접근하기 힘든 경우(곡선, 짧은 용접부)에는 용접하기 어렵다.

04 다음 중 불활성 가스 아크용접을 하는 데 가장 부적합한 금속은? : 주강

[주강, 스테인리스강, 알루미늄, 구리와 그 합금, 내열강]

참고 주강은 일반 피복 아크용접이나 CO_2 용접 등으로도 용접성이 양호하므로 가격이 비싼 불활성 가스를 사용하는 용접법을 채용하면 비경제적이다.

❷ 불활성 가스 텅스텐 아크용접

01 불활성 가스 텅스텐 아크용접(TIG, Tungsten Inert gas) 용접의 개요와 원리

텅스텐 전극봉을 사용하여 발생시킨 아크로 모재와 용접봉을 녹이면서 용접하는 방법

02 불활성 가스 텅스텐 아크용접에 관한 사항은? : ①~⑤

① 비소모(비용극)식 불활성 가스 아크용접법이라고도 한다.
② 주로 아르곤(Ar) 가스를 사용한다.
③ 교류나 직류를 다 사용할 수 있다.
④ 용접봉이 전극이 될 수 없다.(용가재다.)
⑤ 주로 3mm 이하의 박판에 이용된다.

03 TIG 용접의 V형 맞대기 용접에 적용 가능한 모재 두께는? : 6~20mm

① I형 맞대기 용접에는 3mm까지,
② V형 맞대기 용접에는 6~20mm 정도

04 TIG 용접의 특성은? : ①~③

① 피복제 및 용제가 불필요하다.
② 산화하기 쉬운 금속의 용접이 용이하고 용착부의 제성질이 우수하다.
③ 낮은 전압에서 용입이 깊다.

05 TIG 용접의 단점은? : ①~③

① 불활성 가스와 용접기의 가격이 비싸 운영비와 설치비가 많이 든다.
② 바람의 영향을 받으므로 방풍 대책이 필요하다.
③ 후판 용접에서는 다른 아크용접에 비해 비효율적이(능력이 떨어진)다.

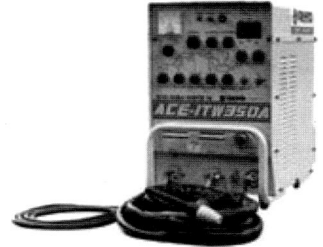

[TIG 용접기 형상]

06 불활성 가스 텅스텐 아크용접의 상품 명칭은?

헬리 아크, 헬리 웰드, 필러 아크 등

07 불활성가스 텅스텐 아크용접에서 직류 정극성(DCSP, DC straight polarity)에 관한 설명은? : ①~③

① 모재측에 양(+)극, 토치측에 음(-)극을 연결한 방식

② 용입이 깊으며, 직경이 적은 전극에서 큰 전류를 흐르게 할 수 있으며, 그다지 가(과)열되지 않는다.
③ 스테인리스강 용접에 적합하다.

08 직류 역극성(DCRP, DC reverse polarity)의 특성 설명으로 틀린 것은?

① 모재측에 음(-)극, 토치측에 양(+)극을 연결한 방식
② 용입이 깊고 폭이 좁으며, 전극이 저온 으므로 전극 수명이 길다.
③ 정극성보다 4배의 큰 전극이 필요하다.
④ Ar 가스 사용시 청정 작용이 있다.

해설 ②, 용입이 얕고 비드 폭이 넓으며, 전극이 고온 으로 가열되어 끝이 녹기 쉽다.

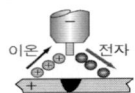 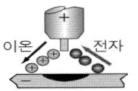 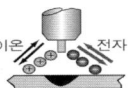

[직류 정극성] [직류 역극성] [고주파 교류]

09 고주파 교류(CHF)

① 교류 아크용접기에서 아크 안정을 얻기 위하여 상용 주파의 아크 전류에 고전 압의 고주파를 중첩하는 방식
② 용접 전류가 부분적 정류되어 불평형하 므로 용접기가 탈 염려가 있다.

10 불활성 가스 텅스텐 아크 용접기에 사용되는 고주파 전압, 전류는?

고전압 2000~3000V,
300~1000kc 약전류를 중첩

10 TIG 용접의 극성에서 정류 작용 방지를 위해 2차 회로에 삽입하는 것은?

축전지, 리액터 또는 직렬 콘덴서, 정류기

해설 초음파는 아니다.

11 TIG 교류 용접시 용접 전류에 고주파 전류를 더하였을 때의 장점

① 전극을 모재에 접촉시키지 않고 쉽게 아크를 발생시킬 수 있다.
② 아크가 매우 안정되며 아크가 길어져도 끊어지지 않는다.
③ 전극의 수명이 길어 경제적이다.
④ 일정한 지름의 전극에 비해 광범위한 전류의 사용이 가능하다.

12 TIG용접에서 중간 형태의 용입과 비드 폭을 얻을 수 있으며 청정 효과가 있어 Al이나 Mg 등의 용접에 사용되는 전원은?

고주파 중첩 교류(ACHF) 전원

13 다음 문장에서 ( )안에 들어갈 적합한 단어의 순서는? : 음전기, 모재

[불활성가스 텅스텐(TIG) 아크용접법에서 직류 정극성에서는 ( )를 가진 전자가 ( )에 강하게 충돌하므로 깊은 용입을 일으키게 된다.]

14 TIG 용접 토치의 형태에 따른 종류는?

T형 토치, 직선형 토치, 플렉시블형 토치

해설 Y형 토치는 없다.

15 TIG 용접에서 토치를 수랭해주는 용접 전류의 범위는? : 200A 이상

참고 학자에 따라 100A 또는 200A 이상으로 논하고 있으나 장시간 사용할 경우는 100A 이상은 수랭 식이 안전하다.

16 티그(TIG) 용접에서 텅스텐 전극봉의 고정을 위한 장치는? : 콜릿 척

17 가스 노즐(캡)

세라믹, 구리로 만들어지며, 크기는 가스 분출 구멍의 크기로 정해지며, 보통 4~13mm가 주로 사용된다.

18 펄스 TIG 용접기의 특징은? : ①~⑥

① 저주파 펄스 용접기와 고주파 펄스 용접기가 있다.
② 직류 용접기에 펄스 발생 회로를 추가한다.
③ 20A 이하의 저 전류에서 아크의 발생이 안정하다.
④ 전극봉의 소모가 적어 수명이 길다.
⑤ 0.5mm 이하의 박판 용접도 가능하다.
⑥ 좁은 홈의 용접에서 아크의 교란 상태가 발생되지 않아 안정된 상태의 용융지가 형성된다.

19 TIG 용접의 전극봉에서 전극의 구비 조건으로 옳지 않은 것은?

① 고용융점의 금속일 것
② 전자 방출이 잘 되는 금속일 것
③ 전기 저항률이 높은 금속일 것
④ 열전도성이 좋은 금속일 것

해설 ③, 전기 저항률이 낮은 금속일 것, 여기에 가장 적합한 금속은 텅스텐이다.

20 순텅스텐 전극(AWS : EWP, KS : YWP)의 특성은? : ①~③

① 토륨 함유봉에 비해 가격이 저렴하나, 전자 방사능력은 떨어진다.
② 교류에서 불평형 전류가 감소된다.
③ 저전류용, Al, Mg합금 용접에 적합하다.

21 토륨 함유 텅스텐 전극의 특성

① 토륨을 1% 또는 2% 함유한 것이 있다.
② 가격이 비싸며, 교류에서는 좋지 않다.

22 TIG 용접에 사용되는 토륨 텅스텐 봉(AWS : EWTh1, EWTh2)은 순 텅스텐 봉에 비해 장점은? : ①~④

① 전극 소모가 적어 전극의 수명이 길다.
② 전자 능력이 현저하게 뛰어나며, 불순물이 부착되어도 전자 방사가 잘 되며 아크가 안정하여 아크 발생이 쉽다.
③ 저전류나 저전압, 전극 온도가 낮아도 접촉에 의한 오손이 적다.
④ 주로 강, 스테인리스강, 동합금 용접에 사용된다.

23 지르코늄 함유 텅스텐 전극(AWS : EWZr)의 특징

① 지르코늄 0.15~0.5% 함유한 것으로 고전류용이다.
② Al, Mg 용접에서 순텅스텐의 단점을 보완한 것이다.

24 TIG 용접에 사용되는 란탄 함유 텅스텐 봉의 특성

① 강, 스테인리스, 각종 금형 용접, Al용접에 탁월함
② 순텅스텐+토륨전극 장점을 결합한 전극

25 텅스텐 전극봉 가공의 가공법

① 정극성은 뾰쪽하게 가공한다.(강, 스테인리스강 용접) 아크 집중성이 좋아져 용입이 깊고 불순물이 적게 붙어 전자

방사 능력이 높아진다.
② 역극성에 사용할 경우 둥글게 가공한다.
(알루미늄, 마그네슘 합금 용접)

26 TIG 용접에서 직류 정극성으로 용접할 때 전극 선단의 각도가 가장 적합한 것은?

30 ~ 50°

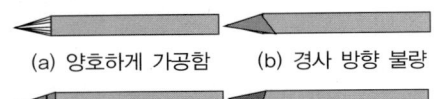

[전극봉의 가공]

27 텅스텐 전극의 수명을 길게 하는 방법은?

①~④

① 노즐 끝에서의 전극의 돌출 길이를 길게 하지 않는다.
② 모재와 용접봉과의 접촉에 주의한다.
③ 과대 전류를 피한다.
④ 용접 후 전극 온도가 약 300℃로 되기까지 가스를 흘려보내 보호한다.

28 불활성 가스 아크(TIG)용접에서 순 텅스텐 전극봉의 색은? : 녹(백)색

AWS 기호	식별용 색		사용 전원
	AWS	KS	
EWZr	갈색	-	ACHF
EWTh1	황색	황색	DCSP
EWTh2	적색	적색	DCSP
란탄 함유봉	흑색 0.8~1.2%	골드 1.3~1.7%	ACHF

29 TIG 용접에서 텅스텐 전극봉은 가스 노즐의 끝에서부터 몇 mm 정도 도출시키는가? : 3~6mm

30 TIG 용접으로 필릿 이음할 때 적합한 전극 돌출 길이는? : 5~6mm

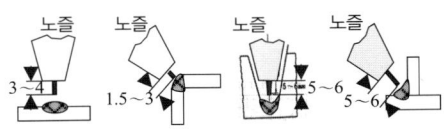

참고 용접시 돌출 길이가 너무 길면 보호가 불안전하고 너무 짧으면 작업성이 나쁘다.

31 불활성 가스 아크용접에 많이 사용되는 유량계의 방식은? : 부유식

32 TIG 용접시 사용하는 뒷받침 재료가 아닌 것은? : 점토

[용제, 불활성가스, 금속, 세라믹, 점토]

33 불활성 가스 아크용접에 주로 사용되는 가스는? : ①, ②

① 주로 아르곤 사용, 헬륨, 아르곤-헬륨, 아르곤-탄산가스, 아르곤-산소
② 아르곤은 헬륨보다 무거워 보호 능력이 좋으나, 아크전압이 낮아 경합금, 후판 용접에는 적합하지 않다.

34 아르곤 가스와 헬륨 가스 비교하면?

아르곤 가스(Ar)가 청정 작용이 잘 된다.

35 불활성 가스 아크용접에서 사용되는 아르곤 가스는 일반적으로 1기압에서 6500L 양을 몇 기압으로 충전하는가?

아르곤 가스(Ar)는 일반적으로 14MPa (140기압kgf/mm^2)으로 충전한다.

36 불활성 가스 아크용접에서 사용되는 헬륨의 특성은? : ①~③

① 아르곤보다 가벼우므로 아르곤 가스와 같은 보호 효과를 얻으려면 아르곤보다 2배 정도의 유량을 분출해야 된다.
② 아크전압이 아르곤보다 높아 용접 입열이 크므로 Al, Mg 등 경합금 후판 용접에 적합하다.
③ 용입이 비교적 깊고 비드 폭이 좁아진다.

37 불활성 가스 아크용접에 주로 사용되는 혼합 가스의 혼합은? : ①, ②

① 아르곤과 헬륨의 혼합 비율은 25 : 75가 많이 쓰이며, Al과 동합금 용접에서 용입이 깊고 기공이 적게 발생한다.
② 스테인리스강의 용접에서는 아르곤에 산소를 1~5% 혼합하면 깊은 용입과 양호한 외관을 얻을 수 있다.

38 TIG 용접의 V형 맞대기 용접에 적용 가능한 모재 두께는? : 6 ~ 20mm

> **참고** I형 맞대기 용접에는 3mm까지

39 다음 중 TIG 용접 작업 중 아크 원더링(흔들림)이 생기는 원인으로 옳지 않은 것은?

① 전극의 전류 밀도가 낮고, 전극의 선단이 오손되어 있을 때
② 전극의 끝이 불량한 경우
③ 자기의 영향을 받지 않은 경우
④ 아르곤 가스에 공기가 혼입한 경우

> **해설** ③, 자기의 영향을 받은 경우

40 가스 유량이 과다하게 유출되는 경우 일어나는 현상은?

난류 현상이 생겨 아크가 불안정해지고 기공 발생 등 용접금속의 품질이 나빠진다.

41 TIG 용접을 할 때 안전 및 유의사항은? ①~④

① 세라믹 노즐은 단단하여 부서지기 쉬우므로 토치에 장착 때 주의해야 한다.
② 전기 연결 부분의 접합 상태를 점검한다.
③ 가스의 누설 여부를 비눗물로 검사한다.
④ 냉각수 누출, 가스 누설 유무 검사한다.

❸ 불활성 가스 금속 아크용접

01 불활성 가스 금속 아크용접의 원리

불활성 가스를 사용하여 용접부를 보호하며 연속 송급되는 와이어와 모재 사이에서 발생하는 아크열을 이용하여 용융 접합하는 용극(소모)식 아크용접법

02 소모식인 불활성가스 금속 아크(MIG) 용접법의 상품명이 아닌 것은?

① 에어 코메틱 용접법
② 넬륨 – 아크 용접법
③ 시그마 용접법
④ 필러 – 아크 용접법

> **해설** ④, MIG 용접법의 상품명으로는 ①, ②, ③ 외에 아르고노트 용접법이 있다.

03 불활성 가스 금속 아크용접의 특징

① 용극식 방식으로 용접 품질이 우수하다.
② 낮은 전압에서도 전류 밀도가 높아 용입이 깊다.
③ 용착부는 인성, 강도, 기밀성 및 내열

성이 우수하다.

04 불활성 가스 금속 아크용접의 특성

① 아름답고 깨끗한 비드를 얻을 수 있다.
② 피복 아크용접이나 TIG 용접에 비해 용착 효율이 높고 고능률적이다.
③ 모재의 변형과 스패터 발생이 적다.
④ CO_2 용접에 비해 아크가 안정하다.

05 MIG 용접법의 특징에 대한 설명은?

①~④

① 반자동 또는 전자동 용접기로 용접속도가 빠르다.
② 정전압(상승) 특성 직류 용접기가 사용된다.(GMAW 용접 대부분 적용)
③ 아크 자기 제어 특성이 있다.
④ 대체로 모든 금속(각종 금속) 용접에 다양하게 적용할 수 있다.

06 불활성 가스 금속 아크(MIG) 용접에 관한 설명은? : ①~④

① 용접 후 슬래그 또는 잔류 용제를 제거가 필요없다.
② 주 용적 이행은 스프레이(분무)형이다.
③ 용접부의 기계적 성질이 우수하다.
④ 전자세 용접이 가능하고 열 집중이 좋다.

07 불활성 가스 금속 아크용접의 특성(징)은? : ①~④

① 직류 역극성 적용으로 청정 작용에 의해 산화막이 강한 금속(알루미늄, 마그네슘 등)의 용접이 쉽다.
② 일반적으로 가는 와이어일수록 용융 속도가 빠르다.
③ 전류 밀도가 높아 3mm 이상의 후판(두꺼운 판) 용접에 능률적이다.
④ 바람의 영향을 받기 쉬우므로 방풍 대책이 필요하다.

08 청정 효과가 있는 용접법은?

MIG 용접

[MIG 용접, CO_2 용접, SAW 용접, 전자 빔 용접, 레이저 용접]

09 와이어 송급 장치의 종류

푸시식(push type), 풀식(pull type), 푸시-풀식(push-pull type), 더블 푸시-풀식

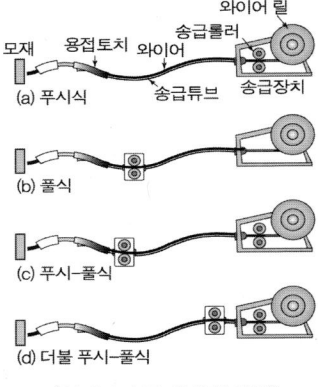

[와이어 송급 장치의 종류]

10 MIG 용접 제어 장치는? : ①~③

① 아르곤 가스 개폐 제어
② 용접 와이어의 기동 장치 및 속도 제어
③ 용접 전압의 투입 차단 제어

11 MIG 용접 장치의 송급 롤러는? ①~⑥

① 와이어와 접촉하여 마찰력에 의해 와이어를 미는 힘을 주는 역할을 한다.
② 홈의 형태에 따라 V형, U형, 로울렛형 등이 있다.
③ V형 : 지름이 2.4mm 이하의 경질 와이

어에 쓰인다.
④ U형 : 와이어 표면 손상을 주어서는 안 되는 경우에 사용한다.
⑤ 로울렛형 : 3.2mm 이상의 연한 와이어에 적합하다.
⑥ 롤러의 가압 방식은 롤러 2개만 사용하는 2단식과 4개의 롤러를 사용하는 4단식이 있다.

12 MIG 용접 토치의 구성은?

전원 케이블, 가스 송급 호스, 스위치 케이블

13 MIG 용접시 상시 전류가 몇 A 이상일 경우 수냉식 토치를 사용해야 되는가?

200A 이하에는 공랭식,
200A 이상은 수냉식이 사용된다.

14 전류 밀도 계산식?

$$\frac{용접\ 전류}{전극의\ 단면적}$$

15 불활성 가스 금속 아크(MIG) 용접의 전류 밀도는 피복 아크용접에 비해 약 몇 배 정도인가? : 6 ~ 8배

> 참고 MIG 용접 전류 밀도는 티그 용접의 2배

16 불활성 가스 금속 아크용접에서 용적 이행 형태의 종류는?

단락이행, 입상이행, 스프레이(분무상) 이행

17 아크 기류 중에서 용가재가 고속으로 용융, 미세입자의 용적으로 분사되어 모재에 용착되는 용적 이행은?

스프레이 이행

> 참고 스프레이 이행은 고전압, 고전류에서 Ar이나 He 가스를 사용하는 경합금 용접에서 나타난다. 입상 이행은 와이어보다 큰 용적으로 용융되어 이행하며 주로 CO_2 가스를 사용할 때 나타난다.

18 MIG 용접에서 단락 이행형이 일어나는 경우는?

용접 전류가 적(낮)은 경우

19 MIG 용접의 용착률은? : 약 98%

20 불활성 가스 금속 아크용접에서 가스 공급 계통의 확인 순서는?

용기 → 감압 밸브 → 유량계 → 제어 장치 → 용접 토치

21 불활성 가스 유량 조정기의 설치는?

유량 눈금관이 수직되게 설치한다.

22 미그 용접시 아르곤에 탄산가스나 산소를 혼합하여 사용할 경우 적당한 혼합 비율은?

탄산가스 : 3 ~ 25%, 산소 : 1 ~ 5%

23 MIG 용접시 혼합가스의 예

① 아르곤+탄산가스 : 아크가 안정되고 용융금속의 이행을 빨리 촉진시켜 스패터를 줄일 수 있다.
연강, 저합금강, 스테인리스강 용접에 적용
② Ar+He(90%)+CO_2 : 단락형 이행형으로, 주로 오스테나이트계 스테인리스강 용접에 사용된다.

24 불활성 가스 금속 아크(MIG) 용접에서 사용되는 와이어로 적절한 지름은?

$\phi 1.0 \sim 2.4$mm

25 MIG 용접시 일반적으로 사용하는 차광 유리의 차광도 번호는? : 12 ~ 13번

26 불활성 가스 금속 아크용접(MIG)에서 적정 아크 길이는? : 6 ~ 8mm

27 토치의 노즐과 모재와의 거리는?

10 ~ 15mm가 적당

28 MIG 전자동 용접에서 아크길이는 될 수 있는 대로 짧게 하는 것이 좋으나 너무 짧을 경우 어떤 현상이 일어나는가?

스패터나 기포가 생기기 쉽다.

제3절 이산화탄소가스 아크용접 (CO_2/MAG)

1 원리 및 특징

01 CO_2 아크용접의 원리

MIG 용접의 불활성 가스 대신에 CO_2 가스를 사용하는 것으로 용접 장치의 기능과 취급은 MIG 용접과 거의 같다.

02 CO_2 아크용접에 대한 설명은? : ①~④

① 용극식 용접법이며, 전자세 용접이 가능하다.
② 용착금속의 기계적, 야금적(금속학적) 성질이 매우 좋다.(우수하다.)
③ 산화 및 질화가 없고 용착 금속의 성질이 우수하다.
④ 단락 이행(솔리드 와이어 사용시)에 의해 박판 용접이 가능하다.

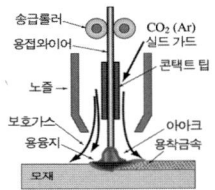

[CO_2 용접의 원리]

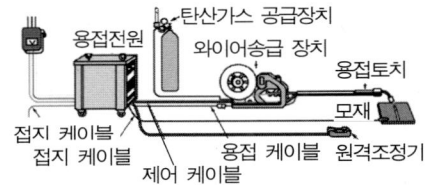

03 이산화 탄산가스 아크용접의 장점

① 전류 밀도가 높아 입열이 커서 용입이 깊고, 용융속도가 빠르다.
② 자동, 반자동의 고속 용접이 가능하다.
③ 아르곤 가스에 비하여 가스 가격이 저렴하여 용접 경비가 절약된다.
④ 용제를 사용하지 않아 슬래그의 혼입이 없고, 용접 후의 처리가 간단하다.
⑤ 가시 아크이므로 시공이 편리하다.

참고 플럭스 코어드 와이어를 사용할 경우는 슬래그가 생성된다.

04 이산화 탄산가스 아크용접의 단점

① 바람의 영향을 받으므로 풍속 2m/sec 이상에서는 방풍 장치가 필요하다.
② 비드 외관이 다른 용접법보다 약간 거칠다.
③ 적용되는 재질이 철계통에 한정되어 있다.

❷ CO_2 아크용접의 종류

01 이산화 탄소가스 아크용접에서 보호 가스와 용극 방식에 의한 분류

① 비용극식 : 탄소 아크법, 텅스텐 아크법
② 용극식
  ㉠ 순 CO_2 법
  ㉡ 혼합 가스법 : 02번 참조
  ㉢ CO_2 용제 병용법 : 03번 참조

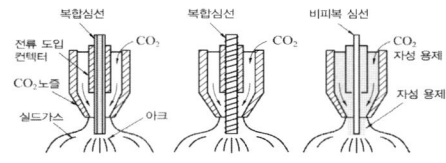

(a) 아코스 아크법 (b) 퓨즈 아크법 (c) 유니온 아크법

02 CO_2 아크용접법에서 혼합 가스법은?

CO_2-CO법, CO_2-Ar법, CO_2-Ar-O_2법, CO_2(75%)-O_2(25%)법

> **참고** 수소(H_2)는 철강 중에 헤어 크랙의 원인이 되므로 사용해서는 안된다.

03 용제가 들어있는 와이어 이산화탄소법과 관련이 있는 용접법은?

아코스 아크법, 퓨즈 아크법, 유니언 아크법, NCG법이 있다.

(a) 아코스 와이어 (b) Y관상 와이어 (c) S관상 와이어 (d) NCG 와이어

[복합 와이어의 종류]

04 유니언 아크법은?

① 자성 용제(플럭스)가 CO_2 가스와 같이 송급되어 강선에 직류 용접 전류에 의한 자력으로 자성 플럭스가 강선에 부착하여 용접이 행하여지는 용접법
② 심선을 노즐로 자동으로 밀어내고 호퍼에 저장된 자성 용제가 이산화탄소에 의해 밀려 나오면서 용접하는 방법

05 용제 함유 와이어를 사용하는 이산화탄소 아크용접법에서 용제의 역할은?

탈산제, 아크 안정제, 슬래그 생성제

06 탄산가스(CO_2) 아크용접법은 주로 어떤 금속에 쓰이는가? : 철(연)강 용접

❸ CO_2 아크용접 장치, 용접재료

01 CO_2 아크용접의 보호 가스 설비의 구성

가스 용기, 압력 조정기 및 유량계, 호스 등으로 구성되어 있음

02 CO_2 가스 용기의 색깔과 가스 충전 구멍의 나사의 방향은?

청색, 오른 나사

03 CO_2 가스 충전 용기

용기에 완전 충전된 액체 상태의 CO_2 가스는 용기 상부에 약 10% 정도가 기체로 존재한다.

04 CO_2 가스 아크용접의 보호 가스 설비에서 히터 장치가 필요한 이유는?

액체 가스가 기체로 변하면서 열을 흡수하기 때문에 조정기의 동결을 막기 위해

05 이산화탄산가스의 특성 설명으로 틀린 것은?

① 비중은 0.903 정도로 공기보다 가볍다.
② 무색, 무취, 무미의 기체이다.
③ 대기 중에서 기체로 존재한다.
④ 공기 중에 농도가 높으면 눈, 코, 입 등에 자극을 느끼게 되며, 농도가 높으면 유해하다.

해설 ①. 비중은 1.53 정도로 공기보다 무겁다. 물에 잘 녹는다. 상온에서 쉽게 액화하므로 저장, 운반이 쉽고 비교적 가격이 저렴하다.

05 CO_2 아크용접의 압력 조정기는?

액체 탄산가스가 기화하면서 온도가 내려가 결빙되므로 히터 장치와 유량계가 부착된 조정기를 사용해야 된다.

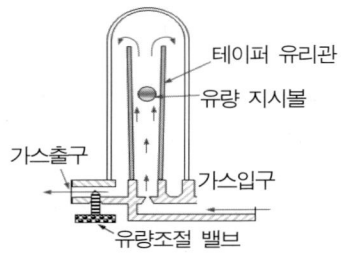

07 CO_2 아크용접에서 혼합 가스의 일반적인 혼합 비율은?

CO_2 20~25% : 아르곤(Ar) 75~80%

08 가스 메탈 아크용접(GMAW)에서 보호 가스를 아르곤(Ar)과 CO_2 또는 O_2를 소량 혼합하여 용접하는 방식은?

MAG(혼합가스, metal active gas) 용접

참고 GMAW 용접 중에 CO_2 가스만 사용하는 CO_2 용접, 아르곤만 사용하는 MIG 용접

09 용접에 사용되는 CO_2 가스 순도

CO_2 가스는 순도 99.9% 이상이며, 수분이 0.02% 이하로 제한되어 있다.

10 상온 1기압하에서 액화 탄산 1kg이 완전히 기화되면 몇 L의 CO_2가 되는가?

약 510L 기체 탄산가스 기화

11 CO_2 가스에 산소(O_2)를 첨가한 효과로 틀린 것은?

① 용입이 얕아 박판 용접에 유리하다.
② 슬래그 생성량이 많아져 비드 외관이 개선된다.
③ 용융지의 온도가 상승된다.
④ 불순물이 떠오르기 쉬우므로 용착강이 청결하다.

해설 ①. 용입이 깊어 후판 용접에 유리하다.

12 CO_2-O_2 가스 아크용접에서 용적이행에 미치는 영향이 아닌 것은? : ③

① 핀치 효과   ② 증발 추력
③ 플라스마 효과   ④ 실드 효과

13 CO_2 아크용접에서 Ar과 CO_2를 혼합한 가스를 사용할 경우는? : ①~④

① 스패터의 발생이 적다.
② 용착 효율이 양호하다.
③ 박판의 용접 조건 범위가 넓어진다.
④ 혼합비는 아르곤이 80%일 때 용착 효율이 가장 좋다.

14 이산화탄소 아크용접용 와이어 종류

솔리드 와이어와 복합 와이어가 있다.

15 이산화탄소 아크용접에 사용되는 솔리드(실체) 와이어(solid wire)

① 단면 전체가 균일한 강으로 되어 있다.
② 녹슴과 전기가 잘 통할 수 있도록 구리 도금하여 20kgf 정도의 릴이나 큰 통에 담겨져 시판되고 있다.

16 이산화탄소 아크용접에 사용되는 복합 와이어(flux cord wire)

대상의 강판에 탈산제, 아크 안정제, 합금 원소 등 용제를 넣어 둥글게 특수 가공한 와이어

17 CO_2 가스 아크용접에서 솔리드 와이어와 비교한 복합 와이어의 특징은?

①~③

① 양호한 용착금속을 얻을 수 있다.
② 스패터가 적고, 아크가 안정된다.
③ 비드 외관이 깨끗하며 아름답다.

18 탄산가스를 이용한 용극식 용접에서 용강 중에 산화철(FeO)을 감소시켜 기포를 방지하기 위해 와이어에 첨가하는 원소는? : Si(규소), Mn(망간)

19 다음 중 탄산가스 아크용접에 사용되는 와이어의 지름 종류가 아닌 것은?

2.6mm
[0.9mm, 1.2mm, 2.0mm, 2.6mm]

20 CO_2 가스 아크용접의 솔리드 와이어 용접봉에 대한 설명으로 YGA – 50W – 1.2 – 20에서 "50"이 뜻하는 것은?

50 : 용착금속의 최소(저) 인장강도

참고 Y : 용접 와이어, G : 가스 실드용접,
A : 내후성강, W : 종류(화학성분),
20 : 무게 kg, 1.2 : 와이어 지름 mm

21 CO_2 아크용접용 와이어 중 용제가 들어 있는 와이어의 사용 전 건조 온도와 시간은? : 200~300℃, 1시간 정도

22 CO_2 가스 아크용접에서 허용되는 바람의 한계 속도는? : 1~2m/sec

참고 바람이 1~2m/sec 이상이면 기공 발생 우려가 있으므로 방풍 장치를 해야 된다.

23 반자동 CO_2 가스 아크 편면(one side) 용접시 뒷댐 재료로 가장 많이 사용되는 것은? : 세라믹 제품

참고 맞대기 용접시 뒷댐재 사용은 표면 비드와 함께 이면 비드를 형성하여 이면 가우징 및 이면 용접을 생략할 수 있다.
뒷댐재 재질은 세라믹, 수냉 동판, 글라스 테이프 등이 있다.

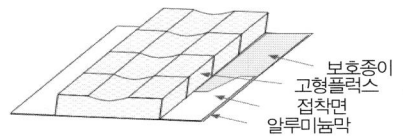

[세라믹 뒷댐판]

4 CO_2 가스 아크용접 작업

01 전진법의 특징

① 용접선이 잘 보이므로 운봉을 정확하게 할 수 있다.
② 비드 높이가 낮고 평탄한 비드가 형성된다.
③ 스패터가 비교적 많으며 진행 방향쪽으로 흩어진다.
④ 용착금속이 아크보다 앞서기 쉬워 용입이 얕아진다.

02 후진법의 특징

① 전진법 특성 ①~④의 반대의 특성을 갖는다.
② 비드 형상이 잘 보이기 때문에 비드 폭 높이 등을 억제하기 쉽다.

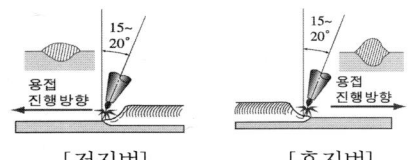

[전진법]   [후진법]

03 puckering(퍼커링) 현상이 발생하는 한계 전류 값의 주원인이 아닌 것은?

① 와이어 지름   ② 후열 방법
③ 보호 가스 조성   ④ 용접 속도

해설 ②, 퍼커링(puckering) 현상 : 용접전류가 과대할 때 주로 용융풀 앞기슭으로부터 외기가 스며들어 비드 표면에 주름진 두꺼운 산화막이 생기는 현상

04 이산화탄소 아크용접의 시공법에서 와이어의 용융 속도는 아크전류와 어떤 관계인가?   : 비례한다.

해설 전류를 높게 하면 와이어의 녹아 내림이 빠르고 용착률과 용입이 증가한다.

05 이산화탄산가스 아크용접에서 아크전압이 높을 때 비드 형상은?

비드가 넓어지고 납작해지며, 지나치게 높아지면 기포가 발생한다.

해설 아크전압이 너무 낮으면 볼록하고 좁은 비드를 형성한다.

06 CO_2 아크용접의 보호 가스 설비에서 적당한 가스 유량은?

① 낮은(저) 전류에는 10~15ℓ/min,
② 높은(고) 전류에는 20~25ℓ/min 정도

07 이산화탄소 아크용접의 저전류 영역(약 200A 미만)에서 팁과 모재 간의 적당한 거리는?   : 10~15mm

08 CO_2 가스 아크용접에서의 기공과 피트의 발생 원인은?   : ①~④

① 탄산가스가 공급되지 않는다.(노즐에 스패터 부착 등)
② 노즐과 모재 사이(와이어 돌출거리) 너무 길(멀)다.
③ 모재나 와이어가 흡습되거나, 오염, 녹, 페인트가 있다.
④ 가스 순도가 낮거나, 압력이나 유출량이 과다하다.

해설 기공 방지대책은 발생 원인의 반대로 처리하면 된다.

10 CO_2 가스 아크용접에서 다공성이란?

질소, 수소, 일산화탄소 등에 의한 기공, 기공이 많이 발생할 수 있는 성질을 말함.

11 탄산가스용접시 비드 외관이 불량하게 되었을 경우 올바른 시정 조치는?

운봉 속도를 고르게, 모재의 과열을 피하고, 전류, 전압을 적정치로 맞추어야 된다.

12 CO_2 아크용접에서 공기 중에 CO_2 가스가 있으면 일어나는 현상?   ①~④

① CO_2의 체적이 0.1% 이상이면 건강에 유해
② 3~4%이면 두통이나 뇌빈혈 우려
③ 15% 이상이면 위험 상태
④ 30% 이상이면 치사량이 된다.

13 CO_2 용접시 작업자가 가장 중독을 일으키기 쉬운 가스는? : 일산화탄소

14 공기의 유통이 잘 되지 않는 장소에서 하면 안되는 용접법은?

탄산가스(CO_2) 아크용접

15 보호 가스의 공급 없이 와이어 자체에서 발생한 가스에 의해 아크 분위기를 보호하는 용접 방법은?

논 가스 아크용접

16 논 실드 아크용접의 특징 중 틀린 것은?

① 실드 가스나 용제가 필요하지 않는다.
② 논 가스 아크법에는 직류만 사용한다.
③ 바람이 있는 옥외 작업이 가능하다.
④ 용접 비드가 아름답고 슬래그 박리성이 좋다.

해설 ②, 직류, 교류를 다 사용할 수 있다.
용접 장치가 간단하며, 운반이 편리하나, 와이어 가격이 비싸다.
저수소계 피복 아크용접봉과 같이 수소의 발생이 적다.

제4절 플라즈마 아크용접

1 원리 및 특징

01 플라즈마 아크용접이란?

1만~3만도의 플라즈마를 분출시켜서 모재를 가열 용융하여 용접하는 법

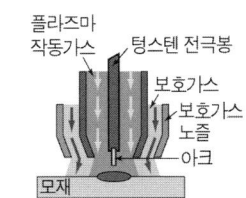

[플라즈마 아크용접의 원리]

02 플라즈마 제트 용접에서 얻어지는 온도는? : 1만(10000) ~ 3만(30000)℃

03 플라즈마 제트 용접법이란? : ①, ②

① 기체를 가열하면 고온의 기체 원자는 전리되어 양이온(+)과 음이온(-)으로 혼합되고 도전성을 띤 가스체로 변하는 현상을 이용
② 도체의 표면에 집중적으로 흐르는 성질인 표피 효과와 전류의 방향이 반대인 경우에는 서로 근접해서 흐르는 성질인 근접 효과를 이용하여 용접부를 가열하여 용접하는 방법

04 플라즈마 아크용접의 장점에 대한 설명은? ; ①~⑤

① 열적, 자기적 핀치 효과에 의해 전류 밀도가 크므로 용입이 깊고 비드 폭이 좁으며, 용접 속도가 빨라 능률적이다.
② 열(에너지)의 집중성이 좋기 때문에 I형 홈 용접이면 충분하고 용접봉의 소모가 적다.
③ 용접부의 금속학적, 기계적 성질이 좋으며 변형도 적다.
④ 수동 용접도 쉽게 할 수 있고, 숙련을 요하지 않는다.
⑤ 각종 재료의 용접이 가능하다.

05 플라스마 제트 용접의 단점은?

①~⑤

① 두 개의 가스 보호가 필요하다.
② 대기로부터 접합부가 보호되어야 하며, 용접부에 경화 현상이 일어나기 쉽다.
③ 모재 표면의 오염에 민감하다.
④ 설비비가 많이 들고, 무부하 전압이 높다.
⑤ 용접 속도가 크므로 가스의 보호가 불충분하다.

06 플라스마 아크용접에 사용되는 전원은 일반 아크용접기보다 몇 배의 높은 무부하 전압이 필요한가? : 2~5배

❷ 보호 가스

01 전극 보호 성능이 좋으며, 모든 금속의 용접에 사용될 수 있으나, 열전도도가 낮아 불균일한 용접이 될 가능성이 있는 가스는? : 아르곤

02 아르곤에 수소 혼입시의 효과

① 수소 분자가 원자로 해리될 때 아크 기둥의 해리 에너지를 빼앗아 아크를 수축하면서 열적 핀치효과가 생기며 용접 속도를 증진시킬 수 있다.
② 수소는 열전도율이 높고 가스 분출 속도를 증가시키는 기능이 있다.

03 플라즈마 아크용접시 보호 가스로 수소를 혼입하여서는 안되는 것은?

구리(Cu), 티탄(Ti)

> **참고** 매우 적은 양의 수소 혼입에도 용접부가 약화될 위험이 크므로 보호효과가 매우 큰 순수 아르곤

이나 헬륨을 사용해야 된다.

04 헬륨의 특성

① 아르곤에 비해 25% 이상 용접 입열을 증대시키므로 열전도도가 높은 구리, Al 합금, 후판 티타늄 용접에 적합하다.
② 아르곤과 같은 효과를 얻으려면 가스 유량은 1.5~2배 이상 증가시켜야 된다.

05 아르곤+헬륨 혼합가스의 특성은?

아르곤에 헬륨을 혼합하면 발열량이 높아 용입 깊이가 깊고 용접속도가 빠르다. 주로 반응 금속의 용접에 사용된다.

06 아르곤에 헬륨을 몇 % 이상 혼합하면 노즐이 과열될 수 있는가? : 75%

> **참고** He의 비율이 75% 이상이 되면 노즐이 과열될 위험이 크므로 낮은 범위의 부하(load) 상태에서만 가능하다.

07 플라즈마 용접으로 스테인리스강을 용접할 경우 집중성이 강한 아크를 얻으려면 아르곤에 수소를 몇 % 혼합하는 것이 적당한가? : 5~10%

❸ 플라스마 용접 장치

01 플라스마 이행법에 의한 분류

이행형 아크, 중간형 아크, 비이행형 아크

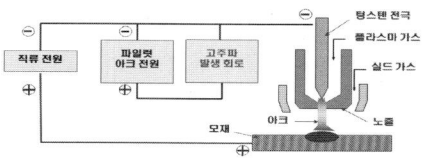

[이행형 아크]

02 이행형 아크(Transferred Arc)

① 텅스텐 전극봉을 (-극)으로, 전도체인 모재를 (+극)으로 연결한 직류 정극성 방식
② 가열 효율이 높으며, 전극이 비소모성이므로 피가열물의 오염이 적다.

03 중간형 아크형

이행형 아크와 비이행형 아크를 병용한 형

04 비이행형 아크(non transferred arc)

① 텅스텐 전극봉을 (-극)으로, 수냉합금 노즐을 (+극)으로 연결하여 전극과 노즐 사이에서 아크를 발생하며, 모재에는 전기 연결이 안되는 방식
② 에너지 손실이 크나, 토치를 모재에서 멀리하여도 아크에 영향이 없다.
③ 비전도체인 내화물, 암석, 콘크리트나 주철, 비철, 스테인리스강 등의 절단 및 용사(溶射)에 주로 사용한다.

제5절 일렉트로 슬래그 및 가스용접

❶ 일렉드로 슬래그 용접

01 일렉트로 슬래그 용접법이란? ①, ②

① 후판 양측에 수랭동판을 대고 용융 슬래그 속에서 전극 와이어를 공급하여 용융 슬래그의 저항열에 의하여 와이어와 모재를 용융시켜 용접하는 방법
② 연속 주조식 단층 용접법, 가장 두꺼운 판을 용접할 수 있다.

> **참고** 일렉트로 가스 아크용접과 같이 단층 수직 상진 용접법의 일종

02 일렉트로 슬래그 용접의 장점은? ①~⑤

① 용융속도가 빠르며, 용접 품질이 우수하다.
② 다전극 사용이 가능, 다전극을 이용하면 더욱 능률을 높일 수 있다.
③ 변형이 적고 최단 시간의 용접법이다.
④ 단 1회(1패스)로 후판 용접이 이루어지므로 능률적이다.
⑤ 기공 생성 및 슬래그 섞임 등이 없다.

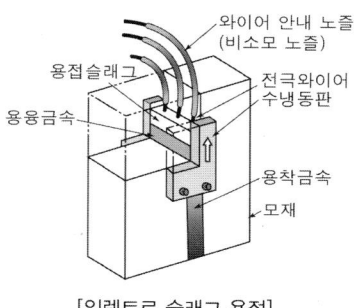

[일렉트로 슬래그 용접]

03 일렉트로 슬래그 용접의 장점은?

①~⑤

① 홈 형상은 I형 그대로 사용되므로 용접 홈 가공 준비가 간단하다.
② 용제 소비량은 SAW에 비하여 약 1/20 정도로 매우 적다.
③ 대형 용접에서는 SAW에 비하여 용접 시간, 홈 가공비, 준비 시간 등이 1/3 ~ 1/5 정도로 감소된다.
④ 스패터 발생이 적으며, 조용하고 용융 금속의 용착량은 100%가 된다.
⑤ 용접의 일종, 선박, 보일러 등 후(두꺼운)판의 용접에 적합하다.

04 일렉트로 슬래그 용접의 단점은?

①~⑥

① 용접 진행 중 용접부를 관찰할 수 없다.

② 용접 시간에 비해 준비 시간이 길다.
③ 장비 설치가 복잡하고, 냉각 장치가 요구되며, 장비가 비싸다.
④ 높은 입열로 인하여 횡방향의 수축과 팽창이 크다.
⑤ 박판 용접에는 적용할 수 없고, 용접부의 기계적 성질이 저하될 수 있다.
⑥ 소모 노즐의 경우 자체의 저항 발열 때문에 1m 이하에 적합하다.

05 일렉트로 슬래그 용접에서 용접기의 주체가 아닌 것은? : 접촉팁

[제어 장치, 와이어 릴, 용접 헤드, 접촉팁]

06 일렉트로 슬래그 용접에 사용하는 와이어로서 가장 적당한 것은?

지름 2.4 ~ 3.2mm 정도의 솔리드 선

> **참고** 연강용은 서브머지드 아크용접과 같은 0.35~1.10% Mn의 저합금강을 사용한다.

07 일렉트로 슬래그 용접에서 용착금속의 무게 1kgf에 대하여 용제는 몇 gf이 필요한가? : 50gf

08 일렉트로 슬래그 용접 용제의 주성분은?

산화규소(SiO_2), 산화망간(MnO), 산화알루미늄(Al_2O_3) 등

09 일렉트로 슬래그 용접을 할 때 몇 A(암페어)가 필요한가? : 400 ~ 1000A

10 일렉트로 슬래그 용접에서 사용되는 수냉식 판의 재료는? : 구리

11 일렉트로 슬래그 용접의 전원은?

교류나 직류의 수하 특성 전원을 사용한다.

12 일렉트로 슬래그 용접의 와이어 송급 장치는?

전압 제어 방식으로 하고, 정전압 특성의 전원을 사용할 때는 정속도 와이어 송급 장치로 한다.

❷ 일렉트로 가스용접

01 일렉트로 가스(엔크로스) 용접이란?

일렉트로 슬래그 용접과 유사하나, 사용 열원이 아크이며, 슬래그 대신 실드 가스로 CO_2나 아르곤 가스로 보호하는 용접

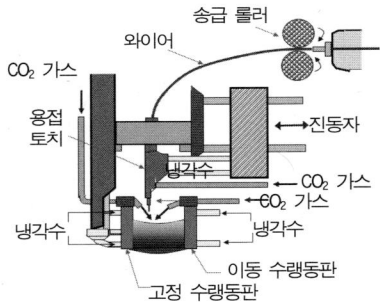

02 일렉트로 가스용접의 특징은? : ①~③

① 용접 가능한 두께는 10 ~ 35mm(중후판)이며, 다층 용접의 경우 60 ~ 80mm까지 가능하다.
② 용접 변형이 작고 작업성이 좋다.
③ 조선, 고압 탱크, 원유 탱크 등에 널리 쓰인다.

03 일렉트로 가스용접의 장점은? : ①~④

① 일렉트로 슬래그 용접과 거의 유사하다.

② 수동 용접에 비하여 용융 속도는 약 4배, 용착금속은 10배 이상이 된다.
③ 용접 장치가 간단하고 취급이 쉬우며 숙련을 요구하지 않는다.
④ 용접 홈의 기계 가공이 불필요하며 가스 절단 그대로 용접할 수 있다.

04 일렉트로 가스용접의 단점

① 정확한 조립이 요구되며, 이동용 냉각 동판에 급수 장치가 필요하다.
② 스패터 및 가스의 발생이 많다.
③ 바람의 영향을 많이 받으므로 풍속 3m/sec 이상시 방풍막이 필요하다.
④ 용접 시작부와 끝부분에는 수축공이 생기므로 탭판을 써서 용접 후 절단하거나 용접 후 교정해야 한다.

05 일렉트로 가스용접의 전극 와이어는?

솔리드 와이어, 복합 와이어

참고 전극 와이어의 공급은 자동으로 공급된다.

06 ∅1.6 와이어를 사용하여 일렉트로 가스용접할 경우 적정 전류, 전압은?

전류 250~400A, 전압 28~40V

07 일렉트로 가스용접법으로 I형, V형 홈 용접시 적정 루트 간격은?

I형은 12~22mm, V형 홈은 1~7mm

08 다음 중 일렉트로 가스용접용 가스로 적합하지 않은 것은? : H_2

[H_2, CO_2, Ar, He]

09 일렉트로 가스용접시 적당한 이산화탄소의 공급량은? : 25 ~ 30ℓ/min

제6절 레이저용접, 전자 빔 용접

❶ 레이저 용접

01 레이저 용접의 원리

강렬한 에너지를 가진 단색 광선 레이저 빔을 모재에 조사하여 순간적(1~20 ms)으로 약 6000~6400℃ 온도로 키홀 내에서 용융 용착, 냉각되어 용접된다.

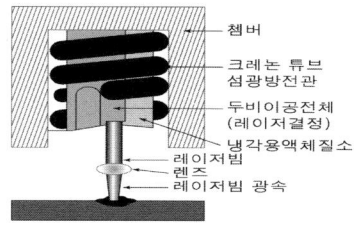

[레이저 용접의 원리]

03 레이저 용접의 용도

절단, 용접, 표면 육성 용접, 열처리, 정밀 드릴링, 열변형 문제되는 정밀 용접 등 모든 분야

04 레이저 용접(laser welding)의 장점(특성)은? : ①~④

① 모재의 열변형이 거의 없다.
② 이종 금속의 용접이 가능하다.
③ 입력 에너지의 제어성이 좋아 미세하고 정밀한 용접을 할 수 있다.
④ 비접촉식 용접으로 모재의 손상이 없다.

05 레이저 용접(laser welding)의 장점(특성)은? : ①~③

① 진공 중에서 용접이 가능하다.
② 대기 중에서 용접할 수 있어 진공실이 필요없고 X선 방출이 없다.

제5장_특수 용접 및 기타 용접 67

③ 자장의 영향을 받지 않으며, 열에너지가 높아 용접 속도가 빨라 고속용접과 자동화가 가능하다.

06 레이저 용접의 특징은? : ①~③

① 루비 레이저와 가스(CO_2) 레이저의 두 종류가 있다.
② 광선이 용접의 열원이다.
③ 열 영향 범위가 좁다.

07 레이저 용접의 단점은? : ①~④

① 장비 가격과 정밀한 지그 장치가 필요하므로 초기 투자비용이 크다.
② 금속 증기 및 실드 가스의 플라스마화에 의해 용입 깊이가 저하할 수 있다.
③ 재질에 따라 고온 균열이 발생할 우려가 있다.
④ 열전도성이 좋은 재료(Cu, Al 등)는 반사율이 높아 용접이 어렵다.

08 레이저 용접시 표면이 순간적으로 가열되는 온도는? : 6000 ~ 6400℃

09 아크용접법과 비교할 때 레이저-하이브리드 용접법의 특징은? : ①~⑤

① 용접 중 흄(Fume)의 발생이 적다.
② 적외선, 자외선 등의 유해 광선이 적은 용접을 할 수 있다.
③ 입열량이 낮고, 용접속도가 빠르며, 용입이 깊다.
④ 용접 공정의 자동화를 용이하다.
⑤ GMAW 용접에 비해 높은 용접 속도와 깊은 용입, 변형 최소화가 가능하다.

❷ 전자 빔 용접

01 전자 빔 용접의 원리

전자빔 발생기의 음극에서 방출하는 열전자를 고전압에 의해 양극으로 가속시킨 고에너지의 전자 빔을 고진공 분위기 속에서 용접물에 고속도로 조사시켜 용접면을 가열, 용융시켜 용접물을 접합시키는 방법

02 전자 빔 용접(일렉트론 빔 용접)에 적용하는 진공도는?

$10^{-4} \sim 10^{-6}$ mmHg 정도

03 전자 빔 용접의 일반적인 특징은? ①~⑤

① 불순가스에 의한 오염이 적다.
② 용접 입열이 적어 용접 변형이 매우 적다.
③ 에너지 밀도가 높아 용융부나 열영향부가 좁다.
④ 용융 속도가 빠르고 고속 용접이 가능하다.
⑤ 같은 두께 용접시 입열량이 피복 금속 아크용접에 비해 1/50 정도, 용입 깊이와 폭의 비는 20 : 1

04 전자 빔 용접의 장점으로 틀린 것은?

① 고진공 속에서 용접하므로 대기와 반응되기 쉬운 활성 재료도 쉽게 용접된다.
② 박판, 두꺼운 판의 용접이 가능하다.
③ 용접을 정밀하고 정확하게 할 수 있다.
④ 에너지 집중이 적기 때문에 저속으로 용접이 된다.

해설 ④. 에너지 집중이 가능하기 때문에 고속으로 용접이 된다.

05 전자 빔 용접의 장점은? : ①~④

① 예열이 필요한 재료를 예열 없이 국부적

으로 용접할 수 있다.
② 잔류 응력이 적으며, 야금학적 기계적 성질이 매우 좋다.
③ 광범위한 이종금속의 용접이 가능하다.
④ 다층 투과 기능을 가지고 있어 다판 용접이 가능하다.

06 전자 빔 용접의 단점은? : ①~④

① 배기 장치가 설치되어야 한다.
② 진공 중에서 용접이 이루어지므로 모재의 크기는 제한받는다.
③ 진공도 조정 등 다음 작업을 위한 준비 시간이 길어 생산성이 저하된다.
④ 기공 및 합금 성분의 감소 원인이 발생된다.

07 전자 빔 용접의 단점은? : ①~④

① 전자빔 용접기의 설치비, 장비 가격이 고가이(많이 든)다.
② 일반 용접에 비해서 용접 단품과 치구의 가공 정밀도가 보다 높이 요구된다.
③ 강자성체 금속의 경우 탈자가 필요하다.
④ 용접시 발생되는 X-Ray가 인체에 해를 끼출 수 있다.

08 전자 빔 용접 중 경화 현상이 발생할 경우 어떠한 조치를 취해야 하는가?

용접부가 좁을 경우 발생하며, 모재를 예열 및 후열하여 속도를 조절한다.

09 W, MO 같은 고융점이며, 대기에서 반응하기 쉬운 금속 등의 용접에 가장 적합한 용접법은? : 전자 빔 용접

제7절 기타 특수용접

❶ 원자 수소 아크용접

01 원자 수소 아크용접의 원리는?

수소 기류 중에서 2개의 텅스텐 전극 사이에 아크를 발생시키면 수소 분자(H_2)가 아크열에 의해 원자 수소(H)로 해리되고 이 원자상태의 수소가 용접물의 표면에서 냉각되어 분자상 수소로 재결합할 때 방출하는 열을 이용하여 용접한다.

02 원자 수소 아크용접의 특성

① 연성이 좋은 용착금속을 얻을 수 있다.
② 발열량이 높아 용접 속도가 빠르고 변형이 작다.
③ 토치 구조의 복잡성, 기술적인 난이도, 비용 과다 등으로 사용이 줄고 있다.

03 원자 수소 아크용접의 적용 범위

절삭 공구, 고속도강 바이트, 고도의 기밀, 유밀이 요하는 내압 용기의 용접

04 원자 수소 용접에 사용되는 홀더의 전극은? : 텅스텐봉

05 원자 수소 아크용접시 수소 불꽃의 길이는? : 70mm 정도

❷ 아크 스터드 용접

01 볼트나 환봉을 피스톤형의 홀더에 끼우고 모재와 볼트 사이에 순간적으로 아크를 발생시켜 용접하는 방법은?

스터드 용접

02 스터드 용접의 용접장치는?

직류 용접기, 용접건, 용접헤드, 제어장치

[아크 스터드 용접의 원리]

03 스터드 용접에서 페룰의 역할은?

용융금속의 산화 및 유출 방지, 용착부의 오염 방지, 아크로부터 눈 보호

04 스터드 아크용접의 일반적인 아크 발생 시간은? : 1.0 ~ 2초

05 스터드 아크용접에 적용되는 재료로 가장 좋은 것은? : 저탄소강

❸ 테르밋 용접

01 테르밋 용접의 원리

도가니에 넣은 테르밋제의 강한 화학(테르밋) 반응에 의해 생긴 열(2800℃)에 의해 용융된 금속을 접합 부분에 주입하여 용접하는 방법

02 레일 및 선박의 프레임 등 비교적 큰 단면적을 가진 맞대기 용접과 보수 용접에 적합한 용접법은? : 테르밋 용접

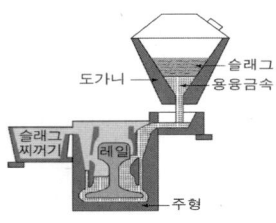

[테르밋 용접의 원리]

03 테르밋 용접의 특징은? : ①~⑥

① 전원(전기)이 필요하지 않는다.
② 용접 시간이 짧고, 용접 작업이 단순하다.
③ 특이한 모양의 홈을 요구하지 않는다.
④ 발열제의 작용으로 용접이 가능하다.
⑤ 용접 후 변형이 적다.
⑥ 용접용 기구가 간단하며, 설비비도 싸다.

04 테르밋제는?

산화철(FeO, Fe_2O_3)과 알루미늄(Al) 분말을 약 3 ~ 4 : 1의 중량비로 혼합한 배합제

05 테르밋 용접시 점화제는?

과산화바륨과 마그네슘

06 테르밋제의 발화에 필요한 온도와 테르밋 반응에 의한 온도는?

① 발화에 필요한 온도 : 1000℃ 이상
② 반응에 의한 온도 : 약 2800~3000℃

07 용융 테르밋 용접법의 용접 홈의 예열 온도는? : 800 ~ 900℃(강의 경우)

❹ 단락 옮김 아크용접

01 단락 옮김 아크용접이란?

가는 솔리드 와이어를 아르곤, 이산화 탄산가스 또는 그 혼합 가스의 분위기 속에서 하는 용접

02 단락 옮김 아크용접법의 특성

① 용접 중의 아크 발생 시간이 짧아진다.
② 모재의 열입력도 적어진다.
③ 용입이 얕아진다.

④ 2mm 이하(0.8mm 정도의 얇은) 판 용접에 사용된다.

03 단락 옮김 아크용접법은 1초에 몇 번의 단락이 일어나는가? : 100회 이상

04 단락 옮김 아크용접에 사용되는 마이크로 와이어는?

연강의 용접에서 규소-망간계로, 지름이 0.76mm, 0.89mm, 1.14mm인 가는 와이어가 쓰인다.

❺ 아크 점 용접법

01 아크 점용접에 적용할 판두께는?

대부분 1.0~3.2mm 정도의 위판과 3.2~6.0mm 정도의 아래 판을 맞추어 용접

02 아크 점용접시 몇 mm까지는 구멍을 뚫지 않고 용접이 가능한가? : 6.0mm

> 참고 6.0mm 이상은 구멍을 뚫고 플러그 용접으로 시공한다.

제8절 전기 저항 용접

❶ 전기 저항 용접의 개요

01 전기 저항 용접법의 원리

용접부에 대전류를 통전시켜 생기는 주울열을 열원으로 접합부를 가열과 동시에 큰 압력을 주어 금속을 접합하는 용접법

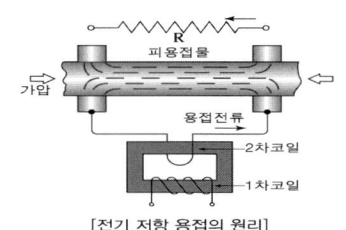
[전기 저항 용접의 원리]

02 저항 용접의 특징은? ; ①~④

① 줄의 법칙을 응용하였다.
② 박판 용접에 매우 좋다.
③ 용접봉 및 용제가 필요없다.
④ 대전류, 저전압을 사용한다.

03 저항 용접의 장점은? ; ①~④

① 가열 시간이 짧다.
② 정밀한 용접이 가능하다.(정밀도가 높다.)
③ 열손실이 적고, 열에 의한 변형이 적다.
④ 용착금속의 조직이 양호하다.

04 전기 저항 용접의 3대 주요 요소는?

통전 전류, 통전 시간, 가압력

05 저항 용접의 전원은? : 교류

06 전기 저항 용접의 종류

① 겹치기 용접 : 점 용접, 프로젝션 용접, 심 용접
② 맞대기 용접 : 업셋 용접, 업셋 버트 용접, 플래시 용접, 퍼커션 용접

07 저항 용접법 중 주로 기밀, 수밀, 유밀성을 필요로 하는 탱크의 용접 등에 적합한 용접법은? : 심 용접법

08 저항 용접의 주 재료는? : 철강

09 고탄소강, 합금강은 전기 저항이 크다. 용접전류는 연강 용접전류의 얼마 정도로 해야 하는가?

90% 정도, 가압력은 10% 정도 증가한다.

10 저항 용접에서 용접이 가능한 전압은?

10V 이하

11 저항 용접기의 구성 요소는?

용접 변압기, 단시간 전류 개폐기, 전극

12 전기 저항 용접과 가장 관계가 깊은 법칙과 발열량 계산식은?

발열량 $H(cal) = 0.24 I^2 R t$

(H : 발열량 cal, I : 전류 A, R : 저항 Ω, t : 통전시간 sec)

참고 전류가 1000A, 전기 저항이 10Ω(옴), 시간이 0.5초일 경우 전기 저항열은?

$H(cal) = 0.24 I^2 R t$
$= 0.24 \times 1000^2 \times 10 \times 0.5 = 1200k$

❷ 점 용접

01 점(스폿, spot) 용접의 원리는?

용접할 재료를 2개의 전극 사이에 놓고 가압 상태에서 전류를 통하여 발생한 저항열을 이용하여 접합부를 가열 융합한다.

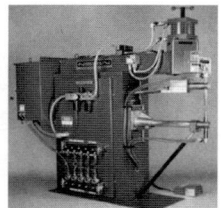

[점 용접기의 형상]

02 점 용접의 특징은?

①~④

① 재료가 절약되고, 작업의 공정수가 감소하며, 작업 속도가 빠르다.
② 작업에 숙련이 필요없다.
③ 용접 변형이 비교적 적다.
④ 가압력에 의하여 조직이 치밀해진다.

03 점 용접의 종류는?

직렬식, 인터랙식, 단극식, 다전극식, 맥동식

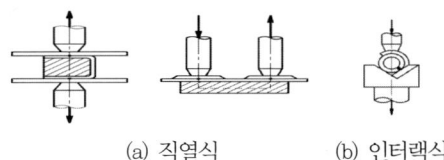

(a) 직렬식   (b) 인터랙식

04 다전극식의 특성

① 1회의 조작으로 여러 점을 용접할 수 있어 능률이 매우 좋다.

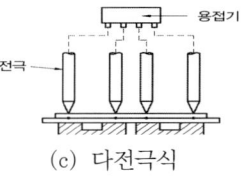

(c) 다전극식

② 용접기 설치 비용이 많이 든다.

05 너깃(nugget)이란?

점 용접시 접합부의 일부분이 용융되어 바둑알 형태의 단면으로 된 것

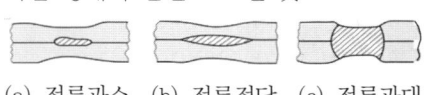

(a) 전류과소 (b) 전류적당 (c) 전류과대

06 저항용접에서 용접전류가 작을수록 너깃(nugget)의 크기는? : 작게 된다.

07 Al을 점 용접으로 할 경우 전류는 연강보다 얼마나 더 세게 해야 하는가?

연강보다 30 ~ 50% 높고, 통전시간은 짧게

08 끝면이 50 ~ 200mm의 반경 구면이며 점 용접 팁으로 가장 널리 쓰이는 전극은?

R형 팁, 용접 품질이 우수하고 수명이 길다.

09 점 용접의 전극 재질로 쓰이는 것은?

순구리, 구리 합금

> **해설** 구리 용접에는 크롬, 티타늄, 니켈 등이 첨가된 구리 합금이 많이 쓰인다.

10 전극의 구비 조건은?

재질은 전기 및 열전도율이 크고 충격이나 연속 사용에 견디며, 고온에서도 기계적 성질이 저하되지 않아야 한다.

11 경합금을 점(spot) 용접할 때 산화 피막 및 유지류를 제거하는 적당한 방법은?

산, 알칼리 사용

❸ 심 용접

01 심(seam) 용접의 원리

원형 전극 사이에 용접물을 끼워 전극에 압력을 주면서 전극을 회전시켜 모재를 이동하면서 점 용접을 반복하는 방법

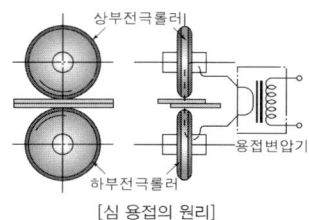
[심 용접의 원리]

02 심(seam) 용접의 특징은? : ①~④

① 기밀, 수밀, 유밀 유지가 용이하다.
② 용접에 비해 판두께는 얇다.
③ 0.2 ~ 4mm 정도의 박(얇은)판에 사용한다.(속도는 아크용접의 3~5배 빠름)
④ 점 용접에 비해 판두께는 얇다.

03 심 용접시 같은 재료의 점 용접보다 전류 밀도는 몇 배로 하며, 전극의 가압력은 몇배로 하는가?

① 전류 밀도 : 1.5 ~ 2.0배
② 가압력 : 1.2 ~ 1.6배 정도로 크다.

04 심 용접기의 구조는?

가압장치, 용접 변압기, 로어암, 전극, 전류 조정기, 시간 제어 장치, 전극 구동 장치

05 심 용접의 종류는?

매시 심 용접, 맞대기 심 용접, 포일 심 용접

06 매시 심(mash seam) 용접이란?

1.2mm 이하의 얇은 판을 판두께 정도로 겹쳐 겹쳐진 폭 전체를 가압하여 접합법

07 맞대기 심(butt seam) 용접이란?

주로 심 파이프를 만드는 방법이며, 판 끝을 맞대어 가압하고 2개의 전극 롤러로 맞댄 면을 통전하여 접합하는 방법

08 모재를 맞대어 놓고 이음부에 같은 종류의 얇은 판(포일)을 대고 가압하는 심 용접법은?

포일 심(foil seam) 용접

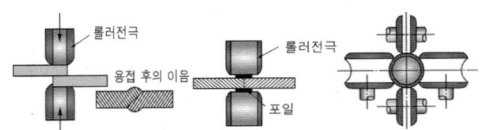

[메시 심용접   포일 심용접   맞대기 심용접]

09 심 용접에 적당한 판두께는?

0.2 ~ 4mm

10 심 용접법의 통전 방법은?

단속(띔) 통전, 연속통전, 맥동 통전

11 심 용접에서 용접부에 홈이 파여지는 결함을 방지하기 위하여 전류를 차단하여 용접부를 냉각한 다음 다시 통전하는 방법은? : 단속 용접법

12 연강 심 용접에서 모재의 과열을 방지하기 위해 통전 시간과 중지 시간의 비율은 얼마 정도로 하는가? : 1 : 1

13 경합금 단속 통전법에서 통전시간과 휴지시간의 비는? : 1 : 3 정도로 한다.

14 심 용접의 용접 속도는 아크용접(수동) 속도와 어떻게 다른가?

피복아크용접에 비해 3 ~ 5배 빠르다.

④ 프로젝션 용접

01 접합할 모재의 한쪽 또는 양쪽에 돌기를 만든 후 대전류와 압력을 가해 접합하는 용접법은? : 프로젝션 용접

02 돌기(projection) 용접의 장점

① 응용 범위가 넓고, 신뢰도가 높다.
② 이종 금속 및 두께가 다른 것을 용접할 수 있다.
③ 전극의 수명이 길고 작업 능력도 높다.
④ 외관이 아름답다.
⑤ 거리가 짧은 점 용접이 가능하다.

03 프로젝션 용접의 단점으로 틀린 것은?

① 용접 설비가 고가이(비싸)다.
② 돌기부가 확실하지 않으면 용접 결과가 나쁘다.
③ 특수한 전극을 설치할 수 있는 구조가 필요하다.
④ 용접 속도가 느리다.

해설 ④, 용접 속도가 빠르고 용접 피치를 작게 할 수 있다.

04 프로젝션(돌기) 가공의 가장 적당한 높이는? : 판두께의 약 1/3

05 프로젝션 용접에서 전류의 증가에 크게 영향을 주는 조건은?

돌기(프로젝션)의 크기와 형상, 돌기 수

⑤ 기타 전기 저항 용접

01 버트(업셋) 용접의 장점은?

불꽃의 비산이 없다. 업셋이 매끈하다. 용접기가 간단하고 가격이 싸다.

02 플래시 용접의 특징은? : ①~⑤

① 가열 범위가 좁고 열영향부가 좁다.
② 산화물 개입이 적고, 신뢰도가 높다.

③ 용접면의 끝맺음 가공을 정확하게 할 필요가 없다.
④ 종류가 다른 재료의 용접이 가능하다.
⑤ 접합부가 돌출되는 단점이 있다.

03 플래시 용접의 3단계는?

예열, 플래시, 업셋

04 업셋 용접시 가압력은 보통 얼마 정도인가? : $0.1 \sim 0.5 \text{kgf}/\text{cm}^2$

05 콘덴서에 저축된 전기적 에너지를 사용하는 용접법은? : 퍼커션 용접

06 퍼커션 용접이란? : 방전 충격 용접

제9절 압 접

❶ 가스 압접법

01 가스 압접법의 특징은? : ①~⑤

① 이음부 탈탄층이 전혀 없다.
② 장치가 간단하고 작업이 기계적이다.
③ 원리적으로 전력이 불필요하다.
④ 이음부에 첨가제가 필요없다.
⑤ 설비비가 싸고, 숙련이 필요하지 않다.

02 가스 압접법의 가열원은?

주로 산소-아세틸렌 불꽃

❷ 초음파 용(압)접

01 초음파 압접이란?

2개의 모재에 압력을 가해 접촉시킨 다음 접촉면에 상대 운동을 시켜 접촉면에서 발생하는 열을 이용하여 이음 압접하는 용접법

02 초음파 용접법의 특징은? : ①~⑤

① 극히 얇은 판, 필름도 쉽게 용접된다.
② 판 두께에 따라 강도가 크게 변화한다.
③ 이종 금속의 용접도 가능하다.
④ 냉간 압접에 비하여 변형도 작다.
⑤ 용접물의 표면 처리가 간단하며 압연한 그대로의 재료도 용접이 쉽다.

03 초음파 용접에서 접합물에 초음파를 얼마 이상으로 하여 횡진동을 주는가?

18kHz 이상

04 초음파 용접의 용도는?

금속은 0.01~2mm, 플라스틱류는 1~5mm 정도의 얇은 판의 접합에 적합하다.

❸ 고주파 용접

01 고주파 용접이란?

도체의 표면에 집중적으로 흐르는 성질인 표피 효과와 전류의 방향이 반대인 경우에는 서로 접근해서 흐르는 근접 효과를 이용해 용접부를 가열하여 용접하는 방법

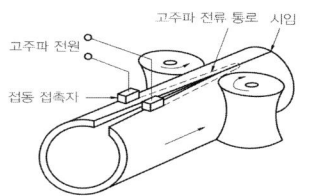

[고주파 용(압)접]

02 고주파 용접의 특성은? : ①~⑤

① 모재의 접합면 표면에 어느 정도 산화

막이나 더러움이 있어도 지장없다.
② 이종 금속의 용접이 가능하다.
③ 고주파 저항 용접은 고주파 유도 용접에 비해 전력의 소비가 적다.
④ 가열 효과가 좋아 열영향부가 적다.
⑤ 고주파 유도 용접법과 고주파 저항 용접법이 있다.

03 표피효과(skin effect)와 근접효과(proximity effect)를 이용하여 용접부를 가열 용접하는 방법은?

고주파 용접(high-frequency welding)

④ 냉간 용(압)접

01 상온에서 강하게 압축함으로써 경계면을 국부적으로 소성 변형시켜 압접하는 방법은? : 냉간 압접

02 냉간 압접의 특성은? ; ①~⑤

① 접합부에 열영향이 없다.
② 접합부의 전기 저항은 모재와 거의 같다.
③ 압접 공구가 간단하며, 숙련이 필요하지 않다.
④ 단점 : 철강은 용접부가 가공 경화된다.
⑤ 겹치기 압접은 눌린 흔적이 남는다.

03 냉간 압접의 용도로 적당한 것은?

알루미늄(가장 잘됨), 구리, Ni, Pb 등의 맞대기, 반도체 소자의 기밀 봉착

⑤ 폭발 압접

01 폭발 압접의 특징은? : ①~⑤

① 이종 금속의 접합이 가능하다.
② 용접 작업이 비교적 간단하다.
③ 고용융점 재료의 접합이 가능하다.
④ 접합이 견고하므로 성형이나 용접 등의 가공성이 양호하다.
⑤ 단점 : 화약을 사용하므로 위험하며, 압접시 큰 폭발음과 진동이 있다.

⑥ 마찰 용접

01 마찰 용접이란?

2개의 접합물(모재)을 맞대어 상대 운동을 시키고 그 접촉면에 발생하는 마찰열을 이용해 접합하는 방법

02 마찰 용접(friction welding)의 특성은? ①~⑤

① 취급과 조작이 간단하다.
② 치수 정밀도가 높고 재료가 절약된다.
③ 국부 가열이므로 열영향부의 너비가 좁고 이음 성능이 좋다.
④ 용접 시간이 짧아 작업 능률이 높다.
⑤ 이종 금속의 접합이 가능하다.

03 마찰 압접의 단점은? : ①~③

① 피용접물의 형상, 치수, 길이, 무게 등에 에 제한을 받는다.
② 플래시 용접보다 용접 속도가 늦다.
③ 상대 각도를 필요로 하는 것은 용접이 곤란하다.

(1) 마찰 압접   (2) 마찰 교반 용접

각종 금속의 용접

제1절 철강, 주철의 용접

1 순철 및 탄소강, 저합금강 용접

01 순철의 용접성
① 매우 연하며, 용접성이 좋아 피복 아크용접 등 연강과 같은 조건으로 용접한다.
② 용접 속도를 약간 낮추는 것이 좋다.

02 강에서 용접성이 가장 좋은 것은?
킬드강(순철)과 저탄소강
[순철, 저탄소강, 중탄소강, 고탄소강, 주철]

03 모재의 열팽창 계수에 따른 용접성에 대한 설명으로 옳은 것은?
열팽창 계수가 작을수록 용접성이 좋다.

04 연강용 피복 아크용접봉으로 용접했을 때 일반적으로 나타나는 금속 조직은?
페라이트 조직

05 피복 아크용접이 가장 어려운 재료는?
티타늄 > 주철 > 고탄소강 > 주강 > 연강

06 저탄소(연)강의 용접을 피복 아크용접할 경우 용접 방법은?
① 일반적으로 일미나이트계나 고산화티탄계 용접봉 사용, 구속이 큰 부분에는 저수소계(E4316) 용접봉을 사용한다.
② 후판(25mm 이상)의 경우 예열, 후열, 용접봉 선택 등에 주의가 필요하다.

07 중탄소강에 덧붙임 용접을 할 때 고려할 사항은? : ①~③
① 반드시 150~250℃ 정도로 예열할 것
② 예열할 수 없을 때는 급랭을 피할 것
③ 예열할 수 없을 때는 고장력강용 저수소계 용접봉으로 밑깔기 용접을 할 것

08 고탄소강의 용접 : ①, ②
① 고탄소강일수록 용접 속도가 빠를수록 비드 위의 활꼴 균열이 생기기 쉽다.
② 고탄소강을 아크 용접시 균열을 방지하려면 전류를 낮춘다.

09 고탄소강 용접시 예열을 하지 않았을 때 나타나는 효과 중 틀린 것은?
① 단층 용접에서 담금질 조직이 된다.
② 단층 용접에서 경도가 높다.
③ 2층 용접에서는 모재의 열영향부가 뜨임 효과를 받는다.
④ 2층 용접에서 최고 경도는 매우 저하한다.

> **해설** ③, 고탄소강의 용접시 2층 용접에서 모재의 열영향부가 풀림 효과를 받으므로 최고 경도가 매우 저하된다.

10 고탄소강의 용접이 어려운 이유는?

①~④

① 열영향부의 경화가 현저해서 비드 균열을 일으키기 쉽기 때문에
② 단층 용접에서는 예열하지 않으면 열영향부가 담금질 조직이 되기 때문에
③ 예열, 후열이 필요하고 용접봉도 능률이 낮은 저수소계를 써야 하기 때문에
④ 급랭 경화가 심하기 때문에

11 탄소강의 탄소 함유량에 따른 예열 온도는?

①~④

① 0.2% 이하 : 90℃ 이하
② 0.2~0.3% : 90~150℃
③ 0.3~0.45% : 150~260℃
④ 0.45~0.8% : 260~420℃

12 중탄소강이나 고탄소강 용접시 일반적인 후열 온도는? : 600~650℃

13 고탄소강 용접봉은? : ①~③

① 모재와 같은 재질의 저수소계 용접봉
② 오스테나이트계 스테인리스강봉
③ 특수강 용접봉

14 일반 고장력강 용접의 용접

① HT50~60급강은 연강과 거의 같이 용접하면 되나,
② 합금 성분의 영향으로 담금질 경화성이 크고 열영향부의 연성 저하로 용접 균열을 일으킬 염려가 있다.

15 고장력강 용접시 주의 사항

① 잘 건조된 저수소계 용접봉으로 아크 길이를 짧게 하여 용접해야 한다.
② 위빙 폭을 크게 하지 않는다.(심선 지름의 3배 이하)
③ 엔드탭을 사용하거나 시작점 20~30mm 앞에서 아크를 발생하여 예열하며 시작점으로 후퇴하여 시작점부터 용접한다.

16 고장력강 피복 아크용접봉 중 위보기 자세에 적합하지 않은 것은? : E 5326

[E 5316, E 5003, E 5000, E 5326]

17 저합금강 용접시 망간(Mn)이 용접부에 미치는 영향은? : 인장 강도 향상

❷ 주철의 용접

01 주철의 용접에 관한 설명

① 용접 후에는 풀림 처리를 한다.
② 가스용접으로 용접 시공할 때에는 대체로 주철 용접봉을 사용한다.
③ 수축이 커서 균열이 생기기 쉽다.
④ 용접 응력이 작게 되도록 용접한다.

02 주철의 용접

① 열간 용접은 500~600℃로 가열한 후에 행하는 방법이며,
② 냉간 용접은 상온 또는 저온(200~400℃)에서 행하는 용접이다.

03 주철의 모재에 연강 용접봉을 사용하면 균열이 생기는 이유는?

강과 주철의 탄소의 함유량, 용융점, 팽창

계수가 다르므로

해설 강과 주철의 운봉법이 다른 것과는 관계없다.

04 주철 용접시 주의 사항으로 틀린 것은?

① 균열의 보수는 균열의 연장 방지를 위하여 균열의 끝에 작은 구멍을 뚫는다.
② 비드의 배치는 가능한 길게 한다.
③ 가열되어 있을 때 피닝 작업을 하여 변형을 줄이는 것이 좋다.
④ 가능한 가는 지름의 용접봉을 사용한다.

해설 ②, 주철의 비드 배치는 가급적 짧게 하고 좁은 비드를 놓는다.

05 주철의 용접이(연강 용접에 비하여) 곤란한 이유는? : ①~④

① 여리며 급랭에 의한 백선화로 수축이 커서 균열이 생기기 쉽다.
② 일산화탄소 가스가 발생되어 용착금속에 기공(blow hole)이 생기기 쉽다.
③ 취성이 크며 주조시 잔류 응력 때문에 모재에 균열이 발생되기 쉽다.
④ 장시간 가열에 의한 흑연의 조대화, 주철 속에 기름, 모래 등의 존재 경우 용착 불량이나 모재와 친화력이 나쁘다.

06 주철 주물의 아크용접시 사용하는 용접봉이 아닌 것은? : 크롬-니켈봉

[모넬메탈봉, 순 니켈봉, 크롬 – 니켈봉, 연강봉, 주철봉]

07 주철의 아크용접에 대한 사항은?
①~④
① 용접에 의한 경화층이 생길 때에는 500 ~ 650℃ 정도로 가열하면 연화된다.

② 용접 직후 냉각할 때 응력 제거 또는 줄이기 위하여 피닝(peening)한다.
③ 토빈 청동에 의한 용접의 경우는 예열을 하지 않아도 된다.
④ 모넬메탈 용접봉(Ni 2/3, Cu 1/3), 니켈봉, 연강봉 등이 사용된다.

08 회주철의 보수 용접에서 가스용접으로 시공할 때의 사항은? : ①~④

① 탄소 3.5%, 규소 3 ~ 4%, 알루미늄 1%의 주철 용접봉을 사용한다.
② 용제를 충분히 사용하고 용접부를 필요 이상 크게 하지 않는다.
③ 용제는 붕사 15%, 탄산나트륨 15%, 탄산수소나트륨 70%, 소량의 알루미늄 분말 혼합제가 쓰인다.
④ 중성 또는 약한 탄화 불꽃이 좋다.

09 주철의 보수 용접 방법의 종류는?

버터링법, 스터드법, 로킹법, 덧살 올림법, 비녀장법 등

10 주철의 보수 용접 등에서 효과가 크며 용착금속의 첫층에 모재와 잘 어울리는 성분의 용접봉으로 용착시킨 후 저수소계봉 등으로 접합시키는 방법은?

버터링법

11 가늘고 긴 용접을 할 때 용접선에 직각이 되게 꺾쇠 모양으로 직경 6mm 정도의 강봉을 박고 용접하는 방법은?

비녀장법

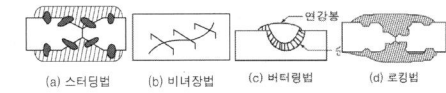

(a) 스터딩법   (b) 비녀장법   (c) 버터링법   (d) 로킹법

제6장 _ 각종 금속의 용접

12 일반적으로 주철 용접이 쓰이는 곳은?

보수 용접

제2절 스테인리스강의 용접

1 스테인리스강의 용접

01 스테인리스강 용접에 대한 사항은?

①~③

① 산화크롬의 생성 방지를 위해 불활성 가스나, 용제 등으로 보호해야 한다.
② 탄소강보다 전기 저항이 크므로 가열 시간이 길면 안 된다.
③ 연강에 비해 선(열)팽창계수는 50% 이상 크고 열전도율은 낮아 용접 변형과, 균열이 발생할 수 있다.

02 스테인리스강 피복 아크용접

① 직류의 경우 역극성이 사용된다.
② 연강보다 10~20% 정도 낮은 전류로 작업한다.
③ 용입 불량이 생기기 쉬우므로 용접 홈 가공, 치수, 가접 등에 주의해야 한다.
④ 판두께 1mm 이하는 용락의 위험성이 크므로 주의해야 한다.

03 불활성 가스 텅스텐 아크용접(TIG 용접)으로 스테인리스강을 용접하는 방법은?

①~⑥

① pipe 용접에서는 인서트 링(insert ring)을 이용한다.
② 기름, 녹, 먼지 등을 완전히 제거한다.
③ 전원은 직류 정극성이 좋다.
④ 0.4~8mm 정도의 박판의 용접에 좋다.
⑤ 토륨(Th) 함유 텅스텐 전극봉이 좋다.
⑥ 텅스텐 전극의 끝부분은 뾰족하게 연마하여 열집중이 되게 한다.

04 스테인리스강을 TIG 용접하는 이유는?

아크 안정이 좋고, 용접금속의 오손이 적다.

05 스테인리스강의 불활성 가스 금속 아크(MIG) 용접법은? : ①~③

① TIG 용접에 비해서 두꺼운 판의 용접에 이용되며, 아크 집중성이 좋다.
② 지름 0.8~1.6mm 정도의 심선을 전극으로 하여 직류 역극성으로 용접한다.
③ 용접이 고속도로 아크 방향으로 방사되므로 어떠한 방향이라도 용접할 수 있다.

06 스테인리스강을 불활성 가스 아크용접 할 때 아크 안정과 스패터 방지를 위한 적당한 가스는?

아르곤에 산소 2~5% 혼합한 가스 사용

07 스테인리스강 가스용접 및 저항 용접

① 가스용접 : 불순물의 혼입, 탄소 함유량의 증대 등으로 거의 쓰이지 않는다.
② 저항 용접 : 널리 적용하며 연강보다 낮은 전류에 높은 가압력으로 용접한다.

2 스테인리스강 조직 종류별 용접

01 용접성이 가장 좋은 스테인리스강은?

오스테나이트계

[마텐사이트계, 석출 경화계, 페라이트계, 오스테나이트계]

해설 용접성 정도 : 오스테나이트계 > 페라이트계 > 마텐사이트계

02 페라이트계 스테인리스강의 용접

① 예열 온도는 200℃ 정도, 층간 온도는 80% 정도로 한다.
② 용접 후 후열 처리를 하면서 서랭한다.
③ 열영향부의 조대화로 취성 방지를 위해 가는 봉 사용과 저전류로 용접한다.

03 마텐사이트계 스테인리스강의 용접

① 성형성은 좋으나 용접성이 불량하다.
② 용접에 의해 급열, 급랭시 마텐사이트를 생성하며, 균열 발생의 우려가 있고,
③ 탄소량이 많을수록 잔류 응력이 커져 용접성이 나빠진다.
④ 경화 방지를 위해 용접 직후 냉각 전에 700~800℃로 가열 유지 후 공랭한다.
⑤ 후열 처리가 불가능할 때는 18% Cr-12% Ni-Mo 함유봉을 사용한다.

04 오스테나이트계 스테인리스강의 용접

① 용접성이 우수하여 예열을 하지 않는다.
② 층간 온도를 320℃ 이하로 한다.
③ 용접봉은 모재의 재질과 같은 것, 가능한 한 가는 봉을 사용한다.
④ 아크 중단 전에 크레이터를 채운다.

05 스테인리스강(오스테나이트계)의 용접 시 주의할 사항으로 옳지 않은 것은?

① 용접 전에 용접할 곳을 예열해야 한다.
② 가스 용접은 하지 않는다.
③ 용접 시공시 고정 공구 및 냉각 용구를 쓰면 효과적이다.
④ 용접 후 480~680℃ 범위를 급랭하여 입계 부식을 방지한다.

해설 ①, 용접할 곳을 예열하지 않는다.

06 오스테나이트계 스테인리스강을 용접하여 사용 중에 용접부에서 녹 또는 입계 부식 방지법은? : ①~④

① Ti, V, Nb 등이 첨가된 재료를 사용한다.
② 저탄소의 재료(판, 봉)를 선택한다.
③ 용접 후 1050 ~ 1100℃로 용체화 처리를 하고 공랭하든지 850℃ 이상 가열하여 수냉 담금질을 한다.
④ 낮은 전류값으로, 짧은 아크로 용접하여 용접 입열을 억제한다.

07 스테인리스 강판을 납땜하기 곤란한 이유는? : 강한 산화막이 있으므로

08 동일 형상, 조건에서 용접 입열이 일정할 경우 냉각 속도가 가장 빠른 것은?

구리

[Al, 스테인리스강, 구리, 연강]

해설 구리 > Al > 연강 > 스테인리스강

제3절 비철금속의 용접

❶ 구리 및 그 합금의 용접

01 구리 합금의 용접 조건은? : ①~⑥

① 비교적 넓은 루트 간격과 홈 각도를 크게 취한다.
② 가접은 비교적 많이 한다.

③ 용접봉은 용접성이 좋고 용접 후의 균열이 적은 것이라야 한다.
④ 용가재는 모재와 같은 것을 사용한다.
⑤ 구리에 비해 예열 온도가 낮아도 되며, 토치나 가열로 등을 사용한다.
⑥ 용제 중 붕사는 황동, 알루미늄 청동, 규소 청동 용접에 많이 사용된다.

02 구리 합금 용접에 사용하는 용접봉은?

토빈 청동봉, 규소 청동봉, 에버듀르 청동봉, 인청동봉, 무산소구리봉이 쓰인다.

03 순구리의 피복 아크용접법

① 예열을 충분히 행할 수 있는 단순한 구조물의 경우에 쓰이고 있다.
② 예열 온도는 250℃, 층간 온도는 450~550℃ 정도가 필요하다.
③ 직류, 교류가 모두 사용되며, 직류의 경우 직류 역극성이 좋다.

04 구리 합금의 용접에 사용하기 곤란한 용접법은? : 피복 아크용접

05 구리 용접이 철강 용접에 비하여 어려운 이유로 틀린 것은?

① 열전도율이 높고 냉각 효과가 크기 때문에 균열이 발생하기 쉽다.
② 구리 중의 산화 구리를 포함한 부분이 순수한 구리에 비하여 용융점이 낮다.
③ 수소처럼 확산성이 큰 가스를 석출하고 그 압력 때문에 더욱 약점이 조성된다.
④ 구리는 용융될 때 심한 질화를 일으켜서 질소를 흡수하여 질화부를 만든다.

해설 ④. 구리는 용융될 때 심한 산화를 일으켜서 가스를 흡수하여 기공을 만든다.

06 불활성 가스 텅스텐 아크용접으로 구리를 용접하는 방법은? : ①~⑤

① 판두께 6mm 이하에 사용된다.
② 토륨(Th) 함유 텅스텐봉을 사용한다.
③ 직류 정극성(DCSP)을 사용한다.
④ 용가재는 탈산된 구리봉을 쓴다.
⑤ 99.8% 이상의 고순도 아르곤 가스를 사용하는 것이 좋다.

07 구리 용접할 때 열의 발산이 빠르므로 일반적으로 예열온도는? : 400~450℃

08 불활성 가스 금속 아크용접(MIG 용접)

① 판두께 6mm 이상에 많이 사용하며, 용접 전 300~500℃로 예열하는 것이 좋다.
② 구리, 규소, 청동, 알루미늄 청동 등의 용접에 가장 적합하다.

09 구리 합금을 가스용접법으로 할 때 장점은?

장치가 간단하고, 얇은 판에 적당하며, 황동 용접이 가능하다. (단점은 변형이 크다.)

10 황동의 가스용접시 무엇의 증발로 작업이 곤란한가? : ②

① 규소(Si)   ② 아연(Zn)
③ 구리(Cu)   ④ 주석(Sn)

❷ 알루미늄 용접

01 알루미늄은 철강에 비하여 일반 용접이 극히 곤란한 이유는? ①~③

① 팽창 계수가 약 2배, 응고 수축이 1.5배로, 변형과 응고 균열이 생기기 쉽다.

② 산화Al은 높아(약 2050℃) 용융되지 않아 유동성을 해치고, 융합을 방해한다.
③ 산화 Al의 비중(4.0)은 보통 Al보다 크므로, 용융금속 표면에 떠오르기 어렵다.

02 알루미늄은 철강에 비하여 일반 용접이 극히 곤란한 이유 중 틀린 것은?

① 단시간에 용접 온도를 높이는데 높은 열원이 필요하다.
② 지나친 융해가 되기 쉽다.
③ 고온 강도가 나쁘며 용접 변형이 크다.
④ 팽창 계수가 매우 작다.

해설 ④. 팽창 계수가 강에 비해 2배 이상 크다.

03 알루미늄 주물의 용접봉으로 적당한 것은? : 알루미늄-규소 합금봉

04 알루미늄 용접 후 변형을 잡는 방법은?

피이닝(피닝)

05 알루미늄 용접시 화학적인 청소 방법은?

2%의 질산 또는 10%의 더운 황산으로 세척한 다음 물로 씻어낸다.

06 알루미늄 가스용접법

① 염화물의 용제와 탄화 불꽃을 사용하며, 200~400℃로 예열을 한다.
② 토치는 큰 것을 쓰며, 알루미늄은 용융점이 낮으므로 조작을 빨리해야 한다.

07 Al 합금의 용접에서 변형 방지를 위해 박판의 용착법은? ; 스킵법

08 알루미늄을 불활성가스 텅스텐 아크용접법할 때 적합한 전원과 극성은?

고주파 장치가 붙은 교류

09 알루미늄의 불활성 가스 아크용접

① 용접시 청정 작용이 있다.
② MIG 용접시는 Al 와이어를 사용하며, 직류 역극성으로 대전류를 사용한다.
③ TIG 용접에서 아크를 발생할 때 텅스텐과 모재의 접촉을 피하기 위해 고주파 전류를 쓴다.
④ 텅스텐 전극이 오염되지 않게 한다.
⑤ 열 집중성이 좋고 능률적이므로 예열은 필요치 않을 때가 많다.

10 알루미늄 합금을 전기 저항 용접할 때 가장 많이 사용되고 있는 방법은?

점(spot) 용접

11 알루미늄 용접에 사용되는 용제는?

염화리듐(LiCl), 알칼리 금속의 할로겐 화합물, 염화칼륨(KCl)

12 알루미늄 합금 용접에 사용되지 않는 용접법은? : 테르밋 용접

13 고탄소강, 알루미늄, 티타늄 합금, 몰리브덴 재료 등을 용접하기에 가장 적합한 용접법은? : 전자 빔 용접

[SAW, TIG 용접, 전자 빔 용접, 레이저 용접, 플라즈마 용접]

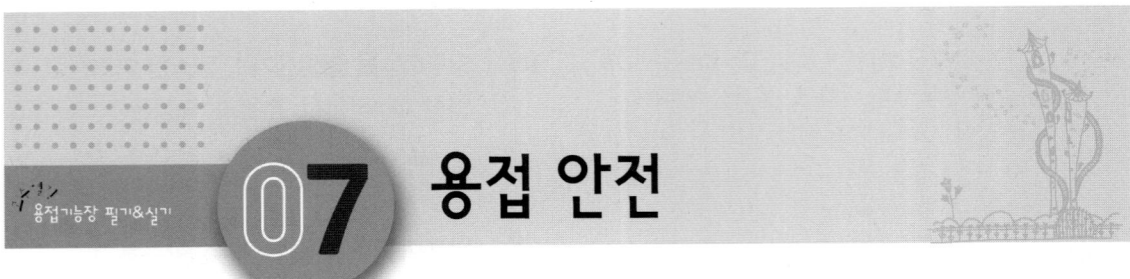

07 용접 안전

제1절 산업 재해

❶ 재해와 안전

01 국제노동기구(ILO)의 재해의 정의

근로자가 물체와 물질 또는 타인과 접촉 또는 물체나 작업 조건 속에 몸을 두었기 때문에, 근로자의 작업 동작 때문에 사람에게 상해를 주는 것

02 안전이란?

직·간접으로 인명 및 재산상의 손실이 생기는 산업 재해를 사전에 막기 위한 여러 가지 활동

❷ 재해 원인과 상호 관계

01 고장난 기계, 조명 불량, 안전 장치 불량 등에 의한 재해는 무슨 원인에 의한 재해인가? : 설비의 원인

02 다음 중 물적 재해의 원인이 아닌 것은?

[장치 불량, 고장난 기계, 조명 불량, 수면 부족]

해설 수면 부족 ; 신체적 결함에 의한 원인임.

03 재해가 가장 많은 전동 장치는? : 벨트

04 재해가 가장 많은 계절은 언제인가?

여름(7~8월), 휴일 다음 날 많이 발생

05 하루 중 가장 사고가 많이 일어나는 시간은 언제인가? : 오후 3시

❸ 산업 재해율, 재해 빈도

01 다음 중 재해 발생 빈도 및 손실의 정도를 나타내는 것이 아닌 것은? : 산재율

[산재율, 연천인율, 도수율, 강도율]

02 재해 발생 손실의 정도를 나타내는 것은?

강도율

03 A 공장에서 연간 15건의 재해가 발생했다. 1일 8시간 연간 300일 근무한다면 도수율은 얼마인가? (단, 근로자 수는 350명이다.)

1) 연 근로 시간수
   = 350명 × 8시간 × 300일 = 840000시간

2) 도수율 = $\dfrac{15}{840000} \times 1000000 = 17.86$

연 근로 시간 100만 시간 중에 18 발생

04 평균 근로자 수가 400명인 직장에서 10명의 재해자가 발생했다면 연천인률은?

연천인률 = $\frac{10}{400} \times 1000 = 25$

근로자수 1000명당 25명의 재해자 발생

제2절 작업일반 안전

❶ 작업 복장 및 보호구

01 보호구의 구비 조건은? : ①~④

① 구조가 간단하고 안전하며, 손질이 쉬울 것
② 착용이 간편하며, 작업에 방해가 안될 것
③ 유해 요소에 대한 방호성이 충분할 것
④ 재료의 품질이 좋고, 사용 목적에 적합하며, 사용자에게 잘 맞을 것

02 아크 안전 보호구의 종류가 아닌 것은?

와이어 브러시

[핸드 실드, 헬멧, 보호 안경, 앞치마, 발커버, 용접조끼, 와이어 브러시]

03 피복 아크용접시 용접 작업자의 얼굴이나 머리를 보호하기 위한 보호구는?

용접 핸드 실드나 용접 헬멧

04 아크용접 공구 중 머리에 쓰고 헬멧 속에 신선한 공기를 불어넣는 공기 호스가 달려 있는 것은? : 환기 헬멧

05 안전모의 일반 구조는? : ①~③

① 모체, 착장체 및 턱끈을 가질 것
② 착장체의 구조는 착용자의 머리 부위에 균등한 힘이 분배되도록 할 것
③ 착장체의 머리 고정대는 착용자의 머리 부위에 고정하도록 조절할 수 있을 것

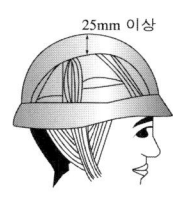

06 안전모의 내부 수직거리로 가장 적당한 것은? : 25mm 이상 50mm 미만일 것

07 귀마개를 착용하고 작업하면 안 되는 작업자는? : 하역장의 크레인 신호자

❷ 통행 및 운반 안전

01 통행시 안전 수칙

① 통행로 위의 높이 2m 이하에 장애물이 없을 것
② 기계와 다른 시설물 사이의 통행로 폭은 80cm 이상으로 할 것

02 통행로에 계단 설치시 고려 사항

① 견고한 구조로 하며, 경사가 너무 심하지 않게 할 것
② 높이 3m를 초과할 때에는 높이 3m마다 계단 참을 설치할 것
③ 각 계단의 간격과 나비는 동일하게 하며, 적어도 한쪽에는 손잡이를 설치할 것

제3절 작업 환경, 화재, 폭발

❶ 작업 환경

01 작업별 적정 조도

① 거친 작업 : 75Lux 이상(75~150)

② 보통 작업 : 150Lux 이상(150~300)

③ 정밀 작업시 : 300Lux 이상(300~600)

④ 초정밀 작업 : 750Lux 이상(750~3000)

02 작업장의 가장 바람직한 온도

① 온도 : 여름 : 25~27℃, 겨울 : 15~23℃

② 바람직한 상대 습도 : 50~60%

03 주물 작업, 채석, 연마 작업에 종사하는 사람들에게 많이 올 수 있는 직업병은?

규폐증

04 모든 사람들이 불쾌감을 느낄 수 있는 불쾌지수는? : 80 이상

참고 70 이하인 때 쾌적
- 70 이상이면 불쾌감
- 75 이상이면 과반수 이상의 사람들이 불쾌감을 호소

05 일반 작업장의 소음의 허용 한계값은 얼마로 정하는가? : 85~95dB

② 화재 및 폭발

01 연소의 3요소는? : 가연물, 산소, 점화원

02 연소 후 재를 남기는 화재의 종류는?

A급 화재

참고 B급 화재 : 유류화재, C급 화재 : 전기화재
D급 화재 : 금속화재, E급 화재 : 가스화재

03 초기 전기 화재나 소규모 인화성 액체 화재에 적합한 것은? : CO_2 소화기

04 방화 대책의 구비 조건은?

화재 경보기, 소화기, 방화벽, 스프링 클러, 비상구, 방화사

참고 출입 표시, 스위치관은 방화대책이 아님

05 화재 및 폭발방지 조치로 틀린 것은? ③

① 대기에 가연성 가스를 방출시키지 말 것
② 필요한 곳에 방화 설비를 설치할 것
③ 용접 작업 부근에 점화원을 둘 것
④ 배관에서 가연성 증기의 누출 여부를 철저히 점검할 것

06 가스 종류별 체적당 폭발 상한과 하한계

① 부탄 : 1.8~8.4%
② 프로판 가스 : 2.1~9.5%
③ 아세틸렌 : 2.5~81.0%
④ 수소 : 4.0~74.5%

참고 폭발 한계가 가장 큰 것은 아세틸렌이다.

제4절 안전 표지와 색채

① 안전 표지

01 산업안전 관리에 대한 기업주의 각성을 촉구하고 근로자의 주의를 환기시키기 위한 표지는? : 녹십자 표지

02 미국 철강회사(US steel)의 게리(Gary)

사장이 제창한 것을 개선한 것은?

안전 제1, 품질 제2, 생산 제3

> **참고** 게리 사장이 최초에 제창 : 품질 제1, 생산 제2, 안전 제3

❷ 산업안전 색채

01 산업 안전 보건법 시행 규칙상 안전 색채

① 파란색 : 안전을 표시하는 색채 중 특정 행위의 지시 및 사실의 고지 등
② 흰색 : 글씨 및 보조색, 통로, 정리 정돈 등을 나타내는 색

02 산업 안전 보건법 시행 규칙상 안전을 표시하는 색채 중 특정 행위의 지시 및 사실의 고지 등을 나타내는 색은?

파란색

03 화학 물질 취급 장소에서의 유해 위험 경고 이외의 위험 경고 주의 표지, 기계 방호물, 방사능 위험을 나타내는 색채는?

노랑색

04 안전, 피난, 위생, 구호, 진행, 대피, 구호소 위치 등을 나타내는 색은?

녹색

05 다음 중 방사능 위험을 표시하는 색은?

노란색

[노란색, 자주색, 파란색, 빨간색]

06 충전 가스와 용기 도색

① 산소 : 녹색
② 프로판 : 회색
③ CO_2 : 청색
④ 아세틸렌 : 황색
⑤ 암모니아 가스 : 백색

제5절 작업 환경과 조건

❶ 작업 환경

01 채광

① 자연 광선이 태양 광선(4500lx)에 의해서 조명을 얻는 경우를 말한다.
② 창의 크기는 바닥 면적의 1/5 이상
③ 천정 창은 벽창에 비하여 약 3배 이상의 채광 효과를 갖는다.

02 조도

① 빛을 받는 면의 밝기를 말하며, 단위는 lux이다.
② 조도의 기준은 적당한 밝기, 밝기의 고름, 눈부심이다.
③ 옥내의 최저 조도는 30~50lux 정도 유지해야 한다.

03 작업별 적정 조도

① 거친 작업 : 60~1500Lux
② 보통 작업 : 300 ~ 600Lux
③ 정밀 작업시 : 600 ~ 1500Lux
④ 초정밀 작업 : 1500 ~ 3000Lux

04 작업장의 가장 바람직한 온도

① 온도 : 여름 : 25~27℃, 겨울 : 15~23℃

② 바람직한 상대 습도 : 50~60%

05 불쾌지수가 얼마 이상이면 모든 사람들이 불쾌감을 느끼게 되는가?

80 이상

> **참고** 70 이하인 때 쾌적
> - 70 이상이면 불쾌감
> - 75 이상이면 과반수 이상의 사람들이 불쾌감을 호소

06 일반 작업장의 소음의 허용 한계값은 얼마로 정하고 있는가?

85 ~ 95dB

> **참고** 허용 한계값은 85 ~ 95dB로 정하고 있으며, 그 이상으로 연속적으로 발생하는 소음은 청력에 손상을 주게 된다.

❷ 작업 조건에 의한 병(직업병)

01 주물 작업이나 채석, 연마 작업에 종사하는 사람들에게 많이 올 수 있는 직업병은 : 규폐증

제6절 응급 처치와 구급 처치

❶ 응급 처치

01 응급 처치의 3대 요소는?

기도 유지, 쇼크 방지, 상처 보호

> **참고** 응급 처치 4단계(요소)는 기도 유지, 쇼크 방지, 지혈, 상처 보호

02 인체에 혈액은 체중의 약 3.3% 정도이다. 이 중에 몇 % 이상 흘리면 사망하는가?

50%

03 물체와의 가벼운 충돌 또는 부딪침으로 인하여 생기는 손상으로 충격을 받은 부위가 부어 오르고 통증이 발생되며 일반적으로 피부 표면에 창상이 없는 상처를 뜻하는 것은?

타박상 - 냉찜질을 할 것

04 표피와 진피 두 곳에 영향을 미치는 화상으로 통증과 물집이 생기는 화상은 몇도 화상인가? : 제1도 화상

05 표피, 진피, 하피까지 영향을 미쳐 피부가 검게 되거나 반투명 백색이 되어 위험한 상태는 몇 도 화상에 속하는가?

제3도 화상

❷ 구급 처치

01 화상을 당했을 때 응급조치는?

화상자의 의복을 벗기지 않는다.

02 화상 부위가 신체의 몇 % 이상에 달하면 제1도 화상이라도 위험한가?

30%

03 창상(절창, 열창, 찰과상)을 입었을 때의 응급조치는? : ①~③

① 상처 주위를 깨끗이 소독할 것
② 상처를 자극하지 말고 노출시킬 것

③ 먼지, 토사가 붙어있을 때는 무리하게 떼어내지 말 것

제7절 기계 작업 안전

❶ 기계 작업 안전

01 좁은 탱크 안에서 작업시 주의 사항

① 산소를 공급하여 환기시킨다.
② 환기 및 배기 장치를 한다.
③ 가스 마스크를 착용한다.

02 작업시의 안전 수칙은? : ①~④

① 장갑을 끼지 않는다.
② 넓은 면은 톱 작업하기 전에 삼각줄로 안내 홈을 만든다.
③ 드릴 작업에서 생긴 쇠밥은 손으로 제거하지 않는다.
④ 줄눈에 끼인 쇠밥은 와이어 브러시로 제거한다.

03 해머 작업 안전사항과 거리가 먼 것은? ②

① 보호 안경을 착용하고 작업할 것
② 장갑을 끼고, 해머를 자루에 꼭 끼울 것
③ 대형 해머를 사용시 능력에 맞게 사용하며, 처음에는 서서히 칠 것
④ 좁은 곳에서 사용하지 말 것

❷ 주요 공작기계 작업 안전

01 공작 기계 일반 안전 수칙으로 바르지 못한 것은? : ③

① 기계 위에 공구나 재료를 올려놓거나, 기계의 회전을 손이나 공구로 멈추지 말 것
② 이송 중에 기계를 정지시키지 말며, 가공물, 절삭 공구의 설치를 확실히 할 것
③ 절삭 공구는 길게 설치하고, 절삭성이 나쁘면 느리게 절삭할 것
④ 칩이 비산할 때는 보안경을 쓰며, 절삭 중 절삭면에 손이 닿지 않도록 할 것

> **해설** 칩을 맨손으로 제거해서는 안되며, 절삭 공구는 짧게 설치해야 된다.

02 선반 작업의 안전 사항으로 바르지 못한 것은? : ④

① 가공물을 설치할 때는 전원 스위치를 끄고 설치할 것
② 적당한 크기의 돌리개를 선택하고 심압대 스핀들이 많이 나오지 않게 할 것
③ 공작물의 설치가 끝나면 척, 렌치류는 곧 빼어 놓을 것
④ 편심된 가공물을 설치할 때는 심압대의 중심을 맞출 것.

03 드릴 작업의 안전 수칙은? ; ①~④

① 회전하는 주축이나 드릴에 손이나 걸레를 대거나 머리를 가까이 하지 말 것
② 드릴은 좋은 것을 사용하고, 생크에 상처나 균열이 있는 것은 사용하지 말 것
③ 가공 중에 드릴의 절삭성이 나빠지면 곧 드릴을 재연삭하여 사용할 것
④ 드릴을 고정하거나 풀 때는 주축을 완전 고정시킨(멈춘) 후 실시할 것

04 드릴 작업 중 안전 수칙으로 틀린 것은?

① 작은 물건은 바이스나 고정구로 고정하고 직접 손으로 잡지 말 것
② 얇은 물건을 드릴 작업할 때는 밑에 나

무 등을 놓고 구멍을 뚫을 것

③ 구멍이 거의 뚫릴 무렵에는 가공물이 회전하기 쉬우므로 이송을 빠르게 할 것

④ 가공 중 드릴이 가공물에 박히면 곧 바로 기계를 정지시키고 손으로 돌려서 드릴을 뽑을 것

해설 ③, 구멍이 거의 뚫릴 무렵에는 가공물이 회전할 수 있기 때문에 서서히 이송할 것

05 연삭 작업 중 안전 수칙은? : ①~④

① 숫돌은 반드시 시운전에 지정된 사람이 실시할 것
② 숫돌은 기계에 규정된 것을 사용하며, 숫돌 커버는 벗겨진 채 사용하지 말 것
③ 숫돌차 안지름은 축 지름보다 0.05~0.15 mm 정도 클 것
④ 플랜지와 숫돌 사이에는 플랜지와 같은 크기의 패킹을 양쪽에 끼우고 너트를 너무 강하게 조이지 말 것

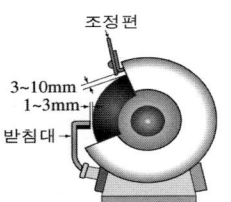
[연삭 숫돌 안전]

06 연삭숫돌과 받침대의 간격은 얼마 이하로 유지해야 되는가? : 3mm

07 [연삭기는 시운전시(연삭 숫돌 설치 후) (   )분, 작업 개시 전에는 (   )분 이상 공회전한 후 사용해야 된다.]

여기서 (   )안에 들어갈 순서는?

3, 1

제8절 프레스 작업 안전

1 프레스 작업 안전

01 프레스의 안전 작업 수칙은? : ①~④

① 패달을 불필요하게 밟지 말 것
② 2명 이상이 작업할 때는 신호를 정확하게 하고 안전 상태 확인 후 조작할 것
③ 손질, 수리, 조정 및 급유 중에는 반드시 기계를 멈추고 실시할 것
④ 작업이 끝나면 반드시 스위치를 끌 것

02 프레스의 안전장치는?

광전자식, 양수 조작식, 손 쳐내기식, 수인식 방호 장치 등

03 프레스 작업 중 광전식 안전 장치에 대한 설명으로 적당하지 않은 것은? : ①

① 급정지 장치가 없는 구조의 프레스를 사용할 것
② 프레스 정지 기능에 알맞은 안전 거리가 확보될 것
③ 스트로크 적정 길이에 따라 광축수가 알맞을 것
④ 안전울 또는 가이드를 병행하여 사용할 수 있을 것

04 프레스 안전 장치 중 양수 조작식의 특징으로 적당한 설명이 아닌 것은? : ④

① 1행정 1정지 기능이 있는 프레스에 사용할 것
② 양수 버튼의 거리는 300mm 이상일 것
③ 양손으로 동시에 0.5초 이내 버튼을 눌렀을 때만 작동할 것
④ 스트로크 적정 길이에 따라 광축수가

알맞을 것

해설 ④는 광전식 안전 장치에 대한 설명이다.

05 1행정 1정지 기능이 있는 프레스에 적당한 안전장치는 무엇인가?

양수 조작식

❷ 프레스 작업의 직업병

01 장시간 프레스 작업을 한 근로자에게 많이 생길 수 있는 질병은? : 난청

[안염, 난청, 피부염, 비염]

제9절 아크 용접 안전

❶ 전기(아크) 용접 안전

01 아크용접의 재해라 볼 수 없는 것은?

① 아크 광선에 의한 전안염(전광성 안염)
② 강렬한 빛과 고온의 열, 스패터 비산으로 인한 화상
③ 역화로 인한 화재
④ 전격에 의한 감전

해설 ③, 역화로 인한 화재는 가스용접이나 절단 시 발생하는 것이다.

02 아크용접시 광선에 의하여 초기에 인체에 일어나기 쉬운 가장 타당한 재해는?

자외선 때문에 각막과 망막에 자극을 주어 결막염을 일으킨다.

03 전광성 안염은? : ①, ②

① 급성은 아크 불빛을 본 후 4~8시간 후에 일어나며, 보통은 24~29시간 후면 정상으로 된다.
② 심하면 결막염을 일으키거나 실명할 수도 있다.

04 전광성 안염이 발생하였을 때의 응급조치는?

냉습포 찜질을 한 다음 치료를 받는다. 심하면 안과 의사의 진료가 필요하다.

05 안염이나 피부 손상 방지를 위해 용접 작업자가 반드시 사용해야 하는 것은?

용도에 맞는 작업복, 핸드 실드, 용접 헬멧 착용

06 높은 곳에서 아크용접을 할 때 케이블의 처리 중 옳은 것은?

적당한 고리에 고정시킨 다음 작업한다.

참고 팔에 감거나, 발, 어깨에 감고 하면 매우 위험하다.

07 아크용접시 지켜야 할 안전 수칙

① 옥외 작업장에서 우천시는 절대 용접하지 않는다.
② 습기가 찬 곳에서는 작업을 금한다.
③ 코드의 피복이 찢어졌으면 곧 수리한다.
④ 홀더 선이나 어스선은 접촉이 완전해야 한다.

08 피복아크용접 작업 중 정전이 되었을 때의 안전 사항은?

전원 스위치는 off의 위치에 놓는다.

09 전격(감전)의 재해 주요 원인

① 용접 중 홀더가 신체에 접촉될 때나, 맨손으로 홀더에 용접봉을 물릴 때
② 손상된 케이블에 접촉된 경우
③ 비가 오거나 젖은 장갑, 작업복을 입고 용접하는 경우
④ 물이 묻은 상태에서 스위치 조작을 하거나, 전원 스위치를 켜두고 용접기를 수리할 때

10 아크용접 작업 중 전격이 될 수 있는 요소로서 가장 적합한 것은?

어스의 접지가 불량할 때

11 피복 아크용접기의 누전시 조치 사항으로 가장 부적합한 것은? : ④

① 전원 스위치를 내리고 누전된 부분을 절연시킨 후 용접한다.
② 용접기의 접지 상태를 점검, 조치한다.
③ 용접 케이블의 손상 부분을 절연한다.
④ 전원만 바꾸고 계속 용접한다.

12 이동식 전기 기기에 감전 사고를 막기 위해 설치해야 하는 것은? : 접지 설비

13 감전의 위험으로부터 용접 작업자를 보호하기 위해 교류 용접기에 설치하는 것은? : 전격 방지 장치

14 전격 방지 대책은? : ①~④

① 용접기의 내부에 손을 대지 않는다.
② 홀더나 용접봉은 절대 맨손으로 취급하지 않는다.
③ 가죽 장갑, 앞치마, 발덮개 등 규정된 보호구를 반드시 착용한다.
④ TIG 용접시 전극봉을 교체할 때는 항상 전원 스위치를 차단하고 교체한다.

15 아크 작업을 할 때 빛을 가리는 이유는?

빛 속에 강한 자외선과 적외선이 눈의 각막을 상하게 하므로

16 용접 작업장 주위에 차광막을 치는 이유는?

인접 작업자의 눈을 보호하며, 작업에 방해되지 않게 하기 위하여

17 접지 클램프를 잘못 접속했을 때 생기는 사항은?

전력 낭비, 아크가 불안정, 열이 과도하게 발생, 발열로 케이블 접속부가 고장난다.

18 아크용접기 몸체에 어스를 시키는 이유는?

누전되었을 때 작업자의 안전을 위하여

19 피복 아크용접 작업 중 가스 중독 원인

① 용접 흄(fume)의 흡입
② 유해 가스 흡입

20 CO_2 가스 아크용접시 작업장의 이산화탄소 농도에 따른 인체의 반응

① 3~4%일 때 : 두통 및 뇌빈혈
② 15% 이상 : 인체에 위험한 상태
③ 30% 이상 : 치명적인 위험

제10절 가스 용접 및 절단 안전

1 가스용접 및 절단의 안전

01 가스 설비 취급 및 작업장 안전

① 산소 밸브는 기름이 묻지 않도록 한다.
② 가스 집합 장치는 화기를 사용하는 설비로부터 5m 이상 떨어진 장소에 설치
③ 검사받은 압력 조정기를 사용하고, 가스 호스의 길이는 최소 3m 이상 되어야 한다.

02 가스 절단 작업에서 안전기는 어디에 설치하는가?

아세틸렌 발생기와 토치 사이

03 가스 절단 작업시 주의 사항

① 반드시 보호 안경을 착용한다.
② 산소 호스와 아세틸렌 호스는 색깔을 구분하여 사용한다.
③ 납이나 아연 합금, 도금 재료를 절단시 중독될 우려가 있으므로 주의한다.
④ 용기 부근에서 인화 물질의 사용을 금한다.
⑤ 좁은 장소에서 작업할 때 항상 환기에 신경쓴다.

04 아세틸렌 용기 누설부에 불이 붙었을 때 제일 우선으로 해야 하는 조치는?

용기의 밸브를 잠근다.

05 가스 절단 작업 중 역류 발생시 응급 조치 방법은?

산소 밸브를 먼저 잠그고 아세틸렌 밸브를 잠근다.

06 산소-아세틸렌 절단작업 중 용기의 밸브 부근에서 발화되었다면 그 원인은?

산소 밸브에 기름이 묻었다.

07 압력 용기 성능 검사 유효 기간은 1년이다. 아세틸렌 장치의 성능 검사는 몇 년인가? : 3년

08 아세틸렌 도관에는 몇 % 이상의 구리합금을 사용해서는 안되는가?

구리 6

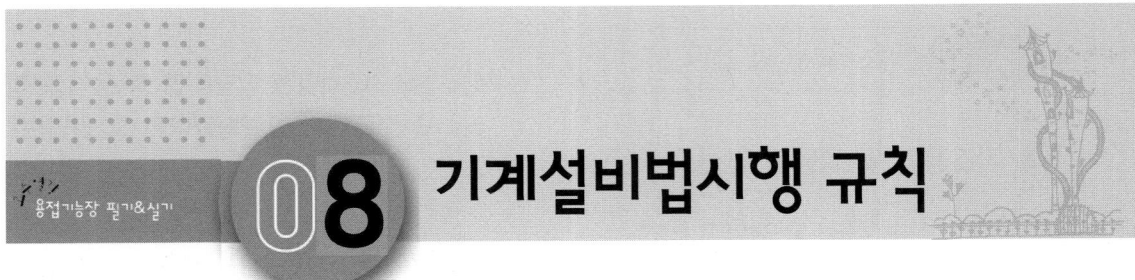

08 기계설비법시행 규칙

기계설비법은 시험 문제에 잘해야 1문제 출제되므로 법을 몰라도 필기 합격에 크게 영향을 주지 않는다.
그러나, 기계설비법을 운영하거나 관리해야 할 경우는 반드시 법규를 알아야 된다.
기계설비에 대한 법은 기계설비법, 시행령, 시행규칙으로 구분되며, 여기서는 시행규칙에 대해서만 간단히 어필하였다.

❶ 기계설비산업 발전을 위한 계획의 수립 및 추진

01 국토교통부장관이 기계설비법에 따른 기계설비산업 정보체계의 효율적인 구축·운영을 위해 수행할 수 있는 업무

① 정보체계의 구축·운영에 관한 연구·개발, 기술지원
② 정보체계의 표준화 및 고도화
③ 정보체계를 이용한 정보의 공동활용 촉진
④ 기계설비산업 관련 정보 및 자료를 보유하고 있는 기관 또는 단체와의 연계·협력 및 공동사업의 시행
⑤ 그 밖에 정보체계의 구축·운영과 관련하여 국토교통부장관이 필요하다고 인정하는 사항

02 국토교통부령으로 정하는 '기계설비산업에 관련된 정보'란

① 기계설비산업의 국제협력 및 해외진출에 관한 사항
② 기계설비산업의 고용 및 촉진에 관한 사항
③ 전문인력 양성·교육에 관한 사항
④ 그 밖에 정보체계와 관련하여 국토교통부장관이 필요하다고 인정하는 사항

03 국토교통부장관이 정보체계를 구축할 때 수집·보유한 기계설비산업 관련 조사자료 및 통계 등을 누구한테 제출을 요청할 수 있는가?

관계 중앙행정기관 및 지방자치단체의 장

> **참고** 국토교통부장관은 기계설비산업 관련 정보 및 자료를 인터넷 홈페이지 등을 통하여 제공할 수 있다.

❷ 기계설비산업에 대한 지원과 기반 구축

01 기계설비법 시행령에 따른 기계설비 전문인력 양성기관 지정신청서(전자문서 신청서 포함)를 제출할 때 첨부해야 하는 것은? : ①~④

① 교육훈련 인력·시설 및 장비 확보 현황
② 교육훈련 사업계획서 및 평가계획서

③ 교육훈련 운영경비 조달계획서 및 지원받을 교육훈련 비용 활용계획서
④ 교육훈련 운영규정

02 국토교통부장관은 신청서를 받은 경우에 행정정보의 공동이용을 통하여 확인해야 하는 사항은?

법인 등기사항 증명서(법인인 경우만)

03 국토교통부장관은 전문인력 양성기관의 지정할 경우 발급해야 하는 것은?

기계설비 전문인력 양성기관 지정서

04 전문인력 양성기관의 장은 다음 연도의 전문인력 양성 및 교육훈련에 관한 계획을 수립하여 매년 언제까지 누구한테 제출해야 하는가?

11월 30일까지 국토교통부장관에게

05 전문인력 양성 및 교육훈련에 관한 계획에 포함되어야 할 사항은?

① 교육훈련의 기본방향
② 교육훈련 추진계획에 관한 사항
③ 교육훈련의 재원조달 방안에 관한 사항
④ 그 밖에 교육훈련을 위해 필요한 사항

06 국토교통부장관 또는 전문인력 양성기관의 장은 전문인력 교육훈련을 이수한 사람에게 발급해야 하는 것은?

교육수료증

③ 기계설비 안전관리를 위한 조치

01 기계설비공사 착공 전 확인신청서를 제출할 때 첨부해야 할 서류는?

① 기계설비공사 설계도서 사본
② 기계설비설계자 등록증 사본
③ 관계 법령에 따라 기계설비 감리업무 수행자가 확인한 기계설비 착공 적합 확인서

04 부분 전단에 따른 기계설비 사용 전 검사 신청서 제출시 첨부해야 할 서류

① 기계설비공사 준공설계도서 사본
② 관계 법령에 따라 기계설비 감리업무 수행자가 확인한 기계설비 사용 적합 확인서
③ 검사결과서(해당 검사 결과가 있는 경우)

> **참고** 시장·군수·구청장은 기계설비 사용 전 검사 확인증을 발급한 경우 확인증 발급대장에 일련번호 순으로 기록해야 한다.

④ 기계설비 유지관리

01 법에 따른 기계설비의 유지관리 및 점검을 위하여 필요한 유지관리 기준에 반영되어야 하는 사항은? : ①~⑤

① 기계설비 유지관리 및 점검 계획 수립
② 기계설비 유지관리 및 점검 참여자의 자격, 역할 및 업무내용
③ 기계설비 유지관리 및 점검의 종류, 항목, 방법 및 주기
④ 기계설비 유지관리 및 점검의 기록 및 문서보존 방법
⑤ 그 밖에 유지관리기준의 관리, 운영, 조사, 연구 및 개선업무에 관한 사항

02 국토교통부장관은 유지관리기준을 정하려는 경우에 관련 자료 등의 제출을 누가한테 요청할 수 있는가?

관계 중앙행정기관, 지방자치단체의 장 또는 기계설비산업 관련 단체 및 기관의 장

03 법에 따른 관리주체가 법에 따라 용도별 건축물에 대한 기계설비유지관리자를 선임하는 경우 그 선임 기준

① 년면적 6만m² 이상 : 특급(책임기계설비유지 관리자) 1명, 보조자 1명
② 년면적 3만~6만m² 미만 : 고급((책임기계설비유지 관리자) 1명, 보조자 1명
③ 년면적 1만5천~3만m² 미만 : 중급((책임기계설비유지 관리자) 1명
④ 년면적 1만~1만5천m² 미만 : 초급((책임기계설비유지 관리자) 1명

04 법에 따른 관리주체가 법에 따라 공동주택 건축물에 대한 기계설비유지관리자를 선임하는 경우 그 선임기준

① 3000세대 이상 : 특급(책임기계설비유지 관리자) 1명, 보조자 1명
② 2000~3000세대 미만 : 고급((책임기계설비유지 관리자) 1명, 보조자 1명
③ 1000~2000세대 미만 : 중급((책임기계설비유지 관리자) 1명
④ 500~1000세대 미만 또는 300~500세대(중앙집중난방식) : 초급((책임기계설비유지 관리자) 1명

05 관리주체는 기계설비유지관리자를 선임하는 경우 아래 사항에 따라 몇일 이내에 선임해야 하는가? : 30일 이내

06 관리주체는 법에 따라 기계설비유지관리자 선임 또는 해임 신고를 하려는 경우에는 그 선임일 또는 해임일부터 며칠 이내에 누구한테 신고서를 제출해야 하는가?

30일 이내에 시장 · 군수 · 구청장에게 제출해야 한다.

07 기계설비유지관리자 선임 또는 해임 신고서에 첨부해야 할 사항은? : ①, ②

① 재직증명서
② 기계설비유지관리자 수첩 사본

08 시장 · 군수 · 구청장은 기계설비유지관리자의 선임 또는 해임 신고를 받은 경우에는 기계설비유지관리자 선임 · 해임신고대장에 그 사실을 기록하고 매월 신고 현황을 언제까지 누구한테 통보해야 되는가?

다음 달 말일까지 국토교통부장관에게

09 기계설비유지관리자는 법에 따라 근무처 · 경력 · 학력 및 자격 등의 관리에 필요한 사항을 신고할 경우 경력신고서에 어떤 서류를 첨부하여 업무를 위탁받은 자에게 제출해야 하는가? : ①~④

① 근무처 및 경력을 증명하는 서류
② 기계설비 관련 자격증(국가기술자격증은 제외한다) 사본
③ 졸업증명서
④ 최근 6개월 이내에 촬영한 증명사진(가로 2.5센티미터 × 세로 3센티미터)

10 기계설비유지관리자는 법에 따라 신고 사항이 변경된 때에는 변경된 날부터 며칠 이내에 경력변경신고서에 변경 사항을 증명하는 서류를 첨부하여 경력관리 수탁기관에 제출해야 하는가?

30일

11 법에 따른 기계설비 유지관리에 관한 교육 업무를 위탁받은 자는 교육의 종류별·대상자별 및 지역별로 다음 연도의 교육 실시계획을 수립하여 매년 언제까지 누구한테 보고해야 하는가?

12월 31일까지 국토교통부장관에게

12 유지관리교육 수탁기관은 제2항에 따라 유지관리교육 신청서를 받은 경우 교육 실시 며칠 전까지 까지 해당 신청인에게 교육장소와 교육날짜를 통보해야 하는가? : 10일 전

❺ 기계설비 성능 점검업

01 법에 따라 기계설비성능점검업을 등록하려는 자(법인인 경우 대표자)는 기계설비성능점검업 등록 신청서에 어떤 서류를 첨부하여 특별시장·광역시장·특별자치시장·도지사 또는 특별자치도지사에게 제출해야 하는가? : ①~④

① 법인 : 재무상태표 및 손익계산서
② 개인 : 영업용 자산평가액 명세서 및 증명서류
③ 등록 요건에 따른 기술인력 보유증명서와 기계설비유지관리자 수첩 사본 또는 기계설비유지관리자 경력증명서
④ 등록 요건에 따른 장비 보유 증명 서류

02 기계설비성능점검업 등록신청시 첨부 서류는 신청 전 며칠 이내의 것이어야 되는가? : 30일 이내

03 시·도지사는 신청서를 받은 경우 「전자정부법」에 따른 행정정보의 공동이용을 통하여 확인해야 되는 것은?

① 사업자등록증명
② 기술인력의 국민연금가입 증명서 또는 건강보험자격취득 확인서

04 기계설비성능점검업자는 어떤 경우에 지체 없이 시·도지사에게 그 기계설비성능점검업 등록증 및 등록수첩을 반납해야 하는가? : ①~③

① 법에 따라 등록이 취소된 경우
② 기계설비성능점검업을 휴업·폐업한 경우
③ 재발급 신청을 하는 경우

05 기계설비성능점검업자는 법에 따라 등록사항의 변경이 있는 때에는 변경된 날부터 30일 이내에 기계설비성능점검업 변경등록 신청서에 그 변경 사항별로 구분에 따른 서류를 첨부하여 시·도지사에게 제출해야 한다.

① 상호 또는 영업소 소재지를 변경하는 경우: 기계설비성능점검업 등록증 및 등록수첩
② 대표자를 변경하는 경우: 기계설비성능점검업 등록증 및 등록수첩
③ 기술인력을 변경하는 경우: 기계설비성능점검업 등록수첩, 기술인력 보유증명서와 그 첨부서류

06 기계설비성능점검업자의 지위를 승계한 자는 기계설비성능점검업 지위승계 신고서에 어떤 서류를 첨부하여 시·도지사에게 제출해야 하는가? : ①, ②

① 지위승계 사실을 증명하는 서류
② 피상속인, 양도인 또는 합병 전 법인의 기계설비성능점검업 등록증 및 등록수첩

07 법에 따라 기계설비의 성능점검능력 평가를 받으려는 기계설비성능점검업자는 어떤 서류를 첨부하여 매년 2월 15일까지 성능점검능력 평가에 관한 업무를 위탁받은 자에게 제출해야 하는가?

① 기계설비 성능점검 실적을 증명하는 다음 각 목의 서류
    – 발주자가 발급한 기계설비 성능점검 실적 증명서 및 세금계산서(공급자보관용) 사본
    - 재무상태를 증명하는 서류

⑥ 등록의 결격사유 및 취소

01 어떤 경우에 기계설비업에 관한 등록을 할 수 없는가? : ①~⑥

① 미성년 후견인
② 파산선고를 받고 복권되지 아니한 사람
③ 이 법을 위반하여 징역 이상의 실형을 선고받고 그 집행이 종료되거나 면제된 날부터 2년이 지나지 아니한 사람
④ 이 법을 위반하여 징역 이상의 형의 집행유예기간 중에 있는 사람
⑤ 등록이 취소된 날부터 2년이 지나지 아니한 자(법인인 경우 그 등록취소의 원인이 된 행위를 한 사람과 대표자)
⑥ 대표자가 위의 어느 하나에 해당하는 법인

02 시·도지사는 기계설비성능점검업자가 다음의 어느 하나에 해당하는 경우 그 등록 취소를 명할 수 있는가? : ①~④

① 거짓이나 그 밖의 부정한 방법으로 등록한 경우
② 최근 5년 간 3회 이상 업무정지 처분을 받은 경우
③ 업무정지 기간에 기계설비성능점검 업무를 수행한 경우. 다만, 등록취소 또는 업무정지의 처분을 받기 전에 체결한 용역계약에 따른 업무를 계속한 경우는 제외한다.
④ 기계설비성능점검업자로 등록한 후 제 ① 항의 결격사유에 해당하는 경우

⑦ 수수료, 벌금, 과태료

01 국토교통부령으로 정하는 수수료 또는 교육비를 내야 하는 사항은? : ①~⑦

① 기계설비의 사용 전 검사를 신청한 자
② 기계설비유지관리자의 선임신고 증명서를 발급받으려는 자
③ 유지관리교육을 받는 자
④ 기계설비성능점검업 등록을 하는 자
⑤ 기계설비성능점검업 변경등록을 하는 자
⑥ 기계설비성능점검업의 상속, 양수 또는 합병 등을 신고하는 자
⑦ 기계설비의 성능점검능력 평가 및 공시를 신청하는 자

02 어떤 경우에 1년 이하의 징역 또는 1천만원 이하의 벌금을 내야 하는가? ①~④

① 착공 전 확인을 받지 않고 기계설비공사를 발주한 자 또는 사용 전 검사를 받지 않고 기계설비를 사용한 자

② 등록을 하지 아니하거나 변경등록을 하지 아니하고 기계설비성능점검 업무를 수행한 자
③ 거짓이나 그 밖의 부정한 방법으로 등록하거나 변경등록을 한 자
④ 법을 위반하여 기계설비성능점검업 등록증을 대여하거나, 빌리는 행위를 알선한 자

03 어떤 경우에 500만원 이하의 과태료를 내야 하는가? : ①~③

① 유지관리기준을 준수하지 아니한 자
② 점검기록을 작성하지 아니하거나 거짓으로 작성한 자, 보존하지 아니한 자
③ 기계설비유지관리자를 선임하지 아니한 자

04 어떤 경우에 100만원 이하의 과태료를 내야 하는가? : ①~⑥

① 착공 전 확인과 사용 전 검사에 관한 자료를 특별자치시장·특별자치도지사·시장·군수·구청장에게 제출하지 아니한 자
② 점검기록을 특별자치시장·특별자치도지사·시장·군수·구청장에게 제출하지 아니한 자
③ 유지관리교육을 받지 아니한 사람을 해임하지 아니한 자
④ 신고를 하지 아니하거나 거짓으로 신고한 자
⑤ 유지관리교육을 받지 아니한 사람
⑥ 서류를 거짓으로 제출한 자

05 위의 과태료는 누가 징수하는가?

대통령령으로 정하는 바에 따라 국토교통부장관 또는 관할 지방자치단체의 장이 부과·징수한다.

PART 02

용접재료, 금속재료

Chapter 01 금속재료 일반 성질

Chapter 02 금속의 결정구조, 결함

Chapter 03 철강 재료

Chapter 04 비철 금속재료

Chapter 05 열처리 및 표면경화

용접기능장 필기&실기

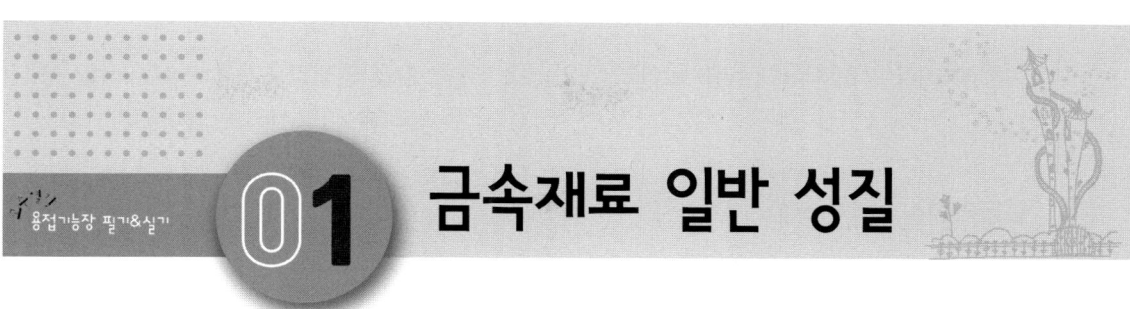

01 금속재료 일반 성질

제1절 개요

1 금속

01 금속의 구비 조건(공통적 성질)으로 옳지 않은 것은?

① 모든 금속은 상온에서 고체이며 결정체이다.
② 비중이 크고 경도 및 용융점이 높고, 열과 전기의 양도체이다.
③ 빛을 반사하고 고유의 광택이 있다.
④ 산화 방지를 위해 표면 처리나 도금이 가능하다.
⑤ 가공이 용이하고 전연성이 크다.

해설 ①, 수은(Hg)을 제외하고 상온에서 고체이며 결정체이다.

02 B(붕소), Si(규소) 등 금속적 성질과 비금속적 성질을 갖는 것을 무엇이라 하는가? : 준금속

03 신금속이란?

정보, 전자, 에너지, 우주, 항공, 자동차 및 수송기기, 의료 기기 등 첨단 산업 분야에 불가결한 요소가 되는 금속

04 경금속과 중금속의 구분의 기준은?

비중 4.5(학자에 따라 비중 5.0을 기준으로 하는 경우도 있다.)

05 경금속의 종류는?

Al(2.7), Mg(1.74), Ti(4.5), Be(베릴륨 1.83) 등

06 중금속의 종류는?

Fe(7.89), Ni(8.9), Cu(8.96), 크롬(7.19), W(텅스텐 19.3), Au(금 19.3), Pt(백금 21.4) 등

07 가장 무거운 금속과 가벼운 금속은?

① 무거운(중) 금속 : Ir(이리듐 22.5)
② 가벼운(경) 금속 : Li(리튬 0.53)

08 연성이 큰 순서로 나열한 것은?

Au > Ag > Al > Cu > Pt > Pb

09 다음 중 전연성이 가장 큰 재료는?

7·3 황동

[구리, 6·4 황동, 7·3 황동, 청동]

10 다음 중 연성이 가장 큰 재료는? : 순철

[순철, 탄소강, 경강, 주철]

11 전연성이 매우 커서 10^{-6}cm 두께의 박판으로 가공할 수 있으며, 왕수(王水)

이외에는 침식, 산화되지 않는 금속은?

금(Au)

12 합금이란? : ①~③

① 순금속은 100% 순도의 금속을 말하나 거의 실존하지 않는다.
② 합금이란 한 가지 금속에 한 가지 이상의 금속 또는 비금속을 첨가하여 기계적, 물리적, 화학적 성질을 개선시킨 금속
③ 성분 원소의 수에 따라 2원 합금, 3원 합금, 다원 합금으로 분류한다.

13 강에서 탄소량이 증가할수록 경도는?

증가한다.

참고 경도 크기 : 순철 〉 탄소강(연강) 〉 경강 〉 주철

14 일반적으로 성분 금속이 합금(alloy)이 되면 나타나는 특징으로 틀린 것은?

① 경도, 강도, 내마멸성 등 기계적 성질이 높아진다.(개선된다.)
② 전기 저항이 증가한다.
③ 용융점과 열전도율이 낮아진다.
④ 주조성, 내식성, 내열성, 내산성 등이 낮아진다.

해설 ④, 주조성, 내식성, 내열성, 내산성 등이 향상된(높아진)다.

❷ 금속 재료의 특성

01 경도(hardness)란

재료의 국부 소성 변형에 대한 재료의 저항성을 나타내는 정도,
공석강(0.85%C) 이하에서는 인장강도와 비례한다.

02 탄소강의 인장강도가 41kgf/mm² 일 경우 브리넬 경도(HB)는 얼마인가?

$$HB = \frac{인장강도}{0.32 \sim 0.36} = \frac{41}{0.34} = 121(kgf/mm^2)$$

03 인성(toughness)

충격에 대한 재료의 저항을 뜻하며, 연신률이 큰 재료가 충격 저항도 크다.

04 피로(fatigue)와 피로한도란? ①, ②

① 피로 현상 : 작은 인장 또는 압축 응력에서도 장시간 동안 연속적으로 반복하여 작용시키면 결국 파괴되는 현상
② 피로 한도 : 이때 파괴되지 않고 충분한 내구력을 가질 수 있는 최대 한계

05 크리프 한도(creep limit)란? ①, ②

① 크리프 : 금속재료를 탄성 한도 내의 하중을 걸어 장시간 경과하면 변형이 증가하는 현상
② 크리프 한도 : 변형이 증대될 때의 한계 응력

06 비중(Specific gravity)

① 4℃의 순수한 물을 기준으로 몇 배 무거우냐 가벼우냐를 수치로 나타낸다.
② 비중 = $\frac{제품의\ 무게}{제품과\ 같은\ 체적의\ 물\ 무게}$

07 비중이 가장 가벼운 금속과 가장 무거운 금속은?

리튬(Li) : 0.53,   이리듐(Ir) : 22.5

[주요 금속의 비중]

원소기호	원소명	비중	원소기호	원소명	비중
Mg	마그네슘	1.74	Ni	니켈	8.9
Al	알루미늄	2.67	Co	코발트	8.9
Ti	티타늄	4.51	Cu	구리	8.9
V	바나듐	5.6	Mo	몰리브덴	10.2
Zn	아연	7.13	Hg	수은	13.5
Mn	망간	7.3	W	텅스텐	19.1
Fe	철	7.89	Au	금	19.3

08 용융점이란?

고체 금속재료를 어떤 온도에서 가열하거나 냉각하면 녹아 액체가 되거나 응고하여 고체가 되는 용융 현상이 생기는 온도점

[주요 금속의 용융점]

원소기호	원소명	용융점(℃)	원소기호	원소명	용융점(℃)
Li	리튬	180	Mn	망간	1245
Zn	아연	420	Ni	니켈	1453
Mg	마그네슘	650	Co	코발트	1495
Al	알루미늄	660	V	바나듐	1725
Ag	은	961	Cr	크롬	1875
Au	금	1063	Mo	몰리브덴	2610
Cu	동(구리)	1083			

09 용융점이 가장 낮은 금속과 높은 금속은?

수은 : -38.4℃, 텅스텐(W : 3410℃)

10 납과 주석(Sn)의 비중과 용융점은?

Pb(납) : 비중은 11.34, 용융점은 327℃
Sn(주석) : 비중은 7.28, 용융점은 232℃

11 열전도율(heat conductivity)

길이 1cm에 대하여 1℃의 온도차가 있을 때 1cm²의 단면적을 통하여 1초간에 전해지는 열량(단위 : cal/cm·sec℃)

12 열전도율이 큰 금속의 순서

Ag > Cu > Au > Al > W > Mg > Pb

13 전기 전도율

① 일반적으로 열전도율이 좋은 금속이 전기 전도율도 좋다.
② 전기 전도율이 큰 순서 : Ag > Cu > Au > V > Al > Mg > Mo > W > Co > Ni > Fe

14 비열(specific heat)

단위 물질 1gf의 온도를 1℃ 올리는데 필요한 열량, 예) 물 1gf을 1℃ 높이는데 필요한 열량은 1cal(단위 : cal/gf℃, kcal/kgf℃)

15 선(열)팽창계수

단위 길이의 봉을 1℃ 증가시킬 때 팽창한 길이와 원래 길이에 대한 비율

열팽창계수 = $\dfrac{\ell' - \ell}{\ell(t' - t)}$

(ℓ' : 늘어난 길이, ℓ : 처음 길이 t' : 가열된 온도, t : 처음 온도)

16 강자성체 금속은? : Fe, Ni, Co

제2절 금속의 결정 구조 등

❶ 금속의 결정 구조

01 결정에 대한 다음 설명은? : ①~③

① 결정격자를 공간격자, 결정체를 이루고 있는 작은 입자를 결정입자라 한다.

② 결정입자와의 경계를 결정 경계라 한다.
③ 결정 경계 내에 원자가 만드는 가장 간단한 격자를 단위포(단위 격자)라 한다.

02 결정(공간) 격자

금속의 대표적인 결정 격자 : 체심 입방 격자, 면심 입방 격자, 조밀 육방 격자 등

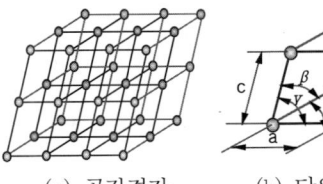

(a) 공간격자　　(b) 단위격자

03 격자 상수를 설명한 것은? : ①~③

① 단위포의 한 변(모서리)의 길이, 단위포의 3축 방향의 길이를 의미한다.
② 단위포의 3축 방향의 길이, 크기는 수 Å(옹그스트롱) 정도이다.
③ 금속의 격자 상수는 보통 2.5 ~ 3.3Å 정도이다.

② 순금속의 결정 구조

01 브라베의 결정격자에 대한 설명은?

①, ②

① 결정격자의 원자 배열은 금속의 종류와 온도 및 대칭선에 따라 다르며 성질도 다르다.
② 광물학에서 7 결정계, 14 결정격자형으로 세분하고 있다.

02 체심 입방 격자(BCC)에 대한 설명은?

①, ②

① 배위수는 8, 격자 내의 총원자수가 2개 (격자점의 원자 1/8×8)+(체심에 있는 원자 1)
② 원자 충진률은 68%이다.

03 금속 결정격자 중에 전연성이 적고 용융점이 높으며, 강도가 큰 특성을 가진 것은? : 체심 입방 격자

04 다음의 금속 중 체심 입방 격자의 종류가 아닌 것은? : Ni, Cu

[Mo, W, Cr, V, α철, δ철, Ni, Cu]

05 면심 입방 격자(FCC : face centered cubic lattice)에 대한 설명으로 틀린 것은?

① 배위(인접원자)수는 4, 격자 내의 총원자수가 12개이다.
② 원자 충진률은 74%이다.
③ 전연성과 전기 전도도가 크며 소성 가공성이 우수(양호)하다.
④ 종류 : Ni, Cu, Al, Ag, Au, Pb, γ철, Pt 등

해설 ①, 배위(인접원자)수는 12, 격자 내의 총원자수가 4개
(격자점의 원자 1/8×8)+(면심에 있는 원자 1/2×6)

06 다음 중 면심 입방 격자가 아닌 것은?

V, α철

[Ni, Cu, Al, Ag, Au, Pb, V, α철, γ철]

07 조밀 육방 격자(HCP)에 대한 설명은?

①~④

① 배위수는 12, 귀속 원자 수는 2개다.

② 전연성이 불량하여 소성 가공성이 나쁘(좋지 않)고, 접착성도 적다.
③ 종류 : Mg, Zn, Ti, Cd, Be, Hg 등
④ Mg, Zn 등은 압연, 인발이 안된다.

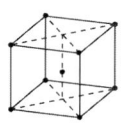 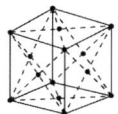 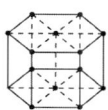
 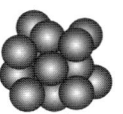 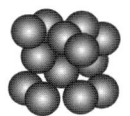

(a) 체심 입방 격자   (b) 면심 입방 격자   (c) 조밀 육방 격자
[결정격자의 종류]

08 청백색의 조밀 육방 격자 금속이며 비중이 7.18, 용융점이 420℃인 금속명은?

Zn(아연)

제3절 금속 변태, 평형 상태도

❶ 금속의 상률과 변태

01 상률(phase rule)이란?   ①, ②

① 성분의 수와 상의 수 관계, 즉 물질이 여러 가지 상으로 될 때 그들 상 사이의 평형 관계를 나타내는 법칙
② 기체, 액체, 고체는 하나의 상태이고, 기체는 몇 개의 물질이 존재해도 1상, 용액도 균일하면 1상이다.

02 자유도 계산식은?   : ①~③

① 불균일계의 평형상태를 결정하는 상태량 : 압력, 온도, 성분의 농도
② 물의 3중점(triple)의 자유도
$F = n + 2 - P = 1 + 2 - 3 = 0$

③ 응고계의 자유도 : $F = n + 1 - P$
(n : 성분수, P : 상의 수)

참고 물의 3중점에서는 고체, 액체, 수증기(기체) 공존하므로 상의 수 3개, 성분수는 1, 자유도는 0이다. 순금속의 자유도 0이다.

❷ 금속의 변태

01 변태란

물이 기체, 액체, 고체로 변하는 것과 같이 금속이 온도에 따라 결정격자의 모양이나 조직, 성질이 변하는 상태

02 동소(격자) 변태란?

동일(같은) 원소가 온도에 따라 고체 상태에서의 원자 배열의 변화, 즉 고체 상태에서 서로 다른 공간격자 구조를 갖는 변태

03 순철이 910℃를 경계로 체심 입방 격자와 면심 입방 격자로 변하는 변태?

동소변태(A3 변태)

해설 순철은 A₃ 변태점(910℃)에서 α 철 ↔ γ 철로 변태
A₄ 변태점 : 철에서 1410℃, 변태점을 경계로 γ 철 ↔ δ 철로 변태

04 주요 금속들의 동소 변태점

① Co : 477℃   ② Fe : 910, 1410℃
③ Sn : 18℃   ④ Ti : 833℃

05 자기 변태란?   : ①~③

① 원자의 배열, 격자의 배열 변화는 없고 자성 변화만 일어나는 변태
② 순철의 자기 변태점(A2, Curie poin

t) : 768℃
③ 강자성체 금속의 자기 변태점 : Ni(358℃), Co(1160℃)

③ 각종 상태도

01 고체상태의 합금에 나타나는 상의 종류?

순금속, 고용체, 금속간 화합물의 3가지

02 순금속 A에 B 원소가 일정하게 고용되어 용융 상태나 고체 상태에서도 기계적 방법으로는 각 성분 금속을 구분할 수 없는 것? : 고용체

03 고용체의 반응은?

고체 A +고체 B ⇌ 고체 C

04 고용체의 종류

침입형, 치환형, 규칙 격자형 고용체

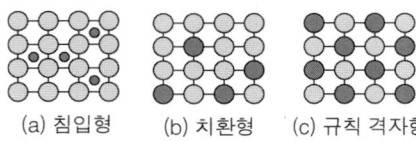

(a) 침입형   (b) 치환형   (c) 규칙 격자형

05 두 원자의 원자 반경이 현저하게 차이가 있을 때 형성되는 고용체는?

침입형 고용체

> **해설** 원자 반경이 현저하게 작은 C, O, N 등이 철에 고용할 경우 침입형 고용체가 된다.

06 포정(peritectic) 반응이란

용융 상태에서 냉각하면 일정 온도에서 정출된 고용체와 이와 공존한 융액이 서로 반응을 일으켜 새로운 고용체를 만드는 반응

L 용액 + G(α 고용체) ⇌ F(β 고용체)

07 2개의 성분 금속이 액체에서 고체로 정출되어 기계적으로 혼합된 조직을 무엇이라고 하는가? : 공정

> **참고** 공정점 : 합금 용융점 중 가장 낮은 용융점
> 공정반응 : 용액E → 결정A + 결정B

08 공석

① 고체 상태에서 고상의 조직이 석출하여 얻어진 조직
② 철강의 공석점 : 0.8(0.85)%C, 723℃
③ 공석 반응 : $\beta = \alpha + \gamma$

09 상온에서 공석강의 현미경 조직은?

펄라이트(Pearlite)

10 금속 간에 친화력이 클 때 화학적으로 결합되어 성분 금속과는 다른 성질을 가지는 독립된 화합물은?

금속간 화합물(intermetallic comp.)

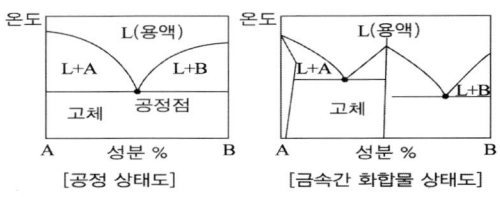

[공정 상태도]   [금속간 화합물 상태도]

11 강의 표준(기본) 조직은?

페라이트, 오스테나이트, 펄라이트, 시멘타이트

> **참고** 레데브라이트 : 주철 조직
> 열처리 조직 : 마텐사이트, 투르스타이트, 소르바이트, 베이나이트

12 강에서 펄라이트(pearlite) 조직에 대한 설명 중 틀린 것은?

① 0.8%C, 723℃에서 생긴 공석강 조직
② 페라이트와 시멘타이트의 층상 조직
③ 강도, 경도는 페라이트보다 크며, 자성이 있다.
④ 4.3%C, 1130℃에서도 생긴다.

해설 ④. 공정 조직인 레데브라이트가 생긴다.

펄라이트 생성 과정
γ고용체 결정 경계에서 시멘타이트 핵 생성 → 시멘타이트 핵 성장 → 시멘타이트 핵 주위에 α고용체 생성 → α고용체 입자에 시멘타이트 생성

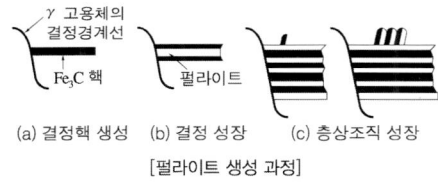

[펄라이트 생성 과정]

13 시멘타이트(cementite) 조직이란?

Fe와 C의 화합물

14 철강 표준 조직의 경도 순

시멘타이트 〉 레데뷰라이트 〉 펄라이트 〉 페라이트 〉 오스테나이트

15 레데브라이트 조직은? : ①, ②

① 포화하고 있는 2.01%C의 γ고용체와 6.67% C의 Fe_3C의 공정 조직
② Fe-C 상태도에서 1130℃, 4.3%C에서 생성되는 공정 주철 조직

16 다음 중 순철에 없는 변태는?

A_1 변태(탄소강에서 일어난다.)

[A_1 변태, A_2 변태, A_3 변태, A_4 변태]

제4절 금속의 강화 기구

1 금속재료의 강화기구

01 금속의 강화 방법(기구)은?

고용체 강화, 분산 강화, 가공 경화, 석출 강화, 결정립 미세 강화, 합금원소 첨가, 담금질

02 합금의 석출 경화와 관계되는 것은?

냉각 속도, 석출 온도, 과냉도이다.

03 고용체 강화의 종류는? : ①~③

① 격자 변형 효과에 의한 강화
② 코트렐 효과에 의한 강화
③ 규칙 격자 효과에 의한 강화

참고 결정립 조대화에 의한 강화는 일어나지 않는다.

04 제2상이 고용체로부터의 분말 야금법이나 내부 산화법 등에 의해 형성될 경우의 강화는? : 분산 경화

05 결정입자가 미세할수록, 결정입계가 많을수록 경도가 높아지는 성질을 이용한 강화법은?

결정립 미세화에 의한 강화

06 고체의 내부에서 조성 구조가 서로 다른 새로운 상(相)이 생성되고, 이 석출상의 형성으로 합금이 경화하는 현상은?

석출 경화(Precipitation Strength.)

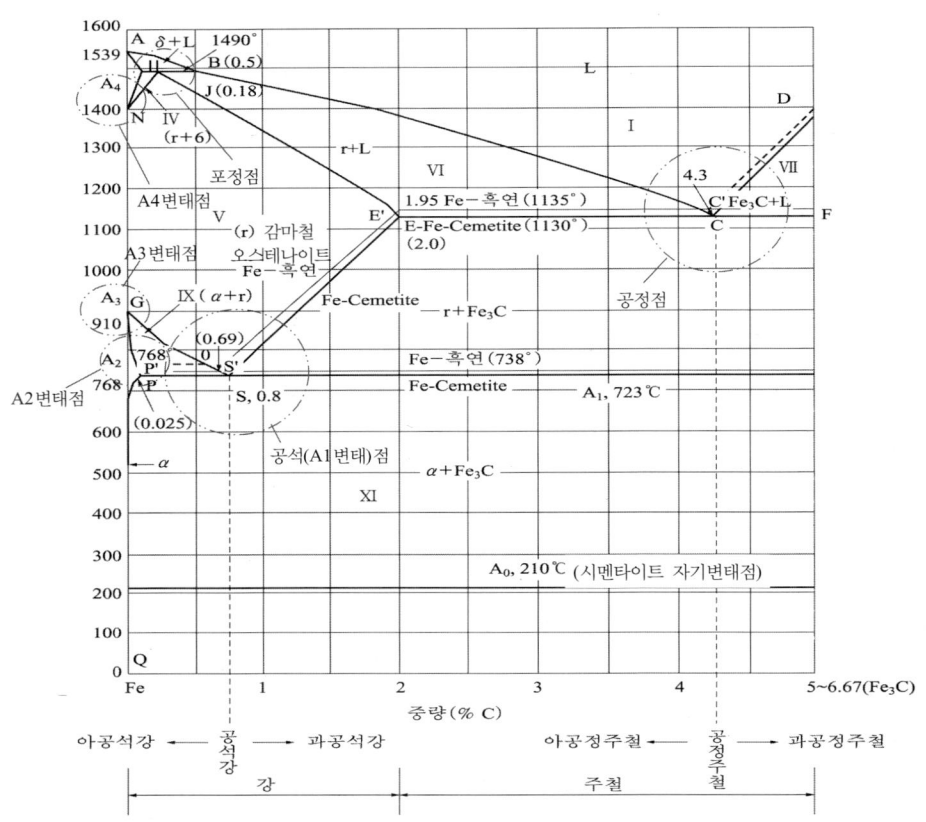

A	순철의 응고점(1539℃)	C	Fe-C계의 공정점 탄소량 (1130℃, 4.3%C)	M	순철의 A_2 변태점
AB	δ 고용체에 대한 액상선	ECF	공정선(C가%~6.67%)	MO	강의 A_2 변태선(768℃)
AH	δ 고용체에 대한 고상선	ES~Fe_3C	Fe_3C의 초석선(Acm선) r고용체에서 Fe_3C가 석출하는 온도	S	공석점(723℃) 약0.8%C)pearlite공석점 ($[\alpha] \rightleftarrows [r] + [Fe_3C]$)
BC	r 고용체에 대한 고상선	Fe_3C	6.67%C를 함유하는 백색침상의 금속간 화합물	E	r 고용체의 C의 포화량(2.0%)
HJB	포정선(1490℃)	G	순철의 A_3변태점(910℃) $[\alpha] \rightleftarrows [r]$	PSK	A_1변태선(공석선)
N	순철의 A_4 변태점(1400℃)	GOS	α 고용체의 초석선	PQ	α고용체의 탄소용해도 곡선
P	α고용체의 탄소포화점(0.02%C)	GP	C0.025% 이하의 순철에서 α 고용체로부터 석출하는 온도		

제5절 응고 조직

① 금속의 응고

01 1차 조직(응고 조직)

용융 상태로부터 응고가 끝난 그대로의 조직

02 응고 후 냉각하는 사이에 열처리에 의한 변태나 가공에 의한 소성 변형에 의해 1차 조직을 파괴한 조직은?

2차 조직

03 냉각 곡선(cooling curve)

① 금속을 용융상태에서 냉각시킬 때 그 온도와 시간의 관계를 나타낸 곡선
② 순금속은 융점과 용점이 동일함
③ 합금은 융점과 용점이 차이가 있음

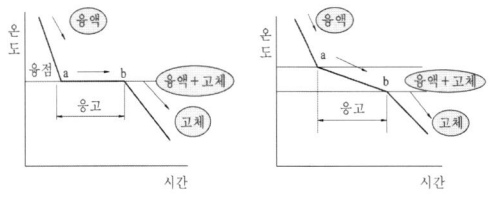

[순금속의 냉각 곡선]   [합금의 냉각 곡선]

② 결정의 생성과 발달

01 단결정이란?

결정의 핵이 1개로 크게 성장하면 수정과 같은 단일 결정이 된다.

참고 대부분의 금속은 무수히 많은 결정이 모인 다결정체이지만, 수정처럼 결정립 하나로 형성된 결정을 단결정이라 한다.

02 결정의 형성 순서는?

핵 발생 → 결정의 성장(수지상 결정) → 결정 경계 형성

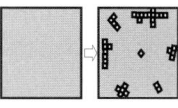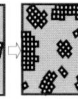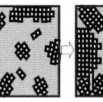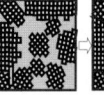

(a)   (b)   (c)   (d)   (e)

(a) 용융금속, (b) 결정핵 생성
(c) 결정 성장 초기, (d) 결정 성장
(e) 결정 경계 형성

03 용융금속의 단위 체적 중에 생성한 결정핵의 수(핵 발생 속도)를 N, 결정 성장 속도를 G로 할 때 결정립의 크기 S와의 관계는? : S = f·G/N

04 결정립의 대소를 결정짓는 것은?

① 성장 속도 G에 비례하고 핵 발생 속도 N에 반비례한다.
② 급랭(N>G)하면 핵발생 속도가 매우 커지므로 결정립이 미세화되고, 서랭(G>N)하면 조대화된다.

06 단위 체적 내에 결정 핵의 생성이 결정의 성장보다 많으면(N>G)?

결정 입자의 수가 많아지므로 결정립은 미세해진다.

③ 응고 조직

01 용융 금속에 나타나는 것은?

등축정, 주상정, 수지상정

02 주형에 주입된 용융금속이 응고시 주형 벽에서 중심을 향한 가늘고 긴 서릿발

(막대) 모양으로 생성되는 조직은?

주상 조직

03 주조시 주상 조직의 영향으로 모서리 부분이 취약하므로 주조시 각진 부분을 어떻게 해야 되는가? : 라운딩한다.

04 금속이 응고할 때 나뭇가지와 비슷한 모양으로 성장한 조직은?

수지상 조직

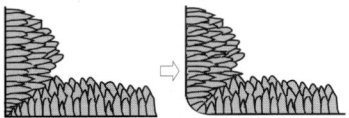

05 주물에서 용탕이 응고할 때 응고 온도차에 따라 농도 차이를 일으키는 현상은?

편석

06 편석 중에 인(P), 황 등의 불순물들이 강괴 속에 긴 띠 모양으로 남아 있을 경우 압연, 단조 등의 작업시 파손이 일어날 수 있다. 이 띠 모양은?

고스트 라인

07 용접에서 적층 성장이란?

하나의 결정 표면에 다른 결정이 일정한 결합 관계를 가지며 성장하여 얇은 막을 만드는 것과 같이 성장하는 것

08 용접부에 결정립의 편석이 생길 경우 어떤 결함 생성에 큰 영향을 주는가?

기공, 편석층에 따라서 생기기 쉽다.

09 용접금속의 결정립 미세화 방법은?

용접 중에 자기 교반, 초음파 진동, 합금 원소 첨가 등을 한다.

10 용융 금속에 진동을 주면 어떤 현상이 일어나는가(이점이 있는가)?

결정립의 미세화, 기공 발생 방지, 용접 균열 방지, 잔류 응력 발생 방지의 효과가 있다.

제6절 소성가공

1 소성가공의 개요

01 소성변형에 대한 설명은?

재료가 탄성 한계 이상 외력이 증가되면 변형이 진행되며 외력을 제거해도 원상태로 돌아가지 못하고 변형이 남아 있는 성질(소성)에 의해 생긴 변형

02 슬립(slip)이란?

금속의 규칙적인 결정이 탄성 한도 이상의 외력에 의해 미끄럼을 갖는 변형

참고 가장 미끄럼이 생기기 쉬운 면과 방향을 슬립 면 및 슬립 방향이라고 한다.

03 특정 결정면을 경계로 처음의 결정과 경(거울)면적 대칭 관계에 있는 원자 배열을 갖는 소성변형은? : 쌍정(twin)

04 원자나 원자면이 더 있거나 탈락되어 있는 불완전한 결정체 부분을? : 전위

05 다음 중 쌍정이 잘 일어나지 않는 금속은?

Fe, Cr

[Bi, Zn, Sn, Sb, Cu, Mg, Fe, Cr]

06 소성가공에 이용되는 성질은?

가단성, 가소성, 연성, 접합성

07 전연성이 높은 금속의 순서는?

금 > 은 > 알루미늄 > 구리 > 주석 > 철 > 니켈의 순

> **참고** 전성 : 넓게 퍼지는 성질, 연성 : 길이 방향으로 늘어나는 성질, 대체로 연성이 좋으면 전성도 좋으므로 전연성이라 한다.
> 연성이 큰 순서 : 금 > 은 > 알루미늄 > 철 > 니켈 > 구리 > 주석 순

08 바우싱거 효과(bauschinger effect)

금속 재료가 먼저 받은 것과 반대방향에 대하여는 탄성한도나 항복점이 현저히 저하되는 현상

09 가공경화(strain hardening)

재료에 외력을 가하여 변형시키면 원래의 재료보다 강해지는 현상

> **참고** 강도, 경도 증가, 연신률, 단면 수축률 감소, 내부응력이 증가된다.

10 기계 또는 구조물 설계시 발생하는 외력을 감안해 안전하다고 간주하는 최대치는? : 허용응력

11 풀림처리시 조대한 결정립이 형성되는 원인이 아닌 것은? : ④

① 풀림 온도가 너무 높은 경우
② 풀림 시간이 너무 긴 경우
③ 냉간 가공도가 너무 적은 경우
④ 용질 원소의 분포가 양호한 경우

12 소성가공에 해당되는 것은?

엠보싱, 인발(잡아 늘임 작업), 압연, 단조, 프레스, 압출, 전조 등

> **참고** 기계가공 : 선삭, 브로칭, 드릴링, 연삭

13 상온 가공에 의하여 내부 응력을 일으킨 결정 입자가 가열에 의하여 그 모양은 변하지 않고 내부 응력이 감소되어 가는 과정을? : 회복

14 재결정이란?

회복 구간 이상 가열하면 파괴된 결정에서 새로운 결정이 생성되는 현상

15 재결정 온도에 대한 설명은? ①, ②

① 가공도가 클수록, 결정 입자가 미세할수록 재결정 온도는 낮아진다.
② 재결정온도 이하의 소성가공을 냉간(상온) 가공, 재결정온도 이상의 가공을 열간(고온) 가공이라 한다.

16 금속별 재결정 온도

① W : 1200℃ ② Fe : 450℃
③ Cu 200~300℃ ④ 은, 금 : 200℃

17 재결정 온도가 상온 이하로 가공경화가 일어나지 않는 금속은?

납 Pb(재결정 온도 : -3℃),
주석 Sn(재결정 온도 : -7~25℃)

18 소성가공의 특징

① 주물에 비해 치수가 정확하며, 재료의 성질이 강해진다.
② 균일한 제품을 대량 생산할 수 있다.
③ 재료를 경제적으로 사용할 수 있다.
④ 금속의 조직이 치밀해지며, 경도와 강도가 커진다.
⑤ 복잡한 형상 가공은 어렵다.

19 냉간(상온) 가공(cold working)의 특징

① 강도 증가 및 연신률 감소되며, 제품의 치수가 정확하고 가공면이 아름답다.
② 가공 방향으로 섬유조직이 되어 방향에 따라 강도가 달라진다.

> 참고 섬유조직 : 미세한 실모양의 조직으로 섬유세포가 모여서 된 조직, 관다발 조직, 온실조직

20 열간(고온) 가공(hot working)의 특징

① 작은 동력으로 큰 변형을 발생시키며, 균일한 재질을 얻을 수 있다.
② 가공도를 크게 할 수 있고 거친 가공에 적합하나, 산화되기 쉽고 정밀 가공이 곤란하다.

21 프레스 작업에서 스프링 백(spring back)이 커지는 원인은? : ①~④

① 동일(같은) 두께의 판에서 굽힘 각도가 예리할수록(작을수록), 굽힘 반지름이 클수록
② 다이의 어깨 너비가 작을수록
③ 탄성한도 및 경도, 강도가 클수록
④ 같은 판재에서 굽힘 반지름이 같을 때에는 두께가 얇을수록

> 참고 스프링 백 현상 : 굽힘가공에서 굽힘력을 제거하면 탄성 때문에 탄성변형 부분이 원상태로 돌아가 굽힘각도와 굽힘 반지름이 커지는 현상

22 물체에 소성변형을 주어 변형에 대한 저항을 증대시켜 강화시키는 방법은?

가공 경화

> 참고 가공 경화 : 냉간 압연, 냉간 단조 등의 가공도가 증가함에 따라 점점 경도, 강도가 증가하게 되는데 이 현상

23 담금질한 후 시간이 경과함에 따라 경도가 높아지는 현상은?

시효 경화(age hardening)

24 시효 경화의 단계를 설명한 것은?

1단계 : 용체화 처리, 2단계 : 급랭, 3단계 : 시효

❷ 소성가공의 종류

01 재료를 회전하는 롤러 사이에 통과시켜 성형하는 소성 가공법은? : 압연

02 압연가공의 종류

인발 압연, 분괴 압연, 형재 압연, 판재 압연

03 열간 압연강판과 비교한 냉간 압연강판의 장점은? : ①~⑤

① scale 부착이 없고 판의 표면이 깨끗하고 아름답다.
② 성형과 치수가 정밀, 정확하다.
③ 표면처리하면 내식성이 우수하다.
④ 기계적 성질(개선)과 가공성이 우수하다.
⑤ 가공경화로 인장강도, 항복점, 경도는 증가, 연신률과 단면수축률은 감소한다.

04 지름 500mm, 길이 500mm의 롤러로 두께 25mm의 연강판을 두께 20mm로 열간 압연할 때 압하율은?

$$압하율 = \frac{H_0 - H_1}{H_0} \times 100\%$$
$$= \frac{(25-20) \times 100}{25} = 20\%$$

(H_0 : 롤러 통과(변형) 전 두께, H_1 : 롤러 통과(변형) 후 두께)

05 압출(extruding) 가공

실린더 모양의 컨테이너에 빌렛(금속)을 넣고 한쪽에서 램에 압력을 가하여 밀어내어 가공하는 소성가공

06 압출가공의 종류

직접(전방) 압출, 간접 압출(후방 압출, 역식 압출), 충격 압출법

07 인발(drawing)이란?

테이퍼(taper) 구멍을 가진 die의 안쪽에 소재를 밀착시키고 다이(die)의 바깥 구멍을 통하여 철사 등 연성 재료를 축(길이) 방향으로 당기어 외경을 감소시키는 가공법

참고 봉이나 선재를 만드는 방법

08 인발에 영향을 주는 인자(조건) (인발작업에서 인발력(引拔力)이 결정되기 위한 인자는)

인발재의 재질, 인발력, 단면 감소율, 다이(die) 각, 다이(die) 마찰, 윤활법, 역장력, 인발 속도 등

09 인발 작업에서 역장력이란?

재료를 인발하면 지름이 작아지는 가공성을 가지므로 인발력보다 작은 장력을 인발 방향과 반대 방향에 작용시키면(역장력) 다이가 그만큼 저항을 적게 받게 된다.

10 인발 작업에서 지름 5.5mm의 와이어를 ϕ4mm로 가공하려고 한다. 이때의 단면 수축률 및 가공도는?

① 단면 감소(수축)율
$$\phi = \frac{A_0 - A_1}{A_0} \times 100\%$$
$$= \frac{4^2 - 5.5^2}{5.5^2} \times 100 = 47\% (감소)$$

② 가공도
$$\varnothing = \frac{A_1}{A_0} \times 100 = \frac{4^2}{5.5^2} \times 100 = 53\%$$

(A_0 : 가공 전 단면적, A_1 : 가공 후 단면적)

11 인발 작업시 사용하는 윤활제는?

고형 윤활제(비누, 흑연, 석회), 그리스, 아연 도금

참고 경질금속 인발에는 Pb, Zn 등을 도금하여 사용하며, 식물유에 비누를 첨가하고 물을 섞어서 만든 콤파운드를 사용한다.

12 강의 가열 온도별 불꽃색

① 암갈색 : 600℃   ② 갈적색 : 650℃
③ 휘적색 : 800℃   ④ 황적색 : 900℃
⑤ 황색 : 1000℃   ⑥ 휘황색 : 1000℃
⑦ 백색 : 1200℃   ⑧ 휘백색 : 1300℃

13 단조(forging)란?

해머나 기계(프레스)로 두들겨 성형시키는 가공법, 자유 단조와 형 단조가 있다.

14 온도에 따른 단조(forging) 작업의 종류

① 냉간 단조 : 스웨이징, 콜드 헤딩, 코이닝
② 열간 단조 : 해머 단조, 프레스 단조, 업셋 단조, 압연 단조

15 단조용 탄소강의 구비 조건은? ①~③

① 탄소와 황의 양이 적을 것
② 메짐이 없는 강재일 것
③ 가단성이 좋고, 조직이 미세할 것

16 단조작업을 한 방향으로 가공할 때 결정 입자가 한 방향으로 미끄러져 나타난 섬유상의 조직은? : 단류선

> 참고 단류선 방향으로 기계적 성질이 향상됨

17 단조온도에 관한 설명은? : ①~④

① 너무 급하게 고온도로 가열하지 않는다.
② 재질이 다르면 고온에서 체적 단조 온도가 다르게 된다.
③ 필요 이상의 고온으로 너무 오래 가열하지 말고 균일하게 가열한다.
④ 단조 온도를 단조 최고 온도(1200℃)보다 높게 하면 산화가 심하다.

> 참고 주철은 단조가공이 불가(不可)하다.

18 단조작업의 종류

업세팅(up setting), 늘이기(drawing), 넓히기, 단짓기(setting down), 스웨이징(swaging)

19 단조용 해머

드롭(낙하) 해머, 파워 해머

20 단조 프레스의 용량이 5ton, 단조물의 유효단면적이 500mm²인 재료를 효율 80%로 단조할 때, 재료의 변형저항 σ_e은?

① $Q = \dfrac{A\sigma_e}{\eta}$

$\therefore \sigma_e = \dfrac{Q}{A}\eta = \dfrac{5 \times 10^3}{500} \times 0.8$

$= 8 \text{kg}_f/\text{mm}^2$

② 유압프레스 용량

$Q = \dfrac{AK_f}{\eta}$ kgf

(A : 단조물의 유효 단면적 mm²,
σ_e : 단조재료의 변형 저항 kgf/mm²,
η : 프레스(단조해머) 효율 0.7~0.8)

46 전조 기어의 특징은? : ①~④

① 제작이 간단하며, 재료가 절약된다.
② 압력에 의하여 결정 조직이 치밀해진다.
③ 연속적인 섬유조직을 가장 강력한 재질로 된다.
④ 정확한 기어의 제작은 어렵다.

02 금속 결합과 결함, 균열

제1절 금속의 결합과 금속의 결함

❶ 원자의 구조와 결합

01 다음 중 원자 핵의 구조가 아닌 것은?

[양자, 전자, 중성자, 분자]

해설 분자

02 원자에 대한 설명 중 틀린 것은?

① 원자의 양자와 전자의 전기량은 같다.
② 원자는 전기적으로 양전기를 띤다.
③ 원자의 최외곽 전자가 물질의 특성에 영향을 준다.
④ 원자 번호만큼 양자와 전자를 가지고 있다.

해설 ②, 원자는 양자와 전자의 수가 같으므로 전기적으로 중성이다.

03 철, 나트륨 등 금속의 최외곽 전자의 수는? : 3개 이하

04 다음 중 이온 결합의 특성을 설명한 것으로 적합한 것은?

일정한 원자면을 따라 취성 파괴가 생긴다.

05 원자의 결합의 종류가 아닌 것은?

공석 결합

[이온 결합, 공유 결합, 금속 결합, 공석 결합]

06 다음 설명 중 공유 결합의 특징이 아닌 것은?

① 경도가 크다.
② 전기 부도체이다.
③ 빛에 대해 투명하다.
④ 전기 전도도가 좋다.

해설 ④, 공유 결합, 이온 결합은 전기 전도도가 나쁜 부도체이다.

07 전자가 특정 원자 사이에만 공유하지 않고 전자 구름 속에서 자유롭게 이동할 수 있는 결합은? : 금속 결합

08 금속 결합의 특징을 설명한 것으로 틀린 것은?

① 전기 전도도가 높다.
② 비방향성이고 비교적 배위수가 높다.
③ 소성 변형이 가능하다.
④ 일정한 원자면을 따라 취성 파괴가 일어난다.

해설 ④는 이온 결합의 특성이다.

❷ 금속(격자)의 결함

01 금속에서 완전 결정은 몇 °K에서 얻어

지는가? : −270° K

해설 금속의 완전 결정은 절대온도인 -270℃에서 생길 수 있으므로 실질적으로는 존재하지 않는다.

02 완전 결정에서 하나의 원자를 움직여서 생긴 결함을 무엇이라고 하는가?

점 결함

03 원자와 원자 사이의 틈새자리에 다른 원자가 들어가서 생긴 결함을 무엇이라고 하는가? : 침입형 원자

04 다음의 원자 결함 중 선 결함이 아닌 것은?

① 칼날 전위   ② 나사 전위
③ 혼합 전위   ④ 공공 전위

해설 ④, 점 결함임

05 수축공, 기공 등은 어떤 결함의 일종인가?

체적 결함

제2절 용접 균열

❶ 균열의 개요와 고온 균열

01 용접 후 몇 시간 뒤에 발생하는 균열은?

비드 밑 균열

[크레이터 균열, 비드 밑 균열, 응고 균열, 재열 균열]

해설 비드 밑 균열은 저온 균열의 일종으로 용접 후 2~3시간 후에 발생한다.

02 용접부의 세로 방향의 수축 응력에 기인하여 용접 방향에 수직으로 발생한 균열은? : 가로(횡) 균열

해설 가로 방향의 수축 응력에 기인하여 용접 방향과 평행하게 발생하는 균열은 세로(종) 균열이다.

03 고온 균열의 발생 원인이 아닌 것은?

① 수소에 의한 균열
② 열응력 등 내적인 힘에 의한 균열
③ 철의 편석에 기인한 균열
④ 노치 끝의 응력 집중에 의한 균열

해설 ③, 고온 균열의 원인은 인, 황의 편석에 의한 균열이다.

04 고온 균열의 틈은 얼마 정도인가?

0.05 ~ 0.5mm

해설 저온 균열의 틈은 0.001 ~ 0.01mm.

05 다음 중 고온 균열의 방지 대책이 아닌 것은? : ④

① 예열, 후열을 한다.
② 망간이나 후락스를 사용한다.
③ 저수소계 용접봉을 사용한다.
④ 팽창과 수축이 불균일하게 일어나게 한다.

❷ 저온 균열

01 용접 후 2~3시간 후에 발생하는 균열은?

저온 균열

02 지연 균열의 발생 원인이 아닌 것은?

① 수소의 확산
② 열영향부의 연성 부족
③ 구속 응력이 큰 경우
④ 노치 끝 응력 집중에 의한 균열

해설 ④. 저온 균열은 용접 후 최소 2~3시간 이후에 발생하므로 지연 균열이라고도 한다.

03 비드 밑 균열의 발생 원인으로 옳지 않은 것은?

① 용착부에 흡수된 질소의 확산
② 열영향부의 수축 응력
③ 체적 팽창에 의한 변태 응력
④ 비드 밑 부분에 수소 집중
⑤ 수소 취성이 생겨서 내부 응력과 상호 작용에 의해 발생

해설 ①. 열영향부에 흡수된 수소의 확산

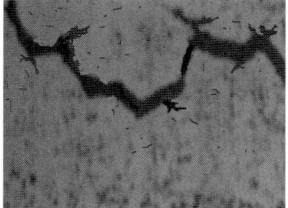

[용접부 비드 밑 터짐]

04 비드 표면과 모재의 경계부에 발생하며, 언더컷에 의한 응력 집중이 큰 것이 원인이 되는 균열은? : 토우 균열

05 토우 균열을 방지하는 방법은?
예열 또는 강도가 낮은 용접봉을 사용한다.

06 필릿 용접부의 루트부에 생기는 저온 균열은 무엇인가? : 힐 균열

07 루트 균열의 방지 대책으로 옳은 것은?
예열과 후열을 한다.

08 모재의 재질 결함으로 강재의 기포가 원인이 되어 생기는 층상 균열은?
라미네이션

09 다음 중 X선 검사로 검출이 곤란한 결함은? : 라미네이션
[균열, 기공, 용입불량, 라미네이션]

10 라미네이션의 특징으로 틀린 것은?

① 초음파 탐상을 제외하고는 탐지가 곤란하다.
② 구속력을 수반하기 쉬운 십자형, T형상, 모서리 이음 등에 발생한다.
③ 고장력 저합금강, 불림강, 압연강, 담금질강 등에서도 발생하고 있다.
④ 재료의 길이 방향의 낮은 연성이 주요 원인이다.

해설 ④. 재료의 두께 방향의 낮은 연성이 주요 원인이다.

11 다음 중 라미네이션의 발생 방지 대책이 아닌 것은?

① 내라멜라 균열성 강재를 이용한다.
② 필릿 이음 등을 피하고 가능한 한 맞대기 이음을 한다.
③ 저수소계 용접봉을 사용한다.
④ 예열을 금하고 후열처리를 한다.

해설 ④. 라미네이션 방지법의 하나로 예열과 후열을 해야 된다.

제3절 수소 취화

❶ 철강에서 수소 취화

01 수소가 철강 제품에 침투되어 메짐성을 가지는 현상을 무엇이라고 하는가?

수소 취성

02 수소 취성 방지법

① 철강의 경우 전해 탈지 시 양극 탈지를 택한다.
② 산세를 할 경우 가능한 짧은 시간에 한다.
③ 산성 아연 도금이나 특히 매커니컬 도금을 한다.
④ 수소가 적게 발생하도록 환경을 만든다.

03 다음 재료 중 수소 취성이 가장 잘 일어나는 것은? : 고합금강

[저탄소강, 중탄소강, 고탄소강, 고합금강]

04 일반 강재에 비해서 용접금속은 얼마의 수소량을 갖는가? ; $10^3 \sim 10^4$배

05 용접부의 수소 흡수의 방지법이 아닌 것은?

① 저수소계 용접봉을 사용한다.
② 스테인리스강의 경우 오스테나이트 Cr-Ni강 용접봉을 사용한다.
③ 페라이트 조직의 생성을 감소하기 위해 100~150℃로 예열한다.
④ 건조된 용접봉을 사용한다.

해설 ③, 예열 등으로 마르텐사이트 조직이 생성되지 않게 한다.

제4절 각종 금속의 균열

❶ 탄소강 및 저합금강의 용접 균열

01 다음에서 탄소강이나 저합금강 용접 균열에 대한 설명으로 틀린 것은?

① 고온 균열에서는 초정의 δ상이 많은 경우는 균열 감수성이 낮아진다.
② δ상의 안정화 원소인 Al, Cr, Si, Ti, Mo, V, W, Zr 등을 첨가하면 균열이 감소된다.
③ S나 P의 함유량을 최대한 제한한다.
④ γ상 안정화 원소인 C, Ni, Mn, Cu 등을 다량 첨가한다.

해설 ④, γ상 안정화 원소는 균열의 감수성이 높아지므로 가급적 첨가량을 줄여야 된다.

02 저합금강이나 고탄소강 등 경화하기 쉬운 재료에는 몇 ℃ 정도의 예열과 후열이 필요한가?

예열 : 100~350℃, 후열 : 150~300℃

❷ 스테인리스강의 용접 균열

01 스테인리스강의 용접 균열에 관한 설명으로 틀린 것은?

① Mo은 Nb와 공존하여 결합하면 균열 발생이 적어진다.
② S은 가능한 0.01% 이하로 낮춘다.
③ Nb를 다량 첨가하면 오히려 균열 감도를 높이는 경향이 있다.
④ γ계 스테인리스강 용접금속에 약 5%(실온) 이상의 σ상이 존재하면 균열이 잘 생기지 않는다.

해설 ①. Mo은 일반적으로 균열 강도를 저하시키나, Nb와 결합하면 오히려 균열 발생이 많아진다. Nb는 소량 첨가하면 균열을 감소시키지만 다량 첨가하면 균열이 높아진다.

❸ 비철 금속의 균열

01 다음 중 알루미늄 합금의 용접 균열에 대한 설명으로 적합하지 않은 것은?

① 균열의 주 원인은 각 합금에서 생성하는 저융점 공정이다.
② 일반적으로 용접부의 결정립이 미세할수록 용접 균열은 잘 생기지 않는다.
③ 탄소가 다량 함유된 용접봉을 사용하면 균열이 방지된다.
④ 다층 용접금속의 내부나 열영향부에 미소 균열이 있다.

해설 ③. 알루미늄 합금에는 탄소량이 함유되어 있는 봉을 사용하지 않으며, 일반 철강의 경우도 탄소량이 많으면 급랭 경화로 균열 발생이 더 많아지게 된다.

02 순 구리의 용접 균열에 대한 설명으로 적합하지 않은 것은?

① 후판에서 구속력이 크고 불순물이 존재하는 경우에는 균열이 발생한다.
② Pb, Si, P, As 등이 존재하면 고온 균열의 감수성이 커진다.
③ 정련 구리 등도 용접 중에 다량의 수소를 흡수하면 균열이 발생할 수 있다.
④ 박판은 구속력이 크고 불순물이 존재해도 균열이 발생하지 않는다.

해설 ④. 박(얇은)판은 구속력이 매우 적으며 불순물이 존재할 경우 균열이 발생할 수 있다.

03 순 구리의 용접 중 기공 발생 방지를 위한 조치로 틀린 것은?

① Mn, Si, Ti 등의 탈산제가 함유된 용접봉을 사용한다.
② 기포의 확산 속도를 느리게 한다.
③ 용접 토치에 전자 진동 장치를 설치하여 용융지에 전자 진동을 준다.
④ 고온으로 예열을 하여 냉각 속도를 느리게 한다.

해설 ②. 기공의 발생을 방지하려면 기포의 확산 속도를 빠르게 해야 된다.

04 그림과 같은 용접 이음 형상 중 응력 발생의 방지 이음으로 가장 적합하지 않은 것은?

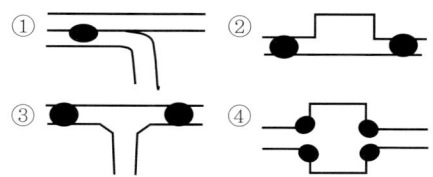

해설 ④. 단면적이 급격히 변화하는 부분에 응력 집중이 가장 크게 작용하여 피로 파괴가 일어날 수 있어 구조물의 수명이 가장 짧다.

03 철강 재료

제1절 철강 제조, 분류, 탄소강

❶ 제철법

01 제철제철과 제강

① 제철 : 철광석을 용광로에 녹여서 선철을 얻는 방법
② 제강 : 선철을 정련하고, 성분을 조정하여 가단성을 부여하는 방법

02 제선 재료

철광석, 연료(코크스), 용제(석회석(CaC), 형석) 등

03 제련용 철광석은 몇 % 이상의 철(Fe) 성분을 함유해야 경제성이 있는가? : 40 ~ 60%

04 제선에 쓰이는 용광로는? : ①, ②

① 철광석을 코크스, 석회석, 망간 등을 써서 용해하여 선철을 얻는 노(고로)
② 크기 : 1일 제선할 수 있는 량을 톤으로 표시(Ton/1일)

05 용광로에 사용되는 고체 연료로 가장 많이 사용되는 것은? : 코크스(cokes)

06 강의 탈산제의 종류는?

페로-실리콘(Fe-Si), 알루미늄(Al), 페로-망간(Fe-Mn),

참고 Fe-Ni(페로 니켈)은 주로 합금제로 사용된다.

07 선철을 파단면에 따라 구분한 것은?

회선철, 반선철, 백선철

08 선철의 용도는

90% 이상이 강 제조에, 10%는 주철 제조

❷ 제강법

01 제강법의 종류는?

평로 제강, 도가니 제강, 전기로 제강법

참고 용광로는 제강(강의 제조)할 수 없다.

02 노안에 용융 선철을 주입하고 공기나 산소를 불어넣어 탄소, 규소, 그 밖의 불순물을 산화 제거하는 제강법은?

전로 제강법

해설 로 내 내화물의 종류에 따라 : 토마스(염기성)법, 베서머(산성)법이 있다.

03 전로 제강법의 특성은?

연료가 필요없어 값싸게 대량 생산할 수 있으나, N, P, O 등이 많아 강질이 나쁘다.

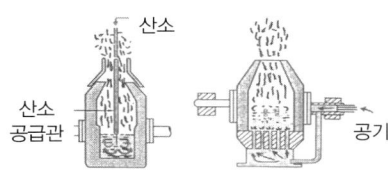

(a) 순산소 공급 전로 (b) 바닥에서 송풍하는 전로

04 제강법 중 토마스법과 관계없는 것은?

① 페로 망간으로 산화한다.
② 노의 내면에 염기성 내화물을 사용한다.
③ 원료는 저규소 고인선을 사용한다.
④ 전로 제강법의 일종이다.

해설 ①, 페로 망간으로 탈산한다. 염기성(토마스)법에서는 규소의 연소가 어렵다.
산성(베서머)법은 위의 ②, ③과 반대이다.

05 평로(반사로) 제강법

① 축열식 반사로를 사용하여 가스나 중유로 용해, 정련하는 제강법
② 성분을 쉽게 조절, 고철도 사용 가능함
③ 제강량 전체의 80%로 대량 생산한다.

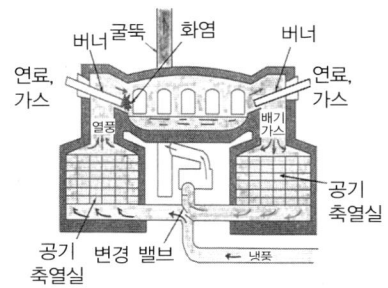

06 전기로 제강법의 종류

저항로(식), 유도로(식), 아크로(식)

07 전기로 제강법의 특징은? : ①~④

① 온도조절이 쉬워 고온정련이 가능하다.
② 정련 중 슬래그 성질의 변화가 가능
③ 용강의 산화가 적으며, 성분 조절을 정확히 할 수 있다.
④ 공구강, 특수강의 제조에 가장 좋은 로이나 전기 소모가 많다.

08 다음 중 강을 제조하는데 가장 좋은 제품을 얻을 수 있는 로는? : 전기로

[전로, 평로, 전기로, 도가니로]

09 전로, 평로, 전기로의 크기 표시는?

1회에 용해할 수 있는 제강의 량을 톤으로 표시한다.(Ton/회)

10 도가니로

① 크기는 1회에 용해할 수 있는 구리의 무게(kg)를 번호로 표시
② 예 : 500번로 : 1회에 500kg의 구리를 용해

11 주조로(용선로 : 큐폴라)

주철 용해에 사용, 크기는 1시간에 용해할 수 있는 선철의 무게를 Ton으로 표시(T/h)

12 강괴의 종류

림드강, 세미킬드강, 킬드강, 캡드강

13 다음 중 림드강에 대한 설명

① 탈산이 불충분하며, 편석을 일으킨다.
② 기공이 생기며, 가스의 방출이 있다.
③ 탄소가 0.3% 이하인 연강 제조에 좋다.

14 킬드강에 대한 설명 중 옳지 않은 것은?

① 로 내에서 강탈산제를 사용하여 충분히 탈산시킨 것이다.
② 헤어 크랙이 생기기 쉽다.

③ 수축관이 생겨 강괴의 10~20%를 잘라 버린다.
④ 주로 전로에서 만들어지는 고급강이다.

해설 ④, 킬드강은 평로, 전기로에서 만들어지며 고급강에 쓰인다.

(a) 킬드강 (b) 세미킬드강 (c) 림드강 (d) 캡드강

③ 순철(pure iron)

01 순철은? : ①, ②

① 탄소 함유량이 0.05% 이하의 철
② 고온에서 산화 작용이 심하며, 해수, 산, 화학 약품에 약하다.

02 순철의 종류와 동소체는?

① 종류 : 카보닐철, 전해철, 암코철 등
② 동소체 : α철, γ철, δ철의 3개

03 순철의 기계적 성질은?

① 인장 강도 18~25kg/mm^2,
② 연신률 40~50%, 브리넬 경도 60~65

04 순철의 특성은? : ①~③

① 조직은 페라이트이다.
② 상온에서 전연성이 풍부하고 단접성, 용접성이 좋으나, 열처리는 안 된다.
③ 용도 : 강도가 낮아 기계 재료에는 부적당하나, 투자율이 높아 변압기, 발전기용 박(얇은)철판, 전·자기 재료에 쓰임

④ 철강의 분류와 탄소강

01 탄소강의 특성

① 가격이 저렴하며, 다량 생산, 기계적 성질이 우수하다.
② 극연강, 연강, 반연강은 단접이 잘 된다.
③ 상온 및 고온에서 가공성이 우수하여 소성 변형 가공이 용이하다.

02 저온에서 인장강도, 탄성 계수, 항복점 등은 증가하나 연신률, 단면 수축률, 충격값이 감소되는 현상을?

저온 취성(P가 원인임)

03 강은 200~300℃에서 인장 강도와 경도가 최대이며, 연신률과 단면 수축률은 최소로 되는 현상을? : 청열 취성

04 적열(고온) 취성

황은 철과 화합하여 FeS를 형성하며 FeS의 용융점은 980℃ 정도로서 단조나 열처리시 고온 크랙의 원인이 되어 생기는 성질

05 탄소강에 함유된(철강의) 대표적인 5원소는? : C, Si, Mn, P, S

06 탄소강의 기계적 성질에서 경도와 인장 강도가 상승하면 같이 상승하는 성질은?

항복점

07 탄소강을 판두께에 따른 구분하면

① 박판 : 두께 1(3)mm 이하
② 중판 : 1(3)~6mm

③ 후판 : 6mm 두께 이상

08 강 종류별 탄소 함유량

① 강 : 0.05~2.01%C
㉠ 저탄소(연)강 : 0.05~0.30%C, 용접성 양호, 열처리 불량, 용접 구조용 사용
㉡ 중탄소(경)강 : 0.3~0.5%C, 기계 구조용으로 사용함, 열처리 가능함
㉢ 고탄소강 : 0.5~0.8%C, 기계 구조용
㉣ 탄소공구(최경)강 : 0.6~1.5%C, 줄, 톱날 등 공구에 사용됨
② 주철 : 2.01~6.67%C

09 단접은 잘되나 높은 온도에서 물이나 기름에 급히 담가 식혀도 단단해지지 않는 탄소강은? : 반연강

10 탄소강에 함유된 원소 중에 규소에 관한 설명으로 옳지 않은 것은?

① 용융금속의 유동성을 좋게 한다.
② 충격 저항을 감소시킨다.
③ 인장 강도, 탄성 한계, 경도가 증가된다.
④ 단접성을 향상시킨다.

해설 ④, 규소는 연신률 및 충격치, 단접성을 감소시킨다. 보통 0.3~0.5% 정도 함유

11 탄소강에 함유된 망간(Mn)

① 탄소 다음으로 중요한 원소로, 탈산제로 작용하며,
② 강도, 경도, 인성, 점성, 담금질성 증가, 연성 감소, 황의 해(적열 취성) 제거로 고온 가공을 쉽게 한다.

12 탄소강에 함유된 인(P)의 영향

① 보통 0.05% 이하로 제한하며,
② 강도, 경도 증가, 연신률 감소, 결정립을 거칠게 하며,
③ 제강시 편석을 일으키기 쉬우며 냉간(취성) 메짐을 일으킨다.

13 황의 분포를 검사하는 설퍼 프린트법이란?

강재를 황산(H_2SO_4) 용액 중에 침적시킨 브로마이드 인화지로 밀착시켜 10~20분 방치 후 떼어 내면 황이 존재하는 경우 인화지에 흑갈색 또는 흑색 반점으로 나타난다.

14 탄소강에 함유된 수소(H_2)는?

강을 여리게 하고, 산, 알칼리에 약하며, 헤어 크랙, 은점의 원인이 된다.

15 탄소강에서 헤어 크랙은?

비금속 개재물의 주변이나 결정립계의 경계 등에 수소의 함유량에 비례하여 발생한 머리카락 같이 미세한 균열

16 레일을 만드는데 적합한 탄소강의 탄소 함유량은? : 0.4~0.5%C

해설 0.4~0.5% 탄소강은 크랭크 축, 차축, 기어, 스프링, 피아노선, 캠, 볼트, 파이프 등의 제조에 사용된다.

17 스프링, 외륜, 피아노선에 사용하는 탄소강의 탄소량은? : C 0.4~0.7%

18 스프강, 피아노선재의 특성

탄성 한계가 높고 충격 및 피로에 대한 저항성이 크며 급격한 진동을 완화하고 에너지 축적을 위해 사용하는 강인한 강

제3장_철강 재료　125

19 선재강

① 연강선재 : 0.06~0.25%C, 전신선, 리벳못, 나사류
② 경강선재 : 0.25~0.8%C, 나사, 와이어 로프, 스프링
③ 피아노선재 : 매우 강인한 강선으로, 인발 중에 파텐팅 열처리하여 소르바이트 조직으로 만든 것이다.

20 탄소강에 P, S, Pb, Se 등을 첨가시켜 절삭(쾌삭)성을 향상시킨 강은?

쾌삭강, (Mn을 첨가하면 메짐성이 방지됨)

21 탄소 공구강(STC)의 탄소 함유량

① 0.6 ~ 1.5%,
② 200℃ 이상에서 경도가 저하. 용도는 일반 공구인 줄강, 다이스, 톱강

22 공구강의 구비 조건

① 경도, 강도(내마멸성과 강인성)가 크며, 고온에서도 경도가 유지될 것
② 열처리가 쉬울 것
③ 가공이 쉽고 가격이 쌀 것

23 침탄강에 부적당한 원소는? : Al

[Ni, Cr, Mo, Al]

해설 Al은 질화강에 적합하다.

24 표면 경화용강 중 질화용 강

① 강재 표면에 NH_3(암모니아)나 질소를 사용하여 질화시켜 표면 경도를 높인 강
② Ni, Cr, Al 원소를 함유한 강이 좋다.

제2절 특수(합금)강, 주철

1 특수강(alloy steel)의 개요

01 합금강이란? : ①~③

① 탄소강에 특수 원소를 1~ 2종 이상 첨가시켜 뛰어난 특징을 갖게 제조한 강
② 저합금강 : 합금 원소 10% 미만 첨가한 강, 저 강도 기계부품용
③ 고합금강 : 합금 원소 10% 이상 첨가한 강, 내식, 내마모 등 특수 목적 재료용

02 특수원소의 강에 미치는 영향

① Ni : 강도, 인성, 저온충격 저항성, 내열성 등을 향상
② Cr(크롬) : 내식성, 내열성, 내마모성 향상
③ W(텅스텐) : 고온 강도, 경도 증가
④ Mo(몰리브덴) : 고온 강도 경도 증가, 뜨임 취성 방지
⑤ Si(규소) : 전자기 특성과 내열성을 증가
⑥ Al, Ti : 결정립의 미세화
⑦ B(붕소) : 미량 첨가로도 담금질(소입)성을 현저하게 향상

참고 특수 원소 대부분은 담금질 효과가 큼, 자경성(스스로 경화되려는 성질)이 있다.

2 구조용 특수강

01 강인강이란?

탄소강보다 높은 강인성을 갖기 위해 탄소강에 Ni, Cr, Mn 등 특수 원소를 첨가한 강

02 초강인강이란? : ①, ②

① Ni-Cr-Mo계에 Mn, Si, V 등을 첨가하여 인장강도를 150 ~ 200kgf/mm^2로

높인 강
② 중량이 가볍고 강력한 부분(로케트, 미사일용 등)에 사용

03 고장력강의 특성은? : ①~④

① 일반적으로 항복 강도 294MPa(30kgf/mm^2), 인장강도 490MPa(50kgf/mm^2) 이상, 연신율 20% 이상이다.
② C량이 0.2% 이하, Cr, Ni, Mo, V, B 등을 약간 첨가해 항장력을 강화한 강
③ 용접성, 저온 인성, 내후성, 내식성, 가공성이 우수하다.
④ 하이텐(high tensile steel : HT)이라고도 한다.

04 저망간강(듀콜강)의 특성은? ①~④

① 1~2% Mn을 함유하여 인장강도가 크고 전연성이 비교적 적은 저급 고장력강
② 펄라이트(pearlite) 망간강이라고도 함.
③ 종류 : Mn-V-Ti계, Ni-Cr-Mo계
④ 용도 : 구조용 부품, 주로 철탑, 기중기, 고압용기, 롤러, 조선, 차량, 교량, 건축 등

05 망간 10 ~ 14%의 강으로 상온에서 오스테나이트 조직이며, 각종 광산 기계, 기차 레일의 교차점, 냉간 인발용의 드로잉 다이스 등의 용도로 쓰이는 것은?

하드 필드강(고망간강)

06 고망간강(하드필드강)의 특성

① 상온에서 오스테나이트 조직을 가진다.
② 오스테나이트 망간강, 하드 필드강, 수인강이라고도 한다.

07 다음 중 구조용 특수강의 종류가 아닌 것은? : 고속도강(공구강임)

[강인강, 니켈-크롬강, 스프링강, 고속도강]

③ 공구용 특수강

01 절삭용 합금 공구강(STS)

① 경도와 절삭성 향상을 위해 고탄소강에 Mn, Cr, Ni, W, Co, V 등을 첨가한 강
② 용도 : 바이트, 탭, 드릴, 줄 등(STS 2, 11)

02 내충격용 합금 공구강(STS 4, 43)

① 정, 펀치, 스냅 등 내충격성과 인성이 필요한 강
② 절삭용에 비해 탄소량이 비교적 낮고 Cr, W, V 등을 첨가한 강

03 고탄소강에 Mo, Cr, W, V 등을 첨가한 강으로 일명 하이스(H.S.S.)라고도 부르는 것은? : 고속도강

04 표준형 고속도강의 성분은?

18W-4Cr-1V 강

05 고속도강(SKH)

① 담금질-뜨임하여 인성을 높인 강으로 600℃까지 경도가 유지 함
② 담금질 온도 : 1250 ~ 1350℃, 뜨임 온도 : 550 ~ 580℃
③ 용도 : 드릴, 엔드밀 등 비교적 고속 절삭에 사용한다.

06 W 고속도강에서 1250℃에서 담금질한 상태보다도 뜨임하였을 때 550 ~ 580℃에서 경도가 크게 되는 현상은?

2차 경화

07 코발트를 주성분으로 한 Co-Cr-W-C의 합금으로 대표적인 주조 경질 합금은?

스텔라이트(stellite)

> 해설 스텔라이트는 고속도강보다 2배 정도 절삭 속도가 크다.

08 스텔라이트의 특성

① 상온에서는 고속도강보다 연하나 600℃ 이상에서는 더 경하다.
② 단조가 곤란하고, 절삭 가공이 어려워 연삭(연마)나 성형가공해서 사용한다.
③ 800℃에서도 경도가 유지되나, 인성이 작다. 열처리가 불필요하다.

09 WC, TiC, TaC 등의 금속 탄화물 분말에 Co를 첨가하여 용융점 이하로 소결 성형한 합금은? ; 초경합금

10 초경질 합금(소결 합금)의 점결제로 사용되는 것은? : Co 분말

> 해설 초경질 합금 또는 초경합금이라고 하며 소결하여 제조한 소결 합금의 일종이다.

11 초경합금의 종류가 아닌 것은? : ③

① S종(강 절삭용) ② D종(다이스용)
③ E종(세라믹용) ④ G종(주철 절삭용)

12 다음 중 초경합금의 상품명이 아닌 것은?

① 카블로이(미국) ② 미디아(영국)
③ 당갈로이(일본) ④ 노듈러(독일)

> 해설 ④. 노듈러 주철은 구상 흑연 주철을 일본에서 부르는 상품명이다.

13 세라믹 공구가 가지고 있는 특성과 관계없는 것은?

① 내부식성과 내산화성이 있다.
② 비자성체이고 비전도체이다.
③ 철과 친화력이 없다.
④ 초경합금에 비해 항장력이 크다.

> 해설 ④. 세라믹은 내열성은 좋으나 충격치와 항장력이 낮다.

14 Al_2O_3(알루미나)를 주성분으로 하여 1600℃에서 소결 성형한 합금으로, 무기질 고온 소결재의 총칭은? : 세라믹

15 시효 경화 합금의 특성

① 뜨임 시효에 의하여 경도를 크게 증가시킨 합금, SKH보다 수명이 길다.
② 대표적인 시효 경화 합금 : Fe-W-Co계(5-4-8) 합금

4 주 강

01 주강품에 다량의 탈산제를 첨가하는 이유는? : 기포 발생의 방지를 위해

> 해설 망간도 탈산제이며 합금제이므로 기포 발생 방지에 효과가 크다.

02 주강품 2종(Mn, Cr, SC)의 화학 성분 중 탄소의 함량은? : 0.2~0.3%

03 다음은 주강품의 용도이다. 맞지 않는 것은? : 측정기, 게이지 부품

[기어, 차량 부품, 조선재, 보일러 부품,

해설 측정기나, 게이지 부품은 불변강을 사용

04 주강품의 특성은? : ①~④
① 수축률이 주철의 2배(20/1000) 정도로 수축이 크다.
② 주조 상태는 조직이 억세고, 메지므로 주조 후 반드시 풀림처리가 필요하다.
③ 형상이 복잡하여 단조로서는 만들기 곤란할 때 사용한다.
④ 주철로서 강도가 부족할 때 사용한다.

5 특수 용도(목적)용 특수강

01 Cr 함유량이 몇 % 이하일 때 내식강이라고 하는가? : 12%

02 조직별 스테인리스강의 종류
페라이트계, 마텐사이트계, 오스테나이트계, 석출 경화계

03 페라리트계 스테인리스강에 관한 설명으로 틀린 것은? : ①
① 황산에서도 내식성을 잃지 않는다.
② 강자성체며, 강인성 및 내식성이 있다.
③ 열처리에 의해 경화할 수 없다.
④ 유기산이나 질산에 침식되지 않는다.
⑤ 일반용품, 건축용, 장식용, 식품공업, 기계 부품 등에 주로 사용된다.

04 페라이트계 스테인리스강 중 시그마(σ)상을 소실시키기 위한 급랭 전의 가열 온도는? : 930~980°C

05 마텐사이트계 스테인리스강
① 13% Cr계로, STS 410이 대표적이다.
② 열처리에 의해 경화하고 담금질성을 가지며, 강자성체이다.
③ 용도 : 일반용품, 칼, 기계 부품, 의료용 기기, 밸브 등에 주로 사용

06 스테인리스강 중에서 용접에 의해 경화가 심하므로 예열을 필요로 하는 것은?
마텐사이트계

07 각종 스테인리스강 중 의료용 기구, 절삭 부품 등에 적합한 것은?
Cr 13% 정도와 C 0.15% 이상의 것

08 18Cr~8Ni 강(STS 304)이 대표적이며, 비자성체이며 내산 및 내식성이 우수한 스테인리스강은?
오스테나이트계

09 오스테나이트계 스테인리스강의 특징은? ①~④
① 인성과 전연성이 좋아 가공이 용이하다.
② 열팽창계수가 탄소강의 1.5배, 열전도율은 약 60%로 변형과 잔류 응력이 문제되며, 탄화물이 결정입계에 석출하기 쉽다.
③ 염산, 묽은 황산, 염소가스, 황산염 용액에 대한 내산성이 약하다.
④ 용도 : 일반용품, 화학 공업, 항공기, 원자력 발전, 차량, 주방 기구, 식기, 의료용

10 18-8강(오스테나이트계 스테인리스강)의 입계 부식 방지법

탄소량을 낮추거나(탄화 크롬 억제) Ti, Nb, Ta 등을 첨가해서 Cr_4C 대신 TiC, NbC 등이 형성되게 한다.

11 18-8강의 입계 부식 방지를 위해 첨가되는 원소가 아닌 것은? : Cr

[Ti, Nb, Ta, Cr, Mo]

12 위의 문제 보기에서 스테인리스강의 산화물 안정 요소가 아닌 것은? : Cr

13 스테인리스강의 내황산성을 높이기 위하여 첨가하는 원소는? : Mo

14 석출 경화형(Precipitation Hardening) 스테인리스강

① Austenite계의 우수한 내열성, 내식성과, Martensite계의 경하나, 부족한 내식성 및 가공성을 충족시키기 위해 석출 경화 현상을 이용한 스테인리스강
② 종류 : STS 630과 STS 631이 있다.

15 17-4PH강(STS 630)

① 17%Cr-4%Ni-3~5%Cu-Nb-Ta 합금
② 고용화 열처리하여 Martensite(Cu가 과포화된) 조직 얻음
③ 우수한 내식성과 높은 강도, 경도를 갖춘 것이다.

16 Ni 35~36% 함유한 Fe-Ni 합금으로, 열팽창 계수가 매우 적어 줄자, 시계추, 정밀 부품, 바이메탈 등에 쓰이는 것은?

인바(invar)

17 불변강의 종류와 특성

① 초인바(super invar) : Ni 29~40% 함유. Co 5% 이하 함유한 합금, 인바보다 열팽창계수가 더 적다.
② 코엘린바 : 탄성이 극히 적고 공기나 물에 부식이 안된다. 스프링, 태엽에 쓰인다.
③ 퍼어멀로이 : Fe-70~90%Ni 합금의 대표적인 것, 투자율이 큰 합금이다.

18 Ni36, Cr12% 함유한 것으로 탄성이 매우 적으며 열팽창 계수도 적어 시계 바늘, 태엽, 스프링, 지진계 등에 쓰이는 것은? : 엘린바(elinvar)

19 열팽창 계수가 유리나 백금과 같고 전구의 도입선, 진공관 도선용으로 사용되는 불변강은? : 플레티나이트

> **해설** 플레티나이트 : Ni 42~46%, Cr 18%의 Fe - Ni - Co 합금

20 베어링강

탄성 한도와 피로 한도가 높아야 하며, 고탄소 크롬강이 많이 쓰임

21 내열강에 많이 사용되는 첨가 원소는?

크롬, 니켈, 규소 등

22 내열강(내열 재료)의 구비 조건은?

①~④

① 열팽창 계수 및 열응력이 작을 것
② 고온에서 화학적으로 안정할 것
③ 고온에서 경도 및 강도 등의 기계적 성질이 좋을 것

④ 주조, 소성 가공, 절삭 가공, 용접 등이 쉬울 것

23 내열강의 용도와 재료

① 용도 : 버너의 노즐, 내연 기관의 밸브
② 종류 : 인코넬-X, SUH-34, 하스텔로이-B

24 초내열강

Fe, Cr, Ni, Co를 모체로 한 합금, 19-9DL(815℃), 팀켄 16-25-6(815℃), N-155(980℃), 인코넬 X(980℃), 하인스 합금 21(980℃) 등이 있다.

25 서멧(cermet)

① 초내열강은 900℃ 이상 고온에서 견딜 수 없어 이를 개선한 것.
② 경질 및 2000~3500℃ 부근의 고융점을 가진 산화물(Al_2O_3), 탄화물(TaC, WC), 붕화물(TaB_2, CrB) 등과 Co, Ni 분말과의 복합체로 된 것

26 규소강

자기 감응도가 크고 잔류 자기 및 항자력이 작아 변압기나 교류 기계의 철심 등에 쓰이는 강

6 주철(cast iron)

01 주철의 특성은? : ①~④

① 마찰 저항이 좋고 절삭 가공이 쉽다.
② 흡진성이 있어 진동이 많은 것에 쓰임
③ 주물 표면이 단단하(굳)고 녹이 잘 슬지 않으며, 도색도 잘 된다.
④ 용융점이 낮고 유동성이 좋아 주조성이 주강보다 좋다.(복잡한 형상도 쉽게 주조할 수 있다.)

02 주철의 장점으로 옳지 않은 것은?

① 주조성이 좋으며, 크고 복잡한 것도 제작할 수 있다.
② 인장 강도, 휨강도, 충격값은 크나 압축 강도는 작다.
③ 금속재료 중에서 단위 무게당의 값이 싸다.
④ 주물의 표면은 굳고 녹이 슬지 않으며, 또 칠도 잘 된다.

해설 ②, 주철은 압축 강도가 인장 강도의 3배 정도 크며 충격값은 적어 경취한 금속이다.

03 주철의 단점

① 인장강도는 강에 비해 작고 취성이 크다.
② 연신률이 작고, 고온에서도 소성 변형이 안된다.

04 주철이 주강보다 우수한 성질은?

주조성

[주조성, 인장 강도, 경도, 충격값]

05 내식성, 내압성이 특히 우수하며 가스 압송관, 광산용 양수관 등에 가장 많이 사용하는 관은? : 주철관

06 주철의 성장이란?

주철이 온도 650~950℃에서 가열과 냉각을 반복하면 부피가 증가하여 변형, 균열이 발생하는 현상

07 주철의 성장 원인은? : ①~⑥

① 시멘타이트(Fe_3C)의 흑연화에 의한 팽창
② A_1 변태에서 체적 변화에 따른 팽창
③ 불균일한 가열로 인한 팽창
④ 페라이트 중에 고용 원소인 Si의 산화에 의한 팽창
⑤ Al, Si, Ni, Ti 등의 원소에 의한 흑연화에 의한 팽창
⑥ 흡수되어 있는 가스의 팽창에 의해 재료가 항복되어 생기는 팽창

08 주철의 성장 방지 방법

① 흑연의 미세화(조직 치밀화)
② 흑연화 방지제 첨가
③ 탄화물 안정제(흑연화 방지제) 첨가 (Mn, Cr, Mo, V 등 첨가로 Fe_3C의 분해 방지)
④ Si의 함유량 감소(내산화성이 큰 Ni로 Si의 함유량 감소 가능)

09 주철을 파단(파)면의 색에 따른 종류

회주철, 반주철, 백주철

10 파면이 회색이며, Mn량이 적고 냉각 속도가 느릴 때 생기며, 주소성이 좋고 절삭성도 좋아 각종 구조재, 공작 기계 베드 등에 쓰이는 것은? : 회주철

11 주철에서 흑연화 촉진 원소

① 흑연화 촉진 원소는 칠(chill) 층을 얇게 하는 원소도 된다.
② C, Si, Al, Ti, Ni, Cu, Co, P, Zn

12 흑연화 방해 원소는? : ①, ②

① 칠(chill)층 생성 원소, 탄화물 안정제로서 시멘타이트 생성이 많아지게 하는 원소
② S, Cr, V, Mn, Mo 및 셀륨(Se) 등

13 주철의 전 탄소량이란? : ①, ②

① 화합탄소와 유리탄소(Fe_3C+C)를 합한 것
② 강(steel) 탄소가 화합 탄소((Fe_3C)로 존재하나 주철에서는 화합 탄소와 유리 탄소(흑연)로 존재한다.

참고 전탄소량 =흑연(유리 탄소)+화합 탄소

14 마우러 조직도란?

탄소와 규소의 함유량에 따른 주철의 조직 관계를 나타낸 조직도이다.

참고 규소는 흑연의 정출, 석출에 큰 영향, 규소량이 많으면 흑연량이 많아진다.

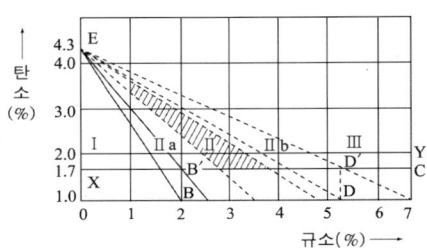

[마우러 주철 조직도]

① Ⅰ 구역 : 백(극경) 주철(펄라이트+Fe_3C)
② Ⅱa구역 : 경질주철(펄라이트+Fe_3C+흑연)
③ Ⅱ 구역 : 펄라이트 주철(펄라이트+흑연)
④ Ⅱb구역 : 회(보통) 주철
⑤ Ⅲ 구역 : 페라이트 주철(페라이트+흑연)

15 주철에서 유리 탄소(흑연)는?

규소가 많고 냉각 속도가 느릴 때 회주철이 생성한다.

16 주철에서 화합 탄소(Fe_3C)는?

망간이 많고 냉각 속도가 빠를 때 생성(백주철)된다.

17 주철의 주조 응력 제거를 목적으로 하는 주조 응력 제거 풀림 방법은?

500 ~ 600℃로 6 ~ 10시간 풀림

18 주철의 바탕 조직은?

페라이트, 펄라이트, 시멘타이트, 흑연의 혼합 조직

19 고급 주철의 바탕은? : 펄라이트 조직

20 보통 주철(회주철 : GC 1~3종)

3~3.5%C의 주철, 불순물이나 강도를 규정하지 않은 표준 주철, 일반 가정용품, 공작 기계 베드 등에 쓰임

21 보통 주철(3 ~ 3.5%C의 회주철)의 인장 강도는?

12 ~ 20kg/mm² (118~196MPa)

22 고급 주철(회주철 : GC 4~6종)

① 2.5~3.2%C이고 펄라이트와 미세한 흑연으로 된 인장강도 25kg/mm² (250MPa) 이상인 강인(강하고 질긴) 주철
② 국화상 흑연, C, Si(단, 1〈Si〈3) 양이 $\frac{(C+Si)}{1.5}$ = 4.2~4.4%가 되면 고급 주철이 된다.

23 저탄소 저규소 선철과 다량의 강 스크랩을 배합 용해하여 Fe-Si, Ca-Si를 접종시켜 제조하여 미세한 펄라이트 조직으로 개량 접종 처리한 주철은?

미하나이트 주철

> **해설** 인장강도 35~45kg/mm²(343~ 441MPa), 담금질이 가능하며, 강력 구조용, 내마모용, 내부식용, 내열 기관용 등

24 미하나이트 주철 중에 존재하는 흑연의 형태는? : 구상 흑연

25 구상 흑연 주철의 제조

저 황(S) 용융 선철에 Mg, Ce(세슘) 등을 첨가 접종시켜 편상흑연을 구상화시킨 주철

26 구상 흑연 주철의 특성은? : ①~③

① 주조 상태의 인장강도는 50~70kgf/mm², 연신률 2~6%이다.
② 다른 이름 : 연성 주철(닥타일 주철, 구상 흑연 주철, 노듈러 주철
③ 불스 아이(황소 눈) 조직이라고도 함

27 구상 흑연 주철에 있어서 마그네슘(Mg)의 첨가가 많고 탄소, 특히 규소가 적을 때 냉각 속도가 빠를 때 나타나는 조직은?

시멘타이트형

> **해설** 규소는 흑연화 원소이며 규소가 적고 냉각 속도가 빠르면 백선화가 커지게 되므로 조직은 시멘타이트가 생긴다.

28 구상 흑연 주철의 설명 중 틀린 것은?

① 기계 부속품, 화학 기계 부속품, 주괴 주형 등에 쓰인다.
② 특히 내마모성이 우수하다.
③ 인장 강도는 100 ~ 120kgf /mm²이다.
④ 조직에는 펄라이트, 시멘타이트, 페라

제3장_철강 재료 133

이트가 있다.

> **해설** ③. 구상 흑연 주철의 주조 상태의 인장 강도는 50~70kgf/mm², 연신율 2~6%, 풀림 상태의 인장 강도는 45~55kgf/mm², 연신률은 12~20%이다.

29 용융 상태에서 금형 등에 주입하여 급랭시켜 접촉면을 백선화시켜 단단하고 내부는 강인한 성질을 갖게 한 백주철은?

칠드 주철

30 칠드(냉경) 주철의 용도는?

기차의 바퀴, 압연 롤러, 분쇄기의 롤러에 많이 사용

31 니켈의 흑연화 능력은 규소에 비교해 얼마 정도인가? : 1/2 ~ 1/3 정도임

32 주철에서 흑연화로 칠(chill) 층을 얇게 하는 원소가 아닌 것은? : Cr, V

[C, Si, Al, Ti, Ni, P, Cr, V]

> **해설** Cr, Mo, Mn, V 등은 흑연화 방지제이며, 탄화물 안정제로서 시멘타이트 생성이 많아지므로 칠층을 두껍게 하는 원소다.

33 스테다이트(steadite) 조직의 조성은?

페라이트 + Fe₃C + Fe₃P

34 가단 주철

백주철을 풀림 처리하여 탈탄과 Fe₃C의 흑연화에 의해 연성(가단성)을 크게 한 주철, 주강의 중간 정도의 특성을 가진 주철

35 백심 가단 주철(WMC)

① 백주철을 철광석, 밀 스케일 등과 함께 풀림상자에 넣고 950~1000℃로 70~100시간 가열 풀림처리하여 표면을 탈탄 후 서랭시킨 주철
② 강도는 흑심 가단 주철보다 다소 높으나 연신률은 낮다.

36 흑심 가단 주철(BMC)

Fe₃C의 흑연화가 목적이므로 저탄소, 저규소 백주철을 풀림(900~950℃로 가열하여 20~30시간 유지)하여 흑연화시킨 주철

37 흑심 가단주철의 2단계 풀림의 목적은?

펄라이트 중의 시멘타이트의 흑연화

38 흑심 가단주철의 흑연화를 완전히 하지 않기 위해 2단계 흑연화를 생략하거나, 열처리 중간에서 중지하여 제조한 주철은?

펄라이트 가단주철

39 다음의 어떤 부품에 가단주철이 가장 많이 쓰이는가? : 관이음쇠

[화학 기계 부품, 수도관, 관이음쇠]

40 고규소 주철

규소 14% 이상 함유한 주철, 진한 황산과 초산에는 사용 가능하나 진한 열염산에는 약하며, 절삭 가공이 안되고 취성이 크다.

41 규소의 함유량 14% 정도의 고규소 주철로서 내산 주철로도 유명한 것은?

듀리론

04 비철 금속재료

제1절 구리와 그 합금

❶ 구리(Cu)의 성질

01 구리(Cu)의 성질(특성)은? : ①~④

① 아름다운 광택이 있다
② Zn, Sn, N), Ag 등과 합금이 쉽다.
③ 상온 가공하면 가공률 70% 부근에서 인장강도가 최대이며, 연신률, 단면 수축률은 감소한다.
④ 전연성이 좋아 가공성이 풍부하다.

02 구리의 성질을 설명한 것으로 틀린 것은?

① 전기 전도율이 좋(양도체)다.
② 부식이 잘 되며, 강자성체이다.
③ 비중이 8.96 용융점은 1083℃이다.
④ 불순물 등은 전기 전도율을 저하시킨다.

해설 ②, 구리는 부식이 잘 안되며, 비자성체이다. 변태점이 없어 열처리가 안된다.

03 구리의 경도 표시법

① O : (연질)   ② 1/2H : (1/2경도)
③ 3/4H : (3/4경도) ④ H : (경질)

04 구리의 인장 강도는 가공도 몇 %에서 최대가 되는가? : 70%

05 동의 제련 과정에서 ( )안을 채우시오.

동광석 → 용광로→ ① →전로→ ②
→ 전기로(전기동)→반사로(탈산동)

해설 ① 메트, ② 조동(거친 구리)

❷ 순동의 종류

01 동(구리)의 종류

조동, 전기동, 정련동, 탈산동, 무산소동

02 조동(거친 구리)의 특성은?

동광석을 고로에서 용해한 20~40%Cu의 황화 구리(CuS)와 황화철의 혼합물을 전로에서 산화 정련한 순도 98~99.5%의 거친 동

03 전기동(electric copper)의 특성

① 조동을 전기분해하여 음극에서 얻은 동
② 순도는 99.6%이나, 메짐성 있어 가공이 어렵다.

04 정련 구리(정련동, tough pitch copper)

① 전기동을 반사로에서 산화 및 환원 용해시켜 불순물을 제거하고 정련한 구리
② 내식성, 전연성, 강도가 좋으나, 수소 취성의 우려가 있어 용접에 부적당하다.
③ 용도 : 판, 선, 봉 판 제조

05 정련 구리의 산소 함유량은?

0.02 ~ 0.04%, 순도 99.9%

06 산소를 0.01% 이하로 저하시키고 인(P)을 0.02% 정도 잔류한 것으로 용접용으로 적합하여 가스관, 열교환기관, 기름과 같은 도관으로 쓰이는 것은?

탈산 동(구리)

07 무산소 구리(무산소동, OFHC)
① 고순도 전기동을 불활성 가스나 진공 중, 환원성 분위기에서 용해하여 산소량을 0.001~0.002 % 이하로 감소한 것
② 수소 메짐성을 완전 방지한 구리
③ 전기 전도율이 가장 좋으며 용접성, 내식성, 전연성이 뛰어나고, 내피로성과 유리와의 밀착성도 좋다.
④ 용도 : 전자기기, 유리봉입선, 진공관

참고 무산소동은 구리관 제조에는 쓰이지 않음

08 상온(냉간) 가공에서 경화된 구리의 완전 풀림 방법은?

가공 경화된 것은 600 ~ 650℃에서 30분 정도 풀림 또는 수랭하여 연화한다.

참고 열간 가공은 750 ~ 850℃에서 행한다.

09 구리의 재결정 온도는? : 150 ~ 200℃

10 황동(Cu-Zn계)의 기계적 성질
① Zn 30% 부근에서 연신률이 최대이나, 인장강도는 45% Zn 부근에서 최대, 그 이상에는 급감한다.
② 6 : 4 황동은 고온 가공성이 좋으나 7 : 3 황동은 고온 가공성이 나쁘다.

11 저온 풀림 경화란?

황동을 재결정 온도 이하(저온)에서 풀림하면 가공 상태보다 오히려 경화되는 현상

12 황동의 자연 균열(season crack)의 원인과 방지법은? : ①, ②
① 원인 : 암모니아(NH3) 가스 중에서 가공용 황동이 잔류 응력에 의해 자연 균열이 발생하는 현상
② 방지법 : 아연 도금이나 도장으로 표면 보호, 저온 풀림하여 잔류 응력을 제거

13 황동 가공재를 상온에서 방치, 또는 저온 풀림 경화된 스프링재는 사용 중 시간의 경과에 따라 강도 등 여러 성질이 나빠지는 현상을? : 경년 변화

14 탈아연 부식의 원인과 방지법
① 황동이 해수 등 부식성 물질 등에 장시간 접촉하면 황동의 표면부터 아연이 용해되어 부식되는 현상
② 부식 방지법 : 아연 조각 연결, 30% Zn 이하 황동 사용, 전류에 의한 방식

15 고온 탈아연 현상은 표면이 깨끗할수록 심하다. 방지하는 방법은?

표면에 산화물 피막을 형성한다.

❸ 황동의 종류, 특성과 용도

01 황동의 특성
① 상온에서도 전연성이 있어 연신률이 크며 상온 가공이 용이하다.
② 냉간 가공에 의한 가공 경화가 크다.

02 아연 8~20%의 황동으로 황금색이며, 연성이 커 장식용이나 전기용 밸브 등에 쓰이는 구리 합금은? : 톰백(tombac)

03 황동 중에서 Cu-20% Zn 합금으로 전연성 좋고 색이 아름다워 장식용 악기, 등에 사용되는 것은? : 로우 브레스

> 해설 Cu - 5%Zn 합금(gilding metal)
> Cu - 10%Zn 합금(commercial bronze)

04 7 ; 3 황동에 관한 설명으로 틀린 것은?

① 상온에서 연신률이 좋으며, 대표적인 가공용 황동이다.
② 판재, 봉재, 관재 등을 만들 수 있다.
③ 열간 가공이 용이하다.
④ 냉간 가공에 의한 가공 경화가 크다.

> 해설 ③, 열간 가공성 나쁨, 7 : 3 황동(cartridge brass)은 황동 중에 값이 가장 비싸다.

05 문쯔메탈(Muntz metal)

① 60Cu-40Zn(6 : 4) 합금, 내식성이 다소 낮고, 탈아연 부식을 일으키기 쉽다.
② 상온에서 7 : 3 황동에 비하여 전연성이 낮고 인장강도가 높다.
③ 아연 함유량이 많아 가격이 가장 싸며, 고온 가공하여 상온에서 완성한다.

06 주석 황동(tin brass)

황동의 내식성을 개량하기 위해 6 : 4 황동이나 7 : 3 황동에 1~2% 정도의 주석을 넣은 특수 황동(어드미럴티, 네이벌 황동)

07 7 : 3 황동에 주석을 1% 정도 첨가하여 탈아연 부식을 억제하고 내식성 및 내해수성을 증대시킨 특수 황동은?

에드미럴티 황동

> 해설 복수기관, 용접봉에 사용된다.

08 6 : 4 황동에 Sn을 1% 첨가한 합금으로 내식성이 커 스프링 및 선박 기계용에 널리 쓰이는 황동은? : 네이벌 황동

09 델타메탈(철 황동)의 특성과 용도

① 6 : 4 황동에 철을 1~2% 첨가한 것
② 강도가 크고, 내식성도 좋다.
③ 용도 : 광산 기계, 선박용 기계, 화학 기계 등에 사용

10 6 : 4 황동에 Fe, Mn, Ni 등을 첨가해 취약하지 않고 강력하며 내식성, 내해수성을 증가시킨 것은? : 고강도 황동

11 고강도 황동의 종류

① 델타메탈, NM 청동
② 망간 청동 : 망간을 넣으면 강도는 크나 경취해진다.
③ 듀라나 메탈 : 7 : 3 황동에 2% Fe와 소량의 Sn, Al을 첨가한 것으로, 주조재, 가공재로 쓰인다.

12 6 : 4 황동에 약 10%Ni을 첨가해 선박 프로펠러재로 쓰이는 것? : NM 청동

13 7 : 3 황동에 Ni를 15~20% 함유한 합금으로 색깔이 아름답고 변색하지 않으며 가공성이 좋아 담배 케이스, 은 대용품, 가정용 기구 등에 쓰이는 것은?

양은(양백)

제4장_비철 금속재료 **137**

④ 청동의 종류, 특성과 용도

01 청동의 성질을 설명한 것으로 틀린 것은?

① 황동에 비해 가공성이 불량하다.
② 15% Sn 이상이면 취성이 있어 상온 가공이 곤란하다.
③ 주조성, 내식성이 양호하며, 강도와 내마멸성이 크다.
④ 연신률은 아연 4%에서 최대이다.

[해설] ④. 연신률은 주석 4%에서 최대, 인장 강도는 17~20% Sn에서 최대가 된다. 경도는 Sn 30%에서 최대이다.

02 포금의 주성분? : Cu 90%, Sn 10%

[참고] 포금 : 기계 부품에 사용되는 청동의 총칭

03 알루미늄 청동

① Cu-8~12%Al 합금으로 자기 풀림 현상을 갖고 있다.
② 황동, 다른 청동에 비해 강도, 경도, 인성, 내마모성, 내피로성 등이 우수하다.
③ 화학 공업용 기기, 선박, 항공기, 자동차 부품에 사용한다.

04 주석 청동에 납을 첨가하여 윤활성이 좋게 한 것으로 베어링, 패킹 등에 널리 이용되는 것은? : 연청동

05 인청동

① 열간 취성이 있고 편석이 생기기 쉬워 균열이 발생하기 쉽다.
② 청동에 인(P)을 탈산제로 첨가 후 0.05~0.5% 남게 하여 내마멸성을 높인 것
③ 베어링, 밸브 시이트용에 쓰인다.

06 구리에 30~40% Pb(납)을 첨가한 것으로 베어링 등에 쓰이는 것은?

켈밋(kelmet metal)=납청동

[해설] 켈밋 주성분은 Cu, Pb, Zn이다. 고하중, 고속의 베어링 소재로 적합하다.

07 규소 청동의 종류별 성분, 특성

① 에버듀르 : Cu-3~4%Si-1~1.2%Mn
② 실진청동 : Cu-3.2%~5%Si-9~16%Zn
  내식성과 주조성이 매우 우수함, 터빈 날개, 선박기계 부품 등에 사용됨
③ 허큘로이 : Cu-0.78~3.5%Si-1.6%Fe 이하-1.6%Mn-9~16%Sn
  강력하고 내식성이 우수하여, 화학 공업용으로 사용됨

08 호이슬러 합금의 주성분은?

Cu-Mn에서 Al, Si 등을 첨가한 것

09 뜨임 시효 경화성이 있어서 내식성, 내열성, 내피로성 등이 좋으므로 베어링, 고급 스프링 등에 이용되며, 인장 강도도 133kg/mm^{2}에 달하는 청동은?

베릴륨 청동(Be-bronze)

[참고] 구리에 Be를 2~3% 첨가한 것

10 구리-니켈계의 합금에 소량의 규소를 첨가하여 강도와 전기 전도도를 향상시킨 합금은? : 콜슨 합금

11 Cu + Ni 45% 합금으로, 전기 저항성이 좋아 온도 측정용 열전대, 표준 전기 저항선용으로 쓰이는 것은? : 콘스탄탄

제2절 알루미늄과 그 합금

① 알루미늄의 성질

01 알루미늄의 특성은? : ①~④

① 비중 2.7(경금속), 용융점이 약 660℃이며, 면심입방격자이다.
② 전기와 열의 좋은 전도(양도)체이다.
③ 전연성이 우수하고 주조가 쉬우며, 용접성이 좋다.
④ 용도 : 항공기, 자동차의 구조재, 의약품 및 식품 포장 재료, 송전선의 재료

참고 칼날 및 키 등의 소재로는 약하다.

02 다음은 알루미늄의 성질을 설명한 것이다. 틀린 것은? : ②, (반대임)

① 표면에 산화 피막이 생겨 내식성이 우수하다.
② 용융점이 높아 고온 강도가 크다.
③ 알루미늄은 염산, 황산 등 무기산, 바닷물에 침식된다.
④ 대기 중에는 내식력이 강하다.

03 급랭으로 얻은 과포화 고용체에서 과포화된 용해물을 분석하여 물질을 분리 안정시키는 것은? : 석출 경화

참고 알루미늄에서 기계적 성질의 개선은 석출 경화나 시효 경화로 얻는다.

04 알루미늄의 담금질 효과와 같이 강도와 경도가 시간의 경과와 더불어 증가되는 현상은? : 시효 경화

참고 자연 시효 : 실온에 방치하여 생기는 시효

05 담금질된 Al 재료를 어느 정도로 가열하면 시효 현상을 촉진시킬 수 있는가?

160℃ 정도(인공 시효)

06 알루미늄의 방식(산화 피막)법은?

황산법, 크롬산법, 알루마이트법(수산법)

07 알루미늄의 양극 산화 피막법에 쓰이는 전해액이 아닌 것은? : ④

① 탄산염, 수산   ② 유산동(황화물)
③ 초산염   ④ 염화물

② Al 합금의 종류

01 내식성 알루미늄(Al) 합금

① 하이트로날륨
② 알민 : Al + Mn계, 내식성 우수함
③ 알드레이 : Al + Mg + Si계, 강인성 있고 큰 가공변형에도 잘 견딤

02 하이드로날륨(마그날륨)

① Al-Mg계 대표적인 내식용 Al 합금
② 두랄루민의 내식성 향상을 위해 Al에 12%Mg 이하를 첨가한 Al-Mg계 합금
③ 내식성, 고온 강도, 절삭성, 연신률이 우수하고 비중이 작다.

03 실루민의 주조시 금속 나트륨을 0.05~0.1% 첨가하여 잘 교반하고 주입하면 규소가 미세한 공정으로 되어 기계적 성질이 개선되는 방법은? : 개량 처리

04 알루미늄-규소계 합금으로 실루민이 대표적인 금속인데 이 금속의 "개량

처리법" 중 틀린 것은? : ①
① 시안화법 ② 플루오르 화합물법
③ 금속 나트륨법 ④ 수산화 나트륨법

05 Al-Si 합금
① 실루민(미국 : 알팩스 alpax)은 Al-10~14%Si 함유한 Al-Si계 대표적 합금
② 금속 나트륨, 불화물, 가성 소다 등으로 개량 처리하여 조직을 미세화한 것이다.
③ 수축이 비교적 적고 기계적 성질이 우수하다.
④ 내열성이 커서 내연기관의 피스톤 등에 이용된다.

06 Al - Cu 3~8%, Si 3~8%이며, 주조성이 좋고 시효 경화성이 있는 Al-Cu-Si계의 대표적인 합금은? : 라우탈

07 Al-Si에 Cu, Mg를 첨가한 특수 실루민으로 Na 개질 처리한 내열합금으로 피스톤 재료로 널리 쓰이는 알루미늄 합금 중 열팽창계수가 가장 적은 것은?
로-엑스(Lo-Ex)

해설 ④. 열팽창계수 크기 : 실루민 > 로-엑스

08 알루미늄에 Mg을 넣으면?
내식성이 좋아지고 강도와 연신성을 갖는다.

09 내열성이 좋아 내연 기관의 실린더, 피스톤, 실린더 헤드 등에 많이 사용되는 Al 합금은? : Y 합금

해설 성분 : Al - Cu 4%, Ni 2%, Mg 1.5%

10 코비탈륨이란
Y 합금의 일종, Y 합금에 Ti, Cu를 약간 첨가한 것, 피스톤 재료에 쓰인다.

11 피스톤 재료의 필요한 성질
① 팽창 계수와 비중이 작을 것
② 열전도도, 고온 강도와 경도가 클 것

해설 내연 기관은 팽창 계수가 작아야 된다

12 비행기 몸체로 주로 쓰기 위하여 개발된 합금은? : 두랄루민

13 두랄루민에 대한 설명은? : ①~③
① 대표적인 시효 경화 합금, 대기 중에서는 내식성이 우수하나 해수에는 약하고 부식 균열이 생기기 쉽다.
② 성분 : Al - Cu4% - Mg0.5% - Mn0.5%
③ 비중이 작아 자동차나 항공기 부품에 이용된다. 대표적인 것 : 2017 합금

14 초두랄루민
① 보통 두랄루민에 Mg을 다소 증가하고, Si를 감소시켜 시효 경화시킨 합금, 2024계가 있다.
② 인장강도가 $50kgf/mm^2$ 이상으로 항공기의 구조재와 리벳 등에 이용된다.

15 가공용 Al 합금의 종류
① A1000계(순수 Al, 99.00% 이상) : 가공성, 내식성 등이 좋으나, 강도는 낮다.
② A2000계(Al-Cu계) : 두랄루민, 초두랄루민인 2017, 2024가 대표적이다.

③ A3000계(Al-Mn계) : Mn 첨가로 순 Al의 가공성, 내식성의 저하없이 강도를 증가시킨 것(3003이 대표적)
④ A4000계(Al-Si계) 합금 : 4043은 용융 온도가 낮아 용접 와이어, 브레이징 납재로 사용된다.
⑤ A5000계(Al-Mg계) 합금 : Mg 첨가량이 적은 합금, 장식용재, 고급 기물로 사용되는 5N01과, 차량용 내장 천장재, 기물재로 쓰이는 5005가 대표적이다.
⑥ A6000계(Al-Mg-Si계) 합금 : 강도, 내식성이 양호해 대표적인 구조재이다. 6063은 뛰어난 압출성이 있어 건축용 새시, 구조재로 사용된다.
⑦ A7000계(Al-Zn계) 합금 : 시효 경화성이 우수하며, 항공기, 철도 차량, 스포츠용품 등 높은 강도의 구조재에 사용

16 고력 합금의 표면에 내식성이 좋은 합금이나 알루미늄판을 붙여 사용하는 단련용 알루미늄 합금은? : 클래드재

제3절 기타 비철 합금

❶ 니켈과 그 합금

01 니켈(Ni)의 성질

① 면심입방격자, 360℃에서 자기 변태함
② 용융점 1455℃, 비중 8.9이며, 상온에서 강자성체이다.
③ 질산에 약하나 알칼리에 대해선 저항력이 크고 내마멸성도 우수하다.
④ 냉간 및 열간 가공(1000~1200℃)이 잘되고 내식성, 내열성이 크므로, 화폐, 식품 공업용, 진공관, 도금 등에 사용된다.

02 모넬메탈의 설명(특성)

① 니켈 65 ~ 75%, 철 1.0 ~ 3.0%, 나머지는 구리로 된 합금이다.
② 인장강도가 80kgf/mm^2 정도이며, 내식성이 커서 내연 기관 밸브, 밸브 시트에 사용된다.

03 니켈 합금 중 내식성이 우수하고 주조성과 단련이 잘되어 화학 공업용으로 널리 사용되는 것은?

65 ~ 70% Ni 합금(모넬메탈)

04 모넬메탈(monel metal)의 종류 중 유황을 넣어 강도는 희생시키고 피삭성을 개선한 것은? : R-monel

05 콘스탄탄

① Ni 40~45% - Cu 합금
② 온도 측정용 열전쌍, 표준 전기 저항선용으로 사용된다.

06 니켈과 크롬 합금으로 높은 전기 저항, 내산성, 내열성을 가진 합금은?

니크롬

07 인코넬이란

니켈에 Cr 13 ~ 21%, Fe 6.5% 첨가한 것으로 내식성이 우수하고 내열용이 좋아 진공관의 필라멘트 재료에 사용된다.

08 알루멜

Ni에 3% Al 첨가, 고온 측정용 열전대 재

료, 최고 1200℃까지 사용한다.

09 크로멜

Ni에 10 Cr 첨가, 고온 측정용 열전대 재료, 최고 1200℃까지 사용한다.

10 니켈-구리 합금으로 화폐, 자동차의 방열기 등의 재료로서 많이 사용되는 합금은? : 백동(큐프로니켈)

> **해설** 구리-니켈계 청동, 니켈 15~20%, 아연 20~30%에 구리를 함유한 것이다.

② 마그네슘과 그 합금

01 마그네슘(Mg)에 관한 설명(특성)

① 실용 금속 중 가장 가벼워서 비중이 1.74, 용융점은 650℃이다.
② 조밀 육방 격자이며, 고온에서 발화하기 쉽다.
③ 열팽창계수가 Fe의 2배 이상 크다.

02 마그네슘의 원료가 되는 것은?

간수, 마그네시아, 마그네사이트

03 비중이 1.75~2.0 인데 비하여 인장 강도는 15~35kg/mm²까지 도달하므로 강도 비중비가 커서 경합금 재료로 매우 적합한 특징을 가진 합금은?

마그네슘 합금

04 상온 가공에 의해 변형, 경화된 금속이 상온에 방치하면 스스로 재결정을 일으켜 연화되는 현상은?

자발 풀림(spontaneous annealing)

> **참고** 자발 풀림을 일으키는 금속 : 주석, 납, 카드뮴(Cd), 아연 등의 연질 금속

05 Mg-Al계 합금

① 인장강도는 6% Al에서 최대, 연신률과 단면 수축률은 4%에서 최대가 된다.
② Al은 주조 조직의 미세화로 기계적 성질을 향상, Mn은 내식성을 좋게 한다.

06 Mg-4~6%Al계의 대표적인 합금은?

도우 메탈(dow metal)

07 Mg-Al-Zn계 합금의 대표적인 것은?

일렉트론

③ 티타늄(Ti)과 그 합금 티타늄

01 티타늄의 특징을 설명한 것으로 적합하지 않은 것은?

① 철의 1/2 무게로 철과 유사한 인장 강도 (50kgf/mm² 정도)를 얻을 수 있다.
② 비강도가 크고, 고온에서 내식성이 좋다.
③ 고온 저항 즉, 크리프(creep) 강도가 크다.
④ 바닷물 및 500℃의 고온에서는 스테인리스강보다 내식성이 나쁘다.

> **해설** ④. 티타늄은 용융점이 1776℃, 비중이 4.5 정도이며, 강도는 Al이나 Mg보다 크고 (50kgf/mm²) 해수나 고온에서 스테인리스강보다 내식성이 우수하다.

02 다음은 티타늄의 특성을 설명한 것이다. 틀린 것은?

① 열팽창 계수 및 탄성 계수 등이 작다.

② 전기 저항이 크다.
③ 고온에서 O_2, N_2, C와 반응하기 쉬우므로 용해 주조가 쉽고 용접성도 좋다.
④ 염산, 황산에는 침식되나 질산, 강알칼리에는 강하다.

해설 ③, 고온에서 O_2, N_2, C와 반응하기 쉬우므로 용해 주조가 어렵고 용접성도 나쁘다.

03 Ti-Mn계 합금

C-110M은 인장강도 1039Mpa, 항복점 980Mpa (100kgf/mm²) 및 연신률 14% 정도이다.

04 Ti-Al계 합금

① 내열성이 좋아 300℃ 이상의 크리프 강도가 개선된다.
② 가공성은 나쁘므로 단조재로 이용한다.

05 Ti-Al-Sn계 합금

① Ti에 5% Al, 2.5% Sn 합금
② 비중이 4.44로서 순금속보다 가볍고 항복점이 70~90kgf/mm²로 크다.
③ 짧은시간이면 600℃까지 견디므로 가스 터빈의 구조재로 사용된다.

06 Ti-Al-V계 합금

① Ti-6% Al-4% V이며, Al에 의하여 강도를 얻고 V에 의하여 인성을 개선한 것
② 420℃까지 고온 크리프 저항이 크므로 가스 터빈의 날개 및 디스크에 사용된다.

❹ 아연 및 기타 합금

01 아연에 대한 설명은? : ①~④

① 조밀 육방격자, 청백색의 연한 금속이다.
② 비중이 7.1, 용융점이 419℃이다.
③ 산, 알칼리, 해수 등에 부식된다.
④ 철판, 철선의 도금, 건전지, 인쇄판, 다이 케스팅용, 황동 및 기타 합금에 이용

02 Zn에 4% Al을 함유한 합금을?

자마크(Zamak : 미국), 마자크(mazak : 영국)

03 가공용 Zn 합금

① Zn-Cu계, Zn-Cu-Mg계, Zn-Cu-Ti계 등이 있다.
② 봉재, 선재, 판재, 건축용, 탱크용, 전기기기 부품, 자동차 부품, 일상용품 등

04 주석의 성질

① 비중 7.3, 용융점 232℃이며, 13℃에서 동소 변태한다.
② 재결정 온도가 상온으로 가공 경화가 일어나지 않아 소성 가공이 용이하다.
③ 저용점 금속으로 독성이 없어 의약품, 포장용 튜브, 주석박, 식기, 장식기 등에 사용된다.

05 주석에서 백주석과 회주석을 구분하는 변태 온도는?   : 13.2℃

참고 13.2℃ 이상은 백주석(β - Sn),
13.2℃ 이하는 회주석(α - Sn)
문헌에 따라 18℃로 된 것도 있다.

06 Sn에 4~7% Sb, 1~3% Cu를 함유하는 Sn 합금을 무엇이라 하는가?

퓨터(pewter) = 브리타니아 메탈

참고 장식용품에 사용된다.

07 주석보다 용융점이 더 낮은 합금의 총칭으로서 납, 주석, 카드뮴의 두 가지 이상의 공정 합금이라고 보아도 무관한 합금은? : 저용융점 합금

08 납, 주석 합금으로 주로 퓨즈, 활자, 안전 장치, 정밀 모형 등에 사용되는 저용융점 합금의 종류와 융점

① 우드 메탈, 리포워츠 합금 : 68℃
② 뉴턴 합금 : 94℃
③ 로즈 합금 : 100℃
④ 비스무트 땜납 : 113℃

09 납(Pb)에 대한 설명은? : ①~④

① 면심 입방 격자, 아주 연한 금속이다.
② 비중 11.34, 용융점이 326℃
③ 주조성이 나쁘다. 인체에 유해하다.
④ 방사선이 투과할 수 없다.(방사선 차폐)

10 질산 및 고온의 진한 염산에는 침식되나 다른 산에는 저항이 크므로 내산용 기구로 사용되고 가용성 화합물이 인체에 해를 주는 재료는? : 납(Pb)

11 Sn, Pb, Zn, Sb, Cu가 함유된 합금명은?

화이트 메탈(white metal)

12 베빗 메탈의 장점은? ①~④

① 고온에서도 성능이 좋고 중하중의 기계용으로 적합하다.
② 비열이 작고 열전도도가 크다.
③ 유동성과 주조성이 좋다.
④ 인성이 있어 충격과 진동에 잘 견딘다.

해설 베빗 메탈(babbit metal) : 베어링 합금의 종류 중 주석계 화이트 메탈

14 Sn 및 Pb계 화이트 메탈의 베어링 합금으로 필요한 조건은?

비중이 작고 열전도도가 클 것

14 베어링(Bearing)용 합금으로 사용되지 않는 것은? : 자마크

[베빗메탈, 오일리스, 화이트메탈, 자마크]

15 카드뮴계 베어링 합금

Cd에 Ni, Ag, Cu 등을 넣어 경화한 합금은 고온 경도와 피로 강도가 화이트 메탈보다 우수하여 하중이 큰 고속 베어링에 사용된다.

16 오일리스 베어링은? ①~⑤

① 주성분은 구리와 주석, 탄소의 합금이다.
② 기름 보급이 곤란한 곳에 적당하다.
③ 큰 하중, 고속 회전부에는 부적당하다.
④ 구리, 주석, 흑연 분말을 혼합하여 휘발성 물질을 가한 후 가압 성형한 것이다.
⑤ 다공질 재료에 윤활유가 들어있어 항상 급유할 필요가 없다.

17 주철 함유 베어링

① 주철에 가열 냉각을 반복시켜 생긴 다공질화와 흑연상 발달 상태에 기름을 함유시키면 좋은 베어링이 된다.
② 고속 고하중에 잘 견디고 내열성이 있으므로 대형 베어링으로 제조

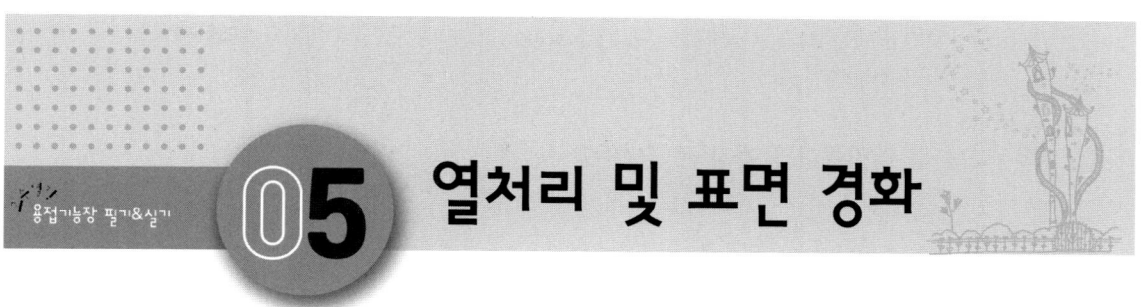

05 열처리 및 표면 경화

제1절 일반 열처리

❶ 열처리의 개요

01 열처리의 목적

① 조직의 미세화, 기계적 특성을 향상
② 내부 응력과 변형 감소, 강의 연화
③ 기계적 성질(강도, 연성, 내마모성, 내피로성, 내충격성 등) 향상
④ 표면 경화, 성질 변화

02 일반 열처리의 종류 4가지는?

담금질(quenching), 뜨임(tempering), 풀림(annealing), 불림(normalizing)

03 항온 열처리의 종류는?

항온풀림, 오스템퍼, 마템퍼, 마퀜칭

❷ 열처리

01 일반 열처리의 종류와 냉각 방법

① 담금질 : 급랭   ② 불림 : 공랭
③ 풀림 : 로냉   ④ 뜨임 : 서랭, 급랭

02 담금질(quenching) 방법

탄소강을 Ac_3 또는 Ac_1 변태점 이상 30~50℃로 가열하여 균일한 오스테나이트 조직으로 한 후 급랭하는 열처리

03 담금질과 가장 관계가 깊은 것은 무엇이며, 담금질의 목적은?

변태점과 가장 관계 깊으며, 재질의 경화, 강화가 목적이다.

> **참고** 담금질 후 뜨임하여 사용한다.

04 다음 중 담금질 효과와 관계없는 것은?

자성

[가열온도, 냉각속도, 냉각제, 자성]

05 경화능이란?

강을 담금질할 때 경화하기 쉬운 정도, 즉 마텐사이트 조직을 얻기 쉬운 성질, C%, 합금 원소량에 의해 좌우된다.

06 질량효과란?   : ①, ②

① 강종의 크기에 따라 담금질할 때 내외부의 담금질 효과가 다르게 되는 현상
② 질량효과가 크다는 것은 질량(무게 = 부피)이 크면 냉각이 늦게 되어 열처리가 잘 안 된다는 뜻

07 재질이 같은 탄소강을 열처리할 때 질량 효과가 가장 큰 것은?   : ④

① 지름 10mm인 구
② 지름 20mm인 구

③ 1변이 15mm인 정육면체
④ 1변이 20mm인 정육면체

08 다음 중 질량효과가 가장 큰 금속은?

저탄소강

[저탄소강, 고탄소강, 니켈(Ni), Cr, Mo, Mn 등을 함유한 특수강]

09 담금질한 후 시간이 경과함에 따라 경도가 높아지는 현상은? : 시효 경화

10 담금질 온도로 가열한 후 공랭에 의해 경화되는 현상은? : 자경성

11 열처리 조직 중 냉각 속도가 빠를 때 부터 생기는 순서(경도가 큰 것부터)

마텐사이트 M > 트루스타이트 T > 소르바이트 S > 펄라이트 P > 오스테나이트 A

12 Ar″ 변태란?

오스테나이트 → 마텐사이트.

13 오스테나이트(austenite) 조직

① 고온에서 안정한 조직이나 상온에서는 불안정하여 다른 조직으로 변하려 한다.
② 전기 저항은 크나 경도가 작고, 강도에 비해 연신률이 크다.

참고 최대 2%까지 탄소를 함유하고 있으며 γ 철에 시멘타이트가 고용되어 있다.

14 펄라이트(pearlite) 조직이란?

① 오스테나이트를 서랭했을 때 A1 변태가 700℃ 정도에서 완료된 페라이트와 시멘타이트의 층상 조직
② 연성이 크며, 절삭 및 상온 가공성이 양호하다.

15 마텐사이트(martensite)

① 강을 담금질(순랭)할 때 얻어지는 무확산 변태의 조직, HB 720 정도이다.
② 열처리 조직 중에서 가장 경취하다.
③ 체심 입방 격자의 백색 침상 조직이다.
④ 부식 저항이 크고 강자성체이며, 경취한 성질이 있다.

16 마텐사이트 변태로 인한 팽창의 시간적 차이에 따라 발생하기 쉬운 현상은?

담금질 균열

17 마텐사이트 조직을 300~400℃에서 뜨임하거나, 오스테나이트로 가열된 강을 유랭할 때 나타나는 조직은?

투르스타이트(troostite)

18 투르스타이트(troostite) 조직의 특성

① 페라이트와 미세 시멘타이트의 혼합 조직, 인성이 크며, 부식이 잘 된다.
② 경도 : 마텐사이트 > 투르스타이트(HB 400 정도) > 소르바이트

19 강도와 탄성을 동시에 필요로 하는 구조용 강재에 가장 많이 사용되는 담금질 조직은? : 소르바이트

20 소르바이트(sorbite) 조직은? : ①~③

① 오스테나이트로 가열된 강을 유랭보다 느리게 냉각시켰을 때, 마텐사이트를

500~600℃로 뜨임시 생성
② 페라이트와 미세 시멘타이트의 혼합 조직으로 흑색의 침상 조직이다.
③ 투르스타이트보다 경도는 낮으며 부식도 잘되나 인성은 높다.(HB 270)

21 단접은 잘되나 높은 온도에서 물이나 기름에 급히 담가 식혀도 단단해지지 않는 것은?

극연강, 연강, 반연강은 단접은 잘되나 열처리 효과는 적다.

22 다음 금속 중에 담금질할 수 없는 것은?

초경합금, 주철

[중탄소강, 고탄소강, 초경합금, 합금강, 주철]

23 0.9%C 탄소강을 오스테나이트 상태로 가열 후 냉각법에 따른 조직 관계

① 수중 냉각(수냉)시 : 마텐사이트
② 기름 냉각(유냉)시 : 트루스타이트
③ 공기 중 냉각(공냉)시 : 소르바이트
④ 노중 냉각(로냉)시 : 펄라이트

24 심랭 처리(sub zero treatment)

① 서브제로 처리. 0점 이하 처리라고도 한다.
② 담금질 경화강 중의 잔류 오스테나이트를 마텐사이트화하는 처리
③ 방법 : 담금질 직후 -80℃(드라이 아이스, 일반 심랭 처리)나, -196℃(액체 질소, 초심랭 처리)로 행하며, 곧 뜨임 작업을 해야 한다.

25 불림(normalizing)의 열처리법은?

탄소강을 Ac_3 또는 A_{cm}선 이상 30~50℃로 가열한 후 공랭하는 열처리

26 불림(normalizing)의 목적

① 강의 표준 조직을 얻기 위해
② 주조 또는 과열 조직의 미세화, 균일화
③ 냉간가공, 단조, 주조 등에 대한 내부 응력의 제거, 결정 입자를 미세화

27 풀림(소둔 : annealing) 열처리 방법은?

강을 Ac_3 또는 Ac_1 이상 30~50℃로 가열한 후 로 속에서 서랭하는 열처리(로랭)

28 풀림의 주 목적은?

연화, 용접, 단조 등으로 생긴 잔류 응력을 제거, 성분의 균일화, 구상화

29 저온 풀림과 고온 풀림을 구분하는 변태점은?   : A_1 변태점(723℃)

30 고온 풀림과 저온 풀림의 종류

① 고온 풀림 : 완전 풀림, 확산 풀림, 항온 풀림
② 저온 풀림 : 재결정 풀림, 응력 제거 풀림, 프로세스 풀림, 구상화 풀림

31 풀림의 종류

① 완전 풀림 : A3 변태점 이상 30~50℃ 정도의 높은 온도에서 오스테나이트 조직으로 가열한 후 서랭한다.
② 확산 풀림 : 주괴의 편석을 제거하기 위해 1050~1300℃로 가열한 후 서랭한다.
③ 재결정 풀림 : 재결정 온도보다 약간 높은 600℃에서 풀림하는 열처리
④ 응력 제거 풀림 : A1 이하의 온도(500~600℃)에서 잔류 응력 제거 처리
⑤ 프로세스 풀림 : 가공 경화된 재료를 A3보다 낮은 온도에서 풀림

32 완전 풀림의 목적은?

가공 경화된 조직의 연화

33 용접부의 잔류 응력 제거법

로 내 풀림법, 국부 풀림법, 피이닝법, 응력 제거 풀림

34 주조, 단조, 압연, 용접 등으로 생긴 내부 응력 제거에 적합한 열처리는?

응력 제거 풀림(가열 온도 : Ac1 이하)

35 주철 용접부의 경화층을 연화시키기 위한 가열 온도는? : 500~650℃

36 강재 속에 망상의 시멘타이트를 A_1 변태점 부근에서 일정 시간 유지한 다음 서랭하여 구상화시키는 풀림은?

구상화 풀림

37 뜨임(소려 : tempering) 방법은?

담금질 경화된 강을 변태가 일어나지 않는 A_1점 이하에서 가열한 후 서랭 또는 공랭하는 열처리

38 뜨임의 목적은? : ①~③

① 담금질한 재료의 경도가 너무 높아 가공이 곤란할 때
② 담금질한 강의 경취함을 줄이고 인성을 갖게 하기 위해
③ 담금질시 잔류한 응력 제거로 균열 방지, 강도와 인성 유지

39 저온 뜨임

① 잔류응력 제거, 경도가 요구될 때 담금질강을 100~250℃에서 가열 후 공랭
② 잔류 오스테나이트(A) 조직이 마텐사이트(M) 조직으로 변화
③ 마텐사이트 조직을 약 400℃로 뜨임 처리하면 트루스타이트(T) 조직으로 변화

40 고온 뜨임

① 담금질한 강의 경도를 일부 저하시키고 인성 증가를 위해 500~600℃에서 가열 후 급랭처리
② 트루스타이트(T) 조직이 소르바이트(S) 조직으로 변화

41 뜨임 취성을 방지할 목적으로 첨가하는 원소는? : 몰리브덴(Mo)

42 뜨임 열처리할 때 가열 온도에 따른 색

- 220℃ : 황색
- 260℃ : 자주색
- 280℃ : 보라색
- 300℃ : 청색
- 350℃ : 회청색
- 400℃ : 회색

43 스프링의 휨, 비틀림 등의 반복 응력에서 피로 한도를 향상시키는데 이용되는 방법은? : 쇼트 피이닝

44 온도에 따른 뜨임 조직

마텐사이트 $\xrightarrow{400℃}$ 트루스타이트 $\xrightarrow{600℃}$ 소르바이트 $\xrightarrow{700℃}$ 입상 펄라이트

제2절 항온 열처리, 표면 경화

1 항온 열처리

01 항온 열처리란?

오스테나이트 상태의 강을 냉각 중에 어떤 온도에서 냉각을 중지하고 항온을 유지시켜 변형이 적고 경도와 인성을 얻는 처리

참고 ① TTT 곡선을 이용, 담금질과 뜨임 공정을 동시에 할 수 있다.
② 담금질에서 오는 변형이나 균열(파손)을 방지하기 위한 열처리이다.

02 항온 열처리와 관계되는 것

TTT 곡선, C곡선, S곡선, 염욕, 연욕, 베이나이트 조직, 변형 및 균열 감소, 균열 방지

03 항온 열처리(T.T.T) 곡선

S 곡선, C 곡선,, [그림]은 공석강을 A1 변태 온도 이상 가열하여 오스테나이트화한 후에 A1 변태 온도 이하로 항온 유지 후 냉각시켰을 때 얻어진 온도, 시간, 곡선

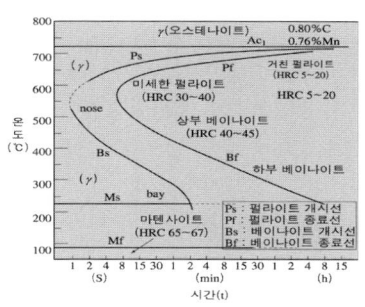

04 S(C, TTT) 곡선에서 Ms, Mf점은?

Ms 점 : 마텐사이트 변태 시작점,
Mf 점 : 마텐사이트 변태 끝나는 점

05 베이나이트(bainite)

① 페라이트와 시멘타이트의 미립 혼합 조직, 마텐사이트와 트루스타이트의 중간 조직
② 상부 베이나이트 : Ar' 변태(350~550℃)에서 얻어지는 우모상의 조직
③ 하부 베이나이트 : Ar"(350℃ 이하)에서 얻어지는 는 침상 조직
④ HB 340으로 경도, 인성이 풍부하다.

06 항온(등온) 풀림(ausannealing)

① S곡선의 코 혹은 그 이상의 온도 (600~700℃)에서 짧은 시간에 실시
② 연화가 목적이며 공구강, 특수강, 자경성이 있는 강의 풀림에 적합하다.

07 오스템퍼링(austempering)

① 하부 베이나이트 담금질이라고 부르며, Ms점 상부의 과냉 오스테나이트에서 계속 변태 완료하기까지 항온을 유지하고 공랭하는 처리
② 강인성이 크고 변형, 균열이 방지되는 베이나이트 조직을 얻을 수 있다.

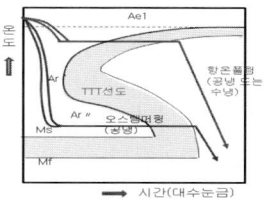

08 마템퍼링(martempering)이란?

① 오스테나이트 조직으로 가열한 강을 Ms점과 Mf점 사이에서 열욕 담금질하여 항온변태 후 공랭하는 열처리
② 베이나이트+마텐사이트 조직 얻음

09 마퀜칭(marquenching)

일반 담금질의 경우 Ms점 이하로 급랭하면 담금질 균열이 발생하기 쉬운 담금질 균열 위험 온도 구역을 서랭시키는 열처리

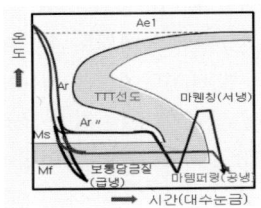

10 고온에서 측정할 수 있는 열전대

① R형 열전대(백금 Pt·13% : 백금 로듐 Rh/Pt) 0~1600℃
② K(구 : CA)형 열전대(Chromel / Alumel) : 200~1250℃
③ J(구 : IC)형 열전대(Iron/Constantan) : 0~750℃
④ T(구: CC)형 열전대(Copper/ Constantan) : 200~350℃

❷ 표면 경화

01 표면 경화법의 개요

① 강재의 표면을 경화시켜 내부의 인성과 표면의 내마모성을 얻기 위한 열처리
② 종류 : 침탄법, 질화법, 시안화법(침탄질화법), 화염 경화법, 고주파 경화법, 시멘테이션 등

02 침탄법이란? : ①, ②

① 저탄소(연)강 등을 침탄재 속에 넣고 가열하여 표면에 탄소를 침투시킨 후 담금질 열처리하여 표면의 경도를 높이는 열처리
② 종류 : 고체 침탄법, 액체 침탄법, 가스 침탄법이 있다.

03 침탄 질화법에 사용되는 액체 침탄제는?

시안화나트륨(NaCN)

> 참고 액체 침탄제는 NaCN, KCN 등이 있으며 침탄 촉진제로 탄산 바륨 등이 쓰인다.

04 침탄강을 액체 침탄제 속에 넣고 어느 정도 가열하면 침탄되는가?

950~1000℃에서 4~7시간

05 침탄 작업시 일부 침탄을 방지를 위해 실시하는 방법은? : Cu(구리)도금

06 침탄 깊이를 결정하는 것은?

침탄제의 종류, 강재 종류, 침탄 온도, 시간에 따라 결정된다.

07 담금질한 침탄강을 뜨임하는데 적당한 온도는? : 150~250℃

08 질화법

철강 재료를 500~550℃의 암모니아(NH_3) 기류 중에서 50~100시간 가열하여 강재 표면에 질화층을 형성시키는 처리

09 질화법의 특징

① 질화층이 얇고 경도는 침탄한 것보다 높으며, 마모 및 부식 저항이 크다.
② 담금질 할 필요가 없고 변형도 적다.
③ 600℃ 이하의 온도에서는 경도가 감소되지 않으며 산화도 잘 안 된다.

10 질화강에 해당하는 것은?

Al-Cr-Mo강

> 참고 질화에 좋은 원소는 Al, Cr, Mo이다.

11 침탄법이 질화법보다 좋은 점은?

경화 후 수정이 가능하다.

12 침탄법과 비교한 질화법의 특징

① 처리 후 담금질이 필요없다.
② 처리 온도가 낮다.
③ 경화층의 깊이가 낮고, 변형이 적다.

13 질화를 방지하기 위한 방법은?

Ni, Sn을 사용하여 도금한다.

14 일반적인 작업에서 적당한 질화 깊이는?

0.4 ~ 0.8mm

15 화염 경화법(열처리)

① 0.4%C 이상의 탄소강 표면에 화염으로 표면만을 가열하여 오스테나이트로 만든 후 급랭하여 표면층만을 담금질하는 방법
② 경화층의 깊이는 불꽃의 온도, 가열 시간, 불꽃 이동 속도로 조절한다.

16 고주파 경화법

0.4% 이상 강재의 표면에 고주파 전류를 통하여 가열 후 수냉하여 담금질하는 처리

17 고주파 유도 가열법의 장점

① 가열 시간이 짧아 산화, 탈탄될 염려가 없고, 응력을 최소화 할 수 있다.
② 복잡한 형상에도 이용된다.
③ 값이 저렴하여(싸게 들어) 경제적이다.

18 금속 침투법(Metallic cementation)

부품 표면에 다른 금속을 피복시켜 합금층 및 금속 피막을 형성시켜 방식성, 내식성, 내고온 산화성 향상과 경도 및 내마모성을 증가시키는 방법

19 내식성 부여 목적으로 금속 표면에 Zn 분말을 침투시키는 금속 침투법은?

세라다이징(sheradizing)

20 크로마이징(chromizing)이란?

0.2% C 이하의 연강 표면에 Cr 분말을 넣고 환원성 또는 중성 분위기에서 1000~1400℃ 로 가열하여 Cr을 확산 침투

21 칼로라이징(calorizing)법은?

통 안에 Al 분말을 넣고 고온의 환원성 또는 중성 분위기에서 확산 풀림하여 Al을 확산 침투시킴

22 실리코나이징(Sillconizing)이란?

규소 분말 중에 제품을 넣어 환원성 분위기에서 가열하여 규소를 침투시키는 방법

23 쇼트 피닝(shot peening)

금속 부품의 표면에 작은 강철 볼(shot ball)을 금속의 표면에 고속으로 투사하여 금속의 표면을 두드려 주는 냉간가공의 일종

MEMO

PART 03

용접 설계, 시공

Chapter 01 　용접 구조물 설계

Chapter 02 　용접 도면 해독

Chapter 03 　용접 시공

Chapter 04 　용접 검사(시험)

용접기능장 필기&실기

01 용접 구조물설계

제1절 용접 구조물의 설계

1 개요

01 용접설계시 고려 사항은? : ①~③
① 용접 구조물의 여러 특성의 고려와 용접이음의 강도와 변형을 예측한다.
② 저비용(최적)의 시공법 및 용접법을 선정한다.
③ 신뢰성있는 용접 시공, 작업 관리 및 용접 후처리법을 선정한다.

02 용접 설계시 고려 사항 인자
용접 방법, 용접 자세, 판두께 및 이음의 종류, 변형 및 수축, 용입 상태, 경제성 및 모재의 성질 등

03 용접 구조 설계의 고찰사항은? ①~③
① 용접 품질 검사 항목을 소량화(적게)하여 품질 보증의 질 향상
② 용접 작업의 간소화 설계 등 이음의 성능과 비용 최소화
③ 용착량의 최소화의 설계(용착량이 적게 드는 홈, 이음 형태 선택)

2 용접설계상 주의 사항

01 구조물 설계의 원칙의 설명은? ①~④
① 구조물 전체가 외력에 안전하게 견딜 수 있게 한다.
② 안전성이 각 부분에 균등하게 될 수 있게 한다.
③ 강도가 약한 필릿 용접을 피하고 가능한 한 맞대기 용접을 하도록 한다.
④ 불연속성을 피한 합리적이고 간편하게 이해할 수 있는 구조로 한다.

02 용접 구조의 설계상 주의 사항
① 용착금속은 가능한 한 다듬질 부분에 포함되지 않도록 한다.
② 리벳과 용접을 혼용할 때는 충분한 검토를 한다.
③ 두꺼운 판 용접시에는 용입이 깊은 용접법을 이용하여 층수를 줄인다.
④ 용접 치수는 요구 강도 이상 크게 하지 않으며, 접합부재의 균형을 고려한다.

03 용접 구조의 설계상 주의 사항
① 구조상의 불연속부, 단면 형상의 급격한 변화 및 노치를 피한다.
② 용접성, 노치 인성이 우수한 재료를 선택하여 시공하기 쉽게 설계한다.
③ 판면에 직각으로 인장 하중이 작용할 경우 판의 이방성에 주의한다.
④ 변형 및 잔류응력을 경감시킬 수 있도록 하며, 수축이 불가능한 용접은 피한다.

04 용접설계상 주의할 사항은? : ①~③
① 이음부에서 가능한 모멘트가 작용하지 않도록 할 것

② U형의 경우 등 가능한 좁은 루트간격과 적은 홈 각도를 선택할 것
③ 압연재, 주단조품, 파이프 등의 이용, 굽힘, 프레스 가공 등을 이용하여 용접이음을 감소시킨다.

05 용접 설계시 일반적인 주의 사항

① 용접에 적합한 구조로 한다.
② 용접 구조물의 제 특성을 고려한다.
③ 용접성을 고려한 사용 재료의 선정 및 열영향 문제를 고려한다.
④ 부재 및 이음은 가능한 한 조립작업, 용접 및 검사를 하기 쉽도록 한다.

06 용접설계시 일반적인 주의 사항은?

①~⑤
① 결함이 생기기 쉬운 용접 방법은 피한다.
② 용접이음은 가능한 한 적게(용접선의 수 최소화) 하고 용접선을 분산시킨다.
③ 열 또는 기계적 방법으로 잔류응력을 완화시킨다.
④ 용접 길이는 가능한 한 짧게, 용접하기 쉬운 구조로(쉽도록) 설계한다.
⑤ 현장 용접을 적게 하고 공장 용접을 많이 하도록 한다.

07 용접이음 설계시 일반적인 주의 사항으로 옳지 않은 것은?

① 가능한 한 능률이 좋은 아래보기 용접을 많이 할 수 있도록 설계한다.
② 필릿 용접 등 강도가 강한 이음은 될 수 있는대로 먼저 하고 맞대기 용접을 후에 하도록 한다.
③ 가능한 한 용접량이 적은 홈 형상을 선택한다.
④ 맞대기 용접은 이면 용접 등 완전 용입

이 되게하여 용입 부족이 없도록 한다.

해설 ②. 필릿 용접 등 강도가 약한 이음은 될 수 있는 대로 피하고 맞대기 용접을 하도록 한다.

08 용접이음 설계시 일반적인 주의 사항

① 최소 10° 정도는 전후좌우로 용접봉을 움직일 수 있게 설계 한다.(a, b)
② 판두께가 다를 때 얇은 쪽에서 3~5 정도 이상의 구배를 주어 이음한다.(c)
③ 용접이음을 1개소로 집중시키거나 너무 접근하여 설계하지 않는다.(d)
④ 용접선은 가능한 교차하지 않게, 교차가 필요한 경우 스캘럽을 설계한다.(e, f)

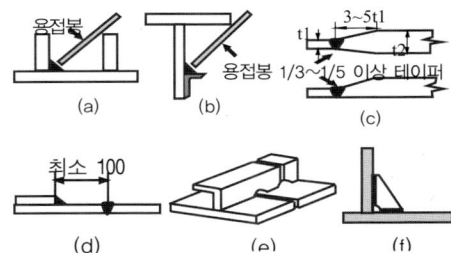

09 용접 설계시 경비를 절감시키기 위한 유의 사항은? : ①~④

① 합리적이고 경제적인 설계
② 효과적인 재료 사용 계획
③ 용접봉의 적절한 선정, 경제적 사용법
④ 능률이 좋고 결함이 적은 구조로 설계

10 용접이음부의 형태를 설계할 때 고려사항은? : ①~③

① 판이 너무 두껍지 않을 경우 가능한 한 (편)면에서 용접할 수 있도록 고안할 것
② 적당한 루트간격과 홈 각도를 택할 것
③ 너무 깊은 홈을 피할 것

11 용접부의 강도 및 강성 설계시 주의사항은? : ①~③

① 응력의 흐름이 부드럽게 되도록 한다.
② 국부변형이나 응력집중이 없도록 한다.
③ 구조물 전체가 밸런스가 맞도록 한다.

12 중판 이상의 두꺼운 판의 용접을 위한 홈 설계시 주의 사항으로 틀린 것은?

① 홈의 단면적은 가능한 작게 한다.
② 루트 반지름은 가능한 작게, 홈 각은 크게 한다.(U형, H형의 경우)
③ 루트간격의 최대치는 사용 용접봉의 지름 이하로 한다.
④ 두꺼운판의 용접에서는 한면 V형 홈보다 양면 V형이나, H형 홈을 선택한다.

해설 ②, 루트 반지름은 가능한 크게, 홈 각은 작게 한다.(U형, H형의 경우)

3 용접 구조 설계의 요소

01 용접성(weldability)에 대한 설명은?

①, ②

① 용접성이란 용접 시공 중, 시공 후에 있어 용접부의 품질과 건전성을 확보하기 위한 용접의 난이를 표현하는 것
② 용접성은 접합(이음) 성능과 사용 성능으로 구분할 수 있다.

02 탄소강(연강)의 연신률과 단면 수축률(저온 특성)은? : ①~④

① -100℃까지 거의 변화가 없다.
② -160 ~ -170℃ 부근부터는 급격하게 연성이 저하한다.
③ -180℃ 액체 산소에서의 연신률은 약 10% 이하로 떨어진다.
④ 재료에 노치가 있는 경우 0℃ 부근에서도 인성이 상당히 저하한다.

제2절 용접이음부의 강도

1 용접이음

01 용접을 하기 위한 이음의 종류를 결정하는 조건이 아닌 것은? : 피복제 종류

[구조물의 재질과 종류, 이음 형상, 용접 방법, 피복제 종류]

02 기본 용접이음의 종류가 아닌 것은?

겹치기 이음(필릿 이음의 일종임), 전면 필릿 이음
[맞대기 이음, 모서리 이음, 겹치기 이음, 필릿 이음, 변두리 이음, 전면 필릿 이음]

해설 전면 필릿 이음은 필릿 이음의 일종이다.

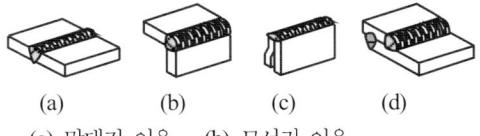

(a) 맞대기 이음 (b) 모서리 이음
(c) 변두리 이음 (d) 겹치기 필릿 이음

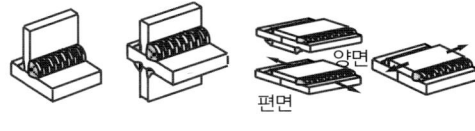

(e) T형 필릿 이음 (f) +자형 필릿 이음
(g) 전면 필릿 이음 (h) 측면 필릿 이음

03 기본 용접부 모양(형상)의 종류가 아닌 것은? : ④

① 맞대기(홈 용접) ② 필릿 용접
③ 플러그 용접   ④ 편면 겹치기 용접

04 용접이음의 선택시 고려 사항으로 틀린 것은? : ③

① 각종 이음의 특성, 구조물의 종류, 형상
② 하중의 종류 및 크기
③ 용접 조직 및 열영향부 크기
④ 용접 방법 판두께 및 재질
⑤ 용접 변형 및 용접성
⑥ 이음의 준비 및 설계에 요하는 비용

05 형상에 따른 필릿 용접의 종류는?

연속 필릿 용접, 단속 지그재그 필릿 용접, 단속 병렬 필릿 용접

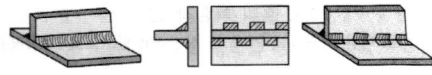

(a) 연속필릿 (b) 단속 지그재그필릿 (c) 단속 병렬필릿

06 하중 방향에 따른 필릿 용접의 종류

전면 필릿, 측면 필릿, 경사 필릿 용접

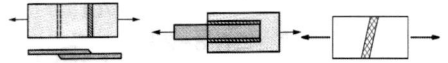

(a) 전면 필릿 (b) 측면 필릿 (c) 경사 필릿

07 용접선이 응력(하중)의 방향과 대략 직각인 필릿 용접은? : 전면 필릿 용접

08 접합할 두 부재를 겹쳐놓고 한쪽의 부재에 드릴 등으로 둥근 구멍을 뚫고 그 곳을 용접하는 이음은? : 플러그 용접

(a) 플러그 용접   (b) 슬롯 용접

09 슬롯 용접이란?

접합할 2부재의 한쪽에 좁고 긴 홈을 만들어 놓고 그 곳을 용접하는 이음

10 플레어 용접

얇은 판의 맞대기 용접의 경우 용접이 어렵거나 용접이 되었다 해도 충분한 강도를 유지할 수 없게 되므로 판의 한쪽을 J자형으로 구부려서 맞대어 용접하는 방법

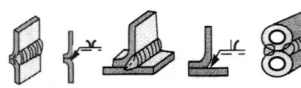

(a) 플레어V형 (b) 플레어베벨형 (c) 플레어X형

11 육성(덧살 올림) 용접의 용도는?

① 마모된 부분이나 부족한 치수를 보충하는 덧쌓기(육성)
② 내식성, 내마모성 등에 뛰어난 금속을 모재 표면에 접합하여 사용하는 표면 내식(경화) 육성 용접

❷ 용접 홈의 종류와 특징, 선택

01 맞대기 용접 등에서 홈을 만드는 이유 (홈 가공의 필요성)가 아닌 것은? : ④

① 용입을 양호하게 하기 위하여
② 이음효율의 향상을 위하여
③ 작업성의 개선을 위하여
④ 덧살 올림 용접을 위하여

02 용접 홈 각도와 베벨 각도, 루트면 및 루트간격 사이의 상관 관계에 대한 설명으로 적합한 것은? : ①~③

① 홈 각도가 작을 때는 루트간격은 넓게, 루트 면은 작게 해야 된다.
② 루트간격이 좁을 때는 루트면을 작게
③ 루트간격이 좁을 때는 홈 각도를 크게

03 용접 홈 설계시 고려 사항은?

용접 방법, 용접 자세, 판두께

04 맞대기 용접이음 홈의 각부 명칭

① α : 홈 각도   ② β : 베벨각
③ d : 개선 깊이   ④ f : 루트 면
⑤ g : 루트간격
⑥ 루트 반지름 : 용접에서 J형 및 U형, H형 밑바닥 면의 둥근 홈의 반지름

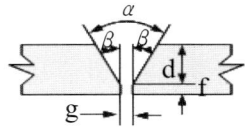

05 연강의 용접이음에서 설계상 이음 강도가 가장 큰 것은?

맞대기 이음 〉 모서리 이음 〉 전면 필릿 이음 〉 플러그 이음

06 맞대기 용접의 홈의 모양은?

정방형(구, I, 평형), 단면 V형, 단면 개선형(레, 베벨형), 단면 U형, 단면 J형, 양면 V(X)형, 양면 개선(K)형, 양면 U(H)형

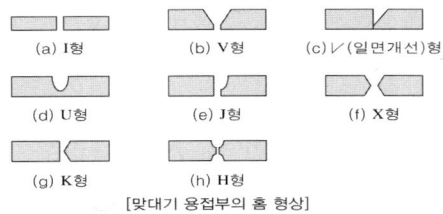

[맞대기 용접부의 홈 형상]

07 변형이 가장 적은 용접이음 형식은?

H형 〉 X형 〉 U형 〉 V형 순

08 피복 아크용접봉으로 강판의 판 두께에 따라 맞대기 용접에 적용하는 개선 홈 형식은? : ①~④

① I 형 : 판 두께 6.0mm 이하
② V 형 : 판 두께 6.0 ~ 20mm 정도
③ レ(일면 개선)형 : 판 두께 6.0~20 mm
④ X형 : 판 두께 10 ~ 40mm 정도

09 정방형(I, 평형) 홈에 대한 설명으로 옳지 않은 것은?

① 용접 홈 가공이 쉽다.
② 루트간격을 좁게 하면 용접금속의 양도 적어져서 경제적인 면에서 우수하다.
③ 후판에서도 완전 용입시킬 수 있다.
④ 손(수동) 용접에서는 판 두께 6mm 이하의 경우에 사용된다.

해설 ③. 후판에서는 완전하게 이음부를 녹일 수 없다.(완전 용입 곤란)

10 V형(レ형) 홈 용접의 특징은? : ①~④

① 홈 가공은 비교적 쉽다.
② 한쪽에서 완전용입을 얻는데 적합하다.
③ 판두께가 두꺼워지면 용착금속의 양이 증대, 각 변형이 커진다.

11 단면 U형 홈 용접의 특징의 설명은? ①~③

① 두꺼운 판을 한쪽에서 완전한 용입을 얻는데 적합하나, 홈 가공이 어렵다.
② 루트 반지름은 가능한 한 크게 한다.
③ 루트간격을 0으로 해도 작업성이 좋고 용입도 좋다.

12 단면 U형 이음에서 루트 반지름은 될 수 있는대로 크게 한다. 그 이유는?

충분한 용입

해설 용착량을 줄이기 위함이며, 개선 각도는 10° 정도로 한다.

13 양면 V(X)형 홈과 같이 양면 용접이 가능한 경우에 용착금속의 양과 패스 수를 줄일 목적으로 사용되며 모재가 두꺼울수록 유리한 홈의 형상은?

양면 U(H)형 홈

14 판두께가 다른 두 판을 맞대기 용접할 경우 두께가 두꺼운 판의 양면 또는 한 면에 주는 적당한 기울기(경사)는?

1 : 3 ~ 5

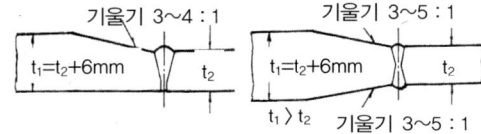

❸ 용접이음부 강도 설계

01 필릿 용접이음의 각부 명칭을 나타낸 것으로 틀린 것은?
① ⓑ : 모재   ② b : 이론 목두께
③ ⓓ : 용입깊이   ④ h : 다리길이(각장)

해설 ①. 용착금속

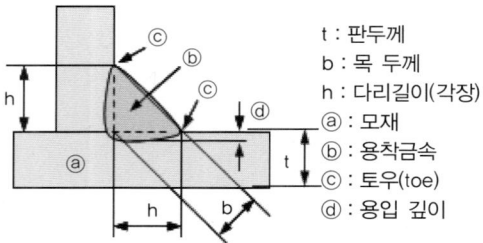

t : 판두께
b : 목 두께
h : 다리길이(각장)
ⓐ : 모재
ⓑ : 용착금속
ⓒ : 토우(toe)
ⓓ : 용입 깊이

02 그림에서 맞대기 용접부의 목 두께는?

03 필릿 용접의 목 두께(Thickness of throat)에 대한 설명은? : ①~④

① 이론 목 두께와 실제 목 두께가 있다.
② 강도 계산은 이론 목 두께를 적용한다.
③ 부재의 두께가 다른 경우 얇은 쪽 부재의 두께를 기준으로 한다.
④ 실제 목 두께 : 실제 용입의 루트부터 필릿 용접의 표면까지의 최단 거리

참고 맞대기 홈 용접에서는 접합하는 용접부 두께, 필릿 용접에서는 이음의 루트부터 빗면까지의 거리로 한다.

04 필릿 용접의 목 단면적에 대한 설명은?

'목 두께×용접선의 유효 길이' 로 한다.

05 필릿 이음의 루트에서 필릿 용접 비드 끝(토우, toe)까지의 거리는?

다리길이(목 길이, 각장 : Leg length)

06 필릿(fillet) 용접의 다리 길이는 판두께의 몇 % 정도가 적당한가? : 70%

참고 목 두께는 다리 길이의 약 70%(목 길이 ×COS45°) 정도로 한다.

07 필릿 용접부의 단면에서 용접부(이음)의 루트부터 표면까지의 최단 거리는?

이론 목 두께

08 필릿 용접에서 이음 강도를 간편법으로 계산할 경우 목 두께는?

각장 × cos 45° = 각장×0.707
약 70~71%

참고 이론 목 두께 a와 용접 다리 길이(각장, 목 길이) z관계는? : a ≒ 0.7z

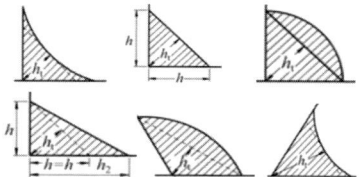

09 필릿 용접의 정확한 목 두께 치수 a 표시로 옳은 것은?

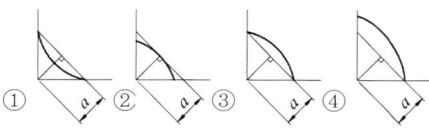

해설 ③. 필릿용접에서 이론 목두께는 루트부에서 각장(용접부가 90°인 경우)에 대해 45° 경사거리이며, 양쪽 비드 끝단과의 수평 거리까지 이다. 오목 비드의 경우 오목부와 수직인 수평거리까지이다.

10 그림에서 이론 목 두께는?

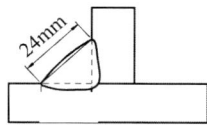

다리길이(각장, h)=변길이×cos 45°
　　　　　　　＝ 24×0.707＝17
목 두께(t) = 다리 길이×cos 45°
　　　　　＝17×0.707 = 12

11 전면 필릿 이음의 인장강도(σ_f)는?
① 전용착금속의 인장강도(σ_w)와 대략 비례하며,
② 연강의 경우 전용착금속 인장강도의 약 90%($\sigma_f = 0.9\sigma_w$) 정도가 된다.

12 양쪽 T 이음에서 최대 전단응력은?

$\sin\theta = \cos\theta$, 즉 $\theta=45°$ 일 때

$$\tau_{\max} = \frac{P}{2h_t\ell} \text{ kgf/mm}^2$$

13 편심 하중을 받는 필릿 용접부에 있어서의 전단응력이 목 단면에 균일하게 분포되어 있다고 하면 전단응력 τ는?

$$\tau = \frac{P}{A} = \frac{P}{2h_t\ell} = \frac{P}{2\ell \times h \cos 45°} = \frac{0.707P}{\ell h}$$

14 필릿 용접부 표면의 비드의 형상
볼록형과 평면형, 오목형이 있으며 필릿 용접부는 약간 볼록형이 좋다.

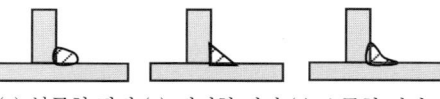

(a) 볼록형 필릿 (b) 평면형 필릿 (c) 오목형 필릿

15 겹치기 이음의 종류는? : ①~③
① 한쪽 겹치기(single)
② 양쪽 겹치기(double)
③ 저글(joggle)

16 겹치기 이음시 유의 사항과 겹침의 최대값은? : ①~④
① 한쪽 겹치기 이음은 가능한 한 사용하지 않는 것이 좋으며,
② a =30~45° 가 되도록 하는 것이 좋다.
③ 판두께가 다를 경우 얇은 쪽을 취한다.
④ 겹치는 부분의 길이 b는 일반적으로 최대값은 판두께의 4배 이내로 한다.

참고 h≤12mm에서 b≥(2h+10)~4h mm
　　　 h≤16mm에서 b≥(2h+15)~4h mm

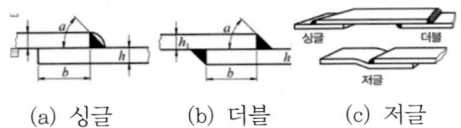

(a) 싱글　　(b) 더블　　(c) 저글

18 맞대기 용접의 인장강도를 1로 볼 때 T형 필릿 용접의 인장강도는 맞대기 용접의 얼마 정도 되는가? : 0.8

19 V형 홈 맞대기 용접에서 보강 쌓기의 두께는 보통 모재 두께의 몇 %인가?

20%

20 맞대기 용접이음에서 단순 인장력이 작용할 경우 인장응력의 계산식은?

$$\sigma = \frac{P}{A} = \frac{P}{a\ell} = \frac{P}{h\ell}\ \text{kgf/mm}^2$$

참고 부분 용입의 경우 인장응력 계산식

$$\sigma = \frac{P}{(h_1+h_2)\ell}\ \text{kgf/mm}^2$$

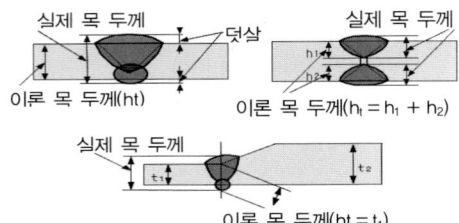

21 맞대기 이음에서 14.7kN의 인장력을 작용시키려고 한다. 판두께가 6mm일 때 필요한 용접 길이는? (단, 허용 인장응력은 68.6MPa이다.)

$$\sigma = \frac{P}{A} = \frac{P}{hl}$$

$$\therefore l = \frac{P}{\sigma h} = \frac{14.7}{0.006 \times 68.6 \times 10^3}$$
$$= 0.0357\text{m} = 35.7\text{mm}$$

22 그림과 같이 맞대기 용접을 한 것을 P = 29.4kN의 하중으로 잡아당겼다면 인장응력(강도)은 몇 MPa인가?

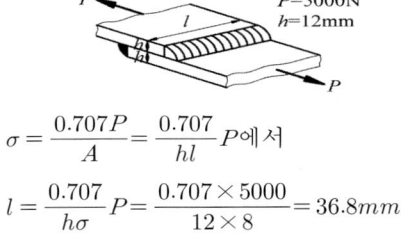

인장응력(σ) = $\frac{P}{A} = \frac{P}{hl} = \frac{29.4}{0.008 \times 0.15}$
= 24500kPa = 24.5MPa

23 그림과 같은 겹치기 이음의 필릿 용접을 하려고 한다. 허용응력을 8N이라 하고, 인장 하중 5000N, 판두께가 12mm라 할 때 필요한 용접 길이는?

$$\sigma = \frac{0.707P}{A} = \frac{0.707}{hl}P 에서$$
$$l = \frac{0.707}{h\sigma}P = \frac{0.707 \times 5000}{12 \times 8} = 36.8mm$$

24 맞대기 용접이음에서 모재의 인장강도는 45MPa이며, 용접 시험편의 인장강도가 47MPa²일 때 이음효율은?

이음효율 = $\frac{\text{시험편 인장강도}}{\text{모재 인장강도}} \times 100$
= $\frac{47}{45} \times 100 = 104.4\%$

25 강판의 길이 180mm, 두께 12mm인 강판에 78.43kN을 가하기 위해 맞대기 용접

하고자 한다. 이음효율이 80%라면 용접 두께는? (단, 허용응력은 58.8MPa다.)

$$\sigma = \frac{P}{hl\eta}, \quad h = \frac{P}{\sigma l \eta} = \frac{78.43 \times 10^{-3}}{58.8 \times 0.18 \times 0.8}$$
$$= 9.26 \times 10^{-3} \text{m} = 9.26 \text{mm}$$

26 맞대기 양면 용접시의 기초 이음효율은?

70%

> 참고 한면 받침쇠 사용 용접 : 80%,
> 받침쇠 없는 한면 용접 : 70%,
> 양면 전후 필릿 용접 : 70%

27 용접 이음의 유효 길이는?

용접의 시단부와 종단부를 제외한 길이

> 해설 시단부와 종단부는 불완전한 용접부가 되기 쉬우므로 이 부분을 제외한 길이를 유효 길이라 한다.

28 단순 굽힘을 받는 맞대기 용접에서 완전 용입 상태로 용접을 할 때 최대 굽힘 모멘트 식은? : $M = \sigma Z$

> 참고 최대 굽힘 응력은 $\sigma = \dfrac{M}{Z}$
> (Z : 단면 계수, M : 최대 굽힘 모멘트)

1) 그림과 같이 완전 용입된 맞대기 용접이음의 굽힘 모멘트 $M_b = 0.95$kN가 작용할 때 최대 굽힘 응력 MPa은?
   (단, $t = 30$mm, $l = 200$mm로 한다.)

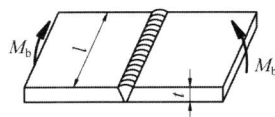

$$\sigma_b = \frac{M}{Z} = \frac{M}{\dfrac{lt^2}{6}} = \frac{6M}{lt^2} = \frac{6 \times 0.95}{0.2 \times 0.03^2}$$
$$= 31666.66 \text{kPa} = 31.67 \text{MPa}$$

29 그림과 같이 용접된 이음에 P = 186kN이 작용할 때 용착금속이 받는 응력은?

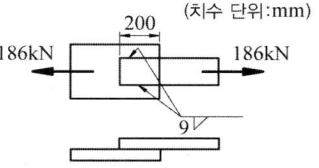

$$\tau = \frac{0.707P}{hl} = \frac{0.707 \times 186}{0.009 \times 0.2}$$
$$= 73056 \text{kPa} = 73.06 \text{MPa}$$

30 플러그 용접에서 전단 강도는 일반적으로 구멍의 면적당 전용착금속 인장강도의 몇 % 정도로 하는가? : 60 ~ 70%

④ 용접이음의 피로 강도

01 피로수명(fatigue life)에 대한 설명

① 피로 : 작은 하중이라도 반복 작용하면 재료에 응력이 생기게 되는 현상
② 피로 파괴 : 피로 응력이 커져서 생긴 손상(균열 발생, 파단 등)
③ 피로수명 : 피로 파괴까지의 하중, 변위 또는 응력의 반복 횟수
④ 한 곳에 반복 하중이 작용하여 파괴되는 경우 피로 파괴의 일종이다.

02 피로수명 3단계는?

균열 발생 단계 – 파단 단계 – 균열 전파 단계

03 일반적으로 피로 강도 측정에 대한 반복 횟수는? : $10^6 \sim 10^7$

① 저사이클 피로 : 전수명 시간에 걸리는 응력 및 변형의 반복 횟수를 105회 이하 하는 경우

제1장_용접 구조물 설계 163

② 고사이클 피로 : 응력 및 변형의 반복 횟수를 105회 이상으로 하는 경우

04 피로 시험에서 S-N 선도는?

응력 S - 반복횟수 N

05 피로 강도 측정에서 압력 용기, 선박, 항공기 등 전수명 시간에 걸리는 응력 및 변형에 대한 반복 횟수는 얼마인가?

10^5회 이하 (저사이클 피로 반복회수)

06 피로 강도 향상법으로 틀린 것은?

① 이면 용접으로 완전 용입시킬 것
② 풀림 등으로 잔류응력을 완화시킬 것
③ 가능한 한 응력집중부에는 용접이음부를 설계하지 말 것
④ 표면 가공 또는 다듬질 등을 피하고 단면이 급변하는 부분을 만들 것

해설 ④. 표면 가공 또는 표면 처리, 다듬질 등에 의한 단면이 급변하는 부분을 피할 것

07 용접부의 피로 강도 향상법

① 덧붙이 크기를 가능한 최소화시킬 것
② 냉간 가공 또는 야금적 변태 등에 따라 기계적인 강도를 높일 것
③ 항복점 등에 의하여 외력과 반대 방향 부호의 응력을 잔류시킬 것

08 피로강도 향상에 크게 영향을 미치는 요인은?

응력 제거 풀림(annealing), 그라인딩 가공, 용접부의 덧붙이 제거

09 그림과 같은 필릿 용접이음 중 반복 하중에 견디는 능력이 가장 우수한 것은?

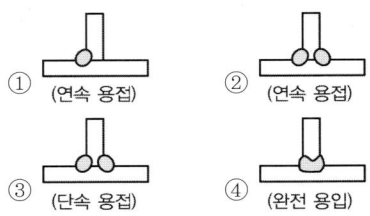

① (연속 용접) ② (연속 용접)
③ (단속 용접) ④ (완전 용입)

해설 ④. 완전 용입부가 피로강도가 가장 우수하다.

5 용접이음의 충격 강도

01 용접이음에서의 노치 충격 저항에 미치는 조건

① 용착금속, 열영향부(HAZ) 및 모재의 저항력의 합성 등에 의하여 결정되며,
② 노치가 생기는 위치에 따라서 달라진다.

02 취성 파괴의 일반적 특성 설명

① 온도가 낮을(저온일)수록 발생하기 쉽다.
② 항복점 이하 평균 응력에서도 발생한다.
③ 저응력 파괴의 전파 속도는 최고 약 2000m/sec에 달한 경우도 있다.

03 노치 등 단면 변화에 따른 응력집중 형상

응력집중 : 용접부의 결함 부분에서 국부적으로 응력이 증가하는 현상, 노치부(b~d) 등은 평탄부(a)에 비해 응력집중이 커진다.

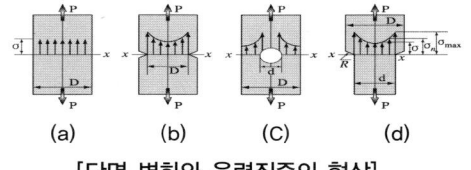

(a)   (b)   (C)   (d)

[단면 변화와 응력집중의 형상]

04 다음과 같은 평판에 각종 결함이 존재

할 때 A점에서의 응력집중이 어떤 경우에 가장 큰가?

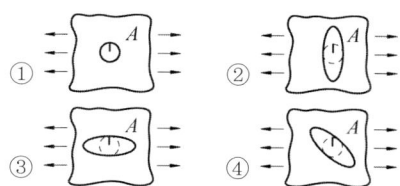

해설 ②, ①과 ②를 생각할 수 있는데 ②가 노치가 크므로 ②번이다.

05 두께가 다른 판을 맞대기 용접할 때 응력집중이 가장 적게 발생하는 것은? ; ②

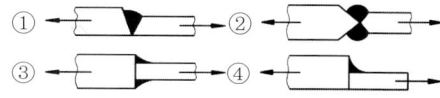

06 그림과 같은 용접이음에서 형상 계수가 가장 큰 부분은? : b 부분

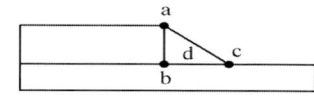

참고 그림에서 용접 끝 a 부분에서 약 4.7, 루트 b 부분에서 6~7 정도이다.
완전 용입된 겹치기 필릿 용접의 형상계수가 가장 큰 부분은 부분은 C가 된다.

07 공칭응력이 40MPa, 응력집중계수가 2이면 최대응력은 몇 MPa인가?

응력집중계수 $\alpha_k = \dfrac{\sigma_{max} \text{최대응력}}{\sigma_n \text{공칭응력}}$,

최대응력 $= \alpha \cdot$ 공칭응력
$= 2 \times 40 = 80$

⑥ 허용응력 및 안전률

01 구조물을 설계할 때 각 부분에 발생되는 응력이 어떤 크기의 값을 기준으로 하여 그 이내이면 안전하다고 인정되는 최대 허용치는? : 허용응력

해설 사용응력은 허용응력보다 항상 작아야 한다.

02 강재의 허용응력은 보통 정하중에 대하여 인장강도의 얼마로 하는가? : $\dfrac{1}{4}$ 값

참고 최근 고장력강에 대하여는 인장강도의 1/3(항복점의 약 40%) 응력이 쓰인다.

03 기계나 구조물의 안전을 유지하는 정도로서 파괴 강도를 그 허용응력으로 나눈 값은 무엇인가? : 안전률

04 안전률의 값은? : 언제나 1보다 크다.

05 용착금속의 인장강도 392MPa에 안전률 8이라면 이음의 허용응력은?

안전률 $= \dfrac{\text{인장 강도}}{\text{이음의 허용응력}}$

이음의 허용응력 $= \dfrac{392}{8} = 42\text{MPa}$

06 일반적으로 정하중시 용접이음의 연강의 안전률은? : 3

[용접이음의 안전률]

재료	정하중	동하중		충격하중
		반복	교번	
주철, 취약한 금속	4	6	10	15
일반 구조용강 / 주강	33	5	8	12/15
구리 및 유연한 금속	5	6	9~10	15
목재 / 석재	7 / 15	10/25	15	20

02 용접 도면 해독

제1절 제도의 개요

❶ 제도의 정의와 규격

01 기계, 구조물 등의 제작 전에 세밀히 검토하여 제작 계획을 종합하는 기술은?

설계(Design)

02 설계자의 요구 사항을 제작자에게 전달하기 위하여 선·문자·기호 등을 사용하여 제도 규격에 맞추어 도면을 작성하는 과정은? : 제도(Drawing)

03 제도의 정의에 대한 설명 중 옳은 것은?

문자, 선, 기호 등을 이용하여 물체의 정도, 재료 및 공정 등을 도면에 작성하는 과정

❷ 제도의 규격

01 KS B 0001로 기계 제도 통칙이 제정 공포되어 일반 기계 제도로 규정한 해는?

1961년

02 KS 규격의 필요성에 대한 설명은?

도면을 보고 작업자가 오해가 없이 설계자의 뜻을 확실히 이해 및 전달시키기 위해

[각국의 공업 규격]

국가	규격기호	국가	규격기호
일본 / 영국	JIS / BS	미국	ANSI
독일 / 프랑스	DIN / NF	스위스	SNV

03 1967년에 창설된 국제 표준화 기구의 약호는? : ISO

[KS 부문별 분류 기호]

분류기호	KSA	B	C	D	R	V	W	X
부문	기본	기계	전기	금속	수송기계	조선	항공	정보산업

04 KS 규격에서 기계 부문을 표시하는 것은?

KS B

제2절 도면의 종류와 크기

❶ 도면의 종류

01 용도에 따른 분류

① 계획도 : 설계자의 설계의도와 계획을 나타낸 도면
② 제작도 : 물품을 제작에 필요한 모든 정보를 충분히 전달하기 위한 도면(공정도, 시공도, 상세도)
③ 주문도 : 발주자가 제작자에게 제시하는 도면

④ 승인도 : 발주자의 승인을 얻기 위한 도면
⑤ 견적도 : 견적을 내기 위한 도면
⑥ 설명도 : 물품의 기능, 구조, 원리, 취급법 등을 표시한 도면, 카탈로그, 취급 설명서 등에 사용

02 내용에 따른 분류

부품도	물품을 구성하는 각 부품을 자세히 그림 도면
조립도	전체적인 조립을 나타내는 도면
부분 조립도	복잡한 물품을 부분으로 나누어 조립도를 나타내는 도면
기초도	기계를 설치하기 위하여 콘크리트, 철강작업 등을 하기 위한 도면
배치도	물품의 배치를 나타내는 도면
배근도	철근의 치수와 배치를 나타낸 도면(건축, 토목)
장치도	장치공업에서 각 장치의 배치, 제조 공정의 관계 등을 나타낸 도면
스케치도	기계나 장치 등의 실체를 보고 프리핸드로 그린 도면

03 표현 형식에 따른 분류

① 외관도 : 대상물의 외형 및 최소한의 치수를 나타낸 도면
② 전개도 ; 대상물을 구성하는 면을 평면으로 전개한 도면
③ 곡면선도 : 선체, 자동차 차체 등의 곡면을 여러 개의 선으로 표현한 도면
④ 입체도 : 사투상법, 투시도법에 의해 입체적으로 표현한 도면

04 성격(성질)에 따른 분류

① 원도 : 제도 용지나 컴퓨터로 작성된 최초의 도면
② 트레이스도 : 연필로 그린 원도 위에 트레이싱지를 놓고 연필 또는 먹물로 그린 도면, 청사진도나 백사진도의 원본
③ 복사도 : 트레이시도를 원본으로 하여 복사한 도면, 청(백)사진, 전자 복사도 등

05 다음 중 도면의 종류를 내용에 따라 분류한 것이 아닌 것은?

① 부품도 ② 배치도
③ 계획도 ④ 기초도

해설 ③, 계획도는 용도에 따른 분류이다.

❷ 도면의 크기 및 양식

01 도면의 크기

도면 크기의 종류와 윤곽 치수(단위 : mm)

호칭	치수(a×b)	c (최소)	d(최소) 철하지 않을 때	d(최소) 철할 때
A0	841×1189	-	-	-
A1	594×841	20	20	25
A2	420×594	10	10	25
A3	297×420	10	10	25
A4	210×297	10	10	25

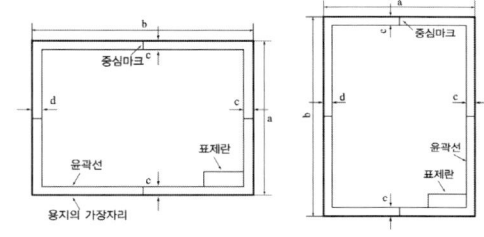

[도면의 테두리, 윤곽 치수 표시]

02 제도 용지의 가로와 세로의 비가 맞는 것은? : 1.414 : 1

03 A_0 제도 용지의 면적은? : 약 $1m^2$

해설 A_0 용지의 넓이는 841×1189 = 999,949mm² 이므로 m²로 고치면 약 $1m^2$가 된다.

04 도면의 크기이다. A₄의 크기는?

210×297mm

해설 A4 : A0 용지를 24으로 절단한 크기(16절지)이다

05 도면의 양식

① 도면에는 윤곽선, 표제란, 중심 마크를 반드시 표기해야 한다.
② 윤곽선 : 도면 용지의 안쪽에 그려진 내용을 확실히 구분할 수 있는 선
③ 중심 마크 : 도면을 마이크로 필름으로 촬영하거나 복사할 때 기준이 되는 것
④ 윤곽선, 중심 마크는 0.5mm 이상의 굵은 실선으로 그린다.
⑤ 비교 눈금은 도면을 축소 또는 확대했을 경우 그 정도를 알기 위한 눈금, 도면의 아래쪽에 있는 중심 마크를 중심으로 좌우에 마련한다.

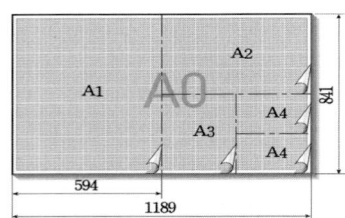

[제도 용지의 크기]

❸ 척도

01 척도

물체의 실제 크기와 도면에서의 크기와의 비율

02 척도의 종류

① 현척(실척) : 도형을 실물과 같은 크기로 그리는 척도, 도면은 실물과 같은 크기로 것이 원칙(1 : 1)
② 축척 : 도면에 도형을 실물보다 작게 제도하는 척도(1 : 2, 5 : 5, 1 : 10, 1 : 20, 1 : 50, 1 : 100, 1 : 200)
③ 배척 : 도면에 도형을 실물보다 크게 제도하는 척도.(2 : 1, 5 : 1, 10 : 1, 20 : 1, 50 : 1)
④ 모든 척도의 치수 기입은 실물의 치수를 기입한다.

03 척도를 공통적으로 표시할 경우 어디에 표시해야 되는가? : 표제란

04 그림이 치수와 비례하지 않을 경우에 표시하는 방법으로 옳지 않은 것은?

① 치수 밑에 밑줄을 긋는다.
② "비례척이 아님"이라고 기입한다.
③ NS(none scale) 등의 문자를 기입한다.
④ 해당 치수에 ( )를 한다.

해설 ④. 해당 치수에 ( )를 하는 경우는 참고 치수를 표시하는 것이다.

05 1/2 척도에서 120mm를 도면에 기재하고자 할 때 얼마로 기재하는가?

120

해설 도면에 표시되는 치수는 척도에 관계없이 해당 치수를 기입해야 된다.

06 부품표(명세표)를 표제란 바로 위쪽에 붙여서 작성하는 경우 품번의 기입 방법은? : 아래에서 위로 쓴다.

07 부품표를 우측 상단에 작성하는 경우 품번 기입은? : 위에서 아래로 쓴다.

08 일반적으로 표제란의 위치는?

오른쪽 아래

09 표제란에 기입 사항은?

도면번호, 도명, 투상법, 척도, 각법, 제도자, 검토자, 제도 연월일, 공사명

10 부품표에 기입할 사항은?

품번, 품명, 수량(개수), 무게, 재질

11 일반적인 경우 도면을 접을 때의 크기로 가장 적당한 것은? : A_4

12 일반적으로 도면을 접을 때 도면의 어느 것이 겉으로 드러나게 정리해야 하는가?

표제란이 있는 부분

제3절 문자와 선

❶ 문자

01 문자의 표시법

① 도면에는 문자는 한글, 숫자, 영문, 로마자 등이 쓰이나, 가능한 문자는 적게 쓰고 기호로 나타낸다.
② 도면에 기입하는 문자는 가능한 간결하게, 가로 쓰기를 원칙으로 한다.
③ 한글은 도면의 품명, 요목표 등에 사용하며, 고딕체로 수직으로 쓴다.
④ 같은 도면에서는 같은 높이로 하며, 문자의 크기는 문자의 높이로 표시한다.

02 제도용 문자의 크기는 무엇으로 나타내는가? : 문자의 높이

해설 2.24, 3.15, 4.5, 6.3, 9mm의 5종

03 일반적으로 문자의 나비는 높이의 얼마로 하며 서체는 어떤 것을 적용하는가?

80 ~ 100%, 고딕체

04 숫자와 로마자 서체

① 주로 아라비아 숫자가 쓰이며 고딕체, 로마체, 이텔릭체, 라운드리체 등이 있다.
② 숫자 크기 : 2.24, 3.15, 4.5, 6.3, 9mm의 5종
③ 로마자는 주로 대문자를 사용하며, 위 5종, 12.5, 18mm 7종이 있다.

05 숫자나 로마자의 글자체는 원칙적으로 수직에 대하여 어떻게 쓰는가?

오른쪽으로 15° 경사체

❷ 선(line)

01 선의 모양(형상)에 의한 종류

실선, 파선, 쇄선(1점, 2점)

02 굵은 실선(thick line)

① 굵은 실선 : 연속적으로 연결된 0.35 ~1.0mm의 선(주로 0.5mm를 많이 사용)
② 용도 : 외형선, 물체의 보이는 겉모양을 표시하는 선, ─────
③ 아주 굵은 선 : 굵기가 0.7~2.0mm인 선(주로 1mm를 많이 사용)
  - 얇은 판 등을 표시

03 가는 실선(thin line)

① 굵기가 0.18~0.5mm인 선(주로 0.25mm를 많이 사용), ─────
② 용도 : 치수선, 치수보조선, 인출선, 지시선, 해칭선, 파단선(자유실선)

04 치수를 기입할 때 필요하지 않은 선은?

① 파단선　　　② 치수 보조선
③ 치수선　　　④ 지시선

> 해설 ①, 물체의 부분 단면의 표시를 할 때 사용하는 불규칙한 자유실선

05 각종 기호를 따로 기입하기 위하여 도형에서 빼내는 선은? : 지시선

06 파선　- - - - - - - -

짧은 선이 일정한 간격으로 반복되는 선, 실선의 약 1/2, 치수선 보다 굵게 한다.

07 보이지 않는 외형을 나타내는 선으로 사용되는 선은? : 파선(숨은선, 은선)

> 해설 물체의 외형 중 보이지 않는 부분은 파선을 사용하여 표시하며, 용도로는 숨은선(은선, hidden outline)이라고 한다.

08 1점 쇄선　─ - ─

① 길고 짧은 2종류 선을 번갈아 나열한 선
② 가는 1점 쇄선, 굵은 1점쇄선이 있다.
③ 굵은 1점 쇄선 용도 : 열처리 부분 등 특수한 가공을 실시하는 부분을 표시

09 기어나 체인의 피치선 등은 어느 선으로 표시하는가? : 가는 일점 쇄선

> 해설 가는 일점 쇄선은 중심선, 피치선 등의 표시에 사용된다.

10 2점 쇄선

① 긴 선과 2개의 짧은 선을 번갈아 규칙적으로 나열한 선, ── - - ──
② 용도 : 가상선

11 절단선

① 가는 1점 쇄선 끝에 굵은 선과 화살표 사용) ↑ ─ ･ ─ ↑
② 용도 : 단면을 그리는 경우, 그 절단 위치를 표시하는 선

12 파단선

① 가는 실선, 자유곡선, ～～
② 물체의 일부를 파단한 곳을 표시하는 선, 끊어 낸 부분을 표시하는 선

13 다음 중 선의 용도에 따른 분류에 속하지 않는 것은?

① 외형선　　　② 가상선
③ 중심선　　　④ 가는 실선

> 해설 ④, ④는 선의 모양(형태)에 따른 종류이다.

14 가상선(2점 쇄선)의 용도

① 도시된 물체의 앞면을 표시하는 선
② 인접 부분을 참고로 표시하는 선
③ 가공 전, 가공 후의 모양을 표시하는 선
④ 이동 부분의 위치를 표시하는 선
⑤ 공구, 지그 등의 위치를 참고로 표시 선

15 가상 투상도가 쓰이는 경우 중 틀린 것은?

① 물체의 평면이 경사진 경우에 모양과 크기가 변형 또는 축소되어 나타나는 경우
② 반복을 표시하는 경우
③ 물체 일부의 모양을 다른 위치에 나타내는 경우
④ 도형 내에 그 부분의 단면도를 90° 회전하여 나타내는 경우

> **해설** ①, 물체의 경사진면에는 이 면에 직각인 투상면을 투상하는 보조 투상도를 사용한다.

16 기초도에서 기초 위에 설치되는 기계는 다음 중 어느 선으로 나타내는가?

가상선

17 선의 우선 순위

도면에서 2종류 이상의 선이 같은 장소에서 중복될 경우 선의 우선 순위에 따라 그린다.
외형선-숨은선-중심선-무게 중심선-치수 보조선-치수선, 인출선

18 선 긋기 일반 사항

① 평행선은 선 굵기의 3배 이상, 선과 선의 틈새는 0.7mm 이상으로 한다.
② 밀접한 교차선의 경우 선 간격을 선 굵기의 4배 이상으로 한다.
③ 많은 선이 한 점에 집중하는 경우 선 간격이 선 굵기의 약 3배가 되는 위치에서 선을 멈춰 점의 주위를 비우는 것이 좋다.
④ 1점 쇄선 및 2점 쇄선은 긴 쪽 선으로 시작하고 끝나도록 한다.
⑤ 실선과 파선, 파선과 파선이 서로 만나는 부분은 이어지도록 긋는다.
⑥ 1점 쇄선(중심선)끼리 만나는 부분은 이어지도록 긋는다.
⑦ 파선이 서로 평행할 때는 서로 엇갈리게 그린다.

19 두 개의 삼각자(정삼각형, 직삼각형)를 사용하여 그을 수 없는 각도는?

[15°, 75°, 105°, 115°, 130°, 150°]

> **해설** 115°, 130°, 2개의 삼각형(등각, 직각)으로 그릴 수 있는 각도는 15°로 나눌 수 있는 각도이다.

제4절 투상법

1 투상법의 종류

01 투상도

어떤 물체에 광선을 비추어 하나의 평면에 맺히는 형상, 크기, 위치 등을 일정한 법칙에 따라 표시하는 것이다.

02 투상도의 종류

정투상도, 등각 투상도, 부등각 투상도, 사향(사투상)도, 투시도

03 정투상도

① 3개의 투상화면(입화면, 평화면, 측화면) 중간에 물체를 놓고 평행 광선에 의해 투상되는 모양을 그린 도면
② 제1각법과 제3각법이 사용된다.
③ 투상선과 투상면과의 관계는 수직이다.

04 기계 제도에서는 어떤 방법을 사용하는 것이 원칙인가? : 정투상법

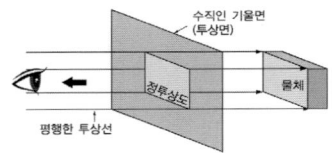

[정투상도의 원리]

05 투상면에 대해 경사진 평행 광선에 의해 투상한 것으로 기울어진 각도가 같은 투상도는? : 등각 투상도

> 해설 등각 투상도는 물체를 입체적으로 도시하기 위해 수평선과 2축의 각도가 30°를 이루며, 2축과 90°를 이룬 수직축의 3축이 투상면 위에서 120°의 등각이 되도록 물체를 투상한 것

06 부등각 투상도

서로 직교하는 3개의 면 및 3개의 축에 각이 서로 다르게 경사져 있는 그림으로 2각이 같은 것을 2축 투상도, 3각이 전부 다른 3축 투상도

07 사향(사투상)도

물체의 주요면을 투상면에 평행하게 놓고 투상면에 대하여 수직보다 다소 옆면에서 보고 측면의 변을 일정한 각도만큼 기울여 표시하는 것이다.

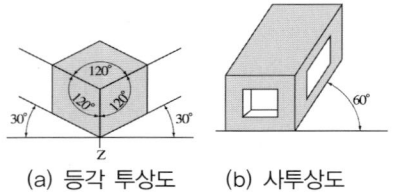

(a) 등각 투상도   (b) 사투상도

08 시점에 가까운 부분을 크게 시점에서 멀수록 작게 나타나며 물체를 본 그대로를 그리는 도법은? ; 투시도

> 해설 투시도는 물체를 원근감을 갖도록 그린 그림으로 토목, 건축 제도에 주로 사용.

❷ 제1각법과 제3각법

01 제1각법

① 투상면 앞쪽에 물체를 놓고 물체의 앞쪽에서 투상면에 수직으로 비치는 평행광선과 같은 투상선으로 물체의 모양을 투상면에 그리는 것
② 눈 → 물체 → 투상면의 식으로 배열
③ 건축, 조선 제도에 주로 쓰인다.

02 정면도를 중심으로 각각 보는 위치와 정반대되는 쪽에 투상도가 그려지는 각법은? : 제1각법

03 제3각법

① 물체를 제3각 안의 투상면 뒤쪽에 물체를 놓고 물체의 앞쪽 투상면에 물체를 그리는 것
② 눈 → 투상 → 물체의 식으로 배열 각법
③ 기계 제도에서는 3각법을 사용하는 것이 원칙이다.

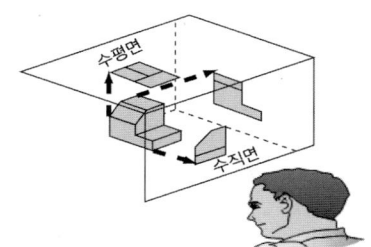

04 제1각법과 비교한 제3각법의 장점

① 각 투상도의 비교가 쉽고 치수 기입이 편리하다.
② 정면도를 중심으로 할 때 물체의 전개도와 같기 때문에 그림을 보기가 쉽다.
③ 특히 긴 물체나 경사면을 갖는 물체는 제3각법으로 표현하는 것이 편리하다.
④ 제1각법은 관련 형상을 표현한 투상도가 멀리 떨어져 있으므로 형상 이해 및 치수 판독시 잘못을 일으키기 쉽다.

해설 표제란에 '제1각법', 또는 '제3각법'의 문자나 위 그림과 같은 각법의 대표 기호를 표시한다.
한국, 미국, 캐나다, 일본 등은 제3각법,, 독일, 프랑스, 스위스 등은 제1각법 사용

05 다음 중 제3각법의 장점이 아닌 것은?

① 각 관계도의 배열이 실물의 전개도와 다르므로 대조가 편리하다.
② 보조 투상도 및 국부 투상도를 그릴 때는 도면을 보기 쉽다.
③ 각 관계도가 가까운 곳에 있으므로 도면 대조에 편리하다.
④ 정면도를 기준으로 상하 좌우에서 본 그대로 상하 좌우에 그린다.

해설 ①, 도면의 배열이 실제로 사물을 보는 것과 같은 위치에 있다.

06 제1각법과 제3각법의 기호

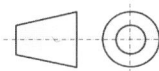 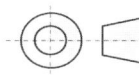

(a) 제1각법 기호   (b) 제3각법 기호

제5절 도형의 표시 방법

❶ 필요한 투상도의 수

01 1면도

정면도 하나로 충분한 원통, 각기둥, 평판 등과 같이 단면의 모양이 균일하고 모양이 간단한 물체를 표현할 때 적용한다.

02 2면도

평면형 또는 원통형인 간단한 물체는 정면도와 평면도나 다른 면도 2면으로서 완전하게 표현할 수 있을 경우 적용한다.

03 3면도

3개의 투상도로 완전히 도시할 수 있는 것을 말하며, 정면도, 평면도, 우측면도를 주로 택한다.

❷ 투상도의 선택과 종류

01 투상도 선택의 원칙

① 숨은선이 적게 되는 투상도를 택하며, 정면도를 중심으로 그 위쪽에 평면도, 또는 오른쪽에 우측면도를 택하는 것이 원칙이다.
② 정면도와 평면도 또는 정면도와 측면도의 어느 것으로 나타내어도 좋은 경우는 투상도 배치가 좋은 쪽을 택한다.

02 도형의 방향 선정에 대한 설명 중 틀린 것은?

① 그 부분의 가공량이 가장 많은 공정을 기준으로 한다.

② 가장 가공량이 많은 공정을 기준으로 가공할 때 놓여진 상태와 같은 방향으로 도면에 표시한다.
③ 작업의 중점이 되는 부분이 오른쪽에 오도록 그린다.
④ 그리기 편한대로 그린다.

해설 ④. 원칙에 맞추어 그려야 이해가 쉽고 적용하기 편하다.

03 정투상도의 선택

① 물체의 특징, 모양, 치수를 가장 명료하게 나타내는 쪽을 선택하고 이것을 중심으로 측면도, 평면도 등을 보충한다. 다만 비교 대조가 불편할 때는 숨은선으로 표시해도 무방하다.
② 물체는 될 수 있는대로 안전하고 자연스러운 위치를 나타낸다.
③ 조립도 등 주로 기능을 나타내는 도면은 대상물을 사용하는 상태로 표시한다.

04 물체의 모양을 가장 잘 나타낼 수 있는 면은 어디에 배치하는가? : 정면도

05 입체의 높이가 나타나지 않는 투상도는?
평면도

06 기어나 벨트 풀리의 정면도는 다음 중 어느 것이어야 하는가?
축 방향에서 본 그림

07 국부 투상도(local view)
정면도 하나만으로 충분한 도면이 키 홈 때문에 불필요한 평면도까지 그리게 되는 것을 피하여 키 홈 부분만 나타낸 것처럼 그려진 투상도이다.

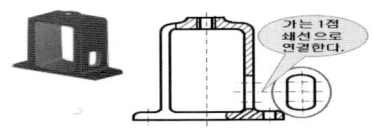

08 부품을 정면도 외에 측면도나 평면도를 다 그릴 필요가 없을 때 일부분만 그린 것을 무엇이라고 하는가? : 국부 투상도

09 다음 그림의 A와 같은 투상도를 무엇이라 하는가? : 부(보조) 투상도

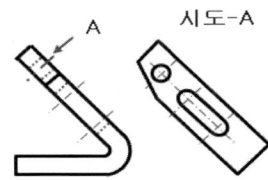

해설 정투상도로 표현하기 어려운 경사진 부분을 경사면과 평행한 위치에 경사면에 수직으로 투상하면 경사진 부분의 실제 모양을 나타내기가 쉽다.

10 부분 투상도
그림의 일부를 도시하는 것으로도 충분한 경우에 일부분만 표시한다. 생략한 부분과 경계를 파단선(가는 실선)으로 나타내고, 명확한 경우에는 생략이 가능하다.

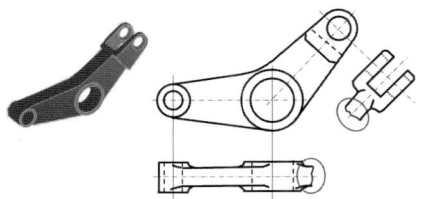

11 확대 투상도
특정한 부분의 도형이 너무 작아 그 부분을 상세하게 표현하거나 치수 기입을 할 수 없을 때 그 부분을 가는 실선으로 에워싸고 문자로 표시하며, 확대 표현한다.

12 회전 투상도

대상물의 일부가 어느 각도를 가지고 있기 때문에 그 모양을 나타내기 위해 그 부분을 회전해서 실제 모양을 나타내는 투상도

13 아래 도면 (1)을 보고 [보기]에서 평면도를, 도면 (2)를 보고 정면도로 적합한 것은?

(1) – ①, (2) – ③

14 아래 도면 (3)을 보고 정면도로 적합한 것을 보기에서 고르시오. : ③

15 아래 도면 (4)를 보고 우측면도로 적합한 것을 보기에서 고르시오. : ⑧

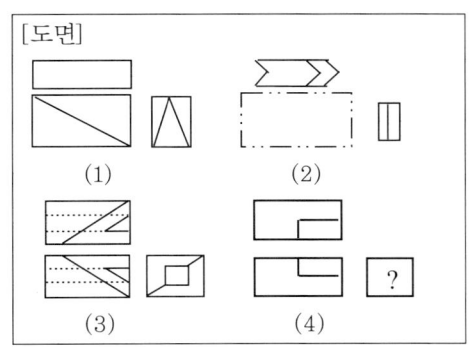

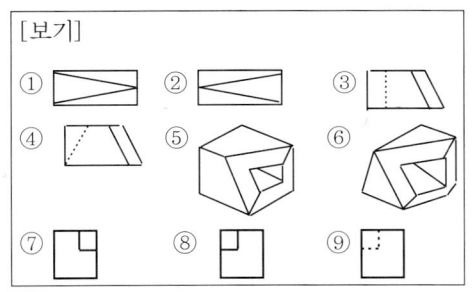

16 다음 그림과 관계되는 평면도는 어느 것인가? ③

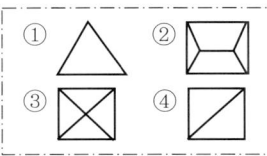

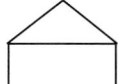

17 아래 입체도 (1)을 보고 좌측면도로 적합한 것을 보기에서 고르시오. : ②

18 아래 입체(겨냥)도 (2)를 보고 평면도로 적합한 것을 보기에서 고르시오 : ③

19 아래 입체도 (3)에서 화살표 방향으로 투상한 도면으로 적당한 것은? : ⑥

20 아래 입체도 (4)에서 화살표 방향으로 투상한 도면으로 적당한 것은? : ⑧

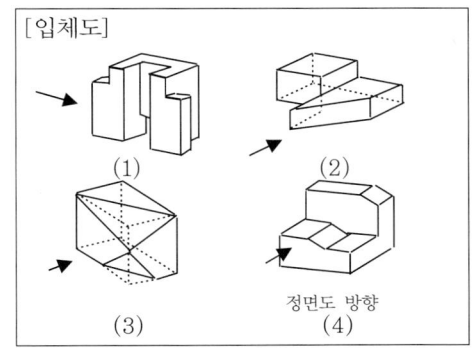

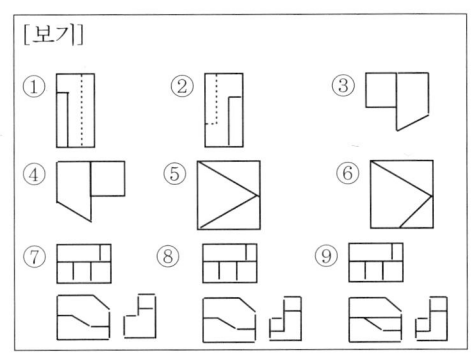

21 다음 도면은 정면도와 우측면도만 도시되어 있다. 제3각 투상에서 평면도로 적당한 것은 어느 것인가? : ①

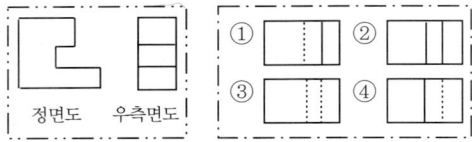

22 다음 정면도와 평면도를 보고 우측면도로 가장 적합한 것은? : ①

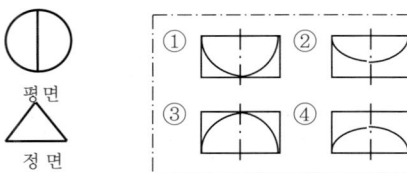

23 화살표 방향이 정면도일 경우 평면도로 가장 적합한 것은? : ①

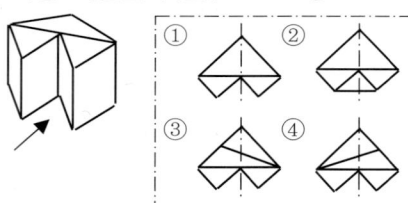

24 다음 도면에서 잘못된 것은? : ③

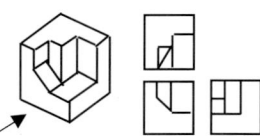

① 정면도 ② 측면도
③ 평면도 ④ 측면도, 평면도

25 다음에 나타낸 정면도에 해당되는 평면도는? : ②

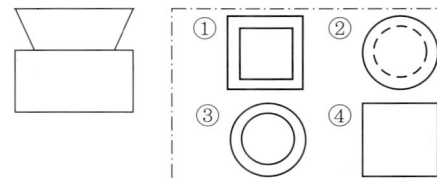

26 다음 그림을 3각법으로 제도했을 때 투상도의 이름이 틀린 것은?

해설 ②, 배면도가 아니라 평면도이다.

27 다음은 3각법으로 그린 투상도이다. 옳게 투상한 것은 어느 것인가? : ④

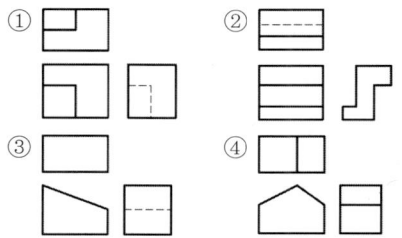

28 다음 투상도는 어느 겨냥도에 해당되는가? : ③

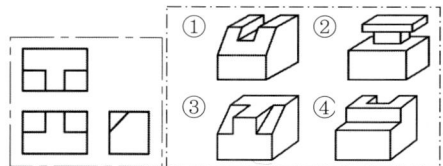

29 다음은 3각법으로 그린 투상도이다. 틀린 것은 어느 것인가? : ③

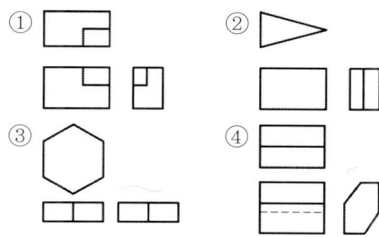

❸ 단면의 표시법

01 단면도를 하는 이유

① 물체 내부 모양이나 구조가 복잡한 경우
② 투상도에 숨은선이 많아 정확하게 형상을 읽기 어려울 때

04 단면도 표시법

절단 또는 파단하였다고 가상하여 물체 내부가 보이는 것과 같이 표시하면 대부분의 숨은선이 생략되고 외형선으로 도시되며, 해칭이나 스머징한다.

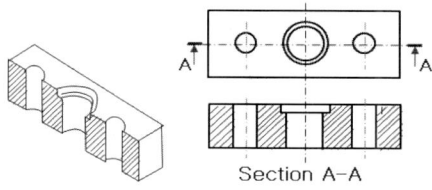

02 단면의 원칙

① 원칙적으로 기본 중심선으로 절단한 면으로 표시한다.
② 필요한 경우 기본 중심선이 아닌 곳에서 절단하여 그려도 되며, 숨은선은 이해가능하면 생략한다.
③ 상하 또는 좌우 대칭인 물체에서 외형과 단면을 동시에 나타낼 때에는 보통 대칭 중심의 위쪽 또는 오른쪽을 단면으로 나타낸다.

03 절단면 설치 위치와 한계 표시 방법

① 투상도에서 절단면 설치 위치와 한계 표시는 가는1점 쇄선으로 나타내며, 시작 부분과 선의 방향이 달라지는 부분에는 굵은 선으로 표시한다.
② 절단 평면의 기호는 정면도에 그 문자와 기호를 표시한다.
③ 부분 단면의 단면선은 단면의 한계를 표시하는 불규칙한 프리 핸드로 그린다.

04 해칭(hatching) 또는 스머징법

① 절단면을 단면하지 않은 면과의 구별을 위하여 가는 평행 경사선(해칭선)이나 스머징으로 표시한다.
② 같은 부품의 단면은 단면 부위가 멀리 떨어져 있더라도 방향과 간격은 같아야 한다.
③ 서로 인접한 여러 단면의 해칭은 각도를 30°, 45°, 60° 또는 간격을 달리 한다.

05 도면에서 어떤 경우에 해칭을 하는가?

절단 단면을 표시할 경우

06 단면도의 종류

온단면도, 한쪽 단면도, 부분 단면도, 계단 단면도, 회전 단면도

07 온(전) 단면도에 대한 설명 중 틀린 것은?

① 물체의 1/2을 절단한 것을 단면한 것
② 물체의 전면을 단면도로 표시한 것이다.
③ 단면선은 30°로 긋는 것이 원칙이다.
④ 중심선을 지나는 절단 평면으로 전면을 자르는 것이다.

해설 ③, 단면선은 45°로 긋는 것이 원칙.

08 한쪽(반) 단면도

대칭인 물체의 중심선을 기준으로 내부와 외부 모양을 동시에 나타내도록 물체의 1/4을 잘라내어 나타낸 단면도. 단면은 중심선을 기준으로 오른쪽 또는 위쪽에 표현

09 부분 단면도(local sectional view)

물체에서 단면을 필요로 하는 임의의 부분에서 일부만을 떼어낸 단면으로, 단면의 경계는 파단선을 프리핸드(가는 자유실선)로 표시한다.

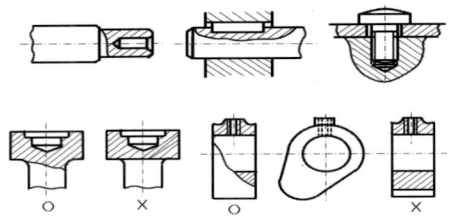

10 다음 도면 중 회전 단면이 아닌 것은?

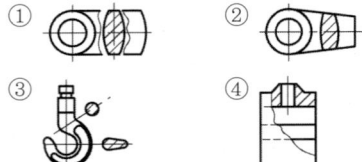

해설 ④, 부분 단면도이다.

11 회전 단면도

① 핸들, 벨트 풀리, 기어, 바퀴의 암(arm), 림(rim), 리브, 훅(hook), 축 등의 절단면을 90도 회전하여 그린 단면도.

② 물체를 파단선으로 자르고 절단한 곳에 단면을 나타낸다.

③ 회전 단면 작성시 사용되는 선은 파단한 경우 굵은 실선, 도면 내에 그리는 경우 가는 실선으로 그린다.

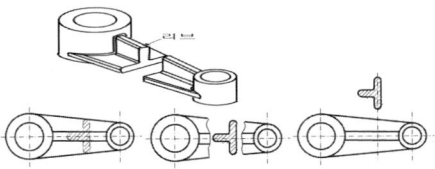

12 다음과 같은 구조물의 도면에서 A, B의 단면도는?

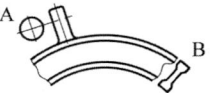

회전 단면도

13 계단 단면도

절단면이 투상면에 평행 또는 수직한 여러 면으로 되어 있어 명시할 곳을 계단 모양으로 절단하여 나타낸 도면이다.

14 얇은 부분의 단면도

① 가스켓, 철판 및 형강 제품 등 얇은 제품의 단면은 1개의 굵은 실선으로 표시
② 개스켓(Gasket), 양철판(Tin-Plate) 또는 형강 같은 극히 얇은 단면은 굵게 흑색실선으로 표시하고 이들 사이의 간격은 백색 공간으로 표시한다.
③ 해칭선은 그림이나 글자에 대하여 중단될 수 있으나 외형선 밖으로 연장되어서는 안된다.

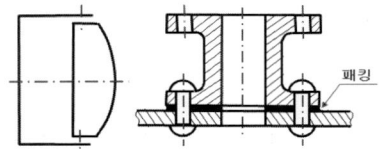

15 길이 방향으로 절단하지 않는 부품

① 속이 찬 원주 및 각주 모양의 부품 : 축(Shaft), 핀, 볼트, 너트(Nut), 와서, 작은 나사, 멈춤 나사, 리벳(Rivet), 키(Key), 테이퍼 핀, 볼 베어링의 볼 등
② 얇은 부분(단면하면 잘 못 판독 염려가 있는 것) : 리브(Rib), 웨브(Web) 등
③ 부품의 특수한 부분(단면하면 모양이 불확실해 지는 것) : 암(Arm), 기어의 이(Tooth) 등

16 다음 단면도 중 옳게 도시된 것은? ②

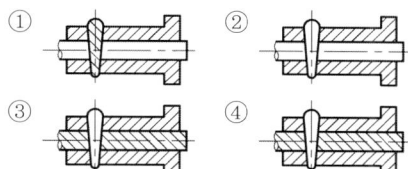

17 다음 그림과 같이 특정 부분을 옳게 그려진 것은? : ①

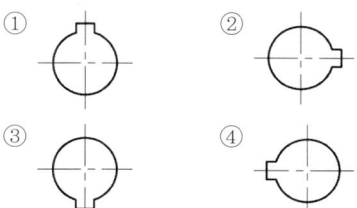

4 도형의 생략

01 도형의 생략 원칙

① 도면은 가급적 간단 명료하고 깨끗하게 그려 제도 시간과 노력은 적게 한다.
② 좌우 상하 대칭인 물체는 한쪽만 그려도 이해하는데 지장이 없는 경우 한쪽을 생략할 수 있다.
③ 일직선 위에 같은 간격, 같은 크기로 뚫린 많은 구멍은 처음과 마지막 부분의 몇 개만 그리고, 나머지 부분은 구멍의 중심 위치만 표시한다.

02 대칭 도형의 생략

① 대칭인 도형의 한쪽을 생략하여 그릴 때에는 그림 (a)와 같이 중심선 양 끝에 대칭 도시 기호를 그려 넣어야 한다.
대칭 도시 기호는 가는 실선으로 그린다.
② 중심선을 조금 넘게 그린 경우에는 대칭 도시 기호를 그리지 않는다. (b) 생략한 부분과의 경계는 파단선으로 그린다.

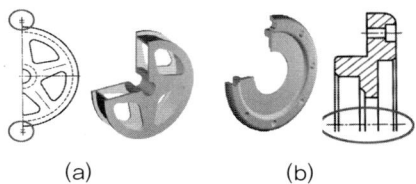

(a)   (b)

03 반복 도형의 생략

같은 종류의 모양이 여러 개 규칙적으로 있는 경우 다음과 같이 생략이 가능하다.

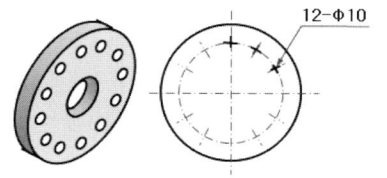

04 도형의 중간 부분의 생략

일정한 단면 모양의 부분 또는 테이퍼 부분이 긴 경우에는 중간 부분을 절단하여 짧게 도시할 수 있다.

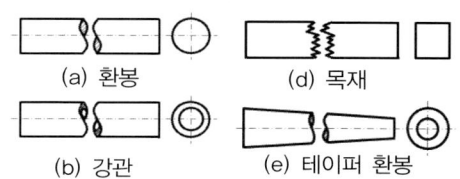

(a) 환봉   (d) 목재
(b) 강관   (e) 테이퍼 환봉

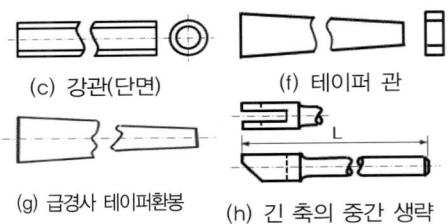
(c) 강관(단면)　　(f) 테이퍼 관
(g) 급경사 테이퍼환봉　　(h) 긴 축의 중간 생략

⑤ 특별한 도시 방법

01 전개법의 종류

평행선 전개법, 방사선 전개법, 삼각형 전개법

02 입체의 모양을 한 평면 위에 펼쳐서 그린 그림을 무엇이라고 하는가? : 전개도

03 판금 작업 중 전개도를 그리는 방법(종류)으로 옳지 않은 것은?

① 삼각형법　② 방사선법
③ 직각법　　④ 평행선법

해설 ③, 원뿔 전개에는 방사선법이 좋다.

04 그림과 같이 안지름 550mm, 두께 6mm, 높이 900mm 인 원통을 만들려고 할 때 소요되는 철판의 크기는? (단, 양쪽 마구리는 트여진 상태이며 이음매 부위는 고려하지 않는다.)

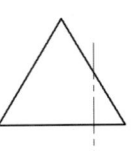

900×1747

해설 원통 굽힘 소재 길이 계산은 내경으로 표시된 경우는 (내경+t)×π를 외경으로 표시된 경우는 (외경-t)×π로 계산한다.
(550+6)×3.1416=1746.7

05 다음 경사 방향으로 절단된 원뿔을 전개할 때 옳은 것은? ①

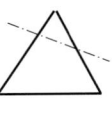

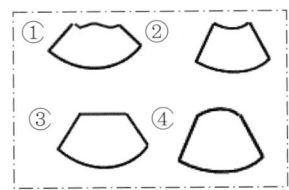

06 다음 원추를 단면한 표면에서 수직되게 보았을 때 어떤 모양이 되는가?

포물선

07 다음은 정면도를 보고 전개한 것이다. 바르게 전개된 것은? : ②

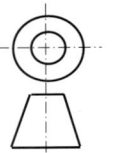
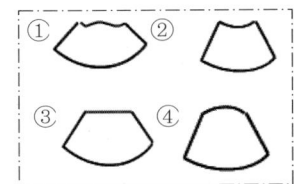

08 원통에 정원을 뚫었을 때 전개도는?

④

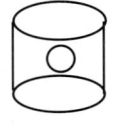
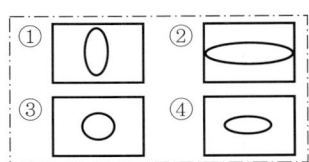

09 평행선 전개법

주로 각기둥이나 원기둥을 전개할 때 사용하며, 한쌍의 삼각자, 디바이더나 컴퍼스만 있으면 가능하다.

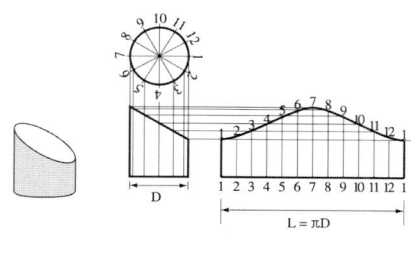

(a) 물체　　(b) 정면도와 평면도를 그린다.

10 삼각형 전개법

입체의 표면을 여러 개의 삼각형으로 나누어 전개하는 방법이다. 꼭지점이 너무 멀리 떨어져 있어서 방사선 전개도법을 적용하기 어려운 원뿔이나 편심 원뿔, 각뿔 등의 전개도에 많이 사용한다.

11 방사선 전개법

각뿔이나 원뿔의 전개에 사용하며 꼭지점을 중심으로 방사형으로 전개시키는 방법

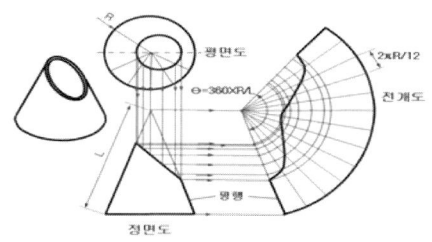

12 구형 등에 평면의 표시

도형 내에 특정한 부분이 평면인 것을 표시할 필요가 있을 때는 가는 실선(0.25mm)을 대각선으로 그어준다.

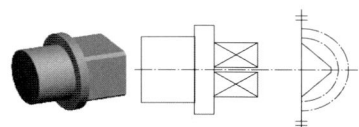

13 특수 가공 부분의 표시

물체의 일부분에 특수 가공을 하는 경우에는 그 범위를 외형선과 평행하게 약간 떼어서 굵은 일점 쇄선으로 표시한다.

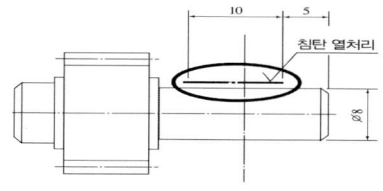

14 상관체와 상관선

① 상관체 : 2개 이상의 입체가 서로 관통하여 하나의 입체로 된 것
② 상관선 : 상관체가 나타난 각 입체의 경계선

15 지름이 같은 원기둥과 원기둥이 직각으로 만날 때의 상관선 표시는? : 직선

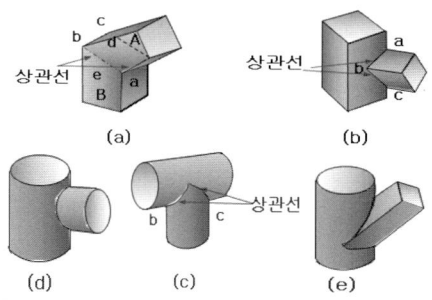

16 다음은 지름이 같은 상관체의 그림이다. 상관선이 맞지 않는 것은?　②

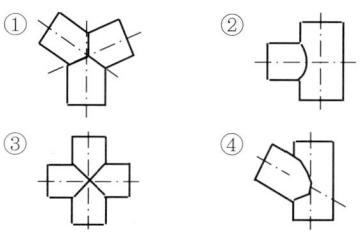

17 표준 부품의 표시

① KS규격에 규정된 표준 부품이나 시중 판매품을 사용할 경우는 간략도를 그리

고 주요 치수를 기입하면 된다.
② 볼트, 와셔, 핀, 구름 베어링 등

18   특정 모양 부분의 표시 방법

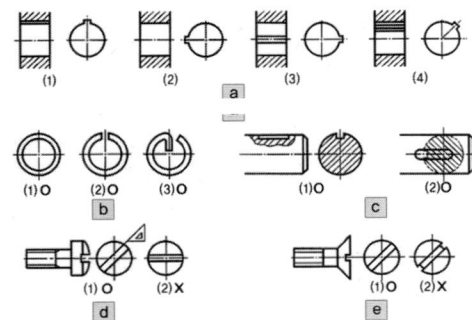

제6절 스케치

① 스케치 개요와 방법

01 스케치도의 필요성에 대한 설명 중 관계가 먼 것은?

① 실물을 보고 실물과 같은 물건을 만들고자 할 때
② 기계를 개조할 필요가 있을 때
③ 기계, 기구의 일부가 파손되어 그 부품을 만들고자 할 때
④ 기계 기구 등을 새로 구입할 때

> **해설** ④. 기계 기구 등을 새로 구입할 때나 제작도를 오래 보존할 경우는 스케치가 필요없다. 스케치도는 제3각법으로 그리는 것이 원칙이다.

02 다음은 스케치도에 대한 설명이다. 틀린 것은?

① 프리 핸드로 그린다.
② 규격품은 따로 도면을 작성한다.
③ 가공방법, 끼워 맞춤 정도 등을 기입한다.
④ 조립에 필요한 사항을 기입한다.

> **해설** ②. 규격품은 따로 도면을 작성하지 않고 바로 부품표에 규격을 기입하면 된다.

03 스케치 방법

부품의 모양에 따라서 프리 핸드법, 프린트법, 본(모양) 뜨기법, 사진 촬영법 등이 있다.

04 스케치할 때 부품의 표면에 광명단을 칠한 후 종이에 대고 눌러서 실제 모양을 뜨는 방법을 무엇이라고 하는가?

프린트법

> **해설** 스케치할 때 광면단 등 도료를 발라 실형을 뜨는 방법을 프린트법이라고 한다.

05 스케치할 물체를 직접 종이에 대고 그리는 방법은?   : 본(모양) 뜨기법

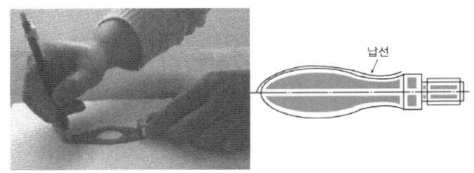

[직접 본뜨기법]   [간접 본뜨기법]

06 사진 촬영법

사진 촬영법 적용시 크기를 알기 위해 자 또는 길이의 기준이 되는 물건과 같이 촬영하는 것이 좋다.

07 스케치할 때 재질 판정법이 아닌 것은?
②

① 색깔이나 광택에 의한 판정법

② 피로 시험에 의한 판정법
③ 불꽃 검사에 의한 판정법
④ 경도 시험에 의한 판정법

08 스케치에 의하여 제작도를 완성할 경우 제도 순서를 나열한 것은?

전체 조립도 – 부품도 – 부분 조립도

제7절 치수 표시법

1 치수의 종류와 기입의 원칙

01 다음 중 도면에 기입되는 치수의 종류가 아닌 것은?

① 재료 치수   ② 소재 치수
③ 여유 치수   ④ 마무리(완성)치수

해설 ①. 재료 치수 ; 구조물 등의 제작에 사용되는 재료의 다듬질 치수를 포함한 치수

02 제도에서는 특별히 명시하지 않은 경우 어느 치수를 기입하는게 원칙인가?

마무리(완성) 치수

03 치수 종류의 특성

① 재료 치수 : 구조물 등 제작에 사용되는 재료의 다듬질 치수를 포함한 치수
② 소재 치수 : 주물이나 단조품 등 반제품의 치수
③ 완성(마무리) 치수 : 완성 제품의 치수

04 치수 기입의 일반 원칙(주의 사항)

① 정확하고 이해하기 쉽게 한다.
② 제작 공정이 쉽고 가공비가 최저로서 제품이 완성되는 치수로 한다.
③ 치수는 주로 정면도에 집중되게 하며, 일부 평면도나 측면도에 표시할 수 있다.
④ 두께 치수는 주로 평면도나 측면도에 기입한다.
⑤ 수직선에 대하여 시계 반대 방향 30° 이하의 부분에는 치수 기입을 피한다.
⑥ 수평 치수선에 대하여는 위쪽으로 향하게, 수직 치수선에는 왼쪽 방향으로 치수선 중앙 치수선 위에 기입한다.

05 치수의 단위

① 길이 : 보통 완성 치수를 mm 단위로 하며, 단위는 붙이지 않는다.
  치수의 소수점은 아래 점으로 표시하며, 치수 문자의 자리수가 많은 경우라도 3자리마다 콤마는 찍지 않는다.
② 각도 : 보통 '도'로 표시하며, 필요한 경우 숫자의 오른쪽에 도, 분, 초(°, ″, ′)를 기입한다.

06 다음 중 치수 기입시 주의 사항으로 적합하지 않은 것은?

① 계산하지 않고 치수를 볼 수 있게 한다.
② 제품이 완성되는 치수로 한다.
③ 치수는 주로 정면도에 집중되게 기입한다.
④ 두께 치수는 반드시 우측면도에 기입한다.

해설 ④. 두께 치수는 가급적 평면도나 측면도에 기입한다.

07 치수 기입시 주의 사항이 아닌 것은?

① 치수는 치수선이 교차하는 곳에 기입하지 않는다.
② 여러 개의 구멍 치수 기입시 치수선의 간격을 동일하게 한다.
③ 대칭 도형의 치수선을 생략할 경우 중

심선을 넘도록 그린다.
④ 원호가 180°를 넘는 경우 R로 표시한다.

해설 ④, 원호가 180°를 넘는 경우 φ로 표시한다.

08 치수 기입법에서 올바르게 설명한 것은?

같은 치수를 기호 문자로 기입하고 수치는 별도로 할 수 있다.

해설 특별히 명시하지 않은 치수는 완성 치수이며, 작업자가 계산하지 않도록 기입한다.

09 다음 중 치수선에 치수 기입시 위치

① 수평 치수선에 대하여 위쪽으로 향하게
② 수직 치수선에 대하여 좌측으로 향하게

10 치수와 같이 사용되는 문자, 기호

구분	기호	구분	기호
지름	φ	판두께	t
반지름	R	원호 길이	⌒
구의 지름	Sφ	45° 모따기	C
구의 반지름	SR	참고 치수	( )
정사각형 변	□		

11 다음 중 치수와 같이 사용되는 기호가 아닌 것은 어느 것인가?

① □ 5 ② ⊠ 5
③ 구φ5 ④ R 5

해설 ⊠는 원형 물체 등에 키 홈 등 평면임을 나타내는 도시법이다.

❷ 치수 기입의 구성 요소

01 치수 구성 요소

① 치수는 두개의 선이나 평면 사이 등 상호 간의 거리를 표시하기 위해 사용하며,

② 치수선과 치수 보조선, 인출선, 지시선 등으로 나타내며, 0.3mm 이하의 가는 실선으로 그린다.

02 치수선 표시 예

① 수치가 적용되는 구간을 나타내며, 외형 선과 평행하게, 외형선에서 10~15mm 정도 띄어서 그리며, 끝부분은 화살이나 검은 점으로 나타낸다.
② 외형선, 다른 치수선과 중복을 피한다.
③ 외형선, 숨은선, 중심선, 치수 보조선은 치수선으로 사용하지 않는다.
④ 화살표의 길이와 폭의 비율은 보통 4 : 1 정도로 하며, 보통 3mm 정도로 하며, 같은 도형에서는 같은 크기로 한다.

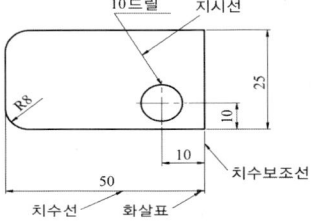

03 치수 보조선

① 치수선을 긋기 위한 보조선으로 도형의 외형선에서 1mm 정도 띄어 외형선과 수직 또는 경사지게 긋는다.
② 테이퍼부의 치수를 나타낼 때는 치수선과 60° 경사로 긋는 것이 좋다.
③ 치수 보조선의 길이는 치수선과 교차점보다 약간(약 3mm) 길게 긋도록 한다.

04 지시선과 인출선

구멍 치수나 가공 방법, 지시 사항, 부품 기호 등을 기입하기 위해 경사지게 그리며, 지시선은 60도 사용이 일반적이다.

05 다음과 같은 도면에서 A와 B 부분의 치수가 빠져있다. 옳은 치수는 얼마인가?

A : 1240, B : 1480

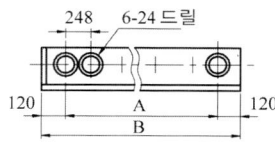

해설 A부분의 치수는 6-4드릴이며, 1칸의 간격이 248이므로 (구멍수 - 1) × 1칸의 간격 = (6 - 1) × 248 = 1240이 된다. B 치수는 A + 양측 간격 = 1240 + 240 = 1480이 된다.

06 다음 도면에서 지름 8mm의 구멍의 수는 모두 몇 개인가? : 38

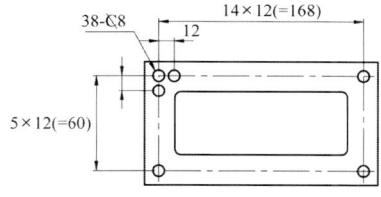

③ 여러 가지 치수 기입 방법

01 지름 및 반지름 치수 기입

① 지름의 치수 기입 : 치수 앞에 지름 기호를 붙이며, 지름의 크기가 다르며 연속되고 길이가 짧아 치수를 기입할 공간이 작은 경우 인출선을 끌어내어 기입한다.

② 반지름의 치수 기입 : 물체의 모양이 원형으로 반지름 치수를 표시할 때 치수선의 화살표를 원호 쪽에만 붙이고 반지름 기호 R을 붙인다.

③ 구의 지름은 치수 앞에 'S∅'를, 구의 반지름은 'SR'을 붙인다.

02 정사각형 변의 크기 및 두께 치수 기입

① 물체가 정사각형의 모양을 한 경우 해당 단면의 치수 앞에 정사각형 기호 □를 붙인다.

② 두께 : 판재는 보통 평면 상태를 정면도로 하며 투상도 안에 t자를 붙이고 치수를 기입함이 원칙이나 알아보기 쉬운 적당한 위치에 기입한다.

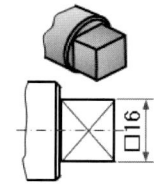 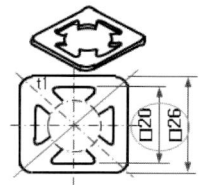

(a) 단면에 직접 기입 (b) 한 변에 치수를 기입

03 현, 원호 및 곡선 치수 기입

① 현 길이 : 원칙적으로 측정할 방향으로 현의 직각에 치수 보조선을 긋고 현에 평행하게 치수선을 그어 치수를 기입한다.

② 원호 : 현의 길이와 같이 치수 보조선을 긋고 그 원호와 동심의 원호로 치수선을 그은 후 치수를 기입하고 원호 기호 ⌒를 붙인다.

③ 원호로 구성된 곡선 : 원호 반지름과 그 중심 또는 원호와의 접선 위치까지를 기입한다.

④ 원호로 구성되지 않은 곡선 : 기준면 기준 또는 곡선상 임의 점 위치를 기점 기호로 표시하고 좌우로 치수를 기입한다.

04 각도, 호, 현의 표시법

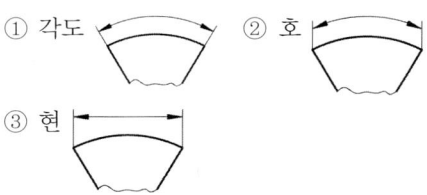

① 각도   ② 호   ③ 현

05 구멍 치수 기입

① 같은 크기의 구멍이 하나의 투상도에 여러 개 있을 경우 구멍으로부터 지시선을 긋고 그 위에 '구멍수-구멍 치수'를 기입한다.
② 피치 간격 치수는 '피치 총수×1개의 피치 치수(=전체 치수)'를 기입한다.
③ 구멍이 원으로 그려져 있는 투상도에 기입시 구멍의 크기 치수 다음에 '깊이' 문자 기호와 깊이 치수를 기입한다. 드릴 끝의 원뿔 부분은 포함하지 않은 깊이이다.

06 테이퍼 및 기울기 치수 기입

테이퍼는 원칙적으로 중심선 위에 기입하나, 기울기 크기와 방향을 별도로 지시할 때는 인출선을 써서 기입한다.
기울기는 기울어진 면의 위로 약간 띄워서 기입한다.

07 모따기 치수 기입

① 모따기 각도가 45° 이하일 때는 보통의 치수 기입 방법과 같이한다.
② 모따기 각도가 45°일 때는 'C7' 또는 7×45°

08 형강, 강관 등의 치수 기입

'형강기호 세로 길이(A)×가로 길이(B)×두께(t) − 길이(L)로 기입한다.
① 앵글 : L A × B × t − L
② 부등변 앵글 : L A × B × t1 ×t2− L
③ ㄷ형강 : ㄷ A × B × t1 ×t2− L
④ I형강 : I A × B × t − L
⑤ H형강 : H A × B × t − L

09 다음 둥근 머리 리벳 중 공장 리벳 이음 작업을 나타낸 것은? : ②

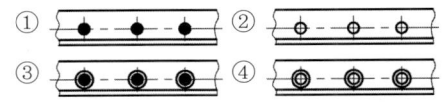

해설 ① 현장 리벳이음

10 치수 기입시 주의 사항

① 치수 수치는 절대 도면 선 위에 표시하지 않는다.
② 치수 수치는 치수선이 교차하는 곳에 기입하지 않는다.
③ 인접해서 연속되는 경우 동일 직선상에 가지런히 긋고 기입한다.
④ 여러 개의 구멍 치수 기입시 치수선의 간격을 동일하게 한다.
⑤ 대칭 도형의 치수선을 생략할 경우 중심선을 넘도록 그린다.
⑥ 동일 형상의 다른 치수는 기호를 써서 별도로 표시할 수 있다.
⑦ 서로 경사진 모따기, 둥글기가 있을 때는 두 면의 교차점을 표시하고 치수 보조선을 끌어내어 치수선을 긋는다.
⑧ 원호가 180°를 넘는 경우 지름으로 표시하는 것이 원칙이다.
⑨ 가공, 조립시에 기준면이 있는 경우 기준면을 기준으로 기입한다.
⑩ 서로 관련되는 치수를 한곳에 모아서 기입하는 것이 좋다.

제8절 재료 기호 및 표시 방법

1 재료 기호의 구성

01 재료 기호 구성

재료 기호는 영문자와 아라비아 숫자로 구성되어 있으며, 보통 3부분으로 표시하나, 다섯 자리로 표시하기도 한다.

4번째는 제조법, 5번째는 제품 형상 표시

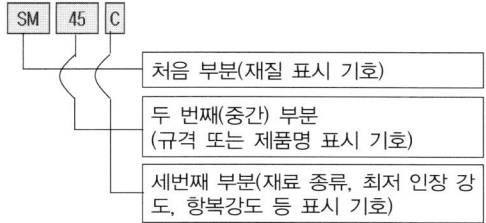

처음 부분(재질 표시 기호)
두 번째(중간) 부분
(규격 또는 제품명 표시 기호)
세번째 부분(재료 종류, 최저 인장 강도, 항복강도 등 표시 기호)

02 처음 부분 : 재질

기호	재 질	기호	재 질
Al	알루미늄	MSr	연강
Bs	황동	S	강
Cu	구리 또는 그 합금	SM	기계 구조용강
PB	인 청동	WM	화이트 메탈

03 두 번째(중간) 부분 : 규격명, 제품명

영문자의 머리글자(대문자)로 표시하고 판·봉(bar), 선재와 주조품, 단조품 등과 같은 제품의 모양에 따른 종류나 용도를 표시한다.

기 호	제품명 또는 규격명
B, C	B : 봉(bar), C : 주조품
F, K	F : 단조품, K : 공구강
BC / BsC	청동주물 / 황동주물
DC / CS	다이캐스팅 / 냉간압연강재
CP	냉간 압연 연강판
HP	열간 압연 연강판
G / KH	고압가스용기 / 고속도공구강
MC / NC	가단주철품 / 니켈크롬강
NCM	니켈 크롬 몰리브덴강
P, W	P : 판(plate), W : 선(wire)
PW	피아노 선(piano wire)
S / SW	일반구조용압연재 / 강선
TC / WR	탄소공구강 / 선재(wire rod)

04 세 번째 부분

재료의 종류 번호, 최저 인장 강도와 제조 방법, 열처리 방법 등을 표시한다.

기 호	기호의 의미	적 용
5A	5종 A	SPS 5A
A	A종	Sn400 A
C	탄소 함량 (0.10~0.15%)	SM 12 C
330	최저 인장 강도 또는 항복점	WMC 330

05 네 번째 부분

구 분	기호	기호의 의미
조질도 기호	A	풀림 상태(연질)
	H / 1/2H	경질 / 1/2 경질
표면 마무리 기호	D	무광택 마무리
	B	광택 마무리
열처리 기호	N / Q	불림 / 담금질, 뜨임
	SR	시험편에만 불림
형상기호	P	강판
	□ / 6	각재 / 6각강
	I / C	I형강 / 채널
기 타	CF	원심력 주강판
	CR	제어 압연 강판
	R	압연 그대로의 강판

2 재료 기호 표시의 예

01 SS 275(KS D) 3503의 일반 구조용 압연강재 등

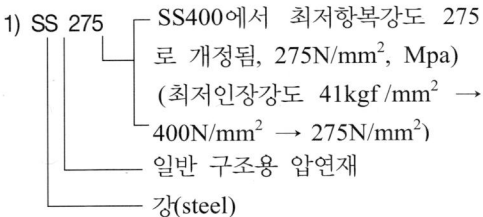

02 머리부터 끝까지 전체 치수로 호칭 길이를 표시하는 리벳은?

접시 머리 리벳

> 해설 리벳의 호칭법은 종류, 호칭, 지름×길이, 재료이다.

03 재료 기호표시에서 첫 번째 기호는 무엇을 뜻하는가? : 재질

04 재료 기호 표시에서 세번째 부분에 표시하는 내용이 아닌 것은?

① 재료 종류   ② 최저 인장 강도
③ 탄소 함유량 ④ 제품 규격

> 해설 ①, SB41 : S : 재질, 강, B : 보일러, 41 : 최소 인장강도

05 냉간 압연 강판 및 강대 1종을 나타내는 것은? : SCP 1

06 SM10C에서 10C는 무엇을 뜻하는가?

탄소 함유량

> 해설 10C는 탄소 함유량을 뜻하며, 탄소 함유량에 100을 곱한 숫자이며, 탄소 함유량이 0.07~0.13% 범위의 강재를 나타낸다.

07 용접용 KS 재료 기호가 SM 355 CN으로 표시되었을 때의 설명 중 틀린 것은?

① 용접 구조용 압연 강재이다.
② 최고 인장강도가 355kgf/mm²이다.
③ C는 A, B, C의 C종이다.
④ N은 노말라이징 열처리한 재료를 표시한다.

> 해설 ②, 용접구조용 압연강재 기호 SWS 400, 490이 SM 275, 355로 변경되었다.
> 즉, 최저 인장강도가 400, 490(N/mm²)에서 최저 항복강도 275, 355 MPa(N/mm²)로 변경되었다.

08 다음 중 기계 구조용 탄소강 강재를 나타내는 것은?

① SF330   ② SM30C
③ SS275   ④ SC37

> 해설 ②, SS41에서 SS400으로, 다시 SS275 로 변경되었음, 41, 400은 최저 인강강도가 41kgf/mm²에서 400N/mm²으로 또 다시 최저 항복강도가 275N/mm²(MPa)로 개정되었다.
> SF : 단조강, SC : 주강

제9절 용접이음부의 기호

1 용접 기호 일반

01 구, KSB 0052 용접기호는 2023년도에 폐

지되고 2024년 12월 KSBISO2553 (2019) 용접 이음부 기호'로 개정되었다.

02 용접 이음부 기호란

용접 구조물의 설계 및 제작 도면에 설계자가 생각하고 있는 이음 형식과 홈의 형상, 필릿의 목 길이, 용입 깊이, 비드 표면의 다듬질 방법, 용접 장소, 용접법 등을 나타내기 위해 구, KSB 0052 용접기호는 폐지되고, 다시 KSB 0052와 ISO2553을 화합하여 2024년 12월에 제정된 기호이다.

03 용접 기호의 일반 사항은? ①~④

① 용접 이음부는 일반적으로 제도 규격에 근거하여 나타낸다.
② 이음부에 대하여 규격에 있는 기호 표시법을 채용하고 있다.
③ 기호 표시법은 기초 기호, 보조 기호, 치수 표시, 보조 지시 사항으로 구성하고 있다.
④ 기초 기호와 보조 기호는 필요에 따라 조합하여 표시한다.

❷ 용접 이음부 기호

01 용접 홈 맞대기 이음 형상과 기초 기호, 명칭

1) ⌣ : 플래어 V 용접
2) ⌐ : 플래어 개선 용접
3) ∥ : 정방형(구, 평형, I형) 맞대기 용접
4) V : 단면 V 맞대기 용접
5) V : 단(일)면 개선 맞대기 용접
6) Y : 넓은 루트면을 가진 단면 V 맞대기 용접
7) Y : 넓은 루트면을 가진 단면 개선 맞대기 용접
8) U : 단면 U 맞대기 용접
9) ⌐ : 단면 J 맞대기 용접
10) X : 양면 V(구, X형) 맞대기 용접
11) K : 양면 개선(구, K형) 맞대기 용접
12) ⋈ : 양면 U(구, H형) 맞대기 용접
13) X : 넓은 루트면을 가진 양면 V 용접
14) K : 넓은 루트면을 가진 양면 개선 맞대기 용접
15) V : 가파르게 경사진 (구, 개선각이 급격한) V 맞대기 용접
16) ⌐ : 가파르게 경사진 (구, 개선각이 급격한 일면 개선) 맞대기 용접

02 기타 기본이음 형상과 기호, 명칭

1) Ⅲ : 가장자리(edge) 용접

2) ▱ ⌒ : 오버레이(구, 표준 육성) 용접

3) ▱ ◡ : 뒷(이)면 용접

4) ▱ ◿ : 필릿 용접

5) ▱ ⊓ : 플러그 용접
플러그 또는 슬롯 용접(미국)

6) ▱ ○ : 점 용접

7) ▱ ⊖ : 심(seam) 용접

8) ▱ ⊗ : 스터드 용접

9) ▱ d▽ : 스테이크 용접

10) 10⊠ 100 ISO 5817-B   ⊠ : 대체하는 단순화된 맞대기 용접(요구 품질, 예로 WPS 등에 근거한 경우 사용, 완전 용입의 경우 치수 붙이지 않음)

11) ⟋⟍ : 넓은 루트면을 가진 양면 개선 용접과 필릿 용접

03 그림의 용접이음의 명칭

① 겹치기 이음 :
② 모서리 이음 :
③ 변두리 이음 :
④ 맞대기 이음 :

04 용접 보조 기호란

용접 보조 기호는 기본 기호에 이 기호를 사용해 기초 기호를 보조하는 역할을 하는 것

05 용접 보조 기호의 설명

① 볼록비드 : ⌢
② 오목 비드 : ⌣
③ 동일 평면(평평하게 마감처리) : ─
④ 매끄럽게 혼합된 토우(구, 끝단을 매끄럽게 함) : ⌣

1) ▱ ▽ : 편면 마감 처리한 V형 맞대기 용접

2) ▱ ⊻ : 이면 용접이 있으며 표면 모두 평면 마감 처리한 V 맞대기 용접

3) ▱ ⋈ : 볼록 양면 V 용접

4) ▱ ⌐ : 오목 필릿 용접

5) ▱ ⊻ : 넓은 루트면이 있고 이면 용접된 V형 맞대기 용접

6) ▱ ⊽ : 서페이서

7) ▱ ▽ : 소모성 삽입물

8) 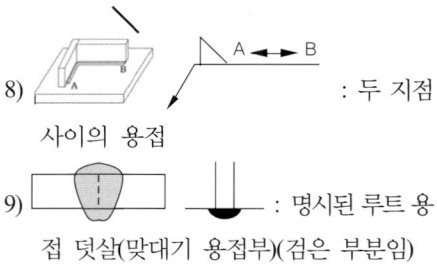 : 두 지점 사이의 용접

9) ▱ ⊤ : 명시된 루트 용접 덧살(맞대기 용접부)(검은 부분임)

06 다음 용접 기호의 설명은?

필릿 용접부의 토우를 매끄럽게 함

07 다음 용접 기호의 뜻은?

① ⌈M⌉ : 영구 패킹(구, 영구적인 덮개 판 사용)

② ⌈MR⌉ ⎯⎯⎯⎯ : 제거성/일시적인(구, 제거 가능한) 백킹

08 다듬질 방법의 보조 기호

G : 연삭, C : 치핑, M : 기계 가공,
F : 지정하지 않음

09 기본 용접 기호

이음부 세부사항을 전달하지 않은 기호, 화살표선, 기준선 및 꼬리를 포함하여야 한다.

(a) 기본 용접 기호 :

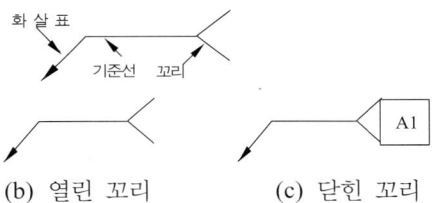

(b) 열린 꼬리   (c) 닫힌 꼬리

10 꼬리의 형상과 기재사항

① 꼬리 형상은 열린 꼬리와 닫힌 꼬리가 있다.
② 꼬리는 품질 등급, 용접 공정, 용가제, 용접 자세, 이음부를 만들 때 고려해야 할 보충 정보를 나타내며,
③ 닫힌 꼬리는 특정 지시(예 : WPS, PQR 또는 다른 문서에 따른 참조를 나타낼 목적일 때 사용해야 한다.

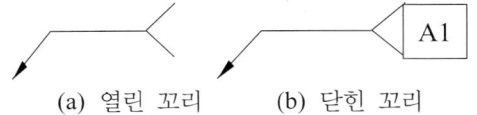

(a) 열린 꼬리   (b) 닫힌 꼬리

11 기준선과 용접 기호 시스템

용접 기호 시스템은 A, B가 있으며, 동일 도면에서 혼용해서는 안된다.

1) 시스템 A : 기호 표시는 실선과 점선을 구성하는 이(2)중 기준선을 기본으로 한다.
   - 점선은 기준선과 동일한 길이로 표시하며, 실선 위나 아래로 그려도 되나 가능하면 밑에 그린다.
   - 점선은 대칭 용접부와 점 용접, 심 용접의 경우 생략한다.
   - A 시스템에서 화살표쪽 용접일 때는 실선 위에 용접 기초 기호를, 화살표 반대쪽 용접일 때는 점선 위에 붙인다.

2) 시스템 B : 기호 표시는 단일 기준(실)선을 기본으로 한다.
   - B 시스템에서 화살표쪽 용접일 때는 실선 아래에 용접 기초 기호를, 화살표 반대쪽 용접일 때는 실선 위에 붙인다.

3) A, B 시스템 모두 치수, 보충 정보, 보조기호는 기준선에 붙여 그려야 한다.

12 용접 시공 내용의 기재 시스템

1) 화살표쪽 용접

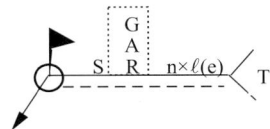

2) 화살표반대쪽

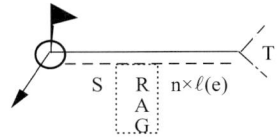

(a) 시스템 A 적용의 경우

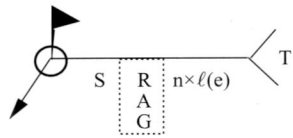

(a) 시스템 B 적용의 경우(화살표쪽 용접)
(기준선 위에 용접 기초기호가 붙으면 반대쪽 용접)

13 용접 기호 기재 방법

① 용접 이음부의 보조 기호로는 치수, 강도(S), 용접 방법 등을 표시하는데, 치수의 숫자 중에서 가로 단면의 주요 치수는 용접부 기본 기호의 좌측에 기입한다.
② 세로단면 방향의 치수는 일반적으로 기초(구, 기본) 기호( )의 우측 $n \times \ell(e)$에 기입한다.
③ 표면 모양(−) 및 다듬질 방법(G) 등의 보조 기호는 용접부의 모양 기호 표면에 근접하여 기재한다.
④ 전방위(구, 전(온)둘레) 용접 : 용접부 전체를 용접할 경우 사용, 기준선과 화살표선의 교차점에 원형을 붙인다.
⑤ 현장 용접이란 구조물 등을 설치하는 현장에서 용접을 하라는 의미이며, 현장 용접부는 화살표선과 기준선 연결 교점에 수직으로 깃발을 높이게 붙인다.
 - 전방위(구, 일주, 전둘레) 용접(○), 현장 용접( ), 현장 전방위 용접( ) 등
⑥ 꼬리 부분(T)에는 용접 자세, 용접 방법 등을 기입한다.

14 전방위(구, 전(온)둘레) 용접 기호의 사용 제한

① 용접부가 같은 지점에서 출발하지 않고 끝나지 않는 경우
② 용접부 종류가 변경되는 경우, 예로 필릿 용접에서 맞대기 용접부로
③ 용접부 치수가 변경되는 경우
④ 용접부가 원형 또는 길게 늘어진 구멍의 원주의 경우

15 기초 기호(∨, ×, ⋊, △ 등)

① S : 홈 깊이, 용접부 두께
② R : 루트 간격
③ A : 홈의 각도
④ G : 다듬질 방법의 보조 기호(G : 연삭, C : 치핑, M : 기계 가공, F : 지정하지 않음)
⑤ n : 이음부(단속 필릿 등)의 수
⑥ ℓ : 이음부(단속 필릿 용접의 용접 등) 길이, 슬롯 용접의 홈 길이 또는 필요한 경우
⑦ (e) : 단속 필릿 용접, 플러그 용접, 슬롯 용접, 점 용접 등의 피치(용접부 끝과 인접 용접부 사이의 거리)
⑧ T : 특별 지시 사항(J, U형 등의 루트 반지름, 용접 자세, 용접 방법, 비파괴 시험 보조기호, 기타 등)
⑨ ○ : 전(온)둘레 용접

16 플러그, 점, 심 용접 및 프로젝션 용접부

① 플러그 이음부 : 기초 기호는 기준선 위의 중앙에 붙이며, 화살표쪽과 반대쪽 관련이 없으며, A 시스템의 경우 점선은 생략할 수 있다.
② 프로젝션 용접부 : 기준선 위나 아래에 기초 기호를 놓아야 하며, 용접 공정은 식별되어야 한다.

17 여러개의 기준선

① 2개 이상의 기준선은 일련의 작업을 나타낼 목적으로 사용하며,

② 첫 번째 작업은 화살축에 가장 가까운 기준선 위에 나타내며, 후속 작업은 다른 기준선 위에 순차적으로 나타내야 한다.
③ 길이 치수 : 용접부 공칭 길이 치수는 기초 기호 오른쪽에 놓여야 한다.

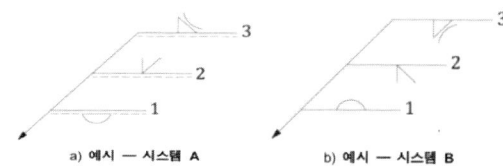

(1 : 첫번째 작업, 2 : 두번째 작업, 3 : 세번째 작업)

18 각도별 이음부 종류의 구분법

① $0° ≤ α ≤ 5°$: 겹치기/필릿
② $0° ≤ α ≤ 30°$: 가장자리
③ $5° ≤ α ≤ 45°$: 필릿
④ $30° ≤ α ≤ 135°$: 모서리, 필릿
⑤ $135° ≤ α ≤ 180°$: 맞대기

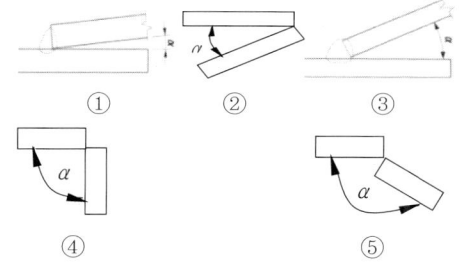

19 용접부에서 ┌M┐ 은 무엇을 뜻하는가?

영구 패킹(구, 영구적인 덮개판 사용)

20 제거성/일시적인(구, 제거 가능한) 백킹을 나타내는 기호는?

┌MR┐

21 맞대기 이음에서 ▬ 기호는 무엇을 나타내는가?

명시된 루트 용접 덧살(맞대기 용접부)

22 아래 왼쪽 그림과 같은 용접 기호를 올바르게 설명한 것은?

화살표쪽 단면 V 맞대기 용접, 루트간격 3mm, 홈각도 60°

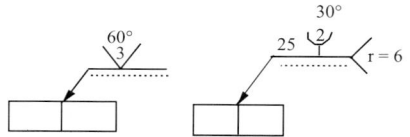

23 위의 우측 도면에서 맞대기 이음에 대한 KS 용접기호의 설명은?

단면 U 맞대기 용접기호로서 화살표쪽 홈 깊이 25mm, 루트 반지름 6mm, 홈각도 30°, 루트간격 2mm이다.

24 다음 도면의 용접 기초기호의 설명은?

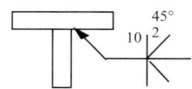

양면 개선(구, K형) 맞대기 용접으로 홈의 각도 45° 루트 간격 2mm, 홈의 깊이는 10mm이다.

25 필릿 용접부 표시방법

s : 실재 목 두께
a : 이론 목 두께,   z : 다리 길이(각장)

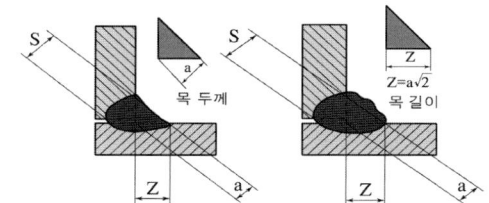

26 다음 도시의 용접 기호를 설명은?

① ~ ④

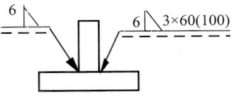

① 왼쪽은 연속 필릿 용접, 오른쪽은 단속 필릿 용접을 뜻한다.
② 양쪽 다리 길이(각장)는 6mm이다.
③ 단속 용접 수는 3개소이다.
④ 단속 용접 길이는 단속 용접부 길이는 60mm, 용접부와 용접부 사이의 간격은 100mm이다.

27 다음 도면의 용접 기호는 어떠한 용접을 나타내는가?

연속 필릿 현장 용접

참고

① 병렬 단속 필릿 용접 :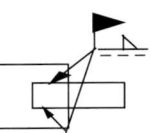

② 화살표 방향 플러그 용접 :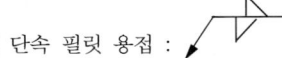

③ 전방위(구, 일주) 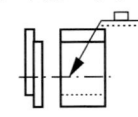 현장용접

④ 심(seam) 용접 :

28 다음 용접기호는 무엇을 뜻하는가?

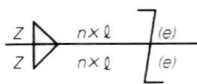

지그재그 단속 필릿 용접부
(Z : 다리 길이(각장), a일 경우 : 목 두께)

29 플러그 용접에서 사용하는 다음 기호에서 d와 s는 무엇을 뜻하는가?

d : 접착면에서의 구멍 지름
s : 구멍을 부분적으로 채울 경우 채우는 깊이
d 대신 C는 : 슬롯 용접에서 접촉면에서 길게 늘어진 구멍의 폭

30 프로젝션 용접부의 표시

프로젝션의 지름 $d=5$mm, 프로젝션 간격 (e)로 n개의 용접 개수를 가지는 프로젝션 용접의 표시이다.

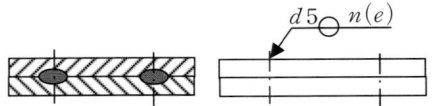

31 그림과 같은 심 용접이음에 대한 용접 기호 표시 설명 중 틀린 것은?

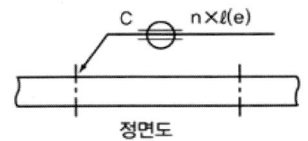

① C : 접착면에서 요구되는 심 용접부 폭 (용접부의 너비)
② n : 용접부의 수
③ ℓ : 용접길이
④ e : 용접부의 깊이

해설 ④ e : 인접한 용접부 간의 거리

32 V 맞대기 용접에서 S의 의미는?

S∨ : 용입 깊이(S가 없는 경우 완전 용입을 뜻함)

33 V 맞대기 이음에서 h6s8의 의미는?

h6s8 ∇ : h6 : 공칭 용입깊이 8mm
s8 : 실제 용입깊이 6mm

34 아래 좌측 용접 기호에서 교차점에서의 원(○)은 무엇을 의미하는가? : ②

① 현장 용접   ② 전방위 용접
③ 점 용접   ④ 심 용접

35 위의 우측 기호는 무슨 용접을 의미하는가? : 가장자리 용접

36 $d\ \bigcirc\ n\times\ell(e)$ 기호에서 (e)는 무엇을 나타내는가?

점 용접부의 중심에서 중심사이의 거리

해설 (e) : 점용접, 플러그 용접 등에서는 용접부 중심에서 중심사이의 거리를 의미함
d : 용접부 지름

37 아래 좌측과 같은 꺾임 용접 기호의 경우 실재 용접부 형상으로 올른 것은?

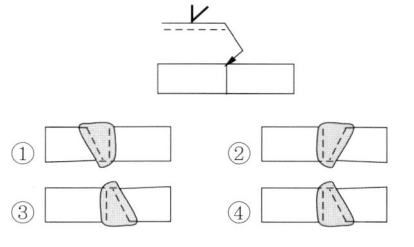

해설 ①, 꺾임 화살표 위치와 반대로 보면 됨

38 용접보조 기호의 설명 중 틀린 것은?

① G : 연삭   ② C : 치핑
③ M : 기계 가공 ④ F : 줄 가공

해설 ④ F : '지정하지 않음'을 의미함

39 용접부 주요 치수 표시법

용접부 명칭	도 시	기호 표시
맞대기 용접부 (완전 용입부 : ∨)		$_s\|\|$ $s\vee$ $_s\curlyvee$
단속 맞대기		$\|n\times\ell\ (e)$
양면 V 맞대기		$_h^s\ \times\ _h^s$
1) 가장자리 이음 (겹침이음부) 2) 가장자리 (플랜지 맞대기 이음부)		$s\mathbb{I\!I\!I}$
체인형 단속		$\|n\times\ell\ (e)$ $\|n\times\ell\ (e)$
연속 필릿 용접		a◁ z◁ z1z2◁

제2장_용접 도면 헤독 195

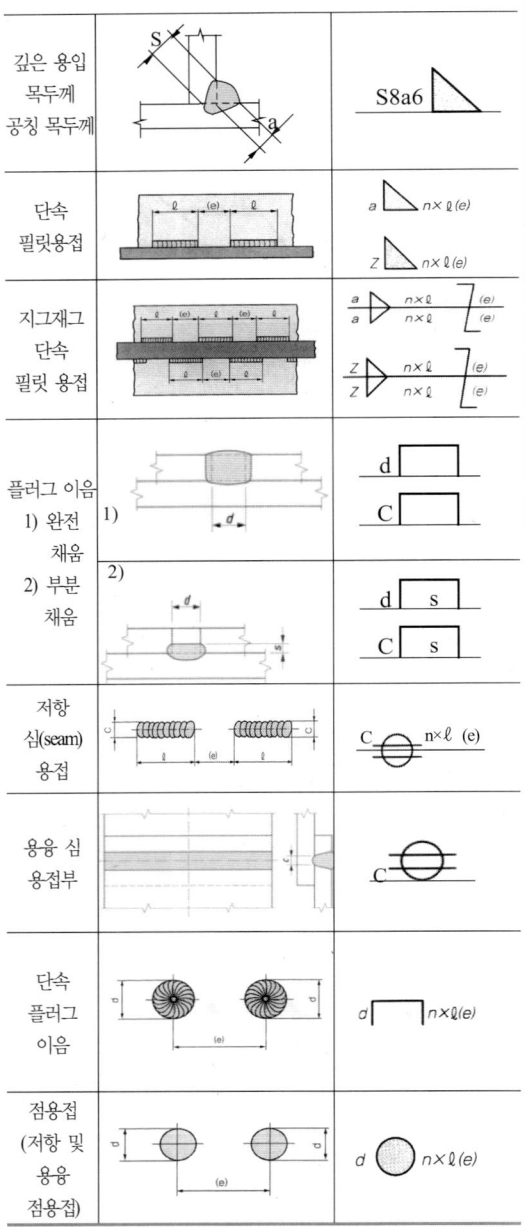

용접부 종류	시스템 A 용접기호	용접부 예시	시스템 B 용접기호
1. 단면 개선 맞대기 - 꺾인 화살표 사용			
2. 양면 개선 맞대기 - 꺾인 화살표 사용			
3.1 단면 개선 맞대기용접부 (화살표쪽)			
3.2 필릿 이음 (화살표 반대쪽)			

03 용접 시공

제1절 용접시공, 경비, 용착량계산

1 용접 시공(welding procedure)

01 공정 계획(process plan)의 종류는?

①~③

① 공정표 및 산적표 작성
② 공작법 결정
③ 가공표 및 인원 배치표 작성

> 참고: 용접 절차 사양서 작성은 공정계획의 종류가 아니다.

02 공정표 및 산적표에 대한 설명은?

①~④

① 공정표는 각 공정의 일정별 계획, 재료 및 주요 부품 입고 시기, 완성 예정일 등을 표시한 표이다.
② 산적표란 작업 구분별 공정표를 모아 소요 공수의 표를 만든 것이다.
③ 산적표는 한곳에 집중되지 않게, 가급적 평탄(공사량의 평균화)해야 된다.
④ 공정 계획을 세울 때는 공정표와 산적표를 만들어야 한다.

03 용접기의 부하률 계산식은?

$$\frac{평균전류}{최대전류}$$

04 작업 장소가 용접기 설치장소와 멀리 떨어진 곳일 경우의 설명은? : ①~③

① 1차측 케이블을 길게 한다.
② 용접기를 작업자 가까이 둔다.
③ 2차측 케이블은 길이가 길수록 단면적이 큰 것을 설치한다.

05 공장에 정격 전류 300A, 무부하 전압 80V, 평균 전류 200A, 사용률 a 40%, 용접기 설치시 부하율과 최대 용량은?

① 용접기 부하율 $\beta = \dfrac{200}{400} = 0.67$

② 용접기 최대용량
$$P = \dfrac{300 \times 80}{1000} = 24\text{kVA}$$

06 위의 5번 문제 조건에서 용접기 1대를 설치시 전원 변압기 용량(kVA)은?

$$Q = \sqrt{a} \cdot \beta \cdot P = \sqrt{0.4} \times 0.67 \times 24$$
$$= 10.169\text{kVA}$$

07 위의 5번 문제 조건에서 용접기 9대(2~10대)를 설치시 전원 변압기 용량(kVA)은? (n : 용접기 수)

$\beta = 0.67$, $P = 24\text{kVA}$
$$Q = \sqrt{n \cdot a}\sqrt{1+(n-1)a}\,\beta \cdot p$$
$$= \sqrt{9 \times 0.4}\sqrt{1+(9-1)\times 0.4} \times 0.67 \times 24$$
$$= 62.5\text{kVA}$$

08 위의 5번 문제 조건에서 용접기 20대 (11대 이상)를 설치시 전원 변압기 용량 (kVA)은?

$\beta = 0.67$, $P = 24\text{kVA}$
$Q = n \cdot \alpha \cdot \beta \cdot P$
$= 20 \times 0.4 \times 0.67 \times 24 = 128.6\text{kVA}$

❷ 용접 비용(경비)

01 주요 용접 비용 계산에 포함될 사항은?

인건(노무)비, 재료비, 시공비, 제외 경비

참고 관리비는 제외 경비의 세부 사항이다.

02 용접 작업의 경비를 절감시키기 위한 유의 사항 중 틀린 것은?

① 가공 불량에 의한 용접의 손실 최소화
② 실제 용접 작업의 효(능)율 향상
③ 위보기 자세의 시공
④ 대기 시간 최소화
⑤ 조립 정반 및 용접 지그의 활용에 의한 능률 향상

해설 ③, 용접 지그를 사용하여 능률이 좋은 아래 보기 자세의 시공, 위보기 자세는 가장 힘들고 작업 능률도 매우 낮아 비경제적이다.

03 제외 경비에 포함되는 것은?

공정 관리비, 영업비, 기계 감가 상각비

참고 보호 가스비는 직접 재료비에 속한다.

04 용접봉의 소요량을 판단하거나 용접 작업 시간을 판단하는데 필요한 용접봉의 용착 효율을 구하는 식은?

용착 효율 = $\dfrac{\text{용착 금속의 중량}}{\text{용접봉 사용 중량}} \times 100$

05 용접 종류별 용착 효율(용착률) ①~④

① 피복 아크용접봉 : 65%
② 플럭스 내장 와이어의 반자동 용접 : 75~85%
③ 가스 보호 반자동 용접 : 92%
④ SAW용접, 일렉트로 슬래그 용접 : 100%

06 일반적으로 연강의 아크 용접시 용접봉의 지름이 4~5mm일 때 용착률은?

60~70%

07 일반적으로 서브머지드 아크 용접에서 $1g_f$의 용접봉이 용착되면 몇 g_f의 플럭스가 소모되는가? : 1.5~$2g_f$

08 용접 작업 시간을 맞게 나타낸 것은?

용접 작업 시간 = $\dfrac{\text{아크 시간}}{\text{아크 시간률}}$

참고 노임 = 작업 시간 × 노임 단가

09 용접소요 시간과 용접작업 시간의 비는?

아크 타임

10 능률이 좋은 공장에서 수동 용접의 작업 계수(아크 타임)는 평균 얼마인가?

35~40%

참고 자동 용접의 작업 계수는 40~50%이다.

11 용접 속도와 뒤틀림 관계는?

용접 속도가 빠를수록 뒤틀림이 적어진다.

제2절 용접 준비

1 용접 준비

01 다음은 용접에 대한 일반적인 준비 사항이다. 틀린 것은?

① 모재 재질 확인　② 용접기의 선택
③ 용접봉의 선택　　④ 용접 비드 검사

해설 ④. 지그의 결정, 용접공 선임 등이 있으며, 용접 비드 검사는 용접 중의 검사다.

02 용접 전 꼭 확인해야 할 사항으로 틀린 것은?

① 예열, 후열의 필요성을 검토한다.
② 용접 전류, 용접 순서, 용접 조건을 미리 선정한다.
③ 용접 시험기 준비 여부를 확인한다.
④ 이음부의 페인트, 녹, 기름 등의 불순물을 제거한다.

해설 ③. 용접 시험기 준비 여부를 확인은 용접 후에 하는 사항이다.

03 이음 준비 사항으로서 홈 가공에 대한 설명으로 적합하지 않은 것은?

① 피복 아크용접에서 홈 각도는 70~90°가 적당하다.
② 용접 균열은 루트간격이 좁을수록 적게 발생된다.
③ 대전류를 사용하는 서브머지드 아크용접에서 루트간격은 0.8mm 이하, 루트면은 7~16mm로 하는 것이 좋다.
④ 홈 가공은 가스 절단법에 의하나 정밀한 것은 기계 가공에 의하기도 한다.

해설 ①. 피복 아크용접에서 홈 각도는 54~70°가 적당하다.

04 용접 작업에 직접 관계되는 설비가 아닌 것은? : 용접봉(재료임)

[용접기, 용접 케이블, 전원 변압기, 가스 절단기, 용접봉]

05 지그의 사용 목적이 아닌 것은?

① 용접 작업을 쉽게 한다.
② 제품의 신뢰성과 정밀도를 높인다.
③ 용접 작업이 어려운 제품을 용접할 때 사용한다.
④ 대량 생산으로 작업 능률을 높일 수 있다.

해설 ③. 지그는 구속력이 커서 잔류 응력이 많이 발생할 수 있으며, 시간이 적게 걸리므로 대량 생산할 수 있다.

06 용접용 지그의 종류는?

가접(가용접) 지그, 용접 포지셔너, 역변형 지그, 매니플레이트

　(a) 포지셔너　　　(b) 회전 테이블

　(c) 회전 롤러　(d) 벨트식 포지셔너

07 다음 중 제품의 치수를 정확하게 하기 위해 사용하는 지그(jig)는? : 역변형 지그

[역변형 지그, 포지셔너, 회전 지그, 매니플레이트]

08 용접 조립을 잘하기 위해 잡아매는 공구는? : 용접 지그

09 지그나 포지셔너, 회전 테이블의 역할을 다할 수 있는 종합적인 기구로서 작업 능률을 향상시킬 수 있는 기구는?

> 매니플레이트

10 모재의 홈 가공을 V형으로 했을 경우 엔드탭(end tap)은 어떤 조건으로 하는 것이 가장 좋은가?

> 엔드탭은 비드 시점과 종점에 붙이는 보조판으로 가능한 한 홈의 형상과 판두께를 동일하게 해야 된다.

② 이음 준비

01 홈 가공
① 용입의 홈각도를 적당하게 하여 용착금속량을 적게 하는 것이 좋다.
② 피복 아크 용접의 홈각도는 일반적으로 54~70° 가 적합하다.

02 루트간격
① 용접 균열을 막기 위해서 루트간격이 좁을수록 좋다.
② SAW 용접의 시공 조건
　루트간격 : 0.8mm 이하; 루트면 : 7~16mm

03 가용접(tack welding)에 대한 사항은? ①~③
① 가용접은 본용접을 실시하기 전에 좌우의 홈(이음) 부분을 잠정적으로 고정하기 위한 짧은 용접이다.
② 본용접을 실시할 홈 안에 가용접을 하는 것은 바람직하지 못하다.
③ 가용접에는 본용접보다는 지름이 약간 가는 용접봉을 사용한다.

> **참고** 가접을 잘 못하면 용접 시공에 어려움이 많을 수 있다.

04 가접시 일반적인 주의 사항은? ①~④
① 강도상(하중을 받는) 중요 부분에는 가접을 피한다.
② 가접부의 슬래그를 완전히 제거하며, 균열 등 결함부는 깎아낸다.
③ 본용접자와 동등한 기량을 갖는 용접자가 가접을 시행한다.
④ 본용접과 같은 조건의 온도에서 예열한다.

> **참고** 실제 사용 조건과 같은 온도에서 예열을 한다는 아니다.

05 가접의 일반적인 주의 사항은? ①~④
① 개선 홈 내의 가접부는 백치핑으로 완전히 제거한다.
② 가용접 위치는 부품의 끝 모서리나 각 등과 같이 응력이 집중되는 곳은 피한다.
③ 가접부와의 간격은 일반적으로 판두께의 15~30배 정도로 하는 것이 좋다.
④ 가접 비드의 길이는 판두께에 따라 변경한다.

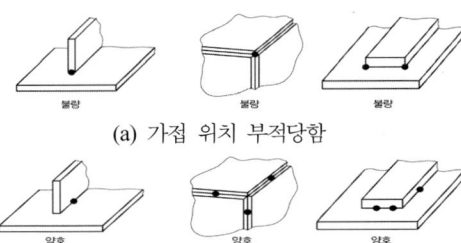

(a) 가접 위치 부적당함

(b) 가접 위치 적당함

06 피복 아크용접의 맞대기 용접에서 보수 요령

① 루트간격이 6mm 이하일 때 : 한쪽 또는 양쪽을 덧살올림 용접 후 깎아내고 규정 간격으로 홈을 만들어 용접한다.
② 루트간격이 6 ~ 16mm 이상일 때 : 두께 6mm 정도의 뒤판을 대서 용접한다.
③ 루트간격이 16mm 이상일 때 : 판의 전부 또는 길이 약 300mm를 대체한다.

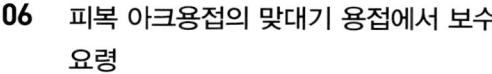

(a) 루트간격 6mm 이하 (b) 6~16mm

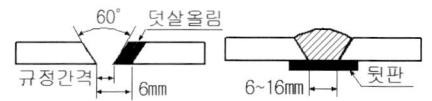

(c) 루트간격 16mm 이상일 때

07 필릿 용접에서 보수 용접 요령

① 루트간격이 1.5mm 이하일 때 : 그대로 규정된 목 길이(각장)로 용접한다.
② 루트간격이 1.5 ~ 4.5mm일 때 : 그대로 용접해도 좋으나 넓혀진 만큼 각장을 증가시킬 필요가 있다.
③ 루트간격이 4.5mm 이상일 때 : 라이너를 넣던지 부족한 판을 300mm 이상 잘라내서 대체한다.

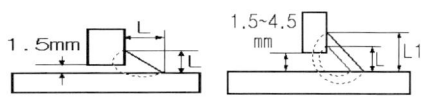

(a) 루트간격 1.5mm 이하 (b) 1.5~4.5mm

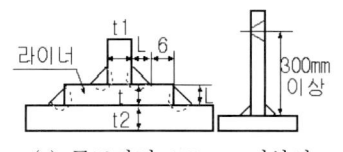

(c) 루트간격 4.5mm 이상시

제3절 본용접 및 후처리

❶ 용착법과 용접 순서

01 용착법 중에서 용접 방향에 의한 분류법은? : 전진법, 후진법

02 용착법 중 용접 순서에 따른 분류는?
전진법, 후진법, 대칭법, 비석법, 교호법

03 전진법에 대한 설명은? : ①, ②
① 이음의 한쪽에서 다른 쪽 끝으로 용접을 진행하는 방법
② 용접 시작 부분의 수축보다 끝나는 부분의 수축과 잔류응력이 더 큰 용착법

04 용접 이음이 짧다던지 변형 및 잔류 응력이 별로 문제가 되지 않을 때에 사용하기 좋은 용착법은? : 전진법

> **해설** 전진법은 이음의 한쪽에서 다른 쪽 끝으로 용접을 진행하는 방법이다.

05 그림과 같은 용접 순서의 용착법은?

대칭법

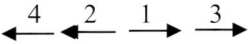

06 그림과 같은 용착법은? : 후진법

07 아크용접 작업에서 판이 매우 얇은 경우나 용접 후 비틀림이 생길 염려가 있을 때 가장 적합한 용착법은?

비석법

08 그림과 같이 용접 길이를 짧게 나누어 간격을 두면서 용접하는 방법은?

비석(스킵)법

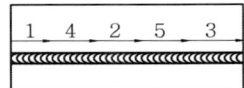

참고 비석법 : 잔류응력의 발생이나 변형이 적은 용착법이다.

09 다음 용착법 중 용접 변형이 많은 용착법은? : ④

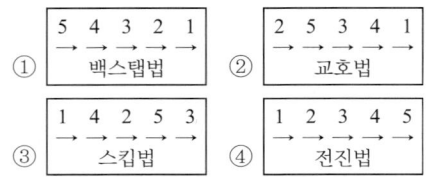

10 한 부분의 몇 층을 용접하다가 이것을 다른 부분의 층으로 연속시켜 전체가 계단 형태의 단계를 이루도록 용착시켜 나가는 방법은? : 케스케이드법

11 한 개의 용접봉을 살을 붙일만한 길이로 구분해서 홈을 한 부분씩 여러 층으로 쌓아올린 다음 다른 부분으로 진행하는 용착법은? : 전진 블록법

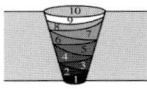 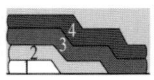 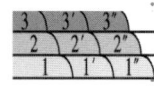

(a) 빌드업법 (b) 케스케이드법 (c) 전진블록법

12 빌드업(덧살 올림, build-up sequence)법의 설명은? : ①~④

① 각층마다 용접 전 길이를 연속하여 용접하는 방법
② 한랭시나 구속이 클 때, 판 두께가 두꺼울 때에는 첫 층에 균열이 생길 우려가 있는 용착법
③ 변형이나 잔류 응력을 고려하지 않고 보통 사용하는 법
④ 다층 중에서 가장 많이 사용되는 방법

13 용접 순서를 결정하는 사항은? : ①~④

① 리벳(또는 볼트 조립) 작업과 용접을 같이 할 때는 용접을 먼저 한다.
② 좌우는 될 수 있는 대로 동시에, 대칭으로 용접한다.
③ 필요에 따라 전체를 여러 개의 블록으로 분할하고 각기 블록 안에서 대칭으로 용접하여 변형을 상쇄한다.
④ 교차하는 맞대기 용접이음의 경우 순서를 정한다.(그림 참조)

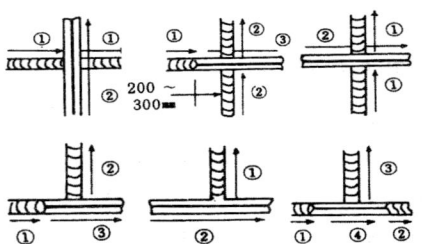

14 용접 우선 순위는(순서를 결정하는 사항은)? : ①~⑤

① 동일 평면 안에 많은 이음이 있을 때에는 수축은 되도록 자유단으로 보낸다.
② 물품의 중심에 대하여 항상 대칭으로 용접한다.
③ 가능한 한 필릿 이음보다 수축이 큰 맞

대기 이음을 먼저 용접한다.
④ 용접물의 중립축에 대하여 수축력 모멘트의 합이 0이 되도록 한다.
⑤ 큰 구조물에서는 구조물의 중앙에서 끝으로 향하여 용접을 실시한다.

15 용접의 일반적인 순서는?

재료준비 → 절단가공 → 가접(가용접) → 본용접 → 검사

❷ 예열과 후열

01 다음은 용접시 냉각 속도(cooling rate)에 대한 사항이다. 틀린 것은?

① 냉각 속도는 동일 입열량이더라도 열이 확산하는 방향이 많을수록 커진다.
② 얇은 판보다 두꺼운 판이 냉각 속도가 크다.
③ T형 이음보다는 맞대기 이음이 냉각 속도가 크다.
④ 냉각 속도를 완만하게 하고 또 급랭을 방지하는 방법으로 예열 및 큰 입열량으로 용접한다.

해설 ③, T 이음이 맞대기 이음보다 냉각 속도가 크다.

02 동일 조건에서 냉각 속도에 영향을 미치는 사항은?

재질, 크기, 용접 전류, 아크 전압, 용접 속도, 판두께, 이음 형상, 예열 유무

참고 보호 가스는 냉각 속도와 관계가 적다.

03 냉각 속도에 영향을 미치는 용접 조건은?

다른 조건이 같은 경우는 용접 전류가 낮을수록 또 용접 속도가 클(빠를)수록 냉각 속도는 증가한다.

04 같은 판두께, 같은 용접 조건에서 필릿 용접의 본드부의 냉각 속도는 맞대기 용접의 냉각 속도보다 얼마 정도 빠른가?

1.4배 정도

05 긴 용접 비드의 경우 크레이터 부분이 중앙부의 냉각 속도보다 얼마 정도 빠른가? : 2배 정도

06 열전도도나 비열 등 열적 상수가 다른 재료는 당연히 냉각 속도도 달라진다. 오스테나이트계 스테인리스강은 탄소강의 냉각 속도보다 어떠한가?

2/3 정도 느리다.

07 같은 판두께에서 A1 합금은 탄소강에 비해 냉각속도는 어떠한가?

3~7배 빠르다.

08 예열은 전체 예열과 국부 예열이 있는데, 작은 물건이나 변형이 많은 경우는?

전체 예열을 행한다.

09 국부 예열의 경우 가열 범위는?

용접선 양쪽에 50~100mm 정도로 한다.

10 판두께 25mm 이상 연강 용접시 기온이 0℃ 이하일 때의 예열 방법은?

0℃ 이하에서 용접하면 저온 균열이 발생하기 쉬우므로 이음부의 양쪽 약 100mm

폭을 50~100℃로 가열하는 것이 좋다. 다층 용접의 경우 제2층 이후는 이전 층의 열로 예열 효과를 얻기 때문에 예열을 생략할 수 있다.

11 고탄소강, 저합금강, 주철 등 급랭에 의하여 경화, 균열이 생기기 쉬운 재료의 적당한 예열 온도는? : 50~350℃

12 주철 및 고급 내열 합금의 예열 온도는 얼마로 하는가? : 500~550℃

> 참고 저수소계 용접봉을 사용하면 예열 온도를 낮출 수 있다.

13 알루미늄 합금 및 구리 합금 등 열전도도가 커서 이음부의 열집중이 부족하여 융합 불량이 생기기 쉬운 재료의 적당한 예열 온도는? : 200~400℃ 정도

14 용접시 예열을 하는 목적은? : ①~④

① 균열의 방지, 기공 생성 방지
② 기계적, 화학적 성질의 향상
③ 경도 감소, 경화 조직 석출 방지
④ 변형, 잔류응력의 감소(경감)

15 저온 균열이 일어나기 쉬운 재료에 용접 전에 균열을 방지할 목적으로 온도를 올리는 작업은? : 예열

16 후열처리의 종류는?

응력 제거 풀림, 완전 풀림, 고용체화 열처리

17 일반적으로 탄소 당량이 얼마 이하이면 용접성이 양호한가? : 0.4 이하

> 참고 0.45~0.5 정도면 약간 곤란하게 되며, 0.5 이상이면 대단히 곤란하다.

18 탄소강 및 저Mn강(HT 50)에 대한 탄소 당량 계산식

① $Ceq(\%) = C + \frac{1}{6}Mn + \frac{1}{5}(Cr + Mo + V) + \frac{1}{15}(Ni + Cu)$, (I.I.W 채택)

② $Ceq = \%C + \frac{1}{4}\%Mn + \frac{1}{20}\%Ni + \frac{1}{10}\%Cr + \frac{1}{40}\%Cu - \frac{1}{50}\%Mo - \frac{1}{10}\%V$

(미국 용접학회에서 채택)

③ $Ceq = \%C + \frac{1}{6}\%Mn + \frac{1}{24}\%Si + \frac{1}{40}\%Ni + \frac{1}{5}\%Cr + \frac{1}{4}\%Mo + \frac{1}{14}\%V$

(가장 대표적인 식, 일본, JIS Z 채택)

19 직후열(좁은 의미의 후열)

용접 후 급랭에 의한 균열 방지 목적으로 용접 후에 용접부를 소정의 온도까지 가열한 후 소정의 시간 동안 유지시키는 조작

20 후열 온도와 그 유지 시간의 결정 조건

재료 종류와 두께, 잔류응력, 용접부 형상, 확산성 수소량, 예열의 유무와 그 온도 등

21 후열처리의 효과는? : ①~④

① 저온 균열의 원인이 되는 확산성 수소를 방출시킨다.
② 온도가 높고 시간이 길수록 수소 함량은 낮아진다.
③ 잔류응력을 제거한다.
④ 후열 온도가 높을수록 조직이 조대해진다.

참고 실제 시공에서는 예열 온도를 높게 할 수 없으므로 후열에 의한 잔류응력 제거가 유리하다.

22 A₁ 이하의 저온 풀림 온도에서 유지 시간은? : 판두께 25mm당 1시간 정도

23 용접부의 각부 명칭

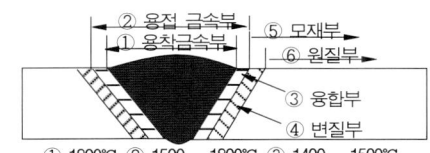

① 1800℃ ② 1500 ~ 1800℃ ③ 1400 ~ 1500℃
④ 900 ~ 1400℃ ⑤ 500 ~ 1200℃ ⑥ 500℃ 이하

① 용착금속부(weld metal zone) : 모재와 용접봉이 녹아서 굳어진 부분
② 열 영향부(heat affected zone) : 변질부, 용접부 부근의 모재가 급열, 급랭되어 변질된 부분
③ 원질부(unaffected zone) : 모재가 열 영향을 크게 받지 않은 부분
④ 본드(bond of weld) : 용접 금속과 모재와의 경계

24 아래 그림에서 탄소강을 아크용접한 메크로 조직 용접부 중 열영향부를 나타낸 곳은? : b

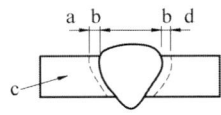

제4절 용접온도 분포, 잔류응력

① 열 사이클, 용접 온도 분포

01 금속 중 냉각 속도가 가장 느린 것은?

열전도율이 클수록 냉각속도도 빠르(크)다.
은 > 구리 > 알루미늄 > 강 > 스테인리스강 순으로 냉각속도가 느리다.

02 다음 그림 중에서 용접 열량의 냉각 속도가 가장 큰 것은? : ④

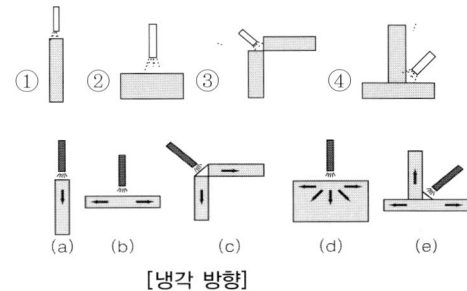

[냉각 방향]

② 잔류응력(residual stress)

01 용접이음에서 잔류응력 발생에 영향을 미치는 요인은?

이음의 형상, 모재의 크기, 용접 순서, 외적 구속여부

02 용접부의 응력 분포에 대한 설명은?

①~④

① 박판 : 모재의 변형은 크나 잔류응력은 작다.
② 후판 : 모재의 변형은 작으나 잔류응력은 크다.
③ 용접이음 형상, 용접 입열, 판두께, 용착 순서, 외적 구속 등에 따라 영향을 받는다.
④ 외력의 작용이 없어도 자체의 저항력에

견디지 못하면 균열이 발생한다.

03 용착금속량의 감소에 의한 잔류응력 경감법

① 용착금속량을 적게 하면 수축 변형량과 잔류응력의 크기도 작아진다.
② 용착금속량을 줄이는 법 : 용접 홈의 각도를 작게 하고, 루트간격을 좁힌다.

04 용접 후 응력 제거 방법은?

로내 풀림, 국부 풀림, 저온 응력 완화법, 피닝법, 기계적 응력 완화법

참고 불림(normalizing)법은 아니다.

05 제품 전체를 가열로 안에 넣고 적당한 온도에서 일정 시간 유지한 다음 노내에서 서랭하는 응력 제거 방법은?

노내 풀림법

06 국부 풀림법

용접선 좌우 양측을 각각 약 250mm의 범위나 또는 판두께의 12배 이상의 범위를 일정한 온도와 시간을 유지시킨 후 서랭하는 법, 유도 열 이용법이 좋음

07 잔류 응력을 완화하는 방법(린데법) 중에서 저온 응력 완화법의 설명은?

용접선의 양 측을 정속으로 이동하는 가스 불꽃에 의하여 나비 약 150mm 범위를 100~200℃로 가열한 후 즉시 수냉하여 용접선 방향의 인장응력을 완화하는 방법

08 잔류 응력을 경감시키기 위한 다음 설명 중 틀린 것은?

① 적당한 용착법과 용접 순서를 선정할 것
② 용착금속의 양(量)을 될 수 있는 대로 증가시킬 것
③ 적당한 포지셔너(Positioner)를 이용할 것
④ 예열을 이용할 것

해설 ②. 용착금속의 양(量)이 많으면 더 팽창과 수축이 많아져 잔류 응력도 커진다.

09 응력 제거 어닐링 효과가 될 수 없는 것은?

① 용접 잔류 응력의 제거
② 치수 틀림의 방지
③ 응력 부식에 대한 저항력 증대
④ 예열이 용이

해설 ④. annealing(풀림)의 효과 중 예열이 용이한 것과는 무관하다.

10 기계적 응력 완화법

잔류응력이 존재하는 구조물에 어떤 하중을 걸어 용접부를 약간 소성 변형시킨 다음 하중을 제거하는 법

11 용접 구조용 압연 강재(SM275)나 탄소강의 노내 및 국부 풀림의 유지 온도와 시간은?

625±25℃, 판두께 25mm에 대해 1h

12 피닝(피이닝)법이란? : ①, ②

① 용접부를 끝이 구면인 해머로 가볍게 때려 용착금속부의 표면에 소성 변형을 주어 인장응력을 완화시키는 잔류응력 제거법
② 200℃ 이상에서 실시해야만 효과가 있다.

13 피닝(peening)의 목적은?

잔류응력 제거, 변형 및 응력 제거, 소성 변형을 주어 내부 응력을 완화

14 다음은 용접 변형과 잔류 응력을 감소시키는 방법이다. 틀린 것은? : 뜨임

[역변형법, 도열법, 피닝법, 뜨임법]

> 해설 뜨임은 담금질한 강에 인성을 부여하기 위한 열처리법의 일종이다.

15 용접 구조물은 용접 후에 변형이 생기게 된다. 다음 중 용접 후의 상태는?

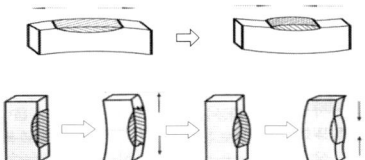

제5절 변형, 결함과 방지 대책

❶ 용접 변형과 교정

01 면내, 면외 변형의 종류

① 면내 변형 : 평판 혹은 곡면판에서 판면 접선방향으로의 변형
  횡 수축, 종 수축, 회전 변형 등
② 면외 변형 : 평판 또는 곡면판에 있어서 면과 직교하는 방향의 변형,
  면내 변형과 반대되는 개념의 변형 각 변형(횡 굴곡, 종 굴곡), 좌굴 변형, 비틀림 변형 등

02 용접선에 직각 방향으로 발생하는 수축은? : 횡(가로) 수축

> 참고 세로(종)수축 : 용접선과 같은 방향으로의 변형

03 그림의 맞대기 용접 판의 비드 수축은 무슨 수축인가? ; 가로 방향 수축

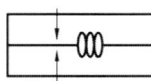

> 해설 가로 방향(횡) 수축 : 용접선에 대하여 직각 방향의 수축을 말한다.

04 용착금속은 팽창과 수축에 따른 변형이 일어나게 되며, 응력이 형성되어 남은 응력은? : 잔류응력

05 용접에서 변형이 생기는 가장 큰 이유는?

용착금속의 팽창과 수축

06 용접 시공과 수축량에 대한 설명은? ①~④

① 피복제 : 별 영향이 없다.
② 용접봉 지름 : 봉 지름이 클수록 수축이 작다.
③ 루트간격 : 클수록 수축이 크다.
④ 홈 형상 : V형 이음은 X형 이음보다 수축이 크다.

07 맞대기 이음의 세로(종) 수축

일반적으로 용접이음의 세로 수축량은 1/1000(1m) mm 정도이다.

08 맞대기 이음에서 가로 수축의 특징

① 동일 조건에서 용착금속량은 단위 용접 길이당의 입열량에 비례하므로 용착금속

량이 증가하면 가로 수축도 크게 된다.
② 같은 판두께에서도 루트간격이 클수록, 또한 X형보다 V형 홈의 용접이 가로 수축이 크게 된다.
③ 알루미늄, 스테인리스강 용접의 경우 $a/C\rho$ 값이 연강보다 크므로 Al은 4배, 스테인리스강 STS은 2배 정도 더 크다.
④ 서브머지드 아크용접의 가로 수축량이 피복 아크용접보다 1/2 정도 적다.

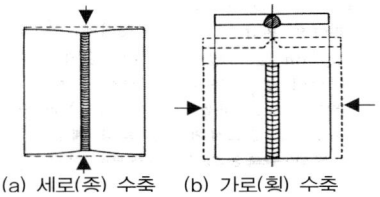

(a) 세로(종) 수축   (b) 가로(횡) 수축

09 필릿 용접이음의 가로 수축

① 용접부가 비드놓기와 유사한 현상으로 맞대기 용접보다 용착금속 자체의 수축이 자유롭지 못하기 때문에 가로 수축이 훨씬 적다.
② 필릿 용접의 가로 수축량도 용착금속량 또는 필릿 목 길이(각장)에 따라 달라진다.

10 맞대기 용접과 필릿 용접 중 어느 쪽이 수축량이 더 큰가? : 맞대기 용접

11 회전 변형의 특징은? : ①~④

① 회전 변형이란 맞대기 용접에서 홈 간격이 벌어지거나 좁혀지는 변형을 말한다.
② 용접 속도가 빠르고 용접 전류가 높을 경우에 일어난다.
③ 피복 아크용접(수동 용접)은 홈 간격이 좁혀지게 된다.
④ 입열량이 큰 서브머지드 아크 용접은 홈 간격이 벌어지게 된다.

12 회전 변형의 방지 대책은? : ①~④

① 미리 수축을 예측하여 예측량 만큼 벌려 놓거나 가접을 튼튼히 한다.
② 필요한 경우 용접 끝을 구속한 후 용접한다.
③ 길이가 긴 경우 2명 이상의 용접사가 길이를 정하여 놓고 동시에 용접한다.
④ 대칭법, 후퇴법, 비석법 등의 용착법을 택한다.

13 종 굴곡이란?

용접선과 같은 방향으로 완만한 곡선을 이루는 변형

14 후판 용접에서 용착금속의 표면과 뒷면이 비대칭이므로 온도 분포가 판 두께 방향으로 불균일하기 때문에 판의 횡수축이 표면과 이면이 다르게 되어 모재가 용접부 방향으로 굽혀지는 변형은?

각변형(횡 굴곡, 가로 굽힘 변형)

15 각변형의 특징은? : ①~③

① 층수가 많으면 많을수록 각변형이 크다.
② 용접시 직경이 굵은(큰) 용접봉을 사용하면 층수가 줄어 각변형이 적다.
③ X형 용접의 경우 1~2층에서는 각변화가 거의 없으나, 3층째 부터는 급격하게 각변형이 일어난다.

16 각변형을 줄이는(방지) 방법은? ①~⑥

① 용접에 지장이 없는 범위에서 개선 각도는 작게 한다.
② 역변형을 주거나 구속 지그로 구속한 후 용접한다.

③ 판두께가 얇은 경우 첫 패스측의 개선 깊이를 크게 한다.
④ 뒤쪽에서 물에 적신 석면포 등으로 열을 식히면서 용접한다.
⑤ 후퇴법, 대칭법, 비석법 등을 채택하여 용접한다.
⑥ X형 홈의 경우 상하 6 : 4 ~ 7 : 3 정도로 비대칭 홈으로 용접한다.

17 모재 열영향부의 인성과 노치 취성 악화의 원인 중 가장 거리가 먼 것은?

① 이음 설계가 부적당할 때
② 냉각 속도가 너무 빠를 때
③ 용접봉이 부적당할 때
④ 모재로부터 탄소 합금 원소가 과도하게 가해졌을 때

해설 ①, 이음 설계가 부적당한 것과 인성, 노치 취성 악화는 무관하다.

18 뒤틀림 방지법의 용접 요령으로 뒤틀림을 억제하는 방법이 아닌 것은?

① 이음의 용입은 될수록 적게 하고 맞춤의 이가 잘 맞도록 한다.
② 단면의 중축 또는 중심선 양쪽에 균형 있는 용착을 시켜 나간다.
③ 필릿용접부보다 맞대기 용접부를 먼저 용접한다.
④ 밖에서부터 중앙으로 용접을 진행한다.

해설 ④, 길이가 긴 용접부는 중앙에서 밖으로 용접해나가야 된다.

19 좌굴 변형에 대한 설명은? : ①, ②

① 용접선에 대한 압축 열응력으로 인하여 일어나는 비틀림 변형으로, 얇은(박) 판의 용접에서 많이 일어난다.
② 동일 제품을 동일 조건으로 용접하여도 제품에 따라 다양하게 변형이 일어난다.

20 좌굴 변형 방지법은? ; ①, ②

① 용착 순서를 고려하여 열량을 적당히 분산시키는 방법을 선택한다.
② 이음 부근의 좌굴 변형을 구속하고 용접한다.

21 필릿 용접에서 그림과 같은 변형을 무슨 변형이라고 하는가?

[종굴곡 변형]   [좌굴 변형]

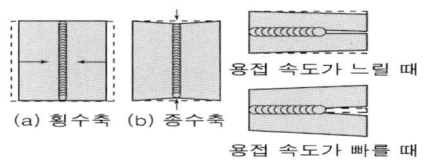

(a) 횡수축 (b) 종수축

용접 속도가 느릴 때
용접 속도가 빠를 때

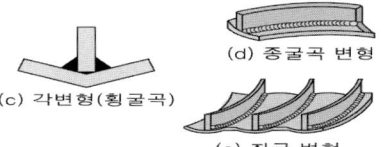

(c) 각변형(횡굴곡)
(d) 종굴곡 변형
(e) 좌굴 변형

[용접 변형의 종류]

22 변형 방지법의 종류

① 구속(억제)법(restraint method)
② 역변형법(pre-distortion method)
③ 용접 순서를 바꾸는 법(비석법, 후퇴법, 교호법, 대칭법 등)
④ 냉각법(수냉 동판법, 살수법, 석면포 사용법)

23 변형 방지법 중 억제(구속)법 설명은? ①~④

① 강제적으로 변형을 억제하는 방법이다.

② 소성 변형이 일어나기 쉬운 장소를 구속하는 것이 원칙이다.
③ 용접물을 지그 등에 고정하여 변형을 억제한다.
④ 억제하는 힘이 너무 크면 잔류응력이 커져서 균열이 생기기 쉽다.

24 잔류응력을 경감시키기 위한 방법은? ①~④

① 적당한 용착법과 용접 순서를 선정할 것
② 용착금속의 양(量)을 될 수 있는대로 최소화시킬 것
③ 적당한 포지셔너(Positioner)를 이용할 것
④ 예열을 이용할 것

25 용접 변형과 잔류응력 경감 방법은? ①~③

① 용접 전 변형 방지책으로는 역변형법을 쓴다.
② 용접 시공에 의한 경감법으로는 대칭법, 후진법, 스킵법 등이 쓰인다.
③ 용접금속부의 변형과 응력을 제거하는 방법으로는 풀림을 한다.

26 모재에 대한 열전도를 막음으로써 변형을 경감하는 방법은? : 도열법

27 용접 변형 방지법 중 용접 전에 방지 대책은? : 억제(구속)법, 역변형법

[억제(구속)법, 역변형법, 살수법, 후퇴법, 수냉 동판법]

28 역변형법(pre-distortion method)

용접에 의한 변형을 미리 예측하여 용접 전에 용접 반대 방향으로 적당량 변형을 준 후 용접하는 방법

29 시험편이나 박판에 많이 사용되는 변형 방지법은? : 역변형법

> 참고 용접 후 변형을 바로 잡기 어려울 때 사용하면 효과적이다.

30 맞대기 용접시 일반적인 루트간격 D의 역변형(용접 끝단 루트간격) 계산식은?

$D = (d + 0.005\ell)$

(d : 아크 시작점에서의 루트간격, D : 아크가 끝나는 지점(즉, 역변형으로 벌려 주어야 할 간격), ℓ : 전체 용접 길이)

> 참고 이 식이 반드시 옳은 것은 아니고, 모재의 두께, 용접법의 종류, 용접 속도, 전류의 세기 등에 따라서 달라지므로 실험이나 경험치에 의하는 것이 가장 좋다.

31 용접선의 전 길이를 대략 용접봉 하나로 용접할 수 있는 길이로 구분하여 국부 구간의 용접은 전진하지만 전체 구간의 용접 방향은 용접 방향에 대하여 후진하는 용착법은? : 후퇴법

32 용접 변형을 방지법 중에 냉각법(cooling method)은?

살수법, 수냉 동판법, 석면포 사용법

33 용접선의 뒷면이나 옆에 용접열을 열전도성이 큰 구리판을 대어 열을 흡수하여 용접 부위의 열을 식히는 변형 방지법은? : 수냉 동판법

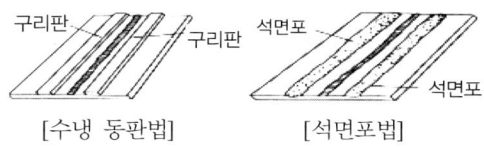

[수냉 동판법]   [석면포법]

34 용접선의 뒷면이나 옆에 물에 적신 석면포나 헝겊을 대어 용접열을 냉각시키는 변형 방지법으로 살수법에 비하여 간단한 방법이기 때문에 널리 쓰이는 법은? ; 석면포 사용법

35 변형 방지법 중 살수법이란

① 얇은 판의 용접부의 뒷면에서 물을 뿌려주는 법이다.
② 용접 진행 중에 사용되는 것이 보통이지만, 얇고 넓은 철판의 변형을 바로 잡는데도 널리 쓰이고 있다.

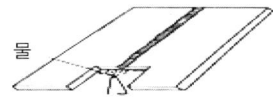

36 용접 후 처리에서 변형을 교정하는 일반적인 방법으로 틀린 것은?

① 형재에 대하여 직선 수축법
② 두꺼운 판에 대하여 수냉한 후 압력을 걸고 가열하는 법
③ 가열한 후 해머로 두드리는 법
④ 얇은 판에 대한 점 수축법

해설 ②항은 두꺼운 판에 대하여 가열 후 압력을 가하고 수냉하는 방법이다.

37 변형 교정법 중 얇은 판에 대한 점 수축법의 시공 조건에 적합하지 않은 것은?

① 가열 온도 : 100 ~ 200℃
② 가열 시간 : 30초
③ 가열 점의 지름 : 20 ~ 30mm
④ 가열 점의 중심 거리(판두께 2.3mm인 경우 60 ~ 80mm)

해설 ①. 가열 온도 : 500 ~ 600℃

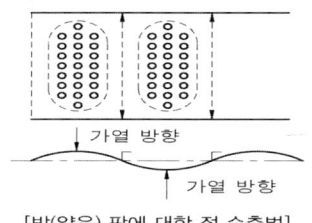

[박(얇은) 판에 대한 점 수축법]

38 변형 교정법 중 가열 후 해머링법은?

중·후판의 국부 변형에 적합하며, 변형 부분을 가열한 후 해머로 두드려 변형을 교정하는 방법

39 변형 교정법 중 형재에 대한 직선 수축법은?

판두께 방향으로 수축량이 다른 것을 이용하여 변형을 교정하는 방법으로 판의 표면과 이면의 온도차를 크게 하기 위하여 표면에서 가열하는 동시에 이면에서 수냉하는 방법

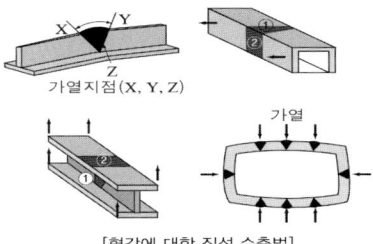

[형강에 대한 직선 수축법]

40 변형 교정법 중 롤러에 거는 법은?

어느 정도 후판에 적합하며, 판재나 직선재 등의 변형 교정에 이용되며 변형 부분을 롤러를 통과시키며 교정하는 방법

41 변형 교정 법 중 절단에 의한 정형과 재용접은 어떤 경우에 실시하는가?

변형 부분이 크고 교정이 어려운 경우

❷ 결함의 보수와 보수 용접

01 용접 결함의 보수 방법

① 언더컷 : 가는 용접봉을 사용하여 재용접한다.
② 오버랩, 기공, 슬래그 섞임 : 일부분을 연삭하여(깎아내고) 재용접한다.

02 용접 결함이 언더컷일 경우 결함의 보수 방법은?

가는 용접봉을 사용하여 보수한다.

03 용접 결함을 보수할 때, 결함 끝부분을 드릴로 구멍을 뚫어 정지 구멍을 만들고 그 부분을 깎아내는 용접 결함은?

균열

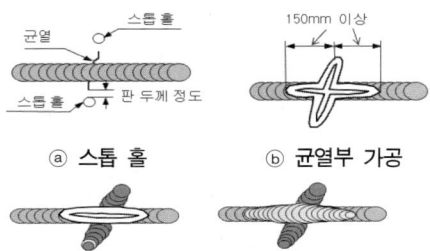

ⓐ 스톱 홀   ⓑ 균열부 가공
ⓒ 균열부 1차 용접 ⓓ 균열부 마무리 용접
[균열의 보수 용접 순서]

04 결함이 용접부 강도에 미치는 영향

① 언더컷, 기공 : 일반적으로 영향이 작지만 그 양이 많아지면 강도를 크게 저하시키게 된다.
② 균열 : 상당히 큰 영향을 미쳐 용접이음 강도를 현저하게 저하시킨다.
③ 그 원인은 결함부는 다른 부분에 비해 단면 변화나 결함의 영향으로 응력집중 현상이 크기 때문이다.
④ 응력집중률이 커지면 평균 응력(σ n)이 낮아도 최대 공칭 응력(σ max)이 높아지기 때문이다.

05 용접 결함이 강도에 영향을 미치는 영향 중 가장 큰 것은?

[피로 강도, 인장 강도, 충격 강도, 비틀림 강도, 전단 강도]

해설 피로 강도 > 충격 강도 > 인장강도 순

06 천이 온도는 재료가 연성 파괴에서 취성 파괴로 변화하는 온도 범위를 말한다. 철강의 천이 온도는?

400 ~ 600℃

04 용접 검사(시험)

제1절 비파괴, 파괴 시험, 검사

1 비파괴 검사

01 시험 부위에 따른 비파괴 시험 종류

① 표면 결함 검사 : 외관 검사, 침투 탐상 시험, 자분 탐상 시험, 전자 유도 시험
② 내부 결함 검사 : 방사선 투과 시험과 초음파 탐상 등
③ 기타 : 음향 탐상 시험, 응력 측정 시험, 내압 시험, 누설 시험 등

02 다음 검사법 중 작업 검사에 속하지 않는 것은 어느 것인가?

① 용접공의 기량   ② 제품의 성능
③ 용접 설비   ④ 용접 시공 상황

[해설] ②, 용접부 검사는 작업 검사와 완성 검사로 나눈다.
작업 검사 : 용접을 하기 위하여 용접 전, 용접 중, 용접 후에 용접공 기량, 용접 재료, 설비, 시공, 후처리 등
완성 검사 : 용접한 제품이 만족할 만한 성능을 가졌는지 아닌지를 검사

03 용접 전의 작업 검사 사항이 아닌 것은?

① 용접 기기, 보호 기구, 지그, 부속 기구 등의 적합성을 조사한다.
② 용접봉은 겉모양과 치수, 용착금속의 성분과 성질 등을 조사한다.
③ 홈의 각도, 루트간격, 이음부의 표면 상태 등을 조사한다.
④ 후열처리, 변형 교정 작업, 치수의 잘못 등에 대해 검사한다.

[해설] ④, 항은 용접 후의 작업 사항에 해당

04 시험체의 형상 혹은 기능에 변화를 주는 일 없이 결함, 품질이나 형상을 조사하는 시험은? : 비파괴 시험(NDT)

05 비파괴 검사법과의 연결

① 누수 검사 : 수압 또는 공기압 이용
② 침투 검사 : 용제 및 형광물질 침투
③ 자분 검사 : 누설 자속 이용
④ 방사선 투과 검사 : X선 투과

06 다음 중 시험체 표면 검사에 적합한 시험법이 아닌 것은?

① 외관(육안) 시험(검사)(VT)
② 침투탐상시험(PT), 자분탐상시험(MT)
③ 맴돌이(와류) 탐상시험(ET)
④ 방사선 투과 검사(RT)

[해설] ④, UT, RT는 내부 검사에 적용함

07 용접부의 검사법 중 비파괴 시험으로 비드 외관, 언더컷, 오버랩, 용입불량, 표면 균열 등의 검사에 가장 적합한 것은?

외관(육안) 검사(VT, Visual test)

[해설] 용접부 외관의 좋고 나쁨에 대하여 육안 또

는 확대경 등으로 검사

08 외관 검사(VT, Visual test)의 장점이 아닌 것은?

① 다른 검사 방법보다 비용이 적게 된다.
② 용접 구조물 제작 후에 검사할 수 있다.
③ 용접이 끝난 즉시 보수해야 할 불연속부를 검출, 제거할 수 있다.
④ 대부분 큰 불연속만을 검출하나 기타 다른 방법에 의해 검출되어야 할 불연속부도 예측할 수 있게 된다.

해설 ②, 제작 전, 제작 중, 제작 후에 할 수 있다.

09 외관 검사(VT)의 단점은? : ①~③

① 일반적으로 용접부의 표면에 있는 불연속 검출에만 제한된다.
② 용접 작업 순서에 따라 육안 검사를 늦게 하면 이음부를 확인하기 곤란하다.
③ 검사원의 경험과 지식에 따라 크게 좌우된다.

10 침투 탐상 검사(PT, Penetrant test)

① 용접부 표면을 세척한 후 침투액 침투, 잔여 침투액 제거, 건조시킨 후 현상, 결함을 판별하는 비파괴 검사법
② 침투액에 따라 염료 침투 탐상법과 형광 침투 탐상법이 있다.

11 침투 탐상법의 적용(용도)

자성, 비자성 불문하고 철, 비철, 플라스틱 등 거의 모든 재질의 표면 결함을 검출

12 침투 탐상 검사의 장점은? ①~⑤

① 제품의 크기, 형상 등에 크게 구애를 받지 않는다.
② 고도의 숙련이 요구되지 않아 검사원의 경험과 지식에 크게 좌우되지 않는다.
③ 국부적 시험과 미세한 균열도 탐상이 가능하며, 판독이 쉽다.
④ 비교적 비용이 적(가격이 저렴하)고, 시험 방법이 간단하다.
⑤ 자기 탐상 시험으로 검출되지 않는 금속 재료도 검출할 수 있다.

13 침투 탐상 검사법의 단점은? ①~⑤

① 표면의 결함(균열, 피트 등)이 열려있는 상태이어야 검출 가능하다.
② 온도, 주변 환경에 민감하고 침투제가 오염되기 쉽다.
③ 검사체의 표면이 침투제와 반응하여 손상되는 제품은 탐상할 수 없다.
④ 표면이 너무 거칠거나 기공이 많으면 허위 지시상을 만든다.
⑤ 후처리가 요구된다.

14 용접부의 미소한 균열이나 작은 구멍들을 신속하고 용이하게 검출하는 방법으로 비자성 재료에 많이 이용하는 시험법은? : 형광 침투 검사

15 형광 침투 탐상(검사)법의 검사 순서?

전처리(세척) - 침투 - 잔여액 제거 - 현상제 살포 - 건조 - 검사

16 염료 침투 탐상 검사법

① 형광 침투액 대신에 적색 염료를 주체로 한 침투액과 백색의 현상제를 사용하는 방법
② 형광 침투법과 동일하나 보통의 전등 또는 햇빛 아래서도 검사할 수 있다.

(a) 전처리　(b) 침투 처리　(c) 잔여액 제거

(d) 현상 처리　(e) 결함 관찰

17 자분(자기) 탐상 검사(MT)

시험체를 자화하여 미세한 자성체의 분말을 검사체 표면에 산포하면 생기는 누설 자속의 변화를 관찰하여 결함의 유무 및 그 상황을 확인할 수 있는 검사법

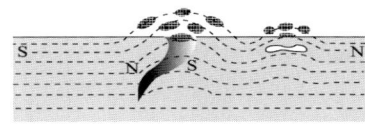

[자분 탐상 시험의 원리]

18 전류를 통하여 자화가 될 수 있는 금속(철, 니켈 등) 또는 그 합금으로 제조된 구조물이나 기계 부품의 표면부에 존재하는 결함을 검출하는 비파괴 시험법?

자분 탐상 시험

19 검사물의 자화 방법은?

극간법(M), 전류관통법(B), 코일법(C), 축통전법(EA), 프로드법(P), 직각통전법(ER)

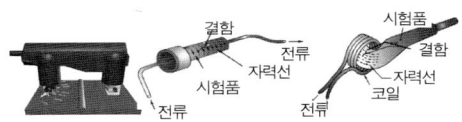

(a) 극간법　(b) 관통법　(c) 코일법

(d) 축 통전법　(e) 프로드법　(f) 직각 통전법

20 자분 탐상시 검출이 가능한 결함의 깊이는 표면에서? : 5mm 이내

21 자분 탐상 검사법의 장점으로 틀린 것은?

① 정밀한 전처리가 요구되지 않으며, 검사법 습득이 쉽고, 검사가 신속, 간단하다.
② 결함 모양이 표면에 직접 나타나 육안으로 관찰할 수 있다.
③ 내부 기공, 슬래그 섞임 검사에 가장 적합하며, 시험편의 크기, 형상 등에 구애를 받지 않는다.
④ 자동화가 가능하며, 비용이 저렴하다.

해설 ③. 표면 균열 검사에 가장 적합하며, 시험편의 크기, 형상 등에 구애를 받지 않으나, 기공, 슬래그 섞임 등 내부 검사는 불가능하다.

22 자분 탐상 검사법의 단점? : ①~③

① 불연속부의 위치가 자속 방향에 수직이어야 한다.
② 강자성체 재료의 표면 결함 검사에 한하며, 내부 결함의 검사가 불가능하다.
③ 탈자(자기 제거) 등 후처리가 필요하다.

23 자기 탐상 검사법에서 시험체에 자화하는 전원 적용

① 표면 결함 검출 : 교류
② 내부 결함 검출 : 직류

24 대상물에 X선 또는 γ선을 투과시켜 시험체의 두께와 밀도 차이에 의한 방사선 흡수량의 차이에 따라 필름에 나타나는 상으로 결함이나 내부 구조 등을 관찰(판별)하는 비파괴 검사법은?

방사선 탐상 검사(RT, radiographic test)

25 X선 투과 검사

① 용접이음부 반대편에 필름을 놓고 X선을 투과시키면 모재부와 용접부의 두께 차이에 의해 X선의 투과량이 달라지고, 용접부는 모재부와 구별된다.
② 균열, 융합 불량, 용입 불량, 기공, 슬래그 섞임, 비금속 개재물, 언더컷 등의 검사가 주목적이다.
③ 종사자는 X선 피폭량을 검사받아야 된다.

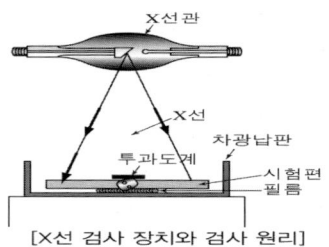

[X선 검사 장치와 검사 원리]

26 γ선 투과 검사

① 방사성 물질이 발생하는 γ선의 전리 작용, 사진 작용, 형광 작용을 이용하며, X선보다 투과력이 더 크기 때문에 X선으로 투과하기 힘든 두꺼운 판에 사용한다.
② 사용되는 방사선 물질 : 천연 방사선 동위 원소(라듐) 또는 인공 방사선 동위 원소(코발트 60, 세슘 134 등)

27 방사선 투과 검사의 특징은? ①~④

① 모든 용접 재질에 적용할 수 있다.
② 모재가 두꺼워도 검사가 가능하다.
③ 내부 결함 검출에 용이하다.
④ 검사의 신뢰성이 높다.

28 방사선 투과 검사의 장점으로 옳지 않은 것은?

① 필름에 검사 결과를 영구적으로 보관할 수 있다.
② 재질, 자성의 유무, 두께의 대소, 형상, 표면 상태에 관계없이 내부 결함 검사에 적용할 수 있다.
③ 주변 재질과 비교하여 1% 이상의 흡수 차를 나타내는 경우도 검출될 수 있다.
④ 미세 기공, 미세 균열, 라미네이션 등도 검출 가능하다.

해설 ④. 미세 기공, 미세 균열, 라미네이션 등은 검출되지 않는 경우도 있다.

29 방사선 탐상 검사법의 단점은? : ①~④

① 현상이나 필름을 판독해야 한다.(요즈음은 영상으로 판독할 수 있으며, 자료 보관도 할 수 있다.)
② 미세 기공, 미세 균열, 라미네이션 등은 검출되지 않는 경우도 있다.
③ 다른 비파괴 검사 방법에 비하여 안전관리에 특히 주의하여야 한다.
④ 방사선의 입사 방향에 따라 15° 이상 기울어져 있는 면상 결함은 검출되지 않는다.

30 다음 중 비파괴 검사법 중 가장 신뢰성이 높은 것은? : RT

[MT, RT, VT, ET]

31 X선으로 투과하기 힘든 후판 검사에 적합한 것은? : γ선 투과 검사

참고 γ선은 X선보다 파장이 짧고 투과력이 강하다.

32 다음 중 γ선원으로 사용되는 원소가 아닌 것은?

① 이리듐 192 ② 코발트 60
③ 세슘 134   ④ 크롬 256

해설 ④,
①, ②, ③ 외에 천연 방사선 동위 원소인 라듐

33 용접부에 X선 검사가 어려운 결함은?

선상 조직, 미소 균열, 은점, 라멜라 테어, 라미네이션 변질층 등

34 용접 후 X선 검사시 방사선 차단제로 차단벽에 사용하는 것은? : 납판

참고 납은 X선의 투과력이 가장 작은 금속재료이다.

35 KSD에서 규정한 방사선 투과 시험 필름 판독에서 종별 결함 명칭

① 1종 결함 : 둥근 블로홀 및 이와 유사한 결함
② 2종 결함 : 슬래그 섞임 및 이와 유사한 결함
③ 3종 결함 : 갈라짐(균열) 및 이와 유사한 결함
④ 제4종 결함 : 텅스텐 혼입

36 통상 방사선 투과 시험으로 두께의 1~2%의 결함이 검출되어야 하며, 이것을 확인하기 위하여 피검사물 표면에 부착하여 그 상을 동시에 촬영하는 것?

투과도계

37 방사선 탐상에 사용하는 투과도계에 대한 설명은?

지름이 약간씩 다른 가는 철사 7~10개를 같은 간격으로 나란하게 배열하여 만든 철심형과 유공형이 있다.

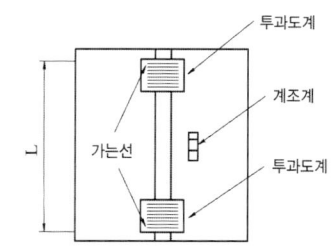

[투과도계와 계조계 배치의 예]

38 결함별 X선 투과 검사에서 필름 판독

① 기공 : 0.1~수 mm 정도의 검은 둥근 점
② 언더컷 : 가늘고 긴 검은 선
③ 슬래그 : 검은 반점
④ 용입 부족 ; 검은 직선
⑤ 스패터 : 백색 둥근 점

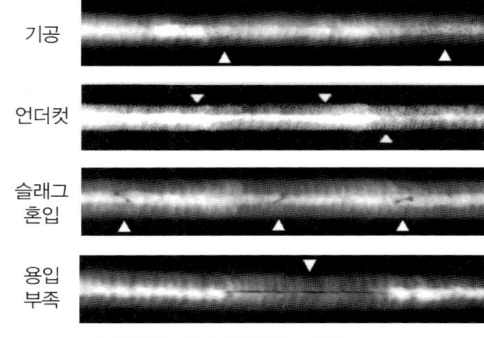

[결함별 X선 필름의 상태]

39 초음파 검사(UT, Ultrasonic test)

① 초음파란 실제로 귀를 통해 들을 수 없는 짧은 음파을 말하며,
② 0.5~15 MHz의 초음파를 시험체 내로 보내어 시험체 내에 존재하는 불연속을 검출하는 방법

40 초음파 탐상법의 장점은? : ①~④

① 탐상 결과를 즉시 알 수 있으며 자동 탐상이 가능하다.
② 감도가 높아 미세한 결함(0.1mm 정도까지 검출)을 검출할 수 있다.
③ 시험체의 한 면에서도 검사가 가능하며, 결함의 위치와 크기를 비교적 정확히 알 수 있다.
④ 초음파의 투과 능력이 커서 수 m 정도의 두꺼운 부분도 검사가 가능하다.

41 초음파 탐상의 단점

① 시험체의 표면이나 형상이 탐상할 수 없는 조건에서는 탐상이 불가능한 경우가 있다.
② 시험체의 내부 조직의 구조 및 결정 입자가 조대하거나 전체가 다공성일 경우는 정량적인 평가가 어렵다.

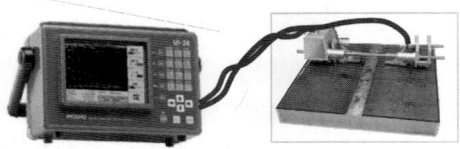

[초음파 탐상기의 형상과 소형 스캐너를 이용한 결함 검사]

42 초음파 탐상법의 종류는?

투과법, 펄스 반사법, 공진법

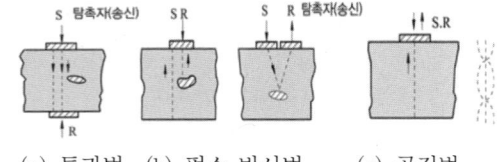

(a) 투과법 (b) 펄스 반사법 (c) 공진법

43 투과법

펄스 초음파 또는 연속파를 검사 물체 속에 투과 S하고 뒷면에서 이를 수신 R하여 초음파의 장해 및 쇠약 정도로 결함 판별

44 펄스 반사법

① 일반적으로 널리 사용하는 법
② 초음파의 펄스(pulse)를 시험체의 한쪽 면으로부터 송신하여 그 결함에서 반사되는 반사파의 형태로 결함을 판정

45 공진법

① 검사 물체의 두께에 따라 어떤 특정 주파수일 때 검사 물체 속에 초음파의 정상파가 생겨 공진하므로 그 상황을 근거로 하여 결함을 검출할 수 있다.
② 판두께, 라미네이션 검출이 가능하다.

46 초음파 탐상법에 사용되는 초음파는?

0.5 ~ 15MHz

47 초음파 검사시 초음파 속도

① 철강 중(속) : 6000m/sec
② 공기 중 : 330m/sec
③ 물 속 : 1500m/sec

48 수직 탐상법(straight beam technique)

초음파의 진행 방향을 검사 물체의 표면에 수직으로 전달시켜 내부 결함의 상태를 검사하는 방법

49 탐상면에 대하여 초음파를 경사각으로 주사하여 탐촉자에서 멀리 떨어진 결함이나 불연속한 곳을 감지하는 방법은?

사각 탐상법

50 초음파 탐상법 중 사각 탐상법 설명은? ①~③

① 저면 반사가 나타나지 않으므로 결함 탐상이 용이하다.
② 용접부나 복잡한 모양의 검사체의 검사에 적당하다.
③ 용접부와 같은 비드파가 있을 경우에도 비드 표면을 가공하지 않아도 된다.

51 수압 검사(WPT, water pressure test)

용접 용기나 탱크에 물을 넣고 소정의 압력을 주어 물이 누설될 때까지의 압력을 측정하여 내압 검사를 하며, 누설 여부를 검사하여 용접 결함을 판정하는 시험

52 탱크나 용기 용접부의 기밀, 수밀을 검사하는데 가장 적합한 검사 방법은?

누설 검사

53 누설 검사(LT, Leak test)

검사체 내·외부에 적용한 기체나 액체 등의 유체가 검사체 내부와 외부의 압력 차이에 의해 결함을 통해 흘러 들어가거나 나오는 것을 적당한 검출 매체를 통해 결함의 존재 유무 및 위치를 확인하는 방법

54 용접부의 검사에서 교류의 자장에 의한 금속 내부에 와류(맴돌이) 작용을 이용하는 것은? : 맴돌이 전류(와류) 검사

55 와류 검사(ET, Eddy current test)의 원리

교류가 흐르는 코일을 금속 등의 도체에 가까이 가져가면 도체의 내부에는 맴돌이 전류가 발생하며, 이 와전류의 임피던스가 검사체 표면 근방의 불연속에 의하여 변화하는 것을 관찰하여 결함을 찾아내는 방법

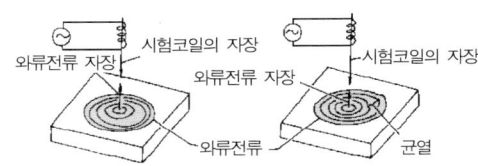

56 와전류 탐상 검사의 장점은? ①~④

① 결함의 크기, 두께 및 재질의 변화 등을 동시에 검사할 수 있다.
② 응용 분야가 넓고, 결함 지시가 모니터에 전기적 신호로 나타나므로 기록 보존과 재생이 용이하다.
③ 검사체의 표면으로부터 깊은 내부 결함, 비자성 금속 탐상이 가능하다.
④ 표면부 결함의 탐상 감도가 우수하며 고온에서의 검사가 가능하다.

57 와전류 탐상 검사의 장점은? : ①~④

① 고속자동화가 가능하여 능률 좋은 On-line 생산의 전수 검사가 가능하다.
② 얇은 시험체, 가는 선, 구멍의 내부 등 다른 비파괴 검사법으로 검사가 곤란한 것도 적용할 수 있다.

③ 비접촉법으로 프로브를 접근시키거나, 원격 조작으로 좁은 영역이나 홈이 깊은 곳의 검사가 가능하다.
④ 결함의 크기를 추정할 수 있어 결함 평가에 유용하다.

58 와류 탐상법의 단점은? : ①~⑤
① 표면 아래 깊은 곳의 결함은 검출이 곤란하다.
② 검사를 통해 얻은 지시로 직접 결함의 종류, 형상 등을 판별하기 어렵다.
③ 강자성체 금속에 적용이 어렵고 검사의 숙련도가 요구된다.
④ 검사 대상 이외의 재료적 인자의 영향에 의한 잡음이 검사에 방해될 수 있다.
⑤ 지시는 시험 코일이 적용되는 전 영역의 적분치가 얻어지므로 관통형 코일의 경우 결함 위치를 알 수 없다.

59 오스테나이트계 스테인리스강 등의 검출에 편리한 새로운 검사법은?
맴돌이(와류) 탐상 시험

60 음향 시험(AE)
하중을 받고 있는 물체의 균열 또는 국부적인 파단으로부터 방출되는 응력파를 분석하여 소성 변형, 균열의 생성 및 진전 감시 등 동적 거동을 파악하고 결함부의 유무 판정 및 재료의 특성 평가에 이용하는 기법

❷ 파괴(기계적) 시험

01 파괴 시험에 해당되지 않는 것은? : ④
① 비중 시험   ② 균열 시험
③ 기계적 시험   ④ 침투 시험

02 경도 시험법의 종류는?
브리넬 경도 시험, 로크웰 경도 시험, 비커스(Victors) 경도 시험, 쇼어 경도 시험

03 철강 재료에 지름 5mm 또는 10mm의 강구(볼)를 500~3000kg의 하중으로 시험 표면에 압입한 후 이 때 생기는 오목 자국의 표면적을 측정하는 경도 시험법은? : 브리넬 경도 시험(HB)

> 참고 담금질한 강이나 침탄강 등의 경도 측정에는 부적합하다.

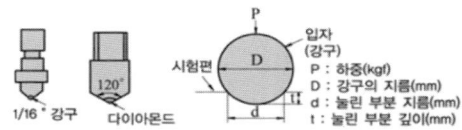

[로크웰 경도시험]   [브리넬 경도시험]

04 로크웰 B 경도 시험
① 지름이 1.588mm인 강구를 사용하여 기본 하중 10kgf으로 0점을 맞춘 후, 100kgf을 가해 지시계(dial indicator)에 나타나는 수치로 경도를 측정하는 시험
② 담금질 열처리를 하지않은 강재의 경도 측정에 적용

05 로크웰 C 경도시험
① 꼭지각이 120°인 원뿔형 다이아몬드 압입자를 사용하여 기본 하중 10kgf로 0점을 맞춘 후 150kgf의 하중을 가하여 지시계(dial indicator)에 나타나는 수치로 경도를 측정하는 시험
② 담금질 열처리를 실시한 강재의 경도 측정에 적용

06 용접 재료 시험에서 꼭지각 136° 의 다이아몬드 사각 추를 1～120kgf의 하중으로 밀어 넣어 시험하는 경도 시험법은?

비커스 경도 시험

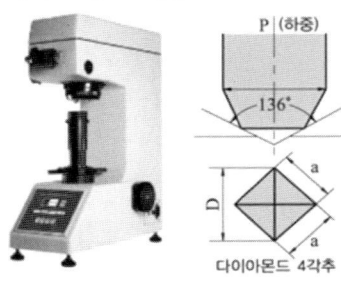

비커스경도 시험기 형상   시험의 원리
[비커스 경도 시험]

07 일정한 높이에서 어떤 무게의 추를 낙하시켜 탄성 변형에 대한 반발 저항으로 경도를 나타내는 시험법은?

쇼어 경도 시험

08 경도 시험의 경도 계산식

① 브리넬 경도 $= \dfrac{P}{\pi d t}$

② 비커스 경도
$= \dfrac{하중(kg)}{오목 자국 표면적(mm^2)} = \dfrac{1.8544P}{D^2}$

③ 쇼어 경도 $= \dfrac{10000}{65} \times \dfrac{h}{h_0}$

(h_0 : 낙하 물체의 높이 25cm,
h : 낙하 물체의 튀어 오른 높이)

09 경도 시험 별 압입자의 종류

① 브리넬 경도 : 5mm, 10mm의 강구
② 로크웰 B경도 : 1.588mm 강구
③ 로크웰 C경도 : 120° 의 원추형 다이아몬드
④ 비커스 경도 : 대면각 136° 의 사각추

⑤ 쇼어 경도 : 반발형 추

10 금속재료 시험법과 시험 목적(내용)

① 인장 시험 : 인장강도, 항복 강도, 연신률 측정
② 경도 시험 : 용접에 의한 경화 정도 검사
③ 굽힘 시험 : 재료의 연성 유무를 검사
④ 충격 시험 : 용접부의 인성 유무 검사
⑤ 수압 시험 : 용접부 기밀, 수밀 여부 검사
⑥ 침투 검사 : 용접부 표면 가까이의 기공, 피트, 균열 등 검사
⑦ X선 시험 : 기공, 슬래그 섞임 검사

11 시험편을 인장 파단시켜 항복점, 인장강도, 연신률, 단면 수축률, 탄성 한도 등을 조사하는 시험법은? : 인장 시험

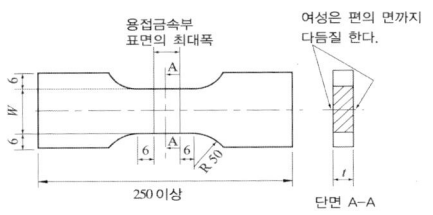

[판 용접부 등의 인장 시험편의 예]

13 탄소강의 인장시험 곡선 설명

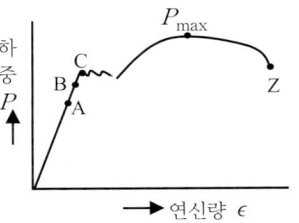

A : 비례 한도,   B : 탄성한도,
C : 상 항복점, P_{max} : 최대 하중점,
Z : 실제 파단점

14 판두께 12mm, 용접부 길이 200mm 부분에 하중 5000N이 작용할 때 인장강도는?

$$\sigma = \frac{P}{A} = \frac{5000}{12 \times 200} = 2.08(\text{kgf/mm}^2)$$

12 용접이음에서 인장 시험이 쓰이는 곳은?

맞대기 용접, 전면 필릿 용접, 스폿 용접 등에 대한 이음의 인장강도 측정

15 굽힘(굴곡) 시험

① 모재 및 용접부의 연성과 안정성을 조사
② 굽힘 시험편을 180° 까지 굽힘
③ 굽힘 시험의 3 종류 : 표면 굽힘 시험, 이면 굽힘 시험, 측면 굽힘 시험

16 용접이음의 굽힘 시험을 하는 목적은?

용접부가 유해한 결함이 없고 충분한 연성을 가진 건전한 이 여부를 확인할 목적

17 용접 작품의 평가에서 용접 시험편의 터짐(균열)의 합계 길이, 기공 및 터짐(균열)의 개수를 판정하여 시험하는 방법은? : 굽힘 시험법

18 시험하는 부분이 전부 용착금속으로 되어 있는 시험편은?

전 용착 금속 시험편

19 전단 시험

① 용접에서 전단 강도가 문제가 되는 스폿 용접 등에 적용하고 있다.
② 스폿 용접에서 1개의 스폿 용접당 파괴 하중을 구하게 되며 너깃의 면적을 계측하면 공칭 파괴 전단응력을 구할 수 있다.

20 동적 시험

① 기계적(파괴) 시험으로 하중의 부여 방법이 반복적이거나 충격적인 시험
② 종류 : 충격 시험, 피로 시험

21 시험편에 V형 또는 U형 등의 노치(notch)를 만들고 충격적인 하중을 주어서 파단시키는 시험법은? : 충격 시험

[충격 시험기의 형상]

23 파괴 시험에서 충격 시험은 무엇을 알기 위한 시험인가? : 연성, 인성

22 충격 시험법의 종류

① 샤르피식(Charpy type) 충격 시험 : 시험편을 단순보 상태로 설치하고 시험
② 아이죠드식(Izod type) 충격 시험 : 시험편을 내다지보 상태로 설치하고 시험

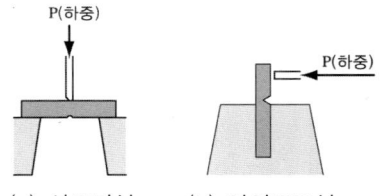

(a) 샤르피식   (b) 아이죠드식

24 시험편에 규칙적인 주기를 가지는 반복(교번) 하중을 걸고 하중의 크기와 파단이 될 때까지의 되풀이 횟수에 따라 강도를 측정하는 시험법은?

피로 시험

> **해설** 재료가 인장강도나 항복 강도 측면에서 안전 하중 상태라 하더라도 작은 힘이 수없이 반복할 경우 파괴될 수 있다.

25 피로 시험시 반복 회수는?

① 고사이클 피로 시험 : 2×10^5번 이하
② 저사이클 피로 시험 : $2 \times 10^{6 \sim 7}$번

26 S-N 곡선은 무슨 시험에서 얻어진 것인가? : 피로 시험

> **참고** S는 응력을, N은 반복 횟수를 의미하며 피로 시험에 의해 얻어진 곡선이다.

27 피로 시험에서 하중이 일정 값보다 작을 경우에는 무수히 많은 반복 하중이 작용하여도 재료는 파단하지 않는 상태를?

피로 한도

28 용접부의 완성 검사에 사용되는 비파괴 시험이 아닌 것은?

① 방사선투과 시험 ② 형광 침투 시험
③ 자기 탐상법   ④ 현미경 조직 시험

> **해설** ④, 현미경 시험은 파괴 시험법 중 금속학적 시험법에 속한다.

❷ 금속학적 시험

01 금속학적 시험의 종류

육안 조직 시험, 현미경 조직 시험, 파면 시험

02 필릿 용접부의 모서리 용접부를 해머 또는 프레스로 굽힘 파단하여 그 파단면의 용입 부족, 결함(균열, 슬래그 섞임, 기공) 등을 육안으로 검사하는 방법은?

파면 시험

03 파면 시험의 용도는?

맞대기 시험편의 인장 파면, 충격 파면 또는 모서리 용접 및 필릿 용접 파면 검사 등

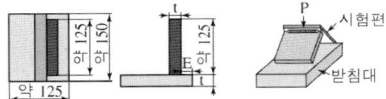

(a) 파면 시험편 규격   (b) 파면 시험 방법

[필릿 용접부의 파면 시험편 규격과 시험 방법]

04 결정의 파면이 은백색으로 빛나는 파면은 어떤 파면인가? : 취성 파면

> **참고** 쥐색의 치밀한 파면은 연성 파면이다.

05 매크로(macro) 조직 시험이란?

용접부의 단면을 연삭기나 샌드 페이퍼 등으로 연마하고 적당한 부식(macro-etching)을 해서 육안이나 10배 정도의 저배율 확대경 등으로 관찰하는 조직 시험법

06 매크로 조직 검사로 알 수 있는 결함은?

열영향부의 범위, 결함의 유무, 다층 용접 열영향부의 범위, 용입의 좋고 나쁨, 다층 용접에서 각 층의 양상

07 다음 중 메크로 조직 검사로 알 수 없는 결함은? : ③

① 다층 용접 열영향부의 범위
② 용입의 좋고 나쁨
③ 기공 및 비드밑 균열
④ 다층 용접에서 각 층의 양상

08 철강에 주로 사용되는 매크로 부식액이 아닌 것은?

① 염산 1 : 물 1의 액
② 염산 3.8 : 황산 1.2 : 물 5.0의 액
③ 수산 1 : 물 1.5의 액
④ 초산 1 : 물 3의 액

> [해설] ③. 부식을 한 다음 곧 세척하고 건조시켜서 시험 한다.

09 다음 중 스테인리스강의 부식 시험에 사용되지 않는 것은? : ③

① 00cc 황산+420cc의 증류수에 녹인 비등액
② 50g의 결정 황산구리
③ 500cc의 염산
④ 65% 초산 비등액

10 구리, 황동, 청동의 현미경 조직을 보기 위한 부식액으로 가장 적합한 것은?

염화 제2철 용액

11 현미경 시험용 부식제 중 알루미늄 및 그 합금용에 사용 되는 것은?

수산화나트륨액

> [해설] 이 외 수산화칼륨, 풀루오르화 수소액 등이 있다.

12 철강의 연마한 단면에 9%의 희석 황산액에 적신 사진용 브로마이드 인화지를 붙여 적당한 시간이 지난 다음 떼어 내면 황의 편석부에 해당하는 부분이 갈색으로 변하게 되는데 이 시험법은?

설퍼 프린트법

> [참고] 철강 재료에서 황의 분포 상태를 알기 위하여 실시하는 시험의 일종

13 용접 후 용접부의 용제 및 슬래그 제거 시 화학적 처리를 할 경우에 사용하는 세척액은?

2%의 질산 또는 10%의 더운 황산

❸ 화학적 시험

01 화학적 시험법의 종류는?

부식 시험, 수소 시험, 화학 분석 시험법

02 수소 시험에서 수소량 측정 방법은?

45℃ 글리세린 치환법, 진공 가열법, GC법, 수은 치환법 등

03 수은 치환법의 특성

① 설비가 간단하며, 측정치의 신뢰성이 높다.
② 수은을 사용하므로 위험성(수은 중독)이 있다.

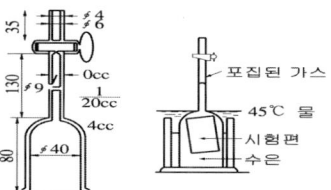

[수은 중에서 확산성 수소 포집 방법]

04 다음은 수소 시험에 대한 설명이다. 틀린 것은?

① 수소량의 측정에는 45℃ 글리세린 치환법과 진공 가열법이 있다.
② 일반적으로 수소량 그 자체에는 제한이 없다.
③ 저수소계 용접봉의 용접금속의 수소량에 대해서는 제한이 있다.
④ 용접 전 모재 중에 있는 수소량을 알기 위해서는 가열하지 않고 수소를 포함하는 방법이 있다.

해설 ④. 전수소량 또는 용접 전 모재 중의 수소량을 알기 위하여는 진공 중에서 800℃로 가열하여 수소를 포집하는 진공 가열법을 병용해야 된다.

05 스테인리스강, 구리 합금, 모넬메탈 등 내식성 금속 또는 합금 용접부의 부식 시험에 적당한 시험은?

응력 부식 시험

06 용접부의 부식 원인은?

모재의 열영향으로 응력이 집중했을 때

제2절 용접성 시험

1 용접부 연성 시험

01 용접성 시험 중 용접부 연성 시험 방법의 종류는? : ①~⑤

① 킨젤(KinZel) 시험
② 코머렐(Kommerell) 시험
③ 연속 냉각 변태 시험(CCT 시험)
④ 재현 열영향부 시험
⑤ IIW 최고 경도 시험

02 용접성 시험 중 노치 취성 시험법의 종류는? : ①~⑦

① 카안 인열(Kahn tear) 시험
② 샤르피 충격 시험
③ 슈나트(Schnadt) 시험
④ 2중 인장 시험
⑤ 로버트슨(Robertson) 시험
⑥ DWT(낙중) 시험
⑦ 반데어 비인(Van der Veen) 시험

03 용접성 시험 중 용접 균열 시험법의 종류는? : ①~⑥

① 겹침 용접(CTS, 열적 구속도) 균열 시험
② T형 필릿 균열 시험
③ 바텔(Battelle) 비드 밑 균열 시험
④ 리하이 구속(Lehigh restraint) 균열 시험
⑤ 분할형 원주 홈 균열 시험
⑥ 휘스코(Fisco) 균열 시험

04 용접 구조물의 안전성 신뢰성을 높이기 위한 시험 방법으로 올바르지 않은 것은? ③

① 노치취성 시험 ② 용접연성 시험
③ 표면투과 시험 ④ 구속균열 시험

05 킨젤(Kinzel) 시험

200×75×19mm의 표면에 세로 길이로 비드를 놓은 후 이에 직각으로 1.27mm 깊이의 V노치를 붙인 시험편을 굽혀 용접부의 연성이나 균열을 조사하는 시험

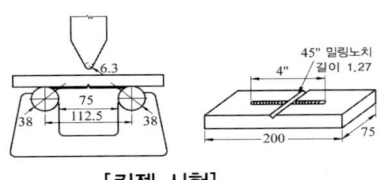

[킨젤 시험]

06 세로 비드 노치 굽힘 시험의 대표적인 연성(굽힘) 시험법은?

코메럴(균열) 시험

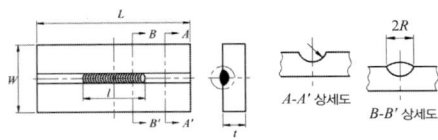

07 급속 가열한 환봉 시험편을 여러 속도로 냉각하여 변태의 생성과 종료 온도를 구하고 실온에서 경도와 조직 시험 및 굽힘 충격 시험을 하는 시험법은?

연속 냉각 변태(CCT) 시험

> 참고 저합금 고장력강 열영향부의 연성을 조사하는 방법으로 쓰인다.

08 재현 열영향부 시험

직경 7mm의 환봉 시험편에 대전류를 흐르게 하여 그 온도 변화가 아크 용접 열영향부 본드의 가열 냉각열 사이클과 동일하게 되도록 용접열 사이클 재현 장치를 써서 재현 열영향부를 인장 시험하는 방법

09 IIW 최고 경도 시험(KSB 0893로 규정)

국제용접학회에서 규정한 연성시험법, 강판 위에 아크 전압 24V±4V, 아크 전류 170A±10A, 용접 속도 150± 10mm/min으로 조건을 설정한 후 비드 용접을 하고, 그 직각 단면 내의 본드와 최고 경도를 측정하는 방법

② 노치 취성 시험

01 시험편을 판 구멍에 삽입한 핀으로 잡아당겨 파괴시켜서 파면 상황을 조사하는 것으로, 대형 광폭 노치 시험편의 천이 온도와 거의 일치하는 것이 인정되고 있는 시험은?

카안 인열(Kahn tear) 시험

02 샤르피 충격 시험

구조용강의 노치 취성 시험에 V 노치(아이죠드 노치)를 붙이고 단순보 상태에서 중앙에 집중 충격하중을 가하여 충격 시험을 하는 방법, 세계 각국에서 공통적으로 쓰이고 있다.

03 슈나트(Schnadt) 시험

샤르피 충격 시험편의 압축 측을 일부 제거하고 그 대신 경도가 높은 원주로 바꾼 것이며, 노치 선단의 반경을 여러 가지로 바꾸어 예리한 것과 둔탁한 것이 쓰인다.

04 2중 인장 시험

시험편 좌측을 잡아당겨서 취성 균열을 발생시키고 균열이 우측의 본체를 관통하는지를 조사하는 시험

05 시험편의 노치부를 액체 질소로 냉각하고 반대쪽을 가스 불꽃으로 가열하여 거의 직선적인 온도 구배를 주고, 시험편의 양 끝에 하중을 가한 상태로 노치부에 충격을 가하여 균열 상태를 알아

보는 시험법은? : 로버트슨 시험

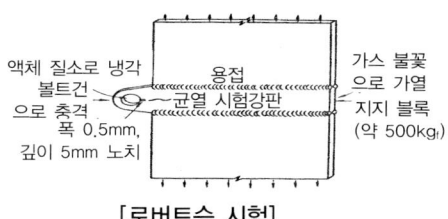

[로버트슨 시험]

06 반데어 비인(Van der Veen) 시험

노치 굽힘 시험의 일종으로, 판의 측면에 프레스 노치를 붙여 굽힘 시험하고, 최대 하중시의 시험편 중앙의 처짐이 6mm가 되는 온도를 연성 천이 온도로 하고, 연성 파면의 깊이가 32mm(판 폭의 중앙)가 되는 온도를 파면 천이 온도로 하고 있다.

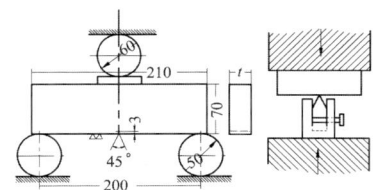

[반데어 비인 시험]

07 DWT(낙중) 시험

강판의 표면에 덧붙이용의 딱딱하고 부서지기 쉬운 비드를 용접하고 이것에 예리한 노치를 붙여 반대측에서 무게 27kgf의 중추를 1.83m 높이에서 낙하시켜 파단한다.

[낙중 시험]

③ 용접 균열 시험

01 T형 필릿 균열 시험

수직판의 양끝을 밑판에 가용접한 후 한쪽에 필릿 용접하여 구속한 후 계속해서 반대편을 용접하면서 균열 상태를 관찰하는 시험법

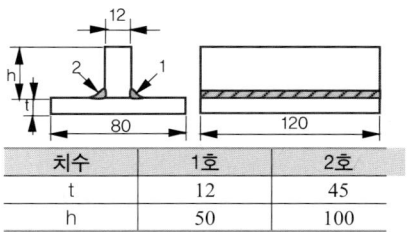

치수	1호	2호
t	12	45
h	50	100

[T형 필릿 균열 시험]

02 겹침 용접(CTS) 균열 시험

시험편을 겹쳐서 양측을 고정한 후 좌우 양면에 필릿 시험 용접한 다음 24시간 경과 후 3개의 시험편을 만들어 판면 내의 비드 밑 터짐을 주로 조사한다.

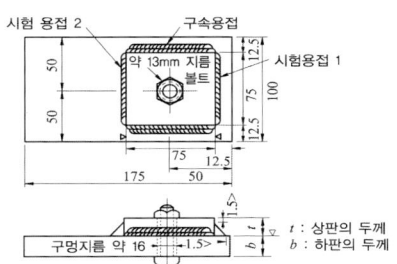

[겹침 용접(CTS) 균열 시험]

03 바텔 비드 밑 균열 시험

소형 시험편 표면에 소정의 조건으로 비드를 놓고 24시간 방치 후 절단하여 비드의 길이에 대한 비(%)로 균열을 검사하는 방법

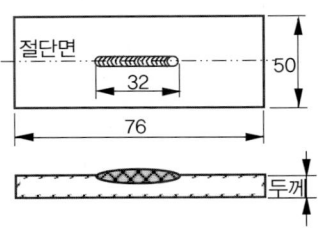

[바텔 비드 밑 균열 시험]

04 분할형 원주 홈 균열 시험

한변의 길이 50mm의 정사각형 시편 4개를 가접한 후 원주 홈을 파서 지름 4mm 용접봉으로 S점에서 F점까지 속도 150mm/min으로 시계 방향으로 비드를 붙인 후 냉각시켰다가 나머지 원주를 용접한 다음 분할편을 찢어서 비드 파면 내의 균열을 조사하는 시험

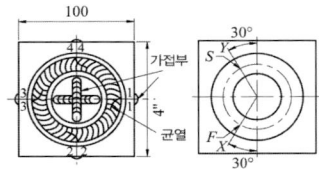

[분할형 원주 홈 균열 시험]

05 리하이 구속 균열 시험

① 주변에 가공하는 slit의 길이를 변경시킴으로써 시험 비드에 미치는 열적 조건(냉각 속도)을 같게 하면서 역학적 구속을 바꾸어 균열 시험을 한다.
② 슬리트 길이를 감소시켜 구속이 어떤 값 이상이 되면 균열이 발생하기 시작하는 임계 슬리트 길이가 있다.

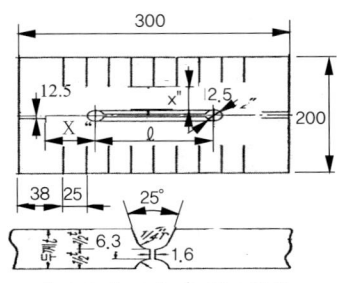

[리하이 구속 균열 시험]

06 휘스코(Fisco) 균열 시험

지그에 맞대기 용접 시험편을 볼트로 단단히 붙인 다음 비드를 놓아 균열 여부를 조사하는 방법

07 휘스코(Fisco) 균열 시험의 특성

① 고온 균열 시험에 적합하다.
② 재현성이 좋다.
③ 시험재를 절약할 수 있다.

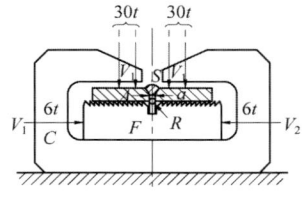

[휘(피)스코 균열 시험]

PART 04

용접 자동화, 공업 경영

Chapter 01 용접 자동화

Chapter 02 공업 경영

01 용접 자동화

제1절 자동화 용접

1 자동화의 개요와 목적

01 용접의 자동화

산업 현장은 인력 부족과 생산성 향상, 원가 절감에 의한 경쟁력 확보 차원에서 설비 자동화가 절실히 요구되고 다양한 용접 방법이 개발되고 있다.

컴퓨터의 대용량화와 고속 처리화의 기술의 발전과 함께 설계의 자동화(CAD)와 제조 분야에서의 로봇에 의한 자동 생산(CAM)이 급속하게 발전하고 있으나 형상이나 치수가 다양에 따른 많은 연구가 필요한 부분이며, 수동 용접에서 반자동 용접이나 자동 용접으로, 또는 로봇을 활용한 용접으로 변화되고 있는 추세다.

02 자동화 목적(장점, 특성)은? : ①~⑤

① 단순 반복 작업 및 다품종 소량 생산에 대응할 수 있다.
② 무인 생산화에 따른 생산 원가를 절감할 수 있다.(작업 환경 개선)
③ 제품의 균일한 품질을 유지할 수 있다.
④ 숙련 작업자 부족에 대처할 수 있다.
⑤ 재고 감소와 정보 관리의 집중화를 실수 있다.

03 용접 자동화에 대한 장점은? ①~④

① 생산성이 좋아진(향상된)다.
② 용접봉 손실은 적어진다.(원가 절감)
③ 품질이 균일하고 양호하다.(불량 감소)
④ 용접부의 기계적 성질이 향상된다.

04 자동 및 반자동 용접이 수동 아크용접에 비하여 우수한 점(장점)은?

①~④

① 와이어 송급 속도(용착속도)가 빠르다.
② 인간에게는 부적당한 위험환경에서 작업이 가능하다.(위험작업 대체, 작업자 보호)
③ 자동 및 반자동 용접은 아래보기 자세에 적합하다.
④ 비드외관이 양호하고, 용착효율이 높다.

참고 용접 자동화가 이루어지면 초기 설비 투자 비용은 매우 증대된다.(단점)

05 용접 자동화에서 자동제어장치를 설치하여 생산 공정에 투입시의 특징은? ①~④

① 생산 속도와 노동조건이 향상되어 인건비가 감소한다.
② 인간에게는 불가능한 위험작업, 고속작업이 가능하며, 연속작업이 가능하다.
③ 제품 품질이 균일하고 불량품이 감소한다.
④ 생산 설비의 수명이 길어진다.

06 다음 중 지그의 구성요소 중에서 위치 결정 장치에 필요한 요소는? : 조임쇠

[조임쇠, 캠, 핀, 바이스]

❷ 수동 용접, 자동 용접

01 수동 용접이란? : ①~④

① 용접 작업시 용접봉(용가재)의 공급과 용접 홀더나 토치의 이동을 수동으로 하는 용접으로,
② 피복 아크용접(SMAW), 수동 TIG 용접법이 여기에 속한다.
③ 장소의 제약이 적고 간편하며, 설비비가 적게 들어 널리 사용되고 있다.
④ 능률이 낮아 생산성은 매우 낮다.

02 반자동 용접이란? : ①, ②

① 용가재(와이어)의 송급은 자동으로, 토치는 수동으로 조작하는 용접법
② CO_2 용접, MIG 용접 등이 있다.

03 자동 용접이란? : ①, ②

① 용접 와이어의 송급과 용접 헤드의 이송 등이 자동적으로 이루어져 작업자의 계속적인 조작이 없어도 연속적으로 용접이 진행되는 용접
② 숙련(경험)이 많이 필요하지 않으며, 생산성이 매우 높으나 설비비가 많이 소요된다.

04 용가재(와이어)의 송급은 자동적으로 이루어지며 토치는 수동으로 조작하는 용접법은? : 반자동 용접

05 전자동 용접의 특징은? : ①~④

① 숙련이 많이 필요하지 않다.
② 생산성이 매우 높다.
③ 품질이 균일하다.
④ 설비비가 많이 소요된다.

제2절 로봇 용접

❶ 로봇의 정의와 응용

01 로봇(robot)이란(정의)

로봇은 '각종 작업을 수행하기 위하여 자재, 부품, 공구, 특수 장치 등을 프로그램된 대로 움직이도록 설계하고, 제(여러가지) 프로그램이 가능하며, 다기능을 가진 메니플레이터' 다(미국 로봇 협회의 정의)

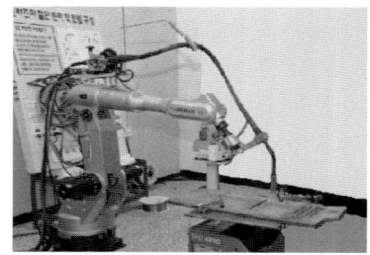

02 자재, 부품, 공구, 특수 장치 등을 프로그램된 대로 움직이도록 설계하고, 재프로그램이 가능하며, 다기능을 가진 메니플레이터는? : 로봇(robot)

03 로봇의 원리

① 산업용 로봇은 사람의 손의 기능을 기계가 대신한다고 생각하면 된다.
② 손이 있으면 손목이 있어야 하고 손목은 암(arm)에 접속되어 있게 되며, 이 부분 전체를 이동시키는 기능을 다리가 하고 있다.

③ 로봇은 용도와 기능에 따라 다리 부분은 없어도 손과 암은 가지고 있어야 된다.
④ 이 손과 다리와 암 부분, 즉 동작을 가지는 부분 전체를 가동부, 또는 구동부라 한다.
⑤ 이러한 동작을 하기 위해 제어가 필요하며, 제어부가 없으면 아무 일도 할 수 없다.

04 산업용 로봇의 구성 부분이 아닌 것은?

[제어기(controllet), 뤼스트(wrist), 센서, 베이스, 메니퓰레이터, 암, 와이어 송급 장치]

참고 와이어 송급장치는 아니다.

05 사람의 두뇌에 해당하는 로봇의 구성 부분은? : 제어기(controller)

참고 ① 앤드 이팩터(end effector) : 사람 손
② 메니퓰레이터(manipulator) : 로봇 외관
③ 센서(sensor) : 사람의 지각기관

06 사람의 손에 해당하는 로봇의 구성 부분은? : 앤드 이팩터(end effector)

07 아크 용접도중 위빙할 때 용접 파라미터를 감지하여 용접선을 추적하면서 용접을 진행하게 하는 비접촉식 센서는?

아크 센서

08 아크용접 자동화의 센서(sensor)의 종류에서 과전류, 전격방지 등을 위한 비접촉식 센서로 가장 많이 활용되는 것은?

전기 접점식 센서

09 로봇에서 구동부와 제어부를 가동시키기 위한 에너지(동력원)를 기계적인 움직임으로 변환하는 기기의 명칭은?

액츄에이터

10 로봇의 구동부와 제어부를 가동시키기 위한 에너지를 무엇이라 하는가?

동력원

11 로봇의 동력 전달 장치는 ?

암 조인트, 손목 조인트, 그리퍼

참고 벨트와 롤러 체인 : 로봇의 동력 전달 장치

12 일반적인 로봇의 동력 장치는? ①~③

① 스크루 너트 시스템
② V벨트와 타이밍 벨트
③ 롤러 체인을 이용한 풀리 구동

13 로봇의 특수 동력 전달 장치는?

싸이클 로이탈 스피드 레듀서, 하모닉 드라이브

참고 각종 베어링, 타이밍 벨트, 각종 전기 브레이크는 일반적인 동력 전달 장치의 일종

14 하모닉 드라이브의 특징은? : ①~④

① 구조가 간단하고, 콤팩트한 크기이다.
② 높은 출력 토크를 얻을 수 있고 강성이 좋다.
③ 경량이라서 로봇 시스템에 사용하기 적합하다.
④ 감속비를 320 : 1을 얻을 수 있다.

15 하모닉 드라이브의 주요 부분은?

웨이브 제너레이터, 써큘러 스플라인,

플랙 스플라인

> **참고** V벨트 및 타이밍 벨트는 아님

16 싸이클로이탈 스피드 레듀셔는 하모닉 드라이브보다 몇 배 전후의 큰 동력을 전달할 수 있는 감속기인가? : 10배

17 싸이클로이탈 스피드 레듀셔가 1단 감속일 경우 얼마의 감속비를 가질 수 있는가? : 6 : 1 ~ 87 : 1

> **참고** 다단의 경우 1천만 : 1의 감속비를 얻을 수 있다.

18 싸이클로이탈 스피드 레듀셔의 구성 장치는? : 싸이클 로이터 디스크

19 아크용접용 로봇에서 용접작업에 필요한 정보를 사람이 로봇에게 기억(입력)시키는 장치는? : 교시장치

20 용접에 이용되는 산업용 로봇(Robot)은 역할에 따라 크게 3개의 기능으로 구성하는 것은?

작업 기능, 제어 기능, 계측인식 기능

> **참고** 용접로봇의 작업 기능 : 동작기능, 구속기능, 이동기능

21 산업용 용접로봇의 주요작업 기능부가 아닌 것는? : 용접부

[구동부, 검출부, 제어부, 용접부]

22 자동 용접에 필요한 기구 중 대형 파이프를 원주용접할 때 사용하는 기구는?

터닝롤러

❷ 로봇의 특징과 종류

01 로봇의 특징

① 로봇을 활용함으로서 인건비를 절감한다.
② 정밀도와 생산성을 향상시킬 수 있다.
③ 지루하고 반복적이며 위험한 작업의 대체로 인적 안전 사고 방지와 작업 환경을 개선할 수 있다.
④ 초기 설비비가 고가이다.(단점)

02 구동 방식에 의한 로봇의 분류

① 전기구동 로봇 : 구동수단으로 전기 서보 모터나 스테핑 모터를 사용하는 로봇
② 유압 구동 로봇 : 유압 장치를 사용하여 구동하는 로봇

03 전기 구동 로봇과 비교한 유압 구동의 단점이 아닌 것은?

① 구조가 복잡하다.
② 잡음이 없고, 오염이 없어 깨끗하다.
③ 유지, 보수가 필요하다.
④ 설치 면적이 필요하다.

> **해설** ②, 잡음이 있고, 오염이 있다.

[전기 구동 로봇과 유압 구동 로봇의 특징 비교]

구분 \ 종류	전기 구동 로봇	유압 구동 로봇
구조 / 가격	간단하다 / 저렴하다	복잡하다 / 고가이다
출력	소출력이다	대출력이다
청정도	깨끗하다	오염이 있다
안정성	과부하에 약하다	과부하에 강하다
응답성	보통 (저관성 서보개발로)	좋음 (토크관성비가 크다)

기타	양호해지고 있음)	
	정확도가 높다	정확도가 높다
	반복성이 좋다	잡음이 있다
	관리가 편하다	유지, 보수가 필요함
	설치가 쉽다	설치에 넓은 면적이 필요하다
	저속 구동함	고속구동이 가능함

04 로봇을 기하학적 작업 괘적에 따라 분류한 것이 아닌 것은? : 유압 구동 로봇

[원통 좌표계 로봇, 다관절 로봇, 직각 좌표계 로봇, 유압 구동 로봇]

05 직각 좌표계 로봇은? : ①~④

① 직교 로봇, XY 로봇이라고도 부른다.
② 산업 로봇 중 가장 간단한 구조이다.
③ 각 축들이 직선 운동을 하기 때문에 로봇 몸체와 제어기 부분으로 구성되어 있다.
④ 종류에는 단축 직교 로봇, 다축 직각 로봇, 기타 등이 있다.

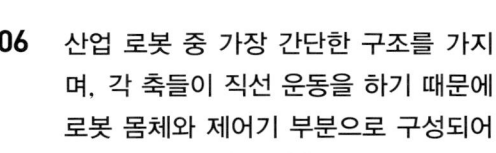

06 산업 로봇 중 가장 간단한 구조를 가지며, 각 축들이 직선 운동을 하기 때문에 로봇 몸체와 제어기 부분으로 구성되어 있는 로봇이 아닌 것은?

[직각 좌표계 로봇(단축 직교 로봇, 다축 직교 로봇, XY 로봇), 다관절 로봇]

참고 다관절 로봇은 작업 괘적에 따른 분류다.

07 극 좌표계 로봇은?

① 산업용 로봇의 최초 실용 로봇으로 구면 궤적을 가지며,
② 주로 스폿 용접, 중량물 취급 등에 사용되었다.

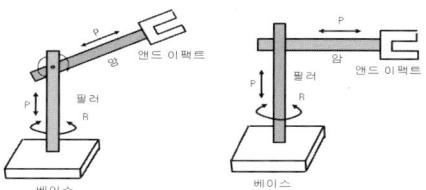

[극좌표계 로봇]   [원통 좌표계 로봇]

08 원통 좌표계 로봇은? ①~③

① 앤드 이팩터의 동작 범위가 원통 모양을 가지고 있다.
② 구조는 베이스에 필러(pillar)가 있고 필러에 연결된 암이 상하 운동을 하고 암 자체는 암의 중심축 방향으로 직선 운동을 하며 암의 선단에 앤드 이팩터가 취부되어 있는 형식이다.
③ 신뢰성이 높아서 공작물의 로딩과 언로딩에 많이 사용된다.

09 다음 중 산업용 로봇에서 일반적인 분류에 의한 로봇이 아닌 것은?

관절형 로봇

[관절형 로봇, 원격 조정 로봇, 시퀀스 로봇, 플레이 백 로봇]

참고 로봇을 기하학적 작업 궤적에 따른 분류하면 작업 궤적, 즉 앤드 이팩터의 작동 궤적에 따라 직각 좌표계, 원통 좌표계, 구면 좌표계, 극좌표계, 다관절 로봇 등이 있다.

10 다관절 로봇은? : ①~③

① 인간의 팔과 유사하게 형성하고 있다.
② 동작도 유연하므로, 앤드 이팩터의 동작도 가장 다양하게 구현할 수 있어 각

종 작업에 사용되고 있다.
③ 극좌표계 로봇의 특수한 형태라고 할 수 있다.

07 로봇을 용도에 따라 구분한 것은?

극한 작업용 로봇, 감각 제어용 로봇, 극좌표형 로봇, 지능 로봇

11 용접용 로봇을 동작형태(동작기구를 나타내는 좌표계)로 분류한 것은?

좌표계 로봇 : 원통좌표 로봇, 극좌표 로봇, 다관절 좌표 로봇

> 참고 삼각좌표 로봇은 아님

09 산업용 로봇을 제어의 형태에 따라 분류할 때 해당되지 않는 것은?

원통좌표 로봇
[서보제어 로봇, 논 서보제어 로봇, CP 제어 로봇, 지능 로봇, 원통좌표 로봇]

> 참고 산업용 로봇 : 시퀀스 로봇, 플레이백 로봇

11 산업용 로봇의 분류에서 미리 설정된 정보의 순서, 조건 등에 따라 동작이 진행되는 로봇은? : 시퀀스 로봇

15 KS에 규정된 자동 용접 시스템용 제어 로봇(controlled robot)을 분류한 것 중 전체 궤도 또는 전체 경로가 지정되어 있는 제어 로봇은?

CP제어(continuous path controlled) 로봇

16 앤드 이팩터의 동작 범위가 원통 모양이며, 구조는 베이스에 필러(pillar)가 있고 필러에 연결된 암이 상하 운동을 하고 암 자체는 암의 중심축 방향으로 직선 운동을 하는 로봇은?

원통 좌표계 로봇

> 참고 원통 좌표계 로봇은 신뢰성이 높아서 공작물의 로딩과 언로딩에 많이 사용된다.

17 인간의 팔과 유사하게 형성하고 있으며 동작도 유연한(사람의 팔꿈치나 손목의 관절에 해당하는 움직임을 갖는) 로봇으로 회전→선회→선회운동을 하는 극좌표계 로봇의 특수한 형태의 아크용접용 다관절 로봇은?

관절 좌표 로봇(articulated robot)

18 관절좌표 로봇(articulated robot) 동작기구의 장점에 대한 설명은? : ①~③

① 3개의 회전축을 가진다.
② 장애물의 상하에 접근이 가능하다.
③ 작은 설치공간에 큰 작업영역을 가진다.

19 사람의 손, 발과 같은 관절 운동 기능과 감각 기능과 학습, 연상, 기억 등 인간의 두뇌 작용의 일부인 사고 기능까지 수행하는 로봇은? : 지능 로봇

20 플레이 백 로봇(play back robot)이란?

사람이 로봇을 작동시킴으로서 순서, 조건, 위치 및 기타의 정보를 교시(teaching)하고 그 정보에 따라 작업을 할 수 있는 로봇이다.

02 공업 경영

제1절 품질 관리

❶ 품질 관리

01 KS 규정상 품질(Quality)의 정의

"품질이란 물품 또는 서비스가 사용 목적을 만족 시키고 있는지의 여부를 결정하기 위한 평가의 대상이 되는 고유의 성질, 성능의 전체이다"

02 품질 관리(QC, Quality Control)의 정의

통계적 품질관리(SQ)와 전사적 품질관리(TQC)를 말한다.

03 통계적 품질관리(SQ)

현대 품질관리는 통계적 측면과 제품품질에 영향을 주는 사람, 부문, 기계 등을 종합 조정, 품질유지 향상에 유기적인 노력을 기울이는 품질 관리

04 전사적 품질 관리(TQC)

소비자에게 충분히 만족되는 품질의 제품을 가장 경제적인 수준으로 생산할 수 있도록 사내의 각 부분이 품질개발, 품질유지, 품질개선의 노력을 조정 통(종)합하기 위한 효과적인 시스템

05 TQC의 4가지 업무는?

신제품 관리, 수입자재 관리, 제품 관리, 특별공정조사

해설 TQC : 설계·제조·판매 등 상품과 직접 연결되는 단계와 총무, 인사 등 간접 부문까지 포함해 종합적으로 제품질관리에 주력하는 종합적 품질관리 운동

06 용접봉과 모재와의 사이에 전류를 걸어 제품의 유용성을 정하는 성질 또는 제품이 그 사용 목적을 수행하기 위한 여러가지 품질 특성의 집합체는?

품질

[품질, 품질관리, 품질보증, 품질설계]

해설 ISO 규정의 품질(Quality)의 정의 ; 소비자의 요구를 만족시킬 수 있는 제품 또는 서비스의 전체적 특징 또는 특성으로 규정하고 있다.

07 다음 중 품질 관리의 기능이라 할 수 없는 것은?   : 품질 개발

[신제품 관리, 공정 관리, 품질 개발, 품질보증]

08 품질 관리의 업무에 속하지 않는 것은?

① 품질의 설계   ② 원가 관리
③ 제품 관리   ④ 특별공정조사

해설 ②, 원가 관리는 품질이 아니고 생산 관리 업무에 속한다.

제2장_공업 경영 237

09 품질관리 및 보증 활동 실시 5대 원칙

적절성, 완전성, 일관성, 정확성, 투명성에 근거해야 한다.

10 품질의 종류가 아닌 것은? : 가치 품질

[설계 품질, 시장 품질, 제조 품질, 가치 품질]

11 설계 품질이란

제품의 시방, 성능, 외관 등을 규정지어 주는 품질 규격(quality standard)을 표시하는 것

12 설계 품질을 결정할 때 고려해야 할 사항으로 맞는 것은? : ②

① 제조품질과 적합품질
② 기술수준과 코스트
③ 신뢰성과 보전성
④ 품질보증과 제품책임

13 생산단계에서 설계품질에 적합하도록 제조품질을 확보하기 위한 품질관리 활동에 해당되지 않는 것은? : ④

① 검사   ② 공정 관리
③ 공정 개선   ④ 신뢰성 시험

14 소비자의 요구품질과 공장의 제조 능력을 고려하여 경제적으로 균형화시킨 품질 시방은?

설계 품질(Quality of design)

15 제조(적합) 품질(Quality of Conformance)은 무엇에 영향을 받는가?

공정산포에 원인이 되는 4M(Man, 사람, Method, 방법, Machine, 기계, Material, 재료)

16 사용(시장)품질(quality of market)

실제 소비자의 평가에 의해 결정되는 품질로서 설계 품질의 기초가 되는 소비자 품질, 목표 품질이다. 제품의 품질은 이 시장품질을 기준으로 발전시켜야 한다.

17 품질 관리 기능의 시스템(management cycle)=품질 관리 PDCA cycle

plan(P, 계획), do(D, 실시), check(C, 검토), action(A, 조치, 행동)

> **해설** PDCA cycle : 표준의 설정(P) → 표준에 대한 적합도 평가(D) → 차이를 줄이려는 시정조치(C) → 표준에 접근시키기 위한 계획과 표준의 개선에 대한 입안(A)

18 효율적인 PDCA 관리 사이클에 대한 설명으로 틀린 것은? : ③

① Check에서는 공정해석을 해야 할 경우도 있다.
② Plan에서는 표준이나 기준도 포함하여 설정한다.
③ Action에서 수정조치는 자기권한 밖의 것이라도 즉각 취해야 한다.
④ Do에서는 계획의 내용에 대해 충분한 교육, 훈련을 실시하고 계획에 따라 일을 수행한다.

19 품질 관리의 기능을 수행하는 절차는?

품질관리 - 공정설계 - 품질보증 - 품질조사

20 품질 관리 목적

① 작업의 원활화, 신뢰성 높은 제품, 품질 보증될 수 있는 제품의 생산
② 불량 감소(불량 방지), 공해없는 제품의 생산
③ 제품책임(PL)을 이행할 수 있는 제품의 생산 등

해설 소비자의 요구에 부응하는 제품을 가장 경제적으로 달성하기 위함, 목적을 달성하기 위한 기본적 이념은 표준화, 통계적 방법, feed back 기능이다.

21 품질 관리 실시의 효과

기법이 대외 경쟁력을 갖으려면 Q(품질), C(원가), D(납기)의 균형을 유지해야 된다.
① 원가 절감, 불량 감소, 불량처리비의 절감
② 작업의 합리화, 표준에 의한 합리화, 작업자의 기능 향상
③ 조직간의 원활한 관계 유지, 작업자의 품질의식 고취, 납기지연의 방지

22 품질 관리 실시 효과로 볼 수 없는 것은?

① 생산량이 늘어나고 합리적인 생산계획을 수립할 수 있다.
② 품질에 대한 책임을 각자가 인식하게 되어 작업의욕이 저하된다.
③ 사내 각 부문에서 하는 일이 원활하게 진행되고 사외에 대한 신용을 높인다.
④ 불량품이 감소하여 수출이 향상되고, 제품의 원가가 절감된다.

해설 ②, 작업원에게 품질에 대한 책임과 관심을 인식시켜서 품질 수준이 높아진다.

23 품질 관리의 원칙

예방의 원칙, 전원 참가의 원칙, 과학적 관리의 원칙, 종합조정(협조)의 원칙

❷ 산업 표준화

01 산업 표준화란? : ①, ②

① 광공업품을 제조하거나 사용할 때 모양, 치수, 품질 등 또는 시험, 검사 방법 등을 전국적으로 통일. 단순화시킨 국가 규격을 제정하고 이를 조직적으로 보급. 활용하게 하는 의식적인 노력
② 단순화, 전문화, 표준화를 통하여 거래 쌍방간의 문제에 대하여 규격, 포장, 시방 등을 규정하는 것

02 산업 표준화로 인하여 얻을 수 있는 이점이 아닌 것은? : ④

① 자동화 ② 생산비 절감
③ 호환성 ④ 다품종소량 생산

03 산업 표준화의 목적

① 증대하는 제품의 품종과 인간 생활에서의 행위의 단순화
② 전달[전달 수단으로서의 규격. 기호와 코드(code)]
③ 전체적인 경제, 안전·건강 및 생명의 보호, 무역 장벽의 제거
④ 소비자 및 공동 사회의 이익의 보호와 기능과 치수의 호환성

04 산업 표준화법상 산업 표준화의 대상이 아닌 것은? : ④

① 광공업품의 포장의 종류, 형상, 치수
② 광공업품의 생산방법, 설계방법, 사용방법
③ 광공업의 기술과 관련되는 용어, 약어, 부호
④ 광공업품의 특허 및 제조 비결에 관한 사항

05 다음 중 표준화의 목적에 해당하는 것은?

① 낭비배제   ② 능률 저하방지
③ 원가절감   ④ 불량감소

해설 ①, 표준화의 목적 : 기능과 치수의 호환성, 안전·건강 및 생명의 보호, 소비자 및 공동사회의 이익보호

06 표준화 효과와 상의한(다른) 것은?

④

① 호환성   ② 대량생산
③ 생산비 저하   ④ 설비 전문화

07 국제 표준화 사업의 성과

① 각국의 규격의 국제성을 증대하고
② 국제간의 산업 기술에 관한 지식의 교류 및 경제 거래의 활발화 촉진
③ 각국의 기술이 국제 수준에 달하도록 조장
④ 국제 분업의 확립, 산업적 후진국에 대한 기술 개발의 촉진을 이룩

08 사내 표준화

생산 합리화의 일환으로서, 최적의 생산방법을 찾아, 그 작업을 다른 작업자가 시행하더라도 동일한 작업이 되도록 필요한 정보 전달용 기록물을 작성하는 일, 그리고 훈련을 통하여 용이하게 최적의 방법을 재현하는 것 등을 주요 내용으로 한다.

09 사내 표준화의 효과

① 생산능률의 증진과 생산비 저하, 자재의 절약 및 부품의 호환성 증대
② 품질향상, 균일화, 사용 소비의 합리화
③ 기술 향상 및 기술지도와 교육의 용이
④ 거래의 단순, 공정화 표준원가 및 표준 작업공정의 산정 등

10 사내 표준화의 추진 순서는?

계획 → 운영 → 평가 → 조치

해설 사내 표준화의 특징 : 기업 내에서 실시하는 활동, 사내 관계자의 합의를 모은 후에 실시해야 하는 활동, 기업의 조직원이 의무적으로 지켜야 하는 활동

11 사내 표준을 작성할 때 갖추어야 할 요건으로 옳지 않은 것은?

① 내용이 구체적이고 주관적일 것
② 장기적 방침 및 체계하에서 추진할 것
③ 작업 표준에는 수단 및 행동을 직접 제시할 것
④ 당사자에게 의견을 말하는 기회를 부여하는 절차로 정할 것

해설 ①, 내용이 구체적이고 객관적일 것

12 생산 합리화의 3원칙(3S)=생산능률을 높이기 위한 3S는?

표준화, 단순화, 전문화

13 표준화(standardization)

재료, 부품, 재품 및 설비 등의 형태, 크기, 품질 등에 대하여 합리적인 표준을 설정하고, 이 설정된 표준이나 규격에 맞도록 제조되고 수행되도록 꾀하는 조직적인 활동

14 단순화(simplification)

제품, 생산 방법, 절차 등 불필요하고, 중요하지 않은 요소들을 배제하여 작업이 간

단하고 능률적으로 수행되도록 하는 것

15 전문화(specialization)
각 작업을 분리하여 특정한 한정된 분야에만 그 노력을 집중하여 작업의 전문성을 높이는 것

16 생산단계의 QC 기능(제조)
① 생산 전의 품질평가, 검사계획의 수립, 수입자재 관리계획
② 표준화 추진, 제조작업에 있어서의 QC.활동
③ 품질보증체계의 설정, 품질조사와 품질감사, 특별공정 연구

17 판매 단계의 QC 기능(공급, 사용, 서비스, 폐기)
① 시장품질 정보의 파악, 활용, 전달, 판매, 서비스 체제의 정비
② 정보의 신제품 개발에의 기여 : 판매 전의 활동, User에의 품질의 PR
③ 요구품질에 적합한 상품의 제공 → 판매시의 활동
④ 판매 후의 품질상황의 조사와 after service → 판매 후의 활동

❸ 품질보증(QA, Quality assurance)

01 품질보증 활동의 의의
소비자가 요구하는 품질을 충분히 만족시킴을 보증하기 위해서 생산자가 하는 체계적 활동 (KSA 3001)

02 품질보증의 뜻은?
품질(제품이나 서비스)이 소정(요구) 수준을 만족하고 있음을 보증하는 것

> **해설** 품질 보증 : 제품 또는 서비스가 소정의 품질 요구사항을 지니고 있다는 타당한 신뢰감을 주기 위해 필요한 계획적이고 체계적인 활동
> - 품질보증의 주요 기능 : 품질방침의 설정과 전개용

03 품질보증과 보상
① 보증(assurance) : 회사의 방침이나 완비된 시스템의 활동에 의해서 달성되는 것
② 보상(compensation) : 소비자의 만족을 얻을 능력이 없는 기업이 행하는 소극적 활동(무료수리, 무료교환)

04 품질보증 표시 유형 일반적인 사항
① 법률적 규제에 의해 그 마크가 없으면 판매할 수 없도록 하는 것(예 : 전기용품의 형식승인 마크)
② 생산자가 임의로 정부기관 등 관련기관의 보증 마크를 취득해서 표시하는 것 (예 : KS마크)
③ 생산자의 상표 그 자체를 신뢰하는 경우(예 : 오메가 시계, 파커 만년필)

05 국내의 품질보증 표시
① KS 표시 : KS마크를 산업표준화법에 따라 제품에 부착함으로써 정부로부터 품질을 보증받는 효과를 지닌다.
② "품" 자 표시 : 공산품 품질관리법에 의한 우수상품 지정 제도로서, 상품선택이 어려운 품목 등에 표시한다.
③ "검" 자 표시 : 전기용품을 제외한 공산품 중에서 재산상의 피해를 줄 염려가 있는 품목에 대해 사전품질 검사를 실시하는 제도이다.

④ "전"자 표시 : 전기용품으로서 국민의 생명과 신체상의 피해, 화재위험이 있는 품목에 대해 형식승인을 받도록 하는 제도이다.

06 업무별 품질보증 시스템

품질보증을 제품의 수명주기, 즉 업무별로 전개하는 시스템이다.
(조사, 연구, 기획, 설계, 구매, 외주, 생산, 출하, 보관, 수송, 판매, 서비스 등의 단계)

07 기능별 품질보증 시스템

품질평가 및 검사, 신뢰성시험, 제품책임, 표준화, 설비관리, 계측관리, 공정능력 조사, QC교육, 공정관리 등

08 품질보증 업무의 사전 대책

시장조사(시장정보), 공업화 연구(기술연구), 고객에 대한 PR 및 기술지도, 품질설계, 공정능력 파악, 공정관리

09 품질보증 업무의 사후 대책

제품검사, 클레임 처리, 애프터서비스, 보증기간 방법, 품질감사

10 제품 책임(Product liability)

소비자 또는 제3자가 상품의 결함으로 인해 인적, 물적 손해를 입었을 때 제조자나 판매업자가 직접 피해자에 대한 손해배상 책임을 지는 것(제조물 책임)
① 제품책임 방어(PLD : product reliability defence)
② 제품 책임 예방(PLP : product reliability prevention)(제품 책임의 대책 전개 과정)

④ ISO 9000 시리즈

01 ISO 9000 시리즈의 배경

① ISO는 국가마다 다른 공업규격을 조정, 통일하고 물자 및 서비스의 국제적 교류를 쉽게 하기 위하여 1946년에 설립함
② 우리나라는 1992년 ISO 9000 규격을 KS규격으로 채택하였다.
③ ISO 9000 시리즈의 충족요건은 기업의 모든 업무가 관리상태에 있어야 하며, 업무도중 잘못된 점이 발견되면 쉽게 원인 제거를 할 수 있어야 한다.

02 ISO 9000 시리즈의 적용과 인증

ISO 9000을 인증받는다는 것은 ISO 9001~ISO 9003 중 하나를 인증받는 것
① ISO 9000 : 9001 ~ 9004까지의 규격을 어떻게 나눠 사용하는지를 해설한다.
② ISO 9001 : 설계 및 개발 → 제조 → 최종검사 및 시험 → 설치 → 서비스 (20항)
③ ISO 9002 : 제조 → 설치(18항)
④ ISO 9003 : 최종검사 및 시험(12항)
⑤ ISO 9004 : 기업내부에 품질경쟁력을 갖추도록 하기 위한 것이다.

03 ISO 9001과 9002의 차이점은 무엇으로 대별되는가? : 설계 관리

04 ISO 9000 시리즈의 인증 절차

인증신청-문서심사(품질 manual 심사)-예비심사-공장심사와 인증취득-사후

관리 및 재심사(년 2~4회 실시, ISO 9000 시리즈의 유효기간은 3년)

05 ISO 9000 시리즈의 인증의 이점

① 제품이나 서비스의 매출액이 증가되며, 기업업무의 효율성이 증가된다.
② 기업의 관리능력이 향상되며, 구매자의 품질감사가 감소된다.
③ 세계시장의 진출이 용이하며, 대외적으로 이미지가 좋아진다.

06 ISO 9000 품질시스템의 문서관리에서 "관리본"이란?

현재 사용되고 있는 최신판 표준이다.

07 ISO와 TQC의 차이점으로 틀린 것은?

① ISO 9000은 시스템 구축이 주체이다.
② TQC는 품질 시스템 구축 후 품질 개선이 주체이다.
③ ISO 9000은 정해진 요건만 충족되면 되고 TQC는 나름대로 좋은 시스템을 구축하여 성과를 높이는 방법이다.
④ ISO 9000과 TQC 모두 철저한 수비의 품질관리다.

해설 ④. ISO 9000은 방어 차원의 품질관리다.

08 공급자가 ISO를 잘 지키고 있다는 것을 증명할 수 있는 증거자료의 역할을 하는 것은? : 품질 기록관리

해설 - 공정개선의 일반적인 4가지 목표 : 품질의 향상, 피로의 경감, 경비의 절감
- 공정개선의 목적
코스트 절감, 생산성 향상, 재료손상 감소와 품질유지, 재공품 감소(일정, 납기), 공간의 효율적 이용

09 ISO 9000 시스템에서 사내의 교육, 훈련 대상자는 누구인가? : 모두

5 품질 코스트

01 품질 코스트의 개념

① 품질관리에 수반되는 제 코스트로 QC 활동을 Cost 면에서 평가할 수 있는 경제적, 합리적, 효과적인 척도
② 요구된 품질(설계품질)을 실현하기 위한 원가로서 주로 제조원가의 부분원가를 의미한다.
③ TQC 실시효과가 cost 면에서 만족할만 하다는 것은 실패 코스트와 평가 코스트 절감에 대하여 예방 코스트의 증가가 적다는 뜻

02 품질 코스트의 측정 목적

① 경영자에게 품질문제를 품질 코스트로 이해시켜 적절한 대책을 마련하게 한다.
② 품질 문제가 어디에 있는지를 제시하여 현장의 관리자에게 효율적인 해결방안을 꾀하게 한다.
③ 현장 경영자에게 품질 코스트의 절감목표를 설정하고 이를 위한 계획을 수립할 수 있도록 한다.
④ 수립된 품질 목표의 달성이 원활히 이루어지도록 한다.

03 품질 코스트 종류(구성 3가지)에 속하지 않는 것은? : 제품 코스트

[예방 코스트, 평가 코스트, 실패 코스트, 제품 코스트]

04 예방 코스트(preventon cost : P-cost)

처음부터 불량이 생기지 않도록 방지하는 데 소요되는 코스트(불량품 예방 코스트)

05 제품이나 서비스의 품질을 개선하고 유지·관리에 소요되는 비용과, 발생되는 실패비용을 포함하여 품질 코스트라 한다. 품질 코스트의 종류 중 관리가 가능한 비용으로 적합 코스트에 해당하는 것은?

예방 코스트와 평가 코스트

06 평가 코스트(Appraisal cost : A-cost)

소정의 품질 수준을 유지하기 위하여 소요되는 품질평가 코스트(검사 코스트)

07 평가 코스트에 속하지 않는 것은?

① 시험 코스트 ② 수입검사 코스트
③ QC사무 코스트 ④ 공정검사 코스트

> **해설** ③, 평가기법 중 객관적 레이팅법 : 동작 속도를 평가하여 1차 평가를 한 후 작업의 난이도를 반영하여 2차 평가를 하는 수행도 평가기법

08 실패 코스트(Failure cost : F-cost)

품질수준을 유지하는데 실패하였기에 발생하는 불량품, 불량원료에 의한 부실코스트(손실 코스트)

> **해설** P-cost를 약간 증가시키면 A-cost, F-cost는 현격히 줄어들지만, P나 A-cost가 F-cost보다 크다면 TQC 활동의 성과가 효율적으로 높아졌다고 할 수 없다.

09 품질관리 활동의 초기단계에서 가장 큰 비율로 들어가는 코스트는?

실패 코스트

> **해설** 예방 코스트는 총 품질 코스트의 약 10%, 평가 코스트는 약 25%, 실패 코스트는 50~75% 정도이다.
> 품질 코스트 중 실패 코스트(F Cost)에 해당하는 것 : 무상서비스 비

6 기타 품질 활동 관련기법

01 분임조 활동(QC circle)

① 같은 직장에서 품질관리 활동을 자주적으로 실천하는 작은 그룹으로서
② 전사적 품관관리 활동(TQC)의 일환이 되며,
③ 자기개발 상호개발, QC 수법을 활용 직장의 관리, 품질의식, 문제의식, 개선의식의 고양을 꾀한다.

02 분임조의 목적

① 톱매니지먼트의 방침의 철저를 도모한다.
② 현장에서의 관리의 정착을 도모하며, 전원 참가의 QC를 추진한다.
③ 품질보증의 철저와 현장의 제일선 감독자의 지도 능력, 관리 능력을 높인다.
④ 자주적, 자발적으로 품질, 원가에 대해서 문제 개선 의식을 갖는다.
⑤ 직장의 사기를 향상시키고 밝고 즐거운 직장을 만든다.

03 ZD 운동(Zero defect program or morement)

① 1961년 미국 Martin항공회사에서 로켓 생산을 무결점을 목표로 시작됐으며,
② 제품 결함이 작업자의 태만과 주의부족에 있다는데 착안, 결함 제거를 위한 전사적 품질관리(TQC)의 일환이다.

04 '무결점 운동'이라고 불리는 품질 개선을 위한 동기 부여 프로그램은? : ZD

05 일종의 품질 모티베이션 활동인 ZD 운동, QC 서클 활동의 특징에 해당되지 않은 것은? : ② 자율적운영
① 자주관리　　② 타율적 운영
③ 주로 대면접촉　④ 소집단 활동

06 ZD 운동의 특징
① 종업원의 주의와 연구를 통하여 고도의 신뢰성, 원가절감, 납기엄수, 품질향상을 통해 고객을 만족시키는 제품을 생산한다.
② 작업장 개개인이 분담하는 업무를 확실히 수행하여 작업상의 결함을 Zero로 한다.
③ 경영자, 관리자는 종업원들이 자발적으로 틀림없이 일을 하기위해 계속적으로 동기부여를 한다.
④ 소집단 활동을 통한 삶의 보람을 찾는 정신운동으로 인간중심의 조직개발을 중요시 하는 운동으로 전개되고 있다.

07 품질 개선 활동
자기가 담당하는 업무를 좀 더 나은 상태로 발전시키기 위해 스스로 문제점을 제기하고 개선목표를 설정하여 문제 해결안을 찾는 창의성과 진취성이 필요하다.

08 개선 활동의 추진에 필요한 3요소
① 개선하고자 하는 의욕
② 문제 해결에 필요한 능력(지식, 기술)
③ 개선안을 실행으로 옮기는 결단

❼ QC 7가지 기본수법(QC 7 도구)

01 QC 7가지 방법
히스토그램, 특성 요인도, 체크시트, 산점도, 파레토도, 각종 그래프(관리도 포함), 층별

02 층별이란?
측정치를 요인별로 나누는 일

03 히스토그램(histogram)
① 길이, 무게, 강도 등과 같이 도수 분포표로 정리된 변수와 특징이 한눈에 보이도록 기둥 모양으로 작성한 것
② 평균, 산포를 알기 쉽고 종(bell) 모양이 아니면 공정에 이상이 있다.

04 히스토그램(histogram) 작성상의 이점
① 품질 또는 데이터의 분포 상태 파악이 용이하며, 공정능력을 알 수 있다.
② 공정의 해석, 관리가 용이하며, 규격치와 대비하면 공정의 현상을 파악 가능하다.

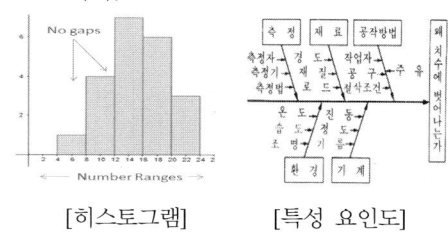

[히스토그램]　　[특성 요인도]

05 특성 요인도(characteristic diagram) 작성 순서
① 관심있는 품질 특성을 정한 후, 요인을 중간가지로 작성하여 ㅁ로 만든다.
② 각 요인마다 작은 요인을 작은 가지에

적어 넣는다.
③ 특성 요인도 작성목적, 작성시기, 작성자를 기록한다.

06 문제가 되는 결과와 이에 대응하는 원인과의 관계를 알기 쉽게 도표로 나타낸 것은? : 특성 요인도

07 특성 요인도의 사용법

① 작업표준과 비교
② 개선점 결정시행
③ 중요한 요인 확인
④ 철저히 주지
⑤ 개선·개정 계속

08 체크 시트(check sheet)

① 계수치의 데이터가 분류 항목별의 어디에 집중되어 있는가를 알기 쉽도록 나타낸 표이다.
② 불량이나 결점의 발생원인 기록이나 원인조사 때 쓰인다.
③ 파레토 그림을 위한 데이터의 수집단계에서 작성되기도 한다.

NO	내 용	1회	2회
1	매우 잘한다.		
2	잘한다.		
3	조금 못한다.		
4	아주 못한다.		

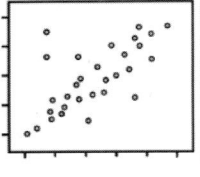

[체크 시트]   [산점도]

09 산점도(scatter diagram)

서로 대응되는 두개의 짝으로 된 데이터를 그래프 용지 위에 점으로 나타낸 것

10 제1종 과오란?

귀무가설이 옳은데도 이를 버리는 과오

11 제품의 불량이나 결점 등의 데이터를 그 내용이나 원인별로 분류하여 발생상황의 크기 차례로 놓아 기동 모양으로 나타낸 그림은?

파레토도(pareto diagram)

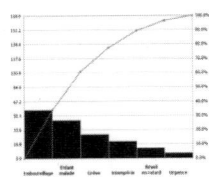

키(cm)	학생 수(명)
140이상~145미만	1
145 ~150	1
150 ~155	2
155 ~160	4
160 ~165	3
165 ~170	1
합계	12

[파레토도]   [도수 분포표]

해설 QC 7가지 도구 중 부적합, 결점, 고장 등의 발생 건수를(불량률 등의 데이터를 원인별로) 분류하여 항목별로 나누어 크기 순서대로 나열한 그림

12 파레토 그림을 그리는 방법이 틀린 것은?

① 분류항목이 많이 있을 경우 파레토도의 가로축이 길 경우 적은 항목은 몇 개 모아서 기타로 일괄하여 오른편 끝에 그린다.
② 데이터의 누적수를 막대 그래프로 그린다.
③ 파레토도의 세로축은 불량개수, 결점수 등을 나타낼 뿐만 아니라 손실금액 나타내는 수도 있다.
④ 불량항목이 많은 것부터 왼쪽에서 오른쪽으로 항목을 정한다.

해설 ②, 파레트도는 도수분포의 응용수법으로 중요한 문제점을 찾아내는 방법, 현장에서 널리 사용된다.

13 도수 분포표(frequency distribution table)

어떤 일정한 기준에 의하여 전체의 데이터가 포함되는 구간을 여러 개의 급구간으로 분할하고 데이터를 분할된 급구간에 따라 분류하여 만들어 놓은 표

14 다음 중 도수 분포표를 만드는 목적이 아닌 것은?

① 원 데이터를 규격과 대조하고 싶을 때
② 데이터의 흩어진 모양을 알고 싶을 때
③ 많은 데이터로부터 평균치와 표준 편차를 구할 때
④ 결과나 문제점에 대한 계통적 특성치를 구할 때

해설 ④는 특성 요인도의 목적이다.

15 신 QC 7 도구

연관도법, 친화도(KJ)법, 계통도법, 매트릭스도법, 매트릭스 데이터 해석법, PDPC법, 알로 다이아그램법

16 연관도법(Relations diagram)

문제되는 결과에 대하여 인과관계나 요인 상호관계를 명확하게 함으로써 원인의 탐색과 그 구조의 명확화를 가능하게 하고, 문제해결의 실마리를 발견할 수 있는 방법

17 연관도법 용도

① 품질경영방침의 전개, 결정
② 품질경영추진계획의 입안
③ 시장 클레임 대책
④ 제조공정에 있어서 품질개선
⑤ 분임조 활동에서의 원인분석단계 활동

18 친화도법(Affinity diagram)

미경험 분야 등 혼돈된 상태 가운데서 사실·의견·발상 등을 언어 데이터에 의해 유도하여 이 데이터를 친화법에 바탕하여 정리함으로써 문제의 본질을 파악하고 문제해결과 새로운 발상을 이끌어내는 방법

19 계통도법(Tree diagram)

목적·목표를 달성하기 위한 수단·방책을 계통적으로 전개함으로써 문제(사상)의 전모에 대하여 일관성(visibility)을 부여하고 그 문제의 중점을 명확히 하여 목적·목표를 달성하기 위한 최적의 수단·방책을 추구해가는 방법

20 "설정한 목표를 달성하기 위해서 목적과 수단의 계열을 계통적으로 전개함으로써 최적의 수단을 탐구하는 방법이다." 이러한 활동에 주로 사용되는 신 QC기법은? : 계통도법

21 TPM 활동의 기본을 이루는 3정 5S 활동에서 3정에 해당되지 않은 것은?

[정위치, 정품, 정돈, 정량]

해설 정돈 (TPM : 전사적 생산 보전)

22 TPM 활동의 기본을 이루는 3정 5S 활동에서 5S에 해당되지 않은 것은?

[정리(Sein), 정돈(Seition), 청소(Seisho), 정결(Seiketsu), 습관화(Shitsuke), 정위치]

참고 정위치,
TPM에서 설비종합 효율을 표현한 식 = 시간가동률×성능가동률×양품률

23 예방비용의 산출항목이 아닌 것은? ④

① 품질관리 교육비용
② 업무계획 추진비용
③ 외주업체 지도비용
④ 계측기 검·교정비용

24 고객이 요구하는 3가지 조건이 아닌 것은? : 원가

[원가, 품질, 가격, 납기]

25 단순지수 평활법을 이용하여 금월의 수요를 예측하려고 한다면 이때 필요한 자료는 무엇인가?

전월의 예측치와 실제값 지수평활계수

> **해설** 지수평활법 : 당기의 데이터를 고려한 차기의 예측치는 당기판매실적치, 당기예측치 등으로부터 구한다.

26 GNP, 세대수 등 제품의 수요에 영향을 미치는 요인과 수요사이의 관계를 통계적으로 분석하여 수요를 예측하는 기법은?

회귀 분석법

⑧ 관리도법

01 관리도

① KS A 3201~3203에서 규정한 것으로, 공정의 상태를 나타내는 특성치에 관해 그려진 그래프로서 공정을 관리상태(안정상태)로 유지하기 위해 사용된다.
② 발췌 검사의 결과를 도표로 작성한 다음 한계선을 설정하여 제조공정이 안정된 상태에 있는가를 조사하여 제조 공정을 안정된 상태를 유지하는 방법
③ 품질관리에 사용되는 방법 중 가장 효과적인 방법이다.

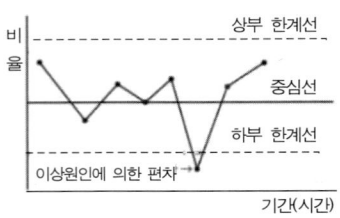

02 관리도의 사용 목적

관리도는 관리 한계를 나타내는 한 쌍의 선을 중심선의 상하로 긋고, 점이 관리 한계 안쪽에 있으면 안정된 상태, 한계선 밖으로 나간 것은 제조 공정에서 잘못된 원인이 있으므로, 그 원인을 찾아 대책을 강구해야 한다.

03 관리도의 용도

과거의 데이터 해석에도 사용된다.

> **해설** 작업지시서 : 생산팀에 작업명령을 내릴 때 사용되는 것으로 생산품목, 생산수량, 생산시간 등이 포함된 시트

04 정규분포에 대한 설명으로 틀린 것은?

① 분표가 이산적이다.
② 평균치를 중심으로 좌우대칭이다.
③ 곡선의 모양은 산포의 정도 σ 에 의해 결정된다.
④ 확률변수 X를 X-μ/σ 로 변환하면 표준정규분포가 된다.

> **해설** ①. 분포가 정규적이다. 연속 확률 분포=가우스 분포, 통계학에서 대표적인 연속 확률분포

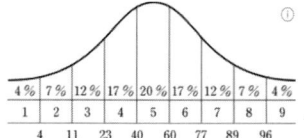

05 모 부적합수에 대한 문제를 다룰 때 모평균 부적합수 m이 m>5이면, 포아송 분포로 처리하지 않고, 어떤 분포로 근사할 수 있는가? : 정규분포

06 6 시그마란

① 6 표준편차인 100만 개 중 3.4개의 불량률 (Defects per million opportunities, DPMO)을 추구한다는 의미
② 실제로 ±6 시그마 수준은 10억 개 중 2개의 불량(0.002ppm 불량률)으로써, 6 시그마는 불량 제로를 추구하는 말

07 고객만족을 위해 공정품질수준을 1ppm으로 정하였다. 여기서 1ppm이 뜻하는 값은? : 1/1000000

08 다음 사항 중 6 시그마의 본질로 볼 수 없는 것은? : ③

① 벨트제도를 활용한 체계적 인재 육성
② 프로세스 평가·개선을 위한 과학적·통계적 방법
③ ISO 9000 인증제도를 이용한 새로운 기법
④ 고객 중심의 품질경영

09 6 시그마 구축 5단계

정의(Define), 측정(Measure), 분석(Analyze), 개선(Improve)=디자인(Design), 관리(Control)=검증(Verify)

10 6 시그마 품질경영에 대한 설명으로 틀린 것은? : ③

① 공정능력지수(Cp)=2.0을 목표로 한다.
② 특성값에 대한 규격공차가 표준편차의 12배 크기와 같다.
③ 이론적인 상화하에서 예견되는 부적합품률이 3.4ppm이다.
④ 설계, 제조, 관리부문 등 모든 조직이 참여하는 총체적인 품질향상 프로그램이다.

11 이산형 확률분포는?

포아송(poisson) 분포

해설 단위 시간이나 단위 공간에서 희귀하게 일어나는 사건의 발생빈도 등에 가장 유용하게 사용될 수 있는 분포

12 관리도에서 공정이 관리상태에 있음을 판단하는 두가지 기준

① 점이 관리 한계선을 벗어나지 않을 것
② 점이 배열에 아무런 습관성이 없을 것

13 관리도에서 점이 관리 한계선을 벗어나지 않을 조건

① 연속된 25점이 모두 한계에 있다.
② 연속된 35 점중 관리 한계를 벗어나는 점이 1점 이내이다.
③ 연속된 100 점중 관리한계를 벗어나는 점이 2점 이내이다.

14 관리도에서 점이 배열에 아무런 습관성이 없을 조건

① 런이 출현한다. : 7점 이상이면 이상. 5~6점이면 유의
② 경향이 있다.
③ 주기가 있다.
④ 중심선 한쪽에 있다가 여러개 있다
⑤ 점이 관리 한계선 근처 (2~3)에 있다.

15 관리도에서 관리상태라고 할 수 있는 것은? : ①

① 연속된 10점 중 2점 이상이 $2\sigma \sim 3\sigma$ 사이에 나타날 때
② 연속된 7점이 중심선 한쪽에 나타날 때
③ 점이 주기적으로 상하로 변동하여 파형을 나타낼 때
④ 연속된 14점 중 12점 이상이 중심선 한쪽에 나타날 때

16 관리도에서 공정이 관리상태에 있다고 판단할 수 있는 경우는?

연속 100점 중 한계를 벗어나는 점이 2점 이내일 경우

17 관리도에 찍은 점이 관리한계선 외에 나가면 어떻게 조치하여야 하는지 가장 바르다고 생각하는 것은?

원인을 조사하고 이상 원인을 제거한다.

18 관리도에서 3σ 관리한계선을 사용할 경우 샘플의 크기 n을 증가시키면 어떤 효과가 기대되는가?

제2종 과오를 범할 위험이 줄어든다.

19 관리도를 사용하여 공정 관리하는 순서

① 공정의 결정과 관리항목 결정
② 관리항목에 대한 시료채취 방법과 관리도의 결정
③ 관리도의 작성, 해석, 판정, 필요한 조치
④ 관리도 관리항목, 관리선 등 개정

20 관리도의 종류

계량치 관리도, 계수치 관리도, C 관리도, U 관리도

21 계량치(형) 관리도

① 특성치가 계량치인 관리도
② 종류 : $\overline{X}$ 관리도, R 관리도, $\overline{X}-R$ 관리도.
③ 용도 : 길이, 무게, 강도, 전압, 전류 등의 연속 변량, 작업시간, 성분, 중량, 길이, 두께 등을 측정하는데 사용

22 $\overline{X}$ 관리도

① 자료를 얻는 시간적 간격이 크거나 정해진 공정으로부터 한 개의 측정값 밖에 얻을 수 없을 때 사용하며,
② 공정 안정상태 판정 및 조치가 빠르다.

23 $\overline{X}-R$ 관리도

축의 완성지름, 철사의 인장강도, 아스피린 순도와 같은 데이터를 관리하는 가장 대표적인 관리도

24 x 관리도에 속하지 않는 것은?

① 철사의 인장강도
② 화학 분석치
③ 1일 소비 전력량
④ 반응공정의 수확률

해설 ①, X 관리도 : 공정 평균을 평균치 x에 의하여 관리하기 위한 관리도, 메디안 관리도(median chart)라고도 함

25 u 관리도에 속하지 않는 것은?

① 에나멜 동선의 핀홀수
② 직물의 얼룩
③ 유리 결점수

④ 철사의 인장강도

해설 ④. 철사 인장강도는 X-R 관리도에 속한다.

26 계수치(형) 관리도에 관한 설명으로 틀린 것은?

① 계수형 관리도에는 np, p, c, u 관리도 등이 있다.
② LCL이 음수인 경우 관리한계선은 고려하지 않는다.
③ 측정하는 품질 특성치가 부적합품수, 부적합수 등이다.
④ 직물의 흠, 불량수, 얼룩 등과 같이 한 개, 두 개로 계수되는 수치와 그에 따른 불량률을 측정하는데 사용한다.
⑤ np 관리도는 시료의 크기가 일정하지 않은 경우에도 사용할 수 있다.

해설 ⑤. np 관리도는 시료의 크기가 일정한 경우에 사용할 수 있다.

27 p 관리도의 용도는

부품의 평균 부적합품율을 추정하여 관리에 사용

28 p 관리도와 np 관리도에 대한 설명으로 틀린 것은?

① 모두 부적합품과 관련된 관리도이다.
② 모두 이항분포를 응용한 계량형 관리도이다.
③ 부분군의 시료 크기가 달라지면 p관리도의 관리한계도 달라진다.
④ 부분군의 시료크기가 일정할 때만 np 관리도를 사용한다.

해설 ②. 이항분포를 응용한 계수형 관리도이다.

29 np 관리도

① 불량률 관리도에서 부분군 크기 n이 일정한 경우에는 부분군 불량률 대신 부분군내 불량개수 X를 관리하는 np 관리도를 사용한다.
② 불량률이 p인 생산 공정으로부터 크기 n의 샘플을 취해 그 중에서 발견되는 불량 개수를 X라 하면 X는 이항분포 b(np)를 따르고 그 평균과 분산은 각각 np, np(1-p)이다.

30 관리 한계선을 구하는데 이항분포를 이용하여 관리선을 구하는 관리도는?

Pn(np) 관리도

31 C 관리도

일정한 단위의 제품에 나타나는 부적합수 (결점수)의 관리에 사용

32 c 관리도의 관리한계에 대한 설명으로 틀린 것은? : ④

① 보통 3σ 관리한계를 사용한다.
② c관리도의 관리한계는 $\bar{c} \pm 3\sqrt{\bar{c}}$ 이다.
③ c관리 한계선을 벗어나는 점이 있을 경우 이상상태로 판단한다.
④ 시료의 크기가 일정하지 않은 경우에도 관리 한계선은 직선이 된다.

33 u 관리도

결점 수 관리도에서 공정변화의 탐지능력이나 경제적 요인들을 고려하여 여러 개의 검사단위를 묶어서 하나의 부분군으로 형성할 수 있다.

34 u 관리도의 공식은?

제2장_공업 경영 **251**

$$\bar{u} \pm \sqrt[3]{\frac{u}{n}}$$

해설 u 관리도의 관리 하한선과 관리 하한선을 구하는 식이다.

35 계량치의 기호에 해당하는 것은? : ③

① $\bar{X}$-R, P ② u, C
③ $\bar{X}$-R, x ④ P, u

해설 $\bar{X}-R$ 관리도 : 평균을 위한 $\bar{X}$ 관리도와 산포를 위한 R 관리도를 함께 작성하는 관리도
X-Rm 관리도 : 합리적인 군구분이 안 될 때 사용하는 관리도

36 슈하트(Shewhart) 관리도에서 3σ 관리한계를 2σ 관리한계로 바꿀 경우 나타나는 현상으로 맞는 것은?

제2종의 오류(β)가 감소한다.

해설 슈하트 관리도 : 프로세스의 변동을 모니터링하고 통제하기 위한 관리도

37 MRP의 중요 입력 정보에 해당하지 않는 것은? : ②

① BOM   ② 원가정보
③ 주일정계획   ④ 재고정보

해설 MRP : 자재 소요량 계획

38 자료의 중심적 경향을 나타내는 척도가 아닌 것은? : ④

① 중위수   ② 산술평균
③ 최빈수   ④ 표준편차

39 표준이 유지되도록 관리하기 위하여 이용되는 것은? : ③

① 특성 요인도
② 단순화, 전문화
③ 관리도, 샘플링 검사, 히스토그램
④ 특성 요인도, 파레토도

40 관리도에서 점이 관리한계 내에 있고 중심선 한쪽에 연속해서 나타나는 점을 무엇이라 하는가? : 런(run)

41 런의 길이가 어느 경우 공정을 주의해서 살펴야 하는가? : ③

① 3점   ② 5점
③ 5~6점   ④ 7점 이상

해설
• 7의 런 : 런의 길이가 이상이 있다 판단하여 조치(action)를 취한다(비관리 상태로 판정)
• 경향 : 길이 7의 상승경향과 하강 경향(비관리 상태)

42 관리도의 점이 주기적으로(일정 간격을 갖고) 상하로 변동하여 파형을 나타내는 현상을 무어라 하는가?

주기

43 관리도의 점이 관리한계에(2~3σ) 나타나면 공정에 이상 원인이 있다고 판단할 수 없는 것은? : ③

① 연속된 3점 중 2점 이상
② 연속된 7점 중 3점 이상
③ 연속된 10점 중 3점 이상
④ 연속된 10점 중 4점 이상

44 관리도의 중심선 한쪽에 여러 개가 나타날 때 공정이 관리상태에 있지 않다고 판단되지 않는 것은? : ④

① 연속된 11점 중 10점 이상
② 연속된 14점 중 12점 이상
③ 연속된 17점 중 14점 이상
④ 연속된 20점 중 15점 이상

45 관리도의 점이 관리한계를 벗어나지 않는 기준에 속하지 않는 것은? : ②

① 연속 25점 모두가 관리 한계 안에 있다.
② 연속 35점 중 관리 한계를 벗어나는 점이 1개 이내에 있다.
③ 연속 45점 중 관리 한계를 벗어나는 점이 2개 이내에 있다.
④ 연속 100점 중 관리 한계를 벗어나는 점이 2개 이내에 있다.

❾ 샘플 검사

01 샘플링 검사의 정의

샘플링 검사란 물품을 어떤 방법으로 (측정한) 결과를 (판정기준)과 비교하여 개개 물품에 (양호) (불량) 또는 (합격) (불합격)의 판정을 내리는 것이다.

02 샘플 검사의 분류 중 검사가 행해지는 공정에 의한 분류

수입 검사, 공정 검사, 최종 검사, 출하 검사, 기타 검사

03 다음 검사의 종류 중 검사 공정에 의한 분류에 해당되지 않는 것은? : ③

① 수입 검사　② 출하 검사
③ 출장 검사　④ 공정 검사

04 샘플 검사의 분류 중 검사가 행해지는 장소에 의한 분류

제위치 검사, 순회 검사, 출장 검사

05 샘플 검사 분류 중 검사 성질에 의한 분류

파괴 검사, 비파괴 검사, 관능 검사

06 샘플 검사의 분류 중 판정의 대상에 의한 분류가 아닌 것은?

수량 검사

[전수 검사, 로트별 샘플링 검사, 관리 샘플링 검사, 무 검사, 자주 검사, 수량검사]

07 샘플 검사의 분류 중 검사 항목에 의한 분류

수량 검사, 외관 검사, 중량 검사, 치수 검사, 성능 검사

08 시료의 샘플링 방법

① 랜덤 샘플링 : 단순, 층별, 다단계, 계통샘플링
② 난수표의 사용방법
③ 샘플링용 카드의 사용법

09 샘플링 검사의 형태

계수형 샘플링 검사, 계량형 샘플링 검사, 규준형 샘플링 검사, 조정형 샘플링 검사, 선별형 샘플링 검사, 연속 생산형 샘플링 검사 등이 있다.

10 공장에 있어서의 샘플링 검사의 목적에 속하지 않는 것은? : ④

① 공장관리를 위해
② 검사를 위해

③ 원료재와 제품 로트의 특성을 추정하기 위해
④ 공정단축을 위해

11 다음 중 샘플링 검사의 실시 조건이 아닌 것은? : ②

① 제품이 로트로서 처리될 수 있을 것
② 합격 로트 중에는 불량품이 허용되지 않을 것
③ 시료를 랜덤으로 샘플링 할 수 있을 것
④ 품질기준이 명확할 것

12 계량 샘플링 검사와 계수 샘플링 검사를 비교한 것 중 틀린 것은? : ②

① 검사기록의 이용도는 계량 샘플링 검사가 더 높다.
② 계수 샘플링 검사가 일반적으로 검사에 숙련을 더 요한다.
③ 계량 샘플링 검사는 특히 값비싼 물품의 파괴검사에 유리하다.
④ 검사설비 및 기록에 있어서는 계수 샘플링 검사가 더 간단하다.

13 샘플의 품질 표시방법에 해당되지 않는 것은? : ②

① 샘플의 범위
② 샘플의 단가
③ 샘플의 표준편차
④ 샘플의 부적합품수

14 OC 곡선에서 소비자 위험(β)을 가능한 한 크게 하기 위한 방법은?

샘플의 크기는 감소시키고, 합격판정 개수는 증가시킨다.

15 포드(Ford) 시스템의 특징과 가장 거리가 먼 것은? : ①

① 과업관리   ② 생산의 표준화
③ 이동 조립법   ④ 컨베이어 시스템

16 샘플링 방법에 속하지 않는 것은?

지그재그 샘플링

[층별 샘플링, 랜덤 샘플링, 취(집)락 샘플링, 2단계 샘플링, 지그재그 샘플링]

17 층별 샘플링

로트를 몇 개의 층으로 나눌 수 있을 경우 로트 전체를 모아서 단순히 랜덤 추출하는 것보다 층별 샘플링이 바람직할 때 각 층에 포함된 품목의 수에 따라 시료의 크기를 비례 배분하여 추출하는 방법이다.

18 200개 들이 상자에 15개 있다. 각 상자로부터 제품을 랜덤하게 10개씩 샘플링 할 경우, 이러한 샘플링 방법을 무엇이라 하는가? : 층별 샘플링

해설 제조 공정의 품질특성이 시간이나 수량에 따라서 어느 정도 주기적으로 변할 때 샘플링을 층별 샘플링이라 한다.

19 랜덤 샘플링 방법에 속하지 않는 것은?

① 단순 샘플링   ② 2단계 샘플링
③ 계통 샘플링   ④ 지그재그 샘플링

해설 ②. 단순 샘플링 : 난수표 등을 이용하여 무작위로 표본을 추출하는 방법

20 n개의 품목이 일렬로 나열되어 있을 때 모집단으로부터 시간적 또는 공간적으

로 일정한 간격을 두고 n개의 샘플을 추출(샘플링) 하는 방법은?

계통 샘플링

21 취락 샘플링

모집단을 다수의 집단으로 나누고 이 중에서 몇 개를 무작위로 추출한 뒤 선택 집단의 로트를 모두 검사하는 방법

22 2단계 샘플링

모집단을 몇 개의 부분으로 나누고 그 중에서 몇 개를 추출(1단계)하고, 그 중에서 몇 개의 단위체 또는 단위량을 추출(2단계)하는 방법

23 모집단의 특성에 일정 간격마다 주기적으로 변동이 있고 이것이 샘플링 간격과 일치할 때 치우침이 생긴다. 이 때 행하여야 할 샘플링은?

지그재그 샘플링

24 다음은 워크 샘플링에 대한 설명이다. 틀린 것은?

① 업무나 활동의 비율을 알 수 있다.
② 관측 대상의 작업을 모집단으로 하고 임의의 시점에서 작업 내용을 샘플로 한다.
③ 기초 이론은 확률이다.
④ 한 사람의 관측자가 1인 또는 1대의 기계만을 측정한다.

해설 ④. 워크 샘플링은 통계적 추론을 이용하기 위하여 사람과 기계의 움직임을 순간적으로 관측하여 작업량을 측정하는 방법이다. 장점은 작업하기 용이하며, 적은 표본수도 가능

함, 비반복적 작업에 유용하다.

25 워크 샘플링법의 장점에 관한 설명으로 틀린 것은? : ③

① 특별한 측정기구 없이도 실행 가능하다.
② 관측 담당자에 대한 고도의 훈련이 필요하지 않다.
③ 관찰 시간대를 관측자가 편한 시간으로 설정 가능하므로 실행이 용이하다.
④ 사이클 타임이 긴 작업의 경우에도 측정부담이 추가되는 것은 아니다.

26 샘플링 검사와 전수 검사 비교에서 샘플링 검사가 유리한 경우는? : ①~④

① 검사 항목이 많은 경우, 검사 비용을 적게 하는 편이 이익일 때
② 다량의 것으로 어느 정도 불량률이 있어도 허용되는 경우
③ 불완전한 전수 검사에 비해 신뢰성이 높은 경우
④ 생산자에게 품질 향상의 자극을 주고 싶을 때

27 전수검사와 샘플링검사에 대한 설명으로 틀린 것은?

① 이론적으로 전수검사에서는 샘플링 오차가 발생하지 않는다.
② 자동화의 발달로 중량, 형상 등은 전수검사가 많이 활용한다.
③ 인장강도 시험과 같은 파괴검사의 경우 전수검사는 실시가 곤란하다.
④ 시료를 랜덤하게 추출한 경우에는 샘플링 검사의 결과와 전수검사의 결과가 일치하게 된다.

해설 ④. 전수(전체) 검사는 안전에 중요한 영향을 미치는 경우에 필요하다.

28 전수(전체) 검사가 필요한 경우

전수 검사를 쉽게 행할 수 있거나, 불량품이 1개라도 있어서는 안될 때

29 샘플링 합법화에서 목적의 명확화에 속하지 않는 것은? : ④

① 모집단의 명확화
② 판정기준의 명확화
③ 행동기준의 명확화
④ 표준편차의 명확화

30 샘플링 대상물을 낱개로 세어 볼 수 있는 경우를 무엇이라 하는가?

단위체

해설 샘플링 대상물을 낱개로 세어볼 수 없는 경우는 집합체이다.

31 샘플 단위의 크기 조건에 속하지 않는 것은?

① 샘플링 목적   ② 비용
③ 시험방법   ④ 정확도

해설 ④. 정확도(accuracy) : 어떤 측정방법으로 동일 시료를 무한횟수 측정하였을 때 그 측정값의 평균치와 참값과의 차

32 샘플링 단위에서 인크리멘트가 길이의 개념일 때를 무엇이라 하는가? : 시장

[시장, 시편, 단위체, 집합체]

33 다음 중 샘플링 검사가 적합하지 않은 경우는? : ④

① 파괴검사의 경우
② 어느 정도 불량품이 섞여도 허용되는 경우
③ 검사비용이 많이 드는 경우
④ 치명적인 결점을 포함하고 있는 제품의 경우

34 다음 어느 경우가 샘플링 검사보다 전수검사가 유리한가? : ②

① 생산자에게 품질향상의 자극을 주고 싶은 경우
② 고가인 물품
③ 검사항목이 많은 경우
④ 검사비용을 적게 하는 것이 이익이 되는 경우

35 보기에서 샘플링 검사의 순서는?

보기
ㄱ. 검사특성에 웨이트(weight)를 정해 둔다.
ㄴ. 검사단위의 품질기준과 측정방법을 정한다.
ㄷ. 샘플을 뽑는다.
ㄹ. 샘플링 검사방식을 정한다.

ㄴ-ㄱ-ㄹ-ㄷ

36 다음 중 샘플링 검사를 할 수 있는 것은?

① 작은 나사   ② 자동차 브레이크
③ 고압용기   ④ 등산용 로프

해설 ①. 브레이크나 고압용기, 등산용 로프 등은 안전에 매우 중요하므로 반드시 전수 검사를 해야 된다.

37 다음 중 샘플링 검사가 유리하지 않는 경우는? : ④

① 다수, 다량의 것으로 어느 정도의 불량품의 혼입이 허용될 때

② 검사항목이 많을 때
③ 검사의 정밀도를 불완전한 전수검사에 비해 좋게 하고자 할 때
④ 검사 비용에 비해 얻어지는 효과가 크다고 생각될 때

38 다음 중 검사를 하는 방법에 의한 분류에 해당되는 검사는? : ①

① 파괴검사   ② 관능검사
③ 순회검사   ④ 관리 샘플링 검사

해설 관리 샘플링 검사 : 제조공정의 관리, 공정검사의 조정 및 체크를 목적으로 하는 검사

39 다음 설명 중 간트차트(Gantt chart)의 장점이 아닌 것은?

① 계획하고 결과를 명확하게 파악할 수 있다. 프로젝트의 결과를 성공적으로 완료할 수 있다.
② 작업의 성과를 작업장별로 파악할 수 있다.
③ 시각에 의한 관리로 개괄적 파악이 용이하다.
④ 문제점을 파악하여 사전에 중점관리할 수 있다.

해설 ④, 간트 차트(Gantt Chart)는 프로젝트 작업과 일정을 간략하게 설명하는 프로젝트 관리 도구, 엑셀의 가로 막대 차트 형태

40 프로젝트 일정관리(PERT/CPM)를 위한 계획 공정표(Network) 표시상의 일반원칙이 아닌 것은? : ②

① 우회곡선을 사용하지 말 것
② 활동을 가능한 한 많이 하지 말 것
③ 무의미한 명목상 활동이 없도록 할 것
④ 가능하면 활동상호간의 교차를 피할 것

41 PERT/CPM에서 Network 작도시 →은 무엇을 나타내는가?

명목상의 활동(dummy activity)

42 더미 활동(dummy activty)

실제활동은 아니며 활동의 선행조건을 네트 워크에 명확히 표현하기 위한 활동이다.

🔟 통계

01 계수치 데이터에 속하지 않는 것은?

온도, 인장강도, 무게

[불량 개수, 결점수(부적합품의 수), 홈의 수, 온도, 인장강도, 무게]

02 시료의 어떤 특성을 측정하여 얻은 측정치의 함수를 무엇이라 하나?

통계량

해설 비교측정 : 기준치수로 되어 있는 표준편차 제품을 측정기로 비교하여 지침이 지시하는 눈금의 차를 읽는 측정방법

03 시료가 취하여진 모집단에 대한 값을 무엇이라 하나? ; 모수

04 공정이나 로트의 집합체를 무엇이라 하나? : 모집단

05 모평균의 구간추정에 대한 설명으로 틀린 것은? : ①

① 분산이 크면 신뢰구간은 좁아진다.
② 신뢰수준을 높이면 신뢰구간이 넓어진다.

③ 표본의 크기를 크게 하면 신뢰구간이 좁아진다.
④ 분산과 표본의 크기는 신뢰구간의 크기에 상반된 작용을 한다.

06 로트 크기 1000, 부적합품률이 1%인 로트(모집단)에서 5개의 랜덤 시료를 샘플링할 때 부적합품수가 1개일 확률을 이항분포로 계산하면 약 얼마인가?

확률 $= {}_5C_1 \times P^n \times (1-P)^{(n-1)}$
$= 5 \times 0.01 \times 0.99^4 = 0.048$

제2절 작업 관리

1 작업 관리의 개요

01 작업관리란

작업 방법을 조사 연구하여 합리적 작업방법을 설계하고 결정된 작업 표준에 의해 작업활동을 계획하고 조직하여 통제하는 일련의 관리활동

02 제조공정 중에 제품의 제조나 검사, 시험 등의 작업에 대하여 품질을 확보하기 위해 작업의 합리적 방법, 순서, 처리조건 등을 정한 표준은? : 작업 표준

03 작업의 우선순위 결정방법 중 단일설비에서 납기일을 고려하지 않는 경우 평균 작업 흐름시간을 최소화시키는 것은?

최단처리 시간법(Short processing time)

04 작업관리 절차는

문제의 발견, 현상 분석, 중요도 발견, 개선안 검토, 개선안 시행, 표준작업 설정 등

05 공정 분석의 의의

생산 공정이나 작업 방법의 내용을 가공, 운반, 검사, 정체 또는 저장의 4가지의 공정 분석기호로 분류하여 그 발생하는 순서에 따라 표시하고 분석하는 것이다.

06 재료가 출고되어서부터 제품으로 출하되기까지의 공정계열을 체계적으로 도표를 작성하여 분석하는 방법은?

공정 분석

> **해설** 작업자에 의하여 수행되는 개개의 작업내용에 대해 효율적인 요소와 비효율적인 요소 모두에 대하여 분석, 개선하려는 분석

07 생산공정을 위한 활동의 기본적 요소로서 볼 수 없는 것은? : 공정

[운반, 정체, 공정, 가공]

08 공정 분석표에 사용되는 기호 중 가공(Operation)에 대한 정의는?

작업대상물이 분해되거나 조립될 때

09 ABC 분석은 한마디로 무엇이라 할 수 있는가? : 중점관리(활동 원가 분석)

10 작업 작업 시스템의 7가지 요소

과업(Work Task), 작업공정(Work Process), 투입(In Put), 산출(Out Put), 인간(Man), 설비(Equipment), 환경(Environment)

11 다음 중 작업 시스템에 속하지 않는 것

은 어느 것인가? : 설계

[작업공정, 사람, 제품, 설계]

12 Folw Process Chart

대상 프로세스에 포함되어 있는 (모든 작업)(운반 : →)(검사 : ▢)(지연 : D) 및 (저장 : ▽)의 계열을 기호로 표시하고 분석에 필요한 소요시간, 이동거리 등의 정보를 기술한 도표이다.

13 작업관리에서 사용하는 한국산업표준 공정도시 기호와 명칭의 연결이 틀린 것은? : ②, (▽ : 저장)

① ○ : 가공   ② ▽ : 이동
③ ◇ : 품질 검사   ④ ▢ : 수량 검사

14 다음 중 공정분석기호 표시의 연결이 잘못된 것은 어느 것인가?

① 운반 : ⇨   ② 소재보관 : △
③ 생략 : =   ④ 보관 : D

해설 ④, D : 지연공정 분석기호
○ : 가공,   ▢ : 검사(양의 검사),
▽ : 저장(반제품보관),   D : 정체

15 공정 분석 기호

공정종류	공정 기호	내 용
작업 (가공, 조작)	○	작업 목적에 따라 물리적 또는 화학적 변화를 일으키는 상태이며, 가공 작업, 화학 처리, 또는 다음 공정을 위하여 준비가 행해지는 상태
운반	⇒	원료, 재료, 부분품 또는 제품이 어떤 위치로부터 다른 위치로 이동되는 경우에 일어나는 상태를 뜻하는 것 기호의 크기는 가공 기호 지름의 ½~⅓로 한다. 이 기호의 화살 방향은 공정의 흐름의 방향을 뜻하는 것은 아니다.
지연 (정체)	D	원료, 재료, 부분품 또는 제품이 가공 또는 검사되지 않고, 지체, 대기 또는 저장되어 있는 상태를 뜻한다.
저장	▽	원자재 저장, 창고의 완성품 재고, 중간 재고품 창고 저장 등을 나타낸다.
검사	▢	원료, 재료, 부분품 또는 제품을 어떠한 방법으로 측정하여, 그 결과를 기준과 비교하여 합격 또는 불합격의 판정을 내리는 것을 말한다.
흐름선	│	요소 공정의 순서를 나타낸다.
생략	─┬─	공정계열의 일부분 생략을 나타낸다.
가공하면서 운반	⇨	가공을 주로 하면서 운반도 한다.

16 다음 중 가장 큰 작업구분 단위는 무엇인가? ; 공정

[단위작업, 공정, 요소작업, 서블리그]

17 작업구분을 큰 작업에서 작은 작업으로 크기 순서로 나열하면?

작업 – 공정 – 단위작업 – 요소작업 – 동작 – 동작요소

해설 시간 연구법의 측정단위로서 가장 작은 단위는 동작 요소이다.

18 작업 시간 측정 수법과 구성

공정 10분 → 단위작업 1분 → 요소작업 0.1분 → 동작 0.01분 → Therblig(동소, 미동작) 0.001분(긴 시간부터 차례로 나열함)

19 작업관리의 문제 해결법으로 전문가 집

제2장_공업 경영 **259**

단의 의견과 판단을 추출, 종합하여 집단적으로 판단하는 방법은?

① 브레인스토밍(Brainstorming)
② SEARCH의 원칙
③ 델파이 기법(Delphi Technique)
④ 마인드 맵법(Mind Mapping)

해설 ③, 델파이 기법 : 쉽게 결정될 수 없는 정책, 사회문제에 대해 일련의 전문가 집단의 의견과 판단을 추출하는 법, 전문가를 한자리에 모으지 않고, 일련의 미래사항에 대한 의견을 질문서에 각자 밝히도록 하여 전체의견을 평균치와 사분위값으로 나타내는 수요예측 방법

20 브레인스토밍(Brain Stoiming) 활동 원칙(4가지 원칙)이 아닌(에 해당되지 않는) 것은? : ①

① 양은 적을지라도 구체적이고 상세한 아이디어를 만들어낸다.
② 남의 발언을 비판하지 않는다.
③ 자유 분방한 분위기 조성 및 의견을 환영한다.
④ 타인의 아이디어의 개선, 편승, 비약을 추구한다.

해설 브레인스토밍 : 짧은 시간 동안 자유롭게 아이디어를 쏟아내는 창의적인 발상기법
브레인스토밍 4 원칙
- 비판 금지 : 비판을 하지 않으면 더 많은 아이디어를 얻을 수 있다.
- 자유분방 : 자유분방한 분위기를 조성하여 파격적인 아이디어를 얻는다.
- 대량 발언(질보다 양, 어떠한 아이디어도 환영) : 아이디어는 많을수록 좋다.
- 수정 발언(아이디어 결합 및 개선) : 남의 아이디어에 자신의 아이디어를 편승해도 좋다.

❷ 작업 측정

01 작업 시간

그 작업에 정성이 있고 습득된 작업자가 양호한 작업환경, 소정의 작업조건 필요한 여유 및 적절한 감독자 아래서 정상 페이스로 소정의 작업을 미리 정해진 방법에 따라, 수행하기 위해 필요한 시간

02 표준 작업 시간 산출식

① 표준시간 = 정미 시간 + 여유시간 + 준비 작업시간
표준시간(내경법에 의한 계산식) = 정미 시간 $\times (\dfrac{1}{1-여유율})$
② 정미 시간 : 작업 수행에 직접 필요한 시간
③ 여유 시간 : 작업 지연, 기계 고장, 재료 부족 등으로 소요되는 시간

03 여유시간의 분류에서 일반여유가 아닌 것은? : ②

① 인적 여유   ② 소로트 여유
③ 피로 여유   ④ 불가피 지연 여유

04 그 작업에 적성이 있고 숙련된 작업자가 양호한 작업 환경 소정의 작업조건, 필요한 여유 및 소정의 작업에 미리 정해진 방법에 따라 수행한 시간을 무엇이라고 하는가? : 표준시간

05 표준시간의 구성을 나타낸 것은?

주작업시간 + 준비작업시간

해설 표준시간 계산식 = 정미시간 × (1+여유율)
정미시간 구성 : 주요시간 + 부수시간, 가공시간 + 중간시간, 실동시간 + 수대기시간

06 준비작업 시간이 5분, 정미작업 시간이 20분, lot수 5, 주 작업에 대한 여유률이 0.2라면 가공 시간은? : 125분

> **해설** 표준 시간 = 정상시간 × (1 + 여유율)
> = 20×(1+0.2)×5롯+준비시간5분
> = 125

07 보통 정도의 기능 및 보통 정도의 노력으로 작업을 할 때, 시간치로 하는 것은 다음 중 어느 것인가? ; 정미시간

> **해설** 대상 작업의 기본적 내용으로서 규칙적, 주기적으로 반복되는 작업 부분의 시간을 정미시간이라 한다.

08 동일 종류에 속하는 과업의 작업내용을 정수, 변수요소로 분류하여 작업측정요인과 시간치와의 관계를 해석하여 표준시간을 구하는 방법은?

표준 자료법

> **해설** 표준 자료법의 특징 : 직접적인 표준 자료 구축비용이 크다.

09 작업시간 측정기법이 아닌 것은? : ③
① 시간 연구법 ② PTS법
③ 동작 연구법 ④ 워크 샘플링법

10 PTS법이란?

기본동작에 소요되는 시간에 미리 작성된 시간치를 적용하여 개개의 작업시간을 합산하는 방법이다.

> **해설** PTS법 : 모든 작업을 기본 동작으로 분해하고 각 기본동작에 대하여 성질과 조건에 따라 정해놓은 시간표를 적용하여 정미시간을 선정하는 방법으로 작업 측정기법 중 분석자에 따른 영향이 없다

11 작업 측정

측정상대 작업을 구성단위(요소작업)로 분할하여, 시간의 척도로서 측정, 평가 및 설계 개선하는 것이다.

12 작업측정의 목적

작업 시스템의 개선, 작업 시스템의 설계, 과업관리

13 관측 대상의 결정

기계, 사람, 제품

14 스톱 워치(stop wetch)법

스톱 워치를 사용하여 표준 시간을 측정하는 법, 작업자에 대한 심리적 영향을 가장 많이 주는 작업 측정기법

15 작업 평정의 종류

속도 평정, 노력 평정, 페이스 평정, 오브젝트 평정, 평준화법

16 워크 샘플링

사람이나 기계의 가동상태 및 작업의 종류 등을 순간적으로 관측하고 이러한 관측을 반복하여 각 관측 항목의 시간 구성이나 그 추이 상황을 통계적으로 추측하는 수법

17 워크 샘플링의 용도

① 설비나 사람의 가동내용을 파악한다.
② 표준시간설정의 기초자료로 한다.
③ 지연 여유율 결정의 기초자료로 한다.

18 워크샘플링의 종류

퍼포먼스 워크샘플링, 체계적 워크샘플링, 층별 워크샘플링

❸ 동작 연구

01 동작 연구

① 인간의 신체 동작과 눈의 움직임을 분석함으로서 불필요한 동작의 배제 및 최량의 방법을 설정하는 수법
② 방법 : 양수 작업 분석, Therblig 분석(미동작 분석), 동시동작 분석 등

02 작업과 관련된 인간의 신체동작과 눈의 움직임을 분석하여 불필요한 동작을 제거하고 가장 합리적인 작업방법을 연구하는 기법은? : 동작 연구

> **해설** 동작 분석의 종류에는 양손작업 분석, 서블리그(therblig) 분석, 미동작 분석, 동시동작 분석 등이 있다.

03 동작 경제의 원칙 3가지

신체 사용에 관한 원칙, 작업역에 관한 규칙, 공구나 설비의 설계에 관한 원칙

04 신체 사용에 관한 원칙

① 양손의 동작은 동시에 시작하고 동시에 끝내야 한다.
② 휴식시간 이외는 양손을 동시에 쉬지 않도록 한다.
③ 양팔 동작은 반대방향으로 대칭으로 동시에 행한다.

05 동작 분석의 목적

작업을 행하는데 가장 경제적인 방법을 발견하기 위하여 동작의 무리, 낭비, 불합리한 요소를 배제하고 합리적인 동작을 구성하는데 있다.
① 목시 동작 분석 : 서블릭 분석
② 미세 동작 분석 : 필름 테이프 분석

06 작업의 동작을 분해 가능한 최소한의 단위로 분석하여 비능률적인 동작을 줄이거나 배제시켜 최선의 작업방법을 추구하는 연구방법은? : 동작 분석

07 동작 분석을 할 때 스패너에 손을 뻗치는 동작의 적합한 서블릭(Therblig) 문자 기호는? : ②

① P   ② TE
③ H   ④ SH

> **해설** P : 바로 잡기,   H : 잡고 있기
> SH : 찾음,   TE : 빈손 이동

08 작업분석에 있어서 요소작업에 대해 효과적인 개선활동을 위한 원리 중 ECRS의 내용에 맞지 않는 것은? ; ③

① E : Eliminate(제거)
② C : Combine(결합)
③ R : Repair(보수)
④ S : Simplify(단순화)

> **해설** ECRS의 원칙에는 E : 배제(제거), C : 결합, R : 교환, S : 단순화이다.

09 동작 경제의 원칙 중 작업장 배치에 대

한 원칙으로 올바르지 않은 것은? : ①

① 공구의 기능을 결합하여 사용하게 한다.
② 모든 공구나 재료는 지정된 위치에 있게 한다.
③ 작업이 용이하도록 적절한 조명을 한다.
④ 가능하면 낙하식 운반법을 이용한다.

10 작업 연구의 내용과 가장 거리가 먼 것은? ④, (작업 계획의 일종임)

① 최선의 작업방법을 개발, 표준화한다.
② 최적 작업방법에 의한 작업자 훈련을 한다.
③ 표준 시간을 산정, 결정한다.
④ 작업에 필요한 경제적 로트 크기를 결정한다.

11 작업 연구의 기능이라고 볼 수 없는 것은? ①

① 자재의 적정 재고량 결정
② 표준시간의 결정
③ 생산성의 측정
④ 작업표준의 설정

12 신뢰성 있는 데이터의 확보를 위한 필요사항

① 샘플링이 랜덤하고 합리적이며, 샘플의 조사나 측정이 합리적일 것
② 검사원의 정확도가 높으며, 측정기기의 정확도가 높을 것

13 시설 배치법 중에서 공정별 배치법의 장점은?

전문적인 작업지도가 쉽다.

14 원재료 및 부품이 공정에 투입되는 점 및 모든 작업과 검사의 계열을 표현한 도표를 무엇이라고 하는가?

작업 공정도

15 작업방법 연구에 이용하는 도표가 아닌 것은? ; ④

① 활동분석 도표(activity chart)
② 인간 - 기계분석도표(man-machine chart)
③ 작업분석 도표(operation chart)
④ 흐름공정 도표(flow process chart)

16 대상 공정에 포함되어 있는 모든 작업, 운반, 검사, 지연 및 저장의 계열을 기호로 표시하고 분석에 필요한 소요시간, 이동거리 등을 나타낸 것을 무엇이라고 하는가? : 흐름 공정도

제3절 생산 관리

❶ 생 산

01 생산

생산요소를 투입하여 유형, 무형의 생산재를 산출함으로써 효용을 생성하는 기능

02 생산 관리

기업 경영에 있어서 생산 기술적 구조의 합리화를 위한 생산의 효율적 운영에 관하여 계획하고 통제하는 기능

03 생산관리의 목표에 속하지 않는 것은?

① 적질의 품질 제조

② 적기에 제조
③ 싸게 제조
④ 많은 양의 제품을 제조

해설 ④. 제조활동은 협의의 생산관리이다.
생산관리의 기능 : 설계 기능, 계획 기능, 통제 기능

04 생산관리의 일반원칙이 아닌 것은? : ④

① 표준화   ② 단순화
③ 전문화   ④ 규격화

05 생산의 5M과 관계가 없는 것은? : 자금

[기계 설비(Machine), 관리(Management), 방법(Method), 노동(사람 Man), 자금(money), 자재(Material)]

해설 -기본적인 생산 요소(4M) : 작업자=인력=사람(Man), 설비=기계(Machine), 재료=자재=물질(Material), 방법(Method)

06 생산 합리화의 기본목표와 관계가 먼 것은? : ③

① 생산의 신속화   ② 품질의 균일화
③ 생산의 등기화   ④ 원가 유지

07 생산 계획

생산 활동을 시작함에 있어서 그 목적의 달성을 위하여 조직적이고 합리적인 계획을 수립하기 위한 사고 활동으로서 생산되는 제품의 종류, 수량, 가격 및 생산 방법, 장소, 일정 계획에 관하여 가장 경제적이고 합리적으로 계획을 편성하는 것

08 다음 중 생산일정계획의 목적으로 틀린 것은? : ③

① 작업흐름의 신속화
② 생산활동의 동기화
③ 생산 리드타임의 증대
④ 작업의 안정화와 가동률 향상

09 생산계획의 절차 중 가장 중심이 되는 것은? : 수량

[수량, 납기, 원가, 품질]

해설 제1종의 오류 : 귀무가설이 옳은 데도 불구하고 이를 기각하는 오류

10 생산계획에서 How에 해당하는 것은?

공수계획

해설 생산계획에서 what는 자재계획, when는 일정계획이다.

11 JIT 생산방식에 해당하지 않는 것은?

① 낭비 제거(소 Lot 생산)
② 수요에 의한 생산
③ 공급업체와 긴밀한 관계
④ 개별 시스템

해설 ④. JIT 생산방식 : ①, ②, ③ 외에 풀 시스템, 생산공정의 신축성 요구

12 JIT 생산방식의 7가지 낭비에 해당하지 않는 것은? : ①

① 사고의 낭비   ② 과잉생산의 낭비
③ 운반의 낭비   ④ 대기시간의 낭비

해설 7가지 낭비
대기시간(유휴 상태), 과잉 생산
운반, 가공함으로써 발생하는 낭비, 재고, 동작, 불량에 의한 낭비

13 합리적인 공수계획을 수립하기 위한 조

건이 아닌 것은?

① 부하와 능력의 균형화를 기할 것
② 일정별의 부하 변동을 방지할 것
③ 적합 배치의 단순화를 기할 것
④ 부하와 능력의 조정을 도모하는 것

해설 ③. 공수계획 : 생산 계획량을 완성하는데 인원, 기계의 부하를 결정하여 이를 현재인원 및 기계 능력과 비교하여 조정하는 것

14 일정계획으로부터 생산의 합리화를 위해 고려할 사항이 아닌 것은? : ④

① 작업의용의 고취
② 작업기간의 단축
③ 생산활동의 동기화
④ 가공로트 수의 대형화

15 생산 시스템의 설계

① 어떤 제품을 어떤 기술로 만들 것인가 하는 것에서부터 시작
② 제품에 대한 수요 예측에 기초하여 생산 방법을 선택
③ 작업자에게 어떤 일을 맡길 것인가를 결정
④ 일을 시킬 때의 구체적 기준은 어떻게 마련할 것인가를 결정
⑤ 현재와 미래의 수요에 대응할 수 있는 생산 능력을 준비

16 시스템의 구성과 관계가 먼 것은? : ②

① 산출   ② 경계선
③ 변환과정   ④ 투입

17 시스템의 경계에서 발생하는 것은?

상관관계

18 다음 중 시스템의 공통적 성질과 관계가 먼 것은? : ④

① 목적 추구성   ② 환경 적용성
③ 집합성   ④ 상관성

해설 System의 공통적 성질 : 집합성, 관련성, 목적 추구성, 환경 적용성

19 제품 계획

① 신제품 설계는 대부분의 기업이 생존을 위해 노력해야 할 매우 중요한 활동
② 기술 개발과 혁신의 가속화로 제품 수명 주기가 단축
③ 기업 간 시장 경쟁과 세계 무역 경제 경쟁의 과열, 생산자 중심에서 고객 중심으로의 시장의 변화 등으로 대부분의 기업은 계속 자기들의 제품을 수정
④ 신제품 도입을 위해 고도의 정교한 방안들이 개발
⑤ 컴퓨터에 의한 설계(computer aided design, CAD)

20 판매량의 예측 기법

정상적 판단법, 시계열 분석법, 원인적 예측법

21 정성적 판단법

① 소비자를 가장 잘 파악하는 판매 경영자나 전문가 등이 판단법이나 시장 조사법을 이용해 수요 예측을 하는 기법
② 다음 단계에서 예측값을 참가자에게 되돌려 주고, 예측값을 본 후의 참가자의 견해를 다시 수합한다.
③ 3~6차례 같은 과정을 반복 시행한 후 예측값을 확정한다.

22 제품을 출시할 때 가장 적합한 예측 방법

은? : 시장 조사법(Market Surveys)

23 시계열 분석법

① 시간의 흐름에 따라 변하는 과거의 수요에 기초해서 미래의 수요를 예측하는 기법
② 종류 : 이동 평균법, 지수 평활법, 최소 자승법 등
③ 이동 평균법을 이용한다면, 수요 예측을 해야 할 달이 4월이라고 하고, 3개월치의 자료를 이용하여 이동 평균을 계산하겠다면 1월부터 3월까지의 수요를 평균한 것이 4월의 예측량이 될 것이다.

24 원인적 예측법

① 수요 변동의 원인 요소(인구 수, 소득 수준, 기온, 투입 자본 등)를 찾아내어 분석하는 기법
② 단순 회귀 분석법, 다중 회귀 분석법 등이 있다.
③ 코스트가 많이 든다.

❷ 생산 방식

01 주문 생산

고객의 주문에 의하여 생산하는 것(대형 기계 장치나 부품)

02 계획 생산

일반성이 큰 제품을 시장의 수요를 예측하여 주문에 의하지 않고 생산하는 것(라디오, 냉장고 등 가정용 전기, 전자 제품)

03 생산 방식

개별 생산 방식, 로트 생산 방식, 연속 생산 방식

04 개별 생산 방식

주로 주문 생산 방식에 적용되며, 기계 공업에서 사용한다.

05 로트 생산 방식

① 동일 제품 또는 부품을 생산관리에 알맞은 수로 모으거나 나누어서 일괄 생산하는 방식
② 모든 물품의 집단을 로트(lot)라 한다.
③ 기계의 준비나 공구의 교체 횟수가 줄어들며 작업에 숙련되기 쉽고 제품 1개당 생산 시간이 감소된다.

06 연속 생산 방식

① 같은 제품을 대량으로 생산할 때에 사용되는 방식(시멘트 공업, 석유 정제 공업 등의 장치 공업에서 많이 채용)
② 작업의 대상이 공정에 따라 계속 움직이는 동안에 작업이 이루어지는 컨베이어 시스템(conveyer system)과, 잠시 머무르고 있는 동안에 작업이 이루어지는 택트 시스템(tact system)이 있다.

07 생산형태의 분류 중 바르게 짝지어진 것은? : ③

① 주문생산-소품종다량생산-연속생산
② 예측생산-다품종소량생산-단속생산
③ 주문생산-다품종소량생산-단속생산
④ 예측생산-소품종다량생산-단속생산

❸ 입지 및 설비 능력의 결정

01 설비 결정의 6단계

① 현재 설비의 능력을 측정한다.
② 수요의 예측이다.
③ 미래의 설비 요구 능력을 결정한다.
④ 여러 가지 대안(전략)들을 만든다.
⑤ 대안들을 평가한다.
⑥ 설비의 결정을 내린다.

02 품질의 산포

공장에서 만들어지는 제품은 어떠한 제조 방법을 선택한다 하더라도 엄밀하게 측정하면 반드시 측정값의 차이를 나타낸다. 이와 같은 차이를 특성값의 산포라 하는데, 이 산포가 허용 공차 내에 있으면 합격으로 한다.

03 품질에서 산포가 생기는 원인

① 재료의 품질 및 작업 방법의 변동
② 작업자 및 기계의 변동, 그 밖의 작업 조건의 변동

04 품질의 산포

① 우연한 원인으로 인하여 수시로 일어나는 산포
② 여러 가지 과실 또는 작업 조건이 원인이 되어 발생하는 산포

05 유연 생산 시스템

유연 자동화의 한 형태로서, 자재들이 자동으로 운반되고 기계에 자동으로 적재되어 가동되는 컴퓨터 제어 작업장들로 이루어진 생산 시스템

06 생산의 합리화

① 생산 코스트를 절감하고 제품 생산 능력을 향상시키는 동시에, 제품의 질을 보다 향상시키고 기업을 계속 유지, 발전시키는데 필요한 과학적인 생산관리의 모든 노력을 뜻하며,
② 국산품이 외국의 제품에 비하여 품질이나 가격면에서 월등해야만 그 기업은 유지되고, 국제적인 경쟁에서도 강화되어 국가의 경제력도 발전하게 된다.

07 생산 시스템

① 생산 시스템은 원자재, 에너지, 노동력 등의 여러 가지 생산 요소가 생산 공정에 투입되어 목적하는 제품이 산출되는 일련의 과정으로 볼 수 있다.
② 그러므로 모든 생산 시스템은 ① 투입, ② 변환 과정, ③ 산출의 세 부분으로 구성된다.

08 생산 및 조립작업에 있어서 공정별 작업량이 각각 다를 때 가장 큰 작업량을 가진 공정을 무엇이라 하는가?

주공정

해설 PERT/CPM에서 주공정 : 예상소요시간의 합계가 제일 긴 공정

09 PERT/CPM 에 대한 설명으로 틀린 것은?

①

① PERT 에서의 비용에만 관심을 둔다.
② PERT 에서는 각 활동시간을 확률변수로 간주한다.
③ PERT 에서는 주공정을 수행하는 데 소요되는 시간을 정규분포로 간주한다.
④ CPM 에서 프로젝트 완료시간을 단축하기 위해서는 주공정상에 있는 활동을 택하여 단축하여야 한다.

10 설비 보전의 내용에 속하지 않는 것은?

① 사후 보전(BM)   ② 안전 보전
③ 예방 보전(PM)   ④ 개량 보전(CM)

해설 ②. 설비 보전 : ①, ③, ④, 보전 예방(MP)

11 새로운 설비를 계획하거나 건설할 때 보전정보나 새로운 기술을 고려하여 신뢰성, 보전성, 경제성, 조작성, 안전성 등이 높은 설계로 하여 설비의 열화손실을 적게 하는 활동을 무엇이라 하는가?

보전 예방

12 제조설비의 보전활동에 필요한 표준은 크게 3가지로 나눌 수 있다. 이에 해당되지 않는 것은? : ①

① 설비수입 표준   ② 설비검사 표준
③ 설비수리 표준
④ 설비일상보전 표준

13 열화손실을 감소시키기 위한 조치의 설명으로 틀린 것은? : ②

① 정상운전 : 운전자의 훈련과 지도
② 개량보전 : 갱신분석의 조직화 실시
③ 예방보전 : 주기적 검사와 예방수리의 직접 실시
④ 일상보전 : 급유, 교환, 점검, 청소 등의 적정 실시

해설 개량보전 : 보전비용이 적게 들도록 재료를 개선하거나, 보다 용이한 부품 교체가 가능하도록 설비의 체질을 개선해서 수명연장, 열화방지 등의 효과를 높이는 보전 활동

14 설비의 경제성 향상을 위하여 개량비와 열화손실 및 보전비의 합이 최소가 되도록 하는 것은? : 개량 보전

15 설비제작비와 보전비 및 열화손실비의 합이 최소가 되도록 하는 보전은?

보전 예방

해설 쉽고, 빨리, 싸게 잘 보전할 수 있는 설비의 선택은 보전 예방에 속한다.

16 설비의 성능 열화원인과 관계가 먼 것은?

①

① 경제적 열화   ② 사용에 의한 열화
③ 자연 열화   ④ 재해에 의한 열화

PART 05

용접 실기

Chapter 01 피복 아크용접

Chapter 02 이산화탄소가스(CO_2)아크용접

Chapter 03 불활성가스텅스텐(TIG)아크용접

Chapter 04 용접기능장 실기

01 피복 아크용접

제1절 비드놓기 피복 아크용접

❶ 용접 준비

가. 용접 공구 및 일반 준비

용접은 고열과 강한 아크 불빛, 연기와 흄을 다량 발생하기 때문에 그에 대한 보호구를 준비하고 작업에 필요한 공구를 준비한다.

용접 보호구에는 가죽 앞치마, 가죽 장갑, 발커버, 팔커버, 용접 헬멧(또는 핸드 실드), 방진 마스크 등이 있으며, 필요한 공구로는 전류계(암페어메터), 치핑 해머(슬래그 해머), 집게(또는 플라이어), 와이어 브러시, 석필(또는 페인트마카 펜), 줄(file), 자석(또는 마그네틱 베이스), 강철자 등이 있다.

용접 헬멧에는 차광 유리(차광 번호 10~11번)를 끼우고 차광 유리 앞에 맨유리를 끼운다.

나. 용접기 점검

용접기는 정기 점검과 수시 점검을 통해 언제든지 사용할 수 있도록 한다.

특히 실습 전에는 케이블의 단선 및 노출 여부, 접지 케이블 접속 여부, 이상 발생음 여부 등을 점검한다.

다. 보호구 착용

용접 중 강렬한 아크 불빛이나 스패터, 금속 흄 등으로 부터 작업자 보호를 위해 용접 전에 용접 앞치마, 팔커버(또는 조끼), 발커버, 용접용 가죽 장갑과 방진 마스크 등을 착용한다.

헬멧(또는 핸드 실드)을 작업대 위나 작업대 옆에 놓는다.

❷ 아래보기 자세 비드놓(쌓)기

가. 비드놓기

피복 아크(전기) 용접에서 비드(bead) 놓기란 모재(연강판)에 용접봉을 용융시켜 일정한 폭과 높이로 용융지를 형성하는 작업이다. 이 때 아크길이(용접봉 끝 부분과 모재와의 높이)는 심선 지름의 1배 이하(보통 2~3mm)를 유지한다.

용접시 피복 아크용접봉의 길이가 한정되어 있기 때문에(E4316, ϕ3.2 봉은 350mm, ϕ4.0 봉은 400mm), 용접봉이 소모되면 용접이 끝나는 부분에서 비드 잇는 부분이 발생되며, 시작 부분과 끝 부분에 대한 용착도 양호하게 해야 된다.

또한 용접은 모재가 적당한 깊이로 용융(용입)되어야 하므로 모재의 재질과 형상, 용접부의 위치, 봉의 굵기 등에 따라 적당한 전류를 조절해야 된다.

나. 아래보기 자세 좁은 비드놓기

비드놓기는 실제로 두 물체를 용접하는 것이 아니고 판 위에 용융지를 일정하게 형성하는 방법으로, 제품을 양호하게 용접하기 위한 가장 중요한 연습법이다.

비드는 좁은 폭으로 놓는 방법과 넓은 폭으로 놓는 방법이 있다.

좁은 비드 놓기법은 아크를 발생하여 작업각과 진행각을 유지하며 진행 방향으로만 일정한 속도로 진행하여 얻어진 비드이다.

비드를 놓을 때 용접봉 끝의 아크 불빛을 보지 말고 용접봉 뒤에 형성된 용융지를 관찰하여 일정한 폭으로 연결되는지를 확인하고 용접봉 앞쪽의 용접하고자 하는 용접선을 관찰하며 진행하고 비드가 끝나는 부분에서는 크레이터 처리를 하여 마무리를 한다.

1) 모재 고정

모재의 한쪽 끝에서 약 5mm 정도 띄워서 모재 끝선과 평행하게 석필 등으로 금긋기(직선 연습을 위해 필요함)를 하여 작업대 위에 용접선이 좌우가 되게 작업자와 평행하게 작업대 앞쪽에 놓는다.

2) 전류 조절

교류 아크용접기의 전류 조절 핸들을 움직여 ϕ3.2 용접봉은 100~140A, ϕ4.0 용접봉은

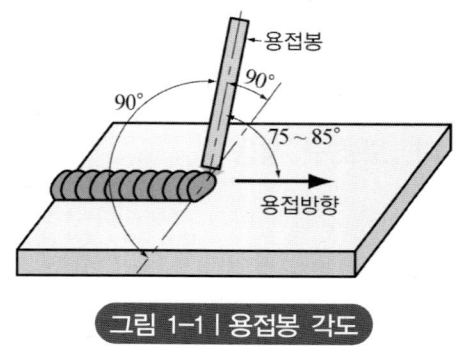

그림 1-1 | 용접봉 각도

120~160A로 조절한다.

전류 조절 핸들은 일반적으로 오른쪽 방향으로 돌리면 전류가 높아지며, 왼쪽으로 돌리면 낮아진다.

직류(DC) 아크용접기의 경우는 정극성으로 결선하고 볼륨 스위치를 사용하여 전류를 조절한다.

3) 좁은 비드놓기

작업대 앞에 편하게 앉아 용접봉을 용접 홀더에 직각으로 물린 후 자세를 바로 잡고 용접 시작부를 확인한 후 헬멧을 착용하고 모재의 왼쪽 끝 금긋기한 선 부근에서 아크를 발생하여 불빛으로 금긋기한 선을 빨리 확인하고 시작점으로 이동한다.

이 때 작업각(진행 방향에 대한 직각 방향의 각)은 90°, 진행각(후진법의 경우)을 75~85°로 유지하며 아크길이가 심선 지름의 1배 이하(보통 2~3mm)가 되도록 유지하며 일정한 속도로 우진한다.

우진(오른손잡이 기준)할 때 아크 이전의 비드 폭을 확인하고 진행 방향을 확인하면서 진행해야 된다.

4) 비드 잇기 및 크레이터 처리

진행 중 아크가 끊어졌거나 용접봉이 다 소모되어 비드를 연결해야 할 경우 잇는 부분이 층이 생기지 않게 이어야 된다.[그림 1-2 참조]

모재 끝부분의 크레이터 처리는 비드 끝 부분에서 모서리가 녹기 1~2mm 직전에 아크를 잠시 끊은 후 다시 일으키기를 2~3회 정도 실시하여 볼록하게 채운다.

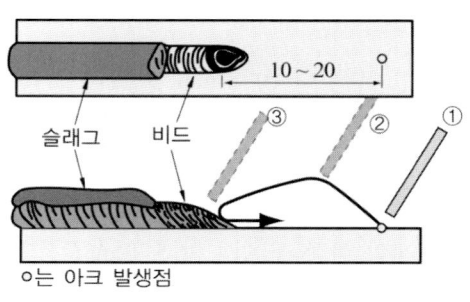

그림 1-2 | 비드 잇는 법

5) 용접부 청소와 검사

1줄의 비드놓기가 끝나면 슬래그(slag)와 스패터를 제거하고 깨끗하게 청소한 후 용접부를 검사한다.

비드의 외관을 관찰하여 비드가 일직선이며 파형, 폭, 높이 등이 일정한지, 언더컷, 오버랩, 시점과 종점(크레이터) 처리의 양·부 등을 파악한다.

6) 반복 실습

모든 기술은 반복에 의한 숙련 정도에 달려 있다. 검사에서 나타난 잘못된 점을 고치려고 노력하며 다음 비드를 놓는다. [그림 1-4 참조]

다음 비드는 이전 비드와 모재의 경계선에 용접봉의 1/3~1/2 정도 위치하도록 하며 이전 작업 1)~5)를 잘 할 수 있을 때까지 반복 실습한다.

7) 정리 정돈

작업이 완전히 끝나면 용접기와 메인 스위치를 끄고 홀더선 등을 정리하며, 사용했던 공구를 공구함에 정리한 다음 주위를 깨끗이 청소한다.

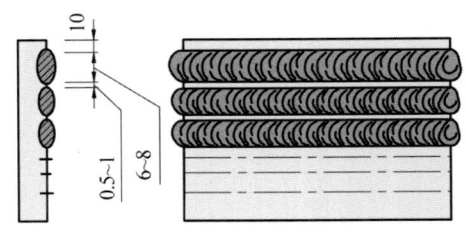

그림 1-3 | 좁은 비드놓기

다. 아래보기 자세 넓은 비드놓기

넓은 비드놓기는 용접 진행 방향에 대하여 직각 방향으로 용접봉 지름의 2~3배 정도 넓게, 비드 피치는 3~4mm 정도 되게 움직이며 우진하는 방법이다.

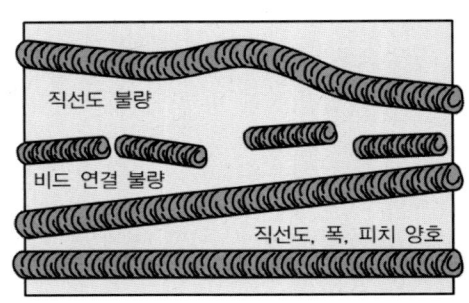

그림 1-4 | 비드 잇는 법

위빙 폭은 약 10~14mm 정도(비드 폭은 12~16mm)가 적당하며, 운봉 중심부는 좀 빠른 듯 하고 운봉 끝부분은 약 0.5~1초 정도 멈추는 듯 하면서 진행한다. [그림 1.5 참조]

1) 모재 고정

모재의 한쪽 끝에서 약 5~10mm 정도 띄워서 모재 끝선과 평행하게 석필 등으로 폭이 약 10~12mm 정도 되게 2줄을 긋는다.

금긋기한 모재를 좁은 비드놓기와 동일한 방법으로 모재의 용접선이 작업자와 평행이 되게 놓는다.

2) 전류 조절

전류를 $\phi 3.2$ 용접봉은 90~130A, $\phi 4.0$ 용접봉은 110~150A로 조절한다.

위빙 비드놓기 전류는 좁은 비드놓기 전류보다 약 10A 정도 낮게 하는 것이 좋다. 왜냐하면 위빙 폭이 넓기 때문에 모재에 가열되는 입열량이 많아 언더컷이 생길 우려가 있기 때문이다.

3) 넓은 비드놓기

용접봉을 홀더에 직각으로 물린 후 자세를 바로 잡고 헬멧을 착용한 다음 모재의 왼쪽 끝 금긋기한 선 부근에서 아크를 발생하여 금긋기한 선을 빨리 확인하고 시작점으로 이동한다.

작업각과 진행각은 좁은 비드와 같이 하고 금긋기한 두 선을 확인하며 일정한 운봉 폭과 피치를 유지하며 위빙하면서 일정한 속도로 우진한다.

위빙 방법은 [그림 1-5]와 같이 용접 피치와 폭이 일정하며, 위빙의 양끝에서 0.5~1초 정도 멈추는 듯 하며 우진한다.

비드는 모재의 왼쪽 끝에서 우측 끝까지 쌓아야 된다.(우진법의 경우)

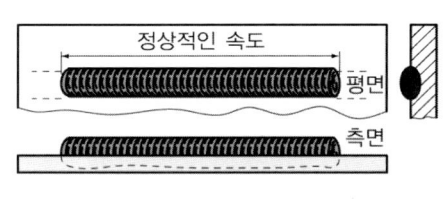

그림 1-5 | 넓은 비드 피치와 비드 폭

4) 비드 잇기 및 크레이터 처리

용접 중 어떤 원인으로 아크가 끊어졌거나 용접봉이 전부 소모된 경우 비드 끝 부분을 깨끗이 청소한 후 크레이터 부분을 충분히 용융시키며 이전 비드와 폭과 높이가 동일하도록 맞춘 후 위빙하여 진행한다.

크레이터 부분은 크레이터 폭과 넓이보다 약간 좁게 타원으로 좁히며 용적을 2~3회 채운다.

5) 용접부 청소와 검사, 반복 실습

위빙 비드놓기는 직선(좁은) 비드놓기보다 많은 시간을 가지고 충분하게 숙련해야 되므로 각 비드마다 깨끗이 청소하여 비드 폭과 파형, 높이가 일정한지 검사하고 잘못된 점을 고치려고 노력하며 반복 연습을 한다. [그림 1-6 참조]

6) 정리 정돈

모든 작업이 끝나면 용접기와 사용했던 공구 등을 정리하고, 주위를 깨끗이 청소하는 습관을 가져야 된다.

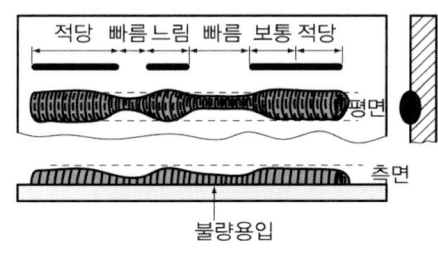

그림 1-6 | 넓은 비드의 양·부

③ 수평 자세 비드놓기

수평 비드놓기는 모재를 수직으로 세우고 용접선이 수평이 된 상태에서 일반적으로 좌에서 우측으로 우진하며 좁은 비드를 놓는 방법이다.

수평 비드놓기는 특별한 경우를 제외하고는 거의 겹치기 좁은 비드놓기를 한다.

수평 비드놓기가 아래보기 비드나 수직 놓기와 다른 점은 모재가 세워져 있고 모재의 용접선이 수평이며, 직선(좁은) 비드놓기를 한다는 것이다.

가. 모재 고정

수평 자세는 모재가 수직이고 용접선이 수평이 되어야 하므로 적당한 지그가 필요하다.

모재에 비드놓기할 부분에 금긋기를 한 후 용접 지그에 모재의 금긋기한 용접선이 좌우로 수평이 되며, 앞으로 향하게 하고, 모재의 용접선이 가슴 정도 높이가 되게 작업하기 편한 높이로 고정한다.

이 때 모재가 작업자의 몸 중심보다 약간 좌측에 위치하는 것이 좋다. [그림 1-7 참조]

나. 전류 조절

수평 자세 전류는 아래보기 자세와 같이 해도 충분하다. ϕ3.2 용접봉은 100~140A, ϕ4.0 용접봉은 130~160A로 조절한다.

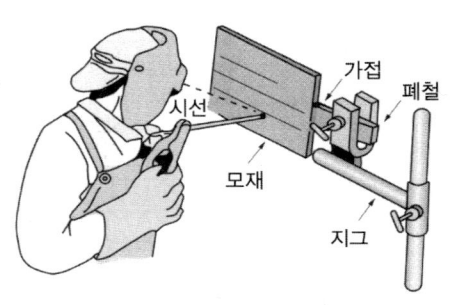

그림 1-7 | 수평 자세 시선 위치

다. 수평 비드놓기

작업대 앞에 편하게 앉아 몸을 우측으로 약 20~30° 회전한 자세에서 홀더를 잡고 헬멧을 쓴 후 용접 시점(좌측 끝) 가까이 용접봉 끝을 이동하여 아크를 발생한다.

아크가 안정되면 작업각(진행 방향에 수직한 각)과 진행각을 75~85°로 유지하며 비드 파형과 폭이 일정하도록 직선으로 우진한다. [그림 1-8 참조]

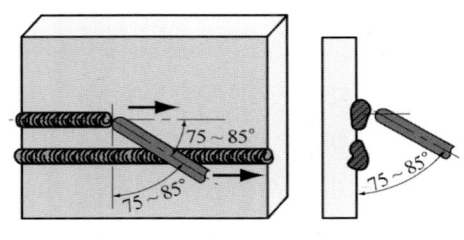

그림 1-8 | 수평 자세 용접봉 각도

비드는 아래쪽에서 위로 쌓이도록 겹치기 비드를 놓아야 된다. [그림 1-9 참조]

라. 비드 잇기 및 크레이터 처리

비드 잇기나 크레이터 처리는 많은 반복 연습이 필요하다. 시점이나 잇는 부분, 크레이터 부분이 용입불량이나 기공, 슬래그 섞임 등 결함이 많이 발생하므로 주의해야 된다.

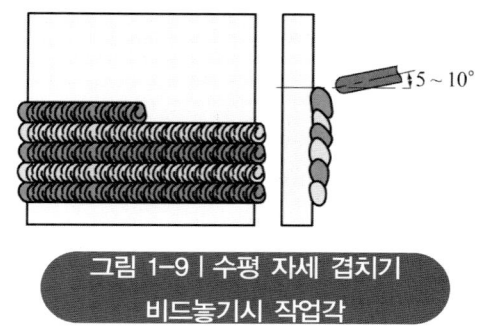

그림 1-9 | 수평 자세 겹치기 비드놓기시 작업각

마. 검사 및 반복 실습

비드를 깨끗이 청소한 후 비드 폭과, 피치, 파형의 균일도, 언더컷, 오버랩, 기공, 슬래그 섞임 등의 유무를 점검한 후 결함의 발생 원인을 파악하여 고치려고 노력하며 반복 실습한다.

용접부 청소가 끝나면 홀더를 잡고 용접봉의 피복제 하단 부분이 비드의 상부와 모재와의 경계선에 위치하도록 하여 직선으로 진행한다.

❹ 수직 자세 비드놓기

수직 비드놓기는 모재를 수직으로 세우고 용접선이 수직이 된 상태에서 아래에서 위로 상진하며 비드를 놓는 방법이며, 일반적으로 위빙 비드를 놓는다.

필요에 따라서 위에서 아래로 내려오며 비드를 놓는 하진법이 있으나 아주 얇은 판을 사용하거나 하진용 용접봉을 사용할 경우에 적용한다.

수직 비드놓기가 아래보기 비드놓기와 다른 점은 모재가 수직으로 세워진 상태이므로 아크길이가 길거나 운봉 중 한곳에 멈춤이 일어나면 용융 금속은 바로 쳐지는 현상이 생기므로 비드 폭과 피치가 일정하도록 일정한 속도로 상진해야 된다.

가. 모재 고정

수직 자세는 모재의 용접선이 수직이 되어야 하므로 적당한 지그가 필요하다.

용접 지그에 모재의 용접선의 맨 위가 가슴 정도 높이가 되게 작업하기 편한 높이로 고정한다.

이 때 모재가 지그의 끝부분에 놓이게 되면 지그가 조금이라도 흔들리면 끝부분은 더 많이 움직이므로 지그 지주에 가까이 위치하도록 고정한다.

나. 전류 조절

수직 자세 전류는 아래보기 자세보다 10~20A 낮게 하는 것이 좋다. φ3.2 용접봉은 80~120A, φ4.0 용접봉은 120~140A로 조절한다.

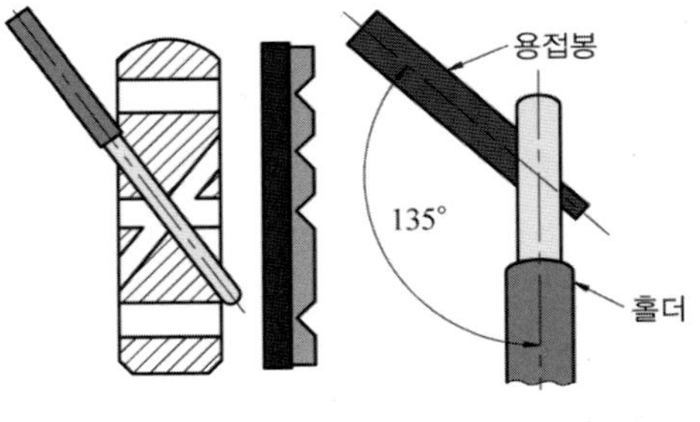

다. 수직 비드놓기

작업대 앞에 편하게 앉아 몸을 우측으로 약 20~30° 회전한 자세에서 홀더를 잡고 헬멧을 쓴 후 하단 용접 시점 가까이로 용접봉 끝을 이동하여 아크를 발생한다.

그림 1-10 | 홀더에 용접봉 물림 각도

아크가 안정되면 작업각(진행 방향에 수직한 각)은 90°, 진행 반대각을 75~85°로 유지하며 피치와 폭이 일정하도록 위빙하며 상진한다.

이 때 비드 폭이나 피치는 아래보기 자세 넓은 비드놓기와 동일하게 하면 되며, 비드의 중심부는 좀 빠르게, 양 끝은 0.5~1초 정도 머무름을 확실하게 하여 언더컷이 발생하지 않도록 한다.

라. 비드 잇기 및 크레이터 처리

비드 잇기나 크레이터 처리는 많은 반복 연습이 필요하다.

시점이나 잇는 부분, 크레이터 부분이 용입불량이나 기공, 슬래그 섞임 등 결함이 많이 발생하므로 주의해야 된다.

비드 잇기법은 여러 가지가 있으나, [그림 1-11]과 같이 이전 비드 상단에서 아크를 발생

그림 1-11 | 수직 자세 비드 잇는 법

하여 끝의 능선 직전까지 내려온 후 좀 느리게 좌우로 1~2회 위빙한 후 정상 속도로 위빙하여 상진한다.

마. 검사 및 반복 실습

모든 기술은 반복 실습에 의해 숙련되는 것이므로 비드를 깨끗이 청소한 후 비드 폭과, 피치, 파형의 균일도, 언더컷, 오버랩, 기공, 슬래그 섞임 등의 유무를 점검한 후 결함의 발생 원인을 파악하여 고치려고 노력하며 반복 실습한다.

다줄 비드놓기는 이전 비드와 약 1/4~1/3 정도 겹치도록 한다.

비드 겹침법은 이전 비드와 모재와의 경계선에서 약 12mm 폭으로 선을 긋고 용접봉 끝의 중심이 비드의 경계선과 금긋기 선에 오도록 하여 위빙하면 일정하게 겹침 비드가 형성된다. [그림 1-12 참조]

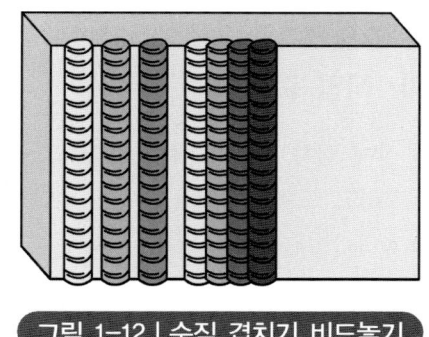

그림 1-12 | 수직 겹치기 비드놓기

제2절 아래보기 자세 V형 맞대기 피복아크용접

❶ 용접 준비

가. 재료 준비

맞대기 용접은 구조물 제작시 부족한 부재를 평행으로 연결하기 위한 작업으로 매우 중요한 작업이다.

용접할 연강판 t6 100×150×30~35° 2매, 연강판 t9 125×150×30~35°로 가공된 2매를 준비한다.(자격시험의 경우 시험장에서 시험 일정에 따라 t6.0, t9.0 각각 4매, 또는 t6.0 4매, t9.0 4매가 제공됨)

개선 가공된 모재가 없으면 가스 절단이나 베벨가공 머신으로 가공하여 준비한다.

충분히 건조된 저수소계 피복아크용접봉 Ø3.2, Ø4.0를 준비하여 적당량을 보온통에 넣어둔다.

Ø3.2 용접봉은 보통 1층(백, 이면) 비드를 놓을 때 사용하며, Ø4.0은 2층 이상에 사용하는 것이 원칙이다. 시험장에서 모든 비드에 Ø3.2 용접봉만 사용하는데 2층 이상을 Ø4.0 용접봉을 사용할 경우 봉이 0.8mm 굵고 50mm가 더 길기 때문에 중간에 비드 이음을 줄일 수 있으며, 용접속도도 빨라지며, 더 중요한 것은 비드 패스 수를 줄일 수 있으므로써 수축변형과 잔류응력이 적어지므로 평소 Ø4.0 용접봉을 사용하는 연습을 하는 것이 좋다.

나. 공구 준비

용접 작업 필요한 공구를 준비한다. 작업에 필요한 용접 헬멧(또는 핸드 실드), 가죽 장갑, 앞치마, 팔커버(또는 조끼), 발커버, 집게(또는 플라이어), 와이어 브러시(철솔 브러시), 줄,

30cm 강철자, 페인트마카 펜나 석필 등을 준비한다.

그 외에 직각자, 가접대, 소형 자석(또는 마그네틱 베이스), 보안경 등도 있으면 좋다.

다. 작업 준비

용접에 임하기 전에 작업복과 보호구를 착용하고 용접기의 이상 유무, 작동 상태를 점검한다. 그리고 도면을 보고 모재와 작업 내용을 확인한다.

❷ 모재 가공

가. 루트면 가공

30~35°로 베벨 가공된 연강판 모재의 개선 끝부분을 두께 1.5~2.5mm 정도 되도록 루트면을 가공한다.(작업자에 따라 다를 수 있으며, 6mm 판은 두껍게 가공하는 것이 좋다.)

이 때 두 모재의 루트면의 두께가 동일해야 한다. [그림 2-1 참조]

용접부 길이의 중심부에 석필이나 페인트마카 펜, 줄 등으로 선명하게 표시한다. 금긋기나 줄로 중심부를 표시하는 이유는 E4316, ϕ3.2 용접봉으로 백 비드를 놓을 경우 하나의 봉으로 용접부 길이 150mm 끝까지 백 비드를 놓을 수 없으며, 비드 연결부나 시점 종점은 결함이 발생하기 쉽기 때문에 시험편 채취되는 부분이 비드 연결부가 되지 않게 하기 위해 중심부에서 아크를 끊고 여기서 비드 잇기를 해야 된다.

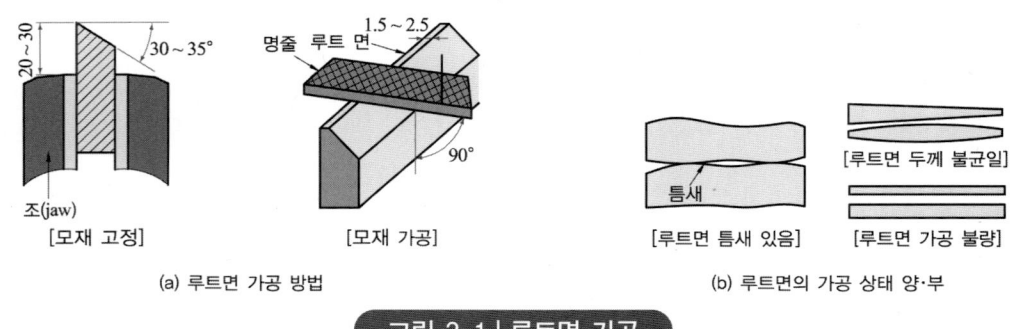

그림 2-1 | 루트면 가공

❸ 모재 가용접 및 역변형 주기

가. 전류 조절

가용접(가접) 전류를 110~140A 정도로 맞춘다.

나. 루트간격 조절

가접대 위에 모재의 개선면이 아래로 향하게 수평으로 놓고 한쪽은 2.5~3mm, 다른쪽은 3~3.5mm 정도로 맞추고 두 모재가 엇갈림이 없이 수평이 되게 고정한다.(루트간격은 작업자마다 다를 수 있음) 이 때 조절된 루트간격이 가접 중에 움직이지 않도록 무거운 것으로 눌러 주면 좋다.

다. 가용접(가접) 및 역변형 주기

1) 가용접

가용접은 본용접 전에 정한 위치에 용접물 부재를 잠정적으로 고정하기 위해 적당 위치에 짧게 하는 용접을 말한다.

가용접은 균열, 기공, 슬래그 혼입 등의 결함이 생기기 쉬우므로 원칙적으로는 본용접을 실시하는 홈 내나, 모서리, 중요부분에는 실시 않으나, 여기서는 시험편이므로 양 끝에 가접하여 작업 후 가용접 부분은 절단 제거하게 된다.

가용접은 필요에 따라 개선면이 밑으로 가게 하여 가접할 수 있으나 시험장에서는 감독관의 지시에 따라 실시한다.

가용접시 용접봉은 길이 100~150mm 정도의 짧은 것이 좋으며(흔들림이 적음), 두 모재의 한쪽 끝을 단단하게 가접한다. [그림 2-2 참조]

한쪽의 가접이 끝나면 반대편 끝의 루트간격을 확인하여 조정한 후 가접한 다음 가접부의 슬래그, 스패터, 이물질 등을 깨끗이 제거한다.

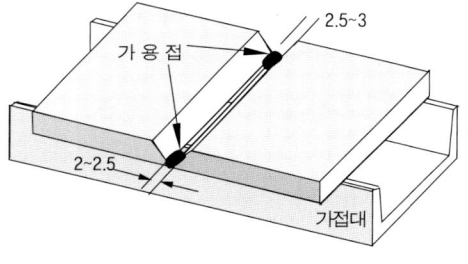

그림 2-2 | V형 맞대기 용접 전 가접

2) 역변형 주기

가접된 모재를 용접 방향 반대편으로 약 2~3° 정도 굽힌다. [그림 2-3 참조]

이 때 판두께와 용접 패스 수의 다소에 따라 얇은 판은 적게, 두꺼운 판은 크게 한다.

역변형을 주는 이유는 용접을 하게 되면 용접 방향으로 수축 변형이 생기므로 미리 이 변형을 용접 반대 방향으로 굽혀주면 용접 후에 두 모재가 수평 상태가 될 수 있다.

4 t6.0 연강판 아래보기 V형 맞대기

가. 모재 고정

가접된 모재의 용접선이 좌우로 수평이 되며, 개선 홈 부분이 위로 향하게 수평 작업대 위나 지그에 고정한다.

이 때 루트간격이 좁은 쪽이 왼쪽이 되게 하며 모재가 몸의 중심보다 약간 왼쪽에 놓는 것이 좋다.(오른손잡이 기준)

그림 2-3 | 맞대기 모재 역변형 주기

나. 1층(이면, back) 비드놓기

1) 전류 조절

용접기를 조작하여 전류를 80~95A 정도(ϕ3.2 용접봉 사용시)로 조절한다.

전류는 판두께, 루트간격, 홈각도, 루트면의 두께, 작업자의 기량에 따라 다를 수 있으므로 표준 전류란 정할 수 없다.

다음 모재 앞에 작업하기 편한 자세로 모재와의 평행이 되게 앉아서 용접봉을 홀더의 손잡이와 90° 되게 물린다.

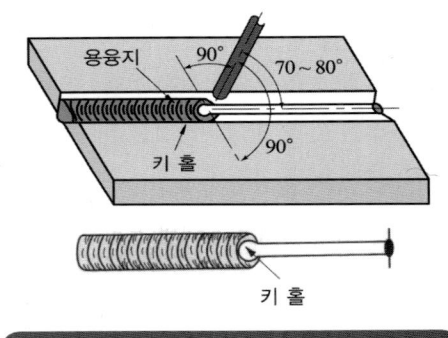

그림 2-4 | 이면 비드놓기 작업각과 진행각

2) 1층(백, 이면) 비드놓기

용접봉 끝을 좌측 끝 가접부(시점) 가까이 옮기고 헬멧을 쓴 후 아크를 발생하여 좌측 가접부로 옮겨 아크를 안정시키면서 개선 홈 안쪽으로 봉을 서서히 밀어 넣는다.

작업각은 90°, 진행각은 75~85°를 유지하며,[그림 2-4 참조] 용접봉을 좌우로 움직이지 말고 아크 안정에 최선을 다한다.

이 때 시작부가 가열되면 약 5mm 정도는 위빙하지 말고 매우 천천히 우진하다가 키홀(key hole)이 형성되면 바로 루트면과 루트면 사이를 이전 용융지와 약 1/3 정도 겹치면서 키홀이 일정하도록 위빙하며 중심 표시 부분까지 우진한 후 아크를 끊는다.

일반적으로 백 비드놓기는 [그림 2-5]와 같이 3가지 방법이 있다.

휘핑법은 박판의 백 비드놓기시에 적용되며, 직선법은 루트간격 없이 두 모재를 맞대어 놓고 직선으로 전진하는 방법이다.

3) 비드 잇기

비드놓기가 끝난 부분을 깨끗이 청소한 후, 새 용접봉을 홀더에 물리고 이음부의 주위에서 아크를 발생하여 아크길이를 좀 길게 하면서 이음부의 위치를 확인하고 빨리 이음부 상단으로 옮긴다. [그림 2-6 참조]

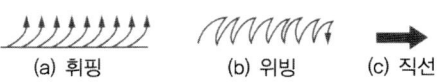

그림 2-5 | 이면 비드 운봉법의 종류

이 때 봉을 좌우로 움직이지 말고 홈 안으로 서서히 밀어 넣으며 아크를 안정시킨 후 약 5mm 정도는 좌우로 움직이지 말고 느린 속도로 우진하며 키홀을 형성시킨다.

키홀이 형성되면 키홀의 크기를 일정하게 유지하며 위빙 방법에 의해 끝까지 우진하며 모재 표면보다 0.5~1mm 정도 낮게 1층 비드를 놓는다.

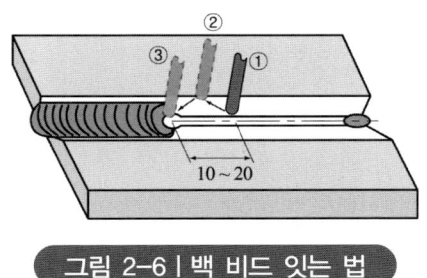

그림 2-6 | 백 비드 잇는 법

4) 크레이터 처리 및 용접부 청소하기

모재 끝의 1~2mm 부분에서 아크를 끊은 후 크레이터 처리를 한 후 용접부의 슬래그 및 스패터 등을 깨끗이 제거한다.

혹 용입이 불량하여 슬래그가 혼입한 경우 가는 송곳이나 좁은 정 같은 것으로 완전 제거해야 된다.

다. 표면 비드놓기

1) 2층(표면) 비드놓기

1층(백) 비드가 청소된 모재를 1층 비드놓기와 동일하게 모재를 고정하고 표면 비드 용접 전류를 100~130A(ϕ3.2를 사용할 경우)로 조절한다.(자격 시험시 용접 중 모재의 방향을 바꾸면 안된다. 전진법, 후진법 병용하면 안된다.)

새 용접봉을 홀더에 물린 후 자세를 바로 잡고 백 비드 좌측 개선면 위의 한쪽 모서리에서 아크를 발생한다.

아크를 안정시키며 다음 모서리까지 약간 천천히 위빙한다. [그림 2-7 참조]

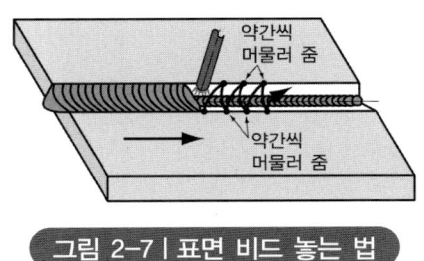

그림 2-7 | 표면 비드 놓는 법

아크가 안정되면 작업각과 진행각을 일정하게 유지하고 정상 속도로 위빙하며 우진한다.

위빙 폭은 개선면 상부 모서리와 모서리에 용접봉 끝의 1/2~1/3 정도가 오도록 하며, 위빙할 때 비드의 양 끝에 약 0.5~1초 정도 멈추는 듯 하여 언더컷이 생기지 않게 한다.

용접부 길이의 1/2 부분에서 아크를 끊은 후(Ø3.2 용접봉으로 끝까지 채울 수 없기 때문에 중심부에서 끊어야 됨) 용접부를 깨끗이 청소한다.

표면 비드 높이가 모재 높이보다 낮거나 5mm 이상 높지 않게 쌓아야 된다.

2) 비드 잇기

청소한 모재를 다시 처음 상태로 고정한 후 새 용접봉으로 아크를 발생하여 비드 잇는 방법과 같이 비드를 잇는다.

표면 비드는 모재 표면보다 약 2mm 정도 높이(자격 시험시 모재표면보다 낮거나(0mm), 5mm를 초과하면 안됨)로 쌓는다.

2층 이상은 Ø4.0(110~140A) 용접봉을 사용하는 것이 원칙이며, 2층을 중간을 끊지 않고 이음없이 한번으로 완성할 수 있으므로 평소 Ø4.0 봉으로 연습하는 것이 필요하다.

3) 크레이터 처리 및 용접부 청소, 검사하기

용접부 끝까지 위빙하여 진행한 후 끝 부분에서 크레이터 처리를 한 후 용접부를 깨끗이 청소한 후 검사한다.

⑤ t9.0 연강판 아래보기 V형 맞대기

가. 모재 고정

판두께 t6의 모재와 같은 방법으로 고정한다.

나. 1층(이면, back) 비드놓기

t9의 모재는 t6보다 3mm 정도 두껍고 폭도 50mm 정도 더 크므로 t6 모재보다 5~10A 정도 전류를 높게 해야 된다.

ϕ3.2 용접봉을 사용할 경우 전류를 85~100A 정도로 조절한다.

전류 조절이 끝나면 t6 모재의 용접시와 동일하게 백 비드를 놓는다. 이 때 모재 두께의 1/2 정도 높이로 채워지게 하는 것이 좋다.

이면 비드의 전체 길이를 t6.0 모재의 용접과 같이 중심부를 기준으로 2번으로 완성한 후 슬래그와 스패터를 깨끗이 청소한다.

다. 2층 비드놓기

자세를 편안하게 잡고 전류를 100~130A(ϕ3.2를 사용할 경우)로 조절한 후 모재의 좌측 끝에서 아크를 발생하여 위빙하며 우진한다.

이 때 2층 비드가 모재 표면보다 0.5~1mm 정도 낮게 채워지게 하며, 개선면의 상부 모서리가 녹지 않게 하는 것이 좋다. [그림 2-8 참조]

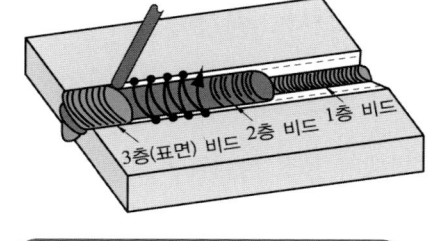

그림 2-8 | 2, 3층 비드 놓는 법

2층 비드놓기도 중심을 기준으로 2번으로 완성한다.

2층 이상은 ϕ4.0 용접봉(110~140A)을 사용하는 것이 원칙이며, 2층을 중간 이음없이 한번으로 완성할 수 있다.

비드놓기가 끝나면 비드를 깨끗이 청소한 후 다시 지그에 고정한다.

라. 3층(표면) 비드놓기

모재를 고정한 후 전류를 2층 비드놓기보다 10A 정도 낮게 100~130A(ϕ3.2를 사용할 경우)로 조절한다.

3층 비드놓기는 ϕ4.0 용접봉(120~150A)을 사용하는 것이 원칙이며, 중간 이음없이 한번으로 완성할 수 있다.

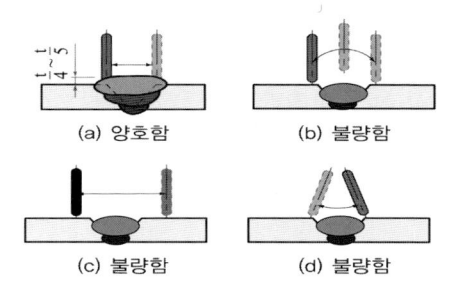

그림 2-9 | 표면 비드 운봉법 양·부

자세를 바르게 잡고 t6과 같은 방법으로 개선면 끝 모서리에서 모서리까지 비드를 놓는다. [그림 2-9 참조]

이 때 표면 비드는 모재 표면보다 약 2mm 정도 높게 쌓는다.(표면 비드 높이가 모재 높이보다 낮거나 5mm 이상 높으면 안된다.)

마. 검사 및 반복 실습하기

용접이 완료되면 용접부를 깨끗이 청소한 후 비드의 미려도, 파형, 높이, 결함(언더컷, 오버랩, 백비드 용입상태, 기공 등)을 검사한 후 잘못된 점을 시정하려고 노력하며 반복 실습한다.

자격시험 기준은 산업현장의 기준하고 상당한 차이가 있으나 자격시험을 준비하는 경우는 '❻항' 기준에 맞추어 실습한다.

6 검사, 평가하기 (자격시험 기준)

가. 외관 검사

맞대기 용접 상태가 다음 항목 중 하나라도 해당되면(이상이 있으면) 평가에서 제외하며, 이상이 없으면 굴곡 시험 평가를 한다.

① 도면의 지시대로 가용접되지 않은 경우, 전진법이나 후진법 혼용, 상진법과 하진법 혼용한 경우
② 10°이상 변형인 경우
③ 비드 높이가 판두께보다 낮은 경우,(시점, 종점을 제외한 부분이 0mm 이하인 경우) 또는 표면 이면 비드 높이가 5mm 이상인 경우
④ 맞대기용접 시험편의 이면 비드(시점, 이음부, 종점 포함)의 불완전 용융부가 30 mm 이상인 경우
⑤ 시험편의 용락, 언더컷, 오버랩, 기공, 비드상태 등 구조상의 결함, 용접방법 등이 검사 규정에 벗어난 경우(누가 봐도 자격 수준에 미달되는 작품인 경우)
⑥ 이면 받침판을 사용했거나, 이면비드에 보강 용접을 한 경우

나. 굴곡 시험

외관에 이상이 없으면 굴곡시험 규정대로 시험편을 채취한다.

굽힘 시험기(보통 동력 프레스)를 사용하여 가공된 시험편을 [그림 2-10]과 같이 굽힘한 후 평가 기준에 의해 평가한다.

① 시험편당 연속된 균열 3mm 이하, 작은 균열의 길이 합이 7mm 이하, 작은 기공 등이 10개 이하일 것(초과시 0점)
② 시험편 4개 중 3개 이상이 ①의 결함이 없을 것 (2개 이상이 0점이면 오작처리함)

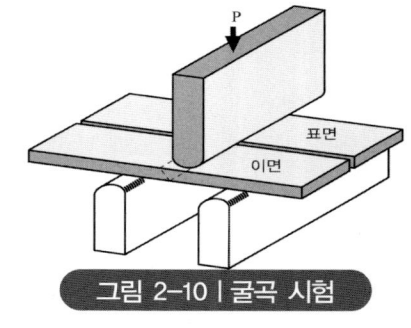

그림 2-10 | 굴곡 시험

제3절 수평 자세 V형 맞대기 피복 아크 용접

❶ 용접 준비와 모재 가공

용접 준비와 모재 가공은 '제2절 아래보기 자세 V형 맞대기 피복아크용접 ❶ 용접준비, 가. 재료 준비, 나. 공구 준비, 다. 작업 준비 ❷ 모재 가공 가. 루트면 가공'과 같이 하면 된다.

❷ 모재 가용접(tack welding) 및 역변형 주기

가접법이나 역변형을 주는 방법도 '제2절 아래보기 자세 V형 맞대기 피복아크용접 ❸ 가. 전류 조절, 나. 루트간격 조절, 다. 가용접(가접) 및 역변형 주기'와 같이 하면 된다.

❸ t6.0 연강판 수평 V형 맞대기

가. 모재 고정

가접된 모재를 용접 지그에 모재가 수직이며 용접선이 수평이 되게 작업하기 편한 높이로 고정한다.

이 때 루트간격이 좁은 쪽이 왼쪽이 되게 하며 용접선의 높이가 가슴 정도가 적당하다. 모재를 단단하게 고정하여 작업 중 움직이거나 떨어지지 않도록 해야 된다.

나. 1층(이면, back) 비드놓기

1) 1층 1/2 비드놓기

용접을 하려면 우선 전류를 맞추어야 된다. 이면 비드 전류를 아래보기 자세 전류와 같이 조절한다.

적정 전류는 모재의 홈각도, 루트면의 두께, 루트간격, 그리고 아크길이, 용접 속도 등에 따라 다르므로 적정 전류를 정하기 어려우나 일반적으로 80~95A(ϕ3.2 용접봉 사용시) 정도로 조절하면 무난하다.

모재에 대하여 몸의 각도를 20~30° 정도 우측으로 틀어 작업하기 편한 자세로 앉아 홀더를 잡는다.

용접봉 끝을 모재의 좌측 끝으로 옮긴 후 헬멧을 쓰고 아크를 발생하여 아크를 안정시키며 개선 홈 안쪽으로 봉을 밀어 넣는다.

작업각과 진행각은 75~85°를 유지한다.[그림 3-1 참조]

키홀이 생길 때까지 천천히 우진하다가 키홀(key hole)이 형성되면 바로 상하 루트면과 루트면 사이를 이전 용착부와 약 1/3 정도 겹치면서 키홀이 일정하도록 [그림 3-2 참조] 위빙하며 중심 표시 부분까지 우진한 후 중심부에서 아크를 끊는다.

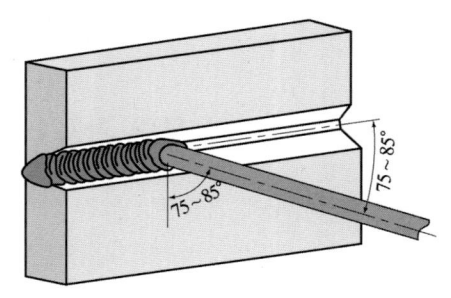

그림 3-1 | 수평 자세 작업각과 진행각

2) 이면 비드 잇기

아크가 끝난 부분을 깨끗이 청소하고 새 용접봉을 홀더에 물리고 이음부의 주위에서 아크를 발생하여 아크길이를 좀 길게 하면서 이음부의 위치를 확인하고 빨리 이음부로 옮긴다.

용접봉을 홈 안으로 서서히 밀어 넣으며 아크를 안정시키며 약 5~10mm 정도는 위빙없이 좀 느린 속도로 우진하여 키홀이 형성되면 위빙하면서 키홀의 크기를 일정하게 유지하며 용접부 끝까지 우진한다.

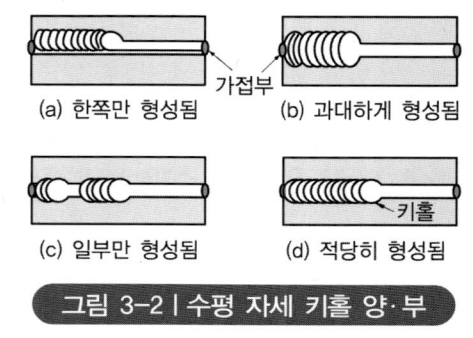

그림 3-2 | 수평 자세 키홀 양·부

1층 이면 비드는 모재 표면보다 1~1.5mm 정도 낮게 놓은 후 용접선 끝의 1~2mm 부분에서 크레이터 처리를 한다.

용접이 끝나면 용접부의 슬래그 및 스패터 등을 깨끗이 제거한다.

다. 2층(표면) 비드놓기

1) 2층 1패스 놓기

수평 자세 표면 비드는 겹치기 좁은 비드로 2패스로 완성한다. 전류는 1층보다 다소 높게 110~140A(ϕ3.2를 사용할 경우)로 조절한다.

자세를 바로 잡고 하단 모재의 왼쪽 끝 모서리와 1층 비드의 경계선에서 아크를 발생하여 아크를 안정시킨 후 위빙없이 좁은 비드로 용접선 끝까지 진행한다.

이 때 작업각과 진행각을 일정하게 유지하며 하단 모재의 개선 모서리 선에 용접봉의 하단~1/4 정도가 겹치도록 하며 진행한다.

이 때 전진법과 후진법을 혼용하면 안된다.

용접이 끝나면 깨끗이 청소한다.

2) 2층 2패스 놓기

상단 모재의 왼쪽 끝 모서리에서 아크를 발생하여 아크를 안정시킨 후 상단 모재의 개선 모서리 선에 용접봉 중심의 1/2 정도가 겹치도록 하며 용접선 끝까지 진행하고 우측 끝부분에서 크레이터 처리를 한다.

표면 비드는 모재 표면보다 약 2mm 정도 높게 쌓아야 된다.(자격시험에서 모재 표면보다 낮거나(0mm, 5mm 이상 높으면 안됨)

용접 후 용접부를 깨끗이 청소한다. [그림 3-3 참조]

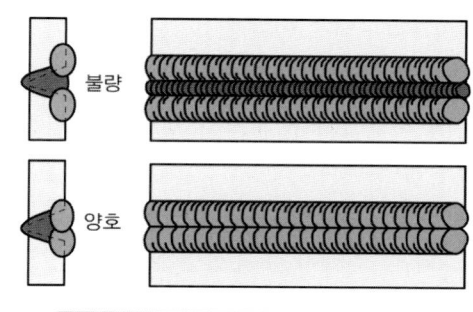

그림 3-3 | 표면 비드놓기 양·부

❹ t9.0 연강판 수평 V형 맞대기

가. 1층(이면, back) 비드놓기

t9 모재의 이면 비드놓는 법은 t6 모재와 동일하게 실시하면 된다.

다만 판두께가 3mm 정도 더 두껍기 때문에 t6의 모재는 2층으로 완성했지만 t9 모재는 3층으로 완성하는 것이 일반적이다.

따라서 1층(이면) 비드는 모재 두께의 약 1/2 정도 높이로 쌓는 것이 적당하다.

나. 2층 비드놓기

2층 비드는 모재 표면보다 1~1.5mm 정도 낮게 채워지게 쌓는 것이 중요하다. 이 때 전류는 표면 비드보다 다소 높게 조절하는 것이 일반적이다.

1) 2층 1 패스 비드놓기

모재의 왼쪽 끝 시작점에서 아크를 발생하여 용접봉 끝의 중심을 1층 비드의 하단 개선면과의 경계선에 맞춘다.

이 때 작업각은 수직선에 대하여 하단 모재와 95~110° 정도 되게 진행각은 75~85°로 유지한다. [그림 3-4 (a) 참조]

직선(좁은) 비드로 모재 끝까지 진행하며, 모재 표면보다 1~1.5mm 정도 낮게 채워지게 한다. 개선면의 상부 모서리가 녹지 않게 하는 것이 좋다.

비드를 깨끗이 청소한 후 지그에 고정한다.

2) 2층 2패스 비드놓기

모재 왼쪽 끝에서 아크를 발생하여 용접봉 끝의 하단을 1층 비드의 상단 개선면과의 경계선에 맞춘다.

이 때 작업각은 수직선에 대하여 75~85° 정도 되게, 진행각은 용접선에 대하여 75~85°로 유지한다.

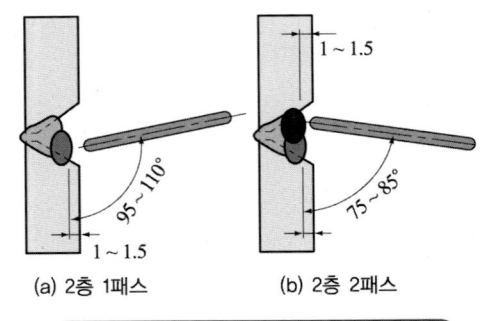

그림 3-4 | 2층 비드놓기 작업각

직선(좁은) 비드로 모재 끝까지 진행한다. 이 때 모재 표면보다 1~1.5mm 정도 낮게 채워지게 한다. 개선면의 상부 모서리가 녹지 않게 하는 것이 좋다.(개선 상부 모서리는 표면 비드놓기의 기준선이 됨)

비드를 깨끗이 청소한 후 지그에 고정한다.

다. 3층(표면) 비드놓기

1) 3층 1패스 비드놓기

t9의 모재의 수평 표면 비드는 좁은 비드 겹치기 3패스로 완성한다. 전류는 2층보다 다소 낮추는 것이 좋다.

특히 맨 위의 패스는 모재를 식히거나 전류를 낮추어서 비드를 놓아 언더컷을 방지해야 된다.

하단 모재의 왼쪽 끝에서 아크를 발생하여 아크를 안정시킨 후 하단 모재의 개선 모서리선에 용접봉의 하단이 1/4 정도 겹치도록 하며 일직선으로 우측 끝까지 진행한다.

이 때 작업각은 수직선에 대하여 하단 모재와 95~110°, 진행각은 75~85°를 유지하며 진행한다. [그림 3-5 (a) 참조]

우측 끝부분에서 크레이터 처리를 한다.

2) 3층 2패스 비드놓기

모재의 왼쪽 끝에서 아크를 발생하여 표면 1패스 비드와 1층 비드의 경계선에 용접봉 하단이 오도록 하여 작업각은 수직선에 대하여 하단 모재와 85~90°, 진행각은 75~85°를 유지하며 진행한다. [그림 3-5 (b) 참조]

우측 끝부분에서 크레이터 처리를 한다.

3) 3층 3패스 비드놓기

상단 모재의 왼쪽 끝에서 아크를 발생하여 상단 모재의 개선 모서리 선에 용접봉 중심의 1/3 정도가 겹치도록 하며 진행한다. 이 때 작업각과 진행각은 75~85°를 유지한다. [그림 3-5 (c) 참조]

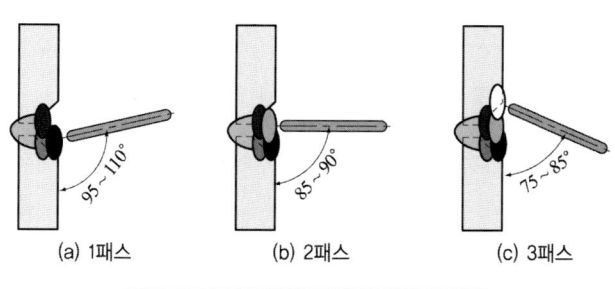

그림 3-5 | 3층 비드놓기 작업각

표면 비드는 모재 표면보다 약 2mm 정도 높게 쌓는다.(표면 비드 높이가 모재 높이보다 낮거나 5mm 이상 높으면 안된다.) 용접이 끝날 때 마다 용접부를 깨끗이 청소한다.

라. 검사 및 정리하기

표면 비드놓기가 끝나면 용접부의 슬래그와 스패터를 깨끗이 청소한 후 용접 상태(표면 비드 미려도, 폭, 높이, 시점과 종점 처리상태, 이음부 상태, 이면비드 돌출상태 등)를 검사한다.
- 잘못된 점을 시정하려고 노력하며, 반복 실습한다.
- 실습이 끝나면 전원을 차단하고, 주위를 깨끗이 잘 정리 정돈한다.
- 자격시험 검사 기준은 '제2절 아래보기 자세 V형 맞대기 ❻'항을 참조한다.

제4절 ▶ 수직 자세 V형 맞대기 피복 아크 용접

❶ 용접 준비와 모재 가공

용접 준비와 모재 가공은 '제2절 아래보기 자세 V형 맞대기 피복아크용접 ❶ 용접준비, 가. 재료 준비, 나. 공구 준비, 다. 작업 준비 ❷ 모재 가공 가. 루트면 가공'과 같이 하면 된다.

❷ 모재 가용접(tack welding) 및 역변형 주기

가접법이나 역변형을 주는 방법도 '제2절 아래보기 자세 V형 맞대기 피복아크용접 ❸ 가. 전류 조절, 나. 루트간격 조절, 다. 가용접(가접) 및 역변형 주기'와 같이 하면 된다.

❸ t6.0 연강판 수직 V형 맞대기

가. 모재 고정

가접된 모재를 용접 지그에 용접선이 수직이 되게 작업하기 편한 높이로 고정한다. 이 때 루트간격이 좁은 쪽이 아래가 되게 하며 상부의 높이가 가슴 정도가 적당하다.

모재를 단단하게 고정하여 작업 중 움직이거나 떨어지지 않도록 해야 된다.

나. 1층(이면, back) 비드를 놓기

1) 1층 1/2 비드놓기

이면 비드놓기는 맞대기 용접 중 가장 중요한 용접이며, 고난도의 기술을 요한다.

적당한 전류와 정교한 위빙으로 키홀을 형성하며 모재 표면보다 1~1.5mm 정도 낮게 쌓는 것이 중요하다.

용접을 하려면 우선 전류를 맞추어야 된다. 백 비드 전류를 아래보기 자세보다 다소 낮게, 75~90A 정도(φ3.2 용접봉 사용시)로 조절한 다음 용접봉을 홀더의 손잡이와 135° 되게 물린다.

모재 앞에 작업하기 편한 자세로 앉는다. 이 때 몸과 모재와의 각도는 20~30° 정도 우측으로 틀어 앉아 홀더를 잡는다.

용접봉 끝을 모재의 하단 끝으로 옮긴 후 헬멧을 쓰고 아크를 발생하여 아크를 안정시키며 개선 홈 안쪽으로 봉을 밀어 넣는다.

작업각은 90°, 진행 반대각은 75~85°를 유지한다.[그림 4-1 참조]

키홀이 생길 때까지 좌우로 움직이지 말고 매우 천천히 상진(약 5mm 정도)하다가 키홀(key hole)이 형성되면 바로 루트면과 루트면 사이를 이전 용착부와 약 1/3 정도 겹치면서 키홀

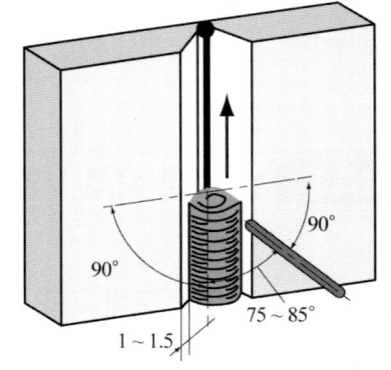

그림 4-1 | 수직 자세 작업각과 진행 반대각

이 일정하도록 위빙하며 중심 표시 부분까지 상진한 후 중심부에서 아크를 끊는다.

2) 이면(back) 비드 잇기

아크가 끝난 부분을 깨끗이 청소하고 홀더에 새 용접봉을 물려 이음부의 주위에서 아크를 발생하여 아크길이를 좀 길게 하면서 이음부의 위치를 확인하고 빨리 이음부 상단으로 옮긴다.

용접봉을 홈 안으로 서서히 밀어 넣으며 아크를 안정시킨 후 약 5~10mm 정도는 좌우로 움직이지 말고 좀 느린 속도로 상진하여 키홀이 형성되면 키홀의 크기를 일정하게 유지하며 위빙 방법에 의해 끝까지 상진한다.

1층 백 비드는 모재 표면보다 1~1.5mm 정도 낮게 놓는다.

3) 크레이터 처리 및 청소하기

용접선 끝의 1~2mm 부분에서 아크를 잠시 끊었다 다시 발생하였다 하면서 2~3회 크레이터 처리를 한다.

용접이 끝나면 용접부의 슬래그 및 스패터 등을 깨끗이 제거한다.

다. 표면(2층) 비드놓기

1) 표면 1/2 비드놓기

표면 비드는 외관이므로 외관의 비드 모양을 보고 양·부를 판단하는 중요한 부분이다. 그리고 언더컷이나 처짐, 오버랩 등이 쉽게 발생될 수 있어 위빙 끝 부분의 약간 멈춤과 일정한 위빙 폭과 피치로 위빙하는 것이 필요하다.

우선 모재를 작업하기 편한 높이로 고정한 후 전류를 100~130A(ϕ3.2를 사용할 경우)로 조절한다.

자세를 바로 잡고 용접봉을 1층 비드의 하단 왼쪽 부근으로 옮긴 후 헬멧을 쓰고 아크를 발생하여 아크 빛으로 모재 하단의 모서리 부분으로 옮겨 아크를 안정시킨다.

아크가 안정되면 다음 모서리까지 약간 천천히 움직여 충분하게 용융되었을 때 위빙하며 상진한다. 위빙 폭은 개선면 상부 좌우 모서리에 용접봉 끝의 1/3~1/2 정도가 오도록 실시한다.

Ø4 용접봉(110~140A) 사용시는 중간 부분을 끊지 않아도 용접선 끝까지 비드를 놓을 수 있으며, 2층 이상은 Ø4 봉을 사용하는 것이 원칙이다.

위빙할 때 비드의 양 끝에서 약 0.5~1초 정도 멈추는 듯 하여 언더컷이 생기지 않게 한다.

용접이 끝나면 용접부 끝부분을 깨끗이 청소한다.

2) 표면 비드 잇기

용접봉 1개로 용접부 전체를 다 용착시킬 수 없을 때는 용접부 전체 길이의 중심에서 아크를 끊는다.

왜냐 하면 시점과 종점, 중심 부분은 10mm 정도는 제거되고 그 다음부터 약 38mm 부분은 굴곡 시험편 부분이 되므로 그 부분에서는 아크가 끊어지거나 비드 잇는 부분이 되어서는 안되기 때문이다.

비드를 이을 때 홀더에 새 용접봉을 물린 후 잇는 부근에서 아크를 발생하여 아크를 안정시킨 후 용접부 끝까지 위빙하여 진행한다.

이 때 상진법과 하진법 또는 상하를 바꾸어 2층이나 3층을 쌓으면 안된다.

표면 비드 높이가 모재 높이보다 낮거나 5mm 이상 높지 않게 쌓는다.

표면 비드 높이는 모재 표면보다 약 2mm 정도 높게 쌓는다. [그림 4-2 참조]

3) 크레이터 처리 및 청소하기

용접부 끝 1~2mm 부분에서 크레이터 처리를 한 후 용접부를 깨끗이 청소한다.

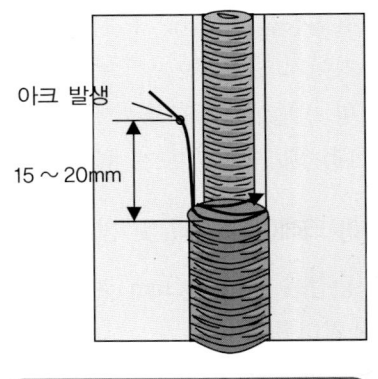

그림 4-2 | 수직 비드 잇는 법

④ t9.0 연강판 수직 V형 맞대기

가. 1층(이면, back) 비드놓기

t9 모재의 이면 비드놓는 법은 t6 모재와 동일하게 실시하면 된다. 다만 판두께가 3mm 정도 더 두껍기 때문에 전류를 약간 높여주거나 루트면을 얇게 해줄 필요가 있으며, t6의 모재는 2층으로 완성했지만 t9 모재는 3층으로 완성하는 것이 일반적이다.

따라서 1층(백) 비드는 모재 두께의 약 1/2 정도 높이로 쌓는 것이 적당하다.

나. 2층 비드놓기

2층 비드는 모재 표면보다 1~1.5mm 정도 낮게 채워지게 쌓는 것이 중요하다.

이 때 전류는 표면 비드보다 다소 높게 조절하여 쌓으면 1층과 용착도 잘 되지만 1층에 잔류할 수 있는 불순물이나 슬래그 등을 떠오르게 하는데 효과가 있다. [그림 4-3 참조]

2층 비드도 중심부에서 아크를 끊은 후 새 용접봉으로 비드를 잇기하여 2회로 완성한다.

이 때 개선면의 상부 모서리가 녹지 않게 하는 것이 좋다.(용접봉 끝이 모재 표면보다 높

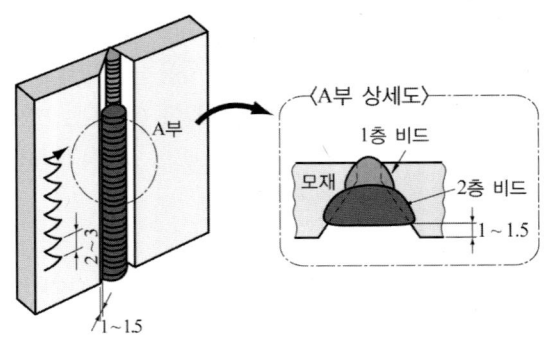

그림 4-3 | 수직 비드 2층 비드 높이

으면 개선 끝 모서리가 녹게 됨)

이 때 상진법과 하진법을 혼용하거나 상과 하를 바꾸어 2층이나 3층을 쌓으면 안된다.

Ø4 용접봉 사용시는 표면 비드를 끊지 않아도 용접선 끝까지 비드를 놓을 수 있으며, 2층 이상은 Ø4 봉을 사용하는 것이 원칙이다.

용접이 끝나면 다음 층의 비드를 놓기 전에 비드를 깨끗이 청소해야 된다.

다. 표면 비드놓기

표면 비드는 t6 모재의 표면 비드놓기와 같은 방법으로 쌓는다. 따라서 개선면 상부의 모서리와 모서리 사이를 용접봉의 1/2~1/3 정도가 겹치도록 운봉하며, 운봉 끝부분에서 약간씩 멈춤을 실시하여 언더컷 등이 발생하지 않게 하여야 된다.

표면 비드도 2회로 나누어서 완성한다.

이 때 Ø4 용접봉 사용시는 표면 비드를 끊지 않아도 용접선 끝까지 비드를 놓을 수 있으며, 2층 이상은 Ø4 봉을 사용하는 것이 원칙이다.

표면 비드는 모재 표면보다 약 2mm 정도 높게 쌓고, 크레이터 처리를 한 후 아크를 끊은 후 용접부를 깨끗이 청소한다.(표면 비드 높이가 모재 높이보다 낮거나 5mm 이상 높으면 안 된다.)

❺ 검사, 평가하기(자격시험 평가 기준)

표면 비드놓기가 끝나면 용접부의 슬래그와 스패터를 깨끗이 청소한 후 용접 상태(표면 비드 미려도, 폭, 높이, 시점과 종점 처리상태, 이음부 상태, 이면비드 돌출상태 등을 검사한다.

제5절 ▶ 위보기 자세 V형 맞대기 피복 아크 용접

❶ 용접 준비와 모재 가공

용접 준비와 모재 가공은 '제2절 아래보기 자세 V형 맞대기 피복아크용접 ❶ 용접준비, 가. 재료 준비, 나. 공구 준비, 다. 작업 준비 ❷ 모재 가공 가. 루트면 가공'과 같이 하면 된다.

❷ 모재 가용접(tack welding) 및 역변형 주기

가접법이나 역변형을 주는 방법도 '제2절 아래보기 자세 V형 맞대기 피복아크용접 ❸ 가. 전류 조절, 나. 루트간격 조절, 다. 가용접(가접) 및 역변형 주기'와 같이 하면 된다.

위보기 맞대기용접을 위한 가접할 때 특히 주의해야 할 것은 가용접 부위가 홈 쪽으로 돌출되지 않도록 해야 된다.

가용접 부위가 홈 쪽으로 돌출되거나 스패터가 심하게 부착되어 있으면 이면 비드를 놓기 위해 아크를 안정시키기가 매우 어려우므로 줄작업이나 정작업, 연삭 등으로 평탄하게 가공해야 된다. [그림 5-1 (b) 참조]

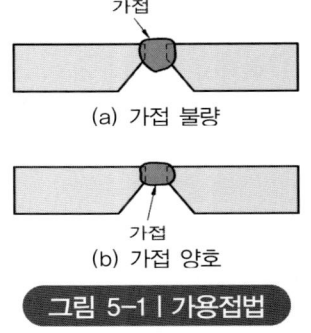

그림 5-1 | 가용접법

❸ t6.0 연강판 위보기 V형 맞대기 피복 아크용접하기

가. 모재 고정

가용접된 모재의 홈 부분이 아래가 되며 용접선이 전후(또는 좌우)가 되게 작업하기 편한 높이로 단단하게 고정한다.

보통 머리보다 10cm 정도 높게 하는 것이 좋다. 이 때 루트 간격이 좁은 쪽이 용접 시작 부분이 되게 한다.

나. 1층(이면, back) 비드를 놓기

1) 1층 1/2 비드놓기

전류를 수직 자세와 비슷하게 80~95A(ϕ3.2 용접봉 사용시) 정도로 조절한다. 용접봉은 홀더의 앞부분에 홀더와 일직선이 되게 물린다.

모재 앞에 작업하기 편한 자세로 앉아 용접봉을 시작점 가까이 옮긴 후 헬멧을 쓰고 모재의 시작점 부근에서 아크를 발생하여 아크를 안정시키며 개선 홈 안쪽으로 봉을 밀어 넣는다.

이 때 바로 용접봉을 좌우로 움직이면 달라붙을 염려가 있으므로 위빙없이 천천히 진행하여 아크 안정에 최선을 다한다.

작업각은 90°, 진행각은 용접선에 대하여 75~85° 정도로 유지하여 진행하며 키홀(key hole)이 형성되면 바로 루트면과 루트면 사이를 이전 용착부와 약 1/3 정도 겹치면서 키홀이 일정하도록 위빙하며 중심 표시 부분까지 진행한 후 중심부에서 아크를 끊는다.

위보기 자세는 비드가 처져서 볼록 비드가 되기 쉬우므로 위빙의 양끝은 느리게 중심부는 빠르게 움직여서 비드 모양이 평면 또는 약간 볼록형이 되도록 위빙하여야 된다.

아크가 끝난 부분을 깨끗이 청소한 후 다시 지그에 고정한다.

2) 비드 잇기

새 용접봉을 홀더에 물리고 이음부의 주위에서 아크를 발생하여 아크 길이를 좀 길게 하면서 이음부의 위치를 확인하고 빨리 이음부 쪽으로 옮긴다.

봉을 좌우로 움직이지 말고 홈 안으로 서서히 밀어 넣으며 아크를 안정시킨다.

아크가 안정되면 이전 비드놓는 법과 동일하게 용접선 끝까지 진행한다. 이때 모재 표면보다 1~1.5mm 정도 낮게 1층 비드를 놓는다.

모재 끝의 1~2mm 부분에서 크레이터 처리를 한 후 용접부의 슬래그 및 스패터 등을 깨끗이 제거한다. 혹시 용입이 안되어 슬래그가 혼입된 경우 가는 송곳이나 좁은 정 같은 것으로 완전 제거하고 높낮이가 큰 경우 전류를 높게 하여 평탄 작업을 한 후에 2층 비드를 놓아야 된다.

다. 2층(표면) 비드놓기

1) 2층 1/2 비드놓기

전류를 110~130A(ϕ3.2를 사용할 경우)로 조절하고 용접봉을 홀더의 앞부분에 홀더와 일직선이 되게 물린다.

시작 부분의 개선면 위의 한쪽 모서리에서 아크를 발생하여 아크를 안정시키며 다음 모서리까지 약간 천천히 움직인다.

아크가 안정되면 개선면 상부 모서리에서 모서리까지 위빙하며 진행한다.

이 때 용접봉 끝의 1/3~1/4 정도가 개선면 모서리에 위치하도록 한다.

위빙할 때 비드의 양 끝에서 약 0.5~1초 정도 멈추는 듯 하여 언더컷이 생기지 않게 한다.

용접 전체 길이의 중심 부분에서 아크를 끊고 비드 끝부분을 깨끗이 청소한다.

2) 2층 비드 잇기

홀더에 새 용접봉을 물린 후 이음부 주위에서 아크를 발생하여 비드 잇는 방법과 같이 비드를 놓아 용접부 끝까지 위빙하여 진행한 후 끝 부분에서 크레이터 처리한다.

표면 비드는 모재 표면보다 약 2mm 정도 높게 쌓는다. 용접이 끝나면 용접부를 깨끗이 청소한다. ϕ4.0 용접봉을 사용할 경우는 비드 잇기를 하지 않아도 된다.

④ t9.0 연강판 위보기 V형 맞대기 피복 아크용접하기

가. 1층(이면) 비드놓기

t9 모재의 이면 비드놓는 법은 t6 모재와 동일하게 실시하면 된다. 다만 판두께가 3mm 정도 더 두껍기 때문에 전류를 약간 높여주거나 루트면을 얇게 해줄 필요가 있으며, t6의 모재는 2층으로 완성했지만 t9 모재는 3층으로 완성하는 것이 일반적이다.

따라서 1층(이면) 비드는 모재 두께의 약 1/2 정도 높이로 쌓는 것이 적당하다.

나. 2층 비드놓기

2층 비드놓기의 운봉각은 [그림 5-2]와 같이 유지하며 모재 표면보다 1~1.5mm 정도 낮게 채워지게 쌓는다. 이때 전류는 표면 비드보다 다소 높게 조절하여 쌓으면 1층과 용착도 잘 되지만 1층에 잔류할 수 있는 불순물이나 슬래그 등을 떠오르게 하는데 효과가 있다.

비드가 쳐지지 않도록 운봉을 잘해야 되며 2층 비드가 모재 표면보다 높아지거나 2층 비드놓기 중 개선면의 모서리가 용융되지 않도록 해야 된다.

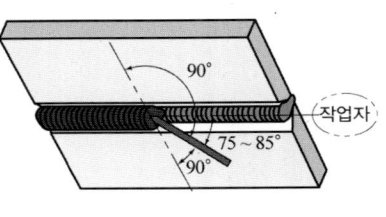

그림 5-2 | 작업각과 진행각

2층 비드도 중심부에서 아크를 끊은 후 새 용접봉으로 비드를 잇기하여 2회로 완성한다.(ϕ 3.2 용접봉 사용시) 용접이 끝나면 다음 층의 비드를 놓기 전에 비드를 깨끗이 청소해야 된다.

다. 3층(표면) 비드놓기

1) 3층 1/2 비드놓기

표면 비드는 t6 모재의 표면 비드놓기와 같은 방법으로 쌓는다.

따라서 개선면 상부의 모서리와 모서리 사이를 용접봉의 1/4~1/3 정도가 겹치며, 진행각과 작업각이 일정하도록 운봉하며, 운봉 끝 부분에서 약간씩 멈춤을 실시하여 언더컷 등이 발생하지 않게 하여야 된다. [그림 5-3 참조]

용접부 중심부에서 아크를 끊고 이음부를 깨끗이 청소한다.

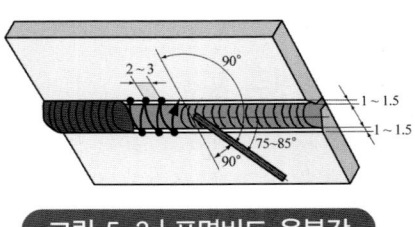

그림 5-3 | 표면비드 운봉각

2) 3층 비드 잇기

새 용접봉을 갈아 끼우고 비드 이음부 근처에 용접봉 끝을 이동시킨 후 헬멧을 쓰고 아크를 발생하여 이음부로 옮겨 아크를 안정시킨 다음 모재 표면에 밀착하듯 위빙하여 용접선 끝까지 진행한다.

표면 비드는 모재 표면보다 약 2mm 정도 높게 쌓고, 크레이터 처리를 한 후 아크를 끊은 후 용접부를 깨끗이 청소한다.

라. 검사 및 정리하기

표면 비드놓기가 끝나면 용접부의 슬래그와 스패터를 깨끗이 청소한 후 용접 상태(표면 비드 미려도, 폭, 높이, 시점과 종점 처리상태, 이음부 상태, 이면비드 돌출상태 등)을 검사한다.

- 잘못된 점을 시정하려고 노력하며, 반복 실습한다.
- 실습이 끝나면 전원을 차단하고, 주위를 깨끗이 잘 정리 정돈한다.
- 자격시험 검사 기준은 '제2절 아래보기 자세 V형 맞대기 ❻'항을 참조한다.
- 잘못된 점을 시정하려고 노력하며, 반복 실습한다.
- 실습이 끝나면 전원을 차단하고, 주위를 깨끗이 잘 정리 정돈한다.
- 자격시험검사 기준은 '제2절 아래보기자세 V형 맞대기 피복아크용접 ❻'항을 참조한다.

이산화탄소가스아크용접

제1절 FCAW V형 맞대기 CO_2 용접

1 플럭스 코어드(복합) 와이어

플럭스 코어드 와이어는 복합 와이어라고도 하며, 단일 인접형(NCG법)과 이중 굽힘형(아코스 아크법, Y관상 와이어, S관상 와이어)가 있다. [그림 1-1 (a) 참조]

솔리드 와이어는 와이어 전체가 강선이므로 용융 시 전체가 용융 금속이 되므로 용착 효율이 높다.

솔리드 와이어 중 연강 및 50kgf급 CO^2 용접에는 YGW11~14, 60kgf급은 YGW21~22이, MAG 용접용에는 YGW15~17(연강 및 50kgf급), 23~24(60kgf급)이 사용된다.

플럭스 코어드(복합) 와이어는 얇은 강판에 용제(flux)를 넣으면서 정교하게 말아놓은 것으로 생산시

(a) 플럭스 와이어 (b) 솔리드 와이어

그림 1-1 | 용접 와이어의 종류

진공 밀봉하여 출하되고 있으며, 와이어를 개봉을 하면 흡습하기 쉬우며, 건조가 어려우므로, 2~3일 이내에 사용하는 것이 좋다.

플럭스 코어드 와이어는 용제가 와이어 전 중량의 약 20~25% 정도 차지하므로 와이어 전체가 용융 금속이 되지 않아 용착 효율이 솔리드 와이어에 비해 낮으며, 용접 후 슬래그가 생성되므로 슬래그 제거가 필요하다.

연강 및 50kgf급 고장력강용 플럭스 코어드 와이어는 YFW 22~24가 주로 사용된다.

와이어 굵기는 ϕ0.8~3.2가 있으며 ϕ0.8~1.6은 세경 와이어, ϕ2.4~3.2는 태경 와이어라고 하는데 요즘은 태경 와이어 사용이 줄어들고 있다.

표 1-1 와이어 종류에 따른 특성 비교

솔리드(실체) 와이어	와이어 종류	플럭스 코드(복합) 와이어	
외관 동(구리) 도금	형상	내부는 플럭스, 외피는 강재	
0.8, 0.9, 1.0, 1.2, 1.4, 1.6	치수(mm)	1.2, 1.4, 1.6, 2.0	2.4, 3.2
CO_2, CO_2+Ar = MAG	실드가스 종류	CO_2	CO_2, NON gas
약간 많음. MAG는 적음	스패터 정도	적음	약간 적음
단락형 : 적음, 대전류 : 깊음	용입깊이 정도	중간	약간 얕음
적음	슬래그 발생량	많음	많음
100(ϕ1.6, 400A의 경우)	용접속도(g/min)	120 (ϕ1.6, 400A의 경우)	105 (ϕ1.6, 400A의 경우)
90~95	용착 효율(%)	75~80	75~80
보통	비드 외관	미려함	보통

❷ 뒷댐판 재료

용접부는 모재와 용접봉이 용융되어 두 모재간 빈 공간을 매꾸어준 곳으로 고온으로 상승된 곳이며 공기와 접촉하게 되면 조직 불량이 발생할 우려가 있다.

따라서 용접 후 연삭을 할 수 있다면 관계없으나 연삭을 할 수 없는 곳이거나 연삭을 하지 않아도 될 곳이라면 연삭 하는데 시간과 인건비를 소모할 필요가 없으나 고온에서 공기와의 접촉을 막을 필요는 있으며, 이 때 사용되는 것이 뒷댐판이다.

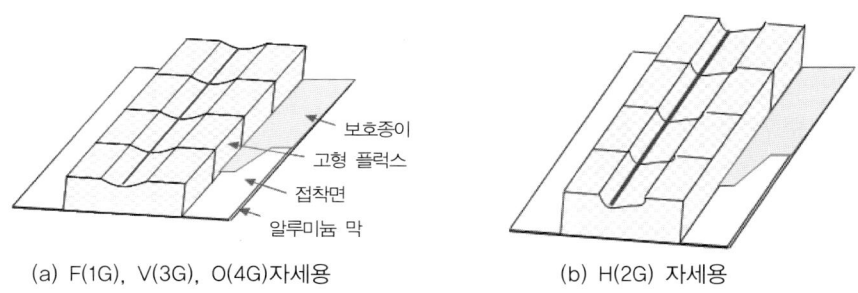

(a) F(1G), V(3G), O(4G)자세용   (b) H(2G) 자세용

그림 1-2 | 세라믹 뒷댐판의 형상

뒷댐판의 종류는 구리, 글라스 테이프, 세라믹 제품이 있으며 요즘은 세라믹제가 가장 많이 사용된다. 세라믹재는 용도에 따라 아래보기, 수직, 위보기용과 수평용이 있다. [그림 1-2 참조]

특히 후락스 코드 와이어를 사용하여 이면(back) 비드 용접을 할 때 뒷면에 뒷댐재(backing up)를 부착하고 한쪽 면에서 용접하면 양호한 이면 비드를 얻을 수 있으며, 용접 시간이 단축되고 대기로부터의 오염이나 산화를 방지할 수 있다.

❸ 아래보기자세 연강판 V형 맞대기 용접(세라믹 백판 부착)

가. 용접 준비 및 가접, 역변형

1) 일반 준비

모재는 연강판 t9.0×125×150 한쪽 개선(150mm 부분 개선 가공, 개선각 약 30°) 2매, 플럭스 코어드 와이어 Ø1.2, 세라믹 백킹제(약 150mm) 수직용, 수평용 각각 1개를 준비하며, 다른 준비는 솔리드 와이어를 사용할 때의 V형 맞대기 용접과 같이한다.

2) 가용접

가용접법은 개선 가공된 부분이 위로 향하도록 수평판에 엇갈리지 않게 놓고 루트 간격을 약 4~5mm(5mm 이하) 띄운 후 양 끝에 가용접한다. 이 때 가용접부가 뒷면으로 돌출되지 않도록 해야 되며 만약 돌출된 경우 그라인더로 갈아내어 평면이 되게 한다.

3) 세라믹 부착

아래보기용(수직 공용) 세라믹판을 용접부 길이만큼 절단(1마디당 25mm)하여 부착 종이 부분을 펼쳐서 바르게 손질한 뒤 홈부분이 위로 향하게 놓고 적색 중심선이 루트 간격의 중심이 되게 맞춘 후 은박지 종이를 떼어내어 밀착시킨 후 위치가 잘 맞는가 확인, 교정한 후 완전하게 밀착시킨다.

나. 아래보기 맞대기 용접

1) 모재 고정

가접된 모재의 용접선이 좌우가 되며 홈이 위로 향하도록 아래보기 자세로 놓는다.

2) 1층 이면(back) 비드놓기

이면 비드 전류를 130~150A, 전압은 21~23V로 조정한다.

자세를 바로 잡고 토치의 와이어 끝을 왼쪽 가접부 끝에 대고 토치 스위치를 눌러 아크를 안정시킨 후 루트면과 루트면 간격 사이에서 이전 비드를 최소 1.5mm 이상 겹쳐서 와이어 돌출길이는 약 15mm, 작업각은 90°, 용접 진행 방향에 대하여 60°를 유지하며 솔리드 와이어

보다 조금 느리게 촘촘하게 위빙하며 우진한다. [그림 1-3 참조]

위빙폭은 양쪽 모재의 개선 끝면을 살짝 접촉하는 정도로 하며, 세라믹 백판의 홈에 용융지를 채우는 느낌으로 위빙한다.

비드의 끝부분에서 스위치를 눌러 크레이터 처리를 한 후 종료한 다음 용접부를 깨끗이 청소하고, 슬래그 혼입 부분이 있으면 완전히 제거한다.

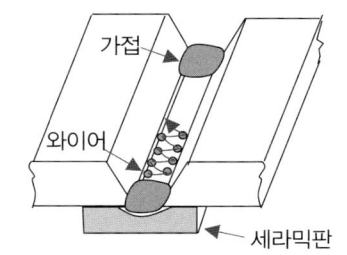

그림 1-3 | 이면비드 와이어 운봉법

3) 2층 이상의 비드를 놓는다.

1층 비드놓은 상태가 모재 표면보다 0.5~1mm 낮게 쌓인 정도이거나 3층으로 완성하기에 애매한 경우는 2층으로 완성한다.

만약 1층 비드가 모재 판두께의 1/2 정도 쌓인 경우는 3층으로 완성한다. 이 때 2층 비드는 모재 표면보다 0.5~1mm 정도 낮게 쌓이도록 위빙하여 완성한다.

2층 비드놓기가 끝나면 용접부를 깨끗이 청소한다.

3층 표면 비드는 와이어 끝의 중심이 양쪽 개선 모서리에 일치되도록 하며 일정한 피치로 위빙하여 모재 표면보다 약 2mm 정도 높게 쌓이도록 표면 비드를 놓는다.

만약 1층 비드 높이가 모재 표면과 1~2mm 깊이에 있을 경우는 바로 표면비드를 쌓는다.

다. 용접부 청소 및 검사(자격시험 기준, t6.0, t9.0 동일함)

1) 외관 검사

표면 비드놓기가 끝나면 용접부를 깨끗이 청소한 후 검사한다.

맞대기 용접 상태가 용접기능장의 수준 이하로 판단될 정도이거나, 다음 항목 중 하나라도 해당되면(이상이 있으면) 평가에서 제외하며, 이상이 없으면 굴곡 시험 평가를 한다.

① 도면의 지시대로 가용접되지 않은 경우, 전진법이나 후진법 혼용, 상진법과 하진법 혼용한 경우
② 10°이상 변형인 경우
③ 비드 높이가 판두께보다 낮은 경우,(시점, 종점을 제외한 부분이 0mm 이하인 경우) 또는 표면 이면 비드 높이가 5mm 이상인 경우
④ 맞대기용접 시험편의 이면 비드(시점, 이음부, 종점 포함)의 불완전 용융부가 20 mm 이상인 경우
⑤ 시험편의 용락, 언더컷, 오버랩, 기공, 비드상태 등 구조상의 결함, 용접방법 등이 검사

규정에 벗어난 경우(누가 봐도 수준에 미달되는 작품인 경우)
⑥ 용접시점과 종점 10mm를 제외한 용접부의 비드 높이가 모재 두께보다 낮은(0 mm 미만) 경우나, 비드 높이가 모재 두께의 50%를 초과한 경우
⑦ 위보기 자세인 경우 이면비드의 높이가 -0.5mm 초과한 경우
⑧ 이면 받침판 사용 또는 이면 비드에 보강용접을 한 경우
⑨ 비드 폭이 25 mm를 초과한 경우
⑩ 턴테이블 사용이나 스패터 방지제 등을 사용한 경우

2) 방사선(X(Υ)-ray) 검사

외관에 이상이 없으면 용접부의 양쪽에서 약 30mm를 제외한 90mm 부분에 대하여 방사선시험을 한다.

검사 결과 방사선(X(Υ)-ray) 검사에서 제1종 결함, 2종 중 1가지라도 4류인 경우 오착처리된다.

④ 수평기자세 연강판 V형 맞대기 용접(세라믹 백판 부착)

가. 용접 준비 및 가접, 역변형

1) 일반 준비

모든 준비는 아래보기 자세 V형 맞대기 용접과 같이한다.

2) 세라믹 부착

수평(2G)자세용 세라믹판을 용접부 길이만큼 절단(1마디당 25mm)하여 부착 종이 부분을 펼쳐서 바르게 손질한 뒤 깊은 홈부분이 위로 향하게 놓고 적색 중심선이 루트 간격의 2/3 위쪽으로 되게 맞춘 후 은박지 종이를 떼어내어 밀착시킨 후 위치가 잘 맞는가 확인, 교정한 후 완전하게 밀착시킨다.

3) 역변형 주기

용접부 반대편으로 약 1~2도 역변형을 준다.

나. 수평자세 맞대기 용접

1) 모재 고정

가접된 모재가 수직이며, 용접선이 좌우가 되도록 수평보기 자세로 고정한다.

2) 1층 이면(back) 비드놓기

이면 비드 전류를 130~150A, 전압은 21~23V로 조정한다.

자세를 바로 잡고 토치의 와이어 끝을 왼쪽 가접부 끝에 대고 토치 스위치를 눌러 아크를 안정시킨 후 상하 루트면과 루트면 간격 사이에서 이전 비드를 최소 1.5mm 이상 겹쳐서 와이어 돌출길이는 약 15mm, 작업각은 80~90°, 용접 진행 방향에 대하여 60~70°를 유지하며 솔리드 와이어보다 조금 느리게 촘촘하게 위빙하며 우진한다.[그림 1-4 참조]

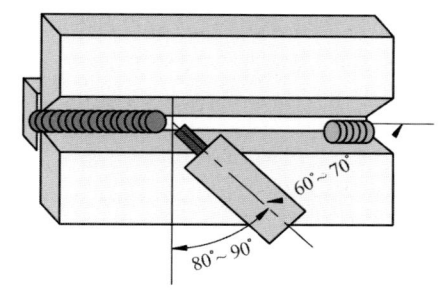

그림 1-4 | 수평 V형 맞대기 토치 유지각

비드의 끝부분에서 스위치를 눌러 크레이터 처리를 한 후 종료한 다음 용접부를 깨끗이 청소하고, 슬래그 혼입 부분이 있으면 완전히 제거한다.

3) 2층 비드를 놓는다.

1층 비드놓은 상태가 모재 표면보다 0.5~1mm 낮게 쌓인 정도이거나 3층으로 완성하기에 애매한 경우는 2층으로 완성한다.

만약 1층 비드가 모재 판두께의 1/2 정도 쌓인 경우는 3층으로 완성한다. 이 때 2층 비드는 모재 표면보다 0.5~1mm 정도 낮게 쌓이도록 좁은 비드 2줄로 완성한다.

2층 1패스는 1층 비드의 중심에서 하단 모재와의 경계선의 중간 정도에 와이어 끝을 맞춘 후 작업각 95~100°, 진행각 75~85°를 유지하며 직선 비드로 우진한다.

2층 1패스 비드가 끝나면 비드를 깨끗이 청소한 후 2층 2패스 비드를 놓는다.

2층 2패스는 1층 비드 상단과 상단 모재의 경계선의 상부에 와이어 끝을 맞춘 후 작업각 70~80°, 진행각 75~85°를 유지하며 직선 비드로 우진한다.[그림 1-5 참조]

2층 2패스 비드가 끝나면 비드를 깨끗이 청소한다.

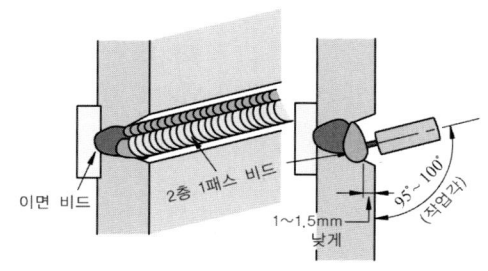

그림 1-5 | 수평자세 2층 1패스 토치작업각도

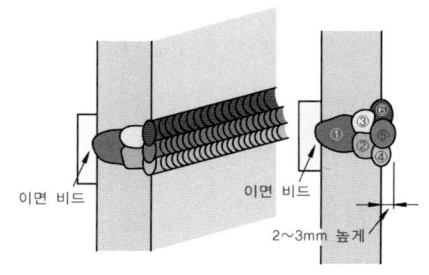

그림 1-6 | 수평자세 3층 비드놓기

4) 3층 비드를 놓는다.

3층 비드 1패스는 와이어 끝의 하단이 하단 모재의 개선 모서리 선에 일치되도록 하며 작업각 75~85°, 진행각 75~85°를 유지하며, 직선으로 우진하여 모재 표면보다 약 2mm 정도 높게 쌓이도록 표면 비드를 놓는다.

3층 2패스는 1패스 비드의 상단 경계선에 와이어 끝 하단을 일치시킨 후 하단 모재 기준 수직선에 대하여 작업각 80~90°, 진행각 75~85°를 유지하며 좁은 비드로 우진한다.

3층 3패스는 전류를 10A 정도 낮추거나 조금 냉각시킨 후 와이어 끝 하단이 상단 모재의 개선면 모서리에 일치시켜 작업각과 진행각을 75~85°를 유지하며 우진한다.[그림 1-6 참조]

5) 용접부 청소 및 검사

표면 비드놓기가 끝나면 용접부를 깨끗이 청소한 후 검사한다.

자격 시험 검사는 제2장 제1절 ❸ 다. 1), 2)와 같이 실시한다.

❺ 수직자세 연강판 V형 맞대기 용접(세라믹 백판 부착)

가. 용접 준비 및 가접, 역변형

1) 일반 준비

모든 준비는 아래보기 자세 V형 맞대기 용접과 같이한다.

2) 가 접

가접법은 개선 가공된 부분이 위로 향하도록 수평판에 엇갈리지 않게 놓고 루트 간격을 약 4~5mm 띠운 후 양 끝에 가접한다. 이 때 가접부가 뒷면으로 돌출되지 않도록 해야 되며 만약 돌출된 경우 그라인더로 갈아내어 평면이 되게 한다.

3) 세라믹 부착

세라믹판을 용접부 길이만큼 절단(1마디당 25mm)하여 부착 종이 부분을 펼쳐서 바르게 손질한 뒤 홈부분이 위로 향하게 놓고 적색 중심선이 루트 간격의 중심이 되게 맞춘 후 은박지 종이를 떼어내어 밀착시킨 후 위치가 잘 맞는가 확인, 교정한 후 완전하게 밀착시킨다.

4) 역변형 주기

용접부 반대편으로 약 1~2도 역변형을 준다.

나. 수직자세 맞대기 용접

1) 모재 고정

가접된 모재가 수직이며 용접선이 상하가 되며 홈이 앞으로 향하도록 수직자세로 지그에 고정한다.

2) 1층 이면(back) 비드놓기

이면 비드 전류를 130~150A, 전압은 21~23V로 조정한다.

자세를 바로 잡고 토치의 와이어 끝을 모재의 하단 가접부 끝에 대고 토치 스위치를 눌러 아크를 안정시킨 후 루트면과 루트면 간격 사이에서 이전 비드를 최소 1.5mm 이상 겹쳐

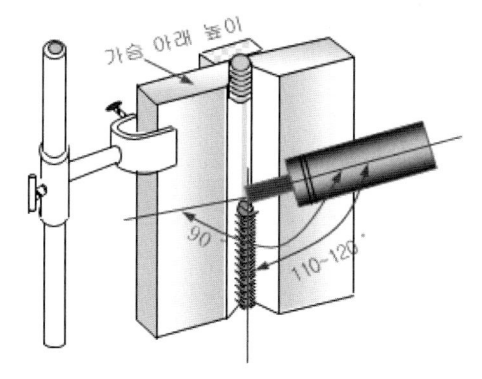

그림 1-7 | 수직자세 1층 비드놓기 토치각도

서 와이어 돌출길이는 약 15mm, 작업각은 90°, 용접 진행 반대 방향에 대하여 110~120°를 유지하며 솔리드 와이어보다 조금 느리게 촘촘하게 위빙하며 상진한다.[그림 1-7 참조]

비드의 끝부분에서 스위치를 눌러 크레이터 처리를 한 후 종료한 다음 용접부를 깨끗이 청소하고, 슬래그 혼입 부분이 있으면 완전히 제거한다.

3) 2층 이상의 비드를 놓는다.

1층 비드놓은 상태가 모재 표면보다 0.5~1mm 낮게 쌓인 정도이거나 3층으로 완성하기에 애매한 경우는 2층으로 완성한다.

만약 1층 비드가 모재 판두께의 1/2 정도 쌓인 경우는 3층으로 완성한다. 이 때 2층 비드는 모재 표면보다 0.5~1mm 정도 낮게 쌓이도록 위빙하여 완성한다. 2층 비드놓기가 끝나면 용접부를 깨끗이 청소한다.

3층 비드는 와이어 끝의 중심이 양쪽 개선 모서리에 일치되도록 하며 일정한 피치로 위빙하여 모재 표면보다 약 2mm 정도 높게 쌓이도록 표면 비드를 놓는다.

4) 용접부 청소 및 검사

표면 비드놓기가 끝나면 용접부를 깨끗이 청소한 후 검사한다.

자격 시험 검사는 제2장 제1절 ❸ 다. 1), 2)와 같이 실시한다.

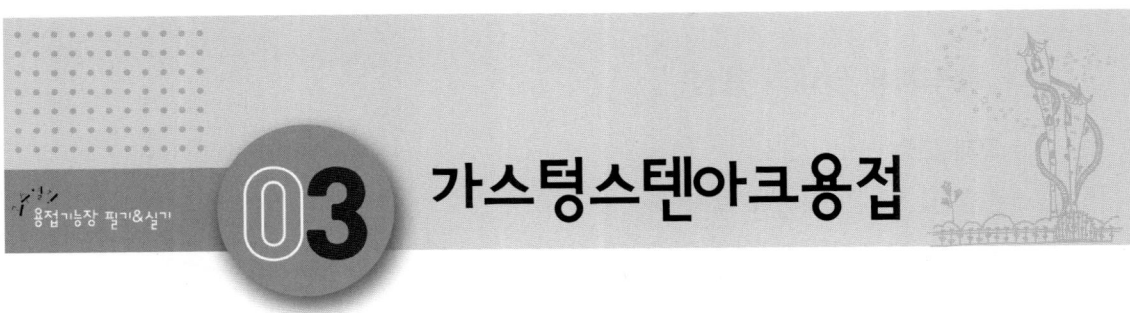

03 가스텅스텐아크용접

제1절 연강판 V형 맞대기 TIG 용접

① 연강판 아래보기 자세 V형 맞대기

가. 작업 준비

1) 재료 준비

맞대기 용접할 연강판 t6 100×150×30~35°로 가공된 2장을 준비한다.(자격 시험의 경우 시험장에서 제공됨)

연강용 Ø2.4×1000, T-50 TIG 용접 전용봉을 준비한다.

세라믹 노즐(보통 6호, 8호, 시험장 규칙에 따름), 텅스텐 전극 Ø2.4(2~3개 미리 가공하여 준비)을 준비한다.

연습의 경우 개선 가공된 모재가 없으면 가스 절단이나 베벨가공 머신으로 가공하여 준비한다.

2) 공구 준비

TIG 용접 작업 필요한 용접 헬멧, 부드러운 TIG용 가죽 장갑, 앞치마, 집게(또는 플라이어), 와이어 브러시(철솔 브러시, 스테인리스강 용접시에는 스테인리스강 브러시나 황동 브러시 준비), 줄, 30cm 강철자, 페인트마카 펜이나 석필 등을 준비한다. 그 외에 가접대, 보안경 등도 있으면 좋다.

3) 작업 준비

용접에 임하기 전에 작업복과 보호구를 착용하고 용접기의 이상 유무, 작동 상태를 점검한다. 그리고 도면을 보고 모재와 작업 내용을 확인한다.

텅스텐 전극은 적색(토륨 2% 함유) 전극을 선택하여 전극 끝을 경사각 30도 정도로 뾰족하게 가공한 후(직류 정극성 사용시) 토치에 조립하여 노즐 끝에서 전극이 3~4mm 정도 돌출되게 맞춘다.

가접대, 바이스 클램프 등도 준비하면 좋다.

나. 모재 가공

개선 가공된 모재의 루트면을 0.5~1.0mm 정도 가공한다.(작업자마다 다를 수 있음)

다. 용접기 조작

1) 가스 유량 조절

'용접/점검' 스위치를 '점검'에 놓고 아르곤 가스 유량계를 8~12ℓ/min로 조절한 후 다시 '용접'으로 전환한다.

2) 크레이터 '유/무'선택

크레이터 '무/1회/반복' 전환 스위치는 평소 선택했던 대로 전환하는 것이 좋으나 보통 용접부 길이가 짧은 경우는 '무'를 선택한다.

크레이터 '무'를 선택한 경우는 토치 스위치를 'on'하면 용접전류에 의해 아크가 발생되며 스위치를 'off'하면 꺼진다.

크레이터 '일회'를 선택한 경우 최초 토치 스위치를 'on'하면 초기 전류로 아크가 발생되며, 스위치를 'off'하면 용접전류로 아크가 발생된다. 다시 스위치를 'on'하면 크레이터 전류로 아크가 발생되다가 스위치를 'off'하면 꺼진다.

크레이터 '반복'을 선택하면 '일회'의 기능이 계속 반복하게 되며 아크를 끊으려면 토치를 모재에서 떼어야 된다.

3) 극성 선택

극성을 연강판이나 스테인리스강은 직류 정극성으로 맞춘다.

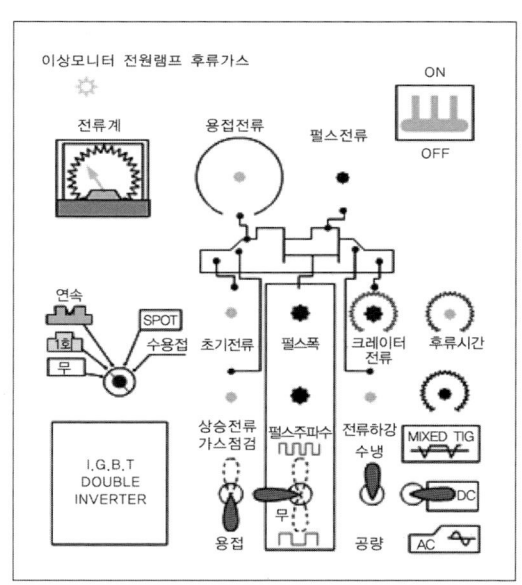

그림 1-1 | TIG 용접기 패널의 각종 스위치의 종류

4) 기타 조절

휴류 가스 조절 스위치는 약 5초 정도, 펄스 기능은 '무'로, 초기 전류에서 용접전류로 전환시키는 'up slop' 기능은 '0~2초'로, 용접전류에서 크레이터 전류로 전환하는 'down slop' 기능도 '0~2초'로 맞춘다. [그림 1-1 참조]

라. 가접

전류를 80~100A로 조절한 후 V형 맞대기 용접할 모재의 개선 홈이 위로 향하게 하여 루트간격을 한쪽은 2~3mm, 다른 한쪽은 2.5~3.5mm 정도로 맞추어 엇갈리지 않도록 나란히 맞대어 놓고 움직이지 않도록 고정한다.(작업자에 따라 다를 수 있음)

용접선 한쪽 끝을 약 5mm 정도 가접한다. 한쪽 가접이 끝나면 다른 끝 부분의 루트간격이나 엇갈림이 없나 확인한 후 다른 편도 동일한 방법으로 가접한다.

마. 1층(이면) 비드놓기

가접된 모재의 개선면이 위로 향하며, 용접선이 좌우 수평이 되며 아래보기 자세가 되도록 작업대 등에 고정한다.

이면 비드 전류는 80~100A 정도로 조절한다.

우측 끝 가접부에서 아크를 발생하여 작업각 90°, 진행 반대각은 70~80°를 유지하며 루트부를 가열하며 아크를 안정시킨다.

키홀이 형성되면 용접봉을 일정한 속도로 공급하며 좌진한다. [그림 1-2 참조]

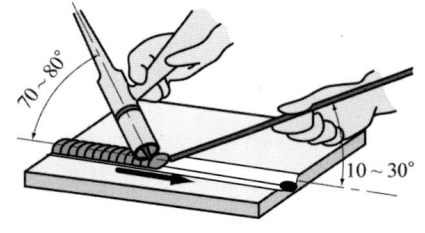

그림 1-2 | 아래보기 자세 운봉각

이 때 용접봉 끝이 보호가스 범위를 벗어나면 안되며 키홀 크기를 맞추어 일정하게 공급되어야 된다.

이 때 봉의 각도는 수평판 좌측에 대하여 10~30° 정도로 유지한다.

키홀의 크기를 일정하게 유지시키며 용접봉의 공급이 일정해야 백비드도 일정하게 형성되므로 작업각, 진행각, 운봉 등이 일정해야 된다.

바. 2층(표면) 비드놓기

1층 비드를 깨끗이 닦은 후 모재의 개선 상부의 모서리와 모서리 사이를 위빙하며 용접봉을 공급하여 2층 표면 비드를 놓는다.

표면 비드의 높이는 표면에서 약 1~1.5mm 정도면 적당하다.(비드 높이가 3 mm 를 초과하면 안됨)

❷ 연강판 수평 자세 V형 맞대기

가. 작업 준비, 모재 가공, 용접기 조작, 가접

재료 준비나 모재 가공, 용접기 조작, 가접법은 '❶ 연강판 아래보기 자세 V형 맞대기'와 같은 방법으로 실시하면 된다.

나. 1층(이면, back) 비드놓기

가접된 모재가 수직이며 용접선이 수평이 되도록 지그에 고정하여 작업하기 편한 높이로 조절한다.

용접전류를 80~100A 정도로 맞춘 후 작업하기 편한 자세로 앉아서 토치와 용접봉을 잡고 우측 끝 가접부에 전극을 가까이 위치한 후 스위치를 눌러 아크를 발생한다.

아크가 안정되면 두 모재의 루트부를 집중 가열 용융하며 작업각 75~85°, 진행각

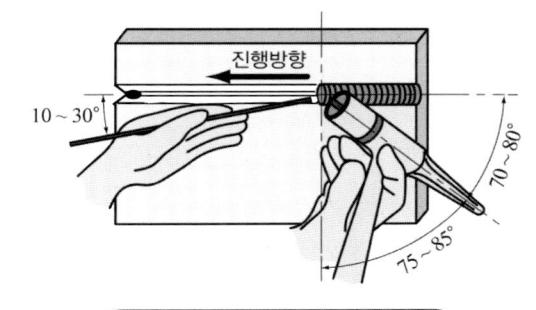

그림 1-3 | 수평 자세 운봉각

70~80°로 유지하면서 가접부 좌측 끝단을 가열하여 키홀을 형성시킨다.

키홀이 형성되면 용접봉을 일정한 속도로 공급하며 좌진한다. [그림 1-3 참조]

이 때 용접봉 끝이 보호가스 범위를 벗어나면 안되며 키홀 크기를 맞추어 일정하게 공급되어야 된다.

용접봉의 각도는 판의 좌측 기준 용접선에 대하여 10~15° 정도로 유지하며 키홀이 생기는 부분의 위쪽 모재의 개선면에 위치하여 용접봉이 공급되도록 하는 것이 좋다.

다. 2층(표면) 비드놓기

2층 비드를 놓을 때도 작업각과 진행 반대각, 용접봉의 각도는 1층 비드놓기와 같이 하면 되며, 수평 자세의 2층 비드는 1패스로 완성하는 방법과 2패스로 완성하는 방법이 있으나 1패스로 할 경우 비드 처짐에 주의해야 되며, 2패스(겹침 좁은 비드로 완성하면 무난하다.

1패스로 완성할 경우 비드의 처짐 현상이 생길 수 있으므로 위빙시 위쪽에 머무는 시간을 더주고 용접봉 공급도 용융지 끝 상단에 하는 것이 좋다. 표면 비드의 높이는 표면에서 약 1~1.5mm 정도면 적당하다.(비드 높이가 3 mm 를 초과하면 안됨)

❸ 연강판 수직 자세 V형 맞대기

가. 작업 준비, 모재 가공, 용접기 조작, 가접

재료 준비나 모재 가공, 용접기 조작, 가접법은 '❶ 연강판 아래보기 자세 V형 맞대기'와 같은 방법으로 실시하면 된다.

나. 1층(이면, back) 비드놓기

맞대기 형상으로 가접된 모재를 용접선이 수직이 되도록 지그에 고정하여 작업하기 편한 높이로 조절한다.

용접전류를 75~95A로 맞춘 후 작업하기 편한 자세로 앉아서 토치와 용접봉을 잡고 하단 끝 가접부에 전극을 가까이 위치한 후 스위치를 눌러 아크를 발생한다.

아크가 안정되면 작업각 90°, 진행각 75~85°를 유지하면서 키홀을 형성시킨다.

키홀이 형성되면 키홀 크기를 일정하게 유지하면서 용접봉을 일정하게 공급하며 상진한다. [그림 1-4 참조]

이 때 용접봉의 각도는 용접선에 대하여 10~15° 정도로 유지하며 키홀이 생기는 부분의 개선면에 위치하여 용접봉이 공급되도록 하는 것이 좋다.

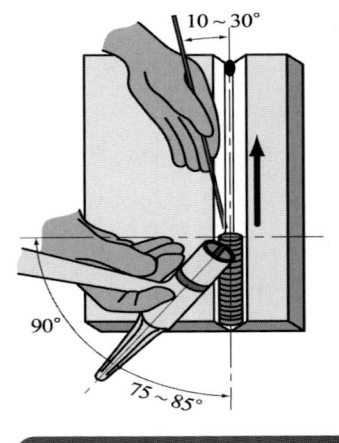

그림 1-4 | 수직 자세 운봉각

다. 2층(표면) 비드놓기

작업각과 진행 반대각, 용접봉의 각도는 1층 비드놓기와 같이 하면 되며, 비드의 처짐 현상이 생길 수 있으므로 주의가 필요하다.

개선면 상단의 모서리와 모서리 사이를 위빙하면서 용접봉을 공급하여 표면 비드를 형성한다. 표면 비드의 높이는 표면에서 약 1~1.5mm 정도면 적당하다.(비드 높이가 3 mm 를 초과하면 안됨)

❹ 연강판 위보기자세 V형 맞대기 TIG 용접

가. 작업준비, 모재 가공, 용접기 조작, 가접

작업준비나 모재 가공, 용접기 조작, 가접법, 세라믹판 부착법은 아래보기 자세와 같은 방법으로 실시하면 된다.

나. 1층(이면, back) 비드놓기

토치와 용접봉을 잡고 용접선 우측 끝 가접부에서 아크를 발생하여 키홀을 형성시킨 후 용접봉을 키홀의 용융지에 접촉시키면서 작은 반달 우빙을 하여 모재의 루트면과 용접봉을 용융시켜 이면 비드를 형성하며 좌진한다.

이 때 용접봉의 각도는 용접선에 대하여 10~30° 정도로 유지하며 키홀이 생기는 부분의 위쪽 모재의 개선면에 위치하여 용접봉이 공급되도록 하는 것이 좋다.

다. 2층(표면) 비드놓기

층간 온도 이하로 냉각 시킨 후 2층 비드놓기를 해야 되며, 작업각과 진행 반대각, 용접봉의 각도는 1층 비드놓기와 같이 하면 된다.

두 모재의 개선각 끝 모서리와 모서리 사이를 위빙하여 모서리가 1mm 정도 용융되어 용착되도록 하며 표면 비드 높이가 모재 표면보다 2mm 이하가 되도록 하여야 된다.

이 때 비드의 처짐 현상이 생길 수 있으므로 주의가 필요하다.

⑤ 검사 및 평가하기

가. 외관 평가하기

용접이 끝나면 깨끗이 청소한 후 비드의 파형, 미려도, 높이 폭, 언더컷, 오버랩, 이면비드의 용착상태 등 외관 상태를 검사하고 잘못된 점을 시정하려고 노력하며 반복 실습한다.

자격 시험의 경우 외관 검사에서 다음 사항에 1개라도 해당될 경우 오작처리한다.

① 도면의 지시대로 가용접되지 않은 경우, 전진법이나 후진법 혼용, 상진법과 하진법 혼용한 경우
② 10°이상 변형인 경우
③ 비드 높이가 판두께보다 낮은 경우,(시점, 종점을 제외한 부분이 0mm 이하인 경우) 또는 표면 비드 높이가 5mm 이상인 경우
④ 맞대기용접 시험편의 이면 비드(시점, 이음부, 종점 포함)의 불완전 용융부가 30 mm 이상인 경우
⑤ 시험편의 용락, 언더컷, 오버랩, 기공, 비드상태 등 구조상의 결함, 용접방법 등이 검사규정에 벗어난 경우(누가 봐도 자격 수준에 미달되는 작품인 경우)
⑥ 이면 받침판을 사용했거나, 이면비드에 보강 용접을 한 경우(단, 스테인리스강의 경우

세라믹 받침대 등을 사용할 수 있음, 은박지 등은 사용 불가함)

나. 굴곡 시험

외관에 이상이 없으면 굴곡시험 규정대로 시험편을 채취한다.

굽힘 시험기(보통 동력 프레스)를 사용하여 가공된 시험편을 '제1장 피복 아크용접 제2절 ❻ 항' [그림 2-10]과 같이 굽힘한 후 평가 기준에 의해 평가한다.

① 연속된 균열 3mm 이하, 작은 균열의 길이 합이 7mm 이하, 작은 기공 등이 10개 이하일 것
② 시험편 4개 중 3개 이상이 ①의 결함이 없을 것 (2개 이상이 0점이면 오작처리함)

제2절 스테인리스강판 V형 맞대기 TIG 용접

❶ 스테인리스강판 아래보기 자세 V형 맞대기

가. 작업 준비

1) 재료 준비

맞대기 용접할 스테인리스강판 t3 75×150×30~35°로 가공된 2장을 준비한다.(자격 시험의 경우 시험장에서 제공됨)

스테인리스강용 Ø2.4×1000, T-308 TIG 용접봉을 준비한다.

세라믹 노즐(보통 6호, 8호, 시험장 규칙에 따름), 텅스텐 전극 Ø2.4(2~3개 미리 가공하여 준비), 세라믹 백판, 은박지 등을 준비한다.

2 공구 준비

TIG 용접 작업 필요한 용접 헬멧, 부드러운 TIG용 가죽 장갑, 앞치마, 집게(또는 플라이어), 스테인리스강 브러시나 황동 브러시, 줄, 30cm 강철자, 페인트마카 펜이나 석필 등을 준비한다. 그 외에 가접대 등도 있으면 좋다.

3) 작업 준비

용접에 임하기 전에 작업복과 보호구를 착용하고 용접기의 이상 유무, 작동 상태를 점검한다. 그리고 도면을 보고 모재와 작업 내용을 확인한다.

텅스텐 전극은 적색(토륨 2% 함유) 전극을 선택하여 전극 끝을 경사각 30도 정도로 뾰족하게 가공한 후(직류 정극성 사용시) 토치에 조립하여 노즐 끝에서 전극이 3~4mm 정도 돌출되게 맞춘다.

가접대, 바이스 클램프 등도 준비하면 좋다.

나. 모재 가공

개선 가공된 모재의 루트면을 0~1.0mm 정도 가공한다.(작업자마다 다를 수 있음)

다. 용접기 조작

1) 가스 유량 조절

'용접/점검' 스위치를 '점검'에 놓고 아르곤 가스 유량계를 8~12ℓ/min로 조절한 후 다시 '용접'으로 전환한다.

2) 극성 선택

극성을 스테인리스강은 직류 정극성으로 맞춘다. 기타 피복 아크용접과 같은 방법으로 조작한다.

라. 가용접 및 세라믹판 부착 등

1) 가용접하기

전류를 70~100A로 조절한 후 V형 맞대기용접할 모재의 개선 홈이 위로 향하게 하여 엇갈리지 않도록 나란히 맞대어 놓고 루트간격을 한쪽은 2.5~3.0mm, 다른 한쪽은 3~3.5mm 정도 맞춘 후 움직이지 않도록 고정한다.

모재 한쪽 끝을 약 5mm 정도 가접한 후 엇갈림이 없나 루트간격이 맞나 확인한 후 다른 편도 동일한 방법으로 가접한다. 이 때 가접된 비드가 뒤로 튀어나오면 세라믹 판 부착시 판이 들리게 되므로 연삭하여 평평하게 해야 된다.

2) 시편 전용 뒷댐판 부착

오스테나이트계(300계열) 스테인리스강은 용접성이 우수하고 내식성이 좋지만 고온으로부터 급랭한 것을 재가열하면 고용되었던 탄소가 오스테나이트의 결정입계로 이동하여 탄화물(Cr_4C)이 석출해서 결정입계가 쉽게 부식하게 되는 입계부식을 일으킬 우려가 있다.

따라서 용접시 고온으로부터 공기와의 접촉을 막기 위해 뒷면에 불활성가스를 분출시켜 퍼지를 하는 것이 좋으나, 퍼지가 어려운 경우 임시방편으로 동(강)판 뒷댐판 사용, 세라믹 뒷댐판 사용, 은박지 테이프를 부착하는 방법이 사용되고 있다.

시험편(가접은 안해도 됨)을 [그림 2-1 (b)] 그림처럼 넣어 루트간격을 맞춘 후 단단히 고정한다.

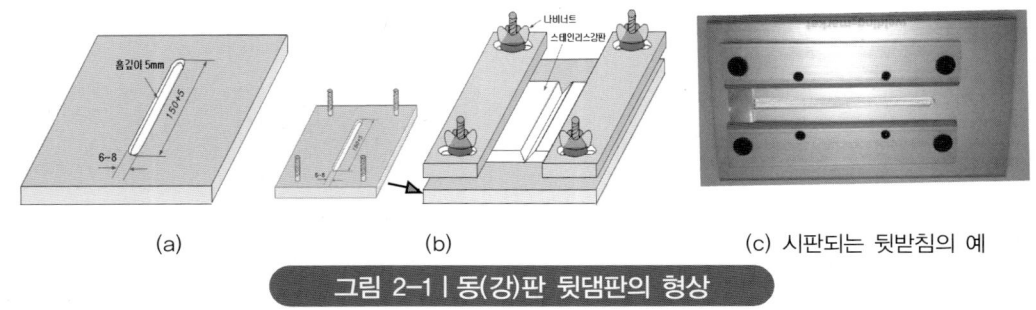

그림 2-1 | 동(강)판 뒷댐판의 형상

3) 세라믹 뒷댐판 부착

세라믹 뒷댐판은 열전도가 매우 나빠서 사용을 권장하지는 않으나, 공기 중에 노출되는 것보다는 좋기 때문에 사용되고 있다.

세라믹 뒷댐판은 시판되고 있으며, 1개의 마디가 25mm이므로 필요한 길이로 절단하여 사용하며, 자세에 따라 적합한 것을 사용하면 된다.

가접된 시험편의 뒷면이 튀어나온 경우 평평하게 가공해야 된다.

세라믹 백판의 테이프를 펴서 작업대 위에 수평으로 좌우가 되게 놓은 후 개선면이 위로 가게 하여 세라믹 백판의 붉은선이 루트간격 사이에 중심이 되도록 놓아 테이프를 단단히 붙인다.

부착된 전면(개선면)에서 가접부위 등을 은박지로 막아 보호가스 유출이 없도록 한다.

4) 모재 고정

준비된 모재를 작업대 위에 용접선이 좌우가 되며 모재가 수평이 되게, 아래보기 자세가 되도록 놓고 움직이지 않게 고정한다.

마. 1층(이면) 비드놓기

우측 끝에서 아크를 발생하여 두 모재가 맞닿은 루트부를 집중 가열하며 작업각 90°, 진행 반대각은 70~80°를 유지하며 가접부 왼쪽 끝을 가열하여 키홀을 형성한다. [그림 2-2 참조]

키홀이 일정한 크기가 유지되도록 키홀 부분에 용접봉을 공급하며 좌진한다. 이 때 용접봉 끝이 보호가스 밖으로 나오지 않도록 한다.

8자 위빙을 하는 경우 우측 끝 가접부에 동일 두께의 보조판을 놓고 노즐을 보조판에 대고 아크를 발생시켜 루트간격 사이를 매우 작은 8자 위빙하여 좌진하며 용접봉을 공급한다.

백 비드가 완성되면 황동 브러시로 깨끗이 닦는다.

바. 2층(표면) 비드놓기

2층 이상 비드를 놓을 때 용접부가 312℃ 이하(층간 온도)가 되도록 냉각시킨 후 다음 층 비드를 놓아야 된다.

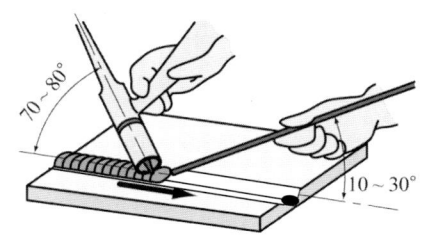

그림 2-2 | 아래보기 자세 운봉각

세라믹 백판 사용의 경우 백 비드 부분에 다시 세라믹판을 붙이거나 은박지 테이프를 부착시켜 공기와의 접촉을 방지한다.

2층 비드를 놓을 때 전류를 백 비드 전류보다 약 10A 정도 낮춘 후 노즐의 한쪽을 가볍게 모재에 접촉시키고 두 모재의 개선 모서리 사이를 반달형 또는 8자형으로 움직여 용융지를 형성하고 용접봉은 용융지 끝부분에 유지시키면 2층 비드가 형성된다.

표면 비드의 높이는 모재 표면에서 약 1~1.5mm 정도면 적당하다.(비드 높이가 3mm 이상 되면 안됨)

② 수평 자세 V형 맞대기

가. 작업 준비, 모재 가공, 용접기 조작, 가접

작업 준비나 모재 가공은 용접기 조작, 가접법은 '제2절 ① 스테인리스강판 아래보기 자세 V형 맞대기 가.~라' 항과 같은 방법으로 실시하면 된다.

나. 1층(이면, back) 비드놓기

모재가 수직이며 용접선이 수평이 되도록 지그에 고정하여 작업하기 편한 높이로 조절한다.

용접전류를 70~100A 정도로 맞춘 후 작업하기 편한 자세로 앉아서 토치와 용접봉을 잡고 우측 끝 가접부에 전극을 가까이 위치한 후 스위치를 눌러 아크를 발생한다.

아크가 안정되면 두 모재의 루트부를 집중 가열 용융하며 작업각 75~85°, 진행각 70~80°로 유지한다.[그림 2-3 참조]

키홀이 형성되면 키홀 크기를 일정하게 유지하며 용접봉을 공급하며 좌진한다.

이 때 8자 위빙을 실시하면 더욱 안정되게 용접할 수 있다.

이 때 용접봉의 각도는 용접선에 대하여 10~15° 정도로 유지하며 키홀이 생기는 부분의 위쪽 모재의 개선면에 위치하여 용접봉이 공급되도록 하는 것이 좋다. 이 때 백 가스의 공급이 없으면 산화될 우려가 있으므로 주의가 필요하다.

다. 2층(표면) 비드놓기

스테인리스강의 경우 1층 용접이 끝나면 용접부의 온도가 312℃ 이하가 되도록 냉각시킨다.(층간 온도 유지)

세라믹 백판 사용의 경우 백 비드 부분에 다시 세라믹판을 붙이거나 은박지 테이프를 부착시켜 공기와의 접촉을 방지한다.

작업각과 진행 반대각, 용접봉의 각도는 1층 비드놓기와 같이 하면 되며, 수평 자세의

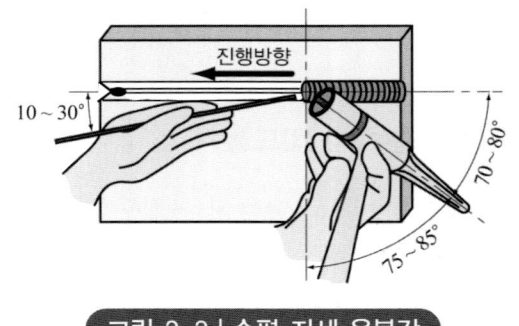

그림 2-3 | 수평 자세 운봉각

2층 비드도 1패스로 완성하는 방법과 2패스로 완성하는 방법이 있으나 1패스로 완성해도 무난하다. 다만 비드의 처짐 현상이 생길 수 있으므로 위빙시 위쪽에 머무는 시간을 더주고 용접봉 공급도 용융지 끝 상단에 하는 것이 좋다.

모재의 개선 모서리 사이를 반달형 또는 8자형으로 움직여 용융지를 형성하고 용접봉은 용융지 끝부분에 유지시키면 2층 비드가 형성된다.

❸ 수직 자세 V형 맞대기

가. 작업 준비, 모재 가공, 용접기 조작, 가접

작업 준비나 모재 가공은 용접기 조작, 가접법은 '제2절 ❶ 스테인리스강판 아래보기 자세 V형 맞대기 가.~라' 항과 같은 방법으로 실시하면 된다.

나. 1층(이면, back) 비드놓기

모재와 용접선이 수직이 되도록 지그에 고정하여 작업하기 편한 높이로 조절한다.

용접전류를 70~100A로 맞춘 후 작업하기 편한 자세로 앉아서 토치와 용접봉을 잡고 하단 끝 가접부에 전극을 가까이 위치한 후 스위치를 눌러 아크를 발생한다.

8자 위빙을 하면 좀더 안정되게 작업할 수 있다.

아크가 안정되면 두 모재의 루트부를 집중 가열 용융하며 작업각 90°, 진행각 75~85°를 유지하면서 키홀을 일정하게 형성시키며 용접봉을 공급하며 상진한다.

용접봉의 각도는 용접선에 대하여 10~15° 정도로 유지하며 키홀이 생기는 부분의 개선면에 위치하여 용접봉이 공급되도록 하는 것이 좋다.

다. 2층(표면) 비드놓기

층간 온도 이하로 냉각시킨 후 다시 뒷면에 새 은박지를 부착시켜 산화가 일어나지 않게 한다. 작업각과 진행 반대각, 용접봉의 각도는 1층 비드놓기와 같이 하면 되며, 비드의 처짐 현상이 생길 수 있으므로 주의가 필요하다.

세라믹 백판 사용의 경우 백 비드 부분에 다시 세라믹판을 붙이거나 은박지 테이프를 부착시켜 공기와의 접촉을 방지한다.

작업각과 진행 반대각, 용접봉의 각도는 1층 비드놓기와 같이 하면 되며, 개선면 위의 모서리와 모서리 사이를 위빙하며 용접봉을 공급하여 표면 비드를 완성한다.

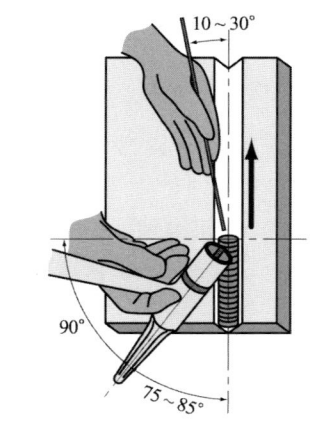

그림 2-4 | 수직 자세 운봉각

모재의 개선 모서리 사이를 반달형 또는 8자형으로 움직여 용융지를 형성하고 용접봉은 용융지 끝부분에 유지시키면 2층 비드가 형성된다.

라. 검사 및 평가하기

자격 시험의 경우 스테인리스강 맞대기 용접부도 '제1절 연강판 V형 맞대기 TIG 용접 검사 및 평가하기'와 같은 방법으로 평가한다.

④ 위보기자세 V형 맞대기 TIG 용접

가. 작업준비, 모재 가공, 용접기 조작, 가접

작업준비나 모재 가공, 용접기 조작, 가접법, 세라믹판 부착법은 아래보기 자세와 같은 방법으로 실시하면 된다.

나. 1층(이면, back) 비드놓기

토치와 용접봉을 잡고 용접선 우측 끝 가접부에서 아크를 발생하여 키홀을 형성시킨 후 용접봉을 키홀의 용융지에 접촉시키면서 작은 반달 우빙을 하여 모재의 루트면과 용접봉을 용융시켜 이면 비드를 형성하며 좌진한다.

이 때 용접봉의 각도는 용접선에 대하여 10~30° 정도로 유지하며 키홀이 생기는 부분의 위쪽 모재의 개선면에 위치하여 용접봉이 공급되도록 하는 것이 좋다.

다. 2층(표면) 비드놓기

층간 온도 이하로 냉각 시킨 후 2층 비드놓기를 해야 되며, 작업각과 진행 반대각, 용접봉의 각도는 1층 비드놓기와 같이 하면 된다.

두 모재의 개선각 끝 모서리와 모서리 사이를 위빙하여 모서리가 1mm 정도 용융되어 용착되도록 하며 표면 비드 높이가 모재 표면보다 2mm 이하가 되도록 하여야 된다.

이 때 비드의 처짐 현상이 생길 수 있으므로 주의가 필요하다.

04 용접기능장 실기

제1절 자격 종목별 용접법과 자세, 과제

자격 종목	용접법	V형 맞대기 (외관검사, 굴곡시험, 일부 X선 검사)	T형 필릿 용접 (외관검사, 파단시험) (F, H, V 자세 중 1자세)	가스 절단 필답형 실기
피복아크 용접기능사	피복아크용접 (2시간)	F, H, V, O 자세 중 2자세 4개 굴곡시험	본인이 직접 가스 절단 한 모재 사용 (가스 절단 포함 40분)	
	가스절단(15분)			수동 절단(필수)
이산화탄소가 스아크용접기 능사	CO_2 용접 (2시간)	솔리드와이어 맞대기용접(40분) 플럭스코어드와이어용접(40분) F, H, V 자세 중 2자세 굴곡시험	솔리드와이어 필릿용접 (가스 절단 포함 40분)	
	가스절단(15분)			수동 절단(필수)
가스텅스텐아 크용접기능사	TIG 용접 (2시간)	연강, 스테인리스강판 맞대기 F, H, V, O 자세 중 2자세	t4.0스테인리스강판에 t3.0 80A×50L파이프	
용접산업기사	피복아크용접	F, H, V, O 자세 중 1개(30분)		
	CO_2 용접	플럭스코어드 와이어 용접(40분) F, H, V 자세 중 1자세(X선시험)		
	TIG 용접	F, H, V, O 자세 중 1개(40분)		
용접기사	피복아크용접	F, H, V 자세 중 1개		필답형 실기 1시간 30분 작업형 실기 40분, 40분
	CO_2 용접	솔리드와이어 맞대기용접 F, H, V 자세 중 1자세		
용접기능장	CO_2 용접	플럭스코어드 와이어 용접 F, H, V 자세 중 1자세(40분), 외관 검사 후 X선 검사		약 5시간 정도
	TIG 용접	F, H, V, O 자세 중 1개(40분)		
	피복아크용접	용기제작(고정상태의 자세로 용 접 : 3시간30분)		

① F : 아래보기 자세, H : 수평 자세, V : 수직 자세, O : 위보기 자세
② V형 맞대기는 외관 검사 후 굴곡 시험으로 채점(용접산업기사, 기능장 CO_2 용접은 X선 검사)
③ 피복아크용접은 t6.0, CO_2 용접 모재는 주로 연강판 t9.0, TIG 용접은 스테인리스강판은 t4.0
④ 각 과제 중 1가지라도 수준 미달이라고 판단시 실격

제2절 용접기능장 실기

❶ 내용 및 모재, 용접봉

가. 내 용

1) 용접기능장은 기능의 최고라고 자부하는 자격이므로 도면이해, 이론과 각종 용접실기 능력이 우수해야 된다.

2) 실기는 제한 시간(총 5시간) 이내에(연장시간 없음) V형 맞대기 TIG 용접, V형 맞대기 FCAW(CO_2) 용접, 구조물 피복 아크 용접을 잘 할 수 있어야 된다.

① TIG 용접은 TIG 용접기를 사용하여 도면에 제시된 자세(아래보기자세, 수평 또는 수직, 위보기 자세 중 1자세)로 스테인리스강판 t3.0 또는 t4.0(보통 t4.0이 많이 제시됨)을 제시된 시간(보통 40분) 내에 V형 맞대기 TIG 용접을 한다.(세라믹 또는 전용 백판 사용 필수)

② CO_2 용접은 플럭스 코드 와이어(AWS E71T 계통)를 사용하여 제시된 자세(아래보기 자세, 수평 또는 수직자세 중 1자세)로 연강판(보통 t9.0) V형 맞대기 용접을 제시된 시간(보통 40분) 내에 FCAW(CO_2)용접을 한다.

③ 구조물 피복 아크 용접은 도면을 잘 이해하여 용기 형상의 구조물을 피복 아크 용접봉(E7016)을 사용하여 피복 아크 용접으로 완성한다.(보통 3시간 30분, 시험에 따라 달라질 수 있음)

나. 모 재

1) V형 맞대기 CO_2 용접 모재

V형 맞대기 모재의 재질은 연강판(SS400)이며, t9.0×125×150의 모재에 용접 길이 방향(150mm)으로 개선각 35°로 기계 가공된 모재 2매가 필요하다.(그림 2-1 참조)

2) V형 맞대기 TIG 용접 모재

V형 맞대기 TIG 용접 모재는 스테인리스강판(STS304)이며, t4.0(또는 t3.0)×75×150의 모재에 용접 길이 방향(150mm)으로 개선각 35°로 기계 가공된 모재 2매가 필요하다.(그림 2-2 참조)

3) 구조물 전기(피복 아크)용접 모재

도면에 따라 연강판(SS 400) t9.0 크기별 다수의 부품

다. CO_2 용접 와이어 및 TIG 용접봉, 피복아크용접봉

1) CO_2 용접 와이어 : 연강용 플럭스 코드 와이어(AWS E71 계통) $\phi 1.2$(상황에 따라 달라질 수 있음)를 사용한다.
2) TIG 용접봉 : 스테인리스강봉(Y308) $\phi 2.4 \sim 2.6$이 사용된다.
3) 피복아크용접봉 : E7016 $\phi 3.2$, 4.0을 사용한다.

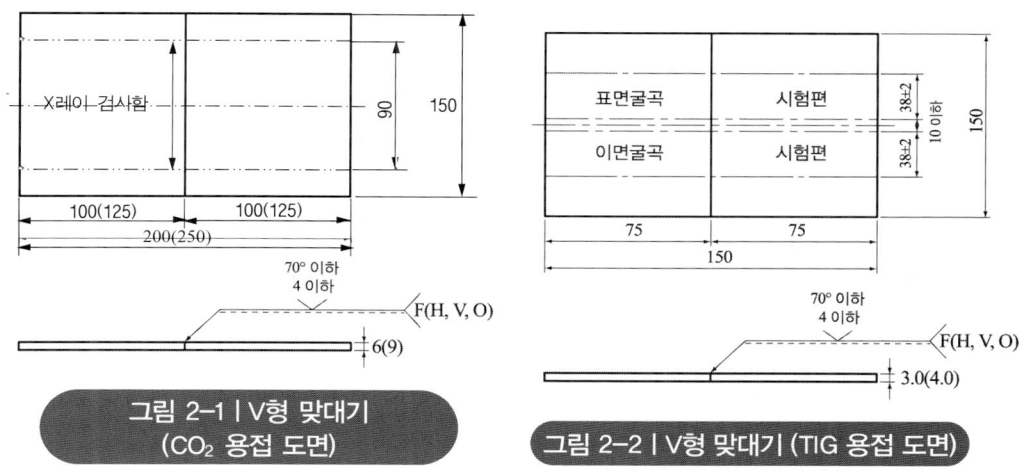

그림 2-1 | V형 맞대기 (CO_2 용접 도면)

그림 2-2 | V형 맞대기 (TIG 용접 도면)

❷ 용접 자세 및 시간

가. V형 맞대기 CO_2 용접 자세

V형 맞대기 CO_2 용접 자세는 아래보기(F), 수평자세(H)와 수직자세(V) 중 하나의 자세가 나오므로, V형 홈 연강판 t9.0mm 판을 사용하여 뒷면에 세라믹 받침판을 부착시킨 뒤 플럭스 코드 와이어로 연습해야 된다.

나. V형 맞대기 TIG 용접 자세

아래보기, 수평, 수직, 위보기 자세 중 하나의 자세가 나오므로 모두 연습해야 된다.

다. 구조물 피복아크용접 자세

구조물 용접은 도면에 제시된 형상으로 가접한 후(상황에 따라 밑판은 제시된 자세로 V형 맞대기 용접하여 가접) 밑판을 수평으로 놓은 상태에서 형성된 자세(아래보기, 수평, 수직, 위보기)로 모서리, 필릿, 변두리, 맞대기용접 등을 해야 된다.

라. 용접 시간(보통 5시간 이내)

1) 시험 시간은 상황에 따라 달라질 수 있으며 연장시간은 없다.
2) CO_2 용접 : 보통 표준 시간 40분
3) TIG 용접 : 보통 표준 시간 40분
4) 구조물 전기(피복아크) 용접 : 보통 표준 시간 3시간 30분

❸ 검사(평가)

가. CO_2 용접 및 TIG 맞대기 용접부 외관 검사

① 각 용접법 및 자세별, 형상별 용접이 끝나면 외관 검사를 한다. 용접기능장은 기능의 최고의 수준이 되어야 되며, 하나의 과제라도 수준 미달시 미완성 또는 오작처리 될 수 있다.
② 표면 비드는 외관 미려도(폭, 파형, 높이 균일 정도), 언더컷, 오버랩, 균열 유무, 시점과 종점처리 등을 검사하며, 이면 비드는 비드 폭, 파형의 균일 정도, 용입의 완전 여부, 비드 이음 부분의 양호 여부를 검사한다.
③ 용접기능장 자격 수준으로 용접부 외관이 양호하며, 용접부의 용입량이 모재의 표면까지 적당히 채워지고, 도면에 제시된 용접자세나 방법을 위반하지 않고 이면 비드에 보강하지 않아야 된다.
④ 기타 상세 사항은 '제3장 제4절 ❶ 아' 항과 같이 실시한다.

나. CO_2 용접 X선 탐상 검사

CO_2 용접부는 외관 검사에 합격한 제품만 용접부를 X선 탐상 검사를 하여 결함의 정도를 정해진 규정에 따라 합격 여부를 결정한다. 용접부 150mm 중에서 양끝 30mm 부분을 제외한 90mm 부분을 X선 탐상하며, 판독 결과 필름상에서 1종 결함(기공 및 이와 유사한 결함)과 2종 결함(슬래그 섞임 및 이와 유사한 결함)의 합이 0점이 되어서는 안된다.

다. 굴곡 시험

1) 시험편 절단

TIG 용접부는 외관 검사에 합격한 제품만 굴곡 시험을 실시한다. 시편 중앙에서 약 10mm를 제외하고 좌우로 38±2mm의 크기로 절단한다.

2) 덧붙이 가공

절단된 맞대기용접 시험편의 덧붙이를 모재 두께까지만 연삭 다듬질 작업하여 제거하고 모서리 부분을 R1.5 정도 라운딩 가공한다.

3) 굴곡(굽힘)

① 굴곡 시험 지그는 판 두께에 따라 적당한 지그를 사용하여 굴곡 시험한다.(그림 5-2 참조)
② 시험시 자세별로 시험편의 하나는 이면 비드가 아래로 향하게 하며, 다른 하나는 표면이 아래로 가게 형틀의 중앙에 정확히 놓은 후 완전히 U자가 되도록 굴곡한다.

4) 굴곡 시험편 검사

① 굴곡된 시험편의 외곽 용접부에 균열이나 기포(기공)의 크기 정도를 평가 기준에 맞추어 검사한다.
② 맞대기 용접부를 굽힘한 시험편의 외관에 균열이 3mm 이상이거나 작은 균열의 합이 7mm를 넘으면 안되며, 기공이나 매우 작은 균열의 개수가 10개 이상이 되면 안된다. (상황에 따라 달라질 수 있음) 그리고 굴곡 시험편 4개 중 2개가 위의 사항에 해당되면 수준 미달로 판단한다.

라. 구조물 용접부 검사

1) 외관 검사

도면과의 상의 여부, 구조물 용접부의 외관 상태를 맞대기 용접 외관 검사 수준에서 기능장으로서의 기능을 갖추었다고 생각되면 외관 검사에 합격하게 된다.

2) 구조물 누수 시험

외관 검사에 합격하면 용기 내에 물을 가득 채우고 주위에 넘쳐 흘러진 물기를 건조시킨 후 일정한 시간(보통 약 10~15분, 상황에 따라 달라질 수 있음) 지난 후 누수 상태를 검사하며, 1곳이라도 극히 미세한 누수 이상이 되면 안된다.

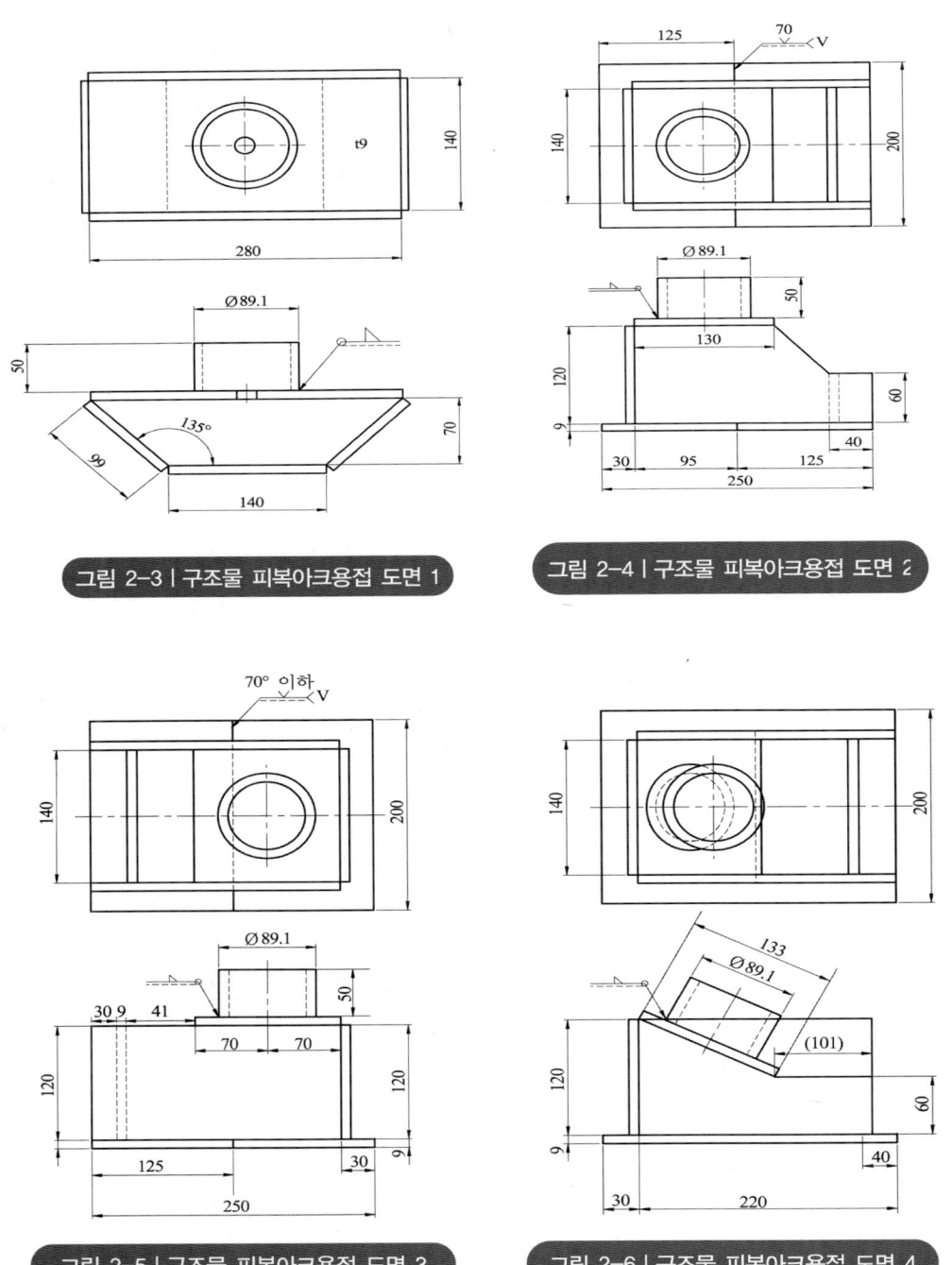

그림 2-3 | 구조물 피복아크용접 도면 1

그림 2-4 | 구조물 피복아크용접 도면 2

그림 2-5 | 구조물 피복아크용접 도면 3

그림 2-6 | 구조물 피복아크용접 도면 4

(주) 구조물 용접은 도면을 확인하고 준비하여 용접 기호가 주어진 곳을 먼저 용접하여 가조립하고, 확인 받은 후 밑판을 수평면으로 하여 형성된 자세로 용접선에 따라 피복 아크 용접 작업을 한다.

[구조물 예시 도면 : 구조물의 형상은 다양하며, Q넷의 자료함의 공개도면 참고 바람]

부 록

최근 기출문제
용접기능장 필기

※ 본 기출문제는 2007년 41회부터 2018년 제63회까지의 문제이며, 2018년 제64회부터 CBT 시험으로 바뀜에 따라 새로운 문제를 더 수집할 수 없어 편집된 기출문제 중 보기와 본문이 거의 같은 문제가 2회 이상 출제된 경우 1문제만 남기고 다른 문제(약 265여문제(17%) / 총 1560문제 중)는 2006년 이전 기출문제로 대치하여 실질적인 기출문제의 수를 대폭 늘려 편집하였습니다.
본 문제의 끝에 별(★)의 숫자는 출제회수이며 중요하므로 문제뿐만 아니라 해설, 관련 내용도 함께 학습하기 바랍니다.

제41회 용접기능장 최근 기출문제

2007년 4월 01일 시행

01 다음 중 용접 회로의 순서가 맞게 된 것은 어느 것인가?

① 용접기-용접봉 홀더-용접봉-모재-아크-전극 케이블-접지 케이블
② 용접기-접지 케이블-용접봉 홀더-용접봉-아크-모재-전극 케이블
③ 용접기-용접봉 홀더-전극 케이블-용접봉-아크-모재-접지 케이블
④ 용접기-전극 케이블-용접봉 홀더-용접봉-아크-모재-접지 케이블

02 경납땜에 사용되는 용가재의 융점은 몇 ℃ 이상인가?

① 300 ② 450
③ 600 ④ 650

[해설] 용가재의 융점 450℃를 기준으로 450℃ 이하의 융점을 갖는 납땜을 연납땜, 이상에서의 납땜을 경납땜이라 한다.

03 알루미늄에 대한 설명으로 틀린 것은?

① 비중이 2.7이며 경금속이다.
② 전기와 열의 양도체이다.
③ 산화 피막 때문에 대기 중에서는 잘 부식되지 않으나 해수에 약하다.
④ 유동성이 좋고 수축률이 작아 주조에 편리하다.

[해설] Al : 수축률이 크고 유동성이 나쁘며, 전기 전도율은 구리의 약 65%이다.

04 피복 금속 아크용접봉의 피복제의 작용이 아닌 것은?

① 용융점이 낮은 적당한 점성의 가벼운 슬래그를 만든다.
② 용착금속의 응고와 냉각속도를 느리게 한다.
③ 용적을 미세화하고 용착 효율을 높인다.
④ 슬래그의 제거를 어렵게 한다.

[해설] 피복제는 슬래그 제거를 쉽게하는 역할을 한다.

05 TIG용접 토치에 대한 설명으로 틀린 것은?

① 텅스텐 전극봉은 가스 노즐의 끝부터 3-6mm 돌출시켜 지지된다.
② 불활성 가스 분출은 아크 발생시 밸브로 조정한다.
③ 가스 노즐의 재질은 세라믹 또는 동으로 만들어 진다.
④ 텅스텐 전극봉에는 순 텅스텐봉, 토륨 텅스텐봉, 지르코늄 텅스텐봉이 있다.

정답 1 ④ 2 ② 3 ④ 4 ④ 5 ②

06 아크용접 작업시 아크를 계속 유지 시킬 때의 전압은 몇 V로 유지하는 것이 가장 좋은가?

① 20 ~ 30V ② 50 ~ 80V
③ 70 ~ 90V ④ 5 ~ 10V

07 서브머지드 아크용접에 균열이 발생하였다. 그 원인으로 적합한 것은?

① 플럭스(flux)의 살포량이 과부족함.
② 망간 함유량이 많은 와이어를 사용함
③ 플럭스(flux)에 습기가 많음
④ 용접속도가 너무 빨라 용접부가 급랭됨

해설 플럭스 살포량이 과부족하거나 습기가 있으면 기공의 원인이 되나 용접부가 급랭될 경우 팽창과 수축의 불균일로 균열의 우려가 크다.

08 용접시 유독가스가 발생 되는 용접재료는?

① 스테인리스강 ② 황동
③ 주철 ④ 연강

09 동작기구가 수직면 또는 수평면내에서 선화한 회전영역이 넓고 기울어져 상하로 움직이므로 대상물의 손끝자세를 맞추기 쉬워 점용접용 로봇에 많이 사용되는 로봇은?

① 관절 좌표 로봇 ② 원통 좌표 로봇
③ 직각 좌표 로봇 ④ 극 좌표 로봇

해설 ④ : 산업용 로봇의 일종. 작업 영역이 넓고, 복잡한 움직임이 가능하며, 팔을 지면에 대하여 경사진 위치로 이동할 수 있어 용접이나 도장 등의 작업에 쓰인다.

10 다음 중 순철의 자기변태점은?

① 720 ② 768
③ 910 ④ 1400

해설 순철의 동소 변태점 : ③, ④

11 아크 불꽃이 보이지 않는 용접은?

① 서브머지드 용접
② 플라스마 아크용접
③ 원자수소 용접
④ 불활성가스 아크용접

해설 서브머지드 용접은 살포된 용제 속에 와이어를 넣어 아크를 발생하므로 아크(불꽃)이 보이지 않는다 해서 잠호용접이라고도 한다.

12 강의 표면경화 열처리법에 해당하는 것은?

① 노멀라이징법 ② 질화법
③ 마르퀜칭 ④ 마르템퍼

해설 표면 경화법 : 침탄법, 질화법, 고주파경화법, 화염 경화법 등이 있다.

13 다음 알루미늄 합금 중 강도가 높은 것으로 항공기, 철도 차량, 스포츠 용품, 스키 스톡 등에 사용되는 Al-Zn-Mg-Cu계 합금은?

① A 2000계 ② A 3000계
③ A 5000계 ④ A 7000계

해설 A 2000 계 : Al-Cu계
A 3000계 : Al-Mn계
A 5000계 : Al-Mg계

정답 6 ① 7 ④ 8 ② 9 ③ 10 ② 11 ① 12 ② 13 ④

14 정류기형 직류 아크용접기의 특성으로 틀린 것은?

① 발전형에 비하여 고장이 적다.
② 소음이 거의 발생하지 않는다.
③ 완전한 직류를 얻을 수 있다.
④ 취급이 간단하고 가격이 저렴하다.

해설 정류기형 직류 아크용접기는 입력은 교류이며 용접기에서 직류로 바꾸기 때문에 완전한 직류는 아니다.

15 가스용접에 사용되는 가스에 대한 설명으로 옳은 것은?

① 액체산소는 연한 청색을 띤다.
② 아세틸렌가스는 공기보다 무겁다.
③ 수소가스는 인체에 해롭다.
④ 프로판가스의 불꽃온도는 아세틸렌가스보다 높다.

해설 프로판가스의 불꽃 온도는 약 2820℃, 아세틸렌가스 불꽃은 3430℃이다.

16 다음 아크용접 결함 중에서 전류의 세기와 관계없는 결함은?

① 스패터   ② 언더컷
③ 오버 랩   ④ 선상조직

해설 선상조직은 전류 세기와 무관하며 수소의 영향이라는 설이 있으나 명확하지 않다.

17 다음 중 프로판 가스의 성질로 틀린 것은?

① 폭발한계가 좁아 안전도가 높고, 관리가 쉽다.
② 액화하기 쉽고, 수송이 편리하다.
③ 증발 잠열이 작고, 발열량이 낮다.
④ 온도변화에 따른 팽창률이 크고, 물에 잘 녹지 않는다.

해설 프로판 가스는 증발 잠열이 크고 발열량도 높다.

18 용접작업 중 X선이 발생하기 때문에 그 방호가 요구되는 용접법은?

① 일렉트로 슬래그 용접
② 전자빔 용접
③ 초음파 용접
④ 플라스마 아크용접

해설 ② : 장비가 고가, 용접 제품과 치구의 가공 정밀도가 높이 요구됨, 진공 형성위해 배기 시간 필요로 생산성이 낮다. X-Ray가 인체에 유해로 차폐가 필요하며, 강자성체 금속은 탈자를 해야 된다.

19 가스용접에서 전진법과 비교한 후진법의 장점이 아닌 것은?

① 용접 속도가 빠르다.
② 용접 변형이 적다.
③ 기계적 성질이 우수하다.
④ 비드 모양이 좋다.

해설 후진법은 비드 모양은 전진법보다 거칠다.

20 용접부의 검사방법에서 초음파 검사법에 속하지 않는 것은?

① 공진법   ② 투과법
③ 펄스반사법 ④ 맥진법

해설 초음파 검사법은 투과법, 펄스반사법, 공진법이 있으며, 펄스 반사법에는 수직 탐상법과 사각 탐상법이 있다.

정답 14 ③ 15 ① 16 ④ 17 ③ 18 ② 19 ④ 20 ④

21 다음 가스 중 플라스(즈)마 용접에서 플라스마의 발생용 작동가스로 가장 많이 사용되는 것은?

① 산소 가스　② 수소 가스
③ 탄산가스　④ 아세틸렌 가스

22 본 용접에서 용접물이 매우 얇은 경우나 용접 후에 비틀림이 생길 염려가 있는 경우에 사용되는 용착법은?

① 스킵법　② 대칭법
③ 캐스케이드법　④ 전진블록법

해설 스킵법은 비석법이라고도 하며, 드문 드문 용접을 한 후 다시 그 사이를 차례로 용접하는 방법이다.

23 다음에 나타낸 용접법 중 가장 두꺼운 판을 용접할 수 있는 것은? ★★★

① 이산화탄소 아크용접
② 일렉트로 슬래그용접
③ 불활성가스 아크용접
④ 스터드용접

24 스카핑(scarfting)작업(은 어느 것인가)에 대한 설명으로 맞는 것은? ★★

① 탄소 또는 흑연 전극봉과 모재와의 사이에 아크를 일으켜서 절단하는 방법이다.
② 강재 표면의 탈탄층 또는 흠을 제거하기 위해 얇게 타원형 모양으로 넓게 표면을 깎는 것이다.
③ 탄소 아크 절단에 압축공기를 병용한 방법으로 결함제거, 절단 및 구멍뚫기 작업이다.
④ 일종의 수중절단(under water cutting)이다.

해설 ③ 아크 에어 가우징의 설명이다.

25 가스절단 결과의 양호한 절단면을 얻기 위한 조건이 아닌 것은?

① 드래그가 일정할 것.
② 절단면의 윗 모서리가 예리할 것
③ 슬래그의 이탈성이 나쁠 것
④ 절단면이 깨끗하며 드래그 홈이 없을 것

해설 양호한 절단면 : 슬래그 이탈이 쉽고, 절단면 모서리가 예리해야 된다.

26 아르(알)곤(Ar) 가스는 일반적으로 용기에 몇 기압(kg_f/cm^2)으로 충전하는가?

① 약 140 기압　② 약 100 기압
③ 약 80 기압　④ 약 250 기압

해설 아르(알)곤 가스는 35℃에서 140 기압으로 충전하여 사용한다.

27 T형이음(홈 완전용입)에서 인장하중 6ton, 판두께를 20mm로 할 때 필요한 용접길이는 몇 mm인가? (단, 허용인장응력은 $5N/mm^2$) ★★

① 60　② 80
③ 100　④ 102

해설 $\sigma = \dfrac{W}{tl}$에서 $l = \dfrac{6 \times 1000}{5 \times 20} = 60$

28 탄산가스 아크용접 즉 CO_2 용접에서 다음 중 어느 극성으로 연결하여 사용해야 하는가? (단, 복합와이어는 사용하지 않함)

① 교류(AC)를 사용하므로 극성에 제한이 없다.
② 직류(DC)전원을 사용하면 극성에 제한 없다.
③ 직류정극성(DCEN)을 사용한다.
④ 직류역극성(DCEP)을 사용한다.

29 금속재료를 저온에서 사용할 때 충격값이 급격히 떨어지는 온도를 무엇이라고 하는가?

① 천이온도 ② 용융온도
③ 변태온도 ④ 냉간온도

30 KS규격에 규정되어 있는 연강 아크용접봉의 심선 성분이 아닌 것은?

① C   ② Si
③ Mg ④ P

해설 연강용 피복 아크용접봉의 성분은 탄소강의 5원소(Fe 외에 C, Si, Mn, S, P)가 대부분이다.

31 다음 중 구리에 납을 30~40% 배합한 합금으로 자동차, 항공기의 고속 회전용 베어링으로 사용되는 합금은?

① Y 합금   ② 코비탈륨
③ 켈밋합금 ④ CA합금

해설 CA 합금 : 콘슨 합금에 Al을 첨가한 것으로서 내식성이 큰 스프링재로 사용되고 있으며, Ni 3.5%, Si 1%, Al 5%, 인장 강도 110kgf/m²의 합금에 Zn 8%를 첨가한 것을 CAZ 합금이라고 한다.

32 전격 방지에 대한 대책 중 올바르지 않은 것은?

① 용접기 내부에 함부로 손을 대지 않는다.
② 맨손으로 홀더나 용접봉을 만지지 않는다.
③ 땀, 물 등에 의해 습기가 찬 작업복은 착용해도 관계없다.
④ 가죽 장갑, 앞치마, 발덮개 등 규정된 보호구를 반드시 착용한다.

해설 전기에는 습기, 물기 등이 있으면 감전 위험이 높으므로 착용해선 안되며, 용접기의 무부하 전압이 높으면 감전의 위험이 높아진다.

33 용접조건이 같을 때 맞대기 이음의 첫층(1pass)에서 수축량에 미치는 영향이 가장 큰 강은?

① 9% Ni강   ② HT 60강
③ HT 80강   ④ 연강

34 가스절단에 쓰이는 예열용 가스로 불꽃의 온도가 가장 높은 것은? ★★

① 수소   ② 아세틸렌
③ 프로판 ④ 메탄

해설 산소-수소 : 2900℃
산소-아세틸렌 : 3430℃
산소-프로판 : 2820℃
산소-메탄 : 2700℃

정답 28 ④ 29 ① 30 ③ 31 ③ 32 ③ 33 ① 34 ②

35 회주철품 기호 GC200에서 200은 무엇을 나타내는가?

① 하중 200kg 이상
② 인장강도 200N/mm² 이상
③ 경도 200HB 이상
④ 항복점 200MPa 이상

36 다음 가스용접의 안전작업 중 적합하지 않는 것은? ★★

① 토치에 불꽃을 점화시킬 때에는 산소 밸브를 먼저 열고 다음에 아세틸렌 밸브를 연다.
② 산소 누설 시험에서 비눗물을 사용한다.
③ 토치 끝으로 용접물의 위치를 바꾸거나 재를 제거하면 안된다.
④ 가스를 들이마시지 않도록 주의한다.

37 용접자세에 사용된 기호와 용접자세의 연결이 틀린 것은?

① G : 아래보기자세
② V : 수직자세
③ H : 수평자세
④ O : 위보기자세

해설 F : Flat Position) : 아래보기자세
V : Vertical Position)
H : Horizontal Position)
O : Overhead Position)

38 감전방지 대책으로 틀린 것은? ★★

① 안전 보호구를 착용한다.
② 전격 방지기를 장치한다.
③ 작업 후에 반드시 접지상태를 확인한다.
④ 절연된 홀더를 사용한다.

해설 ③항은 작업 후의 동작이며, 직접적인 감전 방지 대책이 아니다.

39 서브머지드용접에 사용하는 플럭스의 작용이 아닌 것은?

① 용착금속에 포함된 불순물을 제거한다.
② 용접금속의 급냉을 방지한다.
③ 플럭스의 공급이 많아지면 기공의 발생이 적어진다.
④ 단열 작용으로 아크열이 외부에 발산되는 것을 막아 용접부에 집중시킨다.

해설 플럭스의 공급이 과다하면 가스 배출이 불량하므로 기공의 발생이 많아질 수 있다.

40 다음 미그(MIG)용접에서 아크 길이를 설명한 것 중 맞는 것은?

① 아크전압과 아크길이는 비례한다.
② 아크전류와 아크길이는 비례한다.
③ 아크전류와 아크길이는 상관관계가 없다.
④ 아크전압과 아크길이는 반비례한다.

41 용접 순서의 일반적인 설명으로 틀린 것은?

① 구조물의 중앙에서부터 용접을 시작한다.
② 대칭으로 용접을 진행한다.
③ 수축이 작은 이음부를 먼저 용접한다.
④ 수축은 가능한 한 자유단으로 보낸다.

해설 수축이 큰 맞대기 용접을 먼저하고 필릿 용접을 한다.

정답 35 ② 36 ① 37 ① 38 ③ 39 ③ 40 ① 41 ③

42 맞대기이음 용접시 굽힘 변형 방지법이 될 수 없는 것은?

① 스트롱 백에 의한 구속
② 주변 고착법
③ 미리 이음부에 역변형을 주는 법
④ 수냉각법

43 연납땜에 주로 사용하는 용가재인 주석의 특징을 설명한 것 중 틀린 것은?

① 응고점이 낮다.
② 주석이 증가하면 가격은 싸진다.
③ 퍼짐성이 좋다.
④ 주석이 증가하면 내식성이 증가한다.

해설 연납에서 주석의 함유량이 높을수록 흡착력은 좋아진다. 가격은 비싸다.

44 기계적 접합과 비교한 용접의 특징 설명으로 틀린 것은?

① 제품의 중량이 가벼워진다.
② 재질의 변형 및 잔류응력이 없다.
③ 기밀, 수밀, 유밀성이 우수하다.
④ 보수와 수리가 용이하다.

해설 용접부는 재질의 변형 및 잔류응력은 피할 수 없다.

45 구리 및 구리합금의 용접에서 판두께 6mm 이하에서 많이 사용 되며 용접부의 기계적 성질이 우수하여 가장 널리 쓰이는 용접법은? ★★

① CO_2 아크용접
② 서브머지드 아크용접
③ 넌 시일드 아크용접
④ 불활성가스 텅스텐 아크용접

46 용접봉 피복재의 성분 중 아크안정제는?

① 산화티탄
② 페로망간
③ 니켈
④ 마그네슘

해설 피복재의 아크 안정제 : 산화티탄, 석회석, 규산칼륨, 규산나트륨, 자철광 등

47 가스용접에서 사용되는 용제(Flux)에 대한 설명으로 틀린 것은?

① 용착금속의 성질을 양호하게 한다.
② 용접 중에 생기는 금속산화물을 제거하는 역할을 한다.
③ 일반적으로 연강에는 용제를 사용하지 않는다.
④ 구리 및 구리합금의 용제로는 염화나트륨이나 염화칼륨 등이 쓰인다.

해설 ④항은 알루미늄 등의 용접에 사용되는 용제이다. 구리, 구리합금의 납땜에는 붕사, 붕산염 등이 사용된다.

48 홀더 및 어스선의 접속이 불량할 때 생기는 현상이다. 틀린 것은?

① 전력의 손상이 많아진다.
② 아크가 불안정하게 된다.
③ 전격을 일으키기 쉽다.
④ 용접 전류가 세게 된다.

해설 케이블 접속이 불량하면 아크가 일어나지 않거나 불안정하며, 접촉 저항이 심해서 전력 손실과 저항열에 의한 단자 등의 소손, 감전(전격)의 위험이 있다.

정답 42 ④ 43 ② 44 ② 45 ④ 46 ① 47 ④ 48 ④

49 경도가 큰 가공재료에 인성을 부여할 목적으로 A_1 변태점 이하에서 일정온도로 가열하는 것은?

① 노멀라이징 ② 마퀜칭
③ 퀜칭 ④ 템퍼링

해설 뜨임(tempering)은 담금질한 강에 인성을 부여하기 위해 A_1 변태점 이하로 가열 후 급랭 또는 서랭하는 열처리이다.

50 용접부에 생기는 잔류응력을 제거하는 방법은? ★★

① 담금질을 한다. ② 뜨임을 한다.
③ 불림을 한다. ④ 풀림을 한다.

51 점용접에서 모재 두께가 다를 경우에 전극의 과열을 피하기 위하여 사이클 단위로 전류를 단속하여 용접하는 방법을 무엇이라 하는가?

① 맥동 점 용접 ② 직렬식 점 용접
③ 인터렉 점 용접 ④ 다전극 점 용접

52 용접기의 핫스타트(hot start) 장치의 장점이 아닌 것은? ★★

① 아크 발생을 쉽게 한다.
② 크레이터 처리를 쉽게 한(잘 해준)다.
③ 비드 모양을 개선한다.
④ 아크 발생 초기의 비드 용입을 양호하게 한다.

해설 핫 스타트 장치 : 용접 초기에 전류를 높게 하여 시작부의 용입 불량을 방지하는 역할을 하며, 크레이터 처리시에는 크레이터 전류 조절 장치를 사용한다.

53 연신율 및 충격값의 감소가 적으면서도 경도가 크고 열처리효과도 좋으며 850℃에서 담금질하고 600℃에서 뜨임하면 강인한 솔바이트 조직이 되는 강은?

① 니켈-크롬강
② 니켈-크롬-몰리브덴강
③ 크롬-몰리브덴강
④ 망간-크롬강

54 다음 중 압접(pressure welding)이 아닌 것은?

① 전자빔 용접 ② 가압테르밋 용접
③ 초음파 용접 ④ 마찰 용접

해설 전자 빔 용접은 융접에 속하는 용접법이다.

55 작업자가 장소를 이동하면서 작업을 수행하는 경우에 그 과정을 가공, 검사 운반, 저장 등의 기호를 사용하여 분석하는 것을 무엇이라 하는가?

① 작업자 연합작업분석
② 작업자 동작분석
③ 작업자 미세분석
④ 작업자 공정분석

56 모집단을 몇 개의 층으로 나누고 각 층으로부터 각각 랜덤하게 시료를 뽑는 샘플링 방법은?

① 층별 샘플링 ② 2단계 샘플링
③ 계통 샘플링 ④ 단순 샘플링

해설 작업 측정의 관측 대상의 결정이나 층별화 대상 : 기계, 사람, 제품
층별 샘플링방법 : 층별 비례 샘플링, 데밍

정답 49 ④ 50 ④ 51 ① 52 ② 53 ① 54 ① 55 ④ 56 ①

(Deming)샘플링, 네이만(Neyman)샘플링

57 그림과 같은 계획공정도(Network)에서 주공정으로 옳은 것은? (단, 화살표 밑의 숫자는 활동시간(단위 : 주)을 나타낸다.)

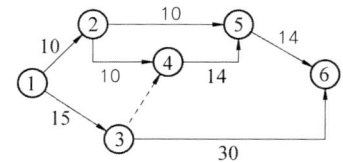

① 1 - 2 - 5 - 6 ② 1 - 2 - 4 - 5 - 6
③ 1 - 3 - 4 - 5 - 6 ④ 1 - 3 - 6

해설 주공정 : 가장 긴 작업시간이 예상되는 공정 ① : 34주, ② : 48주, ③ : 43주, ④ : 45주

58 u관리도의 관리 상한선과 관리 하한선을 구하는 식으로 옳은 것은?

① $u \pm 3\sqrt{u}$ ② $u \pm \sqrt{u}$
③ $u \pm 3\sqrt{\dfrac{u}{n}}$ ④ $u \pm \sqrt{u} \cdot u$

해설 중심선(CL) = $\overline{u} = \dfrac{\Sigma c}{\Sigma n}$

UCL = $\overline{u} + 3\sqrt{\dfrac{\overline{u}}{n}}$, LCL = $\overline{u} - 3\sqrt{\dfrac{\overline{u}}{n}}$

59 다음 중 관리의 사이클의 순서로 가장 적절하게(올바르게) 표시한 것은? (단, A : 조치, C : 검토, D : 실행, P : 계획) ★ ★

① P → C → A → D
② P → A → C → D
③ A → D → C → P
④ P → D → C → A

해설 관리 사이클 순서 : 계획-실시-체크-조치

60 다음 중 절차계획에서 다루어지는 주요한 내용으로 가장 관계가 먼 것은?

① 각 작업의 소요시간
② 각 작업의 실시 순서
③ 각 작업에 필요한 기계와 공구
④ 각 작업의 부하와 능력의 조정

정답 57 ② 58 ③ 59 ④ 60 ④

2007 제42회 용접기능장 최근 기출문제

2007년 7월 15일 시행

01 아세틸렌은 15℃에서 몇 기압 이상으로 압축하면 충격이나 가열에 의해 분해 폭발의 위험이 있는가? (단, 아세틸렌은 얼마간의 불순물을 포함하고 있는 사용조건이다) ★★

① 0.5기압 ② 0.1기압
③ 1.5기압 ④ 1.0기압

해설 아세틸렌의 폭발성
1) 온도
 ① 406 ~ 408℃ : 자연 발화
 ② 505 ~ 515℃ : 폭발 위험
 ③ 780℃ : 자연 폭발
2) 압력
 ① 1.5기압 : 충격 가열 등의 자극으로 폭발
 ② 2기압 : 폭발

02 피복아크용접봉의 피복 배합제 중 아크 안정제는? ★★

① 탄산마그네슘 ② 석회석($CaCO_3$)
③ 알루미늄   ④ 망간

해설 피복제의 종류
① 가스 발생제 : 석회석, 셀롤로오스 등
② 슬래그 생성제 : 석회석, 형석, 탄산나트륨, 일미 나이트 등
③ 아크 안정제 : 규산나트륨, 규산칼륨, 산화티탄, 석회석
④ 탈산제 : 페로실리콘, 페로망간, 페로티탄, 페로바나듐

03 다음 중 용접법이 기계적 접합법에 비해 장점이 아닌 것은?

① 재료가 절약되고 중량이 가벼워진다.
② 작업공정이 단축되며 경제적이다.
③ 보수와 수리가 용이 하며 제작비가 적게 든다.
④ 품질검사가 곤란하고 변형과 수축이 생긴다.

해설 장점 : ①, ②, ③ 외에 이음부의 판두께에 제한이 없다.
단점 : ④ 외에 유해 광선 및 가스 폭발 위험이 있다.

04 아세틸렌 가스 소비량이 1시간당 200리터인 저압식 토치를 사용해서 용접할 때, 게이지 압력이 $60kg/cm^2$인 산소병을 몇 시간 정도 사용할 수 있는가? (단, 병의 내용적은 40리터, 산소는 아세틸렌 가스의 1.2배 정도 소비하는 것으로 한다) ★★

① 2   ② 10
③ 8   ④ 12

해설 대기 중 환산량 : 40 × 60 = 2400
아세틸렌보다 산소 소비량이 1.2배 크므로
2400/200 × 1.2=10

정답 1 ③ 2 ② 3 ④ 4 ②

05 직류 아크 전압 분포에서 음극 전압 강하를 V_K, 양극 전압 강하를 V_A, 아크 기둥의 전압 강하를 V_P라 할 때 전체의 전압 V_a은?

① $V_a = V_K - V_P - V_A$
② $V_a = V_K + V_P - V_A$
③ $V_a = V_K - V_P + V_A$
④ $V_a = V_K + V_P + V_A$

06 산소 가스절단의 원리를 가장 바르게 설명한 것은? ★★★★

① 산소와 금속(철)의 산화 반응열을 이용하여 절단한다.
② 산소와 금속의 탄화 반응열을 이용하여 절단한다.
③ 산소와 금속의 산화 아크열을 이용하여 절단한다.
④ 산소와 금속의 탄화 아크열을 이용하여 절단한다.

07 연강용 피복아크용접봉 취급에 대한 설명으로 틀린 것은?

① 피복아크용접봉의 건조온도는 저수소계가 비 저수소계 보다 낮다.
② 피복아크용접봉은 건조된 장소에 저장하여야 한다.
③ 저수소계 용접봉은 특히 건조가 중요하다.
④ 피복아크용접봉은 작업이 끝나면 건조기에 다시 저장해두어야 한다.

해설 저수소계 용접봉 건조온도는 300-350℃로 60~120분 정도 유지 후 사용한다.

08 CO_2가스 아크용접과 비교한 서브머지드 아크 용접의 특징으로 잘못된 것은?

① 장비가격이 비싸다.
② 용융속도 및 용착속도가 느리다.
③ 용접홈의 가공정밀도가 높아야 한다.
④ 용접 진행상태의 양,부를 육안으로 확인할 수 없다.

09 교류 용접기에서 무부하 전압이 80V, 아크전압 30V, 아크전류 200A를 사용할 때 내부손실이 4kw라면 용접기의 효율은?

① 70%   ② 40%
③ 50%   ④ 60%

해설
$$효율 = \frac{아아크출력}{소비전력} \times 100$$
$$= \frac{30 \times 200}{30 \times 200 + 4000} \times 100 = 60$$

10 플라스마 제트 절단방법에 대한 설명으로 틀린 것은?

① 아크 플라스마는 종래의 아크보다 고온도인 10000-30000℃의 높은 열에너지를 가진 열원이다.
② 플라스마 제트 절단방식은 텅스텐 아크 절단과 플라스마 제트 절단으로 분류된다.
③ 플라스마 제트 절단법을 이용하여 절단할 수 있는 재료는 알루미늄, 구리, 스테인리스강 및 내화물 등이다.
④ 텅스텐 아크와 고속의 가스기류에서 얻어지는 플라스마 제트를 이용한 절단으로서 교류전원을 사용한다.

11 가스 절단면을 보면 거의 일정 간격의 평행곡선의 진행방향으로 나타나 있는데 이 곡선을 무엇이라 하는가? ★★

① 비드길이 ② 드래그
③ 드래그 라인 ④ 다리길이

> **해설** 드래그 길이(drag length)는 주로 절단속도, 산소 소비량 등에 의하여 변화하며 절단면 말단부가 남지 않을 정도의 드래그를 표준 드래그 길이라고 하며, 판 두께의 1/5(20%) 정도가 좋다.

12 서브머지드 아크용접이나 불활성 가스 금속 아크용접에 바람직한 특성은?

① 정전압 특성
② 정전류 특성
③ 수하 특성
④ 아크 드라이브 특성

13 피복 아크용접기에 필요한 조건이 아닌 것은?

① 아크 발생 및 유지가 용이하고 아크가 안정되어야 한다.
② 역률 및 효율이 좋아야 한다.
③ 아크 발생을 쉽게 하기 위하여 무부하 전압을 높을수록 좋다.
④ 용접기의 구조 및 취급이 간단해야 한다.

> **해설** 용접기로서 구비해야 할 조건
> ①, ②, ④ 외에 가격이 저렴하고 사용유지비가 적게 들어야 한다.

14 강재표면의 홈, 개재물, 탈탄층 등을 불꽃가공에 의해 비교적 얇게 그리고 타원형 모양으로 깎아내는 가공법은? ★★

① 수중절단 ② 스카핑
③ 아크에어 가우징 ④ 산소창 절단

> **해설** 수중 절단 : 예열용 가스로는 수소가 사용되며, 예열 불꽃은 육지 보다 크게 절단 속도는 느리게 함

15 용접 수축 량에 미치는 용접시공 조건의 영향으로 맞는 것은? ★★

① 용접 표면 비드 쪽의 수축이 크다.
② 용접봉 직경이 큰 것이 수축이 크다.
③ 용접 밑면 루트간격이 클수록 수축이 크다.
④ 용접 홈의 형상에서 V형 홈이 X형 홈보다 수축이 작다.

> **해설** 수축량에 미치는 용접시공 조건의 영향
>
> | 시공 조건 | 영 향 |
> |---|---|
> | 루트간격 | 클수록 수축이 크다. |
> | 홈형태 | V형이 X이음보다 수축이 크다. |
> | 용접봉지름 | 직경이 큰쪽이 수축이 작다. |
> | 운봉법 | 위빙을 하는쪽이 수축이 작다. |
> | 구속도 | 구속도가 크면 수축이 작다. |

16 가스절단 작업시의 안전수칙으로 틀린 것은?

① 절단 진행 중에 시선은 절단면을 떠나서는 안 된다.
② 기름 탱크나 용기가 있는 장소에서는 절단을 금지한다.
③ 작업시에는 안전 보호구를 착용해야 한다.
④ 모든 기구에는 기름칠을 하고, 용접 가공물에는 특별 표시를 해야 한다.

> **해설** 가스절단의 안전 : ①, ②, ③ 가스절단 토치의 불꽃 방향은 안전한 쪽을 향하도록 해야 한다.

정답 11 ③ 12 ① 13 ③ 14 ② 15 ③ 16 ④

17 다음 중 일렉트로 가스 아크용접에 주로 사용되는 가스는?

① 아르곤가스 ② 헬륨가스
③ 수소가스 ④ 이산화탄소

해설 일렉트로 가스용접에 주로 사용되는 가스는 CO_2, $CO_2 + O_2$이다.

18 KS규격에서 안전색의 표시사항으로 틀린 것은?

① 흰색 : 통로 ② 적색 : 지시
③ 청색 : 주의 ④ 황색 : 위험

해설 안전표지 색채

분류	표지 종류	관련 색채
금지	출입, 사용, 금연, 화기	바탕 : 흰색 기본도형 : 적색
경고	위험장소, 인화, 급성	바탕 : 노란색 기본도형 : 적색
지시	안전모, 귀마개, 안전화	바탕 : 파란색 관련그림 : 흰색
안내	녹십자 표지, 비상구	바탕 : 흰색

19 탄산가스 아크용접의 장점에 속하지 않는 것은?

① 용착금속의 기계적 성질이 우수하다.
② 전류밀도가 높아 용입이 깊다.
③ 단락이행에 의한 박판 용접도 가능하다.
④ 옥외 작업시 바람의 영향을 받지 않는다.

해설 탄산가스 아크용접 장점 : ①, ②, ③ 외에 전 자세 용접이 가능하고 조작이 간단하다 그러나 풍속 2m/sec 이상에서는 방풍막을 설치한 후 작업해야 된다.

20 서브머지드 아크용접의 종류 중 2개의 와이어를 독립된 전원(AC 또는 DC)에 접속하여 용접선을 따라 10 ~ 30mm 정도 좁은 간격으로 나열하여 2개의 와이어로부터 아크를 발생시켜 한꺼번에 다량의 용착금속을 얻을 수 있는 용접법은?

① 텐덤식 ② 횡병렬식
③ 횡직렬식 ④ 컴퍼지션식

21 경납 땜에 사용되는 용가재 중 은납에 관한 설명 중 틀린 것은? ★★

① 구리, 은, 아연이 주성분인 합금이다.
② 구리, 구리합금, 스테인리스강에 사용된다.
③ 융점은 황동 납보다 높고 유동성이 좋지 않다.
④ 불꽃 경납땜, 고주파 유도가열 경납땜, 노내 경납땜 등에 사용한다.

해설 은납 : 은납은 황동납보다 융점이 낮고 유동성이 좋다.
기본조성은 Ag-Cu 및 Ag-Cu-Zn으로 여기에 Ni, Cd, Sn, In, Mn 등이 첨가된다.

22 전기저항용접에 대한 설명이 틀린 것은?

① 대 전류시 피용접물에 발생하는 줄열을 이용한다.
② 용접봉, 용제 등이 불필요하다.
③ 점용접의 3대 요소는 전류, 가압력, 통전시간이다.
④ 겹치기용접 방법으로 점용접, 프로젝션 용접, 플래시 용접이 있다.

해설 G겹치기 용접은 점용접, 프로젝션용접, 심(시임)용접이 있으며, 플래시 용접은 맞대기 저항용접의 일종이다.

정답 17 ④ 18 ② 19 ④ 20 ① 21 ③ 22 ④

23 플라스마 아크용접 장치가 아닌 것은? ★★★

① 용접토치 ② 제어장치
③ 페룰 ④ 가스송급장치

해설 페룰(ferrule)은 스터드 용접(stud welding)에 사용되는 내열도관으로 용접사의 눈보호, 급냉방지, 용락방지의 목적으로 사용한다.

24 TIG용접시 직류 역극성을 설명한 것 중 틀린 것은?

① 토치에 양극(+), 모재에 음극(-)을 연결한다.
② 청정효과가 있어 강한 산화막이나 용융점이 높은 산화막을 가진 금속에 사용한다.
③ 비드 폭이 좁고 용입이 깊다.
④ 정극성보다 굵은 전극봉이 필요하다

25 CO_2 또는 MIG용접에서 아크길이가 길어지면 어떠한 현상이 일어나는가?

① 전류의 세기가 커진다.
② 전압은 변화가 없다.
③ 전류의 세기가 작아진다.
④ 전압이 낮아진다.

26 오토콘 용접과 비교한 그래비티 용접의 특징을 설명한 것으로 올바른 것은? ★★

① 구조가 간단하다.
② 사용법이 쉽다.
③ 운봉속도의 조절이 가능하다.
④ 중량이 가볍다.

해설 오토콘 용접기와 그래비티 용접기의 비교

항목		그래비티 용접기
장치	구조	약간복잡 → 사용이 약간 어렵다.
	형상	부피가 크다
	중량	무겁다
	가격	비싸다
적용성	좁은장소	제한적이다.
	운봉속도	조절할 수 있다
	용접자세	하향 맞대기, 수평필릿
	모재두께	제한없음
작업성	스패터	보통
	용입	양호

27 탄산가스 아크(CO_2)용접법에서 복합 와이어 구조에 따른 종류가 아닌 것은? ★★★

① 아코스 와이어 ② Y관상 와이어
③ V관상 와이어 ④ NCG 와이어

해설 복합 와이어 방식
1) 이중 굽힘형 : 박판의 강대를 절곡해서 그 속에 탈산제, 합금원소 및 용제를 말아 넣은 것으로 아코스와이어, Y관상 와이어, S관상 와이어가 있다.
2) 단일 인접형 : NCG wire

28 TIG 용접시 청정작용에 대한 설명을 맞는 것은?

① 직류 정극성으로 전류 125A, 사용 가스는 He이다.
② 직류 역극성으로 전류 125A, 사용 가스는 He이다.
③ 직류 정극성으로 전류 125A, 사용 가스는 Ar이다.
④ 직류 역극성으로 전류 125A, 사용 가스는 Ar이다.

정답 23 ③ 24 ③ 25 ③ 26 ③ 27 ③ 28 ④

해설 청정작용이란 아르곤가스의 이온이 모재 표면 산화 막에 충돌하여 산화막을 파괴 제거하는 작용
직류 역극성은 폭이 넓고 얕은 용입을 얻으며, 청정 작용이 있다. Al, Mg 등의 박판 용접에만 쓰이고 있으며, 정극성보다 4배 정도 굵은 전극봉을 사용한다.

29 용접관련규격을 다루는 코드(Code) 중 미국석유협회에 해당하는 것은?

① DNY   ② ASME
③ AWS   ④ API

해설 ② : 미국기계공학회
③ : 미국용접학회

30 알루미늄 용접이 어려운 이유로 틀린 것은?

① 비열과 열전도도가 대단히 커서 단시간 내에 용융온도까지 이르기가 힘들다.
② 산화 알루미늄의 용융온도(2050℃)가 알루미늄의 용융온도보다 매우 높기 때문에 용접성이 나쁘다.
③ 용접 후 변형이 크며 균열 생기가 쉽다.
④ 가열로 인한 노치현상이 없기 때문이다.

해설 Al은 강에 비해 응고 수축이 1.5배 크며, 용융 응고시 수소가스가 흡수하여 기공발생이 쉽다.

31 강의 용착금속 부근의 모재는 용접에서 실온까지의 이 모든 온도 범위에 걸쳐 복잡한 열 싸이클을 받는다. 이중 연강 용접부의 조직변화 중 취화부 온도 범위는 몇도(℃)에서 이루어지는가?

① 100-200℃   ② 700-300℃
③ 1200-900℃   ④ 1400-1200

해설 용접 용접부의 온도 변화에 따른 조직
- 용융금속(1500℃ 이상) : 주조조직, 수지상 조직
- 조립역(1500-1250℃) : 결정립의 조대화, 경화조직,
- 혼립역(1250-1100℃) : 조립역과 세립역 중간조직으로 기계적 성질도 중간
- 세립역(1100- 900℃) : 결정립이 A₃ 변태에 의해 결정립 미세화, 노치인성, 연성 우수
- 입상역(900-750℃) : 구상화역, pearlite만 구상화, 서냉시 인성 양호
- 취화역(750-300℃) : 열응력, 석출현상으로 취화, 현미경 조직상 아무런 변화가 없다.
- 모재부(원질부, 300℃-실온) : 열 영향을 받지 않은 모재 부분

32 티타늄을 용접할 수 있는 방법으로 틀린 것은?

① 가스 용접
② 불활성가스 아크용접
③ 플라스마 아크용접
④ 전자빔 용접

해설 티타늄은 용접 중 공기와 접촉하면 산화하므로 가스용접을 해서는 안된다.

33 풀림의 목적으로 틀린 것은?

① 금속합금의 연화
② 상온가공에서 내부응력 제거
③ 냉간가공시 재료의 경화
④ 일정한 조직의 금속을 만듦

해설 풀림(annealing, 소둔) 목적 : 연화, 조직의 균일 및 미세화, 표준화, 내부응력제거, 조직 개선, 담금질 효과가 향상된다.

정답 29 ④ 30 ④ 31 ② 32 ① 33 ③

34 각종 금속의 용접에서 일반적으로(보통) 서브머지드 아크용접에 사용되지 않는 재료는? ★★

① 탄소강 ② 합금강
③ 스테인리스강 ④ 티탄

35 담금질에 의한 내부응력 제거와 내마모성의 향상을 위하여 약 150℃ 부근에서 열처리 하는 것을 무엇이라고 하는가?

① 불림 ② 풀림
③ 항온열처리 ④ 저온뜨임

> 해설 뜨임(tempering, 소려) : 담금질한 강의 강인성을 부여함(저온뜨임은 내부응력제거, 고온뜨임은 인성증가)

36 구리합금의 용접조건을 설명한 것이다. 틀린 것은?

① 용가재는 모재와 같은 성분의 재료를 사용한다.
② 비교적 큰 루트 간격과 홈 각도를 취한다.
③ 가접은 비교적 적게 한다.
④ 예열 방법은 토치나 가열로 등을 이용한다.

> 해설 구리 및 구리합금의 용접 : 순구리의 열전도는 연강의 8배 이상으로, 국부적 가열이 어렵기 때문에 충분한 용입된 용접부를 얻으려면 예열을 해야 하며, 열팽창 계수는 연강보다 50% 이상 크기 때문에 용접 후 응고 수축시 변형이 생기기 쉬우므로 가접을 많이 해야 된다.

37 다음은 불활성 가스 텅스텐 아크용접으로 구리를 용접하는 것에 관한 설명이다. 틀린 것은?

① 판 두께 6mm 이하에 사용된다.
② 전극은 토륨(Th)이 들어 있는 텅스텐 봉을 사용한다.
③ 직류 역극성(DCEP)을 사용한다.
④ 용가재는 탈산된 구리봉을 쓰고 순도는 99.8% 이상의 아르곤을 사용한다.

> 해설 구리 합금의 TIG 용접은 직류 정극성(DCEN)을 사용한다.

38 고장력강 피복 아크용접봉 중 위보기 자세에 부적합한 것은?

① E 5316 ② E 5003
③ E 5000 ④ E 5326

> 해설 E5326에서 2는 용접 자세를 뜻하며 아래보기 및 수평 필릿 자세 용접에 적합한 봉을 의미한다.

39 오스테나이트계 스테인리스강(Cr-Ni강, 18-8강) 용접에서 가장 잘 나타나는 결함은?

① 비드 밑 균열 ② 용접 쇠약
③ 세로 균열 ④ 루트 균열

40 황동의 가스용접시 무엇의 증발로 작업이 곤란한가?

① 규소(Si) ② 아연(Zn)
③ 구리(Cu) ④ 주석(Sn)

41 주철을 가스용접할 때 사용되는 용제는 어느 것인가?

① 알루미늄 분말, 규소, 붕사의 혼합제
② 붕사, 붕산, 염산의 혼합제

정답 34 ④ 35 ④ 36 ③ 37 ③ 38 ④ 39 ② 40 ② 41 ④

③ 붕산 염산, 염화아연의 혼합제
④ 붕사, 탄산나트륨, 탄산수소나트륨, 알루미늄 분말(가루)의 혼합제

42 다음 그림 중에서 용접 열량의 냉각 속도가 가장 큰 것은?

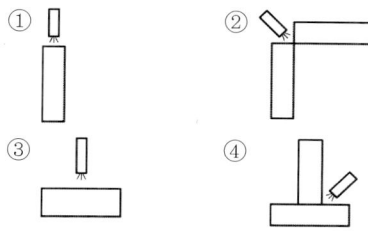

해설 동일 재질과 동일 두께의 모재를 용접할 때 확산 방향이 가장 많은 T형이 가장 냉각 속도가 가장 빠르다.

43 비드 시점과 종점에 붙인 보조판을 무엇이라 하는가?

① 용접금속
② 엔드탭(end tap)
③ 용적(녹은 쇳물 방울)
④ 용접부(weld zone)

44 수직으로 5ton의 힘이 작용하는 부분에 수평으로 맞대기 용접을 하고자 하는데 용접부 형상은 판두께 5mm, 용접선 길이 240mm로 할 때, 이음부에 발생하는 인장응력은?

① 4.2kg/mm²
② 5.2kg/mm²
③ 6.2kg/mm²
④ 7.2kg/mm².

해설 $\sigma = \dfrac{P}{hl} = \dfrac{5000}{5 \times 240} = 4.2$

45 두 부재를 겹쳐 놓고 한쪽 부재에 둥근 모양을 뚫어 그 곳에 용착금속을 채워 넣는 방법은?

① 스폿용접
② V형 맞대기용접
③ 필릿 용접
④ 플러그 용접

해설 플러그 용접은 두 부재를 겹쳐놓고 한쪽부재에 둥근 구멍을 뚫어 그곳에 용착금속을 채워 넣는 방법

46 용접이음 설계시 용접이음을 선택하는데 고려사항으로 가장 관련이 적은 것은?

① 용접방법
② 재질
③ 제품수량
④ 구조물의 종류와 형상

해설 용접이음부 형상 선택시 고려사항 : 하중의 종류 및 크기, 용접방법, 두께, 구조물의 종류, 형상 및 재질, 변형 및 용접성

47 주철은 대체적으로 보수용접에 많이 쓰이며, 주물의 상태, 결함의 위치, 크기와 특징, 겉모양 등에 대하여 요구될 때에는 여러 가지 시공법에 유의하여 용접하여야 한다. 다음 중 주철의 보수용접에 쓰이는 용접방법이 아닌 것은?

① 스터드법
② 비녀장법
③ 버터링법
④ 홀더링법

해설 스터드법 : 스터드 볼트를 사용한다.
비녀장법 : 강 봉을 박고 용접하는 방법
버터링법 : 모재와 융합이 잘되는 용접봉으로 적당히 용착
로킹법 : 스터드 볼트 대신에 둥근 고랑을 파는 방법

정답 42 ④ 43 ② 44 ① 45 ④ 46 ③ 47 ④

48 용접 후 변형을 교정하는 방법이 아닌 것은? ★★

① 박판에 대한 점 수축법
② 형재에 대한 직선 수축법
③ 가열 후 해머링하는 방법
④ 두꺼운 판에 대하여 냉각 후 교정하는 방법

해설 용접부 변형 교정법 : ①, ②, ③ 외에 후판에 대해 가열 후 압력을 가하고 수냉하는 방법, 로울러에 거는 법, 절단하여 정형 후 재용접하는 방법 등이 있다.

49 다음 중 잔류응력을 적게 하는데 가장 적합한 용착법은?

① 빌드업법
② 후진법
③ 전진법
④ 스킵법

해설 덧살 올림법(빌드업법) : 열 영향이 크고 슬래그 form 섞임이 우려가 있다. 한 냉시, 구속이 클 때 후판에서 첫 층에 균열 발생 우려가 있다.

50 용접 결함 중 기공(Blow-hole)이 생기는 원인으로 맞지 않는 것은?

① 용착부가 서냉할 때
② 모재 가운데 유황 함유량이 과대할 때
③ 아크분위기 중 수소 또는 일산화탄소가 너무 많을 때
④ 과대 전류를 사용할 때

해설 기공(blow hole) 발생 원인 : ②, ③, ④ 외에 용접부에 급속한 응고, 모재에 붙어있는 기름, 페인트, 녹 등이 있을 때, 아크 길이, 전류 또는 조작이 부적당할 때, 과대전류 사용, 용접속도가 빠를 때이다.

51 내열합금에서 균열이 발생하기 쉬운 원인이 아닌 것은?

① 시효속도가 지연된 경우
② 용접입열이 과대한 경우
③ 구속도가 높은 경우
④ 인장 연성(引張 延性)이 향상된 경우

해설 대부분의 금속은 시효속도가 지연되거나, 구속도가 큰 경우, 입열이 과대한 경우 열응력의 불평형 등으로 균열 발생 우려가 높다. 그러한 중이라도 연성이 좋으면 균열의 우려가 적어지게 된다.

52 아크용접 로봇 자동화 시스템 중 용접물 구동장치에 속하는 것은?

① Jig & Fixture
② 아크 발생장치
③ 포지셔너(positioner)
④ 제어부

해설 ① : 고정장치, ② : 용접장치, ④ : 제어장치로봇 자동화 시스템 : 생산 시스템에서 로봇을 사용하여 자동화나 인력 절감화를 도모하기 위한 시스템

53 용착금속의 인장강도 $40kg/mm^2$에 안전률이 8이라면 이음의 허용응력은 kg/mm^2인가?

① 5
② 10
③ 12
④ 15

해설
$$안전율 = \frac{극한(인장) 강도}{허용 응력}$$

$$이음의 허용응력 = \frac{극한(인장) 강도}{안전률}$$

$$= \frac{40}{8} = 5$$

정답 48 ④ 49 ④ 50 ① 51 ④ 52 ③ 53 ①

54 모재에 라미네이션이 발생했다. 이 결함을 찾는데 가장 좋은 비파괴검사 방법은? ★★

① 침투탐상 시험　② 자분탐상 시험
③ 방사선투과 시험　④ 초음파탐상 시험

해설 라미네이션(lamination)은 강판의 1/2t 부근에서 갈라지는 현상이며, ingot의 편석 개재물이 압연에 의해 길게 쭉 연신된 결함을 말한다.

55 다음 중 생산에 5M과 관계가 없는 것은?

① 기계 설비　② 관리
③ 방법　　　 ④ 자금

해설 5M : 사람(Man), 기계설비(Machine), 재료(Material), 관리(Management), 방법(Method)

56 다음 중 「부하＜능력」일 때의 상황은?

① 기계나 작업원을 늘려야 한다.
② 기계나 작업원을 쉬게 한다.
③ 외주를 해야 한다.
④ 공정 대기가 발생한다.

57 작업개선의 원칙 중 맞는 것은?

① 배제 - 결합 - 재배치 - 간소화
② 제거 - 결합 - 분해 - 간소화
③ 배제 - 운반 - 검사 - 조치
④ 제거 - 경합 - 검사 - 운반

58 공정분석에서 사용되는 주된 분석기법이 아닌 것은?

① 사무공정분석　② 작업자공정분석
③ 제품공정분석　④ 동작공정분석

59 다음 중 동작분석의 종류가 아닌 것은 어느 것인가?

① 양손작업 분석
② 서블리그(therblig) 분석
③ 동시동작 분석
④ 제품공정 분석

해설 동작 분석의 종류에는 ①, ②, ③, 미동작 분석 등이 있다.

60 다음의 기술 중 틀린 것은?

① 누적분포 함수(또는 확률분포 함수)는 증가함수이다.
② 정규분포의 확률밀도 함수는 대칭함수이다.
③ 포아송 확률밀도 함수는 이산(discrete) 함수이다.
④ 우측으로부터 연속인 함수는 확률밀도 함수이다.

정답　54 ④　55 ④　56 ②　57 ①　58 ④　59 ④　60 ④

2008 제43회 용접기능장 최근 기출문제

2008년 3월 30일 시행

01 아세틸렌 가스의 용해에 대한 설명으로 틀린 것은?

① 물에는 1배 용해된다.
② 석유에는 2배 용해된다.
③ 벤젠에는 10배 용해된다.
④ 아세톤에는 25배 용해된다.

해설 아세틸렌은 물에는 같은 양, 석유에는 2배 벤젠에는 4배, 알코올에는 6배, 아세톤에는 25배가 용해된다.(단 소금물 용해되지 않는다.)

02 피복 아크용접봉의 피복제의 역할이 아닌 것은? ★★

① 아크를 안정시킨다.
② 파형이 고운 비드를 만든다.
③ 용착 금속을 보호한다.
④ 스패터의 발생을 많게 한다.

해설 피복제 역할 : ①, ②, ③ 외에 대기 중에 있는 산소와 질소를 차단하여 산화질화 방지하며, 탈산정련작용을 하며, 스페터링을 적게 한다. 전기절연 작용을 한다.

03 가스용접에서 압력조정기의 구비조건 중 잘못된 것은?

① 용기 내의 가스량의 변화에 따라 조정 압력이 변할 것
② 조정압력과 사용 압력과의 차이가 적을 것
③ 사용할 때 빙결하(어)는 일이 없을 것
④ 가스의 방출량이 많아도 유량이 안정되어 있을 것

해설 압력 조정기는 동작이 예민하고 조정압력은 용기내의 가스량이 변화여도 항상 일정할 것

04 일반적인 발전기형 직류 아크용접기의 특징으로 틀린 것은?

① 보수와 점검이 어렵다.
② 가격이 비싸고 소음이 발생한다.
③ 옥외나 교류전원이 없는 장소에서 사용한다.
④ 교류를 정류하므로 완전한 직류를 얻지 못한다.

해설 발전기형 직류 용접기는 자동차처럼 발전하여 직류를 얻으므로 완전한 직류를 얻을 수 있다.
교류를 정류하는 정류기형은 직류이지만 완전한 직류를 얻을 수 없다.

05 이음개소가 1개소인 필릿 이음의 강도계산 공식으로 옳은 것은?

① $\dfrac{파괴하중}{목길이 \times 용접길이}$

② $\dfrac{파괴하중}{목두께 \times 용접길이}$

③ $\dfrac{허용응력}{목단면적}$

정답 1 ③ 2 ④ 3 ① 4 ④ 5 ②

④ $\dfrac{\text{목 단면적}}{\text{허용응력}}$

06 정격 2차 전류 250A, 정격사용률 40%의 아크용접기로써 실제로 200A의 전류로 용접한다면 허용 사용률은 몇 %인가? ★
★★★★★★★

① 22.5 ② 42.5
③ 52.5 ④ 82.5

해설 허용사용율 = $\dfrac{\text{정격2차전류}^2}{\text{실제용접전류}^2} \times \text{정격사용율}$
$= \dfrac{250^2}{200^2} \times 40 = 52.5$

07 가스용접 작업에서 일어날 수 있는 재해가 아닌 것은?

① 화상 ② 화재
③ 전격 ④ 가스폭발

해설 전격은 감전을 뜻하며, 가스 용접은 전기를 사용하지 않으므로 전격의 위험이 없다.

08 피복 아크용접과 비교하여 탄산가스(CO_2) 아크용접에 대한 일반적인 설명으로 틀린 것은?

① 용착효율이 낮다.
② 작업능률 높다.
③ 용입이 깊다.
④ 용착속도 빠르다.

해설 피복 아크 용접의 용착효율이 65~75% 정도이나 탄산가스(CO_2) 아크용접의 경우 95% 정도로 피복 아크용접보다 용착효율이 높다.

09 프로판가스용 절단팁에 대한 고려사항으로 아닌 것은?

① 프로판은 아세틸렌보다 연소속도가 느리므로 가스 분출속도를 느리게 한다.
② 예열불꽃의 구멍을 크게 하고 개수도 많이 하여 불꽃이 깨지지 않게 한다.
③ 팁 선단에 슬리브를 약 1.5mm 정도 가공면보다 깊게 한다.
④ 프로판 가스와 산소의 비중에 차이가 있으므로 토치의 혼합실을 작게 한다.

해설 프로판은 산소량을 많이 필요하며 산소와 비중과 비중차이가 있으므로 토치의 혼합실도 크게 하고 팁에서도 혼합될 수 있도록 설계하여 충분히 혼합될 수 있도록 해야 한다.

10 내용적 50L의 산소용기에 설치한 조정기의 고압 게이지가 8MPa에서 산소를 사용한 후 1MPa로 떨어졌다면 산소의 소비량은?

① 3000L ② 3500L
③ 3750L ④ 4200L

해설 V×사용 압력 = 50×(8-1)×9.8 = 3430L
8MPa = 8×9.8 = 78.4kgf/mm²
1MPa = 1×9.8 = 9.8kgf/mm²

11 연강용 피복 아크용접봉 E4316의 피복제 계통은?

① 일미나이트계 ② 저수소계
③ 고산화티탄계 ④ 철분산화철계

해설 ① : E4301, ③ : E4313
④ : E4327

정답 6 ③ 7 ③ 8 ① 9 ④ 10 ② 11 ②

12 가스 절단에 대한 설명으로 틀린 것은?

① 가스 절단은 아세틸렌과 공기의 화학작용에 의한 것이다.
② 절단재의 두꺼운 것을 절단하기 위해서는 절단산소의 양을 증가 시켜야 한다.
③ 가스 절단시 화학 반응열은 예열에 이용된다.
④ 철에 포함된 많은 탄소는 절단을 방해한다.

해설 가스절단은 산소가스의 금속과의 산화 반응을 이용하여 금속을 절단하는 방법이고, 강 또는 합금강의 절단에 널리 이용된다.

13 피복 아크용접에서 V형 용접 홈을 선택할 경우 판두께로 적합한 것은?

① 30mm 이상   ② 20mm 이상
③ 6~20mm   ④ 어느 것이나 이용

14 간이 자동화 용접법인 중력식 용접법(gravity welding)에 주로 사용되는 피복 아크용접봉의 종류로 가장 적당한 것은?

① 저수소계 용접봉
② 철분산화철계 용접봉
③ 일미나이트계 용접봉
④ 고셀룰로스계 용접봉

15 가스절단에서 예열불꽃의 역할이 아닌 것은?

① 절단 개시점을 발화 온도로 가열한다.
② 절단 산소의 순도 저하를 촉진시킨다.
③ 절단 산소의 운동량을 유지한다.
④ 절단재의 표면 스케일 등을 박리시켜 절단 산소와의 반응을 용이하게 한다.

해설 예열 불꽃은 절단 산소의 순도 저하와는 무관하다.

16 피복 금속 아크용접시 발생하기 쉬운 재해가 아닌 것은?

① 전격   ② 결막염
③ 폭발   ④ 화상

17 다음 중 압접에 해당 되는 용접법은? ★★

① 스폿 용접
② 피복금속 아크용접
③ 전자 빔 용접
④ 테르밋 용접

해설 ②, ③, ④는 용접법에 속한다.
압접의 종류 : 초음파용접, 고주파용접, 마찰압접, 전기저항용접(점, 스폿용접, 심용접, 프로젝션용접, 업셋용접, 플래시벗용접)

18 탄산가스 아크용접봉(와이어)의 심선에 첨가되는 탈산제는?

① Mn   ② CaF_2
③ CaO   ④ H_2

해설 이산화탄소는 불활성가스가 아니기에 고온에서 강한 산화성이 있어 용착금속을 산화시키고 기포가 생기기 쉬우므로 Mn, Si, Ti 등의 탈산제가 필요하다.

19 납땜에 사용되는 용재가 갖추어야 할 조건으로 잘못된 것은?

① 납땜의 표면 장력을 맞추어서 모재와의 친화력을 높일 것
② 청정한 금속면의 산화를 방지할 것

정답 12 ① 13 ③ 14 ② 15 ② 16 ③ 17 ① 18 ① 19 ③

③ 모재나 납땜에 대한 부식 작용이 최대일 것
④ 납땜 후 슬래그의 제거가 용이할 것

20 미그(MIG)용접에서 용융속도의 표시방법은? ★★

① 모재의 두께
② 분당 보호가스 유출량
③ 용접봉의 굵기
④ 분당 용융되는 와이어의 길이, 무게

21 플라스마 아크용접에서 플라스마 아크는 일반적으로 몇 도의 온도를 얻을 수 있는가?

① 30000 ~ 50000℃   ② 10000 ~ 30000℃
③ 5000 ~ 8000℃   ④ 4000 ~ 6000℃

22 고주파 펄스 TIG 용접기의 장점이 아닌 것은?

① 전극봉의 소모가 적다.
② 12mm 이상의 후판 용접에서도 안정된 용접이 이루어진다.
③ 좁은 홈 용접에서 아크 교란이 없어 안정하다.
④ 20A 이하의 저전류에서 아크 발생이 안정하다.

해설 고주파 펄스 용접법은 0.5mm 이하에서도 안정된 용접이 이루어진다.

23 서브머지드 아크용접용 용제의 구비조건이 아닌 것은? ★★

① 아크 발생을 안정시켜 안정된 용접을 할 수 있을 것

② 적당한 수분을 흡수하고 유지하여 양호한 비드를 얻을 것
③ 용접 후 슬래그의 이탈성이 좋을 것
④ 적당한 입도를 가져 아크의 보호성이 좋을 것

해설 용제의 구비조건 : ①, ③, ④ 외에 용착금속의 보호, 탈산작용을 하며 대기 중의 산소, 질소 차단, 합금원소의 첨가로 기계적 성질 향상

24 TIG 용접봉 토치는 사용전류에 따라 공랭식과 수냉식으로 분류하는데 일반적으로 공랭식 토치는 전류 몇 A 이하에서 사용하는가?

① 200   ② 300
③ 400   ④ 500

해설 공랭식 토치는 200A 이하, 수냉식은 200A 이상에서 사용한다. 학자에 따라 100A를 기준으로 하는 책도 있다.

25 다음 중 원자수소 용접에 이용되는 용접열은 얼마나 되는가?

① 2000 ~ 3000℃   ② 3000 ~ 4000℃
③ 4000 ~ 5000℃   ④ 5000 ~ 6000℃

26 서브머지드 아크용접의 다전극 용접기에서 비드 폭이 넓고 용입이 깊은 용접부를 얻을 수 있는 방식은?

① 텐덤식   ② 횡 직렬식
③ 횡 별렬식   ④ 유니언식

해설 횡직렬식 : 2개의 심선을 독립 전원에 연결하고 모재에 연결하지 않는 방식으로, bead 폭은 넓으나, 용입은 얇다. 스테인리스 강, 탄소

정답 20 ④ 21 ② 22 ② 23 ② 24 ① 25 ② 26 ③

강 등에 덧붙이 용접할 때 이용되는 방식이다.

27 가스 용접기의 안전 사항을 바르게 설명한 것은?

① 고무호스의 길이는 가스용기와 멀리 떨어져 작업하기 위하여 되도록 길게 한다.
② 도관은 되도록 굴곡이 많을수록 가스의 흐름에 좋다.
③ 호스 연결부의 가스 누설검사는 비눗물로 검사한다.
④ 산소 용기 밸브와 압력 조정기의 연결부는 부식되지 않도록 그리스를 칠하여 연결한다.

28 2개의 모재에 압력을 가해 접촉시킨 다음 서로 상대운동을 시켜 접촉면에서 발생하는 열을 이용하여 이음면 부근이 압접온도에 도달되었을 때 압력을 가해 업셋시키고, 상대운동을 정지시켜 완성하는 용접법은?

① 마찰 용접   ② 초음파 용접
③ 냉간 용접   ④ 저항 용접

해설 이 설명은 마찰 저항 압접에 대한 설명이다. 마찰 용접에는 마찰 교반 용접(FSW)과 마찰 저항용접이 있다.

29 다음 용접 중 저항열(줄 열)을 이용하여 용접하는 것은?

① 탄산가스 아크용접
② 일렉트로 슬래그 용접
③ 전자 빔 용접
④ 테르밋 용접

30 순철에 포함되어 있는 불순물 중 AC_3 점의 변태온도를 저하시키는 원소가 아닌 것은?

① Mn   ② Cu
③ C   ④ V

해설 순철에 불순물이 변태온도에 미치는 영향
- AC_3 점의 변태온도를 저하 : C, Cu, Ni, Mn
- AC_3 점의 변태온도를 상승 : Si, P, W, V, Co, Be
- 0.1%C에 의해서 A_1점은 33~35℃ 강하하고 A_4점은 79℃ 정도 상승한다.

31 연강에서 탄소가 증가할수록 기계적 성질은 일반적으로 어떻게 변하는가?

① 인장강도, 경도 및 연신률이 모두 감소한다.
② 인장강도, 경도 및 연신률이 모두 증가한다.
③ 인장강도와 연신률은 증가하나 경도는 감소한다.
④ 인장강도와 경도는 증가되고 연신률은 감소한다.

32 주철과 비교한 주강의 특징 설명으로 옳은 것은?

① 기계적 성질이 좋다.
② 주조성이 좋다.
③ 용융점이 낮다.
④ 수축률이 작다.

해설 주강은 주철보다 주조성이 나쁘며, 용융점이 높고 수축률도 2배 이상 크다.

정답 27 ③ 28 ① 29 ② 30 ④ 31 ④ 32 ①

33 강재의 KS 기호 중 틀린 것은?

① STS : 절삭용 합금 공구강재
② SKH : 고속도 공구강 강재
③ SNC : 니켈 크롬강 강재
④ STC : 기계구조용 탄소 강재

해설 기계 구조용 탄소강 : SM20C
STC(carbon tool stee) : 탄소공구강이다.

34 표면경화법 중 침탄법에 속하는 것들로만 짝지어진 것은?

① 질화 침탄법-고주파 침탄법-방전 침탄법
② 고체 침탄법-액체 침탄법-가스 침탄법
③ 세라 침탄법-마템퍼 침탄법-크로마이징 침탄법
④ 항 온침탄법-칼로 침탄법-뜨임 침탄법

35 다음 설명 중 용접의 품질을 가장 나쁘게 하는 것은?

① 열영향부의 경화를 방지하기 위해 급랭시켰다.
② 용접이 끝난 후 피닝처리 하였다.
③ 용접부의 변형을 방지하기 위해 도열법을 사용하였다.
④ 고급 내열 합금(Ni 또는 Co)강을 예열 후 용접하였다.

해설 용접부의 급랭은 용접부의 경화를 더 크게 하는 방법이다.

36 강의 담금질 조직에서 경도 순서를 바르게 표시한 것은?

① 마(마르)텐사이트 > 트루스타이트 > 소르바이트 > 오스테나이트
② 마텐텐사이트 > 소르바이트 > 오스테나이트 > 트루스타이트
③ 마텐텐사이트 > 트루스타이트 > 오스테나이트 > 소르바이트
④ 마텐텐사이트 > 소르바이트 > 트루스타이트 > 오스테나이트

해설 Martensite(HB 820) > Troostite(HB 400) > Sorbite(HB 270) > Austenite(HB 155)

37 다이캐스팅용 알루미늄 합금에 요구되는 성질이 아닌 것은? ★★

① 유동성이 좋을 것
② 금형에 대한 점착성이 좋을 것
③ 응고 수축에 대한 용탕 보급성이 좋을 것
④ 열간 취성이 작을 것

해설 다이캐스팅 Al 합금에는 알코아, 라우탈, 실루민, Y합금 등이 있으며 요구조건은 '①, ③, ④' 외에 금형에 대한 점착성이 없을 것

38 응력 부식 균열에 대한 설명으로 틀린 것은?

① 국부적으로 응력이 집중되었을 때 발생한다.
② 담금질하면 균열 발생을 억제할 수 있다.
③ 방지책으로 응력제거 풀림을 한다.
④ 응력과 부식이 합해져 균열이 생긴다.

해설 잔류응력이 존재하는 부분이 다른 부분보다 부식성이 높으며, 담금질하면 더 잔류응력이 커지게 되므로 부식성을 높일 수 있다.

정답 33 ④ 34 ② 35 ① 36 ① 37 ② 38 ②

39 티탄(Ti)의 종류 중 강도가 높고 용접이 용이한 용접구조용 판재, 관재로 가장 일반적인 것은?

① Ti 1종   ② Ti 2종
③ Ti 3종   ④ Ti 4종

해설 티탄 합금의 분류는 상(相)의 형식에 의한 분류와 사용 목적에 의한 분류 방법이 있다. 일반적으로 α형, α+β, β형의 3종류 크게 구분한다.
α형은 순수 Ti, 1종, 2종, 3종, 4종이 있으며, α 안정화 원소인 Al과 소량의 합금 원소(Pb, Ta 등)를 함유하는 것으로 상온에서 α조직을 갖는다.

40 주철 용접에서 용접이 곤란하고 어려운 이유로 해당하지 않는 것은?

① 주철은 수축이 커서 균열이 생기기 쉽다.
② 일산화탄소가 발생하여 용착금속에 기공이 생기기 쉽다.
③ 용접물 전체를 500~600°C의 고온에서 예열 및 후열을 할 수 있는 설비가 필요하다.
④ 주철은 연강보다 연성이 많고 급랭으로 인한 백선화가 되기 어렵다.

해설 주철은 연강에 비하여 여리며, 주철의 급냉에 의한 백선화로 기계가공이 곤란할 뿐 아니라 수축이 많아 균열이 생기기 쉽다.

41 알루미늄 및 그 합금은 대체로 용접성이 불량하다. 그 이유로 틀린 것은?

① 비열과 열전도도가 대단히 커서 단시간 내에 용융 온도까지 이르기가 힘들다.
② 용융점이 660°C로서 낮은 편이고, 색채에 따라 가열 온도의 판정이 곤란하여 지나치게 용융되기 쉽다.
③ 강에 비해 응고수축이 적어 용접 후 변형이 적으나 균열이 생기기 쉽다.
④ 용융 응고시에 수소 가스를 흡수하여 기공이 발생되기 쉽다.

해설 Al은 용접 후의 변형이 크며 균열이 생기기 쉽다(강에 비해 응고 수축 1.5배). 용융 응고시에 수소가스를 흡수하여 블로홀이 발생되기 쉽다.

42 구리(47%)-아연(11%)-니켈(42%)의 합금으로 니켈 함유량이 많을수록 융점이 높고 색은 변색한다. 융점이 높고 강인하므로 철강을 위시하여 동, 황동, 백동, 모넬메탈 등의 납땜에 사용하는 것은? ★★

① 양은납   ② 은납
③ 인청동납   ④ 황동납

해설 은납 : 은납은 구리, 은, 아연이 주성분으로 된 합금이며, 융점은 황동납보다 낮고 유동성이 좋다.
인장강도, 전연성 등의 성질이 우수, 구리, 구리합금, 철강, 스테인리스강 등에 사용된다.

43 다음 이음부의 홈 형상 중 가장 두꺼운 판에 적합한 것은?

① I형   ② H형
③ V형   ④ J

해설 I형 : 6mm 이하, H형 : 50mm 이상
V형 : 6-20mm, J형 : 4~19mm
X형 : 12mm 이상

정답 39 ② 40 ④ 41 ③ 42 ① 43 ②

44 그림과 같은 맞대기 용접시 $P = 6000\text{kg}_f$의 하중으로 잡아당겼을 때 모재에 발생되는 인장응력은 몇 kg_f/mm^2인가? (단위 : mm) ★★

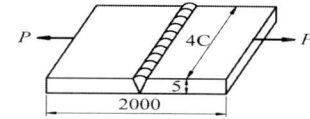

① 20　　　② 30
③ 40　　　④ 50

해설 $\sigma = \dfrac{P}{A} = \dfrac{6000}{5 \times 40} = 30\text{kg}_f/\text{mm}^2$

45 용접기호의 기입 표시 방법 내용에 포함되지 않는 것은?

① 용접 설계법　② 홈의 각도
③ 용접선의 길이　④ 홈의 형상

46 용접시 예열에 대한 설명 중 틀린 것은? ★★

① 용접성이 좋은 연강이라도 후판(두께가 약 25mm 이상)이 되면 예열은 하는 것이 좋다.
② 예열은 용접부의 냉각속도를 느리게 한다.
③ 예열온도는 모재의 재질에 따라 각각 다르다.
④ 연강은 0℃ 이하의 저온에서는 예열이 불필요하다.

해설 연강이라도 0℃ 이하에서 용접할 경우, 이음의 양쪽 폭 100mm 정도를 40-75℃로 예열해야 된다.
열전도가 좋은 알루미늄 합금, 구리합금은 200~400℃로 예열한다.

47 변형이나 잔류응력을 적게 하기 위한 용접순서 중 잘못된 것은?

① 동일 평면 내에 이음이 많은 경우 수축은 가능한 자유단으로 보낸다.
② 가능한 중앙에 대하여 대칭이 되도록 한다.
③ 용접선의 직각 단면 중심축에 대해 수축력 모멘트의 합이 0이 되게 한다.
④ 리벳이음과 용접이음을 동시에 할 경우는 리벳작업을 우선한다.

해설 용접물의 중립축을 참작하여 그 중립축에 대한 용접 수축력의 모멘트 합이 0이 되게 하면 용접선 방향에 대한 굽힘이 없어진다.
소 조립에서 대 조립, 용접을 먼저하고 리벳을 한다.

48 용접 패스상의 언더컷이 발생하는 가장 큰 원인은? ★★★

① 용접전류가 너무 높을 때
② 짧은 아크 길이를 유지할 때
③ 이음 설계가 부적당할 때
④ 용접부가 급랭 될 때

해설 언더컷 발생 원인은 과전류, 운봉 불량 등이다.

49 끝이 둥근 해머로 용접부를 두들겨 주는 피닝(Peening)의 목적과 관계없는 것은?

① 잔류응력 완화
② 용접변형의 감소 및 방지
③ 용착금속의 균열 방지
④ 용착금속의 기공 방지

정답 44 ②　45 ①　46 ④　47 ④　48 ①　49 ④

50 와류탐상 검사의 특징 설명으로 맞지 않은 것은?

① 표면 결함의 검출 감도가 우수하다.
② 강자성 금속에 작용이 쉽고 검사의 숙련도가 필요없다.
③ 표면 아래 깊은 곳에 있는 결함의 검출이 곤란하다.
④ 파이프, 환봉, 선 등에 대하여 고속 자동화가 가능하여 능률이 좋은 On-Line 생산의 전수검사가 가능하다.

해설 와류탐상 검사 : 비접촉 방법으로 프로브를 접근시켜 검사하는 것부터 원격 조작으로 좁은 영역, 홈이 깊은 곳의 검사가 가능하다. 강자성체 금속에 적용이 어렵고, 검사의 숙련도가 요구된다.

51 용접성 시험 중 용접 연성시험에 해당되는 것은?

① 코머렐 시험   ② 슈나트 시험
③ 로버트슨 시험   ④ 카안 인열 시험

해설 용접성 연성시험 : 코메럴 시험, 킨젤시험, T굽힘시험, 재현 열영향부 시험, 연속냉각 변태시험, IIW 최고경도시험 등이 있다.

52 용접부 부근의 냉각속도에 관한 설명으로 틀린 것은?

① 후판의 냉각속도는 박판 때보다 빠르다.
② 맞대기 용접이음보다 T형 필릿 용접이음이 냉각속도가 느리다.
③ 구리는 연강보다 열전도율이 크므로 냉각속도가 빠르다.
④ 열량을 일정하게 할 경우 열전도율이 클수록 냉각속도가 빠르다.

해설 동일한 판두께에서 맞대기 이음의 냉각 방향은 크게 2방향, 필릿 용접은 3방향이므로 그만큼 냉각속도도 빠르게 된다. 열전도도가 클수록 두께가 두꺼울수록 냉각속도가 빠르다.

53 용접 작업에서 가접의 일반적인 주의사항이 아닌 것은?

① 본 용접자와 동등한 기량을 갖는 용접자가 가접을 시행한다.
② 용접봉은 본 용접 작업시에 사용하는 것보다 약간 가는 것을 사용한다.
③ 본 용접과 같은 온도에서 예열을 한다.
④ 가접 위치는 부품의 끝 모서리나 각 등과 같은 곳에 한다.

해설 가접 위치는 중요 부분이나 끝 모서리 등에는 가능한 한 피하는 것이 좋다.

54 일반적인 산업용 로봇의 분류에서 미리 설정된 정보의 순서, 조건 등에 따라 동작이 진행되는 로봇은?

① 플레이 백 로봇   ② 지능 로봇
③ 감각제어 로봇   ④ 시퀀스 로봇

해설 플레이 백 로봇(play back robot) : 사람이 로봇을 작동시킴으로서 순서, 조건, 위치 및 기타의 정보를 교시(teaching)하고 그 정보에 따라 작업을 할 수 있는 로봇이다.

55 사내 표준화 효과가 아닌 것은?

① 사용소비의 합리화
② 품질의 향상 및 균일화
③ 표준원가 및 표준작업공수의 산정
④ 생산능률의 증진과 생산비의 저하

정답 50 ② 51 ① 52 ② 53 ④ 54 ④ 55 ①

56 C 관리도에서 k = 20인 군의 총부적합(결점)수 합계는 58이었다. 이 관리도의 UCL, LCL을 구하면 약 얼마인가? ★★

① UCL = 6.92, LCL = 0
② UCL = 4.90, LCL = 고려하지 않음
③ UCL = 6.92, LCL = 고려하지 않음
④ UCL = 8.01, LCL = 고려하지 않음

해설 $CL(center\ line) = \bar{c} = \dfrac{\sum c}{k} = \dfrac{58}{20} = 2.9$

관리하한선 : LCL, 관리상한선 : UCL
$LCL = \bar{c} - 3\sqrt{\bar{c}} = 2.9 - 3\sqrt{2.9} = -2.21$
$UCL = \bar{c} + 3\sqrt{\bar{c}} = 2.9 + 3\sqrt{2.9} = 8.01$

57 품질관리 기능은 품질을 중요시하는 관념과 제품 책임으로 피드백의 유지로 W.E. Deming은 4가지의 기능 사이클을 설명하고 있다. 여기에 속하지 않는 것은?

① 공정의 관리   ② 표준의 설정
③ 품질보증   ④ 품질조사

58 다음 중 데이터를 그 내용이나 원인 등 분류항목별로 나누어 크기의 순서대로 나열하여 나타낸 그림을 무엇이라 하는가?

① 히스토그램(histogram)
② 파레토도(pareto diagram)
③ 특성요인도(causes and effects diagram)
④ 체크시트(check sheet)

해설 파레트도 : 불량률 등의 데이터를 원인별로 분류하여 왼쪽에서부터 오른쪽으로 비중이 큰 항목부터 작은 항목으로 나열한 그림, 도수분포의 응용수법으로 중요한 문제점을 찾아내는 방법, 현장에서 널리 사용된다.

59 로트로부터 시료를 샘플링해서 조사하고, 그 결과를 로트의 판정기준과 대조하여 그 로트의 합격, 불합격을 판정하는 검사를 무엇이라 하는가? ★★

① 샘플링 검사   ② 전수검사
③ 공정검사   ④ 품질검사

해설 샘플 검사법 중 판정의 대상에 의한 분류
전수 검사, 로트별 샘플링 검사, 관리 샘플링 검사, 무 검사, 자주 검사

60 일정 통제를 할 때 1일당 그 작업을 단축하는데 소요되는 비용의 증가를 의미하는 것은? ★★

① 비용구배(Cost slope)
② 정상소요시간(Normal duration time)
③ 비용견적(Cost estimation)
④ 총비용(Total cost)

정답 56 ④ 57 ② 58 ② 59 ① 60 ①

2008 제44회 용접기능장 최근 기출문제

2008년 7월 13일 시행

01 아크용접봉의 피복제 작용에 관한 설명 중 틀린 것은?

① 아크를 안정하게 한다.
② 용적을 크게 하고 용착효율을 낮춘다.
③ 용착금속에 적당한 합금원소를 첨가한다.
④ 용착금속의 응고와 냉각속도를 느리게 한다.

해설 피복제는 용적을 미세화하고 용착효율을 높이는 역할을 한다.

02 가스 용접시 산화 불꽃으로 용접하는 것이 좋은 재료는?

① 알루미늄 ② 청동, 황동
③ 주철, 가단주철 ④ 모넬메탕, 니켈

03 다음 중 산소와 아세틸렌 가스의 충전온도(℃)와 압력(kgf/cm²)을 올바르게 연결한 것은?

① 산소 : 25℃에서 120kgf/cm²
  아세틸렌 : 10℃에서 12kgf/cm²
② 산소 : 35℃에서 150kgf/cm²
  아세틸렌 : 15℃에서 15kgf/cm²
③ 산소 : 15℃에서 15kgf/cm²
  아세틸렌 : 35℃에서 150kgf/cm²
④ 산소 : 10℃에서 12kgf/cm²
  아세틸렌 : 25℃에서 120kgf/cm²

04 아세틸렌가스의 통로에 순수 구리를 사용하면 안되는 이유는?

① 아세틸렌의 과도한 공급을 초래하기 때문에
② 가스성분이 변하기 때문에
③ 역화의 원인이 되기 때문에
④ 폭발성 화합물을 생성하기 때문에

해설 아세틸렌 통로에 순구리나 62% Cu 이상의 구리를 사용할 경우 폭발성 화합물을 생성하여 폭발할 수 있다.

05 후판절단에 이용되는 가스 절단 팁의 노즐 형태로 알맞은 것은?

① 직선형
② 스트레이트형
③ 다이버전트형
④ 저속 다이버전트형

06 알루미늄을 플라스마 제트 절단할 때 작동 가스로 적합한 것은?

① 아르곤+수소 ② 아르곤+질소
③ 헬륨+수소 ④ 질소+수소

정답 1② 2② 3② 4④ 5① 6①

07 φ3.2 용접봉으로 작업 중 아크 길이를 길게 하였을 때 나타나는 현상이 아닌 것은?

① 용융금속이 산화된다.
② 열집중이 부족하다.
③ 용입불량이 되기 쉽다.
④ 스패터가 적다.

08 연강용 피복금속 아크용접봉의 종류 중 라임티타니아계에 해당되는 것은?

① E4316　② E4313
③ E4311　④ E4303

09 산소절단의 원리를 설명한 것 중 옳지 못한 사항은?

① 산소 절단은 아세틸렌과 철의 화학작용에 의한 것이다.
② 산소 절단은 산소와 철의 화학반응열을 이용한 것이다.
③ 산소 절단시 화학반응열은 예열에 이용된다.
④ 철에 포함된 많은 탄소는 절단을 방해한다.

[해설] 가스(산소) 절단은 산소와 철의 화학 반응열을 이용한 것으로 아세틸렌과의 반응이 아니다.

10 AW200 무부하 전압 80V 아크 전압 30V인 교류용접기를 사용할 때 역률과 효율은? (단, 내부 손실은 4kW이다.)

① 역률 62.5%, 효율 60%
② 역률 30%, 효율 25%
③ 역률 80%, 효율 90%
④ 역률 84.55%, 효율 75%

[해설]
$$역률 = \frac{소비전력}{전원입력} \times 100$$
$$= \frac{30 \times 200 + 4000}{80 \times 200} \times 100 = 62.5$$
$$효율 = \frac{아크출력}{소비전력} \times 100$$
$$= \frac{30 \times 200}{30 \times 200 + 4000} \times 100 = 60$$

11 일렉트로 슬래그 용접의 특징이다. 맞지 않는 것은?

① 두꺼운 판의 용접에 적합하고 경제적이다.
② 용접시간을 단축할 수 있으며 능률적이다.
③ 홈 시공 시 정밀하게 해야 하며 홈 가공 준비가 복잡하다.
④ 전압이 높아지면 용입은 깊어진다.

[해설] 일렉트로 슬래그 용접은 홈 가공시 수직 절단 상태 그대로 용접하면 되므로 홈 가공이 간단하다.

12 용접에서 용착금속의 중량 대 소모된 용접봉의 중량을 퍼센트로 나타낸 것은?

① 용착효율　② 소모능률
③ 용적비　　④ 용착비율

13 리벳 이음과 비교한 아크 용접의 장점을 설명한 것은?

① 응력집중에 대하여 극히 둔감하다.
② 수밀 및 기밀성이 좋다.
③ 품질검사를 쉽게할 수 있다.
④ 재질변형 및 잔류응력이 존재하지 않는다.

정답 7 ④　8 ④　9 ①　10 ①　11 ③　12 ①　13 ②

14 금속의 표면을 보호하고 녹을 방지하며, 기계 표면을 매끈히 하고 상품가치를 높이기 위한 표면처리 방법에 해당되지 않는 것은?

① 도장(painting)
② 전기도금(electroplating)
③ 금속 용사(metal spraying)
④ 시안화법(cyaniding)

15 발전기형 직류 아크용접에는 전동기형, 엔진구동형이 있다. 공통적인 특징으로 옳지 않은 것은?

① 완전한 직류를 얻는다.
② 회전하므로 고장나기 쉽고 소음이 발생한다.
③ 구동부, 발전기부로 되어 가격이 고가이다.
④ 보수와 점검이 쉽다.

16 서브머지드 아크용접에서 용융형 용제의 특징이 아는 것은?

① 비드 외관이 아름답다.
② 흡습성이 거의 없으므로 재건조가 불필요하다.
③ 미용융 용제는 다시 사용이 가능하다.
④ 용융시 분해되거나 산화되는 원소를 첨가할 수 있다.

17 서브머지드 아크용접의 플럭스 중 분말 원료에 고착제를 첨가하여 500~600℃에서 건조하여 제조한 것은?

① 용융형 용제
② 저온 소결형 용제
③ 고온 소결형 용제
④ 혼합형 용제

18 TIG 용접에 대한 설명으로 틀린 것은?

① 불활성가스 분위기 속에서 용접한다.
② 전극봉은 순텅스텐 전극봉, 토륨(1~2%) 텅스텐 전극봉, 지르코늄 텅스텐 전극봉이 사용된다.
③ Al, Mg 합금의 용접에 사용되는 전극봉은 1~2% 토륨 텅스텐 전극봉이 사용된다.
④ 공랭식 토치는 사용전류 200A 이하에서 사용된다.

19 TIG 용접시 청정효과(cleaning action)에 대한 설명으로 틀린 것은?

① 이 현상은 가속된 가스이온이 모재 표면에 충돌하여 산화막이 제거되는 현상이다.
② 직류 정극성에서 잘 나타난다.
③ Ar 가스 사용시 잘 나타난다.
④ 강한 산화막이 있는 금속도 용제없이 용접이 가능하다.

20 MIG 용접의 특징 설명으로 틀린 것은?

① 수동 피복아크용접에 비하여 능률적이다.
② 각종 금속의 용접에 다양하게 적용할 수 있다.
③ 박판(3mm 이하) 용접에서는 적용이 곤란하다.
④ CO_2 용접에 비해 스패터의 양이 많다.

정답 14 ④ 15 ④ 16 ④ 17 ② 18 ③ 19 ② 20 ④

21 탄산가스 아크용접시 발생하기 쉬운 CO_2에 의한 중독에서 극히 위험하게 되려면 작업장의 단위 체적당 CO_2 농도가 몇 % 정도이어야 하는가?

① 5% 이하   ② 5 ~ 15%
③ 15 ~ 25%   ④ 30% 이상

22 탄산가스 아크 용접시 발생하기 쉬운 탄산가스에 의한 중독에서 치사량이 되려면 몇 % 이상이어야 하는가?

① 10% 이상   ② 20% 이상
③ 30% 이상   ④ 5% 이상

23 일렉트로 슬래그(ELECTRO SLAG) 용접에서 용접 조건이 모재의 용입 깊이에 미치는 영향 중 맞게 설명한 것은?

① 용접속도가 빠르면 용입이 깊어진다.
② 플럭스(FLUX)의 전기전도성이 크면 용입이 깊어진다.
③ 용접 전압이 낮으면 용입이 깊어진다.
④ 용접 전압이 높으면 용입이 깊어진다.

[해설] 전압이 높으면 용입이 낮아진다.

24 테르밋 용접에서 테르밋제의 주성분은?

① 과산화바륨과 마그네슘
② 알루미늄 분말과 산화철 분말
③ 아연과 철의 분말
④ 과산화바륨과 산화철 분말

[해설] 테르밋 용접시 테르밋 반응 촉진제로 과산화바륨이나 마그네슘 등이 사용된다.

25 레이저 용접의 특징 설명으로 틀린 것은?

① 모재의 열변형이 거의 없다.
② 진공 상태에서의 용접이 가능하다.
③ 미세하고 정밀한 용접을 할 수 있다.
④ 접촉식 용접 방식이다.

[해설] 레이저 용접은 비접촉식 용접 방식이다.

26 인장을 받는 맞대기 용접이음에서 굽힘 모멘트 : M[kgf-mm], 굽힘 응력 : σ_b[kgf/mm²], 두께 : t[mm]일 때, 용접길이 : L[mm]를 구하는 식으로 옳은 것은?

① $L = \sqrt{\dfrac{\sigma_b t}{6M}}$ ② $L = \sqrt{\dfrac{\sigma_b M}{6t}}$
③ $L = \sqrt{\dfrac{6t}{\sigma_b M}}$ ④ $L = \sqrt{\dfrac{6M}{\sigma_b t}}$

27 납땜에는 경납땜과 연납땜이 있다. 연납땜시 용제를 사용하게 되는데 연납용 용제의 종류가 아닌 것은? ★★

① 염화아연   ② 붕산염
③ 염화암모늄   ④ 염산

[해설] 붕산염은 황동 등의 경납땜에 사용된다.

28 피복 아크용접시 감전의 방지대책 중 틀린 것은?

① 좁은 장소의 작업에서는 신체를 노출시키지 않도록 한다.
② 절연이 완전한 홀더를 사용한다.
③ 무부하 전압이 높은 것을 사용한다.
④ 의복, 신체 등이 땀이나 습기에 젖지 않도록 하고 안전 보호구를 착용한다.

[해설] 무부하 전압이 높을수록 전격(감전) 위험이 크다.

정답 21 ④ 22 ③ 23 ④ 24 ② 25 ④ 26 ④ 27 ② 28 ③

29 가스용접의 안전작업 설명 중에서 틀린 것은?

① 아세틸렌 가스 집중장치 시설에는 소화기를 준비한다.
② 산소병은 직사광선을 피해 보관해야 한다.
③ 용접작업은 가연성 물질이 있는 장소에서 한다.
④ 작업 종료시 메인 밸브 및 콕 등을 완전히 잠근다.

해설 용접 작업 전에 용접 장소 주위에 가연성 물질이 없도록 해야 된다.

30 구상흑연주철에 나타나는 조직이 아닌 것은?

① 페라이트   ② 시멘타이트
③ 오스테나이트   ④ 펄라이트

해설 주철에서는 오스테나이트 조직이 생기지 않는다.

31 철강재료의 용접에서 설퍼밴드를 만들어 용접균열을 일으키는 원소는?

① F   ② Si
③ S   ④ Mg

32 구상흑연주철 중 마그네슘의 첨가량이 많을 때, 규소가 적을 때, 냉각속도가 빠를 때 나타나는 조직은?

① 페라이트형   ② 시멘타이트형
③ 펄라이트형   ④ 오스테나이트형

33 주철의 용접시 주의사항 중 틀린 것은?

① 보수 용접을 행하는 경우는 본 바닥이 나타날 때까지 잘 깎아낸 후 용접한다.
② 가열되어 있을 때 피닝 작업을 하여 변형을 줄이는 것이 좋다.
③ 용접봉은 될 수 있는 대로 지름이 큰 것을 사용한다.
④ 비드의 배치는 짧게 해서 여러 번의 조작으로 완료한다.

34 탄소강의 용접에 대한 설명으로 틀린 것은? ★★

① 노치 인성이 요구되는 경우 저수소계 계통의 용접봉이 사용된다.
② 중탄소강의 용접에는 650℃ 이상의 예열이 필요하다.
③ 저탄소상의 경우 일반적으로 판두께 25mm까지는 예열이 필요없다.
④ 고탄소강의 경우는 용접부의 경화가 현저하여 용접균열이 발생될 위험이 있다.

해설 중탄소강의 예열은 280℃, 후열은 650℃로 실시한다.

35 오스테나이트계 스테인리스강 용접시 유의해야 할 사항 중 틀린 것은?

① 예열을 해야 한다.
② 층간 온도가 320℃ 이상을 넘어서는 안 된다.
③ 짧은 아크 길이를 유지한다.
④ 될수록 가는 용접봉을 사용한다.

해설 오스테나이트계 스테인리스강의 용접시 예열을 할 경우 입계부식의 우려가 있으므로 예열해서는 안된다.

정답 29 ③ 30 ③ 31 ③ 32 ② 33 ③ 34 ② 35 ①

36 알루미늄과 알루미늄 합금의 용접에 대하여 설명한 것 중 틀린 것은?

① 가스 용접할 때는 약한 산화 불꽃을 사용한다.
② 가스 용접시 얇은 판의 용접에서는 변형을 막기 위하여 스킵법과 같은 용접방법을 채택한다.
③ TIG 용접으로 할 경우 용제 사용 및 슬래그의 제거가 필요 없다.
④ 저항 점용접으로 접합할 경우는 표면의 산화막을 제거해야 한다.

해설 Al을 가스용접할 때는 중성 또는 약한 탄화 불꽃을 사용한다.

37 구리 및 구리합금에 관한 설명으로 틀린 것은?

① 용접 후 응고시 수축면형이 생기기 쉽다.
② 구리 합금의 경우 아연 증발로 중독을 일으키기 쉽다.
③ 황동의 경우 산화 불꽃으로 용접한다.
④ TIG 용접으로 할 경우 판두께 6mm 이상에 많이 사용된다.

해설 TIG 용접은 판두께 6mm 이하에 사용한다.

38 니켈 합금이 아닌 것은?

① 콘스탄탄 ② 인코넬
③ 모넬메탈 ④ 다우메탈

39 아연에 대한 설명 중 틀린 것은? ★★

① 아연(Zn)은 철강재의 부식 방지용으로 많이 쓰인다.
② 아연은 공기 중에 산화되며 알칼리에 강하다.
③ 비중이 7.1, 용융점이 420℃ 정도이다.
④ 조밀육방격자의 금속이다.

40 표면경화법 중 고체 침탄법의 특징 설명으로 틀린 것은?

① 고도의 기술이 필요없고 방법이 간단하다.
② 부품의 크기에 구애받지 않는다.
③ 가열용 열원으로 전기, 가스, 중유, 경유 등 어느 것이나 사용이 가능하다.
④ 현대화된 방법으로 대량 생산에 적합하다.

41 용접 후 응력제거 풀림의 효과로 틀린 것은?

① 크리프 강도의 저하
② 열영향부의 뜨임 연화
③ 응력 부식에 대한 저항력 증대
④ 용착금속 중의 수소 제거에 의한 연성의 증대

해설 응력제거 풀림을 할 경우 크리프 강도가 향상된다.

42 다음 표면경화법 중 금속침투법이 아닌 것은?

① 크로마이징   ② 갈바나이징
③ 칼로라이징   ④ 세라다이징

해설 갈바나이징은 용융도금의 일종으로 금속 침투법은 아니다.

정답 36 ① 37 ④ 38 ④ 39 ② 40 ④ 41 ① 42 ②

43 용접구조물 설계시 주의할 사항 중 틀린 것은?

① 용접이음은 집중, 접근 및 교차를 피한다.
② 용접성, 노치인성이 우수한 재료를 선택하여 시공하기 쉽게 설계한다.
③ 용접금속은 가능한 다듬질 부분에 포함되지 않게 주의한다.
④ 후판을 용접할 경우는 용입을 깊게 하기 위하여 용접층수를 가능한 많게 설계한다.

해설 용접 시공시 층수나 패스수가 많은만큼 변형이 크고 용접시간도 길어진다.

44 필릿 용접의 이음 강도는 목두께로 결정되는데 만약 각장(목길이, 다리길이)이 20mm로 필릿 용접할 경우 이론 목두께는 약 몇 mm로 정해야 하는가? (단, 간편법으로 계산하였을 경우) ★★

① 7.81   ② 9.81
③ 12.14 ④ 14.14

해설 목두께 = 다리길이(각장) × cos45°
= 20×0.707 = 14.14

45 다음 그림의 용접 도면을 설명한 것 중 맞지 않는 것은? ★★

$a \quad \triangle \quad n \times l(e)$

① a : 목두께
② l : 용접 길이
③ n : 목길이의 개수
④ (e) : 인접한 용접부 간격

해설 a : 각장, n : 용접개수, l : 용접부 길이
e : 용접부 사이의 간격

46 용접 지그 사용시 이점이 아닌 것은?

① 동일 제품을 다량 생산할 수 있다.
② 제품의 정밀도와 용접부 신뢰성을 높인다.
③ 용접 능률을 높인다.
④ 구속력이 크면 잔류응력이 발생하기 쉽다.

해설 ④는 지그 사용시 단점에 해당된다.

47 맞대기 홈 용접에서 열원의 전방에 구속이 없는 경우 연속용접에 의한 홈 간격은 용접 진행에 따라 변화를 일으킨다. 이에 따른 설명으로 맞는 것은?

① 자동용접에서는 홈 간격이 넓어진다.
② 저속 소입열에서는 개선이 넓어진다.
③ 고속 대입열에서는 개선이 좁아진다.
④ 수동용접에서는 홈 간격이 넓어진다.

48 용접변형에 영향을 미치는 인자 중 용접열에 관계되는 인자와 거리가 가장 먼 것은?

① 용접속도   ② 용접 층수
③ 용접 전류   ④ 부재 치수

49 용접부에 발생한 잔류응력을 제거하기 위해서 열거한 방법 중 옳은 것은?

① 풀림 처리를 한다.
② 담금질 처리를 한다.
③ 뜨임 처리를 한다.

정답 43 ④ 44 ④ 45 ③ 46 ④ 47 ① 48 ④ 49 ①

④ 서브제로 처리를 한다.

50 용접결함 중 용입불량의 원인으로 틀린 것은?

① 용접봉의 선택이 불량할 경우
② 용접 속도가 너무 빠를 경우
③ 용접 전류가 낮을 경우
④ 용접 분위기 가운데 수소가 과잉일 경우

51 용접비드 끝에서 오목하게 패인 곳으로, 불순물과 편석이 발생하기 쉽고 냉각 중에는 균열을 일으킬 가능성이 큰 것은?

① 크레이터(crater)   ② 스패터(spatter)
③ 자기쏠림   ④ 은점

52 로봇을 동작기구에 따라 분류한 것은?

① 시퀀스 로봇   ② 수체제어 로봇
③ 지능 로봇   ④ 극좌표 로봇

53 다음 중 파괴시험의 용접성 시험에 해당되는 것은?

① 용접 연성 시험
② 초음파 시험
③ 멤도리 전류시험
④ 음향시험

54 형광 침투검사법의 단계를 올바르게 표현한 것은?

① 전처리 → 침투 → 수세 → 현상제 살포와 건조 → 검사
② 수세 → 침투 → 현상제 살포와 건조 → 전처리 → 검사
③ 전처리 → 수세 → 현상제 살포와 건조 침투 → → 검사
④ 수세 → 현상제 살포와 건조 → 전처리 → 침투 → 검사

55 공정에서 만성적으로 존재하는 것이 아니고 산발적으로 발생하며, 품질의 변동에 크게 영향을 끼치는 요주의 원인으로 우발적 원인인 것을 무엇이라 하는가?

① 우연원인
② 이상원인
③ 불가피 원인
④ 억제할 수 없는 원인

56 계수 규준형 1회 샘플링 검사(KS A 3102)에 관한 설명 중 가장 거리가 먼 내용은?

① 검사에 제출된 로트의 제조공정에 관한 사전 정보가 없어도 샘플링 검사를 적용할 수 있다.
② 생산자측과 구매자측이 요구하는 품질 보호를 동시에 만족시키도록 샘플링 검사방식을 선정한다.
③ 파괴검사의 경우와 같이 전수검사가 불가능한 때에는 사용할 수 없다.
④ 1회만의 거래시에도 사용할 수 있다.

57 다음 중 품질관리 시스템에 있어서 4M에 해당하지 않는 것은?

① Man   ② Machine
③ Material   ④ Money

해설 4M : ①, ②, ③와 Method
5M : Man(사람, 노동), Machine(기계),

Material(자재), Management(관리), Method(방법)

58 Work Factor법의 시간단위는?

① 0.0001분 ② 0.0001시간
③ 0.001초   ④ 3600초

해설 Work factor법의 시간치는 1/10000이며, 주요 변수는 이동거리, 사용 신체부위, 인위적 조건 등이다.
기본 동작에는 손을 뻗침, 운반, 누름 등이다.

59 방법시간 측정법(MTM : Method Time Measurement)에서 사용되는 1TMU(Time Measurement Unit)는 몇 시간인가?

① $\dfrac{1}{100000}$ 시간 ② $\dfrac{1}{10000}$ 시간
③ $\dfrac{6}{10000}$ 시간   ④ $\dfrac{36}{1000}$ 시간

60 제품 공정분석표용 공정도시기호 중 정체 공정(Delay)기호는 어느 것인가?

① ○ ② →, ⇨
③ □ ④ D

해설
○ : 가공,   → : 운반,
□ : (수량)검사 ◇ : 품질검사,
▽ : 저장,   D : 지(정)체,
| : 흐름선,   ⌇ : 구분,
= : 생략,
⌂ : 수량검사를 주로 하면서 품질검사도 한다.
◈ : 품질검사를 주로 하면서 품질 검사도 한다.
⬡ : 가공을 주로 하면서 수량 검사도 한다.
⇨ : 가공을 주로 하면서 운반도 한다.
✡ : 작업 중 정체
▽ : 공(공정) 사이에서 정체
⊘ : 정보 기록
◎ : 기록 완성

정답 58 ① 59 ① 60 ④

2009 제45회 용접기능장 최근 기출문제

2009년 3월 29일 시행

01 그림과 같은 맞대기 용접 이음에서 인장하중 W[kgf]을 구하는 식은? (단, σb : 휨응력, σt : 인장응력)

① $W = \sigma t L$ ② $W = \sigma(t+a)L$
③ $W = \dfrac{\sigma t}{L}$ ④ $W = \dfrac{Lt}{\sigma}$

[해설] $\sigma = \dfrac{W(P)}{A} = \dfrac{W}{tL}$, $W = \sigma t L$

02 연강용 피복 금속 아크용접봉의 종류 중 철분산화철계에 해당 되는 것은?

① E4324   ② E4340
③ E4326   ④ E4327

[해설] E4324 : 철분고산화티탄계, E4340 : 특수계, E4326 : 철분저수소계

03 강괴, 강편, 슬래그 기타 표면의 흠이나 주름, 주조결함, 탈탄층 등을 제거하는 방법으로 가장 적합한 가공법은?

① 가스 가우징(gas gouging)
② 스카핑(scarfing)
③ 분말 절단(powder cutting)
④ 아크 에어 가우징(arc air gouging)

04 가스의 흐름에 대한 용어의 설명 중 틀린 것은?

① 역류는 아세틸렌 가스가 산소쪽으로 흘러들어 가는 현상
② 역화는 팁 끝이 모재에 닿아 팁의 과열 등으로 팁속에서 폭발음이 나며 불꽃이 꺼졌다가 다시 생기는 현상
③ 역류는 산소가 아세틸렌 가스 발생기 안으로 흘러 들어가는 현상
④ 인화는 팁 끝이 순간적으로 막히게 되면 가스의 분출이 나빠지고 혼합실까지 불꽃이 들어가는 현상

05 산소-아세틸렌을 사용한 수동 절단시 팁 끝과 연강판 사이의 거리는 백심에서 약 몇 mm 정도가 가장 적당한가?

① 0.5 ~ 1.0   ② 2.5 ~ 3.5
③ 1.5 ~ 2.0   ④ 3.4 ~ 4.5

06 자분탐상검사에서 피검사물의 자화방법은 물체의 형상과 결함의 방향에 따라 여러가지로 분류 하는데, 다음 중 그 분류 방법에 해당하지 않는 것은?

① 축통전법   ② 회전법
③ 극간법   ④ 코일법

[해설] 자분(자기) 탐상법에서 자화 방법은 ①, ③,

정답 1① 2④ 3② 4① 5③ 6②

④ 외에 직각 통전법, 전류 관통법, 프로드법 등이 있다.

07 용접의 단점(短點) 설명으로 가장 관계가 먼 것은?

① 용접부는 응력 집중에 극히 민감하다.
② 용접부에는 재질의 변형이 생긴다.
③ 재료의 두께에 제한을 받으며 이음 효율이 낮다.
④ 용접부에는 잔류응력이 존재한다.

해설 용접은 재료의 두께에 제한을 받으며 이음 효율이 낮은 것이 아니라 두께에 제한을 받지 않으며, 이음 효율도 높은 장점이 있다.

08 프로판가스가 연소할 때 몇 배의 산소를 필요로 하는가?

① 2   ② 2.5
③ 3   ④ 4.5

해설 프로판-산소 연소시 산소가 4.5배 필요하다.

09 연강용 피복금속 아크용접봉의 피복제 작용이 아닌 것은?

① 아크를 안정하게 하고, 스패터의 발생을 적게 한다.
② 중성 또는 환원성 분위기로 대기 중으로부터 용착 금속을 보호한다.
③ 용융금속의 용적을 미세화하여 용착 효율을 높인다.
④ 용융점이 높은 적당한 점성의 무거운 슬래그를 만든다.

해설 피복제는 용융점이 낮은 적당한 점성의 가벼운 슬래그를 만드는 역할을 한다.

10 산소·아세틸렌 용기의 취급시 주의사항으로 가장 거리가 먼 것은?

① 운반시 충격을 금지한다.
② 직사광선을 피하고 50℃ 이하 온도에서 보관한다.
③ 가스 누설 검사는 비눗물을 사용한다.
④ 저장실의 전기스위치, 전등 등은 방폭 구조여야 한다.

해설 가스 용기는 40℃ 이하의 장소에 보관해야 된다.

11 교류 용접기에서 2차 무부하 전압 80V, 아크전압 30V, 아크전류 300A라고 하면 역률은 약 몇 %인가? (단, 용접기의 2차측 내부손실(동손, 철손, 그 밖의 손)은 4 kW로 한다.) ★★

① 69   ② 54
③ 48   ④ 26

해설 역률 = $\dfrac{\text{소비전력}}{\text{전원입력}} \times 100$
= $\dfrac{30 \times 300 + 4000}{80 \times 300} \times 100 = 54.16$

12 용접 구조물 설계상 주의할 사항으로 가장 거리가 먼 것은?

① 이음의 역학적 특징을 고려하여 구조상 불연속부가 없도록 한다.
② 용접 치수는 강도상 필요한 치수 이상으로 충분하게 한다.
③ 용접 이음의 교차와 집중을 피한다.
④ 용접성 및 노치인성이 우수한 재료를 사용한다.

13 가스 절단시 절단속도에 관한 설명 중 틀린 것은?

① 절단속도는 절단산소의 압력이 낮고 산소 소비량이 많을수록 증가한다.
② 모재의 온도가 높을수록 고속절단이 가능하다.
③ 다이버전트 노즐을 사용하면 절단속도를 20~25% 증가시킬 수 있다.
④ 절단 속도는 절단 산소의 분출 상태와 속도에 따라 영향을 받는다.

14 피복 금속 아크용접법으로 다층용접을 할 때, 첫 번째 패스를 저수소계 용접봉을 사용하는 가장 큰 이유는?

① 위빙을 하지 않아도 좋기 때문이다.
② 수소와 잔류응력에 기인하는 균열을 방지하기 때문이다.
③ 비드 외관을 좋게 하기 때문이다.
④ 가접을 하지 않아도 좋기 때문이다.

15 MIG용접에서 아크의 자기제어를 위해 주로 많이 사용되는 전원특성은?

① 정전압특성　② 정저항특성
③ 수하특성　　④ 역극성

16 불활성가스 텅스텐 전극(GTAW) 아크용접에서 텅스텐 극성에 따른 용입 깊이를 가장 적절하게 표시한 것은?

① DCSP > AC > DCRP
② DCRP > AC > DCSP
③ DCRP > DCSP > AC
④ AC > DCSP > DCRP

17 원자 수소 아크용접은 수소의 변화에 의하여 방출되는 열을 이용하여 수소가스 분위기 내에서 용접이 이루어지는데, 용접할 때 수소의 변화 상태가 맞는 것은?

① H_2 (분자상태) $\xrightarrow{(발열)}$ $2H$ (원자상태) $\xrightarrow{(흡열)}$ H_2 (분자상태)

② H_2 (분자상태) $\xrightarrow{(발열)}$ H_2 (분자상태) $\xrightarrow{(흡열)}$ $2H$ (원자상태)

③ H_2 (분자상태) $\xrightarrow{(흡열)}$ $2H$ (원자상태) $\xrightarrow{(발열)}$ H_2 (분자상태)

④ $2H$ (분자상태) $\xrightarrow{(흡열)}$ H_2 (원자상태) $\xrightarrow{(발열)}$ H_2 (원자상태)

18 탄산가스 아크용접 작업에서 용접 진행 방향에 대한 토치 각도에 따라 전진법과 후진법으로 구분하는데, 전진법에 대해 설명한 것 중 틀린 것은?

① 토치각은 용접 진행 반대쪽으로 15~20°로 유지하는 것이 좋다.
② 용접선이 잘 보이므로 운봉을 정확하게 할 수 있다.
③ 비드 높이가 높고, 폭이 좁은 비드를 얻는다.
④ 스패터가 비교적 많다.

> **해설** 전진법은 비드 높이가 낮고 폭이 넓은 비드를 얻는다.

19 저항 용접 조건의 3대 요소로 가장 적절한 것은?

① 용접전류, 통전시간, 전극 가압력
② 용접전류, 유지시간, 용접전압
③ 용접전류, 초기가압시간, 전극 가압력
④ 용접전류, 정지시간, 전극 가압력

20 가스용접 작업의 안전 및 화재, 폭발 예방에 대한 설명 중 맞지 않는 것은?

① 가스용접 작업은 가연성 물질이 없는 안전한 장소를 선택한다.
② 작업 중에는 소화기를 준비하여 사고에 대비한다.
③ 산소는 지연성 가스이므로 산소병 내에 다른 가스와 혼합하여 사용한다.
④ 산소병은 40℃ 이하 온도에서 보관하고 직사광선을 피해야 한다.

21 불활성 가스 금속 아크(MIG)용접의 장점이 아닌 것은?

① 대체로 전자세 용접이 가능하다.
② 대체로 모든 금속의 용접이 가능하다.
③ TIG용접에 비해 전류밀도가 낮아 용융 속도가 느리다.
④ 비교적 아름답고 깨끗한 비드를 얻을 수 있다.

해설 MIG용접은 TIG용접에 비해 약 2배 정도 높은 전류밀도를 가지므로 후판용접에 적합하다.

22 CO_2 또는 MIG용접에서 아크 길이가 길어지면 어떠한 현상이 일어나는가?

① 전류의 세기가 커진다.
② 전류의 세기가 작아진다.
③ 전압은 변화가 없다.
④ 전압이 낮아진다.

해설 CO_2 용접에서 아크 길이가 길어지면 전압은 일정하나 전류 세기는 낮아진다.

23 아세틸렌 발생기에서 발생된 아세틸렌 불순물 중에서 폭발의 위험성이 있는 가스는?

① 암모니아   ② 유화수소
③ 인화수소   ④ 질소

24 전기 저항열을 이용한 용접법은 어느 것인가? ★★★★

① 전자빔 용접
② 일렉트로 슬래그 용접
③ 플라스마 용접
④ 레이저 용접

해설 일렉트로 슬래그 용접은 용제와의 저항열에 의해서 용접이 이루어지는 융접법의 일종이며, 전기 저항용접에서의 저항열을 이용한 압접법과는 다르다.

25 수동 TIG 용접 장치가 아닌 것은?

① 토치   ② 제어장치
③ 냉각수 순환장치 ④ 후락스 호퍼

해설 후락스 호퍼는 서브머지드 아크용접의 부속 기구이다.

26 경납땜의 설명으로 가장 적합한 것은?

① 융점이 650℃ 이하인 용가제(땜납)를 사용한다.

정답 19 ① 20 ③ 21 ③ 22 ② 23 ③ 24 ② 25 ④ 26 ④

② 융점이 650℃ 이상인 용가제(은납, 황동납)를 사용한다.
③ 융점이 450℃ 이하인 용가제(땜납)를 사용한다.
④ 융점이 450℃ 이상인 용가제(은납, 황동납)를 사용한다.

27 서브머지드 아크용접에서 아크 전압이 낮으면 용입과 비드의 폭은 어떻게 되는가?

① 용입은 깊어지며, 비드 폭이 넓어진다.
② 용입은 얕아지며, 비드 폭이 넓어진다.
③ 용입은 깊어지며, 비드 폭이 좁아진다.
④ 용입은 얕아지며, 덧붙여진 비드가 생긴다.

28 플라스마 아크용접의 특징 설명으로 맞는 것은?

① 용입이 얕고 비드 폭이 넓다.
② 용접 홈은 H형이면 되고 아크의 안전성 나쁘다.
③ 아크의 방향성과 집중성이 좋고 용접속도가 빠르다.
④ 용접부의 금속학적 기계적 성질이 좋고 변형이 크다.

29 서브머지드 아크용접에 사용되는 용융형 플럭스(fused flux)는 원료 광석을 몇 ℃로 가열 용융시키는가?

① 1300℃ 이상   ② 800~1000℃
③ 500~600℃   ④ 150~300℃

30 실용금속 중에서 가장 가볍고 비강도가 Al합금보다 우수하므로 항공기, 자동차 부품에 이용되는 합금은?

① Pb 합금   ② W 합금
③ Mg 합금   ④ Ti 합금

31 평로 제강법에서 탈산제로 사용되는 것은?

① 알루미늄분말   ② 산화철
③ 코크스   ④ 암모니아수

32 주철의 성장을 방지하는 방법으로 옳지 않은 것은?

① C 및 Si 양을 증가시킨다.
② Cr, Mn, Mo, V 등을 첨가하여 펄라이트 중의 Fe_3C 분해를 막는다.
③ 편상흑연을 구상 흑연화시킨다.
④ 흑연의 미세화로서 조직을 치밀하게 한다.

33 용접 후 열처리의 목적으로 관계가 먼 것은?

① 용접 잔류 응력 완화
② 용접 후 변형방지
③ 용접부 균열방지
④ 연성증가, 파괴인성 감소

34 450℃까지의 온도에서 강도, 중량비가 높고 내식성이 좋아 항공기 엔진부품, 화학용기분야에 주로 사용되는 합금은?

① 망간 합금   ② 텅스텐 합금
③ 구리 합금   ④ 티탄 합금

35 마(마르)텐사이트계 스테인리스강의 피복아크용접시 발생하는 잔류응력 과대 및 균열 발생을 방지하기 위해 예열을 실시하는데 이때 가장 적절한 예열온도 범위는?

① 100~200℃ ② 200~400℃
③ 400~600℃ ④ 600~700℃

해설 마텐사이트계 스테인리스강 용접의 예열온도는 200~400℃, 후열온도는 700~800℃로 한다.

36 오스템퍼 처리 온도의 상한에서 조작하여 미세한 소르바이트 상의 펄라이트 조직을 얻기 위해 실시하는 것으로 오스테나이트 가열 온도에서 대략 500~550℃의 용융염욕 속에 담금질하여 항온변태를 완료시킨 다음 공냉하는 열처리법은?

① 템퍼링(tempering)
② 노멀라이징(normalizing)
③ 패텐팅(patenting)
④ 어닐링(annealing)

37 일반 고장력강의 용접시 주의사항으로 틀린 것은?

① 용접봉은 저수소계를 사용한다.
② 아크 길이는 가능한 짧게 유지한다.
③ 기공발생을 막기 위해 전류를 낮게 하고 위빙은 용접봉 지름의 3배 이상으로 한다.
④ 용접 시작점보다 20~30mm 앞에서 아크를 발생시켜 예열 후 용접 시작점으로 후퇴하여 시작점부터 용접한다.

38 알루미늄합금에서 과포화 고용체를 상온 또는 고온에 유지함으로써 시간의 경과에 따라 합금의 성질이 변화하는 현상은?

① 연성 ② 시효
③ 노치 ④ 취성

39 쇼터라이징 또는 도펠-듀로(doppel-durro)법이라 하며, 국부 담금질이 가능한 표면경화 처리법은?

① 화염 경화법 ② 구상화 처리법
③ 강인화 처리법 ④ 결정입자 처리법

40 오스테나이트 스테인레스강의 입계부식을 없게하기 위하여는 탄소의 함량이 어느정도 이어야 하는가?

① 0.1%이하 ② 0.08%이하
③ 0.05%이하 ④ 0.03%이하

41 Cu와 Zn의 합금 및 이것에 다른 원소를 첨가한 합금으로 판, 봉, 관, 선 등의 가공재 또는 주물로 사용되는 것은?

① 주철 ② 합금강
③ 황동 ④ 연강

42 다음 중 불변강의 종류에 해당 되지 않는 것은?

① 인바(inver)
② 엘린바(elinvar)
③ 서멧(cermet)
④ 플래티나이트(platinite)

정답 35 ② 36 ③ 37 ③ 38 ② 39 ① 40 ④ 41 ③ 42 ③

43 용접순서를 결정하는 기준으로 틀린 것은?

① 용접물의 중심에 대하여 항상 대칭으로 용접을 해 나간다.
② 수축이 작은 이음을 먼저 용접하고 수축이 큰 이음을 나중에 용접한다.
③ 용접 구조물이 조립되어 감에 따라 용접 작업이 불가능 한 곳이나 곤란한 경우가 생기지 않도록 한다.
④ 용접구조물의 중립축에 대하여 용접 수축력의 모멘트의 합이 0(제로)이 되게 용접한다.

해설 한 부재에 많은 이음이 있을 때 수축이 큰 맞대기 이음을 먼저하고 수축이 작은 필릿용접은 나중에 한다.

44 KSB 0052에서 표기되는 용접부의 모양이 아닌 것은?

① S형   ② K형
③ J형   ④ X형

45 용접에 이용되는 산업용 로봇(Robot)은 역할에 따라 크게 3개의 기능으로 구성하는데 해당 되지 않는 것은?

① 작업기능   ② 송급기능
③ 제어기능   ④ 계측인식기능

46 용접부 부근의 냉각속도에 대한 설명이다. 옳지 못한 것은?

① 맞대기이음 경우의 냉각속도는 T형이음 용접경우보다 냉각속도보다 크다.
② 용접부 부근의 어떤점의 냉각속도란 그 점의 식어가는 속도를 말한다.
③ 맞대기이음 경우와 모서리이음 경우의 냉각속도는 거의 같다.
④ 후판의 냉각속도는 박판 경우 보다 크다.

해설 맞대기 용접은 냉각 방향이 2개, 필릿 용접은 3개이므로 필릿 용접이 더 냉각속도가 빠르다.

47 KSB 0052에서 현장용접을 나타내는 기호는?

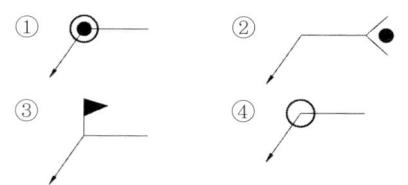

48 용접할 경우 일어나는 균열 결함 현상 중 저온 균열에서 볼 수 없는 것은?

① 토 균열(Toe Crack)
② 비드밑 균열(Under Bead Crack)
③ 루트 균열(Root Crack)
④ 크레이터 균열(Crater Crack)

해설 크레이터 균열은 고온 균열에 속한다.

49 측면 필릿 용접 이음에서 이론 목두께를 h_t, 필릿용접의 크기(목길이, 각장, 다리길이)를 h라 할 때 이론 목두께를 구하는 식으로 옳은 것은?

① $h_t = h \cdot \tan 90°$ ② $h_t = h \cdot \cos 45°$
③ $h_t = h \cdot \cos 90°$ ④ $h_t = h \cdot \tan 60°$

정답 43 ② 44 ① 45 ② 46 ① 47 ③ 48 ④ 49 ②

50 용접시 잔류응력을 경감시키는 시공법이 아닌 것은?

① 적당한 예열을 한다.
② 용착 금속량을 적게 한다.
③ 적절한 용착법(비석법 등)을 선정한다.
④ 용접부의 수축을 억제한다.

> **해설** 용접부의 수축을 억제하면 변형은 줄일 수 있으나 잔류응력은 증가하게 된다.

51 용접할 때 생기는 변형 중 면외 변형이 아닌 것은?

① 굽힘변형   ② 좌굴변형
③ 회전변형   ④ 나사변형

52 지그(jig)설계의 목적이 아닌 것은?

① 공정수가 늘어나고 생산능률이 향상된다.
② 제품의 정밀도가 증가한다.
③ 경제적 생산이 가능하다.
④ 불량이 적고 미숙련공도 작업이 용이하다.

> **해설** 지그를 사용할 경우 공정수는 줄어들고 생산능률은 향상된다.

53 용접부의 시험에서 파괴시험이 아닌 것은?

① 형광침투시험   ② 육안조직시험
③ 충격시험   ④ 피로시험

54 특수한 구면상의 선단을 갖는 해머(hammer)로 용접부를 연속적으로 타격해 잔류응력을 완화시키고 용접변형을 경감시키는 것은?

① 기계 응력 완화법
② 저온 응력 완화법
③ 피닝법
④ 응력제거 풀림법

55 다음 검사의 종류 중 검사공정에 의한 분류에 해당되지 않는 것은? ★★★

① 수입검사   ② 출하검사
③ 출장검사   ④ 공정검사

> **해설** 검사 공정(프로세스)에 의한 분류
> ① : 외부에서 들어오는 원재료, 반제품, 제품 등에 대한 검사
> ② : 제품 출하시 검사
> ④ : 중간검사, 다음 제조공정으로 이동 시 검사, 불량품 인입 방지
> 구입검사 : 외부 구입 제품에 대한 검사
> 최종검사 : 완성품에 대한 검사
> 기타검사 : 입고검사, 출고검사, 인수인계검사 등

56 다음 중 반즈(Raiph M. Barnes)가 제시한 동작경제의 원칙에 해당되지 않는 것은?

① 표준작업의 원칙
② 신체의 사용에 관한 원칙
③ 작업장의 배치에 관한 원칙
④ 공구 및 설비의 디자인에 관한 원칙

정답 50 ④   51 ③   52 ①   53 ①   54 ③   55 ③   56 ①

57 품질관리 기능의 사이클을 표현한 것으로 옳은 것은?

① 품질개선-품질설계-품질보증-공정관리
② 품질설계-공정관리-품질보증-품질개선
③ 품질개선-품질보증-품질설계-공정관리
④ 품질설계-품질개선-공정관리-품질보증

58 다음 중 계수치 관리도가 아닌 것은?

① c 관리도　② p 관리도
③ u 관리도　④ x 관리도

해설 x 관리도는 계량치 관리도이다. 계량치 관리도에는 R 관리도, X-R 관리도가 있다.

59 부적합품률이 10%인 모집단에서 5개의 시료를 랜덤하게 샘플링할 때, 부적합품 수가 0개일 확률은 약 얼마인가?

① 0.048　② 0.058
③ 0.48　④ 0.58

해설 포아송 분포비
$$P(X) = \frac{e^{-nx}(np)^x}{X!} = \frac{e^{-0.05}(0.05)^1}{1!} = 0.048$$
($p=0.01$, $np=5+0$, $01=0.05$, $X=1$)
이항분포
$$p(X) = nC_xP^X(1-P)^{N-X}$$
$$= 5C_0(0.1)^0A(0.9)^5$$
$$= \frac{5!}{0!(5-0)!}(0.1)^0(0.9)^5 = 0.59$$
($p=0.1$, $(1-p)=(1-0.1)=0.9$, $X=0$)

60 다음의 데이터를 보고 편차 제곱합(S)을 구하면 어떻게 되는가?(단, 소숫점 3자리까지 구하시오.)

데이터 : 18.8,　19.1,　18.8,　18.2,
　　　　18.4,　18.3,　19.0,　18.6,　19.2

① 0.338　② 1.029
③ 0.114　④ 1.014

해설 편차 제곱합
1) 평균값 =
$$\frac{18.8+19.1+18.8+18.2+18.4+18.3+19.0+18.6+19.2}{9}$$
$$= 18.711$$
2) 편차 제곱합
= (18.8-18.711+19.1-18.711+18.8-18.711
　+18.218.711+18.418.711+18.318.711
　+19.018.711+18.618.711+19.218.711)
= 1.028889 ≒ 1.029

정답　57 ②　58 ④　59 ①　60 ①

2009 제46회 용접기능장 최근 기출문제

2009년 7월 12일 시행

01 아래 그림에서 용접부의 설계가 가장 잘 된 것은?

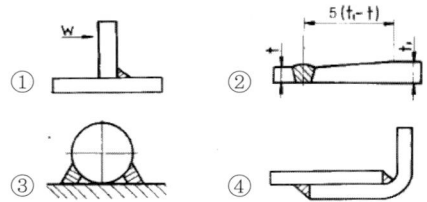

해설 ① : 화살표 반대편에서 하중이 작용할 경우이다.
③ : 환봉과 판 사이가 완전 용입되게 해야 된다.
④ : 위 판이 아래로 가게 해야 된다.

02 용접의 장점과 가장 거리가 먼 것은?

① 자재가 절약되고 중량이 가벼워진다.
② 작업 공정이 단축되며 재료의 두께에 제한이 없다.
③ 제품의 성능과 수명이 향상되며 이종 재료도 접합할 수 있다.
④ 잔류응력이 발생하고 용접사의 기량에 따라 용접부의 품질이 좌우된다.

해설 ④는 용접의 단점에 해당된다.

03 플라스마 아크 절단의 작동가스 중 일반적으로 알루미늄 등의 경금속에 사용되는 가스는? ★★

① 질소와 수소 혼합가스
② 아르곤과 수소의 혼합가스
③ 헬륨과 수소의 혼합가스
④ 탄산가스와 산소의 혼합가스

04 용접법을 분류할 때 압접(pressure welding)에 해당 되지 않는 것은?

① 전자빔 용접   ② 유도 가열 용접
③ 초음파 용접   ④ 마찰 용접

해설 전자빔 용접은 용접에 속한다.

05 포갬 절단(strack cutting)에 대하여 설명한 것 중 틀린 것은?

① 비교적 얇은 판(6 mm 이하)에 사용된다.
② 절단시 판 사이에 산화물이나 불순물을 깨끗이 제거한다.
③ 0.08 mm 이하의 틈이 생기도록 포개어 압착시킨 후 절단한다.
④ 예열 불꽃으로 산소-프로판 불꽃보다 산소-아세틸렌 불꽃이 적합하다.

해설 포갬절단(stack cutting) : 비교적 얇은 판(12mm 이하)과 판 사이에 산화물이나 불순물을 깨끗이 제거하고 0.08mm 이하의 틈이 생기도록 포개어 압착 시킨 후 절단을 하는 방법을 말한다.
예열불꽃으로는 산소-아세틸렌 불꽃보다도 산소와 프로판의 불꽃이 적합하다.

정답 1② 2④ 3② 4① 5④

06 저수소계 용접봉은 사용 전에 충분한 건조가 되어야 한다. 가장 알맞은 건조 온도는?

① 150~200℃ ② 200~250℃
③ 300~350℃ ④ 400~450℃

07 용접봉의 용융속도에 대한 설명 중 틀린 것은?

① 아크 전압은 관계가 없다.
② 아크 전류에 반비례 한다.
③ 같은 종류이면 봉의 지름에도 관계가 없다.
④ 단위시간당 소비되는 용접봉의 중량으로 표시한다.

해설 용융속도는 전류에 비례한다.

08 용접전류 200A, 아크전압이 20V, 단위 길이당의 용접 입열이 16000Joule이면 용접 속도는 몇 cm/min인가?

① 18 ② 9
③ 12 ④ 15

해설 용접부에 외부에서 주어지는 열량을 용접입열이라 한다(모재흡수75~80%)

$$J = \frac{60EI}{V}, \quad 16000 = \frac{60 \times 20 \times 200}{V}$$

$$V = \frac{60 \times 20 \times 200}{16000} = 15$$

09 가스용접 작업에서 후진법에 비교한 전진법에 대한 설명으로 맞는 것은?

① 열 이용률이 좋다.
② 용접속도가 느리다.
③ 두꺼운 판의 용접에 적합하다.
④ 용접 변형이 작다.

해설 전진법은 후진법에 비해 열 이용률이 나쁘고, 얇은 판의 용접에 적합하나 용접 변형이 크다.

10 가스가우징(Gas Gouging)과 스카핑(Scarfing)에 대한 설명으로 틀린 것은?

① 가스 가우징은 용접부의 결함, 가접의 제거 등에 사용된다.
② 스카핑은 강재의 표면의 흠이나 개재물, 탈탄층을 제거하기 위해서 사용된다.
③ 가스 가우징은 스카핑에 비해서 나비가 매우 큰 홈을 가공하는데 사용된다.
④ 스카핑은 가우징에 비해서 타원형 모양으로 깎아 내는 가공법으로 제강공장에 많이 사용된다.

11 아세틸렌 가스에 대한 설명으로 틀린 것은?

① 아세틸렌의 충격, 마찰, 진동 등에 의하여 폭발하는 일이 있다.
② 아세틸렌 가스는 구리 또는 구리합금과 접촉하면 이들과 폭발성 화합물을 생성한다.
③ 아세틸렌은 공기 중에서 가열하여 406~408℃ 부근에 도달하면 자연발화를 한다.
④ 아세틸렌 가스는 수소와 탄소가 화합된 매우 완전한 기체이다.

12 각종 연료가스의 성질 중 실제 발열량이 가장 높은 것은?

① 부탄 ② 수소
③ 메탄 ④ 아세틸렌

정답 6 ③ 7 ② 8 ④ 9 ② 10 ③ 11 ④ 12 ①

13 피복아크용접봉의 피복제 종류에서 가스 발생식에 해당되는 것은?

① 일미나이트계　② 철분산화철계
③ 고셀룰로스계　④ 티탄계

14 용접부에 생기는 결함의 종류 중 구조상의 결함이 아닌 것은?

① 기공(blow hole)
② 용접 금속부 형상 부적당
③ 용입 불량
④ 비금속 또는 슬래그 섞임

> 해설　구조상의 결함에는 언더컷, 오버랩, 균열 등의 결함을 말한다.

15 피복아크 용접기 설치상 주의하지 않아도 되는 장소는?

① 먼지가 많은 장소
② 진동이나 충격이 심한 장소
③ 휘발성 기름이나 부식성 가스가 있는 장소
④ 주위 온도가 4[℃] 이상 상온의 장소

> 해설　용접기는 0℃ 이하의 장소에 설치해서는 안 된다고 되어 있다.

16 서브머지드 아크용접법의 단점으로 틀린 것은?

① 용접선이 짧거나 불규칙한 경우 수동에 비하여 비능률적이다.
② 홈가공의 정밀을 요하고, 용접도중 용접상태를 육안으로 확인할 수가 없다.
③ 특수한 지그를 사용하지 않는 한 아래보기 자세로 한정된다.
④ 용융 속도와 용착 속도가 느리며, 용융이 짧다.

17 불활성 가스 텅스텐 아크용접시 혼합가스로 사용되지 않는 가스는?

① 아르곤　② 헬륨
③ 산소　④ 질소

> 해설　질소는 불활성 가스가 아니므로 사용하지 않는다.
> 아르곤은 헬륨보다 용접부를 포위하는(包被性)성질이나 청정효과는 우수하나 용접속도는 느리다.
> 아르곤은 일반적으로 1기압에서 약 6500ℓ의 양을 140기압으로 가스 실린더에 충전된 것을 공급한다.

18 양호한 가스절단 상태에 해당되는 것은?

① 드래그가 고르지 않다.
② 절단면의 윗 모서리가 예리하다.
③ 슬래그의 이탈성이 나쁘다.
④ 절단면에 노치(notch)가 있다.

19 심 용접의 종류에 해당 되지 않는 것은?

① 매시 심용접(mesh seam welding)
② 포일 심용접(foil seam welding)
③ 맞대기 심용접(butt seam welding)
④ 플래시 심용접(flash seam welding)

20 불활성가스 아크용접에서 교류용접기를 사용할 경우 모재 표면의 불순물 등에 의해 전류가 불평형하게 흘러 아크가 불안정하게 되는 것을 무엇이라고 하는가?

① 청정 작용　② 정류 작용

정답　13 ③　14 ②　15 ④　16 ④　17 ④　18 ②　19 ④　20 ②

③ 방전 작용 ④ 펄스 작용

해설 정류 작용은 용접기를 소손시킬 우려가 있다.

21 플럭스 코어드 아크용접(flux cored arc welding)의 특징이 아닌 것은?

① 용접속도를 빨리할 수 있다.
② 용착률(deposition rate)이 상당히 크다.
③ 아래보기 이외의 자세용접도 용이하게 할 수 있다.
④ 용입(penetration)은 미그(MIG)용접보다 작다.

22 일렉트로 슬래그 용접의 설명으로 틀린 것은?

① 용제를 사용한다.
② 아크열로 용융시킨다.
③ 비소모 노즐 방식이 있다.
④ 두꺼운 판의 용접에 경제적이다.

23 플라스마(plasma)를 구성하는 물질이 아닌 것은?

① 양이온 (positive ions)
② 중성자 (neutral atoms)
③ 음전자 (negative electrons)
④ 양전자 (positive electrons)

24 연납용으로 사용되는 용제가 아닌 것은? ★★★

① 염산 ② 염화물
③ 염화아연 ④ 염화암모니아

해설 염화물, 붕산염, 붕화물은 경납땜용 용제이다.

25 불활성 가스 금속 아크용접 작업시 용접 시공에 대한 설명으로 틀린 것은?

① 용접 재료의 준비시 알루미늄은 산화피막을 제거한 후 용접을 하며 특히 화학제는 가성소다 수용액이나 초산수를 사용한다.
② 보호가스는 고 순도의 가스를 사용해야 하며 가스공급 계통에 문제가 생겼을 때는 확인순서를 용기 → 감압 밸브 → 유량계 → 제어장치 → 용접토치의 순서로 직접 확인한다.
③ MIG 용접기는 CO_2 용접기에 비하여 아크열을 약하게 받으므로 공랭식 토치가 많고 필터렌즈도 피복아크용접용에 쓰는 10~12번 정도면 가능하다.
④ MIG 용접의 자외선은 매우 강하여 공기 중의 산소가 오존(O_3)으로 바뀌므로 용접 중에 발생하는 오존, 금속분진, 세척제 증기 등의 해를 방지하기 위하여 반드시 환기를 시킬 수 있는 장치가 필요하다.

26 아크용접 종류에서 후판 구조물 제작과 스테인리스강 용접이 가능하며, 잠호용접이라고도 하는 용접법은? ★★

① 일렉트로 슬래그 용접
② 테르밋 용접
③ 서브머지드 아크용접
④ 논 가스 아크용접

해설 서브머지드 아크용접은 유니언 멜트 용접, 불가시 아크용접, 등으로도 불린다.

정답 21 ④ 22 ② 23 ④ 24 ② 25 ③ 26 ③

27 모재를 겹쳐 놓은 상태에서 접착할 부분의 작은 면적에 전극을 가압하여 저항용접하는 것으로서, 일반적으로 얇은 판의 용접에 잘 쓰이며 자동차, 철도차량, 전기기기, 제관 등의 판금 관계에 널리 응용되는 용접은?

① 탄소 아크 용접
② 스포트(spot) 용접
③ 스터드(stud) 용접
④ 원자수소 용접

28 가스용접 및 절단작업의 안전 중 산소와 아세틸렌 용기의 취급사항으로 맞지 않는 것은? ★★

① 산소병은 40℃ 이하 온도에서 보관하고 직사광선을 피해야 한다.
② 산소병을 운반할 때에는 공기가 잘 환기되도록 캡(Cap)을 벗겨서 이동한다.
③ 아세틸렌병은 세워서 사용하며 병에 충격을 주어서는 안 된다.
④ 아세틸렌병 가까이서는 불똥이나 불꽃을 가까이 하지 말아야 한다.

해설 ①, ③, ④외에 용기는 진동이나 충격을 가하지 말고 신중히 취급해야 한다.

29 다음은 전자 빔 용접(electron beam welding)의 응용 범위에 대하여 열거한 것이다. 잘못된 것은 어느 것인가?

① 천공
② 후판의 용접
③ 스카핑(scarfing)
④ 미크론(micron) 용접

30 내열성 알루미늄 합금이 아닌 것은?

① Y합금
② Lo-Ex 합금
③ 두랄루민
④ 코비탈륨

해설 두랄루민은 고장력합금임
- Y합금 : 알루미늄(Al)+구리(Cu)+니켈(Ni)+마그네슘(Mg). 피스톤, 실린더(내열기관)에 사용된다.
- Lo-Ex합금 : Y합금+실리콘(Si)
- 코비탈륨 : Y합금+티타늄(Ti)

31 아래 조직 중 용접금속의 특징으로 볼 수 있는 것은?

① Chill정
② 등축정
③ 수지상정
④ 주상결정

32 일반 고장력강을 용접할 때 주의사항으로 틀린 것은?

① 용접봉은 용접 작업성이 좋은 고산화티탄계 용접봉을 사용한다.
② 용접개시 전에 이음부 내부 또는 용접할 부분에 청소를 한다.
③ 아크 길이는 가능한 짧게 한다.
④ 위빙 폭은 크게 하지 않는다.

해설 고장력강은 인장강도가 490N/mm² 이상이므로 고산화티탄계 용접봉은 적합하지 않다.

33 이산화탄소 아크 용접에 사용되는 이산화탄소 가스의 수분은 몇 % 이하의 것이 좋은가?

① 1.5%
② 1.0%
③ 0.1%
④ 0.05%

해설 CO_2 가스는 수분이 많으면 기공의 원인이

정답 27 ② 28 ② 29 ③ 30 ③ 31 ④ 32 ① 33 ④

되므로 수분의 함유량이 매우 적어야 한다.

34 다음 중 국부 표면경화 처리법인 것은?

① 가스 침탄법
② 고주파 유도 경화법
③ 강인화 처리법
④ 결정입자 처리법

35 다음 중 주철(cast iron)의 설명에 해당하는 것은?

① C < 0.01%이다.
② 용선로(cupola)에서 제조한다.
③ 연하고 용접성이 우수하다.
④ 연성이 크다.

해설 주철은 2.01%C 이상으로 매우 경취하며, 용접성도 나쁘다.

36 Ni 35~36%, Mn 0.4%, C 0.1~0.3% 의 Fe의 합금으로 길이 표준용 기구나 시계의 추 등에 쓰이는 불변강은?

① 플래티나이트(Platinite)
② 코엘린바(Coelinvar)
③ 인바(Invar)
④ 스텔라이트(Stellite)

37 제강할 때 편석을 일으키기 쉬우며, 함유량이 0.25%로 되면 연신률이 감소되고, 결정립이 조대하게 되어서 강을 메지게 하여 상온취성의 원인이 되는 성분은?

① 인   ② 망간
③ 황   ④ 수소

38 마텐사이트계 스테인리스강에 관한 사항 중 관련이 없는 것은?

① Cr18%-Ni8%의 18-8 스테인리스강이 대표적이다.
② 950~1020℃에서 담금질하여 마텐사이트 조직으로 한 것이다.
③ 인성을 요할 때 550~650℃에서 뜨임하여 소르바이트 조직으로 한다.
④ 550℃ 이상에서는 강도, 경도가 급감하고 연성을 증가한다.

해설 ①은 오스테나이트계 스테인리스강이다.

39 내마모성의 표면 처리법으로 시안화소다, 시안화칼륨을 주성분으로 한 염(salt)을 사용하여 침탄온도 750~900℃에서 30분~1시간 침탄시키는 방법은? ★★

① 액체 침탄법   ② 고체 침탄법
③ 가스 침탄법   ④ 기체 침탄법

40 탄소강에서 탄소량에 따른 물리적 성질에 대한 설명 중 틀린 것은?

① 탄소량 증가와 더불어 비중이 증가한다.
② 탄소량 증가와 더불어 열팽창 계수는 감소한다.
③ 탄소량 증가와 더불어 열전도율이 감소한다.
④ 탄소량 증가와 더불어 전기저항은 증가한다.

해설 탄소량이 증가하면 비중, 열팽창계수, 열전도율은 감소하고 전기 저항은 증가한다.

정답 34 ② 35 ② 36 ③ 37 ① 38 ① 39 ① 40 ①

41 주철 용접시의 예열 및 후열 온도의 범위는 몇 ℃ 정도가 가장 적당한가?

① 500~600℃ ② 700~800℃
③ 300~350℃ ④ 400~450℃

42 탄소강에서 탄소의 양이 증가하면 기계적 성질은 어떻게 변화 하는가?

① 인장강도와 경도는 증가하나 연신률은 감소한다.
② 인장강도, 경도, 연신률이 모두 감소한다.
③ 인장강도, 경도, 전기 저항이 모두 증가한다.
④ 인장강도와 경도는 감소하나 연신률은 증가한다.

해설 ③에서 전기 저항은 물리적 성질이다.

43 열처리에 사용하는 반사로에서 연료로 사용할 수 없는 것은?

① 무연탄 ② 석탄
③ 가스   ④ 휘발유

44 용접의 층간에 소요되는 시간, 예컨데 루트부 용접을 완료한 후, 다음 비드 용접을 하기전의 소요시간을 규제 하도록 요구하는 규격은?

① 한국 표준 규격(KS CODE)
② 미국 기계학회 코드(ASME CODE)
③ 미국 석유협회 코드(API CODE)
④ 미국 용접학회 코드(AWS CODE)

45 용접 결함과 그 원인을 짝지은 것으로 틀린 것은?

① 변형 : 용접부의 과열
② 기공 : 용접봉의 습기
③ 용입부족 : 수소 용해량의 과다
④ 슬래그 혼입 : 전층의 슬랙제거 불완전

해설 용입부족의 원인은 전류가 너무 낮거나, 용접속도 과대 등이다.

46 비드를 쌓아 올리는 다층 용접법에 해당되지 않는 것은? ★★

① 덧살 올림법   ② 전진 블록법
③ 케스케이드법 ④ 스킵법

해설 스킵법은 다층쌓기법이 아니고 비드를 놓는 방법의 하나이다. 즉 일정 간격으로 드문드문 용접한 후 다시 그 사이를 용접하는 방법으로 박판의 변형방지에 효과적이다.

47 용접부 균열 발생에 대한 원인 설명 중 적절하지 못한 것은?

① 모재안에 황 함유량이 많을 때
② 수축이 큰 이음을 먼저 용접하였을 때
③ 적정한 예열, 후열을 하지 않았을 때
④ 용접봉의 선택을 잘못했을 때

48 라멜라 테어링(Lamellar Tearing)균열을 감소하기 위한 가장 좋은 용접 설계는?

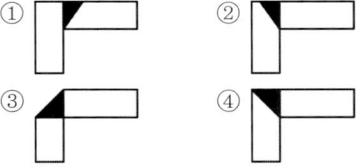

49 지그와 고정구(Fixture)의 선택 기준에 대한 설명으로 틀린 것은?

① 구조물이나 부재의 위치를 결정하며, 고정과 분리가 쉬워야 한다.
② 구조물이나 부재의 지지, 고정시켜 줄 수 있는 크기와 강성이 있어야 한다.
③ 용접 변형을 촉진할 수 있는 구조이어야 한다.
④ 용접 작업을 용이하게 할 수 있는 구조이어야 한다.

50 용접이음 설계시 일반적인 주의사항으로 틀린 것은?

① 가급적 능률이 좋은 아래보기 용접을 많이 할 수 있도록 할 것
② 용접작업에 지장을 주지 않도록 충분한 공간을 갖도록 할 것
③ 필릿 용접은 될 수 있는 대로 피하고 맞대기 용접을 하도록 할 것
④ 용접 이음부를 1개소에 집중되도록 설계할 것

해설 용접 설계시 용접부를 한곳에 집중시키면 응력 집중이 현저히 커지게 된다.

51 방사선 투과시험에서 필름(사진)의 상을 식별하는 척도로 사용되는 것은?

① 증감지
② 가스(gas)
③ 심(shim)
④ 투과도계(penetrameter)

52 용접부의 천이온도에 관한 설명으로 옳은 것은?

① 천이온도가 높으면 기계적 성질이 좋아진다.
② 용착 금속부, 열영향부, 모재부에서의 천이온도는 각각 같다.
③ 재료가 연성 파괴에서 취성 파괴로 변화하는 온도범위를 말한다.
④ 최고 가열온도 100~200℃ 부분에서 천이온도가 가장 높다.

53 용접용 로봇을 동작기능을 나타내는 좌표계의 종류로 구분할 때 해당(포함) 되지 않는 것은? ★★★

① 원통 좌표 로봇(cylindrical robot)
② 평행 좌표 로봇(parallel coordinate robot)
③ 극좌표 로봇(polar coordinate robot)
④ 관절 좌표 로봇(articulated robot)

54 탄소강에 대한 후열처리의 기능을 틀리게 기술한 것은?

① 오스테나이트 조직의 함량 증가
② 인성(toughness) 증가
③ 잔류응력 경감
④ 균열 감수성 증가

55 다음 중 사내표준을 작성할 때 갖추어야 할 요건으로 옳지 않은 것은?

① 내용이 구체적이고 주관적일 것
② 장기적 방침 및 체계 하에서 추진할 것
③ 작업표준에는 수단 및 행동을 직접 제시할 것
④ 당사자에게 의견을 말하는 기회를 부여하는 절차로 정할 것

정답 49 ③ 50 ④ 51 ④ 52 ③ 53 ② 54 ① 55 ①

해설 사내 표준 작성은 객관적이어야 한다.

56 $\bar{x}$ 관리도에서 관리상한이 22.15, 관리하한이 6.85, $\bar{R} = 7.5$일 때 시료군의 크기(n)는 얼마인가? (단, $n = 2$일 때 $A_2 = 1.88$, $n = 3$일 때 $A_2 = 1.02$, $n = 4$일 때 $A_2 = 0.73$, $n = 5$일 때 $A_2 = 0.58$이다.)
① 2   ② 3
③ 4   ④ 5

해설 $\dfrac{(22.15 - 6.85)}{7.5} = 2.04$, 올림하여 3

57 계수값 규준형 1회 샘플링 검사에 대한 설명 중 가장 거리가 먼 것은?
① 검사에 제출된 로트에 관한 사전의 정보는 샘플링 검사를 적용하는데 직접적으로 필요하지 않는다.
② 생산자측과 구매자 측이 요구하는 품질 보호를 동시에 만족시키도록 샘플링 검사방식을 선정한다.
③ 파괴검사의 경우와 같이 전수검사가 불가능할 때에는 사용할 수 없다.
④ 1회마나의 거래시에도 사용할 수 있다.

58 다음 중 신제품에 대한 수요 예측방법으로 가장 적절한 것은?
① 시장 조사법   ② 이동 평균법
③ 지수 평활법   ④ 최소자승법

해설 신제품에 대한 수요 예측법 : ①, 판매원의견 종합법, 자료 유출법 등

59 다음 중 부하와 능력의 조정을 도모하는 것은?
① 진도관리   ② 현물관리
③ 절차계획   ④ 공수계획

60 어떤 측정법으로 (동일 집단에서) 동일 시료를 무한횟수 측정하였을 때 데이터 분포의 평균치와 모집단 참값과의 차를 무엇이라 하는가? ★★
① 편차   ② 신뢰성
③ 정확성   ④ 정밀도

해설 정확성 : 데이터 분포의 모집단 참값과 평균치와의 차

lamellar tearing(라멜라테어링)의 대책
1) 접합부 이음형상 개선
2) 좁은 개선각 적용
3) 구속도 감소및 이음위치를 분산
4) 저강도 용접
5) 용접 접합부에 예열과 후열 시공

정답 56 ② 57 ③ 58 ① 59 ④ 60 ③

2010 제47회 용접기능장 최근 기출문제

2010년 3월 28일 시행

01 가스 용접에서 공급압력이 낮거나 팁이 과열되었을 때 산소가 아세틸렌 쪽으로 흡입(인)되는 것을 무엇이라고 하는가? ★★

① 역류   ② 역화
③ 인화   ④ 폭발

해설 역류(contra rlow) : 토치 내부의 청소가 불량할 때 내부 기관에 막힘이 생겨 고압의 산소가 밖으로 배출되지 못하고 산소보다 압력이 낮은 아세틸렌을 밀면서 아세틸렌호스 쪽을 거꾸로 흐르는 현상

02 수동가스 절단기 토치의 종류 중 작은 곡선 등의 절단은 어려우나, 직선 절단에 있어서는 능률적이고 절단면이 깨끗한 절단토치의 팁 모양은?

① 동심(同心)형   ② 동심(同心)구멍형
③ 이심(異心)형   ④ 이심(異心)타원형

해설 독일식 절단팁 : 독일식 절단 토치는 절단 산소와 혼합가스를 각각 다른 팁에서 분출시키는 이심형 이며, 예열 팁과 산소 팁이 별도로 되어 있다.

03 교류 아크용접기의 부속장치인 핫 스타트장치에 대한 설명으로 틀린 것은?

① 아크 발생을 쉽게 한다.
② 기공 발생을 방지한다.
③ 버드 모양을 개선한다.
④ 아크 발생초기에만 용접전류를 낮게 한다.

해설 핫 스타트 장치 : 아크가 발생되는 초기에 용접봉과 모재가 냉각되어 있어 입열이 부족하므로 아크가 불안정하기 때문에 아크 발생초기에만 특별히 용접전류를 크게 하는 장치

04 용접에서 각종 계산 식으로 틀린 것은?

① 허용사용률 = $\dfrac{실제용접전류^2}{정격전류^2}$ × 정격사용률

② 사용률 = $\dfrac{아크발생시간}{아크발생시간+휴식시간}$ × 100

③ 효율 = $\dfrac{아아크출력}{소비전력}$ × 100

④ 역률 = $\dfrac{소비전력}{전원입력}$ × 100

해설 허용사용률 = $\dfrac{정격전류^2}{실제용접전류^2}$ × 정격사용률

05 KS에 규정된 연강 아크용접에 사용하는 용접봉 심선의 화학성분에 해당되지 않는 것은?

① 규소   ② 니켈
③ 구리   ④ 인

해설 연강용 피복아크용접봉 심선의 화학 성분 : C, Si, Mn, P, S, Cu

정답 1 ①   2 ③   3 ④   4 ①   5 ②

06 가스가우징 작업에서 홈의 깊이와 폭의 일반적인 비율로 가장 적절한 것은?

① 1 : 2 ~ 1 : 3 ② 1 : 4 ~ 1 : 5
③ 1 : 6 ~ 1 : 7 ④ 1 : 1

07 피복 금속 아크용접에서 아크 쏠림(arc blow)이 발생할 때 그 방지법으로 가장 적합한 사항은? ★★★

① 접지점을 될 수 있는 대로 용접부에서 가까이 할 것
② 용접봉 끝을 아크 쏠림 같은 방향으로 기울일 것
③ 교류 용접기로 용접을 할 것
④ 가급적 긴 아크를 사용할 것

<해설> 아크 쏠림=자기 쏠림(Magnetic blow) : 아크가 전류의 자기 작용에 의해서 한 쪽으로 쏠리는 현상
방지법 : 접지점을 가능한 한 멀리한다. 용접봉 끝을 쏠림 반대방향으로 기울인다. 가급적 짧은 아크를 사용한다.

08 플라스마 절단방법에 대한 설명으로 틀린 것은?

① 텅스텐 전극과 모재 사이에서 아크 플라스마를 발생시키는 것을 이행형 아크 절단이라 한다.
② 플라스마 절단방식은 이행형 아크절단과 비이행형 아크 절단으로 분류된다.
③ 플라스마 제트 절단법을 이용하여 알루미늄, 구리, 스테인리스강 및 내화물 재료를 절단 할 수 있다.
④ 이행형 아크 절단은 특수한 TIG 절단 토치를 사용하여 만들어지는 아크와 고속의 가스기류에서 얻어지는 플라스마 제트를 이용한 절단으로서 교류전원을 사용한다.

09 다음 보기는 어떤 용접봉의 특성을 나타낸 것인가?

<보기>
- 주성분은 유기물을 약 30%정도 포함
- 가스 시일드계로 환원가스 분위기에서 용접한다.
- 보관 중 습기에 유의한다.
- 비드 표면이 거칠고 스패터의 발생이 많다.

① 일미나이트계 ② 라임티타니아계
③ 고셀룰로오스계 ④ 저수소계

<해설> 일미나이트계(E4301) : 피복제의 주성분은 30% 이상의 일미나이트와 광석, 사철 등을 포함한 슬래그 생성계이며, 슬래그의 유동성, 용입과 기계적 성질이 양 호하다. 내부결함이 적고 모든 자세의 용접이 가능하다.

10 교류용접기 중에서 원격 조정을 하는데 가장 좋은 용접기는?

① 코일형 ② 가포화 리액터형
③ 탭 전환형 ④ 가동 철심형

11 5000ℓ의 액체 산소는 가스로 환산하면 6000ℓ의 산소병 몇 병을 충전할 수 있는가? 단, 1ℓ의 액체산소는 35℃ 대기압에서 0.9m³의 기체 산소 가스로 환원된다.)

① 100병 ② 350병
③ 550병 ④ 750병

<해설> 5000ℓ×0.9m³ = 4500m³ → ℓ 로 환산 (1m³ = 1000ℓ)

정답 6 ① 7 ③ 8 ④ 9 ③ 10 ② 11 ④

$$4500\text{m}^3 \times 1000\ell = 4500000\ell / 6000\ell$$
$$= 750병$$

12 교류 아크용접기와 직류 아크용접기의 비교에 대한 설명 중 틀린 것은?

① 발전형 직류 아크용접기는 직류 발전기이므로 완전한 직류전원이 얻어진다.
② 발전형 직류 아크용접기는 화전부에 고장이 나기 쉽고, 소음이 많다.
③ 직류 아크용접기는 극성 변화가 불가능하다.
④ 무부하 전압은 직류 용접기가 교류 용접기보다 약간 낮다.

[해설] 직류 용접기는 +와 -의 구분이 확실하므로 극성 변을 할 수 있다.

13 가스절단에서 드래그에 관한 설명 중 틀린 것은?

① 절단면에 일정한 간격의 곡선이 진행방향으로 나타난 것을 드래그 라인이라 한다.
② 표준 드래그의 길이는 보통 판 두께의 40% 정도이다.
③ 절단면 말단부가 남지 않을 정도의 드래그를 표준 드래그 길이라고 한다.
④ 하나의 드래그 라인의 시작점에서 골점기지의 수평거리를 드래그라 한다.

[해설] 표준 드래그 길이는 판 두께의 20%(1/5) 정도로 한다.

14 아세틸렌에 관한 설명으로 틀린 것은?

① 1m³의 아세틸렌은 23400kal의 발열량을 낸다.
② 공기보다 가볍다.
③ 각종 액체에 잘 용해되며 아세톤에는 25배가 용해된다.
④ 카바이드와 물의 화학작용으로 발생한다.

[해설] 아세틸렌의 발열량은 12600kal 정도이다.

15 피복 아크용접에서 아크 전압이 20V, 아크 전류가 150A, 용접속도가 15cm/min인 경우 용접 단위 길이 cm당 발생되는 용접 입열은? ★★★★

① 10000J/cm   ② 12000J/cm
③ 14000J/cm   ④ 16000J/cm

[해설] 입열량 = $\dfrac{60 \times 20 \times 150}{15} = 12000$

16 서브머지드 아크용접의 용접용 용제 중 합금제 및 탈산제의 손실이 거의 없기 때문에 용융금속의 탈산작용 및 조직의 미세화가 비교적 용이하지만 흡습의 단점을 가진 것은?

① 소결형 용제   ② 용융형 용제
③ 산성형 용제   ④ 알칼리형 용제

17 논 가스 아크용접의 설명으로 틀린 것은?

① 보호 가스나 용제를 필요로 하지 않는다.
② 용접장치가 간단하며 운반이 편리하다.
③ 용접 길이가 긴 용접물에 아크를 중단하지 않고 연속 용접을 할 수 있다.
④ 용접 전원으로는 교류만 사용할 수 있고 위보기자세의 용접은 불가능하다.

정답 12 ③ 13 ② 14 ① 15 ② 16 ① 17 ④

18 용접장치의 기본형이 고체 금속형, 가스 방전형, 반도체형 등으로 구별되는 용접법은?

① 레이저 용접법
② 플라스마 아크용접법
③ 초음파 용접법
④ 폭발 압접법

19 땜납의 구비조건에 해당되지 않는 것은?

① 모재보다 용융점이 낮고, 접합강도가 우수해야 한다.
② 유동성이 좋고 금속과의 친화력이 없어야 한다.
③ 표면장력이 적어 모재의 표면에 잘 퍼져야 한다.
④ 강인성, 내식성, 내마멸성, 화학적 성질 등이 사용목적에 적합해야 한다.

20 안전·보건 표지의 색채에서 녹색의 용도는?

① 금지   ② 지시
③ 안내   ④ 경고

해설 녹색 : 안내, 진행, 유도, 안전
청색 : 조심 지시
적색 : 금지, 정지, 고도 위험

21 TIG 용접시 청정작용 효과가 가장 우수한 경우로 옳은 것은?

① 직류 정극성, 사용 가스는 He
② 직류 역극성, 사용 가스는 He
③ 직류 정극성, 사용 가스는 Ar
④ 직류 역극성, 사용 가스는 Ar

해설 청정 작용은 직류 역극성에서 일어나며 아르곤이 헬륨보다 무거워 효과가 높다.

22 다음 용접과정 중 고진공 용기(Vacuum Chamber) 속에서 수행되는 용접은?

① 전자비임 용접
② 엘렉트로 슬랙용접
③ 플라스마 아크용접
④ 마찰용접

23 CO_2가스 아크용접에서 노즐과 토치 몸체 사이에서 통전을 막아 절연하며 이것에 노즐이 연결되도록 하는 부품은?

① 토치바디(Torch body)
② 인슐레이터(Insulator)
③ 가스 분출기(Gas diffuse)
④ 노즐(Nozzle)

24 플라스마(plasma)를 구성하는 물질이 아닌 것은?

① 양이온(positive ions)
② 중성자(neutral atoms)
③ 양전자(positive electrons)
④ 음전자(negative electrons)

해설 플라스마 : 제4의 물질 상태, 강력한 전기장 혹은 열원으로 가열되어 기체상태를 뛰어넘어 전자, 중성입자, 이온 등 입자들로 나누어진 상태

25 가스절단 작업안전으로 맞지 않는 것은?

① 절단진행 중에 시선은 절단면보다 가스용기에 집중시켜야 한다.
② 호스가 꼬여 있는지, 혹은 막혀 있는지를 확인한다.
③ 호스가 용융금속이나 산화물의 비산으로 손상되지 않도록 한다.

정답 18 ① 19 ② 20 ③ 21 ④ 22 ① 23 ② 24 ③ 25 ①

④ 토치의 불꽃방향은 안전한 쪽을 향하도록 해야 하며 조심스럽게 다루어야 한다.

26 서브머지드 아크용접의 시작점과 끝나는 부분에 결함이 발생되므로 이것을 효과적으로 방지하고 회전 변형의 발생을 막기 위해 용접선 양 끝에 무엇을 설치하는가?

① 컴퍼지션 백킹 ② 멜트 백킹
③ 동판   ④ 엔드탭

해설 엔드탭 : 엔드탭은 용접 시점이나 종점의 결함을 막기 위해 시작점과 종단부에 부착하는 조각편

27 일렉트로 슬래그 용접 작업에서 주로 사용하는 홈의 형상은?

① I형   ② V형
③ J형   ④ U형

28 불활성 가스 금속 아크용접의 특징이 아닌 것은?

① 전자동 또는 반자동식 용접기로 용접속도가 빠르다.
② 전류 밀도가 높아 3mm 이상의 두꺼운 판의 용접에 능률적이다.
③ 부저항 특성 또는 상승 특성이 있는 교류 용접기가 사용된다.
④ 아크 자기 제어 특성이 있다.

29 각 아크용접법과 관계있는 내용을 연결한 것 중 틀린 것은?

① 탄산가스 아크용접 : 용극식

② TIG용접 : 소모전극식 가스실드 아크 용접법
③ 서브머지드 아크용접 : 입상 플럭스
④ MAG용접 : Ar + CO_2혼합가스

30 주석계 화이트메탈(white metal)의 주성분으로 맞는 것은?

① 주석, 알루미늄, 인
② 구리, 니켈, 주석
③ 납, 알루미늄, 주석
④ 구리, 안티몬, 주석

해설 화이트 메탈 : 주석계와 아연계가 있으며, 색이 하얗다해서 붙여진 이름이며 주로 베어링 합금으로 사용된다.

31 열처리하지 않아도 충분한 경도를 가지며 코발트를 주성분으로 한 것으로 단련이 불가능하므로 금형주조에 의해서 소정의 모양으로 만들어 사용하는 합금은?

① 고속도강   ② 스텔라이트
③ 화이트메탈 ④ 합금 공구강

해설 스텔라이트는 주조 경질합금으로 매우 단단하여 기계 절삭가공이 불가능하여 연삭하여 사용하여야 한다.

32 알루미늄 합금의 종류 중 내열성, 연신률, 절삭성이 좋으나, 고온취성이 크고 수축에 의한 균열 등의 결점이 있는 합금은?

① Al - C_o계 합금   ② Al - Cu계 합금
③ Al - Zn계 합금   ④ Al - Pb계 합금

정답 26 ④ 27 ① 28 ③ 29 ② 30 ④ 31 ② 32 ②

33 담금질할 때 생긴 내부응력을 제거하며 인성을 증가시키고 안정된 조직으로 변화시키는 열처리는? ★★

① 뜨임 ② 표면경화
③ 불림 ④ 담금질

해설 뜨임(tempering) : 담금질한 강의 인성 증가나 내부 응력을 제거하기 위해 A1 변태점 이하로 가열한 후 급랭 또는 공랭하는 열처리

34 강의 표면경화 방법이 아닌 것은?

① 침탄법 ② 질화법
③ 토머스법 ④ 화염 경화법

해설 표면 경화법 : 금속의 표면은 단단하게 하여 내마모성을 높이고 내부는 인성을 유지할 필요가 있을 때 표면만 가열한 후 급랭시키는 열처리

35 마그네슘의 성질을 틀리게 설명한 것은?

① 비중 1.74로서 실용금속 재료 중 가장 가볍다.
② 고온에서 쉽게 발화한다.
③ 알칼리에는 부식되나 산에는 거의 부식이 안된다.
④ 열 및 전기 전도도가 구리, 알루미늄 보다 낮다.

36 합금강에서 Cr 원소 첨가효과 중 틀린 것은?

① 인성 ② 내마모성
③ 내식성 ④ 내열성

37 구리의 용접에 관한 설명으로 가장 관계가 먼 것은?

① 불활성 가스 텅스텐 아크용접은 판 두께 6mm 이하에 대하여 많이 사용된다.
② 구리의 용접은 불활성 가스 텅스텐 아크용접법과 가스용접이 많이 사용된다.
③ 용접용 구리 재료로는 전해구리를 사용하고 용접봉은 전해구리 용접봉을 사용해야 한다.
④ 구리는 용융될 때 심한 산화를 일으키며, 가스를 흡수하기 쉽다.

38 응고에서 상온까지 냉각할 때 순철에 발생하는 변태가 아닌 것은?

① A_1변태점 ② A_4변태점
③ A_3변태점 ④ A_2변태점

39 용융금속이 그 주위로부터 냉각되기 시작하면서 결정이 냉각면에 수직하게 가늘고 긴 형상으로 생기는 조직은?

① 주조조직 ② 편석조직
③ 종방형조직 ④ 주상조직

해설 주상 조직 : 결정 입자가 막대 모양으로 성장한 형태의 조직.
수지상 조직 : 결정 입자가 나뭇가지 모양을 이루는 결정 조직

40 주철 중 기계 구조용 주물로서 우수하여 널리 사용되는 것으로 강력주철(고급 주철)이라고도 하는 것은?

① 백주철 ② 펄라이트주철
③ 얼룩주철 ④ 페라이트주철

정답 33 ① 34 ③ 35 ③ 36 ① 37 ③ 38 ① 39 ④ 40 ②

41 재료의 선팽창계수나 탄성률 등의 특성이 변하지 않는 불변강에 해당되지 않는 것은?

① 인바(invar)
② 코엘린바(coelinvar)
③ 슈퍼인바(super invar)
④ 슈퍼엘린바(super elinvar)

42 극히 작은 면적 내에서 응력측정을 할 수 있고 지점 마찰이 극히 적은 기계적 변형도계를 사용함으로 감도가 좋고 안정도가 좋아 국제용접학회(IIW)에서 권하는 잔류 응력 측정법은?

① 구너어트(Gunnert)법
② 스리트(SLIT)법
③ 트레판(Trepan)법
④ 스트레인 게이지(Strain Gauge)법.

43 용접부의 시험방법 중 파괴 시험의 기계적 시험법에 속하는 것은?

① 파면시험 ② 용접균열시험
③ 압력시험 ④ 피로시험

44 지그나 고정구의 설계시 유의사항으로 틀린 것은?

① 구조가 간단하고 효과적인 결과를 가져와야 한다.
② 부품간의 거리측정이 필요해야 한다.
③ 부품의 고정과 이완은 신속히 이루어져야 한다.
④ 모든 부품의 조립은 쉽고 눈으로 볼 수 있어야 한다.

45 용접구조 설계상의 주의사항으로 틀린 것은?

① 용접치수는 강도상 필요한 이상으로 크게 하지 말 것
② 리벳과 용접의 혼용시에는 충분한 주의를 할 것
③ 용접성, 노치인성이 우수한 재료를 선택하여 시공하기 쉽게 설계할 것
④ 후판을 용접할 경우는 용입이 얕은 용접법을 이용하여 층수를 늘일 것

해설 용접은 가능한 용착금속의 량을 적게하는 것이 좋으며, 패스수나 층수가 많을수록 변형도 많아지고 용접시간도 더 소요된다. 따라서 후판의 경우 용입이 깊게 하고 층수를 줄이는 용접법을 선택해야 된다.

46 압연 강판에서 용접 후 실온에서의 지연 균열(Delayed Crack)의 주원인이 되는 것은 다음의 어느 것인가?

① 황(S)   ② 규소(Si)
③ 산소(O_2) ④ 수소(H_2)

47 그림과 같은 맞대기 용접시 모재에 발생되는 인장응력이 $30N/mm^2$이라면 인장하중은 몇 N인가?

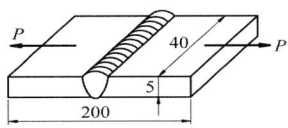

① 5000   ② 6000
③ 6500   ④ 7000

해설 인장강도 = $\dfrac{하중(P)}{단면적(A)}$

인장하중 = $30 \times 5 \times 40 = 6000$

정답 41 ④ 42 ① 43 ④ 44 ② 45 ④ 46 ④ 47 ②

48 다음 그림과 같은 형상을 한 용접부를 용접기호로 나타낸 것은?

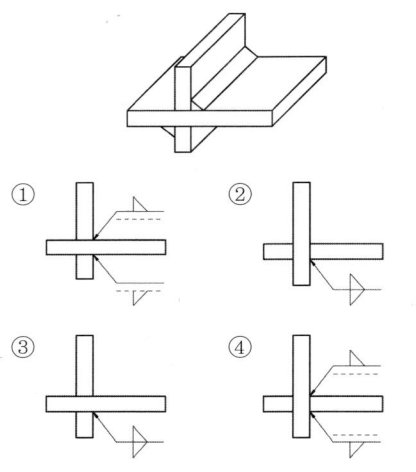

49 다음 중에서 용접성 시험의 분류에 속하지(들지) 않는 것은?

① 노치취성시험
② 용접부의 연성시험
③ 이음부의 기계적 성질시험
④ 모재와 용접금속의 균열시험

해설 용접성 시험에서 노치취성이나 연성 등이 기계적 성질이지만 단위 명칭으로 기계적 성질시험은 없다.

50 용접 전에 용접부의 예열을 시키는 목적으로 틀린 것은?

① 열영향부와 융착 금속의 경화를 촉진하고 연성을 증가시킨다.
② 수소의 방출을 용이하게 하여 저온균열을 방지한다.
③ 용접부의 기계적 성질을 향상시키고 경화조직의 석출을 방지시킨다.
④ 온도분포가 완만하게 되어 열응력의 감소로 변형과 잔류응력의 발생을 적게 한다.

51 용접시 기공 발생의 방지대책으로 틀린 것은?

① 위빙을 하여 열량을 늘리거나 예열을 한다.
② 충분히 건조한 저수소계 용접봉을 사용한다.
③ 정해진 범위 안에 전류로 좀 긴 아크를 사용하거나 용접법을 조절한다.
④ 피닝 작업을 하거나 용접 비드 배치법을 변경한다.

52 열영향부(H.A.Z) 가장자리 가까운 곳에 나타나는 형이고 계단형태로, 구속을 많이 받는 용접부 또는 다층 용접부에서 용접 중 또는 용접직후 발생하는 용접결함은?

① 토 균열(toe crack)
② 힐 크랙(heel crack)
③ 라멜라 균열(lamella tearing crack)
④ 비드 밑 균열(under bead crack)

53 자분 탐상시험에서 자화방법의 종류가 아닌 것은?

① 축통전법   ② 전류 관통법
③ 원통 통전법   ④ 코일법

해설 자분 탐상법의 자화방법 : ①, ②, ④ 외에 관통법, 직각 통전법, 극간법 등이 있다.

정답 48 ① 49 ③ 50 ① 51 ④ 52 ③ 53 ③

54 산업용 용접로봇의 주요작업 기능부가 아닌 것은?

① 구동부　　② 용접부
③ 검출부　　④ 제어부

55 다음 중 통계량의 기호에 속하지 않는 것은?

① β　　② R
③ u　　④ $\bar{x}$

해설 R : 범위, $\bar{X}$: 산술평균,
S : 시료의 표준편차

56 관리 한계선을 구하는데 이항분포를 이용하여 관리선을 구하는 관리도는?

① $\bar{X}$-R 관리도　　② U 관리도
③ nP 관리도　　④ X 관리도

해설 이항분포에 바탕을 둔 관리도 : P 관리도, nP 관리도,
nP 관리도에는 전구 꼭지쇠의 불량개수, 나사길이 불량, 전화기의 겉보기 불량개수 등에 속한다.

57 다음 중 인위적 조절이 필요한 상황에 사용될 수 있는 워크팩터(Work Factor)의 기호가 아닌 것은?

① D　　② K
③ P　　④ S

해설 워크 팩터 기호 : ①, ③, ④, U

58 어떤 회사의 매출액이 80,000원, 고정비가 15,000원, 변동비가 40,000원일 때 손익분기점 매출액은 얼마인가? ★★

① 25,000원　　② 30,000원
③ 40,000원　　④ 55,000원

해설 손익분기점 매출액
$= \dfrac{고정비}{(1-\dfrac{변동비}{매출액})} = \dfrac{15,000}{(1-\dfrac{40,000}{80,000})} = 30,000$

59 로트수(크기)가 10 이고 준비작업시간이 20분이며 개당(로트별) 정미작업시간이 60분이라면 1개(로트)당 소요 작업시간은?

① 102분　　② 90분
③ 82분　　④ 62분

해설 표준시간(외경법)
= 정미시간 × (1+여유율)
$= 60 \times (1+\dfrac{20}{60 \times 10}) = 62$

60 관리도의 관리 한계선을 구하는 식으로 옳은 것은?

① $\bar{u} \pm 3\sqrt{\bar{u}}$　　② $\bar{u} \pm \sqrt{\bar{u}}$
③ $\bar{u} \pm 3\sqrt{v}$　　④ $\bar{u} \pm 3\sqrt{\dfrac{\bar{u}}{n}}$

해설 중심선(CL) = $\bar{u} = \dfrac{\sum c}{\sum n}$
UCL = $\bar{u} + 3\sqrt{\dfrac{\bar{u}}{n}}$, LCL = $\bar{u} - 3\sqrt{\dfrac{\bar{u}}{n}}$

정답 54 ② 55 ① 56 ③ 57 ② 58 ② 59 ④ 60 ④

2010 제48회 용접기능장 최근 기출문제

2010년 7월 23일 시행

01 용접작업시 위보기 자세에 사용되지 않는 운봉방법은?

① 백 스텝 ② 직선형
③ 부채꼴 모양 ④ 삼각형

02 초음파 탐상시험에서 음파의 종류에 해당되지 않는 것은?

① 저음파 ② 청음파
③ 초음파 ④ 고음파

03 가스용접으로 동합금을 용접하는데 적당한 용제(flux)는?

① 붕사 ② 황혈염
③ 염화나트륨 ④ 탄산소다

해설 가스용접 용제 동합금 : 붕사+염화리튬, 주철 : 탄산수소나트륨70%+붕사15%+탄산나트륨 15%, 연강 : 사용 안함

04 저압식 절단 토치를 올바르게 설명한 것은?

① 아세틸렌 가스의 압력이 보통 0.07kg$_f$/cm^2 이하에서 사용한다.
② 산소가스의 압력이 보통 0.07kg$_f$/cm^2 이하에서 사용한다.
③ 아세틸렌 가스의 압력이 보통 0.07~0.4kg$_f$/cm^2 정도에서 사용한다.
④ 산소가스의 압력이 보통 0.07~0.4kg$_f$/cm^2 정도에서 사용한다.

해설 절단토치
중압식 : 0.07~1.3kg$_f$/cm^2
고압식 : 1.3kg$_f$/cm^2 이상

05 뉴턴(Newton)의 만유인력의 법칙에 따라서 금속원자 간에 인력이 작용하여 결합하게 된다. 이 결합을 이루게 하기 위해서는 원자들은 보통 몇 cm 접근시켰을 때 원자가 결합하는가?

① 10^{-6} ② 10^{-8}
③ 10^{-10} ④ 10^{-12}

해설 원자간 인력거리는 수 옹그스트롱(Å, 10-8)으로 원자간 거리를 2~10/1억cm 정도 접근시켜야 접합이 가능하나 가열 등이 아니면 접근시키기 불가능하다.

06 피복 금속 아크용접봉의 피복제의 역할이 아닌 것은?

① 용융금속을 대기와 잘 접촉하게 한다.
② 아크를 안정시켜 용접을 용이하게 한다.
③ 용착금속의 냉각속도를 지연시킨다.
④ 모재표면의 산화물을 제거한다.

해설 피복제의 역할 : ②, ③, ④ 외에 공기로 인한 산화, 질화 방지, 합금 원소 첨가, 슬래그 제거를 쉽게 한다. 전기 절연 작용을 한다. 탈산 정련 작용을 한다.

정답 1 ④ 2 ④ 3 ① 4 ① 5 ② 6 ①

07 일반적으로 아크 드라이브(Arc drive)의 전압(V)은 몇 V로 고정되어 있는가?

① 10V   ② 12V
③ 16V   ④ 30V

해설 아크 드라이브 특성 : 수하특성 중에서 단락(short)시에만 특히 전류가 증대하는 특성으로, 깊은 홈을 용접할 때 용접봉의 끝이 모재에 단락하는 것을 방지할 수 있다.

08 가스용접에서 정압 생성열(kcal/m³)이 가장 적은 가스는?

① 아세틸렌   ② 메탄
③ 프로판   ④ 부탄

해설 가스의 발열량
아세틸렌 : 12690kcal, 메탄 : 8080kcal
프로판 : 20780kcal, 부탄 : 26691kcal
수소 : 2420kcal

09 피복 아크용접 품질에 영향을 주는 요소가 아닌 것은?

① 전류조정   ② 용접기의 사용률
③ 용접속도   ④ 아크길이

해설 용접 품질을 결정하는 것은 전류, 용접속도, 아크길이, 작업자 기능 등이며, 용접기 사용률과는 무관하다.

10 산소와 아세틸렌 용기 취급시 주의사항 중 잘못 된 것은?

① 산소병 내에 다른 가스를 혼합하여도 된다.
② 산소병 운반시 충격을 주어서는 안 된다.
③ 아세틸렌 병은 세워서 사용하며, 병에 충격을 주어서는 안 된다.
④ 산소병은 40℃ 이하 온도에서 보관하고 직사광선을 피해야 한다.

11 1차 코일을 교류 전원에 접속하면 2차 코일은 70~100V의 저전압으로 되고, 2차 코일은 전환 탭으로 권선비에 따라 큰 전류를 조정하는 용접기는?

① 발전형 직류 아크용접기
② 가동 코일형 교류 아크용접기
③ 가동 철심형 교류 아크용접기
④ 탭 전환형 직류 아크용접기

12 AW400인 교류 아크용접기로 두께가 9mm인 연강판을 용접 전류 180A, 아크 전압 30V로 접합하고자 할 때 이 용접기의 효율이 57.5%라면 내부 손실은 몇 kW인가?

① 약 1kW   ② 약 2kW
③ 약 3kW   ④ 약 4kW

해설 효율 = $\frac{\text{아크출력}}{\text{소비전력}} \times 100 = \frac{\text{아크출력}}{\text{아크출력}+\text{내부손실}}$

$57.4 = \frac{30 \times 180}{30 \times 180 + X} \times 100$

$57.4(30 \times 180 + X) = (30 \times 180) \times 100$
$309960 + 57.4X = 540000$
$X = \frac{540000 - 309960}{57.4} = 4008W = 4kW$

13 가스토치를 사용하여 용접부의 결함, 뒤따내기, 가접의 제거, 압연강재, 주강의 표면결함의 제거 등에 사용하는 가공법은?

① 가스절단   ② 아크에어 가우징
③ 가스 가우징   ④ 가스 스카핑

정답 7 ③ 8 ② 9 ② 10 ① 11 ③ 12 ④ 13 ③

14 다음은 가스절단 결과가 양호한가를 판정하는 사항이다. 틀린 것은?

① 드래그가 일정할 것
② 슬래그의 이탈성이 나쁠 것
③ 절단면의 윗 모서리가 예리할 것
④ 절단면이 깨끗하며 드래그 홈이 없을 것

15 플라스마 절단에 대한 설명 중 틀린 것은?

① 텅스텐 전극과 모재사이에서 아크 플라스마를 발생시키는 것을 이행형 아크 절단이라 한다.
② 비이행형 아크절단은 텅스텐전극과 수냉 노즐과의 사이에서 아크를 발생시켜 절단한다.
③ 작동 가스로는 스테인리스강에 대해서는 헬륨과 산소의 혼합가스를 일반적으로 사용된다.
④ 알루미늄 등의 경금속에 대해서는 작동가스로 아르곤과 수소의 혼합가스를 일반적으로 사용된다.

16 서브머지드 아크용접의 장점에 대한 설명으로 틀린 것은?

① 대전류에서 용접할 수 있으므로 고능률적이다.
② 용접입열이 커서 모재에 변형을 가져올 우려가 없으며 열 영향부가 넓다.
③ 용접 금속의 품질이 양호하다.
④ 유해광선이나 퓸(fume) 등이 적게 발생되어 작업 환경이 깨끗하다.

해설 서브머지드 아크용접의 장점 : ①, ③, ④ 외에 비드 외관이 매우 아름답고, 기계적 성질이 우수하며, 용접속도가 빠르며, 용입이 깊다.

17 일렉트로 슬래그 용접의 장점이 아닌 것은?

① 박판 강재의 용접에 적합하다.
② 특별한 홈 가공을 필요로 하지 않는다.
③ 용접시간이 단축되기 때문에 능률적이다.
④ 냉각속도가 느리므로 기공, 슬래그 섞임이 없다.

해설 일렉트로 슬래그 용접의 장점 : ②, ③, ④ 외에 후판 수직 용접에 적당하다.

18 전류가 인체에 미치는 영향 중 순간적으로 사망할 위험이 있는 전류량은 몇 mA 이상인가? ★★

① 8   ② 20
③ 35 ④ 50

19 염화아연을 사용하여 납땜을 사용하였더니 그 후에 그 부분이 부식되기 시작했다. 그 이유로 가장 주된 원인(적당한 것)은? ★★

① 땜납과 금속판이 전기작용을 일으켰기 때문에
② 땜납의 양이 많기 때문에
③ 인두의 가열온도가 높기 때문에
④ 납땜 후 염화아연을 닦아내지 않았기 때문에

정답 14 ② 15 ③ 16 ② 17 ① 18 ④ 19 ④

20 플럭스 코어드 아크용접에 대한 설명 중 틀린 것은?

① 전류가 적정 범위 내에서 증가함에 따라 비드 높이는 높아지고 비드 폭은 넓어진다.
② 아크전압이 증가함에 따라 용접비드 높이는 납작하고 폭은 넓어지게 된다.
③ 노즐 각도를 변화시키는 것은 또한 비드의 높이와 폭을 변화시킬 수 있다.
④ 용접속도가 증가함에 따라 비드 높이는 낮아지고 비드 폭은 증가한다.

해설 용접속도가 증가하면 비드 높이와 폭이 감소한다.

21 서브머지드 아크용접시 와이어 표면에 구리도금을 하는 이유로 가장 적당하지 않는 것은? ★★

① 콘택트 팁과 전기적 접촉을 원활히 해준다.
② 와이어의 녹 방지를 함으로서 기공발생을 적게 한다.
③ 송급 롤러와 접촉을 원활히 해줌으로서 용접속도에 도움이 된다.
④ 용착금속의 강도를 저하시키고 기계적 성질도 저하 시킨다.

22 MIG용접에서 용융금속의 이행 형태는 여러가지 요인에 의해 결정된다. 해당되지 않는 것은?

① 전류의 형태와 크기
② 전류밀도
③ 용접봉의 성분
④ 용접자세

23 겹치기 저항 용접에 있어서 접합부에 나타나는 용융 응고된 금속 부분을 무엇이라고 하는가?

① 오목 자국   ② 너 깃
③ 튐   ④ 오 손

24 파이프 용접에서 루트부에 E6010 용접봉을 사용하는 경우가 있다. E7018을 사용하지 않고 E6010을 사용하는 이유는?

① E6010은 강도상으로 문제가 안되기 때문임. 즉, 루트부를 제거하기 때문임
② E6010계의 피복제가 결함을 예방함
③ 루트부에서 기공을 예방하거나 용입상태를 개선하기 위함
④ E6010계통의 피복제가 질소 실딩가스와 상호 작용하기 때문임

해설
- E6010 : 파이프 및 주강 보수용접용
- E7018 : KSD E5016에 해당되는 고장력강봉으로 AWS A5.1 E7018이 파이프 용접 등에 쓰인다.

25 원자 수소 아크용접에 이용되는 용접열로 가장 적당한 것은?

① 2000 ~ 3000℃   ② 3000 ~ 4000℃
③ 4000 ~ 5000℃   ④ 5000 ~ 6000℃

26 TIG 용접 기법 중 용입이 얕고 청정효과가 있는 전극 특성은?

① 직류 역극성(DCEP)
② 직류 정극성(DCEN)
③ 교류 역극성(ACRP)
④ 교류 정극성(ACSP)

정답 20 ④ 21 ④ 22 ④ 23 ② 24 ③ 25 ② 26 ①

해설 직류 역성성은 모재를 -, 전극을 +에 연결한 극성으로 Al, 마그네슘 합금의 용접에 주로 사용한다.

27 KS규격에서 정한 TIG 용접에서 사용되는 2% 토륨 텅스텐(YWTh-2)전극봉의 식별용 색으로 맞는 것은?

① 녹색　　② 갈색
③ 황색　　④ 적색

해설 순텅스텐 전극의 식별색은 녹색이다.

28 가스용접 및 절단작업시 안전사항으로 가장 거리가 먼 것은?

① 작업시 작업복은 깨끗하고 간편한 복장으로 갈아입고 작업자의 눈을 보호하기 위해 보안경을 착용한다.
② 납이나 아연합금 및 도금 재료의 용접이나 절단시 중독에 우려가 있으므로 환기에 신경을 쓰며 계속 작업보다 주기적이 휴식을 취한 후 작업을 한다.
③ 산소병은 고압으로 충전되어 있으므로 운반 및 압력 조정기 체결을 정확히 해야 하며 나사부분의 마모를 적게 하기 위하여 윤활유를 사용한다.
④ 밀폐된 용기를 용접하거나 절단할 때 내부의 잔여물질 성분이 팽창하여 폭발할 우려를 충분히 검토 후 작업을 한다.

해설 산소 용기 등에는 기름을 칠하면 기름과 산소가 반응하여 폭발성 가스를 형성하여 폭발할 수 있으므로 사용해서는 안된다.

29 전기저항 용접법 중 주로 기밀, 수밀, 유밀성을 필요로 할 때 가장 적합한 용접은?

① 점용접　　② 프로젝션용접
③ 플래쉬용접　　④ 심(시임)용접

30 일반적인 합금의 특징 설명으로 틀린 것은? ★★

① 경도가 높아진다.
② 전기 전도율이 저하된다.
③ 용융 온도가 높아진다.
④ 열전도율이 저하된다.

해설 합금이 되면 경도, 강도는 증가하고 전기 전도율, 열전도율, 연신률, 비중, 용융점은 낮아진다.

31 Ni40 ~ 50%와 Fe의 합금으로 열팽창계수가 $5 \sim 9 \times 10^{-6}$ 정도이며 전구의 도입선으로 사용되는 불변강은? ★★

① 인바　　② 플라티나이트
③ 코엘린바　　④ 슈퍼인바

해설 인바 : Ni35%-Mn 0.4%-Co 1 ~ 3%

32 이산화탄소 아크용접법은 어느 금속에 가장 적합한가?

① 알루미늄　　② 마그네슘
③ 저탄소강　　④ 몰리브덴

33 칼슘이나 규소를 첨가해서 흑연화를 촉진시켜 미세 흑연을 균일하게 분포시키거나 백주철을 열처리하여 연신률을 향상시킨 주철은?

① 반주철　　② 가단주철
③ 구상흑연주철　　④ 회주철

정답　27 ④　28 ③　29 ④　30 ③　31 ②　32 ③　33 ②

34 내열용 알루미늄 합금의 종류가 아닌 것은?

① Y합금 ② 로우엑스
③ 코비탈륨 ④ 라우탈

35 니켈-구리계 합금의 종류가 아닌 것은?

① 어드밴스(advance)
② 큐프로 니켈(cupro nickel)
③ 퍼멀로이(permalloy)
④ 콘스탄탄(constantan)

해설 퍼멀로이 : Ni70 ~ 90%-Fe계 합금으로 투자율이 높아 장하 코일용으로 쓰인다.

36 Ni-Cr계 합금의 특징 설명으로 틀린 것은?

① 전기저항이 크다.
② 내열성이 크고 고온에서 경도 및 강도 저하가 적다.
③ 내식성이 작고 산화도가 크다.
④ Fe 및 Cu에 대한 전열효과가 크다.

해설 Ni-Cr 합금 : 내식성이 커서 산화가 적다.

37 주철의 용접은 보수용접에 많이 쓰이며 주물의 상태, 결함의 위치, 크기, 겉모양 등에 유의하여야 한다. 주철의 보수용접 종류가 아닌 것은?

① 스터드법 ② 빌드업법
③ 비녀장법 ④ 버터링법

해설 주철의 보수 용접법은 ①, ③, ④ 외에 로킹법 등이 있다. 빌드업법은 다층쌓기법의 일종이다.

38 철강 표면에 Zn을 확산 침투시키는 방법으로 청분이라고 하는 300mesh 정도의 Zn분말 속에 제품을 넣고, 300 ~ 420°C로 1 ~ 5시간 가열하여 경화층을 얻는 금속침투법은?

① 칼로라이징(calorizing)
② 세라다이징(sheradizing)
③ 크로마이징(chromizing)
④ 실리코나이징(siliconizing)

39 페라이트계 스테인리스강에 대한 설명으로 틀린 것은?

① 표면이 잘 연마된 것은 공기나 물 중에서 부식되지 않는다.
② Cr 12 ~ 17%, C 0.2% 이하 함유된 스테인리스강이다.
③ 유기산, 질산, 염산, 황산 등에 잘 침식된다.
④ 오스테나이트계에 비하여 내산성이 낮다.

40 알루미늄을 용접하고자 할 때, 예열을 하는 경우가 있다. 그 이유는?

① 열 전도성이 높기 때문에
② Al_2O_3 산화막을 제거하기 위해
③ 청정작용(Cleaning action) 때문에
④ 순도가 낮은 불활성가스의 사용이 가능하기 때문에

41 듀콜(ducol)강은 어디에 속하는 강종인가?

① 고망간강 중 시멘타이트 조직을 나타낸다.
② 저망간강 중 펄라이트 조직을 나타낸다.
③ 고망간강 중 오스테나이트 조직을 나타낸다.
④ 저망간강 중 페라이트 조직을 나타낸다.

정답 34 ④ 35 ③ 36 ③ 37 ② 38 ② 39 ③ 40 ① 41 ②

42 금속의 용접성(weldability)에 영향을 미치지 않는 것은?

① 전기 전도도(Electrical Conductivity)
② 탄소 함유량(carbon content)
③ 인장강도(tensile strength)
④ 용융점(melting point)

43 잔류응력이 존재하는 구조물에 인장이나 압축하중을 걸어 용접부를 약간 소성 변형 시킨 후 하중을 제거하면 잔류응력이 감소하는 현상을 이용하는 잔류응력 완화법은?

① 기계적 응력 완화법
② 저온 응력 완화법
③ 피닝법
④ 응력제거 풀림법

44 용접을 진행하면서 용접부 부근을 냉각시켜 모재의 열 영향부의 범위를 축소시킴으로써 변형을 방지하는데 사용하는 냉각법에 속하지 않는 것은?

① 살수법　　② 수냉동판 사용법
③ 피닝법　　④ 석면포 사용법

해설 피닝법은 구형의 작은 해머 등으로 가볍게 두드려서 소성 변형을 줌으로서 잔류 응력을 제거하는 방법이다.

45 비자성인 금속재료로 구조물을 제작하였다. 여기에 사용할 수 없는 검사방법은?

① 침투검사　　② 맴돌이 전류검사
③ 자분검사　　④ 방사선 투과검사

46 용접 전에 용접부의 예열을 시키는 이유로 틀린 것은?

① 용착금속중의 수소성분이 달아날 시간을 주어 비드밑의 균열을 방지하기 위해서이다.
② 용접부와 열영향부의 수축응력을 감소시켜 주기 위해서이다.
③ 용접부와 열영향부의 연성을 높여주기 위해서이다.
④ 급냉되면 용접부와 그 열영향부가 취약해지고 경도가 약해지므로 경도를 높여주기 위해서이다.

해설 급냉되면 용접부와 그 열영향부가 취약해지고 경도가 약해지므로 경도를 낮추기 위해서이다.

47 용접기본 기호 중 표면 육성 기호로 맞는 것은?

① ◯　　② ⊖
③ ⌒　　④ ⌐

해설 ① 점용접, ② 시임 용접

48 로봇의 구성에서 구동부와 제어부를 가동시키기 위한 에너지를 동력원이라 하고 에너지를 기계적인 움직임으로 변환하는 기기의 명칭은?

① 교시박스　　② 머니퓰레이터
③ 액추에이터　　④ 시퀀스 제어

정답　42 ①　43 ①　44 ③　45 ③　46 ④　47 ③　48 ③

49 다음 중 용착법에 대해 잘못 표현된 것은?

① 덧살올림법 : 각 층마다 전체의 길이를 용접하면서 쌓아올리는 방법
② 대칭법 : 용접부의 중앙으로부터 양끝을 향해 대칭적으로 용접해 나가는 방법
③ 비석법 : 용접 길이를 짧게 나누어 간격을 두면서 용접하는 방법
④ 전진블록법 : 한 끝에서 다른 쪽 끝을 향해 연속적으로 진행하면서 용접하는 방법

해설 전진블록법 : 일정한 길이를 전층을 다 쌓은 후 다음 위치를 동일한 방법으로 쌓는 법

50 용접재료 시험법 중에서 인장시험 파단 후의 시험편 단면적을 $A(mm^2)$, 최초의 단면적을 $A_o(mm^2)$라 할 때 단면수축률 ϕ를 구하는 식은?

① $\phi = \dfrac{A - A_0}{A_0} \times 100(\%)$
② $\phi = \dfrac{A_0 - A}{A_0} \times 100(\%)$
③ $\phi = \dfrac{A - A_0}{A} \times 100(\%)$
④ $\phi = \dfrac{A_0 - A}{A} \times 100(\%)$

51 열영향부(HAZ)의 재질을 향상시키기 위해서 흔히 사용되는 방법은?

① 용접부의 예열과 후열
② 특수 용가재 사용
③ 용접부 피닝
④ 특수 플럭스(용제) 사용

52 맞대기 용접의 강도계산은 어느 부분을 기준으로 정하여 행하는가?

① 루트간격 ② 각장(목길이)
③ 목두께   ④ 홈깊이

53 어떤 부재의 용접시공시 용착금속의 중량을 $Wd(g)$, 용착속도를 $V(g/hr)$, 용접공의 실동효율(아크타임)을 $Te(\%)$라 할 때 용접 작업시간(총 용접시간) $Ta(hr)$의 계산식은?

① $\dfrac{Wd \cdot V}{Te}$ ② $\dfrac{V}{Wd \cdot Te}$
③ $\dfrac{Wd}{V \cdot Te}$ ④ $\dfrac{Te}{Wd \cdot V}$

54 피복 아크용접에서 아크길이가 너무 길거나 용접전류가 지나치게 높을 때 발생되는 용접 결함으로 가장 적당한 것은?

① 슬래그 혼입 ② 언더컷
③ 선상조직   ④ 오버랩

해설 슬래그 혼입 원인 : 전류가 너무 낮을 때, 봉의 각도 부적당시, 운봉 속도가 너무 느릴 때, 슬래그가 용융금속보다 앞설 때

55 관리도에서 점이 관리한계 내에 있고(으나) 중심선 한쪽에 연속해서 나타나는 점(의 배열현상)을 무엇이라 하는가?

① 런   ② 경향
③ 산포 ④ 주기

해설 관리도의 점이 중심선 한쪽에 연속해서 나타나는 점을 런(run)이라 한다.
• 5의 런 : 공정의 진행에 주의한다.
• 6의 런 : action을 준비한다.

정답 49 ④ 50 ② 51 ① 52 ③ 53 ③ 54 ② 55 ①

- 7의 런 : action을 취한다(비관리 상태로 판정).
- 경향 : 길이 7의 상승경향과 하강 경향(비관리 상태)
- 주기 : 일정 간격을 갖고 점들이 오르내리는 현상

56 공관리도에서 공정이 관리상태에 있다고 판단할 수 있는 경우는?

① 연속 25점 중 1점이 관리한계를 벗어날 경우
② 연속 100점 중 한계를 벗어나는 점이 2점 이내일 경우
③ 연속 35점 중 한계를 벗어나는 점이 2점 이내일 경우
④ 연속 6점이 중심선 한쪽에 있을 경우

57 공수계획의 단계를 부하나 능력을 계산하고 이를 조정하여 작업할당을 하게 되는 여력을 구하는 식 중 옳은 것은?

① 여력 = $\dfrac{능력 - 부하}{부하} \times 100(\%)$
② 여력 = $\dfrac{능력 - 부하}{능력} \times 100(\%)$
③ 여력 = $\dfrac{능력 + 부하}{부하} \times 100(\%)$
④ 여력 = $\dfrac{능력 + 부하}{능력} \times 100(\%)$

58 작업개선을 위한 공정분석에 포함되지 않는 것은?

① 제품 공정분석   ② 사무 공정분석
③ 직장 공정분석   ④ 작업자 공정분석

59 로트의 크기가 시료의 크기에 비해 10배 이상 클 때, 시료의 크기와 합격판정개수를 일정하게 하고 로트의 크기를 증가시키면 검사특성곡선의 모양 변화에 대한 설명으로 가장 적절한 것은?

① 무한대로 커진다.
② 거의 변화하지 않는다.
③ 검사특성곡선의 기울기가 완만해진다.
④ 검사특성곡선의 기울기 경사가 급해진다.

해설 로트의 크기(N)는 검사 특성 곡선의 모양 변화에 거의 영향이 없다.

60 과거의 자료를 수리적으로 분석하여 일정한 경향을 도출한 후 가까운 장래의 매출액, 생산량 등을 예측하는 방법을 무엇이라 하는가?

① 델파이법   ② 전문가패널법
③ 시장조사법   ④ 시계열분석법

해설 델파이법 : 그리스의 델파이 신전에서 신탁을 받는 것과 같이 전문가 집단의 합치된 의견을 예측치로 받으려는 방법
시계열분석법 : 시간의 경과에 따라 순서대로 관측되는 값(시계열자료-Time series)을 대상으로 이들의 추세, 변동요인 등을 파악하여 자료의 패턴을 유추함으로써 미래에 대해 예측하는 기법

정답 56 ② 57 ④ 58 ③ 59 ② 60 ④

# 제49회 용접기능장 최근 기출문제

2011년 4월 17일 시행

01 가스 용접에서 전진법에 비교한 후진법에 대한 설명으로 틀린 것은?

① 판두께가 두꺼운 후판에 적합하다.
② 용접속도가 빠르다.
③ 용접변형이 작다.
④ 열 이용율이 나쁘다.

해설 후진법은 스패터가 적고 열 이용율이 좋으나 용접부가 잘 안보인다.

02 절단부에 철분 등을 압축공기로 팁을 통해 분출시키며 예열 불꽃 중에서 연소반응에 따른 고온을 이용한 절단법으로 맞는 것은?

① 산소창 절단   ② 탄소 아크 절단
③ 분말 절단   ④ 미그 절단

해설 분말 절단 : 주철 등 일반적인 방법으로는 가스 절단이 어려운 금속에 철분 등을 압축공기로 분출시키며 연소 반응을 촉진시켜 절단하는 절단법이다.

03 아크 용접기의 필요한 조건이 아닌 것은?

① 전류조정이 용이하고 일정하게 전류가 흘러야 한다.
② 아크를 안정시키는 데 필요한 외부 특성 곡선을 가지고 있어야 한다.
③ 아크 발생을 용이하게 하기 위하여 무부하 전압이 낮아야 한다.
④ 역률과 효율이 좋아야 한다.

해설 무부하 너무 전압이 낮으면 아크 발생이 잘 안되므로 허용되는 범위에서 높은 무부하 전압이 필요하다. 무부하 전압이 높으면 감전의 위험이 높아진다.

04 다음은 여러 가지 절단법에 대하여 설명한 것이다. 틀린 것은?

① 산소창 절단법의 용도는 스테인리스강이나 구리, 알루미늄 및 그 합금을 절단하는데 주로 사용한다.
② 아크에어 가우징은 탄소 아크 절단에 압축공기를 같이 사용하는 방법으로 용접부의 홈파기, 결함부 제거 등에 사용된다.
③ 수중절단에 사용되는 연료 가스로는 수소, 아세틸렌, LPG 등이 쓰인다.
④ 레이저 절단은 다른 절단법에 비해 에너지 밀도가 높고 정밀절단이 가능하다.

해설 산소창 절단 : 두꺼운 철판, 주강의 슬래그 덩어리, 암석의 천공 등의 절단에 쓰인다.

05 금속재료를 접합하는 방법 중 용접은 무슨 접합법인가?

① 기계적 접합법   ② 야금적 접합법
③ 전자적 접합법   ④ 자기적 접합법

정답 1 ④ 2 ③ 3 ③ 4 ① 5 ②

06 약 2.5g의 강구를 25cm 높이에서 낙하시켰을 때 20cm 튀어 올랐다면 쇼어경도(HS) 값은 약 얼마인가? (단 계측통은 목측형(C형)이다.)

① 112.4　② 192.3
③ 123.1　④ 154.1

해설 $H_S = \dfrac{10000}{65} \times \dfrac{h}{h_0}$

$= \dfrac{10000}{65} \times \dfrac{20}{25} = 123.07$

07 수중 8m 이상에서 절단작업을 할 때 사용되는 가스는?

① 용해 아세틸렌 가스
② 탄산가스
③ 수소가스
④ 헬륨가스

08 피복 아크용접봉 중 염기성이면서 내균열성이 가장 우수한 것은?

① 저수소계　② 리임티타니아계
③ 일미나이트계　④ 고셀롤로오스계

09 티그(TIG)용접에 사용되는 고주파(H.F)의 전압은 몇 [V]나 되는가?

① 2000 - 3000　② 100 - 1000
③ 500 - 1000　④ 80 - 110

10 피복 아크용접봉의 피복제에 대하여 설명한 것 중 틀린(맞지 않는) 것은? ★★

① 저수소계를 제외한 다른 피복 아크용접봉의 피복제는 아크발생시 탄산(CO_2) 가스와 수증기(H_2O)가 가장 많이 발생한다.
② 아크 안정제는 아크열에 의하여 이온화가 되어 아크전압을 강하시키고 이에 의하여 아크를 안정시킨다.
③ 가스 발생제는 중성 또는 환원성 가스를 발생하여 용접부를 대기로부터 차단하여 용융금속의 산화 및 질화를 방지하는 작용을 한다.
④ 슬래그 생성제는 용융점이 낮은 슬래그를 만들어 용융금속의 표면을 덮어서 산화나 질화를 방지하고 용착금속의 냉각속도를 느리게 한다.

11 가스용접시 가변압식 토치에 사용하는 팁 번호가 250번인 것을 중성불꽃으로 용접한다면 아세틸렌 가스의 소비량은 매 시간당 몇 L가 소비되는가?

① 100　② 150
③ 200　④ 250

해설 가변압식 팁 번호 : 1시간당 소비되는 아세틸렌 가스의 량(L, 리터)

12 아크에어 가우징에 대한 설명으로 틀린 것은?

① 그라인딩, 치핑, 가스 가우징보다 작업능률이 2~3배 높다.
② 가우징 토치는 일반 피복 아크용접봉 토치와 비슷하나 부수적으로 압축공기를 보내는 공기통로와 분출구가 마련되어 있다.
③ 응용금속을 쉽게 불어내므로 가우징 속도가 느려 모재의 가열범위가 넓다.
④ 활용범위가 넓어 비철금속(스테인리스

정답 6 ③ 7 ③ 8 ① 9 ① 10 ① 11 ④ 12 ③

강, 알루미늄, 동합금 등)에도 적용이 된다.

해설 아크 에어 가우징은 가스 가우징보다 가우징 속도가 빠르고 모재 가열 범위가 좁다.

13 가스절단용 산소 중의 불순물이 증가될 때 나타나는 현상으로 올바른 것은?

① 절단면이 깨끗해진다.
② 절단속도가 빨라진다.
③ 산소의 소비량이 많아진다.
④ 슬래그의 이탈성이 좋아진다.

해설 가스 절단 산소의 순도와 절단 현상 : 불순물이 적고 순도가 높을수록 절단면이 깨끗하고 절단속도가 빨라지며, 산소 소비량이 적어지며, 슬래그 이탈성이 좋아진다.

14 인버터 방식의 아크용접기의 특징이 아닌 것은?

① 용접기가 소형 경량이다.
② 고속 정밀 제어가 가능하다.
③ 아크 스타트(arc start)율이 높다.
④ 용접기의 보수 유지가 간단하다.

해설 인버터식 용접기 : ①, ②, ③와 같은 장점이 있으나 구조가 복잡한 만큼 유지 보수가 어려워진다.

15 자기불림 또는 아크쏠림의 방지책이 아닌 것은? ★★

① 큰 가접부를 향하여 용접할 것.
② 긴 용접부는 후퇴법을 사용할 것
③ 용접봉 끝은 아크쏠림 쪽으로 기울여 용접할 것

④ 접지점 2개를 연결하여 용접할 것

해설 아크쏠림 방지대책 : ①, ②, ④ 외에 용접봉 끝을 아크쏠림 반대쪽으로 기울여 용접한다.

16 이산화탄소 아크용접시 솔리드 와이어와 복합 와이어를 비교한 사항으로 틀린 것은?

① 솔리드 와이어가 복합 와이어보다 용착 효율이 양호하다.
② 솔리드 와이어가 복합 와이어보다 전류 밀도가 높다.
③ 복합 와이어가 솔리드 와이어보다 스패터가 많다.
④ 복합 와이어가 솔리드 와이어보다 아크가 안정된다.

해설 솔리드 와이어 : 복합 와이어보다 용착 효율이 좋고, 전류 밀도가 높으나, 스패터는 더 많으며, 아크는 불안정하다.

17 화재의 분류 및 구성, 안전에 대한 설명 중 틀린 것은?

① 전기 화재에는 포말 소화기를 사용한다.
② 인화성 액체의 반응 또는 취급은 폭발 한계범위 이외의 농도로 한다.
③ 화재의 구성 요소는 가연성 물질, 산소 그리고 점화원이다.
④ 화재의 분류 중 D급 화재는 금속화재를 말한다.

해설 전기 화재에는 포말 소화기처럼 액체 소화기는 적합하지 않다.

정답 13 ③ 14 ④ 15 ③ 16 ③ 17 ①

18 불활성 가스 텅스텐 아크용접에서 용착 속도를 향상시키는 방법으로 옳은 것은?

① 핫 가스법   ② 핫 와이어법
③ 콜드 가스법 ④ 콜드 와이어법

19 저항 점용접(spot welding)에서 용접을 좌우하는 중요인자가 아닌 것은?

① 용접전류   ② 통전시간
③ 용접전압   ④ 전극 가압력

해설 전기 저항용접의 3요소 : 전류, 통전시간, 가압력이며, 전압은 저항용접에 별로 영향이 없다.

20 오버레이 용접에 대한 설명으로 맞는 것은?

① 연강과 고장력강의 맞대기 용접을 말한다.
② 연강과 스테인리스강의 맞대기 용접을 말한다.
③ 모재에 약 1mm 이상의 두께로 내마모, 내식, 내열성이 우수한 용접금속을 입히는 방법을 말한다.
④ 스테인리스강판과 연강판재를 접합시 스테인리스강판에 구멍을 뚫어 용접하는 것을 말한다.

해설 오버레이 용접법 : 표면 육성 용접법의 일종으로, 표면에 내마모성 재료나 내열성이 큰 재료를 모재 표면에 입히는 용접법이다.

21 탄산가스 아크용접에서 전극와이어의 송급방식으로 맞는 것은?

① 자기제어 특성을 이용하여 정속 송급한다.
② 전류A의 크기에 따라 달라진다.

③ 아크길이 제어 특성과 관계없다.
④ 용접속도에 따라 달라진다.

22 아크용접 작업의 안전 중 전격에 의한 재해 예방법으로 틀린 것은? ★★

① 좁은 장소의 용접작업자는 열기에 의하여 땀을 많이 흘리게 되므로 몸이 노출되지 않게 항상 주의하여야 한다.
② 전격을 받은 사람을 발견했을 때에는 즉시 스위치를 꺼야 한다.
③ 무부하 전압이 90V 이상 높은 용접기를 사용한다.
④ 자동 전격 방지기를 사용한다.

해설 감전 방지법 : ①, ②, ④ 외에 무부하 전압이 낮은 용접기를 사용한다.

23 불활성(비활성) 가스 아크 용접법 중 용가재를 전극으로 하여 용접하는 방법은?

① CO_2용접   ② 서브머지드용접
③ MIG용접   ④ 테르밋용접

해설 ①, ② 용접법도 용가제를 전극으로 하여 용접하는 방법이나 불활성 가스를 사용하는 용접법은 MIG 용접법만 해당된다.

24 TIG용접에 대한 설명으로 가장 거리가 먼 것은?

① TIG 용접은 알루미늄 합금과 스테인리스강을 비롯한 대부분의 금속을 접합할 수 있다.
② TIG 용접은 용제(flux)를 사용하지 않으므로 슬래그 제거가 불필요하다.
③ TIG 용접은 교류전원만을 용접에 사용하고 있다.

정답 18 ② 19 ③ 20 ③ 21 ① 22 ③ 23 ③ 24 ③

④ TIG 용접에 사용하는 아르곤 가스는 용착금속의 산화, 질화를 방지한다.

해설 TIG 용접에 사용하는 전원 : 용접 재료에 따라 고주파 중첩 교류, 직류 정극성, 직류 역극성 등을 사용한다.

25 MIG 용접의 특징 설명으로 틀린 것은?

① 수동 피복아크용접에 비하여 능률적이다.
② 각종 금속의 용접에 다양하게 적용할 수 있다.
③ 박판(3mm 이하)용접에서는 적용이 곤란하다.
④ CO_2용접에 비해 스패터의 양이 많다.

해설 MIG 용접의 특징 : ①, ②, ③ 외에 CO_2 용접에 비해 스패터 발생이 적다.

26 아크 광선에 대한 설명으로 옳은 것은?

① 아크 광선은 적외선으로만 구성되어 있다.
② 아크 빛이 반사하여 눈에 들어오면 전광성 안염은 발생하지 않는다.
③ 아크 광선 중 자외선을 화학선이라고도 하며 가시광선보다 파장이 짧다.
④ 아크 광선 중 적외선은 전자기파 중의 하나로 가시광선보다 파장이 짧다.

27 강을 표준 조직으로 하는 열처리 방법은?

① 노멀라이징(normalizing)
② 어닐링(annealing)
③ 템퍼링(tempering)
④ 담금질(quenching)

28 다음 중 선박 건조시 자주 사용되지 않은 용접법은?

① 맞대기 용접   ② 플러그 용접
③ 겹치기 용접   ④ T 이음 용접

29 서브머지드 아크용접의 장·단점에 대한 각각의 설명에서 틀린 것은?

① 장점 : 용접속도가 피복 아크용접에 비해 빠르므로 능률이 높다.
② 장점 : 1회에 깊은 용입을 얻을 수 있어, 용접이음의 신뢰도가 높다.
③ 단점 : 아크가 보이지 않으므로 용접부의 적부를 확인해서 용접할 수 없다.
④ 단점 : 와이어에 많은 전류를 흘려 줄 수 없고, 용입이 얕다.

해설 서브머지드 아크용접 : 와이어에 많은 전류를 흘려줄 수 있어 용입이 매우 깊다.

30 일렉트로 슬래그 용접의 장점이 아닌 것은?

① 후판을 단일층으로 한번에 용접할 수 있다.
② 최소한의 변형과 최단 시간의 용접법이다.
③ 아크가 눈에 보이지 않고 아크 불꽃이 없다.
④ 높은 입열로 인아여 기계적 성질이 향상된다.

해설 일렉트로 슬래그 용접의 장점은 ①, ②, ③이며, 높은 입열로 인하여 기계적 성질이 저하된다.

정답 25 ④ 26 ③ 27 ① 28 ② 29 ④ 30 ④

31 담금질 시효에 의하여 강도가 증가하며 내열성, 연신률, 절삭성이 좋으나 고온 취성이 크고 수축에 의한 균열 등의 결점을 가지고 있는 합금은?

① Al-Cu계 합금　② Al-Si계 합금
③ Al-Cu-Si계 합금　④ Al-Si-Ni계 합금

32 Ni-Cr계 합금의 특성으로 맞지 않는 것은?

① 전기 저항이 대단히 크다.
② 내열성이 크고 고온에서 경도 및 강도의 저하가 작다.
③ 내식성 및 산화도가 크다.
④ 산이나 알칼리에 침식이 되지 않는다.

해설 Ni-Cr계 합금은 내식성이 좋아 산화도가 적다.

33 Co를 주성분으로 한 Co-Cr-W-C계의 합금으로서 주조경질합금의 대표적인 것은?

① 비디아(Widea)
② 트리디아(Tridia)
③ 스텔라이트(Stellite)
④ 탕가로이(Tungalloy)

34 합금강에서 Cr 원소의 첨가효과 중 틀린 것은?

① 내열성 증가　② 내마모성 증가
③ 내식성 증가　④ 인성 증가

해설 Cr의 첨가 효과 : ①, ②, ③ 외에 탄화물 안정 효과가 있으나 인성 증가 효과는 없다.

35 탄소강의 용접에 대한 설명으로 틀린 것은?

① 노치 인성이 요구되는 경우 저수소계 계통의 용접봉이 사용된다.
② 중탄소강의 용접에는 650℃ 이상의 예열이 필요하다.
③ 저탄소강의 경우 일반적으로 판두께 25mm까지는 예열이 필요 없다.
④ 고탄소강의 경우는 용접부의 경화가 현저하여 용접균열이 발생될 위험이 있다.

해설 중, 고탄소강의 예열 온도는 280℃ 이상이다.

36 방식법 중 15~25% 황산액에서 산화물계의 피막을 형성하는 방법은? ★★

① 알루마이트법　② 알루미나이트법
③ 크롬산염법　④ 하이드로날륨법

37 동소 변태를 일으키는 순철의 A_3변태점은?

① 912℃　② 1112℃
③ 1394℃　④ 1494℃

해설 동소 변태 : 동일 원자가 격자 변태를 갖는 것을 동소 변태라 하며, 순철에는 A_3 변태와 A_4 변태(1410℃)가 있다.

38 강철 재료에서 탄소량이 증가될 때 용접성에 미치는 영향으로 옳은 것은?

① 용접부의 경도가 증가된다.
② 용접부의 강도가 낮아진다.
③ 용착금속의 유동성이 나빠진다.
④ 용접성이 우수해진다.

해설 강철에 탄소가 증가하면 경도, 인장강도, 항

정답　31 ①　32 ③　33 ③　34 ④　35 ②　36 ②　37 ①　38 ①

복강도, 항자력이 증가하고, 연신률, 단면 수축률, 충격값, 인성 등은 감소한다.

39 오스테나이트계 스테인리스강 용접시 유의해야 할 사항 중 틀린 것은? ★★

① 예열을 (실시)해야 한다.
② 용접부의 강도가 낮아진다.
③ 짧은 아크길이를 유지한다.
④ 용접봉은 모재의 재질과 동일한 것을 사용한다.

해설 오스테나이트계 스테인리스강 용접시 유의 사항은 ②, ③, ④ 외에 낮은 전류를 사용하여 용접 입열을 낮추고, 아크 중단 전에 크레이터 처리를 하고, 예열은 하지 않는다.

40 주철은 고온으로 가열과 냉각을 반복하면 차례로 팽창하면서 치수가 변하게 된다. 주철의 성장에 대한 대책으로 틀린 것은?

① C와 결합하기 쉬운 Cr 등의 원소를 첨가한다.
② 구상흑연 또는 국화무늬 모양의 흑연을 발생시킨다.
③ Si의 양을 많게 한다.
④ Ni을 첨가하여 준다.

해설 주철의 성장 방지대책 : 흑연의 미세화, 탄화물 안정제(Cr, Mn, Mo, V) 첨가, Fe_3C의 분해 방지 등이다. 따라서 Si량을 많게 하거나 Ni의 첨가는 주철의 성장을 촉진시키는 원인이 된다.

41 알루미늄 청동에 대한 설명 중 틀린 것은?

① 알루미늄 청동은 알루미늄의 함유량과 그 열처리에 따라 기계적 성질이 변한다.
② 알루미늄을 12% 이상 포함한 것으로 주조, 단조, 용접 등이 용이하다.
③ 황동이나 청동에 비하여 기계적 성질, 내식성, 내열성, 내마멸성이 우수하다.
④ 알루미늄 청동은 선박용 펌프, 용기기 부품, 기어, 자동차용 엔진밸브 등으로 쓰인다.

해설 알루미늄 청동은 Cu에 Al을 12% 이상 포함한 것으로, 강도, 경도, 인성이 우수하나 주조, 단조, 용접성은 나쁘다.

42 철강의 풀림 중에서 고온풀림의 종류가 아닌 것은?

① 완전풀림   ② 응력제거풀림
③ 확산풀림   ④ 항온풀림

해설 응력제거 풀림은 저온 풀림의 일종이다.

43 용착부의 단면적 A에 작용하는 허용인장응력이 σ_t일 경우의 인장하중 P를 구하는 식은?

① $P = A\sigma_t$ ② $P = 2A\sigma_t$
③ $P = \dfrac{A}{\sigma_t}$ ④ $P = \dfrac{2A}{\sigma_t}$

44 용접부의 시험에서 파괴시험이 아닌 것은?

① 형광침투시험   ② 육안조직시험
③ 충격시험   ④ 피로시험

해설 형광침투시험은 비파괴시험법의 하나이다.

정답 39 ① 40 ③ 41 ② 42 ② 43 ① 44 ①

45 가(용)접에 대한 설명 중 올바르지 않은(틀린) 것은?

① 중요 부분이나 모서리 등에는 가접을 피해야 된다.
② 가접은 중요하므로 본용접사와 동등한 기능이 있는 용접사가 해야 된다.
③ 전류를 다소 높게하여 가접부의 결함이 생기지 않게 한다.
④ 가접은 떨어지지 않도록 가능한 크게 한다.

46 용접이음의 안전률을 계산하는 식으로 맞는 것은?

① 안전률 = $\dfrac{허용응력}{인장강도}$
② 안전률 = $\dfrac{인장강도}{허용응력}$
③ 안전률 = $\dfrac{피로강도}{변형률}$
④ 안전률 = $\dfrac{파괴강도}{연신율}$

47 비접촉식 용접선 추적 센서로서 아크용접도중 위빙할 때 용접 파라미터를 감지하여 용접선을 추적하면서 용접을 진행하도록 하는 센서는?

① 전자기식 센서
② 아크 센서
③ 적응체적 제어 센서
④ 전방인식 광센서

48 용접에서 수축 및 변형 종류의 용어가 아닌 것은?

① 세로수축   ② 각 변형
③ 세로굽힘변형 ④ 홈 변형

49 주철의 용접이 어려운 이유는?

① 유동성이 좋고 용융점이 낮으므로
② 규소 및 망간의 함량이 많아서
③ 압축강도가 크므로
④ 수축시 급랭으로 인하여 균열이 발생되므로

50 결함 중 가장 치명적인 것으로 발생되면 그 양단에 드릴로 정지구멍을 뚫고 깎아내어 규정의 홈으로 다듬질하는 것은?

① 균열(crack)   ② 은점(fish eye)
③ 기공(blow hole) ④ 언더컷(under cut)

51 큰 하중이나 충격 또는 교번하중을 받거나 저온에 사용되는 완전용입 이음 형태는?

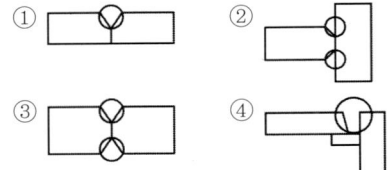

52 다음 용접 기호는 무슨 용접법인가?

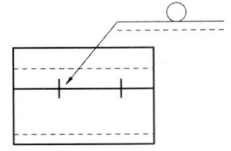

① 스폿 용접   ② 심 용접
③ 필릿 용접   ④ 플러그 용접

해설 스폿 용접을 점 용접이라고도 한다.

정답 45 ④ 46 ② 47 ② 48 ④ 49 ④ 50 ① 51 ④ 52 ①

53 용접지그(jig)의 사용 목적으로 틀린 것은?

① 소량 생산을 위해 사용된다.
② 용접작업을 쉽게 한다.
③ 제품의 정밀도와 용접부의 신뢰성을 높인다.
④ 공정수를 절약하므로 능률을 좋게 한다.

해설 용접 지그는 다량 생산을 위해 사용된다.

54 용접부에 두꺼운 스케일이나 오물 등이 부착되었을 때, 용접 홈이 좁을 때, 양모재의 두께 차이가 클 경우, 운봉속도가 일정하지 않을 때 생기는 용접결함은?

① 언더컷   ② 융합불량
③ 크랙(crack)   ④ 선상조직

55 품질 코스트(quality cost)를 예방 코스트, 실패 코스트, 평가 코스트로 분류할 때, 다음 중 실패 코스트(failure cost)에 속하는 것이 아닌 것은?

① 시험 코스트
② 불량대책 코스트
③ 재가공 코스트
④ 설계 변경 코스트

해설 시험 코스트 : 평가 코스트에 해당함

56 로트의 크기 1000, 부적합품률이 15%인 로트에서 시료의 크기를 5로 하여 랜덤 샘플링할 때 시료 중(5개의 랜덤시료 중에서) 발견된 부적합품수가 1개 이상일 확률은 약 얼마인가?(단, 초기 이항분포를 이용하여 계산한다.) ★★

① 0.1648   ② 0.39156
③ 0.6085   ④ 0.8352

해설 계산식 : nCr, 시료의 수×부적합품률(%)×적합품률(%)4
=5×0.15×0.85^4=0.39156

57 그림과 같은 계획 공정도(network)에서 주공정은? (단, 화살표 밑의 숫자는 활동시간(단위 : 주)을 나타낸다.)

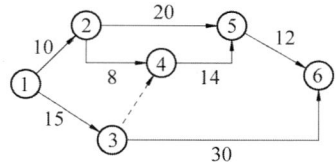

① ① - ③ - ⑥
② ① - ② - ⑤ - ⑥
③ ① - ② - ④ - ⑤ - ⑥
④ ① - ③ - ④ - ⑤ - ⑥

해설 주공정은 작업시간이 가장 긴 공정을 말한다. 즉 '①'공정은 15+30 = 45주이다.

58 Ralph M. Barnes 교수가 제시한 동작경제의 원칙 중 작업장 배치에 관한 원칙(Arrangement of the workplace)에 해당되지 않는 것은? ★★

① 가급적이면 낙하식 운반방법을 이용한다.
② 모든 공구나 재료는 지정된 위치에 있도록 한다.
③ 충분한 조명을 하여 작업자가 잘 볼 수 있도록 한다.
④ 가급적 용이하고 자연스런 리듬을 타고 일할 수 있도록 작업을 구성하여야 한다.

정답 53 ① 54 ② 55 ① 56 ② 57 ① 58 ④

해설 동작경제의 원칙

최선의 작업방법과 작업역 결정을 위한 착안의 원칙. 이것은 '길브레드(Gilbreth)' 부부가 동작경제와 능률에 관한 제 법칙으로 시작하여 '바안즈'에 의해 완성된 것으로 아래와 같은 3가지의 원칙이 있다.
첫째, 신체의 사용에 관한 원칙.
둘째, 공구류 및 설비의 설계에 관한 원칙
셋째, 작업장 배치에 관한 원칙
① 공구나 재료는 작업동작이 원활하게 수행되도록 위치를 정해 준다.
② 작업자가 잘 보면서 작업할 수 있도록 적절한 조명을 한다.
③ 작업자가 작업 중 자세를 변경, 즉 앉거나 서는 것을 임의로 할 수 있도록 작업대와 의자 높이가 조정되도록 한다.
④ 작업자가 좋은 자세를 취할 수 있도록 의자는 높이뿐만 아니라 디자인도 좋아야 한다.

59 서블릭(therblig) 기호는 어떤 분석에 주로 이용되는가?

① 연합작업분석 ② 공정분석
③ 동작분석   ④ 작업분석

60 다음 중 계량값 관리도에 해당되는 것은?
★★

① C 관리도   ② nP 관리도
③ R 관리도   ④ u 관리도

해설 ①, ②, ④는 계수치 관리도에 해당된다. 그 외에 P 관리도, Me-R 관리도, x 관리도, x-P 관리도, R 관리도, $\bar{x}$-P 관리도가 있다.

정답 59 ③ 60 ③

2011 제50회 용접기능장 최근 기출문제

2011년 7월 31일 시행

01 다음 중 양호한 가스절단면을 얻기 위한 조건으로 틀린 것은?

① 드래그가 가능한 작을 것
② 절단면이 평활하며 드래그의 홈이 높을 것
③ 슬래그의 이탈성이 양호할 것
④ 절단면 표면의 각이 예리할 것

해설 절단면의 드래그 홈은 가급적 낮을 것

02 다음 중 아크 절단법의 종류에 해당되지 않는 것은? ★★★

① TIG 절단 ② 분말 절단
③ MIG 절단 ④ 플라스마 절단

해설 분말 절단은 가스 절단법의 일종이다.

03 직류 아크용접의 극성 중 직류역극성(DCEP)의 특징이 아닌 것은?

① 모재의 용입이 깊다.
② 용접봉 용융속도가 빠르다.
③ 비드의 폭이 넓다.
④ 박판, 주철, 고탄소강, 합금강, 비철금속의 용접에 이용된다.

해설 직류 역극성은 모재의 용입이 얕고 비드 폭은 넓다.

04 아크에어 가우징 시 압축공기의 압력으로 적당한 것은?

① 1~3kg$_f$/cm^2 ② 5~7kg$_f$/cm^2
③ 8~10kg$_f$/cm^2 ④ 11~13kg$_f$/cm^2

05 다음의 용접작업 중 귀마개(耳栓)를 착용해야 하는 경우는?

① 일렉트로 가스용접
② 플래시 버트 용접
③ 전자비임 용접
④ 플럭스 코어드 용접

06 다음 중 용접속도와 관련된 설명으로 잘못된 것은?

① 운봉속도 또는 아크속도라고도 한다.
② 모재의 재질, 이음의 형상, 용접봉의 종류 및 전류값, 위빙의 유무에 따라 용접속도가 달라진다.
③ 용접변형을 적게 하기 위하여 가능한 높은 전류를 사용하여 용접속도를 느리게 한다.
④ 용입의 정도는 용접전류 값을 용접속도로 나눈 값에 따라 결정되므로 전류가 높을 때 용접속도가 증가한다.

해설 용접변형을 적게 하려면 입열량을 줄여야 된다. 따라서 높은 전류가 높고 용접 속도가 느리면 입열량 공식에서와 같이 입열양이 높아지게 된다.

정답 1 ② 2 ② 3 ① 4 ② 5 ② 6 ③

07 전면 필릿 용접이음에서 인장하중 20ton에 견디기 위해 필요한 용접 길이는 얼마인가? (단, 인장강도 $\sigma = 40 \text{kg}_f/\text{mm}^2$, 목두께 $h = 10\text{mm}$이다.)

① 30m ② 40mm
③ 50mm ④ 60mm

해설 $l = \dfrac{P}{\sigma_t \times h} = \dfrac{20000}{40 \times 10} = 50$

08 다음 중 저수소계 용접봉에 대한 설명으로 틀린 것은?

① 용착금속은 강인성이 풍부하고 내 균열성이 우수하다.
② 가스실드계의 대표적인 용접봉으로 유기물을 20~30% 정도 포함하고 있다.
③ 용착 금속 중의 수소 함유량이 다른 용접봉에 비해 약 1/10 정도로 낮다.
④ 습기의 영향이 다른 용접봉보다 커서 사용 전에 300~350℃ 정도로 1~2시간 정도 건조시킨다.

해설 저수소계 용접봉은 슬래그 생성계로서 석회석, 형석 등이 30% 이상 함유된 것이다.

09 아세틸렌은 기체 상태로 압축하면 위험하므로 다공성 물질(목탄-규조토)에 ( )을(를) 흡수시킨 다음 아세틸렌을 흡수시킨다. ( )에 들어갈 적당한 용어는?

① 벤젠 ② 헬륨
③ 알콜 ④ 아세톤

해설 아세틸렌은 상온 상압에서 물에 1배 석유에 2배, 벤젠에 4배, 알코올에 6배, 아세톤에 25배 용해된다.

10 용접부 비파괴 검사에 대한 설명 중 잘못된 것은?

① 방사선 투과 검사는 내부의 결함을 쉽게 찾을 수 있다.
② 자분 탐상 검사는 어두운 곳에서는 적용이 불가능하다.
③ 염색침투 탐상 검사는 표면에 노출된 결함을 검출할 수 있다.
④ 초음파 탐상 검사는 필릿 용접부 및 내부의 라미네이션 검사에 좋다.

해설 자분 탐상 검사는 형광 침투제를 사용하므로 어두운 곳에서 블랙라이트로 검출하는 것이 일반적이므로, 어두운 곳에서 검사가 가능하다.

11 용접 아크의 특성을 잘못 설명한 것은?

① 부하전류(아크전류)가 증가하면 단자전압이 저하하는 특성을 수하 특성이라고 한다.
② 아크는 전류가 크게 되면 저항이 적어져서 전압도 낮아지는데 이러한 현상을 부저항 특성이라고 한다.
③ 부하전류(아크전류)가 증가할 때 단자전압이 다소 높아지는 특성을 상승 특성이라고 한다.
④ 아크쏠림(arc blow)은 교류 용접에서 피복 용접봉 사용시 특히 심하게 발생한다.

해설 아크 쏠림은 직류 아크용접시 자장의 형성에 의해 일어나므로 교류 용접에서는 일어나지 않는다.

정답 7 ③ 8 ② 9 ④ 10 ② 11 ④

12 저수소계 용접봉에서 다시 철분을 가하여, 보다 고능률화를 도모한 것으로 용착금속의 기계적 성질도 저수소계와 같은 것은?

① E4340　② E4324
③ E4326　④ E4327

해설) 철분 함유 피복 아크용접봉은 용접봉 기호의 끝에서 2번째 자리의 숫자가 2로 표시된 것이며, 24는 철분 산화티탄계, 27은 철분 산화철계이다.

13 연강판 두께 100mm인 판재 절단을 예열 없이 자동가스 절단기에 의하여 절단하고자 한다. 팁(Tip) 구멍의 지름으로 가장 적합한 것은?

① 0.5 ~ 1.0mm　② 1.0 ~ 1.5mm
③ 2.1 ~ 2.2mm　④ 3.2 ~ 4.0mm

14 연강용 피복 아크용접봉 중 주성분인 산화철에 철분을 첨가하여 만든 것으로 아크는 분무상이고 스패터가 적으며 비드 표면이 곱고 슬래그의 박리성이 좋아 아래보기 및 수평 필릿 용접에 적합한 용접봉은?

① E4301　② E4311
③ E4316　④ E4327

해설) E4301 : 일미나이트계
E4311 : 고셀룰로스계
E4316 : 저수소계

15 가스용접에서 토치 내부의 청소가 불량할 때 막힘이 생겨 고압의 산소가 배출되지 못하고 산소보다 압력이 낮은 아세틸렌 통로로 밀면서 아세틸렌 호스 쪽으로 흐르는 현상은?

① 산화 현상　② 역류 현상
③ 역화 현상　④ 인화 현상

해설) 역화 : 팁 끝이 순간적으로 막혀 팁속에서 폭발음을 내면서 불꽃이 꺼졌다가 다시 나타나는 현상

16 TIG 용접에 사용되는 전극의 조건으로 틀린 것은? ★★★

① 전자 방출이 잘 되는 금속
② 저용융점의 금속
③ 전기 저항률이 적은 금속
④ 열 전도성이 좋은 금속

해설) TIG 용접은 6000 ~ 10000℃의 열이 발생하므로 전극을 고용점 금속으로 사용하며, 아르곤 가스에 의해 냉각 작용이 없으면 텅스텐 전극도 아크 열에 의해 바로 용해되어 버린다.

17 불활성 가스 텅스텐 아크용접(TIG)에서 고주파 발생장치를 더하면 다음과 같은 이점이 있다. 설명 중 틀린 것은?

① 전극을 모재에 접촉시키지 않아도 아크가 발생된다.
② 아크가 안정되고 아크가 길어도 끊어지지 않는다.
③ 전극봉의 소모가 적어 수명이 길어진다.
④ 일정 지름의 전극에 대해서만 지정된 전압의 사용이 가능하다.

해설) 고주파 발생 장치가 부착되면 '가, 나, 다'와 같은 장점이 있다.

정답　12 ③　13 ③　14 ④　15 ②　16 ②　17 ④

18 일렉트로 가스 아크용접에 관한 설명 중 틀린 것은?

① 사용하는 용접봉은 솔리드 와이어 또는 플럭스 코어드 용접봉이다.
② 판 두께에 관계없이 단층으로 상진 용접한다.
③ 보호가스로는 아르곤, 헬륨, 이산화탄소 또는 이들을 혼합한 가스를 사용한다.
④ 전류의 저항발열을 이용하는 수직 자동용접법이며, 아크용접은 아니다.

19 아크용접 중 아크 빛으로 인해 눈이 따갑거나, 전광성 안염이 발생한 경우 가장 먼저 조치하여야 하는 것으로 옳은 것은?

① 안약을 넣고 계속 작업을 해도 좋다.
② 냉수로 얼굴과 눈을 닦은 후 냉습포를 얹어놓는다.
③ 신선한 공기와 맑은 하늘을 보면 된다.
④ 소금을 물에 타서 눈을 닦고 작업한다.

해설 아크열로 충혈되었을 때는 냉습포를 30분 이상 실시하고 심한 경우 의사에게 보여야 된다.

20 아크에어 가우징의 작업시 용접기의 전원으로 적합한 극성은?

① 직류 역극성   ② 직류 정극성
③ 교류   ④ 고주파 교류

21 처음 용접시작 시 아크 발생이 잘 되지 않아 스틸 울(steel wool)을 끼워 전류를 통하게 하거나 고주파를 사용하여 아크를 쉽게 발생시키는 용접법은?

① 서브머지드 아크용접
② MIG 용접
③ 그래비티 용접
④ 전자빔 용접

해설 서브머지드 아크용접
용접부에 용제를 살포한 후 용제 속에서 아크를 발생하여 용접하는 방법으로 후판 용접에 적합하며, 아크가 보이지 않는다 해서 잠호용접이라고도 한다.

22 반자동 MIG 용접기와 비교한 전자동 MIG 용접기의 장점 설명으로 틀린 것은?

① 제품 생산비를 최소화시킬 수 있다.
② 용접사의 기량에 의존하지 않고 숙달이 비교적 쉽다.
③ 용접속도가 빠르고 용착효율이 낮아 능률이 매우 좋다.
④ 반자동 용접에 비해 우수한 품질의 용접이 얻어진다.

23 연납땜에 사용하는 용제(Flux) 중 부식성 용제에 해당하는 것은?

① 송진   ② 올리브유
③ 염산   ④ 송진 + 알코올

해설 염산은 매우 심한 부식을 일으키는 용제이므로 사용 후에는 반드시 깨끗한 물에 씻어내야 하며 몸에 튀었을 때는 빨리 물로 씻어야 된다.

24 프로젝션 용접의 특징을 바르게 설명한 것은?

① 서로 다른 금속을 용접할 때 열전도가 낮은 쪽에 돌기를 만든다.
② 전극 면적이 넓으므로 기계적 강도나 열전도 면에서 유리하나 전극의 소모

정답 18 ④ 19 ② 20 ① 21 ① 22 ③ 23 ③ 24 ③

가 많다.
③ 점간 거리가 작은 점용접이 가능하고 동시에 여러 점의 용접을 할 수 있어 작업속도가 빠르다.
④ 모재의 두께가 각각 다른 경우에는 용접할 수 없다.

해설 프로젝션 용접은 서로 다른 판의 용접시 두꺼운 판에 돌기를 만들며, 열전도가 다른 금속의 경우 열전도가 높은 쪽에 돌기를 만든다.

25 다음 중 초음파 용접의 장점이 아닌 것은?
① 대형구조물의 용접에 적용하기 쉽다.
② 냉간압점에 비해 정지 가압력이 작기 때문에 용접물의 변형이 적다.
③ 경도차이가 크지 않는 한 이종금속의 용접이 가능하다.
④ 박판과 Foli의 용접이 가능하다.

26 서브머지드 아크용접(Submerged arc welding)을 설명한 것 중 틀린 것은?
① 콘택트 팁에서 통전되므로 와이어 중에 저항 열이 적게 발생되어 고전류 사용이 가능하다.
② 2개 이상의 심선을 사용하는 다전극 서브머지드 아크용접도 있다.
③ 용접 전원으로 직류는 비드형상이나 아크의 안정면에서 우수하다.
④ 용접 전원으로 교류는 아크의 자기불림 현상으로 이음성능이 좋아진다.

해설 교류 전원은 자기 불림(쏠림) 현상이 생기지 않는다.

27 테르밋 용접에 대한 설명 중 맞지 않는 것은?
① 철도 레일의 맞대기 용접, 크랭크축, 배의 프레임 등의 보수용접에 사용한다.
② 테르밋 반응의 발화제로서 산화구리, 알루미늄 등의 혼합분말을 이용한다.
③ 용접시간이 짧고, 용접 후 변형이 적다.
④ 설비가 싸고, 전원이 필요 없으므로 이동해서 사용이 가능하다.

해설 테르밋제는 산화철과 알루미늄 분말을 사용한다.

28 용접분류 중 융접법에 속하는 것은?
① 심용접   ② 테르밋 용접
③ 초음파용접   ④ 퍼커션 용접

29 서브머지드 아크용접의 장·단점에 대한 설명으로 잘못된 것은?
① 장비가격이 비싸고, 적용 자세에 제약을 받는다.
② 용융속도 및 용착속도가 느리다.
③ 용접 홈의 가공정밀도가 높아야 한다.
④ 용접 진행상태의 양, 부를 육안으로 확인할 수 없다.

해설 서브머지드 아크용접은 용융속도와 용착속도가 빠르지만 아크가 용제 속에 잠겨 있기 때문에 용접 중에 용접 상태를 확인할 수 없는 단점이 있다.

30 용접부의 기계적 시험법을 동적 시험법 및 정적 시험법으로 분류할 때, 동적 시험법에 해당되는 것은?

① 인장시험 ② 피로시험
③ 굽힘시험 ④ 경도시험

31 철강표면에 아연(Zn)을 확산 침투시키는 세라다이징(Sheradizing)에서 주로 향상시키고자 하는 성질로 가장 적당한 것은?

① 경도   ② 인장강도
③ 내식성   ④ 연성

32 쇼터라이징 또는 도펠-듀로(doppel-durro)법이라 하며, 국부담금질이 가능한 표면경화 v 처리법은?

① 화염 경화법   ② 구상화 처리법
③ 강인화 처리법 ④ 결정입자 처리법

해설) 화염 경화법을 영어로 쇼터라이징이라고 한다.

33 알루미늄-규소계 합금에 속하는 실루민(silumin)을 개량하기 위하여 소량의 마그네슘을 첨가하여 시효성을 부여한 것은?

① α실루민 ② β실루민
③ γ실루민 ④ δ실루민

34 강을 표준상태로 하기 위하여 가공조직의 균일화, 결정립의 미세화, 기계적 성질의 향상을 목적으로 실시하며, 가열온도가 A_3 또는 Acm 점 이상까지 가열하는 열처리 방법은?

① 담금질(quenching)
② 어닐링(annealing)
③ 템퍼링(tempering)
④ 노멀라이징(normalizing)

해설) 불림을 영어로 노말라이징이라고 하며, 결정립의 미세화, 표준 조직을 얻기 위해 일정 온도로 가열하여 균일한 오스테나이트로 한 후 공랭하는 열처리이다.

35 다음 중 일반 고장력강의 용접 시 주의 사항으로 틀린 것은? ★★★

① 용접봉은 저수소계를 사용한다.
② 아크 길이는 가능한 짧게 한다.
③ 위빙 폭을 가급적 크게 한다.
④ 용접 개시 전에 이음부 내부 또는 용접할 부분을 청소한다.

해설) 고장력강 용접시 가급적 비드폭은 좁게 아크 길이는 짧게 용접하는 것이 좋다.

36 용접 후 열처리의 목적으로 관계가 먼 것은?

① 용접잔류응력 완화
② 용접 후 변형방지
③ 용접부 균열방지
④ 연성증가, 파괴인성 감소

37 오스테나이트계 스테인리스강은 용접 시 냉각되면서 고온균열이 발생하기 쉬운데 그 원인이 아닌 것은?

① 아크 길이가 너무 길 때
② 크레이터 처리를 하지 않았을 때
③ 모재가 오염되어 있을 때
④ 모재를 구속하지 않은 상태에서 용접할 때

해설) 고온균열은 모재를 구속하고 있을 때 더 많이 생긴다.

정답 30 ② 31 ③ 32 ① 33 ③ 34 ④ 35 ③ 36 ④ 37 ④

38 블즈 아이 조직(Bull's eye structure)이 나타나는 주철로 맞는 것은?

① 칠드 주철   ② 미하나이트 주철
③ 백심가단 주철   ④ 구상흑연 주철

해설 블즈 아이란 황소 눈이란 뜻으로 주철에서 편상 흑연이 Mg 등의 접종처리에 의해 구상 흑연으로 변하여 인성이 매우 높은 구상흑연 주철이 된다.

39 탄소강의 조직 중 현미경 조직으로는 흰 결정으로 나타나며, 대단히 연하고 전성과 연성이 크며 A_2점 이하에서는 강자성을 나타내는 조직은?

① 페라이트   ② 펄라이트
③ 레데뷰라이트   ④ 시멘타이트

해설 페라이트는 α계 순철의 조직으로 연신률이 40% 이상이며, 인장강도가 적어 연성이 매우 좋은 조직이다.

40 6 : 4황동에 관한 설명으로 옳지 않은 것은?

① 상온에서 7 : 3황동에 비하여 전연성이 낮고 인장강도가 크다.
② 내식성이 높고, 탈아연 부식을 일으키지 않는다.
③ 아연 함유량이 많아 황동 중에서 값이 싸서, 기계 재료로 많이 사용된다.
④ 일반적으로 판재, 선재, 볼트, 너트, 파이프, 밸브 등의 재료로 쓰인다.

해설 6 : 4황동 : 구리에 아연이 40% 함유한 구리 합금, 해수나 불순 액체 등에 의해 아연이 제거되는 탈아연 현상이 생기기 쉽다.

41 주철의 흑연화를 촉진시키는 원소가 아닌 것은?

① Si   ② Al
③ Mn   ④ Ti

해설 주철의 흑연화 원소는 ①, ②, ④ 외에 Ni, P 등이 있으며, Mn은 탄화물 안정화 원소이다.

42 78 ~ 80% Ni, 12 ~ 14% Cr의 합금으로 내식성과 내열성이 우수하며, 특히 산화 기류 중에서 내열성이 우수한 합금은?

① 니크롬(nichrome)
② 콘스탄탄(constantan)
③ 인코넬(inconel)
④ 모넬메탈

해설 ② : Ni-Cu 46%의 합금, 전기저항, 열기전력이 온도에 의해 조금 변하므로, 표준 전기저항선·온도측정용 열전쌍에 사용

43 다음 중 유도방사 현상을 이용한 시종 일관된 전자파(電磁波)의 증폭발진을 일으키는 용접 장치는?

① 레이저(Laser) 용접장치
② 플라스마(Plasma) 용접장치
③ 전자빔 용접장치(electron beam welding machine)
④ 메이저(MASER) 용접장치

해설 메이저(메저) : Laser의 light의 L 대신에 micto wave 의 M으로 바꾸어 놓은 것으로 원리적으로는 어느 것이나 같으며 유도 방사 현상을 이용한 코허렌트된 전자파의 증폭 발진을 일으키는 장치

정답 38 ④ 39 ① 40 ② 41 ③ 42 ③ 43 ④

44 보조기호 중 영구적인 이면 판재 사용을 표시하는 기호는?

① M   ② ⌣
③ MR ④ ⌴

45 비커스(vickers)경도 시험에 사용되는 압입자는?

① 지름 1.5mm의 강구
② 꼭지각 120°의 다이아몬드 사각추
③ 꼭지각 136°의 다이아몬드 사각추
④ 1mm 구형의 다이아몬드 사각추

해설 비커스 경도시험에 사용하는 압입자는 꼭지의 대면각이 136°인 다이아몬드 사각추를 사용한다.

46 용접할 경우 일어나는 균열결함 현상 중 저온균열에서 볼 수 없는 것은?

① 토 균열(Toe crack)
② 비드 밑 균열(Under bead crack)
③ 루트 균열(Root crack)
④ 크레이터 균열(Crater crack)

해설 저온균열은 용접 후 몇 시간 후에 일어나는 균열을 말하며, 크레이터 균열은 용접 끝부분의 크레이터 처리 불량 등에 기인하여 뜨거운 상태에서 일어나므로 고온 균열에 속한다.

47 다음 중 스패터링 현상이 발생하는 원인이 아닌 것은?

① 슬래그의 점도가 낮을 때
② 아크 길이가 길 때
③ 용접전류가 높을 때
④ 모재온도가 낮을 때

48 그림에 나타낸 용접이음과 지시사항을 용접기호로 나타낸 것 중 옳은 것은?

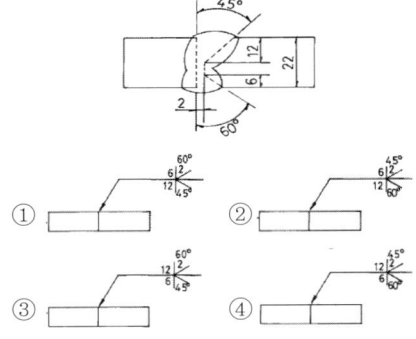

해설 양면 용접의 경우 수평(기준)선 아래의 기호가 화살표 방향에서 용접함을 의미하므로 홈 깊이 12, 개선각 45° 부분이 수평선 아래에 나타내야 된다.

49 가접(tack welding)에 대한 설명으로 가장 거리가 먼 것은?

① 부재강도 상 중요한 장소는 가접을 피한다.
② 가접할 때 용접봉은 본 용접봉보다 지름이 약간 굵은 것을 사용한다.
③ 본 용접 전에 좌우의 홈 부분을 잠정적으로 고정하기 위한 짧은 용접이다.
④ 가접은 본 용접 못지않게 중요하므로 본 용접사와 기량이 동등해야 한다.

해설 가접은 치수 조정이나 변형 방지 등을 위해 모재를 고정시키는 방법으로 중요한 부분에는 가급적 피해야 되며, 용접봉은 가는 것을 사용한다.

정답 44 ① 45 ③ 46 ④ 47 ① 48 ① 49 ②

50 로봇 종류의 일반 분류에서 교시 프로그래밍을 통해서 입력된 작업 프로그램을 반복해서 실행할 수 있는 로봇은?

① 학습 제어 로봇
② 시퀀스 로봇
③ 지능 로봇
④ 플레이 백 로봇

51 용접부의 검사법 중 비파괴시험 방법에 대한 용도의 설명으로 잘못된 것은?

① 외관검사 : 용접부의 표면에 대한 검사로 비드의 모양, 용입, 크레이터 처리상황 조사를 위한 검사
② 누설검사 : 탱크, 용기 등의 기밀, 수밀 및 내압을 요하는 용접부에 대한 검사
③ 초음파 탐상 검사 : 검사물의 내부에 파장이 짧은 음파를 침투시켜 내부의 결함 또는 불균일 층의 존재를 검지
④ 방사선 투과 검사 : 교류전류를 통한 코일을 검사물에 접근시켜 용접부 내부의 균열, 용입불량, 슬래그 섞임 등을 검사

해설 방사선투과 검사 : 대상물에 X선이나 감마선을 투과시켜 필름에 나타나는 현상으로 결함을 판별하는 검사법

52 용접 작업 전 예열의 주된 목적에 대한 설명으로 틀린 것은?

① 용접금속의 결정립을 조대하게 하여 용접부의 입계부식 및 응력부식균열을 예방한다.
② 용접부의 냉각속도를 늦추어 용접금속 및 용접 열영향부의 균열을 방지한다.
③ 용접부의 확산성 수소의 방출을 용이하게 하여 수소취성 및 저온균열을 방지한다.
④ 용접부의 기계적 성질을 향상시키고 취성파괴를 예방한다.

53 용접 이음부의 형상에서 변형을 가능한 줄이고, 또한 재료두께가 100mm 정도에 달한다고 할 때의 형상으로서 가장 적당한 것은?

①  ②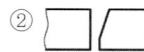
③  ④

해설 모재두께가 두꺼울수록 한쪽에서 용접하는 것보다는 양쪽에서 용접할 수 있도록 설계해야 변형이 적게 되며 동일한 형상이라해도 용착 금속량이 적도록 하는 것이 좋다.

54 판 두께 12mm, 용접 길이가 25cm인 판을 맞대기 용접하여 4200N의 인장하중을 작용시킬 때 인장응력을 얼마인가?

① $140N/cm^2$ ② $280N/cm^2$
③ $420N/cm^2$ ④ $560N/cm^2$

해설 인장강도 = $\dfrac{하중(P)}{단면적(A)} = \dfrac{4200}{25 \times 1.2} = 140$

55 "무결점 운동"으로 불리는 것으로 미국의 항공사인 마틴사에서 시작된 품질개선을 위한 동기부여 프로그램은 무엇인가?

① ZD   ② 6시그마
③ TPM   ④ ISO 9001

정답 50 ④ 51 ④ 52 ① 53 ① 54 ① 55 ①

해설 ZD 운동은 종업원들의 주의와 연구를 통해 작업상 발생하는 모든 결함을 없애는 자주관리 운동을 말한다.

56 공급자에 대한 보호와 구입자에 대한 보증의 정도를 규정해 두고 공급자의 요구와 구입자의 요구 양쪽을 만족하도록 하는 샘플링 검사방식은?

① 연속생산형 샘플링 검사
② 조정형 샘플링 검사
③ 선별형 샘플링 검사
④ 규준형 샘플링 검사

57 관리도에서 측정한 값을 차례로 타점했을 때 점이 순차적으로 상승하거나 하강하는 것을 무엇이라 하는가?

① 런(run)
② 주기(cycle)
③ 경향(trend)
④ 산포(dispersion)

해설 경향 : 관리도에서 측정한 값을 차례로 다짐했을 때 점이 순차적으로 상승하거나 하강하는 것
런 : 관리도 내에서 점이 한계 내에 있고 중심선 한쪽에 연속해서 나타나는 점
주기 : 점이 주기적으로 상, 하로 변동하여 파형을 나타내는 경우

58 도수분포표를 작성하는 목적으로 볼 수 없는 것은?

① 로트의 분포를 알고 싶을 때
② 로트의 평균치와 표준편차를 알고 싶을 때
③ 규격과 비교하여 부적합품을 알고 싶을 때
④ 주요 품질항목 중 개선의 우선순위를 알고 싶을 때

59 정상 소요기간이 5일이고, 이 때의 비용이 20,000원이며, 특급 소요기간이 3일이고, 이 때의 비용이 30,000원이라면 비용구배는 얼마인가? (단, 활동시간의 단위는 일(日)로 계산한다.) ★★★

정상 작업		특급 작업	
시간	비용	시간	비용
5일	20,000	3일	30,000

① 4,000원/일
② 5,000원/일
③ 7,000원/일
④ 10,000원/일

해설 비용 구배 $= \dfrac{특급비용 - 정상비용}{정상시간 - 특급시간}$
$= \dfrac{30,000 - 20,000}{5 - 3} = 5,000$

비용구배(cost slope) : 일정통제를 할 때 1일당 그 작업을 단축하는데 소요되는 비용의 증가를 의미하는 것

60 컨베이어 작업과 같이 단조로운 작업은 작업자에게 무력감과 구속감을 주고 생산량에 대한 책임감을 저하시키는 등 폐단이 있다. 다음 중 이러한 단조로운 작업의 결함을 제거하기 위해 채택되는 직무설계방법으로 가장 거리가 먼 것은?

① 자율경영팀 활동을 권장한다.
② 하나의 연속작업시간을 길게 한다.
③ 작업자 스스로가 직무를 설계하도록 한다.
④ 직무확대, 직무충실화 등의 방법을 활용한다.

정답 56 ④ 57 ③ 58 ④ 59 ② 60 ②

2012 제51회 용접기능장 최근 기출문제

2012년 4월 08일 시행

01 피복 아크용접봉 중 내균열성이 가장 우수한 것은?

① E4313　　② E4316
③ E4324　　④ E4327

해설 내균열성은 염기도가 높을수록 좋으며 위에서 E4316 저수소계가 가장 좋다.

02 아세틸렌 가스의 성질 중 틀린 것은?

① 순수한 아세틸렌 가스는 무색, 무취이다.
② 아세틸렌 가스의 비중은 0.906으로 공기보다 가볍다.
③ 아세틸렌 가스는 산소와 적당히 혼합하여 연소시키면 낮은 열을 낸다.
④ 아세틸렌 가스는 아세톤에 25배가 용해된다.

해설 아세틸렌은 산소와 적당히 혼합하여 연소하면 높은 열을 내며, 비중이 0.906으로 공기 1보다 가볍다.

03 저압식 가스 절단 토치를 올바르게 설명한 것은?

① 아세틸렌 가스의 압력이 보통 0.07kgf/cm² 이하에서 사용한다.
② 산소가스의 압력이 보통 0.07kgf/cm² 이하에서 사용한다.
③ 아세틸렌 가스의 압력이 보통 0.07kgf/cm² 이상에서 사용한다.
④ 산소가스의 압력이 보통 0.07 ~ 0.4kgf/cm² 정도에서 사용한다.

04 피복 아크용접봉 피복제 중에 포함되어 있는 주요 성분은 용접에 있어서 중요한 작용과 역할을 하는데 이 중 관계가 없는 것은?

① 아크 안정제　　② 슬래그 생성제
③ 고착제　　　　④ 침탄제

해설 피복제의 역할은 ①, ②, ③ 외에 가스 발생제, 탈산제, 합금 첨가제 역할을 하며, 침탄제의 역할은 하지 않는다.

05 용접열원으로서 제어가 매우 용이하고 에너지의 집중화를 예측할 수 있는 에너지원은?

① 전자기적 에너지
② 기계적 에너지
③ 화학반응 에너지
④ 결정 에너지

06 교류 아크용접기에서 용접사를 보호하기 위하여 사용한 장치는?

① 전격 방지기　　② 핫스타트 장치
③ 고주파 발생장치　④ 원격 제어장치

정답 1 ②　2 ③　3 ①　4 ④　5 ①　6 ①

해설 전격 방지기는 용접기의 무부하 전압을 아크가 꺼진 상태에서는 30V 이하로 유지하여 감전의 위험이 생기지 않도록 하다가 아크를 발생하기 위해 모재 표면에 접촉하는 순간 매우 빠르게 무부하 전압으로 상승하면서 아크가 발생되게 한다.

07 아세틸렌 가스의 통로에 구리 또는 구리 합금(62% 이상 구리)을 사용하면 안되는 이유는?

① 아세틸렌의 과다한 공급을 초래하기 때문에
② 폭발성 화합물을 생성하기 때문에
③ 역화의 원인이 되기 때문에
④ 가스성분이 변하기 때문에

해설 아세틸렌 가스가 흐르는 도관에 구리(동, 62% 이상)나 수은, 은 등을 사용할 경우 아세틸렌과 이들과 혼합하여 폭발성 화합물을 생성하게 되므로 사용해서는 안된다.

08 교류 아크용접기의 종류표시와 사용된 기호의 수치에 대한 설명 중 옳은 것은?

① AW-300으로 표시하며 300의 수치는 정격출력 전류이다.
② AW-300으로 표시하며 300의 수치는 정격1차 전류이다.
③ AC-300으로 표시하며 300의 수치는 정격출력 전류이다.
④ AC-300으로 표시하며 300의 수치는 정격1차 전류이다.

해설 AW-300 : 교류 아크용접기의 정격2차 전류가 300A임을 뜻하며, 최저 60A에서 최고 330A까지 조정할 수 있다.

09 레이저 절단기의 구성요소가 아닌 것은?

① 광전송부　② 가공 테이블
③ 광파 측정볼　④ 레이저 발진기

10 용해 아세틸렌을 충전하였을 때 용기 전체의 무게가 62.5kg$_f$이었는데, B형 토치의 200번 팁으로 표준불꽃 상태에서 가스용접을 하고 빈 용기를 달아보았더니 무게가 58.5kg$_f$이었다면 가스용접을 실시한 시간은 약 얼마인가?

① 약 12시간　② 약 14시간
③ 약 16시간　④ 약 18시간

해설 아세틸렌 가스량 = 905(전체 무게-빈병 무게)
= 905(62.5-58.5)/200
= 18.1

11 다음 사항 중 틀린 것은?

① 합금원소가 많아져서 탄소당량이 커지든지 판이 두꺼워지면 용접성이 나빠지기 때문에 예열온도를 높여야 한다.
② 용접입열이 일정한 경우에는 열전도율이 낮은 것일수록 냉각속도가 크다.
③ 모재의 두께 및 탄소 당량이 같은 재료에서는 E4316을 사용하면 E4301을 사용할 때보다 예열온도가 낮아도 좋다.
④ 수축이 작은 이음과 수축이 큰 이음을 용접할 때는 수축이 큰 이음부터 용접한다.

해설 용접입열이 일정한 경우에는 열전도율이 큰 (높은) 것일수록 냉각속도가 크다.

정답　7 ②　8 ①　9 ③　10 ④　11 ②

12 용접 케이블에 대한 설명으로 틀린 것은? ★★

① 2차측 케이블은 유연성이 좋은 캡타이어 전선을 사용한다.
② 전원에서 용접기에 연결하는 케이블을 2차측 케이블이라 한다.
③ 2차측 케이블은 저전압 대전류를 사용한다.
④ 2차측 케이블에 비하여 1차측 케이블은 움직임이 별로 없다.

해설 1차측 케이블 : 전원에서 용접기에 연결하는 케이블

13 공정변경에 의한 용접매연 및 유독성분 발생 감소 방안에 대한 설명 중 틀린 것은?

① 용접매연 발생량이 적은 용접공정의 선택
② 스패터를 최소화할 수 있는 용접조건의 설정
③ 작업 가능한 최소의 용접전류 및 아크 전압 선택
④ 주위 환경에 최대의 산소를 보장할 수 있는 플럭스의 선택

해설 플럭스는 가스를 다량 발생하며 독성이 있음으로 가능하면 용제(flux)를 사용하지 않는 방법을 선택해야 된다.

14 강재 표면의 홈이나 개재물, 탈탄층 등을 제거하기 위해서 될 수 있는 대로 얇게, 타원형으로 표면을 깎아내는 가공법은?

① 가우징
② 아크에어 가우징
③ 스카핑
④ 플라스마 제트 절단

해설 가스 가우징 : 가우징 토치를 사용하여 홈이나 뒷면 따내기를 하기 위해 깊은 홈을 파는 작업

15 피복 아크용접봉의 피복제 중 탈산제가 아닌 것은?

① Fe-Cu   ② Fe-Si
③ Fe-Mn   ④ Fe-Ti

16 서브머지드 용접과 같이 대전류 영역에서 비교적 큰 용적이 단락되지 않고 옮겨가는 용적 이행방식은? ★★

① 입상용적 이행(globular transfer)
② 단락 이행(short-circuiting transfer)
③ 분사식 이행(spray transfer)
④ 중간 이행(middle transfer)

해설 입상이행 : 글로뷸러 이행이라고도 하며 대전류 영역에서 비교적 큰 용적이 단락되지 않고 옮겨가는 용적이행 방식

17 서브머지드 아크용접용 용제의 종류 중 광물성 원료를 혼합하여 노(爐)에 넣어 1300℃ 이상으로 가열해서 용해하여 응고시킨 후 분쇄하여 알맞은 입도로 만든 것으로 유리 모양의 광택이 나며 흡습성이 적은 것이 특징인 것은?

① 용융형 용제   ② 소결형 용제
③ 혼성형 용제   ④ 분쇄형 용제

정답 12 ② 13 ④ 14 ③ 15 ① 16 ① 17 ①

18 MIG용접시 송급 롤러의 형태가 아닌 것은?

① 롤렛형 ② 기어형
③ 지그재그형 ④ U형

19 다음 작업 중 장갑을 끼고 작업해서는 안되는 작업은?

① 용해작업 ② 용접작업
③ 열처리작업 ④ 선반작업

20 레이저 용접(Laser welding)의 장점 설명으로 틀린 것은?

① 좁고 깊은 용접부를 얻을 수 있다.
② 소입열 용접이 가능하다.
③ 고속 용접과 용접 공정의 융통성을 부여할 수 있다.
④ 접합되어야 할 부품의 조건에 따라서 한 방향의 용접으로는 접합이 불가능하다.

21 돌기(projection)용접의 장점 설명으로 틀린 것은?

① 여러 점을 동시에 용접할 수 있으므로 생산성이 높다.
② 좁은 공간에 많은 점을 용접할 수 있다.
③ 용접부의 외관이 깨끗하며 열변형이 적다.
④ 용접기의 용량이 적어 설비비가 저렴하다.

해설 프로젝션(돌기) 용접기는 점용접기에 비해 용량이 커서 설비비도 더 많이 소요된다.

22 불활성 가스 아크용접에서 주로 사용되는 불활성 가스는?

① C_2H_2 ② Ar
③ H_2 ④ N_2

해설 불활성 가스 : Ar(아르곤), He(헬륨), Ne(네온) 등이 있으며, 주로 Ar이 가장 많이 쓰인다.

23 전기저항 용접의 3대 요소에 해당되지 않은 것은?

① 통전전류 ② 가압력
③ 통전시간 ④ 용접전압

해설 전기 저항용접의 3요소 : 통전 전류, 가압력, 통전 시간

24 기체를 가열하여 양이온과 음이온이 혼합된 도전(導電)성을 띤 가스체를 적당한 방법으로 한 방향에 분출시켜, 각종 금속의 접합에 이용하는 용접은?

① 서브머지드 아크용접
② MIG용접
③ 피복아크용접
④ 플라스마(plasma) 아크용접

25 탄산가스(CO_2) 아크용접 작업시 전진법의 특징으로 맞는 것은?

① 용접 스패터가 비교적 많으며 진행방향 쪽으로 흩어진다.
② 용접선이 잘 안보이므로 운봉을 정확하게 할 수 없다.
③ 용착금속의 용입이 깊어진다.
④ 비드 폭의 높이가 높아진다.

해설 전진법 특징 : 용접선이 잘 보이나 용입 깊이는 얕고, 비드 폭은 넓으며, 스패터 발생이 많다.

정답 18 ③ 19 ④ 20 ④ 21 ④ 22 ② 23 ④ 24 ④ 25 ①

26 TIG용접시 텅스텐 혼입이 일어나는 이유로 거리가 먼 것은?

① 전극의 길이가 짧고 노출이 적어 모재에 닿지 않을 때
② 전극과 용융지가 접촉하였을 때
③ 전극의 굵기보다 큰 전류를 사용하였을 때
④ 외부 바람의 영향으로 전극이 산화되었을 때

해설 텅스텐 전극 혼입 : 전극이 용융지에 닿거나 산화된 경우이며, 전극의 길이가 짧으면 보호가스의 접촉이 많아 산화가 적고 용융지에 닿는 일도 적어져 텅스텐 혼입이 적게 된다.

27 티그(TIG)용접과 비교한 플라스마(plasma) 아크용접의 단점이 아닌 것은?

① 플라스마 아크 토치가 커서 필릿 용접 등에 불리하다.
② 키홀 용접시 언더컷이 발생하기 쉽다.
③ 용입이 얕고, 비드 폭이 넓으며, 용접속도가 느리다.
④ 키홀 용접과 용융 용접을 모두 사용해야 하는 다층용접시 용접변수의 변화가 크다.

해설 플라스마 아크용접은 TIG 용접에 비해 전류밀도가 높고 아크 열이 10000 ~ 30000℃로 TIG 용접의 아크 열보다 훨씬 높아 용입이 깊고 비드 폭도 좁으며 용접 속도도 빠르다.

28 가스용접 및 절단작업시 안전사항으로 가장 거리가 먼 것은?

① 작업시 작업복은 깨끗하고 간편한 복장으로 갈아입고 작업자의 눈을 보호하기 위해 보안경을 착용한다.
② 납이나 아연합금 및 도금 재료의 용접이나 절단시 중독에 우려가 있으므로 환기에 신경을 쓰며 방독 마스크를 착용하고 작업을 한다.
③ 산소병은 고압으로 충전되어 있으므로 운반시는 전용 운반장비를 이용하며, 나사부분의 마모를 적게 하기 위하여 윤활유를 사용한다.
④ 밀폐된 용기를 용접하거나 절단할 때 내부의 잔여물질 성분이 팽창하여 폭발할 우려를 충분히 검토 후 작업을 한다.

해설 산소와 접촉하는 부분에는 기름 등을 사용하면 폭발성 화합물을 만들어 폭발할 위험이 있으므로 절대 접촉시켜서는 안된다.

29 납땜에 사용하(되)는 용제가 갖추어야 할 조건 중 틀린(잘못된) 것은? ★★

① 모재의 산화 피막과 같은 불순물을 제거하고 유동성이 좋을 것
② 모재나 땜납에 대한 부식 작용이 최대일 것
③ 납땜 후 슬래그 제거가 용이할 것
④ 인체에 해가 없어야 할 것

해설 용제는 납땜의 표면 장력을 맞추어서 모재와의 친화력이 높으며, 청정한 금속면의 산화를 방지할 수 있고, 모재를 부식시키는 작용이 최대한 적은 것이 좋다.

정답 26 ① 27 ③ 28 ③ 29 ②

30 스테인리스강을 조직상으로 분류한 것 중 틀린 것은?

① 시멘타이트계 ② 페라이트계
③ 마텐사이트계 ④ 오스테나이트계

해설 스테인리스강의 조직 : ②, ③, ④와 석출 경화계가 있다.

31 티탄합금을 용접할 때, 용접이 가장 잘 되는 것은?

① 피복아크용접
② 불활성가스 아크용접
③ 산소-아세틸렌 가스 용접
④ 서브머지드 아크용접

32 다음 중 70 ~ 90% Ni, 10 ~ 30% Fe을 함유한 합금으로 니켈-철계 합금은?

① 어드밴스(advance)
② 큐프로 니켈(cupro nickel)
③ 퍼멀로이(permalloy)
④ 콘스탄탄(constantan)

해설 어드벤스 : Cu 54%-Ni 44%-Mn 1%, Fe 0.5%
큐프로 니켈 : Cu 80%-Ni 20%
콘스탄탄 : Cu 55%-Ni 45%

33 담금질 균열 방지책이 아닌 것은?

① 급격한 냉각을 위하여 빠른 속도로 냉각한다.
② 가능한 수냉을 피하고 유냉을 한다.
③ 설계시 부품의 직각 부분을 적게 한다.
④ 부분적인 온도차를 적게 하기 위해 부분 단면을 적게 한다.

해설 담금질시 일정 온도에서 급랭을 해야 되며 냉각 속도가 너무 빠르면 균열을 발생할 우려가 있다.

34 오스테나이트계 스테인리스강의 용접 시 입계부식 방지를 위하여 탄화물을 분해하는 가열온도로 가장 적당한 것은?

① 480℃ ~ 600℃   ② 650℃ ~ 750℃
③ 800℃ ~ 950℃   ④ 1000℃ ~ 1100℃

35 풀림의 목적으로 틀린 것은?

① 냉간가공시 재료가 경화됨
② 가스 및 분출물의 방출과 확산을 일으키고 내부응력이 저하됨
③ 금속합금의 성질을 변화시켜 연화됨
④ 일정한 조직의 균일화됨

해설 풀림의 목적 : 냉간 가공으로 생긴 잔류응력을 제거하며 연화, 결정립 미세화 등을 위해 실시한다.

36 황동의 탈아연 부식에 대한 설명으로 틀린 것은?

① 탈아연 부식은 60 : 40 황동보다 70 : 30 황동에서 많이 발생한다.
② 탈아연된 부분은 다공질로 되어 강도가 감소하는 경향이 있다.
③ 아연이 구리에 비하여 전기 화학적으로 이온화 경향이 크기 때문에 발생한다.
④ 불순물이 부식성 물질과 공존할 때 수용액의 작용에 의하여 생긴다.

해설 탈아연 부식 : 6 : 4 황동은 아연이 40%인 동합금으로 아연이 많을수록 탈아연 부식 현상이 심하다.

정답 30 ① 31 ② 32 ③ 33 ① 34 ④ 35 ① 36 ①

37 고급주철인 미하나이트 주철은 저탄소, 저규소의 주철에 어떤 접종제를 사용하는가?

① 규소철, Ca-Si ② 규소철, Fe-Mn
③ 칼슘, Fe-Si   ④ 칼슘, Fe-Mg

38 기어, 크랭크축 등 기계요소용 재료의 열처리법으로 사용되고 표면은 내마모성을 가지고 중심은 강인성을 요구하는 재료의 열처리법이 아닌 것은?

① 화염 경화법   ② 침탄법
③ 질화법   ④ 소성 가공법

해설 소성 가공법은 금속의 소성 변형을 이용한 가공법으로 압연, 인발, 압출, 전조, 프레스 가공 등이 있으며, 열처리법은 아니다.

39 특수강의 제조 목적이 아닌 사항은?

① 고온 기계적 성질 저하의 방지
② 담금질 효과의 증대
③ 결정입도의 조대와 증대
④ 기계적 성질의 증대

해설 특수강 제조 목적 : 결정입도의 미세화, 담금질 효과 증대 등이 있다.

40 탄소강을 질화처리 한 것으로 그 특징이 아닌 것은?

① 경화 층은 얇고, 경도는 침탄한 것보다 크다.
② 마모 및 부식에 대한 저항이 크다.
③ 침탄강은 침탄 후 담금질하나, 질화강은 담금질할 필요가 없다.
④ 600℃ 이하의 온도에서는 경도가 감소되고, 산화가 잘된다.

해설 질화처리는 600℃ 이하에서 실시하며 경도가 증가하고, 산화가 잘 안된다.

41 승용차의 차체(Chassis, 샤시)에 고장력 강을 사용해야 한다는 주장이 있다. 고장력강의 필요성은 무엇이 주요한 이유인가?

① 소성가공이 용이하기 때문에
② 부식에 견디는 능력이 우수하기 때문에
③ 연강과 동일한 강도를 유지하면서 경량화가 가능하기 때문에
④ 외관이 미려하기 때문에

42 가열로 안에서 강선재를 900~1000℃로 급속히 가열하고 연욕노(鉛浴爐, lead bath)를 통과시켜 380~550℃에서 항온변태를 일으키게 하여 소르바이트(Sorbite)나 미세 펄라이트(fine pearlite) 조직으로 하는 일반 연강재료에 대하여 처리하는 방법은?

① 템퍼링   ② 노멀라이징
③ 어닐링   ④ 파(패)턴팅

43 한국산업표준에서 현장용접을 나타내는 기호는?

44 다음 그림의 필릿 용접이음에서 용접부의 목두께 t는 얼마인가?

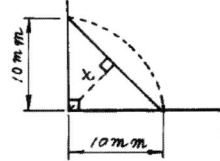

① 0.0707mm ② 0.707mm
③ 7.07mm ④ 70.77mm

해설 목두께는 hcos45° 이므로
10×0.707=7.07

45 19mm 두께의 알루미늄 판을 양면으로 TIG용접 하고자 할 때 이용할 수 있는 이음방식은?

① I형 맞대기 이음
② V형 맞대기 이음
③ X형 맞대기 이음
④ 겹치기 이음

해설 X형 이음 : 19mm 이하
I형 : 6mm 이하, H형 이음 : 50mm 이상

46 관절좌표 로봇(articulated robot) 동작기구의 장점에 대한 설명으로 틀린 것은?

① 3개의 회전축을 가진다.
② 장애물의 상하에 접근이 가능하다.
③ 작은 설치공간에 큰 작업영역을 가진다.
④ 복잡한 머니퓰레이터 구조를 가진다.

47 다음 중 용접 포지셔너 사용시 장점이 아닌 것은?

① 최적의 용접 자세를 유지할 수 있다.
② 로봇 손목에 의해 제어되는 이송각도의 일종인 토치 팁의 리드 각과 래그 각의 변화를 줄일 수 있다.
③ 용접 토치가 접근하기 어려운 위치를 용접이 가능하도록 접근성을 부여한다.
④ 바닥에 고정되어 있는 로봇의 작업 영역한계를 축소시켜 준다.

48 용접부에 대한 비파괴 시험 방법에 관한 침투탐상 시험법을 나타낸 기호는?

① RT ② UT
③ MT ④ PT

해설 RT : 방사선 탐상검사, UT : 초음파 탐상검사
MT : 자분 탐상검사

49 용접변형 교정방법 중 맞대기 용접이음이나 필릿 용접이음의 각 변형을 교정하기 위하여 이용하는 방법으로 이면 담금질법이라고도 하는 것은?

① 점가열법 ② 선상가열법
③ 가열 후 햄머링 ④ 피닝법

50 CO_2 아크용접에서 기공의 발생 원인이 아닌 것은?

① 노즐과 모재 사이의 거리가 15mm 이었다.
② CO_2 가스에 공기가 혼입되어 있다.
③ 노즐에 스패터가 많이 부착되어 있다.
④ CO_2 가스 순도가 불량하다.

정답 44 ③ 45 ③ 46 ④ 47 ④ 48 ④ 49 ② 50 ①

해설 기공의 발생 원인 ②, ③, ④가 있으며, 와이어 돌출길이가 15mm는 적당한 거리이므로 기공의 발생에 영향이 적다.

51 예열할 때 주의해야 할 주된(중요) 사항이 아닌 것은?

① 고장력강은 예열온도가 너무 높지 않게 하여 강도와 인성을 유지하도록 해야 한다.
② 예열은 가열범위를 가능한 한 서서히 가열하고, 또 아크는 예열 온도를 측정 후 일정시간 내에 발생시켜야 한다.
③ 예열은 용접선만이 아니고 용접부 주위를 균일한 온도가 되도록 예열해야 한다.
④ 예열은 40℃ 미만에서 실시해야 하며 스테인리스강은 예열해서는 안된다.

52 예열을 하는 목적에 대한 설명 중 틀린 것은?

① 용접부와 인접된 모재의 수축응력을 감소시키기 위하여
② 임계온도 도달 후 냉각속도를 느리게 하여 경화를 방지하기 위하여
③ 약 200℃ 범위의 통과시간을 지연시켜 비드 및 균열방지를 위하여
④ 후판에서 30~50℃로 용접 홈을 예열하여 냉각속도를 높이기 위하여

53 금속현미경 조직시험의 진행과정 순서로 맞는 것은?

① 시편의 채취 → 성형 → 연삭 → 광연마 → 물세척 및 건조 → 부식 → 알코올 세척 및 건조 → 현미경검사
② 시편의 채취 → 광연마 → 연삭 → 성형 → 물세척 및 건조 → 부식 → 알코올 세척 및 건조 → 현미경검사
③ 시편의 채취 → 성형 → 물세척 및 건조 → 광연마 → 연삭 → 부식 → 알코올세척 및 건조 → 현미경검사
④ 시편의 채취 → 알코올 세척 및 건조 → 성형 → 광연마 → 물세척 및 건조 → 연삭 → 부식 → 현미경검사

54 용접부의 국부가열 응력제거 방법에서 용접구조용 압연강재의 응력제거시 유지온도와 유지시간으로 적합한 것은?

① 625±25℃ 판 두께 25mm에 대해 1시간
② 725±25℃ 판 두께 25mm에 대해 1시간
③ 625±25℃ 판 두께 25mm에 대해 2시간
④ 725±25℃ 판 두께 25mm에 대해 2시간

55 여유시간이 5분, 정미시간이 40분일 경우 내경법으로 여유율을 구하면 약 %인가?

① 6.33%   ② 9.05%
③ 11.11% ④ 12.50%

해설 여유율 $= \dfrac{\text{여유시간}}{\text{정미시간} + \text{여유시간}} \times 100$
$= \dfrac{5}{40+5} = 11.11$

56 준비작업시간이 5분, 정미작업시간이 20분, lot수 5, 주작업에 대한 여유율이 0.2라면 가공시간은?

① 175분   ② 145분
③ 105분   ④ 125분

해설 가공시간
=준비시간+(정미작업시간×로트수)
=5+(20×5)×0.2=125

정답 51 ④ 52 ④ 53 ① 54 ① 55 ③ 56 ④

57 다음과 같은 데이터에서 5개월 이동평균법에 의하여 8월의 수요를 예측한 값은 얼마인가?

월	1	2	3	4	5	6	7
판매실적	100	90	110	100	115	110	100

① 103　　② 105
③ 107　　④ 109

해설 8월수요예측
$$= \frac{110+100+115+110+100}{5} = 107$$

58 설비의 구식화에 의한 열화는?

① 상대적 열화　　② 경제적 열화
③ 기술적 열화　　④ 절대적 열화

해설 절대적 열화는 설비가 노후하여 갱신이 요구되는 열화를 말한다.

59 다음 중 계량값 관리도만으로 짝지어진 것은?

① c 관리도, u 관리도
② $x - R_s$ 관리도, P 관리도
③ $\bar{x} - R$ 관리도, nP 관리도
④ Me-R 관리도, $\bar{x} - R$ 관리도

60 다음 중 모집단의 중심적 경향을 나타낸 측도에 해당하는 것은?

① 범위(Range)
② 최빈값(Mode)
③ 분산(Variance)
④ 변동계수(Coefficient of variation)

해설 모(우)드(Mode) : 최빈값, 도수분포표에서 도수가 최대인 곳의 대표치

정답　57 ③　58 ①　59 ④　60 ②

2012 제52회 용접기능장 최근 기출문제

2012년 7월 22일 시행

01 AW-500 교류 아크용접기의 최고 무부하 전압은 몇 V 이하인가? ★★

① 30V 이하 ② 80V 이하
③ 95V 이하 ④ 85V 이하

해설 AW-400 이하 교류 아크용접기의 무부하 전압은 85V 이하, AW-500 이상은 95V 이하이다.

02 용접부위 중에는 HAZ(Heat Affected Zone)라고 부르는 열 영향부가 있다. 다음중에서 HAZ의 폭이 가장 적은 용접법은?

① 불활성가스 아크용접
② 전기저항 점용접
③ 피복 아크용접
④ 전기저항 시임용접

03 연강용 피복 아크용접봉을 KS에 의하여 E4316으로 표시할 때, "43"이 의미하는 것은?

① 용착금속의 최소 인장강도의 수준
② 피복 아크용접봉
③ 모재의 최대 인장강도의 수준
④ 피복제 계통

해설 E4316 : E : 전극의 뜻, 16 : 피복제 계통

04 저수소계 용접봉에 대한 설명으로 틀린 것은?

① 피복제는 석회석이나 형석을 주성분으로 한다.
② 타 용접봉에 비해 용착금속 중의 수소 함유량이 1/10 정도로 적다.
③ 용접봉을 사용하기 전에 300~350℃ 정도로 1~2시간 정도 건조시켜 사용한다.
④ 용착 금속은 강인성이 풍부하나 내균열성이 나쁘다.

해설 저수소계 용접봉은 강인성이 풍부하고 내균열성이 우수하다.

05 가스용접에서 용제에 대한 설명으로 틀린 것은?

① 용제는 단독으로 사용하는 것 보다 혼합제로 사용하는 것이 좋다.
② 용제는 용접 직전의 모재(母材) 및 용접봉에 엷게 바른 다음 불꽃으로 태워서 사용한다.
③ 용제를 지나치게 많은 양을 쓰는 것은 도리어 용접을 곤란하게 한다.
④ 강 이외의 많은 금속은 그 산화물보다 용융점이 높기 때문에 산화물을 제거하기 위하여 용제가 중요한 역할을 한다.

해설 용제는 금속보다 용융점이 높은 산화물을 용해 제거하기 위하여 사용한다.

정답 1 ③ 2 ② 3 ① 4 ④ 5 ④

06 잠호용접(SAW)에 대한 특징 설명으로 틀린 것은? ★★

① 용융속도 및 용착속도가 빠르다.
② 개선각을 작게 하여 용접 패스 수를 줄일 수 있다.
③ 용접진행 상태의 양·부를 육안으로 확인할 수 없다.
④ 적용 자세에 제약을 받지 않는다.

해설 서브머지드 아크용접은 아래보기 및 수평 필릿자세 등 제한적인 자세에 사용할 수 있다.

07 산소-아세틸렌 용접에서 전진법은 보통 판 두께가 몇 mm 이하의 맞대기 용접이나 변두리 용접에 쓰이는가?

① 5mm   ② 10mm
③ 15mm   ④ 20mm

해설 전진법은 후진법보다 용입이 얕기 때문에 5mm 이하의 맞대기 용접에 적합하다.

08 가스 용접으로 사용되는 산소의 성질에 대한 설명으로 잘못된 것은?

① 물에 조금 녹아 있기 때문에 수중생물의 호흡에 쓰인다.
② 다른 물질의 연소를 도와주는 조연성 가스이다.
③ 액체산소는 보통 연한 청색을 띤다.
④ 금, 백금, 수은 등을 제외한 모든 원소와 화합시 탄화물을 만든다.

해설 산소의 성질 : ①, ②, ③ 외에 Au, Pt, Hg 이외의 원소와 화합시 산화물을 만든다.

09 가스절단기 중 비교적 가볍고 2가지의 가스를 2중으로 원통중심형의 구멍으로부터 분출하는 토치의 종류는?

① 프랑스식   ② 덴마크식
③ 독일식   ④ 스웨덴식

해설 프랑스식 : 동심형이라고도 하며, 팁하나에 예열가스 분출구와 중심에 고압산소의 구멍이 있다.
독일식 : 이심형이라고도 하며, 예열가스 분출 팁과 고압산소 분출 팁이 별도로 있다.

10 가스 가우징 작업에 대해 설명한 것 중 틀린 것은?

① 용접부의 결함 제거
② 가접의 제거
③ 용접부의 뒤따내기
④ 강재 표면의 얕고 넓은 홈, 탈탄층 제거

해설 ④는 스카핑을 설명한 것이다.

11 플라스마(plasma)용접의 장점 중 틀린 것은?

① 아크 형태가 원통형이고 직진도가 좋다.
② 전극봉이 토오치 내의 노즐 안쪽으로 들어가 있으므로 모재에 부닥칠 염려가 없다.
③ 맞대기 용접에서 용접 가능한 모재 두께의 제한이 없다.
④ 빠른 플라스마 가스 흐름에 의해 맞대기 용접에서는 키홀(key hole) 현상이 나타난다.

정답 6 ④ 7 ① 8 ④ 9 ① 10 ④ 11 ③

12 아크용접시 용접봉의 용융금속 이행형식이 될 수 없는 것은?

① 단락형 ② 스프레이형
③ 글로뷸러형 ④ 전류형

13 용접 구조물을 리벳 구조물과 비교할 때 용접 구조물의 장점으로 틀린 것은? ★★

① 잔류응력이 발생하지 않는다.
② 재료의 절약도 가능하게 되고 무게도 경감된다.
③ 리벳 구멍에 의한 유효 단면적의 감소가 없으므로 이음효율이 높다.
④ 리벳이음에 비해 수밀, 유밀, 기밀유지가 잘된다.

[해설] 용접의 장점은 ②, ③, ④이나, 단점은 잔류응력이 발생한다는 것이다.

14 직류 용접기와 교류 용접기의 비교 설명 중 틀린 것은?

① 무부하 전압은 교류 용접기가 높다.
② 직류 용접기가 역율이 양호하다.
③ 교류 용접기의 구조가 직류 용접기보다 간단하다.
④ 교류 용접기는 극성변화가 가능하다.

[해설] 교류 용접기는 1초에 60번 +와 -가 교번하므로 극성 변화를 할 수 없다.

15 용접면을 가볍게 접촉시키면서 대전류를 흐르게 하여 접촉면에 전기 불꽃을 발생시켜 그 열로 두 개의 면을 접합시키는 용접은? ★★

① 플래시 용접 ② 마찰용접
③ 프로젝션용접 ④ 심 용접

[해설] 플래시 용접 : 접합면을 가볍게 접촉시키고 대전류를 흐르게 하면 접촉면에 플래시(불꽃)가 발생하면서 접촉면이 용융되며 가압하여 접합하는 전기 저항용접법이다.

16 플라스마 절단방식에서 텅스텐 전극과 모재 사이에서 아크 플라스마를 발생시키는 것은?

① 이행형 아크 절단
② 비이행형 아크 절단
③ 단락형 아크 절단
④ 중간형 아크 절단

[해설] 비이행형 : 텅스텐 전극과 노즐 사이에 전원을 연결한 형식으로 전기가 흐르지 않는 물체도 절단 가능하나 이행형보다 효율이 낮다.

17 다음 중 알루미늄 합금 용접에서 사용되지 않는 것은 어느 것인가? (단, 알루미늄 합금은 비열처리성이다.)

① 점용접
② 불활성가스 아크용접
③ 서브머지드 아크용접
④ 산소-아세틸렌 용접

18 다음 용제(flux) 중 일반적으로 주철의 가스용접에 어느 것이 사용되는가?

① 탄산수소나트륨($NaHCO_3$)
② 플루오르나트륨(NaF)
③ 규산나트륨($NaSiO_3$)
④ 염화칼슘(KCL)

정답 12 ④ 13 ① 14 ④ 15 ① 16 ① 17 ③ 18 ①

19 저온응력 완화법에서는 용접선의 양쪽을 폭 150mm 정도로 몇 ℃ 정도 가열하였다가 수냉시키는가?

① 650 ~ 800℃ ② 350 ~ 450℃
③ 150 ~ 200℃ ④ 50 ~ 100℃

20 산업보건기준에 관한 규칙에서 근로자가 상시 작업하는 장소의 작업면의 조도 중 정밀작업시 조도의 기준으로 맞는 것은? (단, 갱내 및 감광재료를 취급하는 작업장은 제외한다.)

① 300럭스 이상 ② 750럭스 이상
③ 150럭스 이상 ④ 75럭스 이상

> **해설** 작업장 조도
> 거친작업 : 70 ~ 150Lx
> 정밀작업 : 300 ~ 700Lx
> 초정밀작업 : 700 ~ 1500Lx
> 옥내 최저조도 : 30 ~ 50Lx

21 테르밋 용접에서 티르밋제의 주성분은?

① 과산화바륨과 마그네슘 분말
② 알루미늄 분말과 산화철 분말
③ 아연 분말과 알루미늄 분말
④ 과산화바륨과 산화철 분말

22 탄산가스 아크용접법에서 아크를 안정시키기 위하여 혼합가스를 사용한다. 다음 중 공급가스로서 사용되지 않는 것은?

① CO_2 - O_2 ② CO_2 - Ar
③ CO_2 - H_2 ④ CO_2 - Ar - O_2

23 불활성 가스 텅스텐 아크용접에서 사용되는 가스로서 무색, 무미, 무취로 독성이 없으며 대기 중에는 약 0.94% 정도 포함되어 있으며 용접부 보호능력이 우수한 가스는?

① 헬륨(He) ② 수소(H_2)
③ 아르곤(Ar) ④ 탄산가스(CO_2)

> **해설** TIG 용접에는 아르곤과 헬륨을 사용할 수 있으나, 헬륨은 가벼워서 위보기자세를 제외하고 보호 능력이 적으므로 아르곤을 많이 사용한다.

24 탄산가스(CO_2) 아크용접의 경우 보통 어느 극성으로 연결하여 사용해야 하는가? (단, 복합와이어는 사용하지 않음)

① 교류(AC)를 사용하므로 극성에 제한이 없다.
② 직류(DC) 전원을 사용하며 극성에 제한없다.
③ 직류 정극성(DCSP)을 사용한다.
④ 직류 역극성(DCRP)을 사용한다.

25 서브머지드 아크용접에서 사용 재료로 가장 적당하지 않은 것은?

① 탄소강 ② 주강
③ 주철 ④ 스테인리스강

> **해설** 서브머지드 아크용접은 대입열을 사용하므로 주철의 용접법에서 제시하는 가능한 낮은 전류로 비드 폭을 좁게, 짧게 용접해야 하는 요구사항에 맞지 않으므로 부적당하다.

정답 19 ③ 20 ① 21 ② 22 ③ 23 ③ 24 ④ 25 ③

26 탄산가스 아크용접(CO_2 gas shielded arc Welding)의 원리와 같은 용접방식은? ★★

① 미그(MIG) 용접
② 서브머지드 아크용접
③ 피복금속 아크용접
④ 원자수소 아크용접

해설 GMAW(금속보호가스 아크용접)의 종류 : CO_2 용접, MAG(혼합가스)용접, MIG(금속 불활성가스 아크용접)이 있으며, 원리는 거의 같으나 사용가스가 다르며, 일부 장치가 다르다.

27 고진공 상태에서 충격열을 이용하여 용접하며 원자력 및 전자제품의 정밀 용접에 적용되는 용접은? ★★

① 전자 빔 용접
② 레이저 용접
③ 원자수소 아크용접
④ 플라스마제트 용접

해설 전자 빔 용접의 특성은 용입이 깊고 산화, 질화를 방지할 필요가 있는 금속의 용접에 적합하다.

28 MIG 용접의 특성이 아닌 것은?

① 직류 역극성 이용시 청정작용에 의해 알루미늄, 마그네슘 등의 용접이 가능하다.
② TIG 용접에 비해 전류밀도가 낮다.
③ 아크 자기제어 특성이 있다.
④ 정전압 특성 또는 상승 특성의 직류 용접기가 사용된다.

해설 MIG 용접은 TIG 용접에 비해 전류 밀도가 2배 정도 높다.

29 일렉트로 가스 아크용접에서 사용되지 않는 보호가스는? ★★

① CO_2
② Ar
③ He
④ N_2

해설 일렉트로 가스 용접에서 질소(N_2), 수소(H_2)는 보호가스로 사용하지 않는다.

30 용접시의 온도분포는 열전도율에 따라 많은 영향을 미치게 되는데 다음 금속 중 열전도율이 가장 (큰)높은 것은?

① 연강
② 구리
③ 스테인리스강
④ 알루미늄

31 탄산가스 아크용접에서 와이어에 적당한 탈산제를 첨가하여 용착금속 내에 기공을 방지하는데 사용되는 원소로 맞는 것은?

① Mn, Si
② Cr, Si
③ Ni, Mn
④ Cr, Ni

해설 Mn, Si는 탈산제이므로 기공 방지에 적합하다.

32 철강에서 항온 변태 곡선의 다른 이름으로 틀린 것은?

① CCT 곡선
② C 곡선
③ S 곡선
④ TTT 곡선

해설 CCT 곡선은 연속 변태 곡선을 의미한다.

정답 26 ① 27 ① 28 ② 29 ④ 30 ② 31 ① 32 ①

33 표면경화 열처리법 중에서 가열시간이 짧기 때문에 산화, 탈탄, 결정입자의 조대화는 일어나지 않지만, 급열 급냉으로 인한 변형과 마텐사이트 생성에 따른 담금질 균열의 발생이 우려되는 것은?

① 화염 경화법 ② 가스 침탄법
③ 액체 침탄법 ④ 고주파 경화법

> **해설** 고주파 경화법 : 재료의 표면에 고주파 코일을 접근시키면 급격하게 가열되어 온도 상승이 일어나며 이 때 물 등을 분사시켜 급랭시킴으로서 표면만 담금질되는 경화법이다.

34 용접 금속이 응고할 때 방출된 가스 때문에 발생되는 것으로 상당히 큰 거품으로 주위가 먼저 응고된 경우에 형성되는 용접 구조상의 결함은?

① 피트(pit)
② 은점(fish eye)
③ 슬랙섞임(slag inclusion)
④ 선상조직(ice flower structure)

35 Al-Cu-Si계의 합금으로서 Si에 의해 주조성을 개선하고 Cu에 의해 피삭성을 좋게 한 주조용 알루미늄 합금은?

① Y합금   ② 배빗메탈
③ 라우탈   ④ 두랄루민

36 피복 아크용접을 할 때 감전사고를 방지하기 위하여 가장 중요한 것은?

① 작업등 설치 ② 전류계 설치
③ 고압계 설치 ④ 접지 설비

37 주강의 대표적인 특성에 대한 설명으로 틀린 것은?

① 수축이 크다.
② 유동성이 나쁘다.
③ 고온 인장강도가 낮다.
④ 표피 및 그 인접부위의 품질이 나쁘다.

38 Fe-C계 평형상태도상에서 탄소를 2.0 ~ 6.67% 정도 함유하는 금속 재료는?

① 구리   ② 티탄
③ 주철   ④ 니켈

> **해설** 강과 주철의 구분을 탄소 함유량에 따라 하며, 20.1%C 이하를 강, 20.1~6.67%C 이상을 주철이라고 한다.

39 엘린바의 주요 성분원소가 아닌 것은?

① 철   ② 니켈
③ 크롬   ④ 인

40 초음파 탐상 시험(UT)에 사용되는 주파수(진동수)의 범위는 어느 것이 가장 적당한가?

① 0.5 - 15MHz   ② 15 - 100MHz
③ 100 - 150MHz   ④ 0.05 - 0.5MHz

41 베어링용 합금이 갖추어야 할 조건 중 옳지 않은 것은?

① 충분한 경도와 내압력을 가져야 한다.
② 전연성이 풍부해야 한다.
③ 주조성, 절삭성이 좋아야 한다.
④ 내식성이 좋고 가격이 저렴해야 한다.

정답 33 ④ 34 ① 35 ③ 36 ④ 37 ④ 38 ③ 39 ④ 40 ① 41 ②

해설 베어링은 축과의 마찰이 심하므로 전연성이 풍부해서는 안되고 내마모성이 풍부해야 된다.

42 화염 경화법의 장점에 해당되지 않는 것은?

① 부품의 크기나 형상에 제한이 없다.
② 국부 담금질이 가능하다.
③ 일반 담금질법에 비해 담금질 변형이 많다.
④ 설비비가 적게 든다.

해설 화염 경화법은 일반 담금질에 비해 변형이 적고 형상에 제한 받지 않으나 가열을 균일하게 할 수 없다.

43 용접 지그(jig)의 사용목적이 아닌 것은?

① 제품의 수치를 정확하게 한다.
② 용접작업을 쉽게 한다.
③ 소량 생산을 위해 사용된다.
④ 용접부의 신뢰성을 높인다.

44 연강재료의 인장시험편이 시험전의 표점거리가 60mm이고 시험후의 표점거리가 78mm일 때 연신률 몇 %인가?

① 77%   ② 130%
③ 30%   ④ 18%

해설 연신률 $= \dfrac{78-60}{60} \times 100 = 30$

45 피복 아크용접시 열효율과 가장 관계가 없는 항목은?

① 용접봉의 길이
② 아크길이
③ 모재의 판 두께
④ 용접속도

해설 열효율 : 용접시 열효율은 전류, 용접속도, 판두께, 용접속도 등과 관계되며, 용접봉 길이와는 무관하다.

46 자동제어의 장점으로 가장 거리가 먼 것은?

① 제품의 품질이 균일화되어 불량률이 감소된다.
② 인간 능력 이상의 정밀 고속작업이 가능하다.
③ 인간에게는 부적당한 위험환경에서 작업이 가능하다.
④ 설비나 장치가 간단하며 이동이 용이하다.

해설 자동제어 : 자동제어는 설비나 장치가 고가이며, 복잡하다.

47 다음 용접기호에 따른 용접부의 모양으로 가장 옳은 것은?

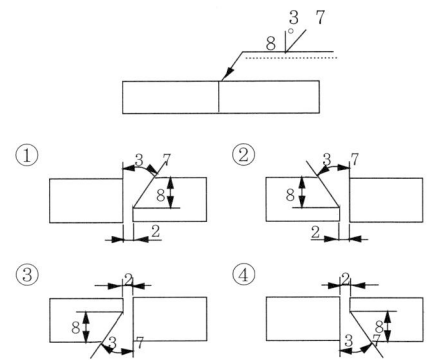

해설 용접기호가 실선에 있으므로 화살표쪽에서 용접함을 의미한다. ②는 경사선의 방향이 반대이다

정답 42 ③ 43 ③ 44 ③ 45 ① 46 ④ 47 ③

48 용접구조물의 본 용접시 용접순서를 결정할 때 주의사항으로 틀린 것은?

① 동일 평면 내에 이음이 많을 경우, 수축은 가능한 자유단으로 보낸다.
② 가능한 수축이 큰 이음부를 먼저 용접한다.
③ 물품의 중심에 대하여 항상 대칭적으로 용접을 진행한다.
④ 리벳과 용접을 병행하는 경우 리벳이음을 먼저 한 후 용접이음을 한다.

해설 리벳과 용접이 병행할 경우 용접이음을 먼저 한 후에 리벳팅을 한다.

49 지그(jig)를 구성하는 기계요소에 해당되지 않는 것은?

① 공작물의 내마모 장치
② 공작물의 위치결정 장치
③ 공작물의 클램핑 장치
④ 공구의 안내 장치

50 용접부의 비파괴 검사 중 비자성체 재료에 이용할 수 없는 것은?

① 방사선 투과 검사
② 초음파 탐상 검사
③ 침투 탐상 검사
④ 자분 탐상 검사

해설 자분 탐상 검사는 자화가 가능한 금속의 표면 결함 검사에 적합하나 비자성체 재료의 경우 자화가 불가능하므로 검사를 할 수 없다.

51 용접비드의 토(toe)에 생기는 작은 홈을 말하는 것으로 용접전류가 과대할 때, 아크길이가 길 때, 운봉속도가 너무 빠를 때 생기는 쉬운 용접결함은? ★★

① 언더컷   ② 오버랩
③ 기공   ④ 용입불량

52 잔류응력의 측정법에서 정성적 방법이 아닌 것은?

① 자기적 방법   ② 응력 와니스법
③ 응력 이완법   ④ 부식법

53 용접 이음을 설계할 때의 주의사항 중 틀린 것은?

① 맞대기 용접에서는 뒷면 용접을 할 수 있도록 해서 용입부족이 없도록 한다.
② 용접 이음부가 한곳에 집중하지 않도록 설계 한다.
③ 맞대기용접은 가급적 피하고 필릿 용접을 하도록 한다.
④ 아래보기 용접을 많이 하도록 설계 한다.

해설 용접 이음 설계시 가급적 수축이 큰 맞대기 용접을 먼저하고 필릿 용접, 리베팅 순으로 작업하는 것이 원칙이다.

54 용접비드 바로 밑에서 용접선에 아주 가까이 거의 평행하게 모재 열영향부에 생기는 균열은? ★★

① 토 균열   ② 크레이터 균열
③ 루트 균열   ④ 비드 밑 균열

해설 토 균열 : 맞대기 이음 등에서 비드 표면과 모재의 경계부에서 일어나는 균열
루트 균열 : 맞대기 용접 등 가접부나 용접 첫 층의 루트 부근에서 열형향에 의해 발생하는 균열

정답 48 ④ 49 ① 50 ④ 51 ① 52 ③ 53 ③ 54 ④

55 축의 완성지름, 철사의 인장강도, 아스피린 순도와 같은 데이터를 관리하는 가장 대표적인 관리도는?

① c 관리도　　② nP 관리도
③ u 관리도　　④ $\bar{x}-R$ 관리도

56 로트의 크기가 시료의 크기에 비해 10배 이상 클 때, 시료의 크기와 합격판정개수를 일정하게 하고 로트의 크기를 증가시킬 경우 검사특성곡선의 모양 변화에 대한 설명으로 가장 적절한 것은?

① 무한대로 커진다.
② 별로 영향을 미치지 않는다.
③ 샘플링 검사의 판별 능력이 매우 좋아진다.
④ 검사특성곡선의 기울기 경사가 급해진다.

57 작업시간 측정방법 중 직접측정법은?

① PTS법　　② 경험견적법
③ 표준자료법　　④ 스톱워치법

58 제품공정분석표 작성시 가공시간 기입법으로 가장 올바른 것은?

① $\dfrac{1로트의 가공시간}{1로트의 총가공시간 \times 1로트의 수량}$

② $\dfrac{1개당 가공시간 \times 1로트의 시간}{1로트의 총가공시간}$

③ $\dfrac{1개당 가공시간 \times 1로트의 총가공시간}{1로트의 수량}$

④ $\dfrac{1개당 총가공시간}{1개당 가공시간 \times 1로트의 수량}$

59 소비자가 요구하는 품질로서 설계와 판매 정책에 반영되는 품질을 의미하는 것은?

① 시장품질　　② 설계품질
③ 제조품질　　④ 규격품질

60 다음 중 샘플링 검사보다 전수검사를 실시하는 것이 유리한 경우는?

① 검사항목이 많은 경우
② 파괴검사를 해야 하는 경우
③ 품질특성치가 치명적인 결점을 포함하는 경우
④ 다수 다량의 것으로 어느 정도 부적합품이 섞여도 괜찮을 경우

> **해설** 전수 검사는 품질의 특성치가 매우 중요한 비중을 차지하는 경우 전 제품에 대하여 품질을 검사하는 방법이다.

정답　55 ④　56 ②　57 ④　58 ②　59 ①　60 ③

2013 제53회 용접기능장 최근 기출문제

2013년 4월 14일 시행

01 교류와 직류 용접기를 비교할 때 교류 용접기가 유리한 항목은?

① 아크의 안정이 우수하다.
② 비피복봉 사용이 가능하다.
③ 자기쏠림 방지가 가능하다.
④ 역률이 매우 양호하다.

해설 교류 용접기는 자기 쏠림이 일어나지 않으며 변압기 원리로 만들어져 있어서 직류에 비해 간단하지만 아크는 불안정하다.

02 아크 전류(welding current)가 210A, 아크 전압이 25V, 용접속도가 15cm/min인 경우 용접의 단위 길이 1cm당 발생하는 용접입열은 얼마인가? ★★★

① 11000joule/cm   ② 3000joule/cm
③ 21000joule/cm   ④ 8000joule/cm

해설 용접 입열 = $\dfrac{60EI}{V} = \dfrac{60 \times 25 \times 210}{15} = 21000$

03 아용접이음의 장점이 아닌 것은?

① 리벳에 비하여 구멍뚫기 작업 등의 공정이 절약된다.
② 이음 효율이 리벳보다 높다.
③ 용접부의 품질검사가 쉽다.
④ 기밀성이 보존된다.

04 아크쏠림(arc blow)의 방지 대책으로 맞지 않는 것은?

① 접지점을 용접부에서 멀리할 것
② 교류(AC) 대신에 직류(DC)를 쓸 것
③ 짧은 아크를 사용할 것
④ 이음부의 처음과 끝에 엔드 탭(end tap)을 이용할 것

해설 아크 쏠림 방지를 위해서는 직류 대신 교류 아크용접기를 사용해야 된다.

05 서브머지드 아크용접에서 소결형 플럭스(flux)의 특성으로 맞는 것은?

① 가스 발생이 적다.
② 슬래그의 박리성이 좋다.
③ 고전류가 되기 곤란하다.
④ 외관은 유리형상(grass)의 형태를 나타낸다.

06 아세틸렌 가스와 접촉하여도 폭발의 위험성이 가장 적은 재료는?

① 수은(Hg)   ② 은(Ag)
③ 동(Cu)   ④ 크롬(Cr)

해설 아세틸렌 가스와 접촉하면 폭발성 화합물을 만드는 원소는 수은, 은, 구리 등이다.

정답 1 ③ 2 ③ 3 ③ 4 ② 5 ② 6 ④

07 토치를 사용하여 용접부분의 뒷면을 따내든지 U형, H형의 용접 홈 가공법으로 일명 가스 파내기라고도 하는 것은? ★★

① 스카핑   ② 가스 가우징
③ 산소창 절단   ④ 포갬 절단

08 다음은 피복 아크용접기법에 대하여 설명한 것이다. 이 중 맞지 않는 것은?

① 용접봉은 건조로에 작업에 필요한 양만큼 사전에 건조시켜 놓아야 한다.
② 작업자를 보호하기 위하여 반드시 지정된 규격품의 보호구를 착용하여야 한다.
③ 피복 아크용접할 때 일반적으로 3mm 정도 짧은 아크 길이를 사용하는 것이 유리하다.
④ 용접을 정지하려면 정지시키는 곳에 아크를 길게 하여 운봉을 크게 하면서 아크를 소멸시킨다.

해설 아크를 끊을 때는 아크 길이를 짧게 하면서 빨리 소멸시켜야 된다.

09 피복아크용접봉의 피복제 중에 포함되어 있는 주요성분이 아닌 것은?

① 가스 발생제   ② 고착제
③ 탈수소제   ④ 탈산제

10 수중 가스절단 작업이 가능한 물깊이는 다음 중 얼마정도까지 인가?

① 30m   ② 45m
③ 60m   ④ 70m

11 연강 피복 아크용접봉 중 산화티탄과 염기성 산화물이 함유되어 작업성이 뛰어나고 비드 외관이 좋은 것은?

① E4301   ② E4303
③ E4311   ④ E4326

해설 E4301 : 일미나이트계
E4311 : 고셀룰로스계
E4326 : 철분 저수소계

12 수동 가스절단기의 설명 중 틀린 것은?

① 가스를 동심원의 구멍에서 분출시키는 절단토치는 전후, 좌우 및 직선 절단을 자유롭게 할 수 있다.
② 이심형의 절단토치는 작은 곡선 등의 절단에 능률적이다.
③ 독일식 절단토치는 이심형이다.
④ 프랑스식 절단토치는 동심형이다.

해설 독일식은 이심형이며, 이심형 절단 토치는 직선 절단에는 매우 양호하나 곡선 절단에는 비능률적이다.

13 산소-아세틸렌 용접을 할 때 팁(tip)끝이 순간적으로 막히면 가스의 분출이 나빠지고 토치의 가스 혼합실까지 불꽃이 그대로 도달되어 토치가 빨갛게 달구어지는 현상은?

① 인화(flash back)   ② 역화(back fire)
③ 적화(red flash)   ④ 역류(contra flow)

14 같은 재료에서 심 용접은 점용접에 비해 몇 배 정도의 용접전류를 필요로 하는가?

① 0.1 ~ 0.5   ② 0.6 ~ 0.8
③ 1.5 ~ 2.0   ④ 3.0 ~ 3.5

정답 7 ② 8 ④ 9 ③ 10 ② 11 ② 12 ② 13 ① 14 ③

15 가스용접 기법 중 전진법과 후진법에 대한 비교 설명 중 옳은 것은?

① 열이용율은 후진법보다 전진법이 좋다.
② 홈각도는 전진법보다 후진법이 크다.
③ 용접변형은 후진법보다 전진법이 작다.
④ 산화의 정도는 전진법보다 후진법이 약하다.

해설 열이용율은 후진법이 좋으며, 산화정도는 전진법이 심하다.

16 교류아크용접기에서 1차 전압 220V, 1차 코일의 감긴수가 15회, 2차 코일의 감긴수가 6회이면 2차 전압은 몇 V인가?

① 75V   ② 80V
③ 88V   ④ 90V

해설 $E_1 : E_2 = n_1 : n_2$, $220 : x = 15 : 6$
$15x = 220 \times 6$ ∴ $x = \dfrac{220 \times 6}{15} = 88$

17 다음 중 일렉트로 가스 아크용접의 특징으로 적합하지 않는 것은?

① 판 두께에 관계없이 단층으로 상진 용접한다.
② 판 두께가 두꺼울수록 경제적이다.
③ 용접장치가 복잡하며 고도의 숙련이 필요하다.
④ 용접속도는 자동으로 조절된다.

해설 일렉트로 슬래그 용접은 용접 장치가 간단하며, 고도의 숙련을 요하지 않는다.

18 테르밋 용접(thermit welding)에서 테르밋제는 무엇의 미세한 분말 혼합인가? ★★

① 규소와 납의 분말
② 붕사와 붕산의 분말
③ 알루미늄과 산화철의 분말
④ 알루미늄과 마그네슘의 분말

19 가스 절단 토오치에는 동심형(同心型)과 이심형(異心型)이 있다. 이심형은 무슨 식이라고도 하는가?

① 독일식이라고 한다.
② 프랑스식이라고 한다.
③ 영국식이라고 한다.
④ 스위스식이라고 한다.

20 가스절단이 원활하게 이루어지기 위한 모재의 일반적인 조건 중 틀린 것은?

① 금속 화합물 중에는 불연성 물질이 적을 것
② 산화물 또는 슬래그의 용융온도가 모재의 용융온도보다 낮을 것
③ 모재의 연소온도가 그 용융온도보다 높을 것
④ 산화물 또는 슬랙의 유동성이 좋고, 모재에서 쉽게 이탈할 것

21 황동용접시 산화아연으로 인한 중독을 방지하는 방법은?

① 마스크를 냉수에 적시어 사용한다.
② 마스크를 온수에 적시어 사용한다.
③ 마스크를 착용한다.
④ 마스크를 가성소다액에 적셔 사용한다.

정답 15 ④ 16 ③ 17 ③ 18 ③ 19 ① 20 ③ 21 ④

22 서브머지드 아크용접에서, 비드 중앙에 발생되기 쉬우며 그 주된 원인은 수소가스가 기포로서 용착금속 내에 포함되기 때문이다. 이 결함은 다음 중 어느 것인가?

① 용입부족 ② 언더컷
③ 용락   ④ 기공

23 전자 빔 용접의 장단점을 설명한 것 중 틀린 것은?

① 전자빔은 전자 렌즈에 의해 에너지를 집중시킬 수 있으므로 용융점이 높은 몰리브덴, 텅스텐, 등을 용접할 수 있다.
② 전자빔은 전기적으로 정확히 제어되므로 얇은 판의 용접에 적용되며 후판의 용접은 곤란하다.
③ 일반적으로 용접봉을 사용하지 않으므로 슬래그 섞임 등의 결함이 생기지 않는다.
④ 진공 중에서 용접을 하기 때문에 기공의 발생, 합금 성분의 감소 등이 생긴다.

24 CO_2 가스 아크용접 작업시 전진법의 특징을 설명한 것이 아닌 것은?

① 용접선이 잘 보이므로 운봉을 정확하게 할 수 있다.
② 스패터가 비교적 많으며 진행방향 쪽으로 흩어진다.
③ 용착금속이 아크보다 앞서기 쉬워 용입이 얕아진다.
④ 비드 높이가 약간 높고 폭이 좁은 비드가 형성된다.

해설 ④는 후진법의 특징이다.

25 GTAW(Gas Tungstern Arc Welding) 용접 방법으로 파이프 이면 비드를 얻기 위한 방법으로 옳은 것을 보기에서 있는 대로 고른 것은?

┌ 보기 ─────────────────
│ ㉠ 파이프 안쪽에 알맞은 플럭스를 칠한 후 용접한다.
│ ㉡ 용접부 전면과 같이 뒷면에도 아르곤가스 등을 공급하면서 용접한다.
│ ㉢ 세라믹 가스컵을 가능한 큰 것을 사용하고 전극봉을 길게 하여 용접한다.
└─────────────────────

① ㉠, ㉡   ② ㉠, ㉢
③ ㉡, ㉢   ④ ㉠, ㉡, ㉢

26 다음 중 서브머지드 아크용접에서 다 전극 방식에 따른 분류에 해당되지 않는 것은?

① 횡 횡렬식   ② 횡 병렬식
③ 횡 직렬식   ④ 탠덤식

해설 서브머지드 아크용접 다전극 방식 : ②, ③, ④가 있으며, 횡횡렬식은 없다.

27 텅스텐 전극을 사용하여 모재를 가열하고 용접봉으로 용접하는 불활성가스 아크용접법은 무엇인가?

① MIG용접   ② TIG용접
③ 플래시 용접 ④ 논 가스 아크용접

해설 TIG 용접 : Tungsten inert gas 용접, 즉 텅스텐 불활성 가스 아크용접 영문의 첫 자를 따서 TIG 용접이라 한다.

정답 22 ④ 23 ② 24 ④ 25 ① 26 ① 27 ②

28 탄소봉과 공기를 사용하여 이면 홈 가공이나 용접 결함부를 제거할 때 많이 사용되는 방법은?

① 분말 가우징 ② 기계적 가우징
③ 불꽃 가우징 ④ 아크 에어 가우징

29 이산화탄소 아크용접법이 아닌 것은? ★ ★★

① 아코스 아크법 ② 플라스마 아크법
③ 유니온 아크법 ④ 퓨즈 아크법

해설 이산화탄소 아크용접법의 종류에는 ①, ③, ④ 외에 NCG(버나드) 아크법이 있다.

30 다음 중 특수 황동의 종류가 아닌 것은 어느 것인가?

① Al황동 ② 강력황동
③ 델타 메탈 ④ 톰백

해설 본래 문제에는 ④ 철황동이라고 쓰여져 있으나 델타메탈이 철황동이므로 답이 없어 필자가 보기 ④를 '톰백'으로 수정함

31 알루미늄(Al)을 침투 확산시키는 금속 침투법은?

① 보로나이징(boronizing)
② 세라다이징(sheradizing)
③ 칼로라이징(calorizing)
④ 크로마이징(chromizing)

해설 금속 침투법
브로나이징 : B 침투
세라다이징 : Zn 침투
크로마이징 : Cr 침투
실리코나이징 : Si 침투

32 담금질 조직 중에서 가장 경도가 높은 것은?

① 펄라이트 ② 소르바이트
③ 마텐사이트 ④ 트루스타이트

해설 담금질 조직의 경도 크기 순서 : 마텐사이트 > 트루스타이트 > 소르바이트 > 펄라이트

33 마그네슘(Mg)의 성질에 대한 설명 중 틀린 것은?

① 고온에서 발화하기 쉽다.
② 비중은 1.74 정도이다.
③ 조밀육방 격자로 되어 있다.
④ 바닷물에 대단히 강하다.

해설 Mg(마그네슘)은 바닷물에 침식된다.

34 백주철을 열처리하여 연신률을 향상시킨 주철은?

① 반주철 ② 회주철
③ 구상흑연주철 ④ 가단주철

해설 가단 주철 : 백주철의 표면을 탈탄시킨 백심가단 주철, 저규소 백주철을 풀림하여 흑연화시킨 흑심가단주철이 있다.

35 탄소강에서 펄라이트 조직은 구체적으로 어떤 조직인가?

① a고용체 ② γ고용체 + Fe_3C
③ a고용체 + Fe_3C ④ Fe_3C

해설 펄라이트(pearlite) : a고용체인 연한 페라이트 조직과 Fe_3C인 시멘타이트의 매우 경한 조직이 층을 이루고 있는 층상 조직으로 매우 강인한 조직이다.

정답 28 ④ 29 ② 30 ④ 31 ③ 32 ③ 33 ④ 34 ④ 35 ③

36 화염경화법의 담금질 경도(HRC)를 구하는 식은? (단, C는 탄소 함유량이다.)
① 24+40×C% ② C%×100+15
③ 550-350×C% ④ 600/(경화 깊이)^2

37 다음 설명 중 annealing의 목적이 아닌 것은?
① 금속 결정입자의 조대화
② 가공 또는 공작에서 경화된 재료의 연화
③ 단조, 주조, 기계가공에서 생긴 내부 응력 제거
④ 열처리로 인하여 경화된 재료의 연화

38 마텐사이트 조직이 생기기 시작하는 점(M_s)부터 마텐사이트 변태가 완료하는 점(M_f) 부근에서의 항온 열처리로서 오스테나이트 구역의 강을 점 M_s 이하의 열욕(100 ~ 200℃)에서 담금질하고, 변태가 거의 끝날 때까지 항온 유지시킨 후 강을 꺼내어 공기 중에서 냉각하는 방법은?
① 오스템퍼링 ② 마템퍼링
③ 마퀜칭 ④ 마르에이징

39 배빗메탈(babbit metal)은 무슨 계를 주성분으로 하는 화이트 메탈인가?
① Sb계 ② Sn계
③ Pb계 ④ Zn계

해설 베빗메탈은 Sn계 화이트메탈을 말하며 베어링 합금으로 사용된다.

40 알루미늄 용접의 전처리 방법으로 부적합한 것은?
① 와이어 브러시나 줄로 표면을 문지른다.
② 화학약품과 물을 사용하여 표면을 깨끗이 한다.
③ 불활성가스 용접의 경우는 전처리를 하지 않아도 된다.
④ 전처리는 용접 하루 전에 실시하는 것이 좋다.

해설 알루미늄 용접은 용접 직전에 전처리를 실시해야 되므로 용접 하루 전에 실시하는 것은 맞지 않다.

41 일반 고장력강을 용접할 때 주의사항으로 틀린 것은?
① 용접봉은 용접작업성이 좋은 고산화티탄계 용접봉을 사용한다.
② 용접개시 전에 이음부 내부 또는 용접할 부분에 청소를 한다.
③ 아크 길이는 가능한 짧게 한다.
④ 위빙 폭은 크게 하지 않는다.

해설 고장력강 용접에는 저수소계를 사용해야 되며 고산화티탄계는 인성이 적으므로 사용해서는 안된다.

42 고급주철은 주철의 기지조직을 펄라이트로 하고 흑연을 미세화시켜 인장강도를 약 몇 MPa 이상 강화시킨 것인가?
① 104 ② 245
③ 275 ④ 294

해설 고급 주철 : 245MPa(25kgf/mm^2) 이상의 인장강도를 가진 주철이다.

정답 36 ② 37 ① 38 ② 39 ② 40 ④ 41 ① 42 ②

43 용접부 검사법 중 비파괴시험에 속하지 않은 것은?

① 부식시험　　② 와류시험
③ 형광시험　　④ 누설시험

해설 부식시험은 화학적 시험법으로 시험편을 채취하여 경면 연마시킨 후 부식시켜 현미경으로 관찰하는 시험법이다.

44 용접에 자동제어 장치를 설치하여 생산 공정에 투입시의 특징 설명으로 틀린 것은?

① 생산속도와 노동조건이 향상된다.
② 노동력이 줄어들어 인건비가 감소한다.
③ 생산설비의 수명이 짧아진다.
④ 제품의 품질이 균일하고 불량품이 감소된다.

45 용접부의 검사에서 초음파 탐상시험 방법에 속하지 않는 것은? ★★

① 공진법　　② 투과법
③ 펄스반사법　　④ 극간법

해설 초음파 탐상법에는 투과법, 펄스반사법(수직 탐상법, 경사 탐상법), 공진법이 있으며 극간법은 자기 탐상법의 일종이다.

46 용접 모재의 제조서(mill sheet)에 기재되어 있지 않은 것은?

① 해당 규격　　② 강재의 제조 공정
③ 재료 치수　　④ 화학 성분

해설 재료의 밀시트란 재료의 규격이나 치수, 화학성분, 특성 등을 기재한 것으로 제조 공정까지는 기록할 필요가 없다.

47 용접 기본기호 중 심(seam)용접 기호로 맞는 것은?

① ○　　② ⊖
③ ∩　　④ ⊜

해설 ① 점용접, ③ 덧살올림(서페이싱)
④ 겹침이음

48 TIG 용접이음부의 불순물 제거방법으로 사용하지 않는 것은?

① 와이어 브러시　　② 이염화탄소
③ 삼염화에틸렌　　④ 염화암모늄

49 용접 결함 중 언더컷(under cut)에 대한 설명 중 맞지 않는 것은?

① 대부분 언더컷의 깊이는 사양서에 명시하되 일반적으로 0.8mm까지 허용한다.
② 방사선 투과시험에서 필름상의 언더컷 모양은 흰색으로 용접부 중앙에 나타난다.
③ 언더컷의 방지대책으로 짧은 아크 길이를 유지한다.
④ 언더컷의 방지대책으로 용접속도를 늦춘다.

해설 방사선 투과 시험에서 필름상에는 두꺼운 부분만큼 방사선을 투과시키는 량이 적게 되므로 언더컷은 필름상에 검은 점이나 선으로 용접부 주위에 나타난다.

50 압력용기를 회전하면서 아래보기 자세로 용접하기에 가장 적합하지 않은 용접설비는?

① 스트롱 백(strong back)
② 포지셔너(positioner)
③ 매니퓰레이터(manipulator)
④ 터닝롤러(turning roller)

정답 43 ① 44 ③ 45 ④ 46 ② 47 ② 48 ① 49 ② 50 ①

해설 스트롱 백은 구조물 조립시 가접을 하고 변형을 방지시키기 위해 사용하는 부품으로, 용접물을 고정시켜 자세를 변경시키는 역할은 할 수 없다.

51 모재의 배치에 의한 용접 이음의 종류가 아닌 것은?

① 맞대기 이음 ② 겹치기 이음
③ T 이음 ④ 연속 이음

52 열응력의 풀림 처리 중에서 고온풀림에 해당하는 것은?

① 응력제거풀림(stress relief annealing)
② 확산풀림(diffusion annealing)
③ 구상화풀림(spheroidizing annealing)
④ 프로세스풀림(process annealing)

53 설퍼프린트의 황편석 분류 중 황이 강의 외주부로부터 중심부로 향하여 감소하여 분포되고, 외주부보다 중심부의 방향으로 착색도가 낮게 된 편석은?

① 정편석 ② 역편석
③ 주상편석 ④ 중심부편석

54 용접작업에서 잔류응력의 경감과 완화를 위한 방법으로 적합하지 않는 것은?

① 용착 금속량의 감소
② 용착법의 적절한 선정
③ 포지셔너 사용
④ 직선 수축법 선정

해설 용접부 잔류 응력은 용착금속의 량이 많거나 용접방법 잘못 선정 등에 기인하며, 직선 수축법은 형상 등의 변형 교정 방법으로 사용하는 기법의 하나이다.

55 검사의 분류 방법 중 검사가 행해지는 공정에 의한 분류에 속하는 것은?

① 관리 샘플링검사
② 로트별 샘플링검사
③ 전수검사
④ 출하검사

해설 출하검사 : 최종검사 완제품검사 등등 품질 부문에서 최종단계에서 수행하는 검사를 일컫는 표현이다.

56 다음 중 브레인스토밍(Brainstorming)과 가장 관계가 깊은 것은? ★★★

① 파레토도 ② 히스토그램
③ 회귀분석 ④ 특성요인도

해설 아이디어 창출방법의 하나.
한 가지 문제를 집단적으로 토의해 제각기 자유롭게 의견을 말하는 가운데 정상적인 사고방식으로는 도저히 생각 할 수 없는 독창적인 아이디어가 튀어나온다는 것이다. 브레인스토밍을 성공시키기 위해서는 ① 타인의 아이디어를 비판하지 않으며, ② 자유분방한 아이디어를 환영하고, ③ 되도록 많은 아이디어를 서로 내놓아야 한다.

57 단계여유(slack)의 표시로 옳은 것은?
(단, TE는 가장 이른 예정일, TL은 가장 늦은 예정일, TF는 총 여유시간, FF는 자유여유시간이다.)

① TE - TL ② TL - TE
③ FF - TF ④ TE - TF

정답 51 ④ 52 ② 53 ② 54 ④ 55 ④ 56 ④ 57 ②

58 예방보전의 기능에 해당하지 않는 것은?

① 취급되어야 할 대상 설비의 결정
② 정비작업에서 점검 시기의 결정
③ 대상설비 점검 개소의 결정
④ 대상설비의 외주 이용도 결정

해설 예방 보전 : 설비 사용 전 정기 점검 및 검사와 조기 수리 등을 하여 성능을 표준 이상으로 유지하는 보전 활동, 보전비와 열화 손실비의 합이 최소가 되도록 하는 설비보전을 말한다.

59 테일러(F.W. Taylor)에 의해 처음 도입된 방법으로 작업 시간을 직접 관측하여 표준시간을 설정하는 표준시간 설정기법은?

① PTS법
② 실적 자료법
③ 표준 자료법
④ 스톱 워치법

해설 표준시간은 정미시간에 여유시간을 부가하여 산정한다.
테일러 시스템의 목적은 과업관리이다.

60 공정 중에 발생하는 모든 작업, 검사, 운반, 저장, 정체 등이 도식화 된 것이며 또한 분석에 필요하다고 생각되는 소요시간, 운반거리 등의 정보가 기재된 것은?

① 작업 분석(Operation Analysis)
② 다중활동 분석표(Multiple Activity Chart)
③ 사무 공정분석(Form Process Chart)
④ 유통 공정도(Flow Process Chart)

정답 58 ④ 59 ④ 60 ④

2013 제54회 용접기능장 최근 기출문제

2013년 7월 21일 시행

01 용접기의 1차전압 200V, 1차전류 200A, 2차 무부하 전압 90V, 용접전류 400A일 때의 1차 피상 입력은 몇 kVA가 되는가?

① 40 ② 36
③ 60 ④ 80

해설 1차 입력=1차 전압×1차 전류
=200×200/1000=40KVA

02 다음 중 가스 가우징용 토치에 대한 설명으로 옳은 것은?

① 팁 끝은 일직선으로 되어 있다.
② 산소 분출공이 일반 절단용에 비하여 작다.
③ 토치 본체는 일반 절단용과 매우 차이가 크다.
④ 예열 화염의 구멍은 산소 분출구멍의 상하 또는 둘레에 만들어져 있다.

03 용접기의 설치장소로 적합하지 않은 곳은?

① 습도가 높은 장소
② 폭발성 가스가 존재하지 않는 장소
③ 휘발성 기름이나 가스가 없는 장소
④ 먼지가 적은 장소

04 피복아크용접의 품질에 영향을 주는 요소가 아닌 것은?

① 용접전류 ② 용접기의 사용률
③ 용접봉 각도 ④ 용접 속도

해설 용접기의 사용율은 정격 전류로 10분을 기준으로 몇 분을 용접할 수 있으며, 몇 분을 쉬느냐에 대한 비율이며 용접 품질과는 전혀 무관하다.

05 내용적이 40L인 산소용기의 고압게이지에 압력이 90kg$_f$/cm^{2}로 나타났다면 가변압식 토치 팁(tip) 300번으로 몇 시간 사용할 수 있는가?

① 3.5 ② 7.5
③ 12 ④ 20

해설 대기 환산 가스량 = 내용적×고압게이지 압력
= 40×90 = 3600L
가변식 토치 팁 300번은 1시간에 300L의 가스를 분출시킬 수 있으므로 3600 ÷ 300 = 12시간이 됨

06 아크용접에서 아크길이가 너무 길 때, 용접부에 미치는 현상으로 틀린 것은?

① 스패터가 많다.
② 아크 실드효과가 떨어진다.
③ 열집중이 많다.
④ 기공이 생긴다.

정답 1① 2④ 3① 4② 5③ 6③

해설 아크 길이가 너무 길면 열의 집중이 적어져서 용입 불량의 원인이 될 수 있다.

07 직류용접에서 정극성과 비교한 역극성의 특징은?

① 비드의 폭이 넓다.
② 모재의 용입이 깊다.
③ 용접봉의 녹음이 느리다.
④ 용접열이 용접봉쪽 보다 모재쪽에 많이 발생된다.

해설 직류 역극성의 특징 : '①' 외에 용입이 낮고, 용접봉의 녹음은 빠르며, 용접열이 용접봉쪽에 더 많이 발생한다.

08 용해 아세틸렌을 취급할 때 주의할 사항으로 틀린 것은?

① 저장 장소는 통풍이 잘되어야 한다.
② 용기가 넘어지는 것을 예방하기 위하여 용기는 뉘어서 사용한다.
③ 화기에 가깝거나 온도가 높은 장소에는 두지 않는다.
④ 용기 주변에 소화기를 설치해야 한다.

해설 용해 아세틸렌 용기를 뉘어서 사용하면 아세톤이 유출될 수 있으므로 뉘어놓고 사용해서는 안된다.

09 가스 절단시 양호한 절단면을 얻기 위한 조건이 아닌 것은? ★★

① 드래그(drag)가 가능한 클 것
② 절단면 표면의 각이 예리할 것
③ 슬래그 이탈이 양호할 것
④ 절단면이 평활하여 노치 등이 없을 것

해설 양호한 절단면을 얻으려면 드래그 길이는 가능한 적은 것이 좋으나 너무 적게 할 경우 가스 소모 등이 많아질 수 있어 비경제적이므로, 1/5(20%)를 표준으로 하고 있다.

10 용접작업에 영향을 주는 요소 중 아크길이가 너무 길 때 용접부의 특징에 대한 설명으로 틀린 것은?

① 스패터가 많고 기공이 생긴다.
② 용착금속이 산화나 질화가 된다.
③ 비드 표면이 거칠고 아크가 흔들린다.
④ 비드 폭이 좁고 볼록하다.

해설 아크 길이가 길면 '①, ②, ③' 외에 비드 폭이 넓고 납작해진다.

11 산소가 아세틸렌 가스 호스 쪽으로 흘러서 발생기가 폭발을 일으키는 사고를 무엇이라 하는가?

① 역류사고   ② 인화사고
③ 호스사고   ④ 역화사고

12 다음 [보기]는 어떤 용접봉의 특성을 나타낸 것인가?

┌─ 보기 ─────────────────┐
• 주성분은 산화티탄(TiO_2) 30% 이상과 석회석($CaCO_3$)이다.
• 용입이 얕으므로 박판용접에 적합하다.
• 비드 표면은 평면적이며 언더컷이 생기지 않고 곱다.
• 피복의 두께가 두껍고 슬래그는 유동성이 좋고 가벼우며 박리성이 양호하다.
└────────────────────────┘

① 저수소계   ② 라임티타니아계
③ 고셀룰로오스계 ④ 일미나이트계

정답 7 ① 8 ② 9 ① 10 ④ 11 ① 12 ②

해설 라임티탄계는 산화티탄계와 차이가 있는 것이 석회석이 함유된 것이며, 피복이 더 두껍다.

13 자동가스 절단에서 절단면에 대한 설명으로 맞는 것은?

① 절단속도가 빠를 경우 드래그가 작다.
② 절단속도가 느린 경우 표면이 과열되어 위 가장자리가 둥글게 된다.
③ 산소 중에 불순물이 증가하면 슬래그의 이탈성이 좋아진다.
④ 팁의 위치가 높을 때에는 예열범위가 좁아진다.

14 아크에어 가우징의 장점에 해당되지 않는 것은?

① 가스 가우징에 비해 작업능률이 2~3배 높다.
② 용융금속에 순간적으로 불어내므로 모재에 악영향을 주지 않는다.
③ 소음이 매우 심하다.
④ 용접 결함부를 그대로 밀어 붙이지 않는 관계로 발견이 쉽다.

해설 아크 에어 가우징의 장점은 '①, ②, ④' 외에 소음이 적다.

15 이산화탄소 아크용접 20L/min의 유량으로 연속사용할 경우 액체 이산화탄소 25kg 용기는 대기 중에서 가스량이 약 12700L라 할 때 약 몇 시간 정도 사용할 수 있는가? ★★

① 6.6   ② 10.6
③ 15.6   ④ 20.6

해설 사용시간 계산 : $\dfrac{대기중의 가스량}{분당사용유량 \times 60}$
$= \dfrac{12700}{20 \times 60} = 10.58$

16 용접에서 용융금속의 이행방식 분류에 속하지 않는 것은? ★★

① 연속형   ② 글로불러형
③ 단락형   ④ 스프레이형

해설 용융금속의 이행형식에는 글로불러(입상, 핀치효과)형, 단락형, 스프레이(분무)형이 있으며, 연속형은 없다.

17 납땜에 대한 설명 중 틀린 것은?

① 비철금속 접합에 이용할 수 있다.
② 납은 접합할 금속보다 높은 온도에서 녹아야 한다.
③ 용접용 땜납으로 경납을 사용한다.
④ 일반적으로 땜납은 합금으로 되어 있다.

해설 납땜은 '①, ③, ④' 외에 접합할 금속보다 낮은 온도에서 녹아야 된다.

18 그래비티 용접의 설명으로 틀린 것은?

① 철분계 용접봉을 사용한다.
② 한사람이 여러 대(2-7대)의 용접기를 조작할 수 있다.
③ 중력을 이용한 용접법이다.
④ 스프링으로 압력을 가하여 자동적으로 용접봉이 모재에 밀착되도록 설계된 특수 홀더를 사용한다.

해설 그래비티 용접은 홀더의 중력에 의해 모재에 밀착되도록 되어 있다.

정답 13 ② 14 ③ 15 ② 16 ① 17 ② 18 ④

19 테르밋 용접에서 산화철과 알루미늄이 반응할 때 화학반응을 통하여 발생되는 온도는 약 몇 도(℃)인가?

① 800 ② 2800
③ 4000 ④ 5800

20 서브머지드 아크용접의 장점에 해당하는 것은?

① 자유곡선 용접이 가능하다.
② 용착금속의 품질이 양호하다.
③ 용접홈 가공이 정밀해야 한다.
④ 용접자세의 제한을 받는다.

> **해설** 서브머지드 아크용접의 장점은 '②'이며, '③, ④'는 단점에 해당된다.

21 스테인리스강의 용접 방법에 대한 설명으로 옳은 것은?

① 용접 전류는 연강 용접시 보다 약 10% 높게 용접한다.
② 오스트나이트계 용접시 고온에서 탄화물이 형성될 수 있다.
③ 마텐사이트계는 열에 의해 경화되지 않는다.
④ 오스트나이트계 용접시 예열을 800℃로 높이고 시간은 길게 한다.

> **해설** 스테인리스강은 연강용접시보다 낮은 전류로 용접해야 되며, 고온에서 탄화물이 생성될 수 있으므로 주의가 필요하다.

22 티그(TIG) 용접시 불활성 가스를 용접 중은 물론 용접 전·후에도 약간 유출시켜야하는 이유를 설명한 것 중 틀린 것은?

① 용접 전에 가스 유출은 도관이나 토치에 공기를 배출시키기 위함이다.
② 용접 후에 가스 유출은 가열된 상태의 용접부가 산화 혹은 질화되는 것을 방지하기 위함이다.
③ 용접 후에 가스 유출은 가열된 텅스텐 전극의 산화방지를 하기 위함이다.
④ 용접 전에 가스 유출은 세라믹 노즐을 보호하기 위함이다.

> **해설** 티그 용접시 용접 전에 가스를 유출시키는 이유는 도관과 용접부의 공기 배출이며, 용접 후에는 용접부의 질화, 산화 방지, 텅스텐의 산화 방지 등이며, 세라믹 노즐을 보호하기 위함은 아니다.

23 미그(MIG)용접의 와이어(wire) 송급장치가 아닌 것은?

① 푸시(push) 방식
② 푸시-아웃(push-out) 방식
③ 풀(pull) 방식
④ 푸시-풀(push-pull) 방식

> **해설** 미그 용접 송급 장치에는 '①, ③, ④ 외에 더블 푸시식이 있다.

24 점 용접기를 사용하여 서로 다른 종류 금속을 납땜할 때 가장 적합한 방법은?

① 인두납땜(soldering-iron brazing)
② 가스납땜(gas brazing)
③ 저항납땜(resistance brazing)
④ 노내납땜(furance brazing)

25 서브머지드 아크용접기에 사용되는 용제(flux)의 종류가 아닌 것은?

① 용융형 ② 고온 소결형
③ 저온 소결형 ④ 가입형

정답 19 ② 20 ② 21 ② 22 ④ 23 ② 24 ③ 25 ④

해설 서브머지드 아크용접법에 사용하는 용제는 용융형, 소결(저온, 고온)형, 혼성형이 있다.

26 일렉트로 슬래그(Electro slag) 용접에서 용접 조건이 모재의 용입 깊이에 미치는 영향 중 맞게 설명한 것은?

① 용접속도가 빠르면 용입이 깊어진다.
② 플럭스(FLUX)의 전기전도성이 크면 용입이 깊어진다.
③ 용접 전압이 높으면 용입이 깊어진다.
④ 용접 전압이 낮으면 용입이 깊어진다.

27 CO_2 가스(아탄산가스) 아크용접에서 전진법의 특징이 아닌 것은? ★★★

① 용접선이 잘 보이므로 운봉을 정확하게 할 수 있다.
② 용융금속이 앞으로 나가지 않으므로 깊은 용입을 얻을 수 있다.
③ 스패터가 비교적 많으며 진행 방향쪽으로 흩어진다.
④ 비드 높이가 낮고 평탄한 비드가 형성된다.

해설 탄산가스 아크용접법에서 전진법의 특징은 '①, ③, ④'이며, 용융금속이 앞으로 나가므로 얕은 용입이 된다.

28 불활성가스 아크용접으로 스테인리스강을 용접할 때의 설명 중 잘못된 것은?

① 깊은 용입을 위하여 직류 정극성을 사용한다.
② 전극봉은 지르코늄 텅스텐을 사용한다.
③ 전극의 끝은 뾰족할수록 전류가 안정되고 열집중성이 좋다.
④ 보호가스는 아르곤가스를 사용하여 낮은 유속에서도 우수한 보호작용을 한다.

해설 불활성가스 아크용접법으로 스테인리스강을 용접할 경우 토륨 함유 전극봉이 사용되며, 지르코늄 함유 전극봉은 Al, Mg 합금의 용접에 사용된다.

29 가스용접 작업에서 팁 끝이 모재에 닿아 순간적으로 팁 끝이 막히면서 팁의 과열, 사용가스의 압력이 부적당할 때 팁 속에서 폭발음이 나면서 불꽃이 꺼졌다가 다시 나타나는 현상은? ★★

① 역류   ② 역화
③ 인화   ④ 산화

해설 인화 : 팁 끝이 순간적으로 막혔을 때 가스 분출이 나빠 가스의 혼합실까지 불꽃이 들어가는 현상

30 다음 주조용 알루미늄 합금 중 Alcoa(알코아) NO. 12 합금의 종류는?

① Al-Ni계 합금   ② Al-Si계 합금
③ Al-Cu계 합금   ④ Al-Zn계 합금

해설 Alcoa(알코아)는 Al-Cu 합금으로 내열성이 좋으므로 내연기관의 크랭크 캐이스, 브레이크 슈, 자동차 부품 등에 사용된다.

31 열전대 중 가장 높은 온도를 측정할 수 있는 것은? ★★

① 백금 - 백금로듐   ② 철 - 콘스탄탄
③ 크로멜 - 알루멜   ④ 구리 - 콘스탄탄

해설 열전대 : 고온을 측정하는 기구, 백금-백금

정답 26 ② 27 ② 28 ② 29 ② 30 ③ 31 ①

로듐은 1600°C까지, 크로멜-알루멜은 1200°C, 철-콘스탄탄, 구리-콘스탄탄은 800°C까지 측정이 가능하다.

32 용접부는 급격한 열팽창 및 응고수축으로 인한 결함발생 우려가 있어 예열을 실시한다. 그 목적으로 거리가 먼 것은?

① 수축응력 감소
② 용착금속 및 열영향부 경화방지
③ 비드 밑 균열방지
④ 내부식성 향성

해설 용접부의 예열의 목적은 '①, ②, ③'이며, 내부식성을 향상시키기 위함은 아니다.

33 흑연봉을 양극으로 하고, WC, TiC 등의 초경합금을 음극으로 하여 공구표면에 불꽃을 일으켜 그 열로 주위를 경화시키는 방법은?

① 고주파담금질   ② 화염경화법
③ 금속침투법   ④ 방전경화법

34 일반적으로 탄소강의 가공시 특히 가공성을 요구하는 경우에 가장 적합한 탄소 함유량의 범위는?

① 0.05 ~ 0.3%C   ② 0.45 ~ 0.6%C
③ 0.76 ~ 1.2%C   ④ 1.34 ~ 1.9%C

해설 탄소강은 탄소 함유량 증가에 따라 경도가 증가하며, 경화능도 증가하므로 소성 가공을 요하는 경우는 0.3%C 이하의 저탄소강이 적합하다.

35 침탄, 질화, 고주파 담금질 등으로 내마모성과 인성이 요구되는 기계적 성질을 개선하는 열처리는?

① 뜨임   ② 표면경화
③ 항온 열처리   ④ 담금질

해설 표면 경화 열처리는 표면만을 경화시키고 내부는 인성을 부여하기 위한 열처리법으로 침탄, 질화, 고주파 경화, 화염 경화법 등이 있다.

36 백주철을 풀림 열처리에서 탈탄 또는 흑연화 방법으로 제조한 것은?

① 칠드 주철   ② 구상 흑연 주철
③ 기단 주철   ④ 미하나이트 주철

해설 ④ : 주물용 선철에 강 부스러기를 가한 쇳물과 규소철 등을 접종하여 미세 흑연을 균일하게 분포시킨 펄라이트 주철

37 스텐인리스강의 입계(粒界)부식 방지를 위한 가장 적합한 설명은?

① 용접 후 입계 부식 온도를 서서히 통과할 수 있도록 한다.
② 모재가 STS 321, STS 347 등의 용접에 사용한다.
③ 용접 후 서냉시킨다.
④ 용접 후 1100°C에서 응력제거를 위하여 열처리한다.

38 절삭되어 나오는 칩 처리의 능률, 공정의 단축, 가공 단가의 저렴화 등을 고려하여 탄소강에 S, P_t, P, Mn을 첨가한 구조용 강은?

① 강인강   ② 스프링강
③ 표면 경화용강   ④ 쾌삭강

정답 32 ④ 33 ④ 34 ① 35 ② 36 ③ 37 ② 38 ④

해설 쾌삭강은 고온에서 사용하지 않는 제품의 절삭성 향상을 위해 경도가 낮은 금속을 첨가하여 제조한 것이다.

39 오스테나이트 스테인리스강의 용접시 유의해야 할 사항 중 틀린 것은?

① 짧은 아크 길이를 유지한다.
② 층간 온도는 320℃ 이상을 유지한다.
③ 아크를 중단하기 전에 크레이터 처리를 한다.
④ 낮은 전류값으로 용접을 하여 용접 입열을 억제한다.

해설 오스테나이트계 스테인리스강의 용접시 층간 온도는 320℃이므로 320℃ 이하를 유지해야 된다.

40 강을 담금질할 때 가장 냉각속도가 빠른 것은?

① 식염수 ② 기름
③ 비눗물 ④ 물

41 담금조직에 있어서 마텐사이트(martensite)의 조직은?

① 그물 모양으로 펼친 조직
② 침상 모양을 한 조직
③ 삼(麻)잎 모양으로 한 조직
④ 만곡상의 흑연조직

42 고망간강의 주요 성분으로 다음 중 가장 적합한 것은?

① C 0.2~0.8%, Mn 11~14%
② C 0.2~0.8%, Mn 5~10%
③ C 0.9~1.3%, Mn 5~10%
④ C 0.9~1.3%, Mn 10~14%

해설 고망간강은 탄소와 망간이 다량 함유된 강이므로 '④'번이 해당된다.

43 용접 변형을 방지하는 방법 중 냉각법이 아닌 것은?

① 살수법   ② 수냉동판 사용법
③ 피닝법   ④ 석면포 사용법

해설 용접 변형 방지법 중에 피닝법은 해당되지 않는다. 피닝법은 잔류 응력 완화법의 하나이다.

44 초음파 탐상시험의 장점이다. 틀린 것은?

① 표면에 아주 가까운 얕은 불연속을 검출할 수 있다.
② 고감도이므로 아주 작은 결함의 검출도 가능하다.
③ 휴대가 가능하다.
④ 검사 시험체의 한 면에서도 검사가 가능하다.

해설 초음파 탐상법은 내부 결함 검사법으로 사용되고 있다.

45 경도측정 방법 중 압입 경도시험기가 아닌 것은?

① 쇼어 경도계   ② 브리넬 경도계
③ 로크웰 경도계 ④ 비커어즈 경도계

해설 쇼어 경도기는 추의 반발 높이로 경도를 측정하므로 압입 자국이 생기지 않아 완성 제품의 경도 측정에 사용되나 오차가 크다.

정답 39 ② 40 ① 41 ② 42 ④ 43 ③ 44 ① 45 ①

46 용접 보조기호 중 용접부의 다듬질 방법을 표시하는 기호 설명으로 잘못된 것은?

① P-치핑   ② G-연삭
③ M-절삭   ④ F-지정없음

해설 용접부 다듬질 보조 구호 중 치핑은 'C'로 표시한다.

47 용접이음 설계시 일반적인 주의사항이 아닌 것은?

① 가급적 능률이 좋은 아래보기 용접자세를 많이 할 수 있도록 설계한다.
② 될 수 있는 대로 용접량이 많은 홈 형상을 선택한다.
③ 용접이음을 1개소로 집중시키거나 너무 접근하여 설계하지 않는다.
④ 안전상 필릿 용접보다 맞대기 용접을 주로 한다.

해설 용접 이음시 용접량이 많으면 용접 변형과 용접봉 소모와 용접시간 증가 등이 발생하므로 가능한 용착금속의 량이 적게 되도록 설계해야 된다.

48 로봇의 구성에서 구동부와 제어부를 가동시키기 위한 에너지를 동력원이라 하고 에너지를 기계적인 움직임으로 변환하는 기기의 명칭은?

① 엑추에이터   ② 머니플레이터
③ 교시박스   ④ 시퀀스 제어

49 V형 맞대기 피복아크용접시 슬래그 섞임의 방지대책이 아닌 것은?

① 슬래그를 깨끗이 제거한다.
② 용접 전류를 약간 세게 한다.
③ 용접 이음부의 루트 간격을 좁게 한다.
④ 봉의 유지각도를 용접 방향에 적절하게 한다.

해설 용접 중 루트 간격을 좁게 하면 용입 불량 등으로 오히려 슬래그 섞임이 생길 수 있다.

50 [그림]과 같이 두께 12mm, 폭 100mm의 강판에 맞대기 용접이음을 할 때 이음효율 η=0.8로 하면 인장력(P)는 얼마인가? (단, 관의 최저인장강도는 420MPa이고 안전률은 4로 한다.)

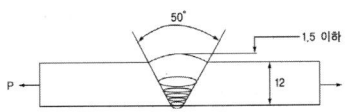

① 100200N   ② 10080N
③ 108800N   ④ 100800N

해설 이음효율 = $\dfrac{\text{용착금속의 인장강도}}{\text{판의 인장강도}}$,

∴ $0.8 = \dfrac{x}{420}$, $x = 0.8 \times 420 = 336$

안전율 = $\dfrac{\text{극한강도(인장강도)}}{\text{허용응력}}$,

$4 = \dfrac{336}{\gamma}$, $\gamma = \dfrac{336}{4} = 84$

인장강도 = $\dfrac{P}{\text{단면적}}$, $84 = \dfrac{P}{12 \times 100}$,

$P = 84 \times 12 \times 100 = 100800$

51 저온균열의 발생 원인으로 틀린 것은?

① 와이어 흡습   ② 예열부족
③ 저 입열용접   ④ 심한 구속

해설 저온 균열은 급랭, 심한 구속, 와이어 흡습에 의한 수소 침입 등이며 저온 입열 용접의 경우 저온 균열 발생이 적다.

정답 46 ① 47 ② 48 ① 50 ③ 49 ④ 51 ③

52 제품공정도를 작성할 때 사용되는 요소(명칭)가 아닌 것은?

① 가공　　② 검사
③ 정체　　④ 여유

53 용접 잔류응력을 경감하기 위한 방법이 아닌 것은? ★★

① 용착금속의 양을 될 수 있는 대로 적게 한다.
② 예열을 이용한다.
③ 적당한 용착법과 용접순서를 선택한다.
④ 용접 전에 억제법, 역변형법 등을 이용한다.

해설 억제법은 오히려 용접부의 변형은 적어지겠지만 그만큼 응력이 더 잔류하게 된다.

54 지그(JIG)의 사용목적에 부합되지 않는 것은?

① 제품의 정밀도가 향상되고 대량생산에서 호환성 있는 제품이 만들어진다.
② 불량률이 감소되고 미숙련공의 작업을 용이하게 한다.
③ 제작상의 공정수가 감소하고 생산능률을 향상시킨다.
④ 비교적 본 기계장비에 비해 소형 경량이며, 큰 출력을 발생시키는데 사용된다.

55 용접 순서를 결정하는 방법으로 옳은 것은?

① 같은 평면 안에 많은 이음이 있을 때 수축량이 큰 이음은 가능한 지그로 고정한다.
② 물품에 대하여 처음부터 끝까지 일률적으로 용접을 진행한다.
③ 수축이 작은 이음을 가능한 먼저하고 수축이 큰 이음을 뒤에 용접한다.
④ 용접물의 중립축에 대하여 수축력 모우멘트의 합이 "0"이 되도록 한다.

해설 용접 순서 결정은 변형 방지를 위해 중요하다. 같은 평면안에 많은 이음이 있을 때는 수축이 큰 이음을 먼저 해야 되므로 지그로 고정은 안되며, 변형 방지를 위해 비석법, 대칭법 등의 방법을 사용해야 된다.

56 모집단으로부터 공간적, 시간적으로 간격을 일정하게 하여 샘플링 하는 방식은?

① 단순랜덤샘플링(simple random sampling)
② 2단계샘플링(two-stage sampling)
③ 취락샘플링(cluster sampling)
④ 계통샘플링(systematic sampling)

해설 계통 샘플링법은 모집단으로부터 시간적, 공간적으로 간격을 일정하게 하여 검사하는 방법이다.

57 작업방법 개선의 기본 4원칙을 표현한 것은?

① 층별 – 랜덤 – 재배열 – 표준화
② 배제 – 결합 – 랜덤 – 표준화
③ 층별 – 랜덤 – 표준화 – 단순화
④ 배제 – 결합 – 재배열 – 단순화

정답 52 ④　53 ④　54 ④　55 ④　56 ④　57 ④

58 이항분포(Binmial distribution)의 특징에 대한 설명으로 틀린 것은?

① P≤0.1이고, nP≥5일 때에는 정규분포에 근사된다.
② nP=1일 때는 평균치에 대하여 대칭이다.
③ P≤0.1이고, nP=0.1~10일 때에는 푸아송분포에 근사된다.
④ 매 시행에서는 두 가지의 사상이 일어나는데, 이 사상들은 서로 독립적이고 배반적이어야 한다.

해설 이항 분포 : 일련의 베르누이 시행으로부터 생성되는 확률분포, 성공과 실패 처럼 2개의 가능한 결과 만을 갖는 확률변수(X)에서 이로부터 만들어지는 이산 확률분포
주 용도 : 일련의 독립 시행(베르누이시행)에서 성공/실패할 횟수(x)에 대한 확률 계산 : P(X=x)

59 예방보전(Preventive Maintenance)의 효과가 아닌 것은? ★★

① 기계의 수리비용이 감소한다.
② 생산시스템의 신뢰도가 향상한다.
③ 고장으로 인한 중단시간이 감소한다.
④ 잦은 정비로 인해 제조원단위가 증가한다.

해설 예방보전(PM) : 설비의 성능을 유지하려면, 설비의 열화(劣化)를 방지하기 위해 윤활(潤滑), 조정, 점검, 교체 등의 일상적인 보전활동과 동시에 설비를 계획적으로 정기점검, 정기수리, 정기교체를 실시하여야 된다.
PM 효과가 좋으면 예비기계가 필요없으며, 수리비 등이 감소한다.

60 부적합수 관리도를 작성하기 위해 $\sum c = 559$, $\sum n = 222$를 구하였다. 시료의 크기가 부분군마다 일정하지 않기 때문에 u 관리도를 사용하기로 하였다. n=10일 경우 u관리도의 UCL 값은 얼마인가?

① 4.023　② 2.518
③ 0.502　④ 0.252

해설 u관리도의 중심선(CL)
$= \bar{u} = \frac{\sum c}{\sum n}$, $\bar{u} = \frac{559}{222} = 2.518$
$UCL = \bar{u} + 3\sqrt{\frac{\bar{u}}{n}} = 2.518 + 3\sqrt{\frac{2.518}{10}}$
$= 4.023$

정답 58 ② 59 ④ 60 ①

2014 제55회 용접기능장 최근 기출문제

2014년 4월 6일 시행

01 용접 중의 피복제의 중요한 작용이 아닌 것은?

① 슬래그(slag)의 작용
② 피복통(被覆筒)의 작용
③ 용접비드 형성 작용
④ 아크 분위기의 생성

해설 피복제는 녹아서 슬래그로 되어 용착금속을 덮어 냉각속도를 느리게 하고 대기로부터 보호하며, 가스를 발생하여 아크 분위기를 환원성 분위기로 해주며, 파형이 고운 비드를 만드나, 피복통의 작용은 하지 않는다.

02 가스절단 작업에서 예열불꽃이 강할 때 일어나는 현상이 아닌 것은?

① 절단면이 거칠어진다.
② 드래그가 증가한다.
③ 모서리가 용융되어 둥글게 된다.
④ 슬래그 중의 철 성분의 박리가 어려워진다.

해설 예열 불꽃이 강하면 드래그가 짧아지며, 모서리가 둥글게 된다.

03 산소 용기에 철인(각인)으로 표시하는 (된) 것 중 틀린 것은?

① 최고충전압력   ② 제조번호
③ 가스 충전일자   ④ 용기 중량

해설 가스 용기 상단에 각인으로 표시하는 내용은 최고충전압력 : FP, 내용적 : V, 내압시험압력 TP, 용기중량 : W 등이 있다.

04 MIG 용접에서 많이 사용하는 분무형 이행(spray transfer)을 설명한 것 중 틀린 것은?

① 용융방울 입자(용적)가 느리게 모재로 이행한다.
② 고전압, 고전류에서 주로 얻어진다.
③ 아르곤 가스나 헬륨가스를 사용하는 경합금 용접에서 주로 나타난다.
④ 용착속도가 빠르고 능률적이다.

05 용접전류 조정은 직류 여자전류의 조정에 의하여 증감하며 조작이 간단하고 소음이 없으며 원격조정(remote control)이나 핫스타트가 용이한 용접기는?

① 가동 철심형 교류 아크용접기
② 가포화 리액터형 교류 아크용접기
③ 탭전환형 교류 아크용접기
④ 가동 코일형 교류 아크용접기

06 피복 아크용접봉의 종류를 나타내는 기호 중 철분 저수소계를 나타내는 것은?

① E4303   ② E4316
③ E4324   ④ E4326

정답 1 ②(가답안은 ③, 오류같음) 2 ② 3 ③ 4 ① 5 ② 6 ④

07 연강용 피복아크용접봉 중 주성분이 산화철에 철분을 첨가하여 만든 것으로 아크는 분무상이고 스패터가 적으며 비드 표면이 곱고 슬래그의 박리성이 좋아 아래보기 및 수평필릿 용접에 적합한 용접봉은?

① E4301
② E4311
③ E4316
④ E4327

해설 피복 아크용접봉의 표시에서 끝에서 2번째 숫자가 2인 경우 철분 함유 봉을 의미한다. 철분 함유봉은 용착금속의 함유량이 많아지며, 수평 필릿 용접에 적합하다.

08 플라스마 제트 절단시 알루미늄 등 경금속에 많이 사용되는 혼합 가스는?

① 아르곤과 수소의 혼합 가스
② 아르곤과 산소의 혼합 가스
③ 헬륨과 질소의 혼합 가스
④ 헬륨과 산소의 혼합 가스

09 용적이 40L인 산소 용기에 고압력계가 90kgf/cm2이 나타났다면 300L의 팁으로 몇 시간을 용접할 수 있겠는가?

① 3.5시간
② 7.5시간
③ 12시간
④ 20시간

해설 산소 용기의 내용적이 40L인데 압력계에 $90kg_f/cm^2$이므로 40×90/300=12가 된다.

10 전류가 일정할 때 아크 전압이 높아지면 용접봉의 용융속도가 늦어지고, 아크 전압이 낮아지면 용융속도가 빨라지는 특성은? ★★★

① 부저항 특성
② 전압회복 특성
③ 정전압 특성
④ 아크 길이 자기제어 특성

해설 아크 길이 자기 제어 특성은 아크 길이가 길어지면 용접봉의 용융이 늦어져 처음 위치로 돌아오게 되며, 아크 길이가 짧아지면 용접봉이 빨리 녹아 처음의 위치로 돌아오는 특성을 말한다.

11 다음 재료의 용접 예열 온도로 가장 적합한 것은?

① 주철 : 150~300℃
② 주강 : 150~250℃
③ 청동 : 60~100℃
④ 망간(Mn)~몰리브덴강(Mo) : 20-100℃

12 아크 에어 가우징(arc air gouging)을 가스 가우징과 비교했을 때 작업 능률에 대한 설명으로 맞는 것은?

① 작업 능률이 가스 가우징과 대략 동일하다.
② 작업 능률이 가스 가우징보다 1.5배이다.
③ 작업 능률이 가스 가우징보다 2~3배 높다.
④ 작업 능률이 가스 가우징보다 조금 낮다.

13 연료가스인 아세틸렌의 공기 중 대기압에서의 발화 온도는 몇 ℃인가?

① 406~408℃
② 515~543℃
③ 520~630℃
④ 650~750℃

해설 505~515℃ : 폭발, 780℃ : 산소가 없어도 자연 폭발한다.

정답 7 ④ 8 ① 9 ③ 10 ④ 11 ① 12 ③ 13 ①

14 아세틸렌 도관 내에 산소가 역류하는 원인에 대한 설명 중 틀린 것은?

① 토치가 과열되었을 때
② 토치가 산화물 등 부착물이 붙어서 화구 구멍이 막혔을 때
③ 토치의 능력에 비해 산소의 압력이 지나치게 낮을 때
④ 토치의 콕과 밸브가 마모되었을 때

15 용접시 수축량에 대한 설명으로 틀린 것은?

① 선팽창계수가 클수록 수축이 증가한다.
② 입열량이 클수록 수축이 증가한다.
③ 다층 용접에서 층수가 증가함에 따라 수축량의 증가 속도도 차츰 증가한다.
④ 재료의 밀도가 클수록 수축량은 감소한다.

해설 다층 용접에서 층수가 증가하면 팽창량도 증가하게 된다.

16 아세틸렌 과잉불꽃이라고도 하며, 불꽃의 길이가 아세틸렌의 양에 따라 길어지거나 짧아지는 것은?

① 순화불꽃   ② 산화불꽃
③ 중성불꽃   ④ 탄화불꽃

17 가스용접 작업에 관한 안전사항 중 틀린 것은? ★★★

① 가스누설 점검은 수시로 비눗물로 점검한다.
② 아세틸렌 병은 저압이므로 눕혀서 사용하여도 좋다.
③ 산소병을 운반할 때는 캡(cap)을 씌워 이동한다.
④ 작업종료 후에는 메인밸브 및 콕을 완전히 잠근다.

해설 아세틸렌 병은 내부에 규조토, 숯, 펠트 등의 다공질 물질을 채우고 아세톤을 흡수시킨 후에 아세틸렌을 15℃에서 $15.5kgf/cm^2$로 압축시킨 용해 아세틸렌이므로 뉘어서 사용하면 아세톤이 유출될 수 있다.

18 일렉트로 슬래그 용접의 특징 중 틀린 것은?

① 입향 상진 전용 용접임
② 박판 용접에 사용함
③ 소모성 노즐을 사용함
④ 용접능률과 용접 품질이 우수함

해설 일렉트로 슬래그 용접 : 용융된 슬래그와 용융 금속이 용접부에서 흘러나오지 않도록 막고, 용융된 슬래그 풀에 용접봉을 공급하여 용융 슬래그의 저항열에 의하여 용접봉과 모재를 용융시켜 위로 용접을 진행하는 방법, 후판의 수직 상진 전용 용접법으로 박판의 용접에는 적용할 수 없다.

19 GTAW(Gas Tungsten Arc Welding)용접시 텅스텐의 혼입을 막기 위한 대책으로 옳은 것은?

① 사용 전류를 높인다.
② 전극의 크기를 작게 한다.
③ 용융지와의 거리를 가깝게 한다.
④ 고주파 발생장치를 이용하여 아크를 발생시킨다.

해설 고주파 발생 장치를 사용하면 전극을 접촉시키지 않고 아크를 발생할 수 있어 전극의 수명이 길어진다.

정답 14 ③ 15 ③ 16 ④ 17 ② 18 ② 19 ④

20 저항 점용접(spot welding) 중 접합면의 일부가 녹아 바둑알 보양의 단면으로 오목하게 들어간 부분을 무엇이라고 하는가?

① 너깃   ② 스폿트
③ 슬래그   ④ 플라스마

21 저항 점용접에서 용접을 좌우하는 중요 인자가 아닌 것은?

① 용접전류   ② 통전시간
③ 용접전압   ④ 전극 가압력

22 레이저 용접에 대한 설명으로 틀린 것은?

① 비접촉 용접이며 어떤 분위기에서도 용접이 가능하다.
② 고에너지 밀도로 모든 금속 및 이종금속의 용접도 가능하다.
③ 정밀하지 않은 넓은 장소의 용접에 응용되고, 열에 민감한 부품에 근접 용접이 가능하다.
④ 레이저 빔은 거울에 의해 반사될 수 있으므로 직각 및 기존의 용접 방식으로는 도달하기 어려운 영역에서도 용접 가능하다.

23 탄산가스 아크용접에서 토치의 작동 형식에 의한 분류가 아닌 것은?

① 수동식   ② 용극식
③ 반자동식   ④ 전자동식

> **해설** 용극식이란 아크를 발생하는 용접봉이나 와이어가 전극 역할을 하며 이 전극이 용접 중에 용융되어 소모되는 방식을 용극식 또는 소모식이라고 한다.

24 강판을 가스절단할 때, 절단 변형의 방지대책이 아닌 것은?

① 가열법   ② 역변형법
③ 수냉각법   ④ 구속법

25 MIG 용접의 특징이 아닌 것은?

① 전류의 밀도가 대단히 크다.
② 아크의 자기 제어 특성이 있다.
③ 용접전원은 직류의 정전압 특성과 상승 특성이다.
④ 모재 표면에 대한 청정작용이 있고, 수하특성이다.

> **해설** 미그 용접은 청정 작용이 있으며, 정전압 특성을 갖고 있다.

26 TIG용접시 용입이 깊고 비드폭을 좁게 하려면 전류전원의 극성은 어느 것을 선택해야 하는가?

① 고주파수 극성   ② 교류
③ 직류 역극성   ④ 직류 정극성

27 서브머지드 용접시 금속 분말(metal powder)을 용접 진행방향에 미리 살포할 때 이점으로 옳은 것은?

① 비드 외관은 거칠어진다.
② 용착률을 최고 120% 증대시킬 수 있다.
③ 용착 금속의 크랙 발생을 억제할 수 있다.
④ 입열을 증대시켜 인성의 저하를 막을 수 있다.

정답 20 ① 21 ③ 22 ③ 23 ② 24 ② 25 ④ 26 ④ 27 ③

28 프로젝션 용접의 특징을 옳게 설명한 것은?

① 모재의 두께가 각각 다른 경우에는 용접할 수 없다.
② 서로 다른 금속을 용접할 때 열전도가 낮은 쪽에 돌기를 만든다.
③ 점과 거리가 작은 점용접이 가능하고 동시에 여러 점의 용접을 할 수 있어 작업 속도가 빠르다.
④ 전극 면적이 넓으므로 기계적 강도나 열전도 면에서 유리하나 전극의 소모가 많다.

29 전기적 에너지를 열원으로 사용하는 용접법에 해당되지 않는 것은? ★★★

① 테르밋 용접
② 플라스마 아크용접
③ 피복금속 아크용접
④ 일렉트로 슬래그 용접

해설 테르밋 용접은 산화철과 Al 분말을 3~4 : 1의 비율로 혼합한 테르밋제를 로에 넣고 점화 촉진제를 첨가하면 화학 반응에 의해 2800℃의 고온으로 되며 산화철에서 순철이 생산되는데 여기에 합금제를 첨가하여 용접할 부위에 부어서 용접하는 방법이다.

30 다음 중 파괴 시험법이 아닌 것은?

① 음향시험   ② 굽힘시험
③ 충격시험   ④ 피로시험

31 저항 용접시 용접재료로 가장 많이 사용되는 것은?

① 알루미늄   ② 구리
③ 철강   ④ 두랄루민

32 35 ~ 36% Ni, 0.4% Mn, 0.1 ~ 0.3% CO에 나머지는 Fe 의 합금으로 열팽창계수가 상온부근에서 매우 작아 길이의 변화가 거의 없어 측정용 표준자 등에 쓰이는 불변강은?

① 인바(Invar)
② 코엘린바(Coelinver)
③ 스텔라이트(stellite)
④ 플레티나이트(platinite)

33 Fe – C 평형 상태도에서 공석반응이 일어나는 곳의 탄소함량은 얼마정도인가?

① 0.025%   ② 0.33%
③ 0.80%   ④ 2.0%

34 경질 주조합금 공구 재료로써, 주조한 상태 그대로를 연삭하여 사용하는 것은?

① 스텔라이트   ② 오일리스 합금
③ 고속도 공구강 ④ 하이드로 날륨

해설 스텔라이트는 대표적인 주조 경질 합금의 일종으로 800℃에서도 경도를 유지할 수 있다.

35 탄소강이 200 ~ 300℃에서 단면 수축률, 연신률이 현저히 감소되어 충격치가 저하하는 현상을 무엇이라 하는가?

① 상온취성   ② 적열취성
③ 청열취성   ④ 저온취성

해설 청열 취성이란 탄소강 등에 200~300℃로 가열하면 푸르스름하게 변하는데 이 때 연신률이 현저히 감소하고 경도가 증가하여 충격치가 저하하는 현상이다.

정답 28 ③ 29 ① 30 ① 31 ③ 32 ① 33 ③ 34 ① 35 ③

36 잔류 오스테나이트를 마텐자이트화 하기 위한 처리를 무엇이라고 하는가?

① 심랭처리 ② 용체화 처리
③ 균질화 처리 ④ 불루잉 처리

37 잠호용접(SAW)용 용제(Flux)의 역할을 열거한 것이다. 틀린 것은?

① 용착금속의 탈산작용
② 용접 후 슬래그의 이탈성 향상
③ 전류이행 능력의 향상
④ 합금원소의 첨가

38 두랄루민(Duralumin)의 조성으로 옳은 것은?

① Al-Cu-Mg-Mn
② Al-Cu-Ni-Si
③ Al-Ni-Cu-Zn
④ Al-Ni-Si-Mg

해설 두랄루민은 알구마망듀 즉 알루미늄, 구리, 마그네슘, 망간의 합금이다.

39 청동에 대한 설명 중 틀린 것은?

① 구리와 주석의 합금이다.
② 포금은 청동의 일종이다.
③ 내식성이 나쁘다.
④ 내마멸성이 좋다.

40 주석계 화이트 메탈(white metal)의 주성분으로 옳은(맞는) 것은? ★★

① 주석, 알루미늄, 인
② 구리, 니켈, 주석
③ 납, 알루미늄, 주석
④ 구리, 안티몬, 주석

41 용접비드 부근이 특히 부식이 잘 되는 이유는 무엇인가?

① 과다한 탄소함량 때문에
② 담금질 효과의 발생 때문에
③ 소리 효과의 발생 때문에
④ 잔류 응력의 증가 때문에

해설 잔류 응력 때문에 용접 비드 부근에 용접 변형 및 부식이 많이 발생한다.

42 주철의 성질에 대한 설명으로 옳은 것은?

① 비중은 C와 Si 등이 많을수록 높아진다.
② 용융점은 C와 Si 등이 많을수록 높아진다.
③ 흑연편이 클수록 자기 감응도가 나빠진다.
④ 투자율을 크게 하기 위해서는 화합 탄소를 많게 하여 균일하게 분포시킨다.

43 용접 전에 변형발생을 적게 하는 변형방지 방법이 아닌 것은?

① 억제법
② 역변형법
③ 압축법
④ 비드 순서나 용착 방법을 바꾸는 법

44 용접균열 시험 중 열적 구속도 시험이라고도 부르는 것은?

① 휘스코 균열시험(Fisco cracking test)
② CTS 균열시험(Conrtolled thermal severity cracking)
③ 리하이 구속 균열시험(Lehigh controlled cracking test)
④ 슬릿형 균열시험(Slit type cracking test)

정답 36 ① 37 ③ 38 ① 39 ③ 40 ④ 41 ④ 42 ③ 43 ③ 44 ②

45 용접부 육안검사의 장점이 아닌 것은?

① 육안검사는 어떤 용접부이건 제작 전, 중, 후에 할 수 있다.
② 검사원의 경험과 지식에 따라 크게 좌우되지 않는다.
③ 육안검사는 용접이 끝난 즉시 보수해야 할 불연속을 검출, 제거할 수 있다.
④ 육안검사는 대부분 큰 불연속을 검출하나 기타 다른 방법에 의해 검출되어야 할 불연속도 예측할 수 있게 된다.

해설 육안 검사는 검사자의 능력에 따라 크게 달라지므로 많은 경험이 필요하다.

46 다음 중 용접 조건의 결정시 점검사항이 아닌 것은?

① 용접 전류   ② 아크 길이
③ 용접 자세   ④ 예열 유무

47 용접 잔류응력에 관한 설명 중 틀린 것은?

① 용접에 의한 영향 중 역학적인 것으로 잔류응력이 가장 크다.
② 잔류응력은 일반적으로 용접선 부근에서는 인장 항복 응력에 가까운 값으로 존재한다.
③ 일반적으로 하중 방향의 인장 잔류응력은 피로강도를 어느 정도 증가시킨다.
④ 잔류응력이 존재하는 상태에서는 재료의 부식저항이 약화되어 부식이 촉진되기 쉽다.

해설 잔류응력은 피로강도를 현저히 저하시키는 원인이 된다.

48 다음 그림과 같은 형상을 한 용접부를 용접기호로 나타낸 것은?

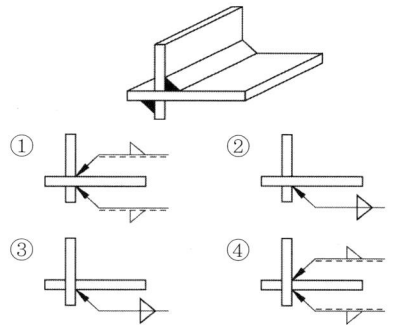

49 아크용접 자동화의 센서(sensor)의 종류에서 과전류, 전격방지 등을 위한 비접촉식 센서로 가장 많이 활용되는 것은?

① 포텐셔메타(potentio meter)식 센서
② 기계식 센서
③ 전자기식 센서
④ 전기 접점식 센서

해설 포텐셔메타식 센서 : 가변 저항기의 일종, 저항 값을 바꿀 수 있는 형태의 저항의 총칭, 흔히 볼륨(Volume)이라고 부르는 단어는 신호의 양을 조절한다는 의미이지만 일반적으로 손잡이를 돌려서 저항 값을 가감하는 가변저항을 말함

50 주철의 보수용접 종류 중 스터드 볼트 대신 용접부 바닥면에 둥근 홈을 파고 이 부분에 걸쳐 힘을 받도록 하여 용접하는 것은? ★★

① 스터드법   ② 비녀장법
③ 버터링법   ④ 로킹법

해설 스터드법은 이음면에 스터드를 박은 후 저수소계 용접봉을 사용하여 용접하는 방식이다.

정답 45 ② 46 ④ 47 ③ 48 ① 49 ④ 50 ④

51 용접지그 사용시 장점(이점)이 아닌 것은? ★★

① 구속력이 커도 잔류응력이 발생하지 않는다.
② 제품의 정밀도와 용접부 신뢰성을 높인다.
③ 작업을 용이하게 하고 용접능률을 높인다.
④ 동일 제품을 다량 생산할 수 있다.

해설 구속력이 생기며, 크면 잔류응력이 발생하고, 심하면 용접부에 균열이 발생할 수 있다.

52 용착 금속의 균열 방지법이 아닌 것은?

① 적당한 수축에 의한 인장응력
② 적당한 예열과 서냉
③ 적당한 용접조건 및 순서
④ 적당한 피닝(Peening)

53 직류 아크용접기의 설명에 해당 되는 것은?

① 자기쏠림(magnetic blow)이 비교적 적다.
② 아크(arc)가 매우 안정된다.
③ 구조와 취급이 비교적 간단하다.
④ 전격의 위험성이 크다.

54 피복 아크용접에서 모재 재질이 불량하고 용착금속의 냉각속도가 빠를 때 발생하는 결함은?

① 언더 컷   ② 용입불량
③ 기공   ④ 선상조직

55 다음과 같은 데이터(다음 표)를 참조하여 5개월 단순 이동 평균법으로 7월의 수요를 예측하면(예측한 값은) 몇 개인가? ★★★

[단위 : 개]

월	1	2	3	4	5	6
실적	48	50	53	60	64	68

① 55개   ② 57개
③ 58개   ④ 59개

해설 이동평균법 :
$$M = \frac{\sum X_{t-1}}{n} = \frac{50+53+60+64+68}{5}$$
$$= \frac{295}{5} = 59$$

M : 당기예측치, X_t : 마지막 5개월 자료

56 도수 분포표에서 도수가 최대인 계급의 대표치(값)을 정확히 표현한 통계량은?

① 중위수
② 시료평균
③ 최빈수(mode)
④ 미드-레인지(Mid-range)

해설 ④ : 1조의 데이터 중 최대치( )와 최소치( )의 평균을 의미, 계산이 간단하나, 최대치와 최소치만을 이용하기 때문에 효율이 낮으며, 특히 분포형태가 비뚤어진 경우 적용하지 않는 것이 좋다.

정답 51 ① 52 ① 53 ② 54 ④ 55 ④ 56 ③

57 연산 소요량이 4000개인 어떤 부품의 발주 비용은 매회 200원이며, 부품 단가는 100원, 연간 재고 유지비율이 10%일 때 F.W Harris에 의한 경제적 주문량은 얼마인가?

① 10개/회 ② 400개/회
③ 1000개/회 ④ 1300개/회

해설 경제적 주문량(EOQ) = $\sqrt{\dfrac{2BD}{C}}$

= $\sqrt{\dfrac{2 \times 200 \times 4000}{100 \times 0.1}}$ = 400

B : 1회 주문비 : 200원
D : 연간 소요량 : 4000개
C : 1단위당 연간 재고유지비 = 10%

58 전수 검사와 샘플링 검사에 관한 설명으로 가장 올바른 것은?

① 파괴 검사의 경우에는 전수검사를 적용한다.
② 전수 검사가 일반적으로 샘플링 검사보다 품질향상에 자극을 더 준다.
③ 검사 항목이 많을 경우 전수검사보다 샘플링 검사가 유리 하다.
④ 샘플링 검사는 부적합 품이 섞여 들어가서는 안 되는 경우에 적용한다.

59 다음 중 반즈(Ralph M. Barnes)가 제시한 동작경제 원칙에 해당되지 않는 것은?

① 표준작업의 원칙
② 신체의 사용에 관한 원칙
③ 작업장의 배치에 관한 원칙
④ 공구 및 설비의 디자인에 관한 원칙

해설 동작 경제의 3원칙 : 신체 사용에 관한 원칙, 작업장의 배치에 관한 원칙, 공구나 설비의 설계에 관한 원칙

60 다음 중 두 관리도가 모두 포아송 분포를 따르는 것은?

① $\bar{x}$ 관리도, R 관리도
② c 관리도, u 관리도
③ np 관리도, p 관리도
④ c 관리도, p 관리도

정답 57 ② 58 ① 59 ① 60 ②

2014 제56회 용접기능장 최근 기출문제

2014년 7월 20일 시행

01 46.7리터의 산소용기에 150kgf/cm²이 되게 산소를 충전하였다. 이것을 대기 중에서 환산하면 산소는 약 몇 리터인가?

① 4090　② 5030
③ 6100　④ 7005

해설 압축가스의 대기 환산량
= 내용적 V×게이지 압력 P
= 46.7×150 = 7005L

02 절단 작업에 관한 설명 중 옳은 것은?

① 절단 속도가 같은 조건에서 보통 팁에 비하여 다이버젠트 노즐은 산소 소비량이 25~40% 절약된다.
② 예열 불꽃의 끝에서 모재 표면까지의 거리는 15~25mm 정도로 유지하면 절단이 가장 능률적이다.
③ 산소의 순도가 높으면 절단 속도가 빠르나 절단면은 거칠게 된다.
④ 드래그는 판 두께의 10%를 표준으로 하고 있다.

03 가스절단 작업시 예열불꽃이 강한 경우 절단 결과에 미치는 영향이 아닌 것은?

① 드래그가 증가한다.
② 절단면이 거칠게 된다.
③ 모서리가 용융되어 둥글게 된다.
④ 슬래그 중의 철 성분의 박리가 어렵다.

해설 가스 절단시 예열 불꽃이 강하면 절단면이 거칠고 상부 모서리가 용융되며, 용융 슬래그가 모재에 달라붙어 제거가 어려워지나, 드래그는 감소한다.

04 아크 에어 가우징에 대한 설명 중 틀린 것은?

① 압축 공기를 사용한다.
② 전극을 텅스텐으로 사용한다.
③ 가스 가우징에 비해 작업 능률이 2~3배 높다.
④ 용접 결함 제거, 절단 및 천공 작업에 적합하다.

해설 아크 에어 가우징 : 탄소 전극을 사용 아크를 발생하여 용융시키고 압축 공기로 불어내는 홈파기 작업이다.

05 다음 중 피복아크용접봉의 피복제 역할에 대한 설명으로 틀린 것은?

① 용적을 미세화하여 용착 효율을 높인다.
② 모재 표면의 산화물을 제거하고 아크를 안정시킨다.
③ 용착금속의 급냉을 막아주나, 슬래그의 제거를 어렵게 한다.
④ 중성 또는 환원성 분위기로 공기에 의한 산화, 질화 등의 해를 방지하여 용착금속을 보호한다.

해설 피복제 역할 : 용착금속의 급랭 방지, 제거가 용이한 슬래그 생성, 아크 안정, 환원성 가스 발생에 의해 용접부 보호, 탈산, 합금제 첨가

정답 1 ④　2 ①　3 ①　4 ②　5 ③

06 연강용 피복 아크용접봉 심선의 KS 기호로 옳은 것은?

① SMAW ② SM40
③ SWR11 ④ SS41

07 아세틸렌 가스 소비량이 1시간당 200리터인 저압토치를 사용해서 용접할 때, 게이지 압력이 60kg$_f$/cm^{2}인 산소병을 몇 시간 정도 사용할 수 있는가? (단, 병의 내용적은 40리터, 산소는 아세틸렌 가스의 1.2배 정도 소비하는 것으로 한다.)

① 2시간 ② 8시간
③ 10시간 ④ 12시간

해설 사용시간 =가스량/1시간당 사용 가스량 = $\frac{40 \times 60}{200 \times 1.2} = 10$

08 심(seam) 용접의 통전방법에서 가장 많이 사용되며 통전과 중지를 규칙적으로 반복하는 것은?

① 연속 통전법 ② 단속 통전법
③ 맥동 통전법 ④ 롤러 통전법

09 스테인리스 클래드강 용접 시 탄소강과 스테인리스강의 경계부(이중재질부)에 중화작용 역할을 하는 용접봉은?

① E 308 ② E 309
③ E 316 ④ E 317

10 용해 아세틸렌병의 전체무게가 33kg, 빈병의 무게가 30kg일 때 이 병안에 있는 아세틸렌 가스의 양은 몇 L인가?

① 2115L ② 2315L
③ 2715L ④ 2915L

해설 용해 아세틸렌 가스량
=905(실병 무게-빈병 무게)
=905(33-30) =2715L

11 다음 중 용접속도와 관련된 설명으로 틀린 것은?

① 운봉속도 또는 아크속도라고도 한다.
② 모재의 재질, 이음의 형상, 용접봉의 종류 및 전류값, 위빙의 유무에 따라 용접속도가 달라진다.
③ 용접변형을 적게 하기 위하여 가능한 높은 전류를 사용하여 용접속도를 느리게 한다.
④ 용입의 정도는 용접전류 값을 용접속도로 나눈 값에 따라 결정되므로 전류가 높을 때 용접속도가 증가한다.

해설 용접 변형을 줄이려면 높은 전류로 용접 속도를 빠르게 해야 된다.

12 가스용접에서 사용되는 용재(Flux)에 대한 설명으로 틀린 것은?

① 용착금속의 성질을 양호하게 한다.
② 일반적으로 연강에는 용제를 사용하지 않는다.
③ 용접 중에 생기는 금속산화물을 제거하는 역할을 한다.
④ 구리 및 구리합금의 용제로는 염화나트륨이나 염화칼륨 등이 쓰인다.

해설 구리 및 구리 합금의 용제로는 붕사, 붕산 등을 사용한다.

정답 6 ③ 7 ③ 8 ② 9 ② 10 ③ 11 ③ 12 ④

13 용접봉 선택 및 취급시 주의사항으로 틀린 것은?

① 용접봉의 편심률을 10%가 넘는 것을 선택한다.
② 용접봉은 사용 전에 충분히 건조해야 한다.
③ 일미나이트계 용접봉의 건조온도는 70~100℃이다.
④ 저수소계 용접봉의 건조온도는 300~350℃이다.

해설 용접봉의 허용 편심율 : 3% 이내

14 용접봉을 선정하는 인자가 아닌 것은?

① 용접자세 ② 모재의 재질
③ 모재의 형상 ④ 사용전류의 극성

15 산소-아세틸렌 가스를 1 : 1로 혼합하여 생긴 불꽃에서 백심의 온도는 약 몇 ℃인가?

① 2000℃ ② 2500℃
③ 3000℃ ④ 4000℃

해설 산소-아세틸렌 혼합비 1 : 1일 때의 불꽃은 중성불꽃이며 최고 3240℃ 정도이다.

16 그래비티(gravity) 및 오토콘(autocon) 용접 시 T형 필릿 용접에 많이 이용되는 피복 용접봉의 종류는?

① 저수소계 ② 일미나이트계
③ 철분산화철계 ④ 라임티타니아계

해설 그라비티(중력) 및 오토콘 용접은 일종의 자동 용접으로 용접봉의 끝이 모재에 닿은 상태에서 용접이 되는데 이러한 성능을 갖은 봉은 철분계통이다. 철분계통은 수평 필릿 자세의 용접에 적합하다.

17 다음 중 레이저 용접의 특징을 설명한 것으로 옳은 것은?

① 레이저 용접의 경우 용융 폭이 매우 넓다.
② 아크용접에 비해 깊은 용입을 얻을 수 있다.
③ 아크용접에 비하여 용접부가 조대화되어 품질이 우수하다.
④ 용접 에너지를 모재에 전달할 때 표면을 기점으로 점진적으로 열을 전달한다.

18 불활성 가스 텅스텐 아크용접(TIG)에서 고주파 발생 장치를 더하면 다음과 같은 이점이 있다. 설명 중 틀린 것은?

① 전극을 모재에 접촉시키지 않아도 아크가 발생된다.
② 아크가 안정되고 아크가 길어도 끊어지지 않는다.
③ 전극봉의 소모가 적어 수명이 길어진다.
④ 일정 지름의 전극에 대해서만 지정된 전압의 사용이 가능하다.

19 MIG 용접에서 일반적으로 사용되는 용접극성은?

① 직류 역극성 ② 직류 정극성
③ 교류 역극성 ④ 교류 정극성

해설 MIG 용접, CO_2 용접은 직류 역극성을 사용한다.

정답 13 ① 14 ③ 15 ③ 16 ③ 17 ② 18 ④ 19 ①

20 겹치기 저항 용접에 있어서 접합부에 나타나는 용융응고된 금속 부분을 무엇이라고 하는가?

① 오목 자국 ② 너깃
③ 튐   ④ 오손

21 TIG용접에 관한 설명으로 틀린 것은?

① 직류 정극성은 용입이 깊고 비드폭이 좁아진다.
② 스테인리스강, 주철, 탄소강 등의 강은 주로 고주파 교류 전원으로 용접한다.
③ 직류 역극성으로 용접할 때 전극봉의 직경은 같은 전류에서 직류 정극성보다 4배 정도 큰 것을 사용한다.
④ 교류전원은 청정효과가 있어 알루미늄이나 마그네슘 등의 용접에 이용된다.

22 수냉 동판을 용접부의 양편에 부착하고 용융된 슬래그 속에서 전극와이어를 연속적으로 송급하여 용융슬래그 내를 흐르는 저항열에 의하여 전극와이어 및 모재를 용융접합시키는 용접법은?

① 일렉트로 슬래그용접
② 일렉트로 가스 아크 슬래그 용접
③ 일렉트로 피복금속 슬래그용접
④ 일렉트로 플럭스코어드 아크용접

23 납땜에 대하여 설명한 것 중 틀린 것은?

① 용가재의 용융온도에 따라 연납땜, 경납땜으로 구분된다.
② 황동납은 구리와 아연의 합금으로 그 용점은 600℃ 정도이다.
③ 흡착 작용은 주석 함량이 100%일 때 가장 좋다.
④ 주석과 납이 공정 합금 땜납일 때 용융점이 가장 낮다.

해설 납땜은 용융점에 따라 450℃ 이상에서 용융되는 경납과 그 이하에서 용융되는 연납이 있다. 황동납의 용융점은 820~920℃ 정도이다.

24 서브머지드 아크용접에 사용되는 용융형 플럭스(fused flux)는 원료광석을 몇 ℃로 가열 응용시키는가?

① 1200℃ 이상   ② 800~1000℃
③ 500~600℃   ④ 150~300℃

25 가스용접 안전에서 산소용기와 아세틸렌용기의 취급에 있어서 적합하지 못한 것은?

① 산소용기는 40℃ 이하에서 보관하고 직사광선은 피해야 한다.
② 아세틸렌용기는 넘어지므로 뉘어서 사용하며 충격을 주어서는 안된다.
③ 산소용기 밸브 조정기, 도관 등은 기름 묻은 천으로 닦아서는 안된다.
④ 산소용기를 운반할 땐는 반드시 캡(cap)을 씌워서 이동한다.

해설 아세틸렌 용기는 뉘어서 사용할 경우 아세톤이 유출될 수 있으므로 세워서 사용해야 된다.

26 탄산가스 아크용접용 토치의 구성품이 아닌 것은?

① 콘텍트 팁(contact tip)
② 노즐 인슐레이터(nozzle insulator)
③ 오리피스(orifice)
④ 조정기(regulator)

정답 20 ② 21 ② 22 ① 23 ② 24 ① 25 ② 26 ④

27 탭작업, 구멍뚫기 등의 작업 없이 모재에 볼트나 환봉 등을 용접할 수 있는 용접법은?

① 시임 용접 ② 스터드 용접
③ 레이저 용접 ④ 테르밋 용접

해설 스터드 용접 : 심기 용접이라고도 하며, 모재에 구멍을 뚫지 않고 스터드를 사용하여 모재와 볼트사이에 순간적으로 아크를 발생시켜 접합하는 용접법이다.

28 탄산가스 아크용접에서 후진법으로 용접할 때 나타나는 현상이 아닌 것은?

① 용입이 깊다.
② 스패터가 적다.
③ 아크가 안정적이다.
④ 용접선을 잘 볼 수 있다.

해설 CO_2 용접의 후진법 특징 : 용입이 깊고, 스패터 적고 아크가 안정되나 노즐이 가려져 전진법보다 용접부 관찰이 어렵다.

29 전기저항용접(Electric resistance welding)의 원리를 설명한 것 중 틀린 것은?

① 전기저항 용접은 모재를 서로 접촉시켜 놓고 전류를 통하면 저항열로 접합면을 가압하여 용접하는 방법이다.
② 저항열은 줄(Joule)의 법칙 즉, $H = 0.42$ IRT의 공식에 의해 계산한다.
③ 전류를 통하는 시간은 짧을수록 좋다.
④ 용접변압기, 단시간 전류개폐기, 가압장치, 전극 및 홀더(Holder) 등으로 구성된다.

해설 전기 저항열 계산 공식 : $H = 0.24\ I^2RT$ (I : 전류, R : 저항, T : 시간 sec)

30 금속 침투법은 철과 친화력이 강한 금속을 표면에 침투시켜 내열 및 내식성을 부여하는 방법으로 실리코나이징(siliconizing)은 어느 금속을 침투시키는가?

① B ② Al
③ Si ④ Cr

31 Fe-C 상태도에서 γ고용체+Fe_3C의 조직으로 옳은 것은?

① 페라이트(ferrite)
② 펄라이트(pearlite)
③ 레데뷰라이트(ledeburite)
④ 오스테나이트(austenite)

해설 레테뷰라이트 : Fe-C 상태도에서 4.3%C, 1130℃에서 γ 철(오스테나이트)와 Fe_3C(시멘타이트)의 공정 조직이다.

32 순철에 합금성분이 증가하면 나타나는 현상이 아닌 것은?

① 경도가 높아진다.
② 전기 전도율이 저하된다.
③ 용융 온도가 높아진다.
④ 열전도율이 저하된다.

해설 순금속에 타 원소가 첨가되면 순금속보다 경도가 높아져 강해지며, 전기(열) 전도율과 용융점이 저하된다.

33 메탄가스와 같은 탄화수소계 가스를 사용하여 침탄하는 방법은?

① 액체 침탄법 ② 고체 침탄법
③ 가스 침탄법 ④ 고액 침탄법

정답 27 ② 28 ④ 29 ② 30 ③ 31 ③ 32 ③ 33 ③

34 알루미늄의 용접성에 대한 설명 중 옳은 것은?

① 열팽창율과 온도 확산율이 저조하다.
② 알루미나가 용접성을 좋게 해준다.
③ 용융상태에서 수소를 흡수, 가공이 발생하기 쉽다.
④ 알루미늄은 산화가 안되며 공기 중에서 내부까지 부식한다.

35 활동에 관한 설명 중 틀린 것은?

① 6-4황동은 60%Cu-40%Zn 합금으로 상온조직은 $\alpha+\beta$ 조직으로 전연성이 낮고 인장강도가 크다.
② 7-3황동은 70%Cu-30%Sn 합금으로 상온조직은 β조직으로 전연성이 크고 인장강도가 작다.
③ 황동은 가공재, 특히 관, 봉 등에서 잔류응력으로 인한 균열을 일으키는 일이 있다.
④ α황동을 냉간가공하여 재결정온도 이하의 낮은 온도로 풀림하면 가공상태보다도 오히려 강화한다.

[해설] 7 : 3 황동은 α조직으로 전연성이 커서 인장강도가 작다.

36 탄소강에 함유된 원소 중 망간(Mn)의 영향으로 옳은 것은?

① 적열 취성을 방지한다.
② 뜨임 취성을 방지한다.
③ 전자기적 성질을 개선시킨다.
④ Cr과 함께 사용되어 고온강도와 경도를 증가시킨다.

[해설] Mn(망간) : 탄소강에서 유황과 친화력이 커서 유화망간(MnS)을 형성하여 적열(고온)취성(메짐)을 방지하는 효과가 있다.

37 오스테나이트계 스테인리스강 용접시 발생하는 입계부식(Intergramular Corrosion)을 방지하기 위한 방법으로써 옳은 것은?

① 용접 후 200~350℃로 가열하여 지나치게 모재가 용해되지 않도록 하거나, 500℃에서 완전 풀림한다.
② 용접 후 475℃로 장시간 가열하여 불안정한 고용체에서 탄화물을 석출시키거나 서랭시킨다.
③ 용접 후 800℃ 정도의 풀림을 하거나, 200~400℃의 예열로서 용접한 후, 100℃에서 풀림 하여 인성을 회복시킨다.
④ 용접 후 1000~1050℃로 용체화 처리를 하고 급냉시킨다.

[해설] 오스테나이트계 스테인리스강 용접시 예열해서는 안되며, 용접 후 용체화처리를 하여 입계부식을 방지해야 된다.

38 열처리 방법 중 가열온도 A_3 또는 A_{CM}선보다 30~50℃ 높은 온도에서 가열하였다가 공기 중에 냉각하여 표준화된 조직을 얻는 열처리 방법은?

① 뜨임　　② 풀림
③ 담금질　④ 노멀라이징

[해설] 뜨임 : 담금질한 강을 일정 온도로 가열한 후 급랭 또는 서랭하여 인성 부여
불림(normalizing) : 가열 후 공랭하여 결정립의 미세화, 표준 조직을 얻음

정답　34 ③　35 ②　36 ①　37 ④　38 ④

39 물리적 표면강화법으로 강이나 주철제의 작은 볼을 고속으로 분사하여 표면층을 가공 경화시키는 것은?

① 질화법　　② 쇼트피닝법
③ 불꽃 강화법　④ 고주파 경화법

40 다음 특수원소가 강중에서 나타나는 일반적인 특성이 아닌 것은?

① Si-적열취성 방지
② Mn-담금질 효과 향상
③ Mo-뜨임취성 방지
④ Cr-내식성, 내마모성 향상

[해설] 적열(고온) 취성 방지에는 Mn을 사용한다.

41 베어링용 합금으로 갖추어야 할 조건으로 틀린 것은?

① 마찰계수가 적고 저항력이 클 것
② 충분한 점성과 인성이 있을 것
③ 소착성이 크고 내식성이 있을 것
④ 주조성, 절삭성이 좋고 열전도율이 클 것

[해설] 베어링 합금 : 마찰열이 크므로 소착성이 적어야 된다.

42 78~80%Ni, 12~14%Cr의 합금으로 내식성과 내열성이 우수하며, 특히 산화기류 중에서 내열성이 우수한 합금은?

① 니크롬(nichrome)
② 콘스탄탄(constantan)
③ 인코넬(inconel)
④ 모넬메탈(monel metal)

43 용접 비드 끝단에 생기는 작은 홈의 결함으로 전류가 높고, 아크(Arc)길이가 길 때 생기기 쉬운 결함은?

① 피트　　② 언더 컷
③ 오버 랩　④ 용입 불량

[해설] 피트 : 용착금속 중의 기포 등이 배출되는 과정에서 용착금속 표면 부근에서 응고된 상태로 비드 표면에 나타난 기공의 일종

44 용접로봇의 작업 기능에 해당되지 않는 것은?

① 동작기능　② 구속기능
③ 계측기능　④ 이동기능

45 아크용접부 파단면에 생기는 것으로 용접부의 냉각속도가 너무 빠르고 모재의 탄소, 탈산 생성물 등이 너무 많을 때의 원인으로 생성되는 결함은? ★★

① 선상조직　② 스패터링
③ 수지상 조직　④ 아크 스트라이크

46 CO_2 가스 아크용접의 용접 결함 중 기공 발생의 원인이 아닌 것은? ★★

① CO_2 가스 유량이 부족하다.
② 전원 전압이 불안정하다.
③ 노즐과 모재간 거리가 지나치게 길다.
④ 노즐에 스패터가 많이 부착되어 있다.

[해설] CO_2 용접 중의 기공 발생 원인 : 가스 유량 부족 또는 과다시, 와이어 돌출 길이 과다, 가스 불출 불량 등이며, 전원 전압과는 무관하다.

정답 39 ② 40 ① 41 ③ 42 ③ 43 ② 44 ③ 45 ① 46 ②

47 다음 중 용접이음의 기본 형식에 해당되지 않는 것은?

① T이음 ② 겹치기 이음
③ 맞대기 이음 ④ 플러그 이음

48 가용접시 주의하여야 할 사항으로 틀린 것은?

① 본용접과 같은 온도에서 예열을 한다.
② 본용접사와 동등한 기량을 갖는 용접사가 가접을 시행한다.
③ 위치는 부재의 단면이 급변하여 응력이 집중될 우려가 있는 곳은 피한다.
④ 가접 용접봉은 본용접 작업시 사용하는 것보다 지름이 굵은 것을 사용한다.

해설 가용접 : 가접이라고도 하며, 본용접보다 지름이 가는 것을 사용하는 것이 좋다.

49 용접순서를 결정하는 기준으로 틀린 것은? ★★

① 용접물의 중심에 대하여 항상 대칭으로 용접을 해 나간다.
② 수축이 작은 이음을 먼저 용접하고 수축이 큰 이음을 나중에 용접한다.
③ 용접 구조물이 조립되어 감에 따라 용접 작업이 불가능한 곳이나 곤란한 경우가 생기지 않도록 한다.
④ 용접구조물의 중립축에 대하여 용접 수축력의 모멘트 합이 0(zero)이 되게 용접한다.

해설 용접 우선 순위 : 용접의 우선 순위란 용접 중에 일어나는 팽창과 수축을 최소화하여 변형 등을 줄이기 위한 것으로 수축이 큰 맞대기 이음을 먼저하고 필릿 용접 등 수축이 작은 이음을 나중에 하는 것이 좋다.

50 보통 판 두께가 4~19mm 이하의 경우 한쪽에서 용접으로 완전용입을 얻고자할 때 사용하며 홈 가공이 비교적 쉬우나 판의 두께가 두꺼워지면 용착 금속의 양이 증가하는 맞대기 이음 형상은? ★★

① V형 홈 ② H형 홈
③ J형 홈 ④ X형 홈

해설 맞대기 용접시 홈의 형상 결정 : 보통 4~19mm 이내는 V형 홈 가공을 하고 있으나 용접 중에 용착 금속량 증가가 많으며, 변형이 크다. 17~19mm 부분에서는 U형을 적용하면 더욱 좋다. 다만 홈 가공이 어렵다.

51 탱크나 용기의 용접부에 기밀 및 수밀을 검사하는데 가장 적합한 검사 방법은?

① 외관검사 ② 초음파검사
③ 침투검사 ④ 누설검사

해설 누설검사(LT)는 주로 기밀, 유밀, 수밀 등 일정한 압력을 요하는 제품에 이용되는 검사이다.

52 용접변형의 교정방법에 해당되지 않는 것은? ★★

① 구속법 ② 점 가열법
③ 롤러에 의한 법 ④ 가열 후 해머링법

해설 구속법은 용접 전, 중에 용접 변형을 줄이기 위한 변형 방지법에 해당된다. 변형 교정은 용접 후에 생긴 변형을 교정하는 방법을 말한다.

정답 47 ④ 48 ④ 49 ② 50 ① 51 ④ 52 ①

53 각 층마다 전체의 길이를 용접하면서 쌓아 올리는 용접 방법은?

① 스킵법　　② 덧살 올림법
③ 전진 블록법　④ 케스케이드법

> **해설** 스칼롭 : 용접부가 교차하는 리브나 T형 이음에서 교차 부분의 일부를 따내어 용접이 이루어지지 않도록 홈을 만들어 준 부분을 스칼롭이라 한다.

54 용접선이 교차하는 것을 방지하기 위한 조치로 옳은 것은?

① 교차되는 곳에는 용접을 하지 않는다.
② 교차되는 곳에는 돌림 용접을 시공한다.
③ 교차되는 곳에는 용접 각장을 키워준다.
④ 교차되는 곳에는 스칼롭을 만들어준다.

55 np관리도에서 시료군마다 시료수(n)은 100이고 시료군의 수(k)는 20, $\Sigma np = 77$ 이다. 이때 np관리도의 관리상한선(UCL)을 구하면 약 얼마인가? ★★

① 8.94　　② 3.85
③ 5.77　　④ 9.62

> **해설** $\overline{nP} = \dfrac{\Sigma nP}{k} = \dfrac{77}{20} = 3.85$
>
> $UCL = \overline{nP} + 3\sqrt{\overline{nP}}$
> $= 3.85 + 3\sqrt{3.85} = 9.62$

56 그림의 OC곡선을 보고 가장 올바른 내용을 나타낸 것은?

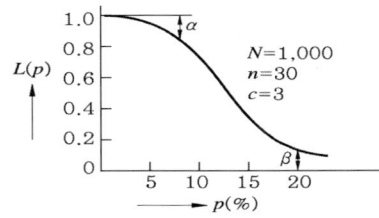

① α : 소비자 위험
② L(P) : 로트가 합격할 확률
③ β : 생산자 위험
④ 부적합품률 : 0.03

57 미국의 마틴 마리에타사(Martin Marietta Corpl.)에서 시작된 품질개선을 위한 동기부여 프로그램으로, 모든 작업자가 무결점을 목표로 설정하고, 처음부터 작업을 올바르게 수행함으로써 품질비용을 줄이기 위한 프로그램은 무엇인가?

① TPM 활동　② 6 시그마 운동
③ ZD 운동　　④ ISO 9001 인증

> **해설** 1961년 미국 항공회사인 Martin사에서 로켓 생산을 앞두고 무결점을 목표로 시작된 ZDP 운동은 제품의 결함이 작업자의 태만과 주의 부족에 있다는데 착안하여 제품의 결함을 제거 하고자하는 전사적 품질관리(TQC)의 일환이다.

58 다음 중 단속생산 시스템과 비교한 연속생산 시스템의 특징으로 옳은 것은?

① 단위당 생산원가가 낮다.
② 다품종 소량생산에 적합하다.
③ 생산방식은 주문생산방식이다.
④ 생산설비는 범용설비를 사용한다.

정답 53 ② 54 ④ 55 ④ 56 ② 57 ③ 58 ①

59 200개 들이 상자가 15개 있을 때 각 상자로부터 제품을 랜덤하게 10개씩 샘플링할 경우, 이러한 샘플링 방법을 무엇이라 하는가? ★★★

① 층별 샘플링   ② 계통 샘플링
③ 취락 샘플링   ④ 2단계 샘플링

해설 • 층별 샘플링 : 로트를 몇 개의 층으로 나눌 수 있을 경우 로트 전체를 모아서 단순히 랜덤 추출하는 것보다 층별 샘플링이 바람직할 때 각 층에 포함된 품목의 수에 따라 시료의 크기를 비례 배분하여 추출하는 방법이다.
• 2단계 샘플링 : 모집단을 몇 개의 부분으로 나누고 그 중에서 몇 개를 추출(1단계)하고, 그 중에서 몇 개의 단위체 또는 단위량을 추출(2단계)하는 방법

60 MTM(Metod Time Measurement)법에서 사용되는 1 TMU(Time Measurement Unit)는 몇 시간인가?

① $\dfrac{1}{100000}$ 시간   ② $\dfrac{1}{10000}$ 시간
③ $\dfrac{6}{10000}$ 시간   ④ $\dfrac{36}{1000}$ 시간

정답 59 ① 60 ①

2015 제57회 용접기능장 최근 기출문제

2015년 4월 4일 시행

01 가스 절단에 관한 설명으로 옳은 것은?

① 모재가 산화 연소하는 온도는 그 금속의 용융점보다 높아야 한다.
② 생성된 산화물의 용융점은 모재의 용융점보다 높아야 한다.
③ 예열 불꽃을 약하게 하면 역화가 발생하지 않는다.
④ 동심형 팁은 전후, 좌우 및 직선을 자유롭게 절단할 수 있다.

해설 가스 절단 : 모재의 산화 연소를 이용하며, 산화 연소나 생성된 산화물의 용융점은 모재 용융점보다 낮아야 되며, 불꽃이 너무 약하면 역화하기 쉽다. 이심형 팁은 직선 절단에는 매우 성능이 좋으나 곡선 절단에는 곤란하다.

02 CO_2 가스에 산소를 첨가한 효과가 아닌 것은?

① 용입이 낮아 박판 용접에 유리하다.
② 슬래그 생성량이 많아져 비드 외관이 개선된다.
③ 용융지의 온도가 상승된다.
④ 비금속 개재물의 응집으로 용착강이 청결해진다.

03 교류 아크용접기 중 가동 철심형에 대한 설명으로 틀린 것은?

① 가변저항기 부분을 분리하여 용접전류를 원격으로 조정한다.
② 가동 철심으로 누설 자속을 이용하여 전류를 조정한다.
③ 중간 이상 가동 철심을 빼면 누설 자속의 영향으로 아크가 불안전하기 쉽다.
④ 미세한 전류 조정이 가능하다.

해설 가동 철심형은 가변 저항기가 없으며, 가변 저항기가 있는 용접기는 가포화 리액터형이다.

04 용접기 사용상의 일반적인 주의사항으로 틀린 것은?

① 탭 전환형 용접기에서 탭 전환은 반드시 아크를 멈추고 행한다.
② 용접기 케이스에 접지(earth)를 시키지 않는다.
③ 정격 사용률 이상 사용하면 과열되므로 사용률을 준수한다.
④ 1차측의 탭은 1차측의 전류 전압의 변동을 조절하는 것이므로 2차측의 무부하 전압을 높이거나 용접 전류를 높이는데 사용해서는 안된다.

해설 모든 전기기기는 그 자체에 접지를 하는 것이 원칙이다.

정답 01 ④ 02 ① 03 ① 04 ②

05 순수한 카바이드 5kg은 이론적으로 몇 ℓ 아세틸렌가스를 발생시키는가?

① 174ℓ   ② 1740ℓ
③ 219ℓ   ④ 2190ℓ

해설 순수한 카바이드 1kg$_f$은 348ℓ의 아세틸렌을 발생한다고 되어 있으나 실제 상황에서는 약 290ℓ 정도 발생한다. 348 × 5 = 1740ℓ

06 스테인리스강을 플라스마 절단하고자 할 때 어떤 작동 가스를 사용하는가?

① $O_2 + H_2$ ② $Ar + N_2$
③ $N_2 + O_2$ ④ $N_2 + H_2$

해설 스테인리스강의 절단에는 질소와 수소 혼합 가스를 사용하며, Al이나 경합금 절단에는 $Ar + H_2$의 혼합가스를 사용한다.

07 용접기의 자동전격 방지 장치에서 아크를 발생하지 않을 때는 보조 변압기에 의해 용접기의 2차 무부하 전압을 몇 V 이하로 유지하는 것이 가장 적합한가?
★★★★

① 30   ② 40
③ 45   ④ 50

해설 전격 방지기는 인체에 안전한 30V 이하로 유지하도록 되어 있어야 한다.

08 용접자세에 사용된 기호 F가 나타내는 용접 자세는?

① 아래보기 자세   ② 수직 자세
③ 수평 자세   ④ 위보기 자세

해설
- F(아래보기) : flat position
- V(수직) : vertical position
- H(수평) : horizontal position
- O(위보기) : overhead position
- AP(전자세) : all position

09 용접성에 영향을 미치는 탄소강의 5대 인자 중 강도, 경도, 인성을 증가시키고 유황의 해를 제거하며 강의 고온 가공을 쉽게 하는 원소는?

① 탄소(C)   ② 규소(Si)
③ 망간(Mn)   ④ 인(P)

해설 고온(적열) 취성(메짐)을 방지하는 원소 : Mn, Mn은 S과 쉽게 화합하여 산화물로 배출되므로 저융점 금속의 생성을 방지하게 된다.

10 다음 중 피복아크용접에서 아크의 성질 중 정극성(DCSP)의 특징으로 옳은 것은?

① 모재의 용입이 얕다.
② 용접봉의 녹음이 느리다.
③ 비드 폭이 넓다.
④ 박판, 주철, 비철금속의 용접에 쓰인다.

해설 ①, ③, ④는 직류 역극성의 특성을 나타낸 것이다.

11 가스용접에서 역류, 역화, 인화의 주된 원으로 틀린 것은?

① 토치 체결 부분의 나사가 풀렸을 때
② 팁에 석회가루, 먼지, 기타 이물질이 막혔을 때
③ 팁의 가열, 토치의 취급을 잘못할 때
④ 산소가스의 공급이 부족할 때

해설 역류, 역화, 인화의 원인 : 산소의 압이 아세틸렌이나 프로판 가스의 압력보다 높아서 생기는 경우가 있으므로 산소의 압이 부족할 경우는 주된 역화의 원인이 아니다.

정답 05 ② 06 ④ 07 ① 08 ① 09 ③ 10 ② 11 ④

2015년 제57회 용접기능장(2015. 4. 4 시행)

12 스테인리스강, 스텔라이트, 모넬메탈 등의 용접에 사용되며 금속 표면에 침탄 작용을 일으키기 쉬운 산소-아세틸렌 불꽃은?

① 중성불꽃　　② 산화불꽃
③ 산소과잉불꽃　④ 탄화불꽃

13 KS D 7004 규정에서 연강용 피복 용접봉의 표시는 E 43 □ △이다. 용착금속의 최저인장 강도를 나타내는 것은?

① E　　　　　② 43
③ △　　　　　④ □

해설 연강용 피복 아크용접봉 표시
- 43 : 최저 인장 강도 $43kg_f/mm^2$ 임을 의미
- △□ : 합해서 피복제 계통으로 되어 있으나 좀 더 세분하면 △는 사용 가능한 용접 자세의 의미
- 0, 1 : 전자세, 2는 수평 필릿 자세
- □ : 피복제의 종류

14 피복 아크용접봉의 피복제의 주요 기능을 설명한 것 중 틀린 것은? ★★

① 아크를 안정하며 하며 슬래그를 제하하기 쉽게 하고, 파형이 고운 비드를 만든다.
② 중성 및 환원성의 가스를 발생하여 아크를 덮어서 대기 중 산소나 질소의 침입을 방지하고 용융금속을 보호한다.
③ 용착 금속의 탈산 정련 작용을 하며, 용융점이 낮은 적당한 점성의 가벼운 슬래그를 만든다.
④ 용착 금속의 냉각속도를 빠르게 하여 급랭을 방지한다.

해설 피복제의 역할은 용융점이 낮고 가벼우며 낮은 점성의 슬래그를 생성하여 용착금속의 표면을 덮어 급랭과 산화, 질화를 방지하는 역할을 한다.

15 아크 에어 가우징시 압축공기의 압력은 몇 kg/cm^2 정도가 좋은가? ★★

① 2~4　　　　② 5~7
③ 8~10　　　 ④ 11~13

해설 아크 에어 가우징의 압축공기 압력은 좀 높게 5~7기압을 사용한다.

16 서브머지 아크용접용 용제의 종류 중 광물성 원료를 혼합하여 노에 넣어 1300°C 이상으로 가열해서 용해하여 응고시킨 후 분쇄하여 알맞은 입도로 만든 것으로 유리 모양의 광택이 나며 흡습성이 적은 것이 특징인 것은?

① 용융형 용제　② 소결형 용제
③ 혼성형 용제　④ 분쇄형 용제

해설 소결형 용제 : 원료 광석 가루, 합금 가루 등을 규산 나트륨 등의 점결제와 함께 용융되지 않을 정도로 소결하여 입도를 조정한 것으로 탈산 작용이 강하다. 탄소강에는 우수하나 합금강이나 스테인리스강에는 약간 부족함이 있다.

17 일렉트로 슬래그 용접에서 사용되는 수냉식 판의 재료는?

① 알루미늄　　② 구리
③ 니켈　　　　④ 연강

정답　12 ④　13 ②　14 ④　15 ②　16 ①　17 ②

18 탄산가스 아크용접은 어느 극성으로 연결하여 사용해야 하는가? (단 복합 와이어는 사용하지 않는다.)

① 교류(AC)를 사용하므로 극성에 제한이 없다.
② 직류 전원(DC)을 사용하며 극성에 제한이 없다.
③ 직류 정극성(DCSP)을 사용한다.
④ 직류 역극성(DCRP)을 사용한다.

해설 직류 역극성은 DCEP(용가재 기준)라고도 하며, 티그용접과 달리 용입이 깊고 비드 폭이 좁은 용접이 이루어진다.

19 용접 매연 발생의 영향인자에 대한 설명으로 틀린 것은?

① 일반적으로 용접 전류가 증가함에 따라 용접 매연의 발생량이 증가한다.
② 일반적으로 모든 아크용접에는 용접 전압이 증가함에 따라 용접 매연의 발생량이 증가한다.
③ 보호가스의 조성은 용접 매연의 조성뿐만 아니라 발생량에도 영향을 미친다.
④ 피복 용접봉과 플럭스 코드 와이어가 솔리드 와이어보다 용접 매연이 적게 발생한다.

해설 플럭스 코드 와이어가 솔리드 와이어보다 흄이나 유해가스 발생이 많고 매연도 많이 발생한다.

20 헬륨을 이용하여 불활성 가스 아크용접을 하고자 할 때 가장 적합한 금속은?

① 비중이 높은 금속
② 저속도의 수동용접
③ 연성이 큰 얇은 금속
④ 열전도율이 높은 금속

해설 헬륨은 아르곤 가스보다 발생 열량이 높아 열전도율이 높은 금속의 용접에 적합하다.

21 용접 관련 안전사항에 대한 설명으로 옳은 것은?

① 탭 전환시 아크를 발생하면서 진행한다.
② 용접봉 홀더는 전체가 절연된 B형을 사용하여 작업자를 보호한다.
③ 작업자의 안전을 위하여 무부하 전압은 높이고 아크 전압을 낮춘다.
④ 정격 2차 전류가 낮을 때 정격 사용율 이상으로 용접기를 사용해도 안전하다.

22 스터드 용접에서 페룰의 역할이 아닌 것은?

① 용접이 진행되는 동안 아크열을 집중시켜 준다.
② 용착부의 오염을 방지한다.
③ 용융금속의 유출을 증가시킨다.
④ 용융금속의 산화를 방지한다.

해설 스터드 용접에서 페룰은 용착금속의 유출 방지, 아크열 집중, 산화 방지, 오염 방지 등의 역할을 한다.

23 불활성 가스 아크용접에서 일반적으로 헬륨가스(He)는 아르곤가스(Ar)의 몇 배의 유량을 분출해야만 아르곤가스와 같은 정도의 실드 효과를 나타내는가?

① 약 1배   ② 약 2배
③ 약 3배   ④ 약 4배

정답 18 ④ 19 ④ 20 ④ 21 ④ 22 ③ 23 ②

24 서브머지드 아크용접시 용접속도가 지나치게 빠른 경우 어떤 현상이 나타나는가?

① 용입이 다소 증가하고 이음가공의 정도가 좋아진다.
② 용접선이 길어져 단열작용의 원인이 된다.
③ 비드가 좁고 용입이 얕아진다.
④ 용접전류와 전압이 높아져 용입이 깊게 된다.

해설 모든 용접은 용접 속도가 증가하면 용입이 낮고 비드 폭이 좁아진다.

25 아크용접법에 속하지 않은 것은?

① 프로젝션 용접   ② 그래비티 용접
③ MIG 용접   ④ 스터드 용접

26 탄산가스 아크용접 장치에 해당되지 않는 것은?

① 용접 토치   ② 보호 가스 설비
③ 제어 장치   ④ 플럭스 공급 장치

해설 플럭스 공급 장치는 서브머지드 아크용접 장치이다.

27 전자빔 용접법의 특징이 아닌 것은?

① 에너지 밀도가 크다.
② 고용융점 재료의 용접이 가능하다.
③ 얇은 판에서 두꺼운 판까지 용접할 수 있다.
④ 모재의 크기에 제한이 없고, 배기장치가 필요 없다.

해설 전자 빔 용접은 고진공 속에서 용접하기 때문에 크기에 제한을 받고 배기가스 배출 장치가 필요하며, 한번 용접하고 나면 다시 진공도를 맞추어야 되며, X선 유출에 의한 유해 문제가 있다.

28 레이저 광에 의한 눈의 위험을 방지하기 위한 주의사항으로 적합하지 않은 것은?

① 적당한 보호안경을 사용할 것
② 밝은 장소에서 레이저를 취급하지 말 것
③ 레이저 장치에 따른 레이저 공이 난반사 되지 않게 정밀히 조절할 것
④ 레이저 장치의 주의에 반사율이 높은 물질을 사용하는 것을 피할 것

29 납땜에 용제가 갖추어야 할 조건이 아닌 것은?

① 모재의 산화 피막과 같은 불순물을 제거하고 유동성이 좋을 것
② 청정한 금속면의 산화를 방지할 것
③ 용제의 유효온도 범위와 납땜 온도가 일치할 것
④ 침지 땜에 사용되는 것은 충분한 수분을 함유할 것

해설 침지 납땜에서 수분이 있을 경우 강력한 수증기가 발생하여 화상이나 용접부를 손상시킬 수 있다.

30 Fe-C 상태도에서 탄소 함유량이 약 0.8%일 때 강의 명칭은?

① 공석강   ② 아공석강
③ 과공석강   ④ 공정주철

정답 24 ③ 25 ① 26 ④ 27 ④ 28 ② 29 ④ 30 ①

해설 공석강: Fe-C 상태도에서 Fe에 0.8%C, 723℃ 부분에서 공석 반응이 일어나며 이 때 생성된 강을 공석강, 0.8%C 이하의 강을 아공석강, 0.8%C 이상의 강을 과공석강이라 한다. 공석강의 조직은 펄라이트 조직이다. 공정 주철은 4.3%C 1130℃에서 얻어지는 주철이다.

31 Cu에 5~20%Zn을 첨가한 황동으로 강도는 낮으나 전연성이 좋고 금색에 가까운 색을 나타내며, 금박 대용으로 사용되는 것은?

① 톰백 ② 쾌삭 황동
③ 문쯔메탈 ④ 네이벌 황동

해설 • 문쯔메탈 : 6:4 황동
• 네이벌 황동 : 6:4 황동에 아연 대신 주석을 1~2% 첨가한 합금

32 순철이 1539℃ 용융상태에서 상온까지 냉각하는 동안에 1400℃부근에서 나타나는 동소 변태의 기호는?

① A_1 ② A_2
③ A_3 ④ A_4

해설 A_3 변태점 : 순철의 동소 변태점으로 A_3 이상에서는 γ철(면심입방격자, 오스테나이트), 이하에서는 α철(체심입방격자, 페라이트)로 변태한다.

33 탈산 및 기타 가스처리가 불충분한 상태의 용강을 그대로 주형에 주입하여 응고한 것으로 강괴 내에 기포가 많이 존재하게 되어 품질이 균일하지 못한 강괴는?

① 림드강 ② 킬드강

③ 캡드강 ④ 세미 킬드강

해설 강괴의 종류
탈산 정도에 따라 완전 탈산한 킬드강, 중간 정도 탈산한 세미 킬드강, 거의 탈산을 하지 않았거나 불완전하게 탈산한 림드강, 캡드강이 있다.

34 오스테나이트계 스테인리스강을 용접하면 내식성을 감소시키는 입계부식이 발생하는데 이 입계부식을 방지하는 방법이 아닌 것은?

① 탄소량을 감소시켜 Cr_4C 탄화물의 발생을 저하시킨다.
② 500~800℃로 가열하여 가능한 예민화(sensitize)시키도록 한다.
③ 티탄(Ti), 바나듐(V), 니오븀(Nb) 등을 첨가하여 Cr의 탄화물화를 감소시킨다.
④ 고온으로 가열한 후 Cr 탄화물을 오스테나이트 조직 중에 용체화하여 급냉시킨다.

해설 오스테나이트계는 고온에서 가열하면 예민화되어 입계부식이 발생한다.

35 그림과 같은 V형 맞대기 용접에서 각부의 명칭 중에서 옳지 못한 것은?

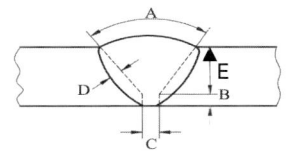

① A는 홈 각도 ② B는 루트면
③ C는 루트 간격 ④ D는 오버랩

해설 D : 용입 깊이, E : 홈 깊이

정답 31 ① 32 ④ 33 ① 34 ② 35 ④

36 열처리 방법 중 연화를 목적으로 하며, 냉각시 서냉하는 열처리법은?

① 뜨임 ② 풀림
③ 담금질 ④ 노멀라이징

해설 풀림 : 주 목적은 연화이며, 응력 제거 역할도 한다.

37 구리 및 구리합금의 용접성에 관한 설명으로 틀린 것은?

① 충분한 용입을 얻으려면 예열을 해야 한다.
② 용접 후 응고 수축시 변형이 발생하기 쉽다.
③ 구리합금의 경우 아연 증발로 중독을 일으키기 쉽다.
④ 가스 용접시 수소 분위기에서 가열하면 산화물이 산화되어 수분을 생성하지 않는다.

38 주철의 용접이 곤란하고 어려운 이유를 설명한 것은?

① 주철은 연강에 비해 수축이 적어 균열이 생기기 어렵기 때문이다.
② 일산화탄소가 발생하여 용착금속에 기공이 생기기 쉽기 때문이다.
③ 장시간 가열로 흑연이 조대화된 경우 모재와의 친화력이 좋기 때문이다.
④ 주철은 연강에 비하여 경하고 급랭에 의한 흑선화로 기계가공이 쉽기 때문이다.

해설 주철은 연강에 비해 수축이 크고 균열 발생이 쉬우며 장시간 가열시 모재와의 친화력이 나쁘다.

39 오스테나이트 온도로 가열 유지시킨 후 절삭유 또는 연삭유의 수용액을 등에 담금질하여 미세 펄라이트 조직을 얻는 방법으로 200℃ 이하에서 공랭하는 것은? ★★

① 슬랙(slack) 담금질
② 시간(time) 담금질
③ 분사(jet) 담금질
④ 프레스(press) 담금질

해설 시간 담금질 : 담금질 온도로부터 물이나 기름 중에 넣어 급냉과 서냉의 속도 변화를 주면서 냉각하는 담금질

40 표준자, 시계추 등 치수 변화가 적어야 하는 부품을 만드는데 가장 적합한 재료는?

① 스텔라이트 ② 샌더스트
③ 인바 ④ 불수강

해설
• 불변강 : Fe-Ni 합금으로 온도에 따라 길이가 불변하는 강에는 인바, 슈퍼인바 등이 있으며, 온도에 따라 탄성이 불변하는 것에는 엘린바 코엘린바 등이 있다.
• 불수강 : 녹이 슬지 않고 반짝 반짝 빛이 난다는 의미의 강이며 18-8강을 칭한다.

41 Fe-C 평형상태도에서 나타나는 반응이 아닌 것은?

① 공석 반응 ② 공정 반응
③ 포정 반응 ④ 포석 반응

해설 Fe-C 상태도 상에서는 포정반응(0.18%C 1498℃), 공정 반응(4.3%C 1130℃), 공석 반응(0.8%C 723℃)이 일어나며 포석 반응은 일어나지 않는다.

정답 36 ② 37 ④ 38 ② 39 ① 40 ③ 41 ④

42 탄소강의 기계적 성질인 취성(메짐)과 관계없는 것은?
① 청열 취성 ② 저온 취성
③ 흑연 취성 ④ 적열 취성

해설 청열 취성 : 탄소강을 200~300℃로 가열하면 푸르스름하게 색이 변하는데 이런 경우 색이 변하지 않은 경우보다 경도는 높고 연성은 낮아져서 쉽게 파괴될 수 있는 성질을 갖게 된다.

43 보수용접의 설명으로 틀린 것은?
① 용접부분의 기공은 연삭하여 제거 후에 재용접한다.
② 용접 균열부는 균열 정지구멍을 뚫고 용접 홈을 만든 다음 재용접한다.
③ 언더컷은 굵은 용접봉을 사용한다.
④ 용접부의 천이온도가 높을수록 취화가 적다.

해설 언더컷 보수 : 가는 용접봉을 사용하여 재용접한다.

44 초음파 탐상법의 종류가 아닌 것은?
① 직각 통전법 ② 투과법
③ 펄스 반사법 ④ 공진법

해설 직각 통전법 : 자분 탐상법의 자화 방법이다.

45 자동 및 반자동 용접이 수동 아크 용접에 비하여 우수한 점이 아닌 것은?
① 와이어 송급 속도가 빠르다.
② 위보기 용접 자세에 적합하다.
③ 용입이 깊다.
④ 용착금속의 기계적 성질이 우수하다.

해설 자동 및 반자동 용접은 F 자세에 적합하다.

46 용접의 결함 중 마이크로(micro) 결함에 속하는 것은?
① 본드부
② 연화 영역
③ 취성화 영역
④ 불순물 또는 비금속 개재물 편석

47 용접부 인장시험에서 모재의 인장강도가 $450kg/mm^2$, 용접 시험편의 인장강도가 $300kg/mm^2$으로 나타났다면 이음 효율은 몇 %인가?
① 15%   ② 66.7%
③ 150%   ④ 667%

해설 이음 효율
$= \dfrac{용접\ 시험편의\ 인장강도}{모재의\ 인장강도} \times 100$
$= \dfrac{300}{450} \times 100 = 66.7$

48 다음 용접 보조 기호는?

① 용접부를 블록으로 다듬질 함
② 끝단부를 매끄럽게 함
③ 용접부를 오목으로 다듬질 함
④ 영구적인 덮개판을 사용함

정답 42 ③ 43 ③ 44 ① 45 ② 46 ④ 47 ② 48 ②

49 용접 설계상 주의하여야 할 사항으로 틀린 것은?

① 용접 이음이 한군데 집중되거나 너무 접근하지 않도록 할 것
② 반복 하중을 받는 이음에서는 이음 표면을 볼록하게 할 것
③ 용접 길이는 가능한 짧게 하고, 용착금속도 필요한 최소한으로 할 것
④ 필릿 용접은 가능한 한 피할 것

해설 반복 하중을 받는 용접부의 경우 이음 표면을 볼록하게 하면 응력집중이 커져서 피로수명이 짧아진다.

50 모재 가운데 유황 함유량의 과대, 아크 길이 조작의 부적당, 과대 전류 사용 등으로 기공이 발생하는데 기공의 방지대책으로 틀린 것은?

① 건조한 저수소계 용접봉을 사용한다.
② 정해진 범위 안의 전류로 짧은 아크를 사용한다.
③ 적정 전류를 사용한다.
④ 용접 분위기 가운데 수소량을 증가시킨다.

해설 기공 발생 원인 : 긴 아크 사용, 전류 과대, 수분이 함유된 봉 사용, 표면 불결, 흡습.

51 용접 변형에 영향을 미치는 인자 중 용접 열에 관계되는 인자가 아닌 것은? ★★

① 용접속도   ② 용접층수
③ 용접전류   ④ 부재치수

해설 용접 변형 : 용접 입열, 즉 용착금속의 양과대, 용접속도 과소, 용접 층수가 많을 때, 용접 전류 과대 등, 부재 치수와 무관함

52 대형 공작물을 일정하게 고정하고 용접기를 용접부 위로 이동시켜 작업을 능률적으로 하기 위한 장치로 대주행 크로스, 상승 컬럼, 선회 붐(boom) 등으로 구성되어 용접작업하는 자동화 장치는?

① 포지셔너(positioner)
② 머니플레이트(manipulator)
③ 포지셔 코더(position corder)
④ 포텐셔미터(potentiometer)

53 용착법에 대한 잘못 표현된 것은?

① 후진법 : 잔류 응력을 최소로 해야 할 경우에 이용된다.
② 대칭법 : 이음의 수축에 따른 변형이 서로 대칭이 되게 할 경우에 사용된다.
③ 스킵법 : 판이 매우 얇은 경우나 용접 후에 비틀림이 생길 염려가 있는 경우에 사용된다.
④ 전진법 : 이음의 수축에 따른 변형과 잔류 응력을 최소화하여 기계적 성실을 높이는데 사용된다.

해설 전진법은 용접 변형과 잔류응력의 발생이 다른 방법보다 크다.

54 꼭지각이 136°인 다이아몬드 4각추의 압자를 1~120kg의 하중으로 시험편에 압입한 후에 생긴 오목자국의 대각선을 측정하여 경도를 측정하는 시험은? ★★★

① 로크웰 경도   ② 브리넬 경도
③ 쇼어 경도   ④ 비커즈 경도

해설 • 로크웰 B 경도 : 1.588mm의 강구로 압입하여 경도 측정

정답 49 ② 50 ④ 51 ④ 52 ② 53 ④ 54 ④

- 로크웰 C 경도 : 120° 꼭지각의 다이아몬드 추를 압입하여 경도 측정
- 쇼어 경도 : 추의 반발 높이로 측정

55 생산보전(PM ; productive maintenance)의 내용에 속하지 않는 것은?

① 보전 예방 ② 안전 보전
③ 예방 보전 ④ 개량 보전

> • 설비 보전
>   보전 예방(MP), 예방 보전(PM), 개량 보전(CM), 사후 보전(BM)
> • 예방 보전 : 설비 사용 전 정기 점검 및 검사와 조기 수리 등을 하여 성능을 표준 이상으로 유지하는 보전 활동, 보전비와 열화 손실비의 합이 최소가 되도록 하는 설비 보전을 말한다.

56 신제품에 가장 적합한 수요예측 방법은?

① 시계열분석 ② 의견분석
③ 최소자승법 ④ 지수평활법

57 관리도에서 측정한 값을 차례로 타점했을 때 점이 순차적으로 상승하거나 하강하는 것을 무엇이라 하는가?

① 연(run) ② 주기(cycle)
③ 경향(trend) ④ 산포(dispersion)

> 산포 : 공장에서 만들어지는 제품은 어떠한 제조 방법을 선택한다 하더라도 엄밀하게 측정하면 반드시 측정값의 차이를 나타낸다. 이와 같은 차이를 특성값의 산포라 하는데, 이 산포가 허용 공차 내에 있으면 합격으로 한다.

58 모든 작업을 기본동작으로 분해하고, 각 기본 동작에 대하여 성질과 조건에 따라 미리 정해놓은 시간치를 적용하여 정미 시간을 산정하는 방법은? ★★

① PTS법
② Work Sampling법
③ 스톱 워치법
④ 실적 자료법

> Work Sampling법 : 모집단 속에서 임의로 표본을 추출하며 조사하며, 이 표본 조사에서 얻은 결과를 분석하여 모집단의 상태를 판정하는 법

59 다음은 워크 샘플링에 대한 설명이다. 틀린 것은?

① 관측대상의 작업을 모집단으로 하고 임의의 시점에서 작업내용을 샘플로 한다.
② 업무나 활동의 비율을 알 수 있다.
③ 기초이론은 확률이다.
④ 한 사람의 관측자가 1인 또는 1대의 기계만을 측정한다.

60 품질특성을 나타내는 데이터 중 계수치 데이터에 속하는 것은? ★★★

① 무게 ② 길이
③ 인장강도 ④ 부적합품률

> 부적합품률(P) : 표본에서 전체 품목의 표본에서 부적합부품 수의 비율을 말한다. 예를 들면, 100개의 제품 중에 부적합품 수가 3개라면 부적합품률은 $\frac{3}{100} = 0.03$으로 3%가 된다.

정답 55 ② 56 ② 57 ③ 58 ① 59 ③ 60 ④

2015 제58회 용접기능장 최근 기출문제

2015년 7월 19일 시행

01 다음 중 전류 100A 이상 300A 미만의 금속 아크용접시 어떤 범위의 차광렌즈를 사용하는 것이 가장 적당한가?

① 8~9
② 10~12
③ 13~14
④ 15 이상

해설 ① : 45~90A, ③ : 300~400A

02 산소-아세틸렌을 사용한 수동절단시 팁 끝과 연강판 사이의 거리는 백심에서 약 몇 mm 정도가 가장 적당한가?

① 0.5~1.0
② 1.5~2.0
③ 2.5~3.0
④ 3.5~4.0

해설 가스 절단시 팁끝에서 1.5~2.0mm 부분이 가장 온도가 높으며 대기와 차단하고 중성염 속에서 절단이 가능한 거리이다.

03 아세틸렌 가스 발생기가 아닌 것은?

① 투입식
② 청정식
③ 주수식
④ 침지식

해설 아세틸렌 발생기 : 아세틸렌은 카바이트와 물이 접촉하면 발생하는 가스이며 ①, ③, ④의 기종이 있다.
　㉠ 투입식 : 물이 들어 있는 용기에 필요한 양만큼 카바이트를 투입하여 아세틸렌을 발생하는 방식
　㉡ 주수식 : 용기에 카바이트를 넣어두고 가스가 필요한 양만큼 물을 뿌려 아세틸렌을 발생하는 방식
　㉢ 침지식 : 물이 들어 있는 용기의 상부에 카바이트를 메달아 두어 가스가 적당량 이상되면 물위로 카바이트가 올라와 가스 발생이 중지되는 방식

04 용접부의 내식성에 영향을 미치는 인자가 아닌 것은?

① 용접이음 형상
② 용제(flux)
③ 잔류응력 및 재질
④ 용접방법

해설 용접부의 내식성 : 잔류응력이 있거나 화학용제를 사용하는 용접, 내식성이 적은 재질, 틈새 등이 생기는 이음부는 다른 부분보다도 부식 현상이 심하다.

05 가스 절단팁의 노즐모양으로 가우징, 스카핑 등에서 사용하는 것으로 넓고 얇게 용착을 행하기 위한 노즐로 가장 적합한 것은?

① 스트레이트 노즐
② 곡선형 노즐
③ 저속 다이버전트 노즐
④ 직선형 노즐

해설 다이버전트 노즐 : 중심부가 약간 잘록한 형상의 노즐로 유속을 빨리할 수 있어 절단 속도를 20% 이상 높일 수 있다.

정답 01 ② 02 ② 03 ② 04 ④ 05 ③

06 가스용접에서 전진법에 대한 설명으로 옳은 것은? ★★★

① 용접봉의 소비가 많고 용접시간이 길다.
② 용접봉의 소비가 적고 용접시간이 길다.
③ 용접봉의 소비가 많고 용접시간이 짧다.
④ 용접봉의 소비가 적고 용접시간이 짧다.

해설 전진법 : 후진법에 비해 용접속도가 느려 시간이 길어지며, 열이용율이 나쁘고 산화 정도가 심하며, 변형이 크다. 또한 홈각도가 크며, 용입이 얕고, 용착금속의 조직이 거칠다. 비드 외관은 미려하다.

07 가스절단이 원활하게 이루어질 수 있는 재료의 성질은?

① 모재의 산화물이 유동성이 좋아야 한다.
② 산화물의 용융온도가 모재의 용융온도보다 높아야 한다.
③ 모재의 점도가 높아야 한다.
④ 산소와 결합하여 연소되면 안된다.

08 가스절단 되기 위한 조건 중에서 적당치 못한(틀린) 것은?

① 생성된 산화물은 유동성이 좋을 것
② 생성된 금속 산화물의 용융온도는 모재의 용융온도보다 낮을 것
③ 모재가 산화연소하는 온도는 그 금속의 용융점보다 높을 것
④ 금속의 화합물 중에 연소되지 않는 물질이 적을 것

09 아세틸렌 가스의 자연발화 온도는 몇 도인가? ★★

① 306~308℃ ② 355~358℃
③ 406~408℃ ④ 455~458℃

해설 505~515℃ : 폭발, 780℃ : 산소가 없어도 자연 폭발한다.

10 강재 표면의 홈이나 개재물, 탈탄층 등을 제거하기 위하여 될 수 있는 대로 얇게 그리고 타원형 모양으로 표면을 깎아내는 가공법은?

① 가우징(gouging) ② 드래그(drag)
③ 스테이킹(staking) ④ 스카핑(scarfing)

해설 가우징 : 아크 에어 가우징, 가스 가우징 등이 있으며, 재료에 홈을 파거나 절단하는 작업법

11 용착(deposit)을 가장 잘 설명한 것은?

① 모재가 녹은 깊이
② 용접봉이 용융지에 녹아 들어가는 것
③ 모재의 열영향을 받는 경계부
④ 아크열에 녹은 모재의 용융지 면적

해설 ① : 용입, ③ : 본드

12 저수소계 용접봉은 용접하기 전에 어느 정도의 온도에서 일정 시간 건조시켜 사용하는가?

① 100℃~150℃ ② 200℃~250℃
③ 300℃~350℃ ④ 400℃~450℃

해설 저수소계 봉은 300~350℃에서 1~2시간 건조 후 70~120℃ 정도 보온되는 보온통에 보관하며 사용해야 된다. 일반 용접봉은 75~120℃로 30분~1시간 정도 건조

13 E4313-AC-5-400 연강용 피복아크 용접봉의 규격을 표시한 것 중 규격 설명이 잘못된 것은?

① E : 피복 아크용접봉
② 43 : 용착금속의 최저인장강도
③ 13 : 피복제의 계통
④ 400 : 용접전류

해설 400 : 용접봉의 길이가 400mm임을 뜻한다.

14 피복 아크용접봉 1종 기호로 옳은 것은 어느 것인가?

① SuRu 1A   ② CwRw 1A
③ CuRu 1A   ④ SWRW 1A

15 피복 아크 용접에 사용되는 피복 배합제의 성질을 작용면에서 분류한 것으로 틀린 것은?

① 아크 안정제 : 아크발생은 쉽게 하고, 아크를 안정시킨다.
② 가스 발생제 : 용착금속의 냉각속도를 빠르게 한다.
③ 고착제 : 피복제를 단단하게 심선에 고착시킨다.
④ 합금 첨가제 : 용강 중에 금속원소를 첨가하여 용접금속의 성질을 개선한다.

해설 피복 아크 용접봉에서 가스 발생제는 CO_2 가스 등의 중성 또는 환원성 가스를 발생하여 용접를 대기로부터 보호하며, 용융 금속의 산화 및 질화를 방지하는 작용을 한다.

16 테르밋 용접의 특징은?

① 용접시간이 짧고 용접 후 변형이 적다.
② 설비비가 비싸고 작업 장소 이동이 어렵다.
③ 용접에 전기가 필요하다.
④ 불활성 가스를 사용하여 용접한다.

해설 테르밋 용접 : 산화철과 알루미늄 분말을 3~4 : 1로 배합한 것과 발화촉진제로 마그네슘이나 탄산바륨을 넣어 로에 넣고 점화하면 약 2800℃까지 상승하며 산화철에서 용융금속이 얻어지며 이것을 용접부에 부어 용접하는 방법으로 철도 레일 등의 용접에 많이 쓰임.

17 일렉트로 가스 아크용접(EGW)시 사용되는 보호가스가 아닌 것은?

① 아르곤가스   ② 헬륨가스
③ 이산화탄소   ④ 수소가스

해설 일렉트로 가스 아크용접에는 주로 CO_2 가스가 많이 쓰인다.

18 CO_2 용접에서 용접부에 가스를 잘 분출시켜 양호한 실드(shield)작용을 하도록 하는 부품은? ★★

① 토치 바디(Torch body)
② 노즐(Nozzle)
③ 가스 분출기(Gas diffuse)
④ 인슐레이터(Insulator)

해설
• 인슐레이터 : 노즐과 토치 몸체 사이에서 통전을 막아 절연하는 부품이며 이것에 노즐이 연결된다.
• 가스 디퓨즈 : 가스 분출기는 노즐 내에서 가스를 분산하는 부품이다.

정답 13 ④ 14 ④ 15 ② 16 ① 17 ④ 18 ②

19 서브머지드 아크용접에서 고능률 용접법이 아닌 것은?

① 다전극법
② 컷 와이어(cut wire) 첨가법
③ CO_2 + UM 다전극법
④ 일렉트로 슬래그 용접법

해설 컷 와이어 첨가법 : SAW 용접 중에 작은 와이어 조각을 첨가하여 용융금속의 양을 늘리므로서 능률을 높이는 용접법

20 탄산가스(CO_2) 아크용접 작업 시 전진법의 특징으로 옳은 것은?

① 용접 스패터가 비교적 많으며 진행방향 쪽으로 흩어진다.
② 용접선이 잘 안보이므로 운봉을 정확하게 할 수 없다.
③ 용착금속의 용입이 깊어진다.
④ 비드 폭의 높이가 높아진다.

21 용접용어 중 용착부를 만들기 위하여 녹여서 첨가하는 금속을 무엇이라 하는가?

① 용가재
② 용접 금속
③ 용제
④ 덧살

해설 덧살 : 용접에서 설계상 요구된 살 두께 이상으로 보강을 목적으로 덧씌운 용착금속의 볼록한 부분

22 불활성 가스 아크용접에서 주로 사용되는 불활성 가스는?

① C_2H_2
② Ar
③ H_2
④ N_2

해설 불활성 가스 : 다른 가스와의 반응이 일어나지 않는 가스로 Ne, He, Ar 등이 있으며 주로 Ar(아르곤)이 사용되며, 위보기 등의 경우는 He(헬륨)도 사용된다.

23 가스용접 및 절단작업시 안전사항으로 가장 거리가 먼 것은? ★★

① 작업시 작업복은 깨끗하고 간편한 복장으로 갈아입고 작업자의 눈을 보호하기 위해 보안경을 착용한다.
② 납이나 아연합금 및 도금 재료의 용접이나 절단시 중독의 우려가 있으므로 환기에 신경을 쓰며 방독 마스크를 착용하고 작업을 한다.
③ 산소병은 고압으로 충전되어 있으므로 운반시는 전용 운반장비를 이용하며, 나사부분의 마모를 적게 하기 위하여 윤활유를 사용한다.
④ 밀폐된 용기를 용접하거나 절단할 때 내부의 잔여물질 성분이 팽창하여 폭발할 우려를 충분히 검토 후 작업을 한다.

해설 산소병 취급 : 산소가 흐르는 부분, 도관에 기름이 있으면 폭발성 화합물을 형성하여 폭발할 위험이 크다.

24 TIG용접에서 고주파 교류전원은 일반 교류전원에 비하여 다음과 같은 장점을 가지고 있다. 틀린 것은?

① 텅스텐 전극봉의 수명이 연장된다.
② 텅스텐 전극봉을 모재에 접촉시키지 않아도 아크가 발생된다.
③ 아크가 더욱 안정된다.
④ 텅스텐 전극봉에 보다 많은 열이 발생한다.

정답   19 ④   20 ①   21 ①   22 ②   23 ③   24 ④

25 불활성가스 금속 아크용접법에 대한 설명 중 틀린 것은?

① 알루미늄(Al), 마그네슘(Mg), 동합금, 스테인리스강, 저합금강 등 거의 모든 금속에 적용되며, TIG용접의 2~3배 용접 능률을 얻을 수 있다.
② MIG용접에서 아크길이를 일정하게 유지할 수 있게 하는 것은 고주파장치가 있기 때문이다.
③ MIG용접에서의 용적이행은 단락 이행, 입상 이행, 스프레이 이행이 있으며 이 중 가장 많이 사용하는 것은 스프레이 이행이다.
④ TIG용접과 같이 청정작용으로 용제(flux)가 필요없다.

해설 고주파 발생 장치 : MIG 용접에는 필요없으며 수동용접에서 아크 발생을 쉽게 하거나 교류 사용시 아크 안정을 위해 사용

26 TIG용접으로 Ti 합금재질의 파이프(pipe) 용접시의 설명으로 틀린 것은?

① Ar 가스로 용접부의 용접 비드 보호를 위하여 파이프 내면의 퍼징과 외면에 퍼징기구를 사용하여 보호가스로 퍼징하여 산화를 막는다.
② Ti 합금의 용접부 가공시 초경합금 또는 다이아몬드 숫돌로 가공 후 용접한다.
③ Ti 합금의 용접 전류는 펄스(Pulse) 전류를 사용하는 것이 좋으며 직류 정극성을 사용하여야 한다.
④ Ti 합금 용접시 예열 온도는 350℃, 층간 온도는 300℃로 하여야 한다.

해설 티탄 합금은 층간 온도가 120℃를 넘으면 좋지 않다.

27 서브머지드 아크용접에 사용하는 용제(flux)의 작용이 아닌 것은?

① 용착금속에 포함된 불순물을 제거한다.
② 용접금속의 급냉을 방지한다.
③ 용제의 공급이 많아지면 가공의 발생이 적어진다.
④ 단열 작용으로 아크열이 외부에 발산되는 것을 막아 용접부에 집중시킨다.

해설 SAW 용접시 용제 높이가 높으면 가스 분출이 나빠 기공 발생이 커진다.

28 이음 형상에 따른 심 용접기의 종류가 아닌 것은?

① 횡 심 용접기   ② 종 심 용접기
③ 만능 심 용접기 ④ 업셋 심 용접기

29 땜납 가운데 결정 입자가 치밀하며 강도도 충분하여 스테인리스강의 납땜에 이용되는 것은?

① 20[%] 주석 - 납
② 30~40[%] 주석 - 납
③ 50[%] 주석 - 납
④ 60[%] 주석 - 납

30 베어링 합금의 필요 조건으로 틀린 것은?

① 충분히 점성과 인성이 있을 것
② 마찰계수가 크고 저항력이 작을 것
③ 전동 피로수명이 길고, 내마모성을 가질 것
④ 하중에 견딜 수 있는 정도의 경도와 내압력을 가질 것

해설 베어링합금 : 저널과의 마찰이 크므로 마

정답 25 ② 26 ④ 27 ③ 28 ④ 29 ④ 30 ②

찰계수가 작고 저항력이 커야 된다.

31 Fe-C 평형상태도에 대한 설명 중 틀린 것은?

① BCC격자가 FCC격자로 변태하면 팽창한다.
② 결정격자가 변화하는 것을 동소변태라 한다.
③ 강자성을 잃고 상자성으로 변화하는 것을 자기변태라 한다.
④ 성질 변화가 일정한 온도에서 급격히 불연속적으로 일어나는 것을 동소변태라 한다.

해설 체심입방격자(BCC)가 면심입방격자(FCC)로 변태하면 BCC의 c축에 형성된 탄소가 면심입방격자의 침입형 자리로 이동하게 되므로 결정격자의 c축이 축소되어 수축한다.

32 Sn 청동의 용해 주조시에 탈산제로 사용되는 P를 합금 중에 0.05~0.5% 정도 남게 하여 용탕의 유동성이 좋아지고 합금의 경도, 강도가 증가하며, 내마모성, 탄성이 개선되는 청동은?

① 인청동   ② 연청동
③ 규소청동   ④ 알루미늄

해설 인청동 : 청동에 탈산제로 인을 첨가한 것으로, 베어링, 밸브 시트용으로 쓰이며, 내마멸성이 크다.

33 다음 탄소공구강 중 탄소 함유량이 가장 많은 것은?

① STC1   ② STC2
③ STC3   ④ STC4

해설
- STC1 : 1.3~1.5%C, 면도날, 가는 줄
- STC2 : 1.1~1.3%C, 소형 펀치, 면도날 등
- STC3 : 1.1~1.1%C, 탭, 나사, 쇠톱날, 태엽
- STC4 : 0.9~1.0%C, 목공공구, 태엽

34 불변강이란 온도변화에 따라 열팽창계수, 탄성계수 등이 변하지 않는 것이다. 이러한 불변강에 해당되지 않는 것은?

① 인바(invar)
② 코엘린바(coelinvar)
③ 센더스트(sendust)
④ 슈퍼인바(superinvar)

해설 센더스트 : 알루미늄 4~8%, 규소 6~11%, 나머지는 철로 조성된 합금. 투자율(透磁率)이 높아 압분자심이나 자기 헤드의 재료 등으로 사용된다.

35 라우탈(lautal)의 주요 합금 조성으로 옳은 것은?

① Al-Si 합금   ② Al-Cu-Si 합금
③ Al-Cu-Ni-Mn   ④ Al-Cu-Mg-Mg

해설 라우탈 : Al-Cu-Si계 대표적 합금, 실루민의 결점인 가공 표면의 거침을 없앤 것으로 주조성이 양호하다. 압출재, 단조재, 주조재 등에 사용된다.

36 시멘타이트(cementite)란?

① Fe와 C의 화합물
② Fe와 S의 화합물
③ Fe와 N의 화합물
④ Fe와 O의 화합물

해설 시멘타이트 : Fe_3C로 표현되며, 매우 단단하고(HB 800) 연성이 거의 0에 가까워 취성이 큰 조직

정답 31 ① 32 ① 33 ① 34 ③ 35 ② 36 ①

37 금속 침투법 중에서 Al를 침투시키는 것은?

① 세라다이징　② 크로마이징
③ 실리코나이징　④ 칼로나이징

해설 금속 침투법
방식성, 내식성, 내고온 산화성 등을 향상시키고, 경도 및 내마모성을 증가시키기 위해 부품을 가열하여 그 표면에 다른 금속을 피복시켜 합금층 및 금속 피막을 형성하는 법
- 세라다이징 : 아연 침투
- 크로마이징 : Cr 침투
- 실리코나이징 : Si 침투

38 WC, TiC, TaC 등의 분말에 Co 분말을 결합제로 혼합하여 1300~1600°C로 가열 소결시키는 재료는?

① 세라믹　② 초경합금
③ 스테인리스　④ 스텔라이트

해설 스텔라이트 : Co - Cr - W - C의 합금으로 대표적인 주조 경질 합금. 단조나 절삭이 안되며, 주조 후 연마나 성형해서 사용한다. 절삭 속도는 고속도강의 2배, 상온에서는 고속도강보다 연하나 600°C 이상에서는 더 경하며, 800°C에서도 경도가 유지되나, 인성은 적다.

39 합금강에서 Cr 원소의 첨가효과를 설명한 것 중 틀린 것은?

① 내열성을 증가시킨다.
② 자경성을 증가시킨다.
③ 부식성을 증가시킨다.
④ 내마모(멸)성을 증가시킨다.

해설 Cr : 내열성, 내마멸성, 내식성(내부식성), 자경성(스스로 경화하는 성질)을 증가시키는 원소

40 용접 구조용 압연 강재의 한국산업표준 (KS D3515)의 기호로 옳은 것은?

① SM400A　② SS400A
③ STS410A　④ SWR11A

해설
- SS400A : 일반구조용 압연강재
- STS410A : 합금강
- SWR : 선재강

41 스테인리스강 용접시 열영향부 부근의 부식저항이 감소되어 입계부식이 일어나기 쉬운데 이러한 현상의 주된 원인은? ★★★★

① 탄화물의 석출로 크롬 함유량 감소
② 산화물의 석출로 니켈 함유량 감소
③ 수소의 침투로 니켈 함유량 감소
④ 유황의 편석으로 크롬 함유량 감소

해설 입계 부식 : 고온으로부터 급랭한 것을 재가열하면 고용되었던 탄소가 오스테나이트의 결정 입계로 이동하여 탄화물(Cr_4C)이 석출해서 결정 입계 부근의 Cr량이 감소하게 되며 이로 인해 결정 입계가 쉽게 부식하게 되는 현상

42 주철의 기계적 성질로서 틀린 것은?

① 압축강도가 크다.
② 내마멸성이 크다.
③ 절삭성이 크다.
④ 연성 및 전성이 크다.

해설 주철은 압축강도가 인장강도보다 3배 이상 크고, 경취하며 전연성이 거의 없다.

정답　37 ④　38 ②　39 ③　40 ①　41 ①　42 ④

43 용접전류가 과대하거나 운봉속도가 너무 빨라서 용접 비드 토우(toe)에 생기는 작은 홈과 같은 용접결함을 무엇이라 하는가?

① 기공 ② 오버랩
③ 언더컷 ④ 용입불량

해설
- 오버랩 : 언더컷과 반대 현상일 때 생김
- 기공 : 모재나 용가재에 습기가 많을 때, 보호가스가 불충분할 때, 아크 길이가 너무 길 때 생김

44 보조기호 중 영구적인 이면 판재 사용을 표시하는 기호는?

① M ② ⌒
③ MR ④ ⌄

해설 ② : 볼록비드, ③ : 제거 가능한 이면판재 사용, ④ : 비드 끝단을 매끄럽게 함

45 비파괴검사법 중 표면 바로 밑의 결함 검출에 가장 좋은 검사법은 어느 것인가?

① 방사선투과시험 ② 육안검사시험
③ 자기탐상시험 ④ 침투탐상시험

해설 표면 부분의 결함 검사법 : 침투탐상, 자기탐상시험, 육안검사시험법(표면의 외관 검사)

46 용접성(weldability) 시험법에 속하는 것은?

① 화학분석시험 ② 부식시험
③ 노치취성시험 ④ 파면시험

해설 용접성 시험법 : 용접부 연성시험, 용접 균열시험, 노치 취성 시험

47 미소한 결함이 있어 응력의 이상 집중에 의하여 성장하거나 새로운 균열이 발생될 경우 변형 개방에 의한 초음파가 방출하게 되는데 이러한 초음파를 AE 검출기로 탐상함으로서 발생장소와 균열의 성장 속도를 감지하는 용접시험 검사법은?

① 음향 방출 탐상검사법
② 전자초음파법
③ 진공검사법
④ 누설 탐상검사법

48 제조업의 피크 전력 시간대에 용접된 제품의 품질이 저하되는 이유는?

① 전압 강하로 인한 용접 조건의 변화
② 기온 상승에 의한 모재 온도 상승
③ 전류 밀도 증가로 용적 이행 상태 변화
④ 작업 권태 발생으로 품질의식 저하

49 가접에 대한 설명 중 가장 올바른 것은? ★★

① 가접은 가능한 크게 한다.
② 가접은 중요치 않으므로 본용접공보다 기능이 떨어지는 용접공이 해도 된다.
③ 강도상 중요한 곳, 용접 시점 및 종점이 되는 끝 부분은 가접을 피하도록 한다.
④ 가접은 본용접에는 영향이 없다.

해설 가접 : 가접의 정도에 따라 본용접을 잘 수 있느냐 못할 수 있느냐를 결정하는 매우 중요한 용접법이므로 본용접사와 버금가는 용접사가 가접해야 되며, 중요한 부분에는 가접해서는 안된다.

정답 43 ③ 44 ① 45 ① 46 ③ 47 ① 48 ① 49 ③

50 용접부의 시험에서 확산성 수소량을 측정하는 방법은?

① 글리세린 치환법 ② 기름 치환법
③ 수분 치환법 ④ 충격 치환법

해설 수분 치환법은 글리세린, 수은의 의한 방법, 진공 가열법 등이 있다.

51 용접에서 잔류응력이 영향을 주는 것은?

① 좌굴강도 ② 은점(fish eye)
③ 용접덧살 ④ 언더 컷

해설 잔류응력 : 어떤 하중에 의해 재료 내부에 생긴 응력, 즉 용접시 팽창과 수축에 따른 변형과 모재 내부에 응력이 생기게 되며, 응력이 잔류할 경우 피로강도, 파괴 인성이 현저히 저하하게 된다.

52 다음 중 각 변형의 방지대책으로 틀린 것은?

① 개선각도는 용접에 지장이 없는 한도 내에서 작게 한다.
② 판 두께가 얇을수록 첫 패스의 개선깊이를 작게 한다.
③ 용접속도가 빠른 용접 방법을 선택한다.
④ 구속 지그 등을 활용한다.

해설 각 변형 : 후(두꺼운)판의 용접에서는 용착금속의 표면과 뒷면이 비대칭이므로 온도 분포도 비대칭이 되어 판의 횡수축이 표면과 이면이 다르게 되어 발생한다.

53 주철은 대체적으로 보수용접에 많이 쓰이며, 주물의 상태, 결함의 위치, 크기와 특징, 겉모양 등에 대하여 요구될 때에는 여러 가지 시공법에 유의하여 용접하여야 한다. 다음 중 주철의 보수용접에 쓰이는 용접방법이 아닌 것은?

① 스터드법 ② 비녀장법
③ 버터링법 ④ 홀더링법

해설
- 스터드법 : 보수용접부에 스터드를 박고 스터드와 모재 사이를 용착시키는 방법
- 비녀장법 : 보수용접부에 꺽쇠 등을 박고 꺽쇠와 모재 사이를 용착시키는 방법
- 버터링법 : 모재의 성분이 경취하여 연성이 부족하므로 연성이 풍부한 용가재로 빵에 버터를 바르듯 비드를 쌓은 후 두 모재를 용착시키는 방법

54 인장을 받는 맞대기 용접이음에서 굽힘응력 : $\sigma_b[\mathrm{kg_f/mm^2}]$, 용접길이 : $L[\mathrm{mm}]$, 용접치수(모재두께) : $t[\mathrm{mm}]$ 일 때, 굽힘모멘트 : $M[\mathrm{kg_f \cdot mm}]$를 구하는 식으로 옳은 것은?

① $M = \sigma_b \dfrac{L^2 t}{6}$ ② $M = \sigma_b \dfrac{6L}{t^2}$

③ $M = \sigma_b \dfrac{Lt^2}{6}$ ④ $M = L \dfrac{6t}{\sigma_b}$

해설 맞대기 이음 판에서 $M = \sigma Z = \sigma \dfrac{Lt^2}{6}$

50 ① 51 ① 52 ② 53 ④ 54 ③

55 도수분포표에서 알 수 있는 정보로 가장 거리가 먼 것은?

① 로트 분포의 모양
② 100 단위당 부적합 수
③ 로트의 평균 및 표준편차
④ 규격과의 비교를 통한 부적합품률의 추정

해설 도수 분포표(frequency distribution table) : 어떤 일정한 기준에 의하여 전체의 데이터가 포함되는 구간을 여러 개의 급구간으로 분할하고 데이터를 분할된 급구간에 따라 분류하여 만들어 놓은 표
  ㉠ 데이터의 흩어진 모양을 알고 싶을 때, 원데이터를 규격과 대조하고 싶을 때
  ㉡ 많은 데이터로부터 평균치와 표준편차를 구할 때

56 미리 정해진 일정 단위 중에 포함된 부적합(결점)수에 의거하여 공정을 관리할 때 사용되는 관리도는?

① c 관리도   ② P 관리도
③ X 관리도   ④ nP 관리도

해설 계수치 관리도 : 특성치가 계수치인 관리도이며, P 관리도, nP 관리도, c 관리도, u 관리도가 있다.
  • P 관리도 : 일정 기간에 걸쳐서 검사를 받기 위하여 제출되는 제품 또는 부품의 평균 부적합품율을 추정하여 관리에 사용
  • nP 관리도 : 불량률 관리도에서 부분군 크기 n이 일정한 경우에는 부분군 불량률 대신 부분군내 불량개수 X를 관리하는 nP 관리도를 사용

57 더미활동(dummy activity)에 대한 설명중 가장 적합한 것은?

① 가장 긴 작업시간이 예상되는 공정을 말한다.
② 공정의 시작에서 그 단계에 이르는 공정별 소요시간들 중 가장 큰 값이다.
③ 각 활동별 소요시간이 베타분포를 따른다고 가정할 때의 활동이다.
④ 실제 활동은 아니며, 활동의 선행조건을 네트워크에 명확히 표현하기 위한 활동이다.

58 ASME(American Society of Mechanical Engineers)에서 정의하고 있는 제품공정 분석표에 사용되는 기호 중 "저장(Storage)"을 표현한 것은? ★★

① ○   ② □
③ ▽   ④ ⇨

해설 • ○ : 작업(가공, 조작) : 작업 목적에 따라 물리적 또는 화학적 변화를 일으키는 상태이며, 가공 작업, 화학 처리, 또는 다음 공정을 위하여 준비가 행해지는 상태
  • □ : 검사 : 원료, 재료, 부품 또는 제품을 어떠한 방법으로 측정하여, 그 결과를 기준과 비교하여 합격 또는 불합격의 판정을 내리는 것
  • ⇨ : 운반 : 원료, 재료, 부품 또는 제품이 어떤 위치로부터 다른 위치로 이동되는 경우에 일어나는 상태를 뜻하는 것
  • 기호의 크기는 가공 기호 지름의 $\frac{1}{2} \sim \frac{1}{3}$로 한다. 이 기호의 화살 방향은 공정의 흐름의 방향을 뜻하는 것은 아니다.

정답 55 ② 56 ① 57 ④ 58 ③

59 TPM 활동 체제 구축을 위한 5가지 기둥과 가장 거리가 먼 것은?

① 설비초기관리체제 구축 활동
② 설비효율화의 개별개선 활동
③ 운전과 보전의 스킬 업 훈련 활동
④ 설비경제성 검토를 위한 설비투자분석 활동

해설
- TPM 정의(전사적 TPM) : 생산시스템 효율화의 극한을 추구하는 기업체질 구축을 목표로 하여 생산 시스템의 라이프 사이클 전체를 대상으로 한 "재해 제로/불량제로/고장제로" 등 모든 로스를 미연에 방지하는 체제를 현장 현물에 구축하고 생산 부문을 비롯한 개발/영업/관리 등 모든 부문에 걸쳐서 최고 경영자로부터 현장 작업자에 이르기까지 전원이 참여하고 중복 소집단 활동에 의해 로스 제로를 달성하는 것
- 초기 생산부분의 TPM 5가지 중점활동 : ①, ②, ③ 외에 자주보전 체제 구축, 보전 부문의 계획보전 체제 구축, 그 후 품질보전 체제 구축, 관리 간접 부문의 효율화 체제 구축, 안전·위생과 환경의 관리체제 구축 내용 추가됨

60 자전거를 셀 방식으로 생산하는 공장에서 자전거 1대당 소요공수가 14.5H이며, 1일 8H, 월 25일 작업을 한다면 작업자 1명 당 월 생산 가능대수는 몇 대인가?
(단, 작업자의 생산종합 효율은 80%이다.)

① 10대　　② 11대
③ 13대　　④ 14대

해설 $\dfrac{8h \times 25일 \times 0.8}{14.5} = 11.03$대

정답　59 ④　60 ②

제59회 용접기능장 최근 기출문제

2016년 4월 4일 시행

01 가스절단 작업에서 산소의 순도가 99.5% 이상 높을 때 나타나는 현상이 아닌 것은?

① 절단 속도가 빠르다.
② 절단면이 양호하다.
③ 절단 홈의 폭이 넓어진다.
④ 경제적인 절단이 이루어진다.

해설 절단 산소의 순도가 높으면 절단 속도가 빨라서 경제적이며, 절단면이 양호하다.

02 피복 아크 용접에서 용접부의 보호방식이 아닌 것은?

① 가스 발생식   ② 슬래그 생성식
③ 반가스 발생식   ④ 스프레이 발생식

해설 피복 아크 용접봉의 용접부 보호방식 : 스프레이 발생식, 아크 발생식은 없다.

03 토치를 사용하여 용접부의 결함, 뒤따내기, 가접의 제거, 압연강재, 주강의 표면결함 제거 등에 사용하는 가공법은?

① 가스 가우징   ② 산소창 절단
③ 산소아크 절단   ④ 아크에어 가우징

04 저수소계 용접봉은 사용 전에 충분한 건조가 되어야 한다. 가장 적당한 건조온도와 건조시간은?

① 150~200℃, 30분 ~ 1시간
② 200~250℃, 1시간 ~ 2시간
③ 300~350℃, 1시간 ~ 2시간
④ 400~450℃, 30분 ~ 1시간

해설 일반 용접봉의 건조 : 거의 건조하지 않아도 큰 문제는 없으나 중요부분의 경우 70~100℃에서 30분~1시간 정도 건조해서 사용한다.

05 다음 가연성 가스 중 발열량이 가장 큰 것은?

① 수소   ② 부탄
③ 에틸렌   ④ 아세틸렌

해설 가연성 가스 발열량 : 연구자에 따라 다소 차이가 있으나 대체로 다음과 같다.
부탄(C_4H_{10}) : 26690kcal/m³
에틸렌(C_2H_4) : 13620kcal/m³
프로판(C_2H_2) : 20780kcal/m³
아세틸렌(C_2H_2) : 12690kcal/m³
수소(H_2) : 2420kcal/m³

06 교류와 직류 용접기를 비교할 때 교류 용접기가 유리한 항목은?

① 역률이 매우 양호하다.
② 아크의 안정이 우수하다.
③ 비피복봉 사용이 가능하다.
④ 자기쏠림 방지가 가능하다.

해설 교류 아크용접기는 직류보다 구조가 간단하며, 고장이 적고, 소음이 적으며, 수리비가 적게 들고, 가격이 저렴하다.

정답 1③ 2④ 3① 4③ 5② 6④

07 다음 중에서 용접기의 수하 특성과 가장 관련이 깊은 것은?

① 저항 - 열의 특성
② 전류 - 전력의 특성
③ 전압 - 전류의 특성
④ 전력 - 저항의 특성

08 포갬절단(stack cutting)에 대한 설명으로 틀린 것은?

① 비교적 얇은 판(6mm 이하)에 사용된다.
② 절단시 판 사이에 산화물이나 불순물을 깨끗이 제거한다.
③ 0.08mm 이하의 틈이 생기도록 포개어 압착시킨 후 절단한다.
④ 예열 불꽃으로 산소 - 프로판 불꽃보다 산소 - 아세틸렌 불꽃이 적합하다.

09 아세틸렌가스에 관한 설명으로 틀린 것은?

① 공기보다 무겁다.
② 탄소와 수소의 화합물이다.
③ 압축하면 분해폭발을 일으킬 수 있다.
④ 카바이드와 물의 화학작용으로 발생한다.

해설 기체의 비중은 공기를 1로 보았을 때 같은 체적의 아세틸렌은 비중이 0.906으로 공기보다 가볍다.

10 강판 두께 25.4mm를 가스 절단시 표준 드래그 길이는 약 몇 mm 정도인가? ★ ★★★

① 3.1   ② 5.1
③ 7.1   ④ 9.1

해설 표준 드래그 길이는 판 두께의 20%(1/5) 정도가 적당하므로 25.4×0.2=5.08이다.

11 가스 절단시 예열 불꽃이 강할 때 일어나는 현상이 아닌 것은?

① 절단속도가 늦어진다.
② 절단면이 거칠어진다.
③ 모서리가 용융되어 둥글게 된다.
④ 슬래그 중의 철 성분의 박리가 어려워진다.

해설 절단시 예열 불꽃이 강하면 ②, ③, ④ 외에 모재 뒤쪽에 슬래그가 많이 달라붙어 슬래그 제거가 어려워진다.

12 피복 아크 용접봉에 탄소(C)량을 적게 하는 가장 주된 이유는?

① 스패터 방지   ② 용락 방지
③ 산화 방지   ④ 균열 방지

13 공업용 LP가스는 상온에서 얼마 정도로 압축하는가?

① 1/100   ② 1/150
③ 1/200   ④ 1/250

14 스카핑(scarfing)에 대한 설명으로 옳은 것은?

① 탄소 또는 흑연 전극봉과 모재와의 사이에 아크를 일으켜서 절단하는 방법이다.
② 강재 표면의 탈탄층 또는 홈을 제거하기 위해 얇게 타원형 모양으로 넓게 표면을 깎는 것이다.
③ 탄소 아크 절단에 압축공기를 병용한 방법으로 결함 제거, 절단 및 구멍 뚫기 작업이다.
④ 물의 압력을 초고압 이상으로 압축하여

물의 정지 에너지를 운동 에너지로 전환하여 절단하는 작업이다.

15 AW400 이하의 교류 아크용접기의 무부하 전압 최고치는 몇 V 이하인가?

① 105 ② 60
③ 85   ④ 95

해설 AW 400 이하는 85V 이하, AW 500은 95V

16 CO_2 아크용접시 아크전압은 비드형상을 결정하는 가장 주요한 요인이 되는데 아크전압을 높이면 어떤 현상이 나타나는가?

① 용입이 약간 깊어진다.
② 비드가 볼록하고 좁아진다.
③ 비드가 넓어지고 납작해진다.
④ 와이어가 녹지 않고 모재 바닥을 부딪친다.

17 불활성가스 아크용접으로 스테인리스강을 용접할 때의 설명 중 가장 거리가 먼 것은?

① 깊은 용입을 위하여 직류 정극성을 사용한다.
② 용접성이 우수한 순텅스텐 전극봉을 가장 많이 사용한다.
③ 전극의 끝은 뾰족할수록 전류가 안정되고 열 집중성이 좋다.
④ 보호가스는 아르곤 가스를 사용하며 낮은 유속에서도 우수한 보호 작용을 한다.

해설 스테인리스강을 TIG 용접할 경우 전극은 토륨이 1~2% 함유된 텅스텐 전극을 사용한다.

18 논 가스 아크용접법의 특징으로 틀린 것은?

① 보호가스나 용제를 필요로 하지 않는다.
② 수소가 많이 발생하여 아크 빛과 열이 약하다.
③ 보호가스의 발생이 많아서 용접선이 잘 보이지 않는다.
④ 용접 길이가 긴 용접물에 아크를 중단하지 않고 연속으로 용접할 수 있다.

19 CO_2 가스 아크용접용 토치의 구성품이 아닌 것은?

① 노즐   ② 오리피스
③ 송급롤러 ④ 콘택트 팁

해설 송급롤러는 송급장치의 와이어 송급에 쓰이는 부품이다.

20 테르밋 용접에 대한 설명으로 틀린 것은?

① 용접시간이 짧고, 용접 후 변형이 적다.
② 설비가 싸고, 전원이 필요 없으므로 이동해서 사용이 가능하다.
③ 테르밋 반응의 발화제로서 산화구리, 티타늄 등의 혼합분말을 이용한다.
④ 철도 레일의 맞대기 용접, 크랭크축, 배의 프레임 등의 보수용접에 사용한다.

해설 테르밋 용접은 알루미늄과 산화철 분말을 1 : 3~4의 중량비로 배합한 후 발화제로 마그네슘이나 과산화바륨 등의 혼합 분말을 이용하며, 테르밋 반응이 일어나는데 필요한 1200℃ 이상의 고온이 얻어진다. 이 고온에 의해 테르밋 반응이 일어나 2800℃ 이상의 고온이 되며, 산화철이 환원되어 순철이 얻어지며, 합금 성분을 첨가하여 용접부에 부어 접합한다.

정답 15 ③ 16 ③ 17 ② 18 ② 19 ③ 20 ③

21 TIG 용접에 사용되는 텅스텐 전극봉의 종류에 해당되지 않는 것은?

① 순텅스텐   ② 바륨 텅스텐
③ 2% 토륨 텅스텐   ④ 지르코늄 텅스텐

22 다음과 같은 성질을 무엇이라고 하는가?

> 보기
> 아크 플라스마는 고전류가 되면 방전 전류에 의하여 생기는 자장과 전류의 작용으로 아크 단면이 수축하여 가늘게 되고 전류밀도는 증가한다.

① 플라스마 효과
② 단락 이행 효과
③ 자기적 핀치효과
④ 플라스마 제트 효과

23 납땜과 용제를 삽입한 틈을 고주파 전류를 이용하여 가열하는 납땜 방법으로 가열시간이 짧고 작업이 용이한 것은?

① 저항 납땜   ② 로내 납땜
③ 인두 납땜   ④ 유도가열 납땜

해설 저항 납땜 : 이음부에 납땜재와 용제를 발라 저항열로 가열하여 납땜하는 납땜법이다.

24 플라스마(plasma) 아크용접장치의 구성 요소가 아닌 것은?

① 토치   ② 홀더
③ 용접전원   ④ 고주파 발생장치

해설 홀더는 피복 아크용접시 사용하는 용접 홀더를 말하며 플라스마 아크용접 장치의 구성 요소는 아니다.

25 전자빔 용접의 단점이 아닌 것은?

① 냉각속도가 빨라 경화 현상이 일어난다.
② 배기장치가 필요하고 피용접물의 크기도 제한 받는다.
③ X선이 많이 누출되므로 X선 방호 장비를 착용해야 한다.
④ 용접봉을 일반적으로 사용하지 않으므로 슬래그 섞임 등의 결함이 생기지 않는다.

해설 전자빔 용접법의 단점 : ①, ②, ③ 외에 일반 용접기에 비해 가격이 매우 비싸며, 진공 배기 시간이 필요하므로 생산성이 낮고, 강자성체 금속의 경우 탈자(脫磁) 없이는 용접이 불가능하며, 기공 발생의 우려가 많다.

26 플래시 버트 용접의 특징으로 틀린 것은? ★★

① 용접면에 산화물 개입이 적다.
② 업셋 용접보다 전력 소비가 적다.
③ 용접면을 정밀하게 가공할 필요가 없다.
④ 가열부의 열영향부가 넓고 용접시간이 길다.

해설 플래시 버트 용접의 특징 : ①, ②, ③ 외에 가열 범위와 열영향부가 좁고, 신뢰도가 높고 이음 강도가 양호하다. 이종 용접이 가능하며, 용접 시간이 짧다.

27 레이저 용접(Laser welding)에 관한 설명으로 틀린 것은?

① 소입열 용접이 가능하다.
② 좁고 깊은 용접부를 얻을 수 있다.
③ 고속 용접과 용접 공정의 융통성을 부여할 수 있다.
④ 접합되어야 할 부품의 조건에 따라서

한 방향의 용접으로는 접합이 불가능하다.

해설 레이저 용접의 장점 및 단점
- 장점 : ①, ②, ③ 외에 진공이 필요치 않으며, 열영향부와 열변형이 적다. X선 방출이 없으며, 자장의 영향을 받지 않는다.
- 단점 : 장비 가격이 고가이며, 모재 표면의 반사도, 모재 사이의 갭에 따라 영향을 받으며 열전도성이 큰 재료는 반사율이 높아 용접이 어렵다.

28 금속 또는 금속 화합물의 분말을 가열하여 반용융 상태로 하여 불어서 밀착 피복하는 방법은?

① 용사   ② 스카핑
③ 레이저 ④ 가우징

29 탄산가스 아크용접에서 전진법의 특징이 아닌 것은?

① 비드 높이가 낮고 평탄한 비드가 형성된다.
② 용접선이 잘 보이므로 운봉을 정확하게 할 수 있다.
③ 스패터가 비교적 많으며 진행 방향쪽으로 흩어진다.
④ 용융금속이 앞으로 나가지 않으므로 깊은 용입을 얻을 수 있다.

해설 ①, ②, ③ 외에 용융금속이 아크보다 앞서기 쉬워 용입이 얕아진다.

30 고Mn강의 조직으로 옳은 것은?

① 오스테나이트   ② 펄라이트
③ 베이나이트   ④ 마텐자이트

해설 고망간강 : 탄소강에 망간(Mn)을 10~14% 첨가한 강으로, 오스테나이트 망간강, 하드 필드강, 수인강이라고도 부른다. 내마멸성이 커서 기차 레일 교차점, 광산기계, 칠 롤러 제작 등에 쓰인다.

31 알루미늄 및 알루미늄 합금 재료의 용접에 가장 적절한 용접 방법은?

① TIG용접
② CO_2 용접
③ 피복 아크용접
④ 서브머지드 아크용접

해설 알루미늄이나 그 합금의 용접법은 가스 용접법과 TIG 용접법이 있으며, TIG 용접법이 가장 적합하다. 알루미늄이나 마그네슘 계통의 금속은 TIG 용접시 고주파 중첩 교류를 사용한다.

32 질화처리에 대한 설명 중 틀린 것은?

① 내마모성이 커진다.
② 피로한도가 향상된다.
③ 높은 표면 경도를 얻을 수 있다.
④ 고온에서 처리되는 관계로 변형이 많다.

해설 질화처리는 침탄처리보다 낮은 온도에서 처리되므로 변형이 적다.

33 다음 금속 중 비중이 가장 큰 것은?

① Mo   ② Ni
③ Cu   ④ Mg

해설 금속의 비중 : Mo(몰리브덴) : 10.2, Cu(구리) : 8.9, Ni(니켈) : 8.3, Fe(철) : 7.89, Mg(마그네슘) : 1.74

정답 28 ① 29 ④ 30 ① 31 ① 32 ④ 33 ①

34 철강재료 선정시 고려사항 중 틀린 것은?

① 기계적 강도가 요구되면 인장강도가 클 것
② 반복하중을 받는 것이면 피로강도가 클 것
③ 마모되는 곳에는 탈탄 산화성이 클 것
④ 부식되는 곳에는 내부식성이 클 것

해설 마모되는 곳에는 내마멸성이 큰 재료를 선택해야 된다.

35 탄소강의 용접부는 야금학적으로 2개의 구역으로 나누어진다. 무엇과 무엇인가?

① 원질부와 용착금속부
② 원질부와 열 영향부
③ 용착금속부와 열 영향부
④ 과열금속부와 급냉금속부

36 알루미늄 합금 중 불화알칼리, 금속나트륨 등을 첨가하여 개량처리하는 합금은?

① 실루민   ② 라우탈
③ 로엑스 합금   ④ 하이드로날륨

해설
- 실루민 : 미국에서는 알팩스라고도 하며, Al-Si계의 대표적인 합금이다. 이는 내열성이 크고 개량처리에 의해 조직을 미세화한 것으로 피스톤 등에 이용된다.
- 라우탈 : Al-Cu-Si계의 대표적인 합금으로 실루민의 결점인 가공 표면의 거침을 없앤 것으로 주조성이 양호하다.

37 한국산업표준에서 정한 일반 구조용 탄소강관을 나타내는 기호로 옳은 것은?

① STS   ② SKS
③ SNC   ④ STK

해설
- STS : 합금공구강재, STS 308 등으로 표시된 경우 오스테나이트계 스테인리스강을 표시함
- SKS : JIS 규격의 합금공구강재 기호
- SNC : 니켈-크롬강

38 Fe-C 평형상태도에서 시멘타이트의 자기 변태점에 해당되는 것은?

① A_0 변태점   ② A_1 변태점
③ A_3 변태점   ④ A_4 변태점

해설
- A_1 변태점 : 723℃ 부분의 변태점이며, 723℃, 0.8(0.85)% 부분은 공석점으로 공석강(펄라이트 조직으로 변태)이 얻어진다.
- A_3 변태점 : 순철의 동소 변태점(910℃). 이점을 경계로 그 이하이면 α철(페라이트)이, 그 이상이면 γ철(오스테나이트)이 된다.
- A_4 변태점 : 순철의 동소 변태점(1410℃). 이점을 경계로 그 이하이면 γ철(오스테나이트)이, 그 이상이면 δ철(페라이트)이 된다.

39 주철 용접시 주의 사항 중 틀린 것은?

① 용접봉은 가능한 한 가는 지름을 사용한다.
② 용접전류는 필요 이상 높이지 말아야 한다.
③ 가스용접에 사용되는 불꽃은 산화 불꽃으로 한다.
④ 균열의 보수는 균열의 연장을 방지하기 위하여 균열 끝에 작은 구멍을 뚫는다.

해설 주철을 가스용접 할 경우 중성 불꽃을 사용한다.

정답 34 ③ 35 ③ 36 ① 37 ④ 38 ① 39 ③

40 철강 표면에 아연(Zn)을 확산 침투시키는 세라다이징(sheradizing)의 주요 목적으로 옳은 것은?

① 연성 향상   ② 가단성 향상
③ 내식성 향상   ④ 인장강도 향상

해설 세라다이징 : 청분이라고 불리는 아주 미세한 아연 분말 속에 소재를 넣고 보통 300~420℃로 1~5시간 처리해서 0.05mm 정도의 경화층을 얻는 금속 침투법의 일종이다.

41 CO_2 용접으로 용접하기에 가장 용이한 재료로 사용되는 것은?

① 철강   ② 구리
③ 실루민   ④ 알루미늄

42 양호한 용접 품질을 얻기 위하여 용접 시공시 예열이 많이 사용되고 있다. 다음 중 예열을 하는 가장 주된 이유는?

① 표면 오염을 제거하기 위하여
② 고강도의 용착금속을 얻기 위하여
③ 저 열전도도 재료를 용이하게 용접하기 위하여
④ 열영향부와 용착금속의 경화를 방지하고 연성을 증가하기 위하여

해설 예열은 ④ 외에 용착금속의 냉각속도를 느리게 하여 수소, 가스 방출을 촉진시키고 경화 저지로 균열을 방지하기 위하여 실시한다.

43 강의 담금질 조직에서 경도가 높은 순서로 옳게 표시한 것은?(단, 오스테나이트 : A, 마텐사이트 M, 소르바이트 : S, 투루스타이트 : T)

① M > T > S > A
② M > S > A > T
③ A > T > M > S
④ M > S > T > A

해설
· 마텐사이트 : HB600~720
· 투루스타이트 : HB400~480
· 소르바이트 : HB230~290
· 오스테나이트 : HB150

44 오버랩(Over lap)의 결함이 있을 경우 보수 방법으로 가장 적합한 것은?

① 비드 위에 재용접한다.
② 드릴로 구멍을 뚫고 재용접한다.
③ 결함 부분을 깎아내고 재용접한다.
④ 직경이 작은 용접봉으로 재용접한다.

해설
· 언더컷 : 가는 지름의 용접봉으로 재용접한다.
· 균열 : 균열 끝단에 작은 드릴구멍(스톱홀)을 뚫고 연삭 후 재용접한다.
· 기공, 슬래그 섞임 : 연삭 또는 가우징 후 재용접한다.

45 용접작업에서 잔류응력의 경감과 완화를 위한 방법으로 적합하지 않은 것은?

① 포지셔너 사용
② 직선 수축법 선정
③ 용착 금속량의 감소
④ 용착법의 적절한 선정

해설 ② : 변형된 형강을 변형 반대쪽으로 삼각형 모양으로 가열 후 수냉하는 교정법

정답 40 ③ 41 ① 42 ④ 43 ① 44 ③ 45 ②

46 판 두께 12mm, 용접 길이가 25cm인 판을 맞대기 용접하여 4200N의 인장하중을 작용시킬 때 인장응력은 얼마인가?

① 14N/cm²   ② 140N/cm²
③ 700N/cm²   ④ 1400N/cm²

해설 인장응력
$= \dfrac{하중}{단면적} = \dfrac{4200}{1.2 \times 25} = 140$

47 가접에 대한 설명으로 가장 거리가 먼 것은?

① 부재 강도 상 중요한 곳은 가접을 피한다.
② 가접할 때 용접봉은 본 용접봉보다 지름이 굵은 것을 사용한다.
③ 본 용접사와 동등한 기량을 갖는 용접자로 하여금 가접을 하게 한다.
④ 본 용접 전에 좌우의 홈 부분을 잠정적으로 고정하기 위한 짧은 용접이다.

해설 가접 : 치수, 각도, 형상을 맞추기 위한 짧은 용접을 말하여, ①, ③, ④ 외에 본 용접보다 가는 지름의 용접봉으로 가접해야 된다.

48 용접비드 끝에서 불순물과 편석에 의해 발생하는 응고균열은?

① 은점   ② 스패터
③ 수소취성   ④ 크레이터 균열

해설 크레이터 균열은 고온 균열의 일종이다.

49 용접 방법과 시공 방법을 개선하여 비용을 절감하는 방법으로 틀린 것은?

① 사용 가능한 용접 방법 중 용착 속도가 큰 것을 사용한다.
② 피복아크 용접할 경우 가능한 굵은 용접봉을 사용한다.
③ 모든 용접에 되도록 덧살을 많게 한다.
④ 용접 변형을 최소화하는 용접 순서를 택한다.

해설 용접부에서 덧살은 강도 증가에 영향을 거의 주지 않으며, 과도한 덧살은 오히려 수축변형과 응력집중 현상을 초래하게 되므로 덧살은 최소한(판두께의 20% 이내, 후판이라 해도 3mm 이내)으로 한다.

50 용접구조 설계상의 주의 사항으로 틀린 것은?

① 용접이음의 집중, 접근 및 교차를 가급적 피할 것
② 용접치수는 강도상 필요 이상으로 크게 하지 말 것
③ 용접에 의한 변형 및 잔류응력을 경감시킬 수 있도록 할 것
④ 후판 용접의 경우 용입이 얕은 용접법을 이용하여 용접 층수(패스 수)를 많게 할 것

해설 용접은 가능한 용착금속이 적게, 동일한 두께라 해도 용접 층수를 적게 하는 것이 변형이 적고 용접시간도 단축될 수 있다.

51 다음 용접기호를 바르게 설명한 것은?
★★

① 필릿 용접   ② 플러그 용접
③ 목 길이 5mm   ④ 루트 간격 5mm

해설 삼각형 모양의 용접 기호는 필릿 용접을 뜻

정답 46 ②   47 ②   48 ④   49 ③   50 ④   51 ①

하며, 기호 옆에 a5는 목 두께를 5mm로 하라는 의미이다.

52 강재 용접부 표면에 발생한 기공의 탐상에 가장 적합한 비파괴 검사법은?

① 음향 방출검사
② 자분 탐상검사
③ 초음파 탐상검사
④ 방사선 투과검사

해설 용접부의 표면 결함 검사법으로 자분(기)탐상과 침투탐상법이 있다. 초음파 탐상이나 방사선 투과 검사는 내부 결함 검사법에 쓰인다.

53 용접 후 변형을 교정하는 방법을 나열한 것 중 틀린 것은? ★★

① 롤러에 거는 방법
② 형재에 대한 직선 수축법
③ 냉각 후 해머질하는 방법
④ 절단에 의하여 성형하고 재 용접하는 방법

해설 변형 교정법으로 가열 후 고온에서 해머로 교정은 쉬우나 냉간 상태에서는 변형 교정이 어렵고 응력 발생이 커져 균열의 우려가 있다.

54 용접지그를 선택하는 기준으로 틀린 것은? ★★

① 용접 변형을 억제할 수 있는 구조이어야 한다.
② 청소하기 쉽고 작업능률이 향상 되어야 한다.
③ 피용접물과의 고정과 분해가 어렵고 용접할 간극이 좁아야 한다.
④ 용접하고자 하는 물체를 튼튼하게 고정시켜 줄 수 있는 크기와 강성이 있어야 한다.

해설 지그 선택 : ①, ②, ④ 외에 피용접물과의 고정과 분해(탈착)이 쉬워야 되며, 용접할 공간이 최소한의 간격은 유지되어야 한다.

55 작업측정의 목적 중 틀린 것은?

① 작업개선   ② 표준시간 설정
③ 과업관리   ④ 요소작업 분할

해설 측정의 목적 : 2개의 작업방법 중 그 작업방법의 우열판단 기준 설정과 표준시간 설정으로 작업개선과 과업관리
- 과업관리 : 정상적인 작업 실시를 방해하는 요소 측정하고 평가하여 효율화하고, 작업 수행에 필요한 표준시간 설정으로 과업을 관리하는 것이다.

56 단순지수 평활법을 이용하여 금월의 수요를 예측할려고 한다면 필요한 자료는 무엇인가?

① 일정기간의 평균값, 가중값, 지수평활계수
② 추세선, 최소자승법, 매개변수
③ 전월 예측치와 실제치, 지수평활계수
④ 추세변동, 순환변동, 우연변동

57 일반적으로 품질 코스트 가운데 가장 큰 비율을 차지하는 것은? ★★

① 평가 코스트   ② 실패 코스트
③ 예방 코스트   ④ 검사 코스트

해설 예방 코스트를 약간 증가시키면 상대적으로 평가 코스트와 실패 코스트를 크게 감소시킬

정답 52 ② 53 ③ 54 ③ 55 ④ 56 ③ 57 ②

수 있다.

실패 코스트 : 품질수준을 유지하는데 실패 하였기에 발생하는 불량품, 불량원료에 의한 부실 코스트(손실 코스트)로 품질관리 활동의 초기단계에서 가장 큰 비율로 들어가는 코스트이다.

58 어떤 작업을 수행하는데 작업소요시간이 빠른 경우 5시간, 보통이면 8시간, 늦으면 12시간 걸린다고 예측 되었다면 3점 견적법에 의한 기대 시간치와 분산을 계산하면 약 얼마인가?

① $t_e = 8.0$, $\sigma^2 = 1.17$
② $t_e = 8.2$, $\sigma^2 = 1.36$
③ $t_e = 8.3$, $\sigma^2 = 1.17$
④ $t_e = 8.3$, $\sigma^2 = 1.36$

해설 기대 시간치

$$t_e = \frac{t_0 + 4t_m + t_p}{6} = \frac{5 + (4 \times 8) + 12}{6} = 8.17$$

(t_0 : 낙관(빠른) 시간
t_m : 정상(보통) 시간
t_p : 비관(늦은) 시간)

기대시간의 분산

$$\sigma^2 = \left(\frac{t_p - t_0}{6}\right)^2 = \left(\frac{12-5}{6}\right)^2 = 1.361$$

- 활동소요시간 측정 : PERT/time에서 활동 소요시간을 기대 시간치라고 하며, t_0(낙관 시간치), t_m(정상 시간치), t_p(비관 시간치)를 기초로 3가지 시간 측정치를 평균하여 하나의 추정 소요시간을 산출하게 되는데 6분포에 의하여 산출한다.
- 낙관 시간치 : 평상보다 잘 진행될 때 그 활동을 완성하는데 필요한 최소시간
- 정상 시간치 : 활동을 완료하는데 필요한 기간 중의 최량 추정 시간치를 의미함
- 비관 시간치 : 천재지변 등 예측하지 못한 사고를 제외하고 뜻대로 되지 않게 활동을 완성한 시간치를 의미함.

59 정규 분포에 관한 설명 중 틀린 것은?

① 일반적으로 평균치가 중앙값보다 크다.
② 평균을 중심으로 좌우 대칭의 분포이다.
③ 대체로 표준편차가 클수록 산포가 나쁘다고 본다.
④ 평균치가 0이고 표준편차가 1인 정규 분포를 표준 정규분포라 한다.

해설 정규분포는 절대근사하며, 평균과 표준편차가 주어져 있을 때 엔트로피를 최대화하는 분포이다.
정규분포곡선은 좌우 대칭이며 하나의 꼭지를 가지며, 중앙치에 사례 수가 모여 있다. 그리고 양극단으로 갈수록 X축에 무한히 접근하지만 X축에 달라붙지는 않는다.

60 계수 규준형 샘플링 검사의 OC 곡선에서 좋은 로트를 합격시키는 확률을 뜻하는 것은? (단, α는 제1종 과오, β는 제2종 과오이다.) ★★

① α ② β
③ $1 - \alpha$ ④ $1 - \beta$

해설 계수 규준형 샘플링 검사 : 생산자 및 소비자 양측을 보호하기 위한 보증의 정도를 규정하여 양측을 만족하는 샘플링 검사이며, OC 곡선은 로트의 불량률의 변화에 따라 로트가 합격할 확률을 나타내는 곡선이다.

정답 58 ② 59 ① 60 ③

2016 제60회 용접기능장 최근 기출문제

2016년 7월 10일 시행

01 교류 아크용접기에 관한 사항으로 옳은 것은? ★★

① 교류 아크용접기는 극성 변화가 가능하고 전격의 위험이 적다.
② 교류 아크용접기의 부속장치는 전격 방지장치, 원격 제어장치 등이 있다.
③ 교류 아크용접기는 가동 철심형, 탭전환형, 엔진 구동형, 가포화리액터형 등으로 분류한다.
④ AW-300은 교류 아크용접기의 정격 입력 전류가 300A 흐를 수 있는 전류 용량의 값을 표시하고 있다.

[해설] 교류 아크용접기는 극성 변화가 불가능하며, 직류 아크용접기에 비해 전격 위험이 높다. 그리고, AW-300은 정격출력 전류가 300A 흐를 수 있는 용량값을 말함.

02 강괴, 강관 그리고 강판 표면의 홈이나 주름, 주조 결함, 탈탄층 등을 제거하는 방법으로 가장 적합한 가공법은?

① 스카핑   ② 분말 절단
③ 가스 가우징   ④ 아크 에어 가우징

[해설] 가우징은 홈파는 가공법이며, 분말 절단은 스테인리스강 등 가스 절단이 곤란한 금속의 절단에 적용하며, 고압산소에 적당한 용제를 혼합하여 절단하는 방법이다.

03 피복 아크용접봉으로 운봉할 때 운봉 폭은 심선 지름의 얼마 정도가 가장 적합한가?

① 2~3배   ② 4~5배
③ 6~7배   ④ 8~9배

04 200메시(mesh) 정도의 철분에 알루미늄 분말을 배합하여 절단하는 것으로 주철, 스테인리스강, 구리, 청동 등의 절단에 효과적인 절단법은?

① 수중 절단   ② 철분 절단
③ 산소창 절단   ④ 탄소 아크 절단

[해설] 산소창 절단 : 토치 화구 대신 가늘고 긴(지름 3.2~6mm, 길이 1.5~3m) 강관을 사용하여 절단부를 연소 온도까지 가열해 놓고 강관 내부로 산소를 분출하여 강관의 산화열에 의하여 절단하는 방법

05 용해 아세틸렌을 충전하였을 때 용기 전체의 무게가 62.5kgf이었는데, B형 토치의 200번 팁으로 표준불꽃 상태에서 가스용접하고 빈 용기를 달아보았더니 무게가 58.5kgf이었다면 가스 용접을 실시한 시간은 약 얼마인가?

① 약 12시간   ② 약 14시간
③ 약 16시간   ④ 약 18시간

[해설] 가스량 = 905(62.5-58.5)/200 = 18.1

정답 1 ② 2 ① 3 ① 4 ② 5 ④

06 교량의 절단, 침몰선의 해체, 항만의 방파제 공사 등에 가장 많이 사용되는 절단은? ★★★

① 수중 절단　② 분말 절단
③ 산소창 절단　④ 플라스마 절단

07 사용되는 아세틸렌 가스의 압력에 따른 가스 용접 토치의 분류(한 것 중)에 해당되지 않는 것은? ★★

① 저압식　② 가압식
③ 중압식　④ 고압식

해설 압력에 따른 분류에는 가압식은 없다.

08 절단법에 대한 설명으로 틀린 것은?

① 레이저 절단은 다른 절단법에 비해 에너지 밀도가 높고 정밀 절단이 가능하다.
② 수중 절단에 사용되는 연료 가스로는 수소, 아세틸렌, LPG 등이 쓰이는데 주로 수소 가스가 사용된다.
③ 산소창 절단의 용도는 스테인리스강이나 구리, 알루미늄 및 그 합금 절단에 주로 사용한다.
④ 아크 에어 가우징은 탄소 아크 절단에 압축공기를 같이 사용하는 방법으로 용접부의 홈파기, 결함부 제거 등에 사용된다.

해설 수중 절단에 쓰이는 연료로 아세틸렌은 수압에 의해 폭발할 위험이 크므로 사용해선 안되며, LPG는 수분이 발생하므로 부적합하다.

09 교류 아크용접기 중 가변 저항의 변화로 용접 전류를 조정하는 용접기의 형식은?

① 탭 전환형　② 가동 철심형
③ 가동 코일형　④ 가포화 리액터형

해설 가동 코일형 : 1차코일과 2차 코일의 거리 조정에 따라 전류를 조절하는 형식

10 고산화티탄계의 연강용 피복 아크용접봉을 나타낸 것은?

① E4301　② E4313
③ E4311　④ E4316

해설 E4301 : 일미나이트계
　　　E4311 : 고셀룰로스계
　　　E4316 : 저수소계

11 연강용 피복 아크 용접봉에서 피복제의 편심률은 몇% 이내이어야 하는가?

① 12%　② 9%
③ 6%　④ 3%

해설 편심률은 $\frac{D'-D}{D}\times 100$이며 3% 이내이어야 한다.

12 피복 아크 용접기를 사용할 때의 주의사항이 아닌 것은?

① 정격 사용률 이상 사용하지 않는다.
② 용접기 케이스를 접지한다.
③ 탭 전환형은 아크 발생 중 탭을 전환시킨다.
④ 가동부분, 냉각 팬(fan)을 점검하고 주유를 해야 한다.

해설 탭 전환형 : 아크를 발생하면서 탭을 전환시킬 경우 스파크에 의해 용접기가 파손될 우려가 있다.

정답　6 ①　7 ②　8 ②　9 ④　10 ②　11 ④　12 ③

13 산소-아세틸렌 용접을 할 때 팁(tip) 끝이 순간적으로 막히면 가스 분출이 나빠지며, 토치의 가스 혼합실까지 불꽃이 그대로 도달되어 토치가 뜨겁게 달구어지는 현상은?

① 인화(flash back) ② 역화(back fire)
③ 적화(red flash) ④ 역류(contra flow)

해설 역화 : 순간적으로 가스 팁이 막혔다가 다시 펑하고 터지면서 불이 붙는 현상

14 피복 아크용접봉의 피복제에 포함되어 있는 주요 성분이 아닌 것은?

① 고착제   ② 탈산제
③ 탈수소제   ④ 가스 발생제

15 부하전류가 증가하면 단자 전압이 저하하는 특성으로서 피복 아크용접에서 필요한 전원 특성은? ★★

① 수하 특성   ② 상승 특성
③ 부저항 특성 ④ 정전압 특성

해설 상승 특성, 정전압 특성은 전류가 증가하면 전압도 약간 상승하거나 일정한 특성으로, CO_2 용접기 등 반자동 용접기에 많이 적용된다.

16 TIG 용접에 사용되는 전극봉의 조건으로 틀린 것은?

① 저용융점의 금속
② 열전도성이 좋은 금속
③ 전기 저항이 적은 금속
④ 전자 방출이 잘 되는 금속

해설 TIG 용접용 전극은 높은 열을 발생하기 때문에 고융점 금속이 적합하다.

17 MIG 용접에서 극성에 따른 아크 상태 및 용접부의 증상에 관한 설명으로 틀린 것은?

① 직류 역극성에서는 스프레이 이행이 되고 용입이 깊다.
② 직류 정극성에서는 입상 이행이 되고 용입이 낮은 비드를 얻을 수 있다.
③ 직류 정극성에서는 큰 용적이 간헐적으로 낙하되어 볼록한 비드를 얻을 수 있다.
④ 직류 역극성에서는 안정된 아크를 얻고 적은 스패터와 좁고 깊은 용입을 얻을 수 있다.

18 서브머지드 아크용접과 같은 대전류를 사용하는 것에 알맞은 용융금속의 이행 방법은?

① 직전형   ② 단락형
③ 폭발형   ④ 핀치 효과형

19 테르밋 용접에서 테르밋제의 주성분은?

① 과산화바륨과 산화철 분말
② 마그네슘 분말과 알루미늄 분말
③ 과산화바륨과 마그네슘 분말
④ 알루미늄 분말과 산화철 분말

해설 테르밋 용접은 알루미늄 분말과 산화철 분말의 화학 반응열에 의한 용접법이다.

20 아세틸렌 가스와 접촉시 폭발의 위험성이 없는 것은?

① Cu   ② Zn
③ Ag   ④ Hg

해설 아세틸렌과 접촉시 아세틸라이트라는 폭발

정답 13 ① 14 ③ 15 ① 16 ① 17 ③ 18 ④ 19 ④ 20 ②

성 화합물을 만드는 원소는 구리, 은, 수은 등이 있다.

21 용접은 에너지원의 종류에 따라 분류할 수 있는데 용접 에너지원과 용접법을 연결한 것 중 틀린 것은?

① 전기 에너지 : 피복아크용접법
② 기계적 에너지 : 마찰 용접법
③ 전자기적 에너지 : 폭발 용접법
④ 화학적 에너지 : 테르밋 용접법

해설 폭발 용접법은 폭발 에너지(기계적 에너지)를 이용한 용접법이다.

22 오토콘 용접과 비교한 그레비티 용접의 특징을 설명한 것으로 옳은 것은?

① 사용법이 쉽다.
② 중량이 가볍다.
③ 구조가 간단하다.
④ 운봉 속도의 조절이 가능하다.

23 용제가 들어있는 와이어 CO_2법은 복합 와이어의 구조에 따라 분류하는데 다음 그림과 같은 와이어는? ★★

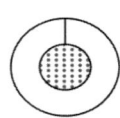

① NCG 와이어   ② S관상 와이어
③ Y관상 와이어   ④ 아코스 와이어

해설
아코스와이어 Y관상와이어 S관상와이어

24 저항 용접의 3대 요소에 해당되는 것은? ★★

① 도전률   ② 가압력
③ 용접 전압   ④ 용접 저항

해설 전기 저항용접의 3대 요소 : 통전전류, 통전시간, 가압력, 4요소 : 모재의 표면상태

25 솔더링(soldering)을 용제와 용도가 서로 맞게 연결된 것은?

① 인산 - 염화아연 혼합용
② 염산(HCl) - 아연도금 강판용
③ 염화아연($ZnCl_2$) : 일반 전기제품용
④ 염화암모니아(NH_4Cl) : 구리와 동합금용

해설 솔더링은 연납땜, 브레이징은 경납땜

26 용접 중 용융금속 중에 가스의 흡수로 인한 기공이 발생되는 화학 반응식을 나타낸 것은?

① $FeO + Mn \rightarrow MnO + Fe$
② $2FeO + Si \rightarrow SiO_2 + 2Fe$
③ $FeO + C \rightarrow CO + Fe$
④ $3FeO + 2Al \rightarrow Al_2O_3 + 3Fe$

해설 반응식에서 MnO, SiO_2, Al_2O_3 등은 모두 탈산 반응으로 가스를 제거하는 역할을 한다.

27 플라스마 아크용접의 장점으로 틀린 것은?

① 높은 에너지 밀도를 얻을 수 있다.
② 용접속도가 빠르고 품질이 우수하다.
③ 용접부의 기계적 성질이 좋으며, 변형이 적다.
④ 맞대기 용접에서 용접 가능한 모재 두께의 제한이 없다.

정답 21 ③ 22 ④ 23 ① 24 ② 25 ② 26 ③ 27 ④

28 다음 용접법 중 압접법에 속하는 것은?

① 초음파 용접
② 피복 아크용접
③ 산소 아세틸렌 용접
④ 불활성가스 아크용접

해설 압접법 : 전기 저항용접(점용접, 심용접, 프로젝션용접, 업셋용접 등), 냉간압접, 마찰압접 등

29 납땜의 용제가 갖추어야 할 조적으로 틀린 것은?

① 청정한 금속면의 산화를 방지할 것
② 모재나 땜납에 대한 부식 작용이 최소한일 것
③ 용제의 유효온도 범위와 납땜온도가 일치할 것
④ 땜납의 표면장력을 맞추어서 모재와의 친화력이 낮을 것

해설 용제는 땜납의 표면장력을 맞추어서 모재와의 친화력이 높아야 되며, 유동성이 좋고 슬래그 제거가 용이해야 된다.

30 담금질강의 취성을 줄이고 인성(toughness)을 부여하기 위한 열처리법으로 가장 좋은 것은?

① 풀림(annealing)
② 뜨임(tempering)
③ 담금질(quenching)
④ 노말라이징(normalizing)

해설 각종 열처리의 목적
· 풀림 : 연화, 응력제거, 구상화
· 담금질 : 경화, 내마모성
· 불림 : 조직 균질화, 표준화, 응력제거

31 베어링 합금이 갖추어야 할 조건으로 틀린 것은?

① 열전도율이 작아야 한다.
② 주조성, 절삭성이 좋아야 한다.
③ 충분한 강도와 내압력을 가져야 한다.
④ 내소착성이 크고 내식성이 좋아야 한다.

해설 ②, ③, ④ 외에 경도와 인성, 항압력이 크고 마찰계수가 작아야 된다.

32 용접시 산화아연이 발생하는 용접재료는?

① 황동   ② 주철
③ 연강   ④ 스테인리스강

33 Fe-C 평형 상태도에서 3상이 공존하는 곳의 자유도는? (단, 압력은 일정하다)

① 0   ② 1
③ 2   ④ 3

해설 압력을 무시한 경우(C : 성분수 2 : Fe, C, 상수 : 3상)
F = C + 1 - P = 2 + 1 - 3 = 0

34 일반 고장력강을 용접할 때 주의사항으로 틀린 것은?

① 아크 길이는 가능한 짧게 한다.
② 위빙 폭은 크게 하지 않는다.
③ 용접 개시 전에 이음부 내부 또는 용접할 부분에 청소를 한다.
④ 용접봉은 용접 작업성이 좋은 고산화티탄계 용접봉을 사용한다.

해설 고장력강 용접은 인성이 좋은 저수소계 용접봉을 사용해야 된다.

정답 28 ① 29 ④ 30 ② 31 ① 32 ① 33 ① 34 ④

35 침탄, 질화 등으로 내마모성과 인성이 요구되는 기계적 성질을 개선하는 열처리는?

① 수인법 ② 담금질
③ 표면 경화 ④ 오스포밍

해설 표면 경화 : 연강 등의 표면에 탄소나 질소를 침투시켜 표면의 경도를 높이는 화학적 표면 경화법과 0.45%C 정도의 강의 표면에 화염이나 고주파열을 가한 후 분사급랭하는 물리적 표면 경화법이 있다.

36 고주파 담금질의 특성을 설명한 것으로 틀린 것은? ★★

① 직접 가열에 의하므로 열효율이 높다.
② 조작이 간단하며 열처리 가공 시간이 단축될 수 있다.
③ 열처리 불량은 적으나 변형 보정이 항상 필요하다.
④ 가열 시간이 짧아 경화면의 탈탄이나 산화가 극히 적다.

해설 고주파 열처리는 변형 등이 적어 변형 교정이 항상 필요한 것은 아니다.

37 표면 열처리 방법인 금속 침투법의 침투 원소 종류 중 칼로라이징은 어떤 금속을 침투시키는 방법인가?

① Zn ② Cr
③ Al ④ Cu

해설 Zn 침투 : 세라다이징
Cr 침투 : 크로마이징
Si 침투 : 실리코나이징
B 침투 : 보로나이징

38 주철의 마우러(Maurer) 조직도는(란 무엇인가)?

① C와 Si 양에 따른 주철 조직도
② Fe와 Si 양에 따른 주철 조직도
③ Fe와 C 양에 따른 주철 조직도
④ Fe와 C와 Si 양에 따른 주철 조직도

해설 마우러 조직도

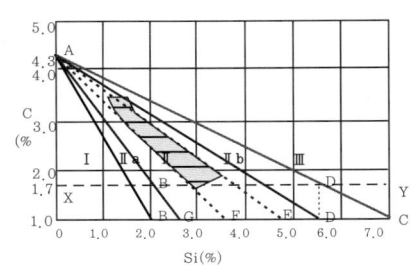

39 강을 담금질한 후 0℃ 이하로 냉각하여 잔류 오스테나이트를 마텐사이트화하기 위한 방법은? ★★★

① 저온 풀림 ② 고온 뜨임
③ 오스템퍼링 ④ 서브제로 처리

해설 서브제로 처리 : 심랭처리, 0점하 처리라고도 하며, 담금질시 잔류한 오스테나이트는 상온에서 불안정하여 다른 조직으로 변하게 됨에 따라 변형, 균열 등의 위험이 있고 요구 경도가 부족하므로 0℃ 이하로 냉각하여 마텐사이트화 하는 열처리

40 Fe-C 평형 상태도에서 공석반응이 일어나는 곳의 탄소 함유량은 약 몇 %인가?

① 0.025% ② 0.33%
③ 0.80% ④ 2.0%

해설 공석강은 0.85(0.80)%C의 강으로 펄라이트 조직을 형성한 강이다.

정답 35 ③ 36 ③ 37 ③ 38 ① 39 ④ 40 ③

41 Ni 36%를 함유한 Fe-Ni 합금으로서 상온에서 열팽창계수가 매우 적고 내식성이 대단히 좋으므로 줄자, 계측기, 시계의 진자, 바이메탈 등으로 사용되는 강은?

① 인바 ② 라우탈
③ 퍼멀로이 ④ 두랄루민

42 탄산가스 아크용접에서 와이어에 적당한 탈산제를 첨가하여 용착금속 내의 기공을 방지하는데 사용하는 원소는?

① Si, Mn ② Cr, Si
③ Ni, Mn ④ Cr, Ni

> **해설** 탈산제로 Fe-Si(페로 실리콘), Fe-Mn(페로 망간)로 모합금하여 사용된다.

43 용접부에 생기는 용접균열 결함의 종류에 속하지 않는 것은?

① 가로 균열 ② 세로 균열
③ 크랭크 균열 ④ 비드 밑 균열

44 중판 이상 두꺼운 판의 용접을 위한 홈 설계시 고려사항으로 틀린 것은? (2회)

① 루트 반지름은 가능한 한 작게 한다.
② 홈의 단면적은 가능한 한 작게 한다.
③ 적당한 루트 간격과 루트 면을 만들어 준다.
④ 최소 10°정도 전후 좌우로 용접봉을 움직일 수 있는 홈 각도를 만든다.

> **해설** 루트 반지름은 가능한 한 크게 한다. 홈 각이 0인 U형이 좋다. 효과적인 용착법이다.

45 설계 단계에서 용접부 변형을 방지하기 위한 방법이 아닌(틀린) 것은?

① 용착 금속을 증가시킬 수 있는 설계를 한다.
② 변형이 적어질 수 있는 이음 부분을 배치한다.
③ 보강재 등 구속이 커지도록 구조설계를 한다.
④ 용접 길이가 감소될 수 있는 설계를 한다.

> **해설** 필요한 강도에 견딜 수 있다면 용착 금속양은 적게 하는 것이 좋다. 용착금속이 증가하면 수축변형이 그만큼 커지게 되며, 용접봉비과 인건비 등이 많아지게 된다. 또한, 구속이 작아지도록 설계하면 변형이 발생할 수 있다.

46 다음 용접 기호의 설명으로 틀린 것은?

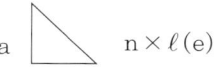

① a : 목 두께
② n : 목 길이의 개수
③ (e) : 인접한 용접부 길이
④ ℓ : 용접 길이(크레이터 제외)

> **해설** n : 용접부 개소의 수

47 용접 비드 끝 부분에서 흔히 나타나는 고온 균열로서 고장력강이나 합금 원소가 많은 강 중에서 나타나는 균열은?

① 토 균열(toe crack)
② 설퍼 균열(sulfur crack)
③ 크레이터 균열(crater crack)
④ 비드 밑 균열(under bead crack)

정답 41 ① 42 ① 43 ③ 44 ① 45 ① 46 ② 47 ③

해설 토 균열 : 지단 균열이라고도 하며 비드 끝에서 열영향부로 향한 균열

48 용접시 발생하는 변형 또는 잔류 응력을 경감시키는 방법에 대한 설명으로 틀린 것은?

① 용접부의 잔류응력을 경감하는 방법으로 급랭법을 쓴다.
② 용접 전 변형 방지법으로 억지법 또는 역변형법을 쓴다.
③ 용접 금속부의 변형과 잔류응력 경감을 위하여 예열을 한다.
④ 용접시공에 의한 경감법으로는 대칭법, 후퇴법, 스킵 블록법, 스킵법 등을 쓴다.

해설 용접부를 급랭시키면 용접부가 경화되며, 균열이 발생할 수 있다.

49 용접 이음의 안전률을 계산하는 식은?

① 안전률 = $\dfrac{\text{허용응력}}{\text{인장강도}}$

② 안전률 = $\dfrac{\text{인장강도}}{\text{허용응력}}$

③ 안전률 = $\dfrac{\text{허용응력}}{\text{변형률}}$

④ 안전률 = $\dfrac{\text{파괴강도}}{\text{연신율}}$

50 강재 이음제작시 용접 이음부 내에 라멜라테어(lamella tear)가 발생할 수 있다. 다음 중 라멜라테어 발생을 방지할 수 있는 대책은?

① 다층 용접을 한다.
② 모서리 이음을 한다.
③ 킬드강이나 세미킬드강재의 모재를 사용한다.
④ 모재의 두께 방향으로 구속을 부과시키는 구조를 사용한다.

해설 라멜라테어 : 층상 균열의 일종으로 모재 두께 방향으로 발생하기 쉬우므로 이러한 구조는 피해야 된다.

51 용접 작업에서 피닝을 실시하는 가장 큰 이유는?

① 급랭을 방지한다.
② 잔류응력을 줄인다.
③ 모재에 연성을 높인다.
④ 모재의 경도를 높인다.

52 파이프 용접시 용접 능률과 품질을 향상시킬 수 있는 아래보기 자세의 유지 가능한 기구로 파이프와 원주 속도와 용접속도를 같게 조정하여 파이프의 맞대기 용접을 자동으로 시공할 수 있게 하는 기구는?

① 정반　　　　② 터닝롤러
③ 혁신 지그　　④ 용접용 포지셔너

53 용접 자동화의 장점으로 틀린 것은? ★★★

① 용접의 품질 향상
② 용접의 원가 절감
③ 용접의 생산성 증대
④ 용접의 설비투자 비용 감소

해설 용접 자동화가 이루어지면 초기 설비 투자 비용은 매우 증대된다. ①, ②, ③ 외에 용착속도 매우 빠르며, 비드외관이 양호, 용접속도 빠르며, 용착효율이 높고, 노동력이 감소된다.

54 용접 지그(Jig)를 사용하여 용접작업할 때 얻는 효과로 가장 거리가 먼 것은?

① 용접 변형을 억제한다.
② 작업 능률이 향상된다.
③ 용접 작업을 용이하게 한다.
④ 용접 공정수를 높이게 된다.

해설 지그 사용의 이점 : ①, ②, ③ 외에 용접 공정수를 줄일 수 있다.

55 다음 표는 어느 자동차 영업소의 월별 판매실적을 나타낸 것이다. 5개월 단순 이동 평균법으로 6월의 수요를 예측하면 몇 대인가?

월	1월	2월	3월	4월	5월
판매량	100	110대	120대	130대	140대

① 120 대　　② 130 대
③ 140 대　　④ 150 대

해설 이동평균법 : $M = \dfrac{\sum X_{t-1}}{n} = \dfrac{600}{5} = 120$
  M : 당기 예측치,
  X_t : 마지막자료

56 표준시간 설정시 미리 정해진 표를 활용하여 작업자의 능력에 대하여 시간을 산정하는 시간 연구법에 해당되는 것은?

① PTS법　　② 스톱워치법
③ 워크 샘플링법　　④ 실적 자료법

해설 PTS법 : 모든 작업을 기본동작으로 분해하고, 각 기본 동작에 대하여 성질과 조건에 따라 미리 정해 놓은 시간치를 적용하여 정미시간을 산정하는 방법

57 다음 내용은 설비보전 조직에 대한 설명이다. 어떤 조직의 형태에 대한 설명인가?

> **보기**
> 보전작업자는 조직상 각 제조부문의 감독자 밑에 둔다.
> - 단점 : 생산우선에 의한 보전작업 경시, 보전기술 향상의 곤란성
> - 장점 : 운전과의 일체감 및 현장감독의 용이성

① 집중보전　　② 지역보전
③ 부분보전　　④ 절충보전

58 이항분포(Binomial Distirbution)에서 매회 A가 일어나는 확률이 일정한 값 P일 때 n회의 독립시행 중 A가 x회 일어날 확률 $P(x)$를 구하는 식은?

(단, N은 로트의 크기, n은 시료의 크기, P는 로트의 적합품률이다.)

① $P(x) = \dfrac{n!}{x!\,(n-x)!}$

② $P(x) = c^{-x} \cdot \dfrac{(nP)^2}{x!}$

③ $P(x) = \dfrac{\binom{NP}{x}\binom{N-NP}{n-x}}{\binom{N}{n}}$

④ $P(x) = \binom{n}{x} P^x (1-P)^{n-x}$

정답　54 ④　55 ①　56 ①　57 ③　58 ④

59 다음은 관리도의 사용 절차를 나타낸 것이다. 관리도의 사용 절차를 순서대로 나열한 것은?

> 〈보기〉
> ㉠ 관리하여야 할 항목의 선정
> ㉡ 관리도의 선정
> ㉢ 관리하려는 제품이나 종류 선정
> ㉣ 시료를 채취하고 측정하여 관리도를 작성

① ㉠ → ㉡ → ㉢ → ㉣
② ㉠ → ㉢ → ㉣ → ㉡
③ ㉢ → ㉠ → ㉡ → ㉣
④ ㉢ → ㉣ → ㉠ → ㉡

60 샘플링에 관한 설명으로 틀린 것은?

① 취락 샘플링에서는 취락간의 차는 적게 취락 내외의 차는 크게 한다.
② 제조 공정의 공정 특성에 주기적인 변동이 있는 경우 계통 샘플링을 적용하는 것이 좋다.
③ 시간적 또는 공간적으로 일정 간격을 두고 샘플링하는 방법을 계통 샘플링이라고 한다.
④ 모집단을 몇 개의 층으로 나누어 각 층마다 랜덤하게 시료를 추출하는 것을 층별 샘플링이라고 한다.

참고문제

01 A회사의 제품의 품질관리시 1회의 검사 개수 n=300개를 검사한 결과가 아래 표와 같다. 표를 보고 $\overline{P}$, $\overline{Pn}$, UCL, LCL을 구하면 어떻게 되는가?

검사일자	롯트수	불량수	비고
9/01	1	9	
9/02	2	5	
9/03	3	15	
9/04	4	11	
9/05	5	6	
9/06	6	5	
9/07	7	9	
9/08	8	12	
9/09	9	6	
9/10	10	10	
계		88	

[해설]
$\overline{p} = \dfrac{\Sigma_{pn}}{\Sigma_n} = \dfrac{88}{10 \times 300} = 0.029$

$\overline{pn} = \dfrac{\Sigma_{pn}}{n} = \dfrac{88}{10} = 8.8$

$UCL = \overline{pn} + 3\sqrt{\overline{pn} \times (1-\overline{p})}$
$= 8.8 + 3\sqrt{8.8 \times (1-0.029)} = 17.44$

$LCL = \overline{pn} - 3\sqrt{\overline{pn} \times (1-\overline{p})}$
$= 8.8 - 3\sqrt{8.8 \times (1-0.029)} = 0.16$

정답 59 ③ 60 ②

2017 제61회 용접기능장 최근 기출문제

2017년 3월 5일 시행

01 교류 용접기에서 2차 무부하전압 80V, 아크전압 30V, 아크전류 300A라고 하면 역률은 약 몇 %인가? (단, 용접기의 내부손실은 4kW이다.)

① 26 ② 48
③ 54 ④ 69

해설 역률 = $\dfrac{\text{소비전력}}{\text{전원입력}} \times 100$

$= \dfrac{30 \times 300 + 4000}{80 \times 300} \times 100 = 54.16$

02 강철을 산소 - 아세틸렌 가스를 이용하여 절단할 경우 예열온도는 약 몇 ℃ 정도가 가장 적당한가?

① 100~200 ② 300~500
③ 800~1000 ④ 1100~1500

해설 철강을 가스 절단할 경우 철의 연소 온도를 이용하므로 예열 온도는 철의 연소 온도인 900℃ 전후가 적당하다.

03 가스절단 되기 위한 조건 중에서 적당치 못한(틀린) 것은?

① 모재가 산화연소하는 온도는 그 금속의 용융점보다 높을 것
② 생성된 금속 산화물의 용융온도는 모재의 용융온도보다 낮을 것
③ 생성된 산화물은 유동성이 좋을 것
④ 금속의 화합물 중에 연소되지 않는 물질이 적을 것

04 피복 아크용접에서 피복제의 역할로 틀린 것은?

① 아크를 안정시킨다.
② 스패터 발생을 적게 한다.
③ 용융 금속의 용적을 조대화하여 용착효율을 높인다.
④ 모재 표면의 산화물을 제거하고 양호한 용접부를 만든다.

해설 피복제의 역할 : 용융금속의 용적을 미세화하여 용착효율을 높인다.

05 가스용접에서 사용하는 토치의 취급시 주의 사항으로 틀린 것은?

① 토치를 망치 등 다른 용도로 사용한다.
② 점화되어 있는 토치를 아무 곳에나 방치하지 않는다.
③ 팁 및 토치를 작업장 바닥이나 흙 속에 방치하지 않는다.
④ 팁을 바꿔 끼울 때는 반드시 양쪽 밸브를 모두 닫은 다음에 행한다.

해설 가스 용접 토치는 망치 대용 등 용접 외의 용도로 사용해서는 안된다.

정답 1 ③ 2 ③ 3 ① 4 ③ 5 ①

06 용접 후 열처리에서 고려 대상이 아닌 것은?

① 냉각 속도(cooling rate)
② 가열속도(heating rate)
③ 연료의 종류(type of fuel)
④ 가열 온도(heating temperature)

해설 열처리시 고려대상 : ①, ②, ④, 냉각 방법 등이 있으며, 연료의 종류와는 관계없다.

07 다음 중 용접기의 사용률을 계산하는 식은? ★★★

① 사용률(%) = $\dfrac{\text{아크시간}}{\text{휴식시간}}$
② 사용률(%) = $\dfrac{\text{아크시간}}{\text{아크시간} + \text{휴식시간}} \times 100$
③ 사용률(%) = $\dfrac{(\text{정격2차전류})^2}{(\text{실제의 용접전류})^2} \times 100$
④ 사용률(%) = $\dfrac{(\text{정격2차전류})^2}{(\text{실제의 용접전류})^2} \times \text{정격사용률}$

해설 용접기의 정격 사용률은 10분을 기준으로 아크 발생시간과 휴식시간에 대한 실제 아크 발생시간의 비를 말한다.

08 피복 아크용접에서 용접봉의 용융속도(melting rate)를 가장 적합하게 설명한 것은?

① 전체 사용된 용접봉의 길이
② 전체 사용된 용접봉의 중량
③ 단위 시간당 사용된 용접 재료
④ 단위 시간당 소비되는 용접봉의 길이

해설 용융속도 : 단위시간(보통 분당)당 소비되는 용접봉의 길이를 의미한다.

09 아세틸렌과 산소를 대기 중에서 연소시킬 때 공급되는 산소량에 따라 불꽃을 나눌 수 있다. 다음 중 불꽃의 종류에 포함되지 않는 것은?

① 탄화 불꽃   ② 중성 불꽃
③ 인화 불꽃   ④ 산화 불꽃

10 가스 용접 불꽃의 구성에 포함되지 않는 것은?

① 불꽃심   ② 속불꽃
③ 겉불꽃   ④ 제3불꽃

11 플라스마 절단시 절단품질에 영향을 미치는 요소가 아닌 것은?

① 작동가스   ② 절단전류
③ 토치높이   ④ 토치 도선의 길이

해설 토치 도선의 길이는 절단 품질과 관계없다.

12 용접이음에서 안전률 결정조건으로 가장 거리가 먼 것은?

① 재료의 용접성
② 용접시공 조건
③ 하중과 응력 계산의 정확성
④ 모재와 용착금속의 화학적 성질

해설 ④는 전혀 무관하지는 않으나 다른 보기와 비교해서 가장 거리가 멀다.

13 연강용 피복 아크용접봉의 종류 중 철분산화철계에 해당되는 것은?

① E4324   ② E4340
③ E4326   ④ E4327

정답 6 ③ 7 ② 8 ④ 9 ③ 10 ④ 11 ④ 12 ④ 13 ④

해설 ① : 철분 산화티탄계
② : 특수계, ③ : 철분 저수소계

14 피복 아크용접봉의 피복 배합제 중 탈산제가 아닌 것은?

① 페로티탄 ② 알루미늄
③ 페로실리콘 ④ 규산나트륨

해설 ④ : 고착제, 아크 안정제

15 주철, 비철금속, 스테인리스강 등을 절단하는데 용제 및 철분을 혼합 사용하는 절단방법은? ★★

① 스카핑 ② 분말 절단
③ 산소창 절단 ④ 플라스마 절단

해설 산소창 절단 : 두꺼운 철판, 주강의 슬래그 덩어리, 암석의 천공 등의 절단에 쓰인다.

16 CO_2 가스 아크용접법의 종류 중 용제가 들어있는 와이어 CO_2 법이 아닌 것은?

① 퓨즈 아크법(fuse arc process)
② 필러 아크법(filler arc process)
③ 유니온 아크법(union arc process)
④ 아코스 아크법(arcos arc process)

해설 MIG 용접법의 상품명 : 필러 아크법, 에어 코메틱 용접법, 시그마 용접법, 아르고노트 용접법 등

17 플라스마 아크용접에 관한 설명으로 틀린 것은?

① 핀치효과에 의해 열에너지의 집중이 좋으므로 용입이 깊다.
② 가스가 충분히 이온화 되어 전류가 통할 수 있는 상태를 플라스마라 한다.
③ 플라스마 아크 발생 방법은 플라스마 이행형태에 따라 크게 2가지가 있다.
④ 아크의 형태가 원통형이며, 일반적으로 토치에서 모재까지의 거리변화에 영향이 크지 않다.

해설 플라스마 이행형태 : 이행형, 비이행형, 중간형

18 CO_2 가스 아크용접의 용적이행 형태가 아닌 것은?

① 단락 이행 ② 입상 이행
③ 복합 이행 ④ 스프레이 이행

해설 용적 이행 형태 : 크게 ①, ②, ④이 있다.

19 가스 용접에서 충전가스 용기의 도색을 표시한 것으로 틀린 것은?

① 산소 - 녹색 ② 아세틸렌 - 청색
③ 프로판 - 회색 ④ 수소 - 주황색

해설 백색 : 암모니아 용기, 황색 : 아세틸렌 용기, 갈색 : 염소 용기, 청색 : CO_2 용기

20 티타늄의 용접성에 관한 설명으로 틀린 것은?

① 열간 가공이나 용접이 어렵다.
② 해수 및 암모니아 등에 우수한 내식성을 가지고 있다.
③ 물리적 성질은 용융점이 낮고 탄소강에 비해 밀도가 낮다.
④ 티타늄의 용접에는 플라스마 아크용접, 전자 빔 용접 등의 특수용접법이 사용되고 있다.

정답 14 ④ 15 ② 16 ② 17 ③ 18 ③ 19 ② 20 ③

해설 티타늄 : 인장강도와 내식성이 좋고, 고온에서 크리이프(Creep) 한계가 높으며, 용융점이 1825℃로 높다.

21 다음 중 레이저 용접장치의 기본형에 속하지 않는 것은?

① 반도체형　　② 엔드필형
③ 고체 금속형　④ 가스 방전형

22 겹치기 저항 용접에서 접합부에 나타나는 용융응고된 금속 부분을 무엇이라고 하는가?

① 튐　　　　　② 오손
③ 너깃　　　　④ 오목 자국

23 일렉트로 가스 아크용접의 특징으로 틀린 것은?

① 판두께가 두꺼울수록 경제적이다.
② 판두께에 관계없이 단층으로 상진 용접한다.
③ 용접장치가 간단하며, 취급이 쉽고 고도의 숙련을 요하지 않는다.
④ 스패터 및 가스의 발생이 적고, 용접작업시 바람의 영향을 받지 않는다.

해설 특징 : ①, ②, ③ 외에 홈 가공이 불필요하며 가스 절단 그대로 용접 가능, 정확한 조립과 냉각 동판에 급수 장치가 필요함.

24 다음 중 주철의 보수용접 방법이 아닌 것은?

① 로킹법　　　② 크라운법
③ 비녀장법　　④ 버터링법

해설 주철의 보수용접 방법 : ①, ③, ④ 외에 스터드법 등이 필요없다.

25 다음 중 전자 빔 용접의 특징으로 틀린 것은?

① 용접변형이 적어 정밀한 용접을 할 수 있다.
② 에너지의 집중이 가능하기 때문에 용융속도가 빠르고 고속 용접이 가능하다.
③ 전자빔은 전기적으로 정확한 제어가 어려워 얇은 판의 용접에 적용되며 후관의 용접은 곤란하다.
④ 전자빔은 자기 렌즈의 의해 에너지를 집중시킬 수 있으므로 용융점이 높은 재료의 용접이 가능하다.

해설 전자 빔 용접의 특징 : ①, ②, ④ 외에 전기적 제어가 쉬워 후판 용접에 적합하다.

26 서브머지드 아크용접에서 수소가스가 기포상태로 용착금속 내에 포함될 때 발생하며, 주로 비드 중앙에서 발생하기 쉬운 결함은?

① 용락　　　　② 기공
③ 언더컷　　　④ 용입부족

27 스테인리스나 알루미늄 합금의 납땜이 어려운 가장 큰 이유는?

① 적당한 용제가 없기 때문에
② 강한 산화막이 있기 때문에
③ 융점이 높기 때문에
④ 친화력이 강하기 때문에

해설 스테인리스나 알루미늄 합금은 강한 산화막이 있어 납땜하기 어렵다.

정답　21 ②　22 ③　23 ④　24 ②　25 ③　26 ②　27 ②

28 불활성 가스 텅스텐 아크용접의 장점이 아닌 것은?

① 모든 용접자세가 가능하며 특히 박판용접에서 능률이 좋다.
② 후판 용접에서는 다른 아크용접에 비해 능률이 떨어진다.
③ 거의 모든 금속을 용접할 수 있으므로 응용범위가 넓다.
④ 용접부에 산화, 질화 등을 방지할 수 있어 우수한 이음을 얻을 수 있다.

해설 불활성 가스 텅스텐 아크용접의 장점 : ②는 단점이다.

29 오스테나이트계 스테인리스강 용접시 유의해야 할 사항으로 올바른(옳은) 것은?

① 용접봉은 모재의 재질과 동일한 것을 사용한다.
② 아크 길이를 길게 유지한다.
③ 예열을 실시해야 한다.
④ 높은 전류값으로 용접하여 용접을 빨리 한다.

해설 오스테나이트계 스테인리스강 용접의 경우 예열을 하면 입계부식이 발생하기 쉽다. 용접은 짧은 아크 길이로 낮은 전류를 사용하여 용접해야 한다.

30 Al의 표면을 적당한 전해액 중에 양극 산화처리하여 표면에 방식성이 우수하고 치밀한 산화 피막을 만드는 방법이 아닌 것은?

① 수산법   ② 크롤법
③ 황산법   ④ 크롬산법

해설 Al의 표면을 적당한 전해액 중에 양극 산화 방식처리법 : ①, ③, ④ 외에 붕산법 등이 있다.
- 알카리성 방식법 : 암모니아 불화물법, 알칼리 과산화물법, 인산 나트륨법 등이 있다.

31 7-3 황동에 Sn을 1% 첨가한 황동으로 전연성이 좋아 판 또는 판을 만들어 증발기, 열교환기 등에 사용하는 것은?

① 양은   ② 톰백
③ 네이벌 황동   ④ 에드미럴티 황동

해설 6-4 황동에 Sn을 1% 첨가한 황동을 네이벌 황동이라 한다.

32 다음 중 베이나이트 조직을 얻기 위한 항온 열처리 방법은?

① 퀜칭   ② 심냉처리
③ 오스템퍼링   ④ 노멀라이징

해설 ③ : C 곡선의 nose 부분의 하부에서 항온(등온) 유지할 때 얻어지며, 550~350℃ 부분에서 상부 베이나이트가, 350~250℃에서 하부 베이나이트 조직이 생긴다.

33 다음 중 트루스타이트보다 냉각속도를 느리게 하면 얻어지는 조직으로 트루스타이트보다는 연하지만 펄라이트보다는 강인하고 단단한 조직은?

① 페라이트   ② 마텐자이트
③ 소르바이트   ④ 오스테나이트

해설 소르바이트(sorbite) : 큰 강재를 유냉했을 때 시멘타이트가 페라이트에 혼입되어 있고 트루스타이트보다 연하나 펄라이트보다 경도 및 강도가 큰 강인한 조직

정답 28 ② 29 ① 30 ② 31 ④ 32 ③ 33 ③

34 특정의 결정면을 경계로 처음의 결정과 경면적 대칭의 관계에 있는 원자배열을 갖는 결정 부분을 무엇이라고 하는가?

① 슬립　　② 쌍정
③ 전위　　④ 결정구조

> 해설 쌍정 : 경면적 즉 거울면을 생각할 때 결정과 결정이 대칭형 원자배열을 갖는 결정

35 다음 중 표면 강화 열처리 방법이 아닌 것은?

① 방전 경화법　　② 세라다이징
③ 서브제로처리　　④ 고주파 경화법

> 해설 ③ : 심랭처리(0점 이하 처리), 담금질 경화강 중의 잔류 오스테나이트를 마텐사이트화 하는 처리, 방법은 담금질 직후 -80℃(드라이아이스)나 -196℃(액체 질소)로 행하며, 곧 뜨임 작업이 필요하다.

36 면심입방격자(FCC)에 속하지 않는 금속은?

① Ag　　② Cu
③ Ni　　④ Zn

> 해설 면심입방격자 : ①, ②, ③ 외에 Al, Ag, Au, γ 철 등이 있다. Zn은 조밀육방격자이다.

37 탄소강에서 탄소량이 증가할 경우 일어나는 사항(나타나는 현상은)? ★★

① 경도감소, 연성감소
② 경도감소, 연성증가
③ 경도증가, 연성증가
④ 경도증가, 연성감소

> 해설 탄소강에 탄소량이 증가하면 경도, 강도, 항복강도 등은 증가하며, 연신률, 단면수축률, 비중, 용융점, 전기 전도도 등은 감소한다.

38 일반적인 화염 경화법의 특징으로 틀린 것은?

① 국부 담금질이 가능하다.
② 가열장치의 이동이 가능하다.
③ 장치가 간단하며 설비비가 저렴하다.
④ 담금질 변형을 일으키는 경우가 많다.

> 해설 ④는 화염 경화법이 일반 담금질보다 변형을 일으키기 쉬우므로 단점이며, 특징에 해당될 수 있다고 판단된다.

39 담금질하여 경화된 강을 변태가 일어나지 않는 A_1점(온도)이하에서 가열한 후 서냉 또는 공냉하는 열처리 방법은?

① 뜨임　　② 담금질
③ 침탄법　　④ 질화법

40 Y합금은 고온강도가 크므로 내연기관의 실린더, 피스톤 등에 사용된다. Y합금의 조성으로 옳은 것은?

① Cu - Zn
② Cu - Sn - P
③ Fe - Ni - C - Mn
④ Al - Cu - Ni - Mg

41 다음 중 용융점이 가장 높은 금속은?

① Au　　② W
③ Cr　　④ Ni

> 해설 용융점 : Au : 1063℃, Ni : 1495℃,

정답　34 ②　35 ③　36 ④　37 ④　38 ④　39 ①　40 ④　41 ②

Cr : 1875℃, W : 3410℃

42 용강 중에 Fe-Si 또는 Al 분말 등의 강한 탈산제를 첨가하여 완전히 탈산시킨 강은?

① 림드강　　② 킬드강
③ 캡드강　　④ 세미킬드강

해설 탈산을 거의 하지 않은 강괴를 림드강, 중간 정도 실시한 것을 세미킬드강이라 한다.

43 다음 용접이음에서 냉각속도가 가장 빠른 것은?

① 모서리 이음
② T형 필릿 이음
③ I형 맞대기 이음
④ V형 맞대기 이음

해설 동일 판두께의 경우 냉각방향이 많은 이음형상이 냉각속도가 빠르므로 T형 필릿 이음이 크게 3방향으로 냉각되므로 냉각속도가 가장 빠르다.

44 다음 중 용접부의 시험법 중에서 비파괴 검사방법이 아닌 것은?

① 피로시험　　② 자분검사
③ 초음파검사　④ 침투탐상검사

해설 피로시험은 충격시험과 같이 파괴적 시험의 일종으로 기계적 동적시험에 해당된다.

45 양면 용접에 의하여 충분한 용입을 얻으려고 할 때 사용되며 두꺼운 판의 용접에 가장 적합한 맞대기 홈의 형태는?

① H형　　② X형
③ V형　　④ U형

해설 용접 홈 선택 : 후판은 용접 변형을 최소화하기 위해 H형 또는 X형을 사용해야 되며, 좀 더 얇은 판의 경우 U형도 적용된다.

46 다음 그림과 같이 강판의 두께 25mm, 인장하중 10000N를 적용시켜 겹치기 용접이음을 한다. 용접부 허용응력을 7N/mm²이라 할 때 필요한 용접 길이는? (단, 두 장이 판 두께는 동일하다.) ★★★

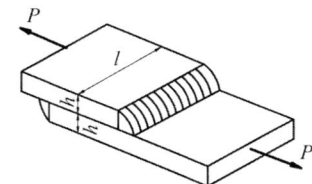

① 40.4mm　　② 42.3mm
③ 45.6mm　　④ 50.5mm

해설 $\sigma = \dfrac{P}{A} = \dfrac{P}{t \times \ell}$ 에서 목두께는 tcos45°이므로 양쪽 필릿은 1.414t가 된다.

$\ell = \dfrac{P}{\sigma t} = \dfrac{10000}{7 \times 25 \times 1.414} = 40.4$

47 용접 비드 끝단에 생기는 작은 홈의 결함으로 전류가 높고, 아크 길이가 길 때 생기는 쉬운 결함은?

① 피트　　② 언더컷
③ 오버랩　④ 용입 불량

정답　42 ②　43 ②　44 ①　45 ①　46 ①　47 ②

48 용접재료 검사 중 경도시험에서 사용되지 않는 시험방법은?

① 쇼어 경도   ② 브리넬 경도
③ 비커스 경도   ④ 샤르피 경도

해설 경도 시험으로 샤르피 경도 시험은 없으며, 샤르피 충격 시험법이 있다.

49 용접 이음에서 정하중에 대한 안전률은 얼마인가?

① 1   ② 3
③ 5   ④ 8

해설 안전률 = $\dfrac{극한강도}{허용응력} \times 100\%$

하중의 종류	정하중	동하중		충격하중
		단진응력	교번응력	
안전률	3	5	8	12

50 용접부의 단면을 연삭기나 샌드 페이퍼 등으로 연마하고 적당한 부식을 해서 육안이나 저배율의 확대경으로 관찰하여 용입의 상태, 열영향부의 범위, 결함의 유무 등을 알아보는 시험은? ★★★

① 파면 시험   ② 현미경 시험
③ 응력부식 시험   ④ 매크로 조직 시험

해설 매크로 조직 시험 : 마이크로 조직 시험은 시험편을 거울면처럼 연마하여 부식시킨 후 현미경으로 조직을 검사하는 시험이며, 매크로 조직 시험은 적당히 연마, 부식하여 육안이나 10배 이내의 저배율 확대경으로 관찰하는 시험이다.

51 용접시공 방법 중 잔류응력을 경감시키는데 필요한 방법이 아닌 것은?

① 예열을 이용한다.
② 용접 후 후열처리를 한다.
③ 적당한 용착법과 용접순서를 선정한다.
④ 용착금속의 양을 될 수 있는 대로 많게 한다.

해설 용접시공 방법 중 용착금속의 양이 많을수록 팽창과 수축이 커져서 변형이 많아지며, 잔류응력을 많게 할 수 있다.

52 다음 중 잔류 응력 완화법에 해당되지 않는 것은?

① 피닝법   ② 역변형법
③ 응력 제거 풀림 ④ 저온 응력 완화법

해설 역변형법 : 용접 전에 용접 후에 생길 변형을 예측하여 용접방향의 반대 방향으로 변형을 주는 방법을 말함

53 한 부분의 몇 층을 용접하다가 이것을 다음 부분의 층으로 연속시켜 전체가 계단 형태의 단계를 이루도록 용착시켜 나가는 용착방법은? ★★★

① 블록법   ② 스킵법
③ 덧붙이법   ④ 캐스케이드법

해설 캐스케이드법

(용접 중심선 단면도)

54 용접의 기본기호 중 심(seam)용접 기호로 맞는 것은?

① ○　　② ∽
③ ⊖　　④ ⌒

> 해설 ① : 점용접 기호
> ② : 표준 육성 기호
> ④ : 겹침 접합부 기호

55 부적합품률이 20%인 공정에서 생산되는 제품을 매시간 10개씩 샘플링 검사하여 공정을 관리하려고 한다. 이 때 측정되는 시료의 부적합품 수에 대한 기대값과 분산은 약 얼마인가?

① 기대값 : 1.6, 분산 : 1.3
② 기대값 : 1.6, 분산 : 1.6
③ 기대값 : 2.0, 분산 : 1.3
④ 기대값 : 2.0, 분산 : 1.6

56 설비배치 및 개선의 목적을 설명한 내용으로 가장 관계가 먼 것은?

① 재공품의 증가
② 설비투자 최소화
③ 이동거리의 감소
④ 작업자 부하 평준화

> 해설 설비 배치의 목적 : 공간의 효율적 이용, 운반 및 물자취급의 최소화, 공정의 균형화와 생산흐름의 원활화

57 3σ법의 $\overline{X}$ 관리도에서 공정이 관리상태에 있는데도 불구하고 관리상태가 아니라고 판정하는 제1종 과오는 약 몇 %인가?

① 0.27　　② 0.54
③ 1.0　　④ 1.2

> 해설 1종 과오 : 업무과정상 발생한 실수 중에는 무시해도 좋을 일을 없애느라 제대로 된 과정 자체를 변경하는 새로운 실수를 저지르는 경우를 통계용어로 제1종의 과오라고 한다.
> - 3σ법에서 제1종의 과오를 범할 확률은 0.0027이므로 0.0027×100 = 0.27%이다.

58 워크 샘플링에 관한 설명 중 틀린 것은?

① 워크 샘플링은 일명 스냅리딩(Snap Reading)이라 불린다.
② 워크 샘플링은 스톱워치를 사용하여 관측대상을 순간적으로 관측하는 것이다.
③ 워크 샘플링은 영국의 통계학자 L.H.C. Tippet가 가동률 조사를 위해 창안한 것이다.
④ 워크 샘플링은 사람의 상태나 기계의 가동상태 및 작업의 종류 등을 순각적으로 관측하는 것이다.

> 해설 스톱 워치(stop watch)법 : 스톱 워치를 사용하여 표준 시간을 측정하는 법, 작업자에 대한 심리적 영향을 가장 많이 주는 작업 측정기법

정답 54 ③ 55 ④ 56 ① 57 ① 58 ②

59 다음 중 품질검사에서 검사항목에 의한 분류가 아닌 것은?

① 중량검사 ② 수량검사
③ 자주검사 ④ 성능검사

해설 -검사 항목에 의한 분류 : ①, ②, ④ 외에 외관 검사, 치수 검사 5가지
- 검사 방법에 의한 분류 ; 전수 검사, 로트별 (샘플링) 검사, 관리샘플링 검사, 무검사 4가지
- 검사의 성질에 의한 분류 : 파괴 검사, 비파괴 검사, 관능 검사 3가지
- 검사가 행해지는 공정에 의한 분류 : 수입 (구입) 검사, 공정(중간) 검사, 최종(완성) 검사, 출하 검사
- 검사가 행해지는 장소에 의한 분류 : 정위치 검사, 순회 검사, 출장 검사

60 설비보전조직 중 지역보전(area maintenance)의 장·단점에 해당하지 않는 것은?

① 현장 왕복 시간이 증가한다.
② 조업 요원과 지역보전 요원과의 관계가 밀접해진다.
③ 보전 요원이 현장에 있으므로 생산 본위가 되며 생산의욕을 가진다.
④ 같은 사람이 같은 설비를 담당하므로 설비를 잘 알며 충분한 서비스를 할 수 있다.

해설 지역보전의 장점
① 보전요원이 쉽게 제조부 작업자에게 접근 가능하다.
② 작업지시에서 완성까지 시간지체를 최소화할 수 있다.
③ 보전 감독자와 요원이 예비부품 요구에 신속히 대응할 수 있다.
④ 생산라인의 공정변경이 쉽다.
⑤ 근무시간의 교대가 유기적이다.

단점
① 대수리작업 처리가 어렵다.
② 지역별 스태프를 여분으로 배치할 경향이 있다.
③ 배치전환, 고용, 초과근로에 대해 인적 문제나 제약이 많다.
④ 전문가 채용이 어렵다.

정답 59 ③ 60 ①

2017 제62회 용접기능장 최근 기출문제

2017년 7월 8일 시행

01 그림은 피복 아크용접시 용융금속이 옮겨가는 상태를 그린 것이다. 어떤 형인가?

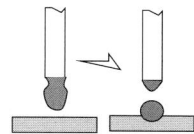

① 단락형　　② 글로뷸러형
③ 연속형　　④ 스프레이형

02 아크 에어 가우징 작업에서 탄소봉의 노출 길이가 길어지고 외관이 거칠어지는 가장 큰 원인의 경우는?

① 전류가 낮은 경우
② 전류가 높을 경우
③ 가우징 속도가 빠른 경우
④ 가우징 속도가 느린 경우

03 다음 중 융접에 속하지 않는 것은?

① 마찰 용접
② 스터드 용접
③ 피복 아크용접
④ 탄산가스 아크용접

해설 융접 : 어떤 열에 의해 모재를 용융시키고 부족한 쇳물을 용접봉으로 채워 용착금속을 만드는 용접법, ②, ③, ④ 등이 있음, ①은 엄밀히 따지면 융접에 속하는 마찰 용접과 마찰 압접으로 구분할 수 있다.

04 다음 중 아세틸렌가스의 폭발성과 관련이 가장 적은 것은? ★★

① 외력　　② 압력
③ 온도　　④ 증류수

해설 아세틸렌의 폭발성 : 외력, 충격, 마찰, 진동 등을 주면 안됨
- 압력 : 15℃에서 1.5기압 이상 압축하면 폭발 위험
- 온도 : 406~408℃ : 자연 발화, 505~515℃ : 폭발위험, 780℃ 이상 : 산소가 없어도 자연 폭발
- 혼합물 생성 : 62%Cu 이상 합금, Ag, Hg 등과 접촉하면 120℃ 부근에서 폭발성 화합물 생성
- 가스 혼합비 : 산소 : 아세틸렌의 혼합비가 85 : 15이면 폭발할 수 있음

05 피복 아크용접봉의 심선으로 주로 사용되는 재료는?

① 저탄소 림드강
② 저탄소 킬드강
③ 고탄소 킬드강
④ 고탄소 세미킬드강

해설 피복 아크용접봉 심선 : 주로 저탄소 림드강을 사용하지만 고장력강봉 등은 저탄소 세미킬드강을 사용하기도 한다.

정답 1② 2② 3① 4④ 5①

06 아세틸렌가스와 프로판가스를 이용한 절단시의 비교 내용으로 틀린 것은?

① 프로판은 슬래그의 제거가 쉽다.
② 아세틸렌은 개시까지의 시간이 빠르다.
③ 프로판이 점화하기 쉽고 중성불꽃을 만들기도 쉽다.
④ 프로판이 포갬절단 속도는 아세틸렌보다 빠르다.

해설 프로판을 사용한 가스 절단은 점화가 어렵고, 중성불꽃 만들기도 어렵다.

07 잠호용접법에서 다전극 용접 중 두개의 와이어를 똑같은 전원에 접속하여 비드 폭이 넓고 용입이 깊은 용접부를 얻기 위한 방식은?

① 횡병렬식   ② 횡직렬식
③ 탠덤식   ④ 종직렬식

08 아세틸렌 용기 속에 아세틸렌가스가 3200리터 보관되어 있다면, 프랑스식 200번 팁을 이용하여 표준불꽃으로 연강 판을 용접할 경우 약 몇 시간동안 용접할 수 있는가?

① 4시간   ② 8시간
③ 16시간   ④ 32시간

해설 프랑스식은 1시간당 아세틸렌이 몇 리터 소모되느냐를 번호로 나타내므로 3200/200 = 16시간이 된다.

09 강재 표면에 흠이나, 개재물, 탈탄층 등을 제거하기 위하여 얇고 넓게 표면을 깎아내는 가공법은?

① 스카핑   ② 가스 가우징
③ 탄소 가우징   ④ 아크에어 가우징

해설 가우징 : 아크나 가스를 사용하여 깊은 홈을 파는 작업을 말함

10 피복 아크용접봉에 사용되는 피복 배합제에서 아크안정제로 사용되는 것은?

① 니켈   ② 산화티탄
③ 페로망간   ④ 마그네슘

해설 아크 안정제 : 산화티탄, 석회석, 규산나트륨, 규산칼륨 등

11 피복 아크용접봉 중 내균열성이 가장 우수한 것은?

① E4303   ② E4311
③ E4316   ④ E4327

해설 피복 아크용접봉의 내균열성 크기 순서 : E4316 > E4301 > E4311 > E4313

12 탄소 아크 절단에 압축공기를 병용하여 전극 홀더의 구멍에서 탄소 전극봉에 나란히 분출하는 고속의 공기를 분출시켜 용융금속을 불어내어 홈을 파는 방법을 무엇이라고 하는가?

① 철분 절단   ② 불꽃 절단
③ 가스 가우징   ④ 아크 에어 가우징

13 교류 아크 용접기의 용접전류 조정범위는 정격 2차 전류의 몇 % 정도인가?

① 10 ~ 20%   ② 130 ~ 150%
③ 110 ~ 130%   ④ 20 ~ 110%

정답 6 ③ 7 ① 8 ③ 9 ① 10 ② 11 ③ 12 ④ 13 ④

해설 교류 아크 용접기는 정격 전류의 20~110%까지 조정 가능하다. 즉 AW 200의 경우 40~220A까지 조정이 가능하다.

14 가스절단에서 표준 드래그의 길이는 판 두께의 얼마 정도인가?

① 5%   ② 10%
③ 15% ④ 20%

해설 표준 드래그 : 절단 판두께의 1/5. 20%

15 피복(수동) 아크용접에서 양호한 용접을 하려면 짧은 아크를 사용하여야 하는데 아크 길이가 적당할 때 나타나는 현상이 아닌 것은? ★★★

① 아크가 안정된다.
② 산화 및 질화되기 쉽다.
③ 정상적인 입자가 형성된다.
④ 양호한 용접부를 얻을 수 있다.

해설 아크 길이가 적당하면 용접봉이 타서 생기는 가스가 용접부를 덮어주므로 산화나 질화가 잘 일어나지 않는다.

16 일반적인 레이저 빔 용접의 특징으로 옳은 것은?

① 용접속도가 느리고 비드 폭이 매우 넓다.
② 깊은 용입을 얻을 수 있고 이종금속의 용접도 가능하다.
③ 가공물의 열변형이 크고 정밀 용접이 불가능하다.
④ 여러 작업을 한 레이저로 동시에 작업할 수 없으며 생산성이 낮다.

해설 레이저 용접은 용입 깊이가 깊고 용접 속도가 빠르며, 정밀용접이 가능하며, 열변형이 매우 적다.

17 이음부의 루트 간격 치수에 특히 유의하여야 하며, 아크가 보이지 않는 상태에서 용접이 진행된다고 하여 잠호 용접이라고도 부르는 용접은?

① 피복 아크용접
② 서브머지드 아크용접
③ 탄산가스 아크용접
④ 불활성가스 금속 아크용접

해설 서브머지드 아크용접은 아크가 보이지 않는다 해서 불가시 용접, 개발회사의 이름을 따서 유니언 멜트 용접 등으로 불려진다.

18 불활성 가스 텅스텐 아크용접을 이용하여 알루미늄 주물을 용접할 때 사용하는 전류로 가장 적합한 것은?

① AC   ② DCRP
③ DCSP ④ ACHF

해설 알루미늄을 TIG 용접할 경우 원칙적으로 직류 역극성(DCRP)을 사용해야 되지만 이 경우 전극의 지름이 정극성의 약 4배 이상 되어야 되므로 특수한 토치를 사용해야 된다. 따라서 고주파 교류(ACHF)를 사용하면 교류에 1/2이 역극성이므로 용접이 가능하며, 교류의 불안정한 부분, 즉 아크 발생과 교류에서 전기가 끊어지는 부분을 고주파 교류가 작동하므로 보다 아크를 안정시킬 수 있다.

정답 14 ④ 15 ② 16 ② 17 ② 18 ④

19 논 가스 아크용접에서 개봉된 와이어를 재사용하면 흡습으로 인하여 여러 가지 결함이 발생하기 쉽다. 이를 방지하기 위하여 사용하기 전 재 건조를 실시하는데, 이때 가장 적당한 온도와 시간은?

① 50~100℃에서 1~2시간 건조
② 100~150℃에서 3시간 이상 건조
③ 200~300℃에서 1~2시간 건조
④ 400~500℃에서 3시간 이상 건조

20 가스 금속 아크용접에서 제어장치의 기능 중 크레이터 처리 기능에 의해 낮아진 전류가 서서히 줄어들면서 아크가 끊어져 이면 용접부가 녹아내리는 것을 방지하는 것은?

① 버언 백 시간
② 스타트 업 시간
③ 크레이터 지연 시간
④ 이면 용접 보호 시간

21 점 용접의 종류에 속하지 않는 것은? ★★

① 직렬식 점 용접 ② 맥동 점 용접
③ 인터랙 점 용접 ④ 플래시 점 용접

해설 전기 저항 점용접의 종류에 플래시 점 용접은 없으며, 플래시 용접이나 플래시 업셋 용접법은 있다.

22 일반적인 CO_2가스 아크용접 작업에서 전진법의 특징으로 틀린 것은?

① 스패터가 많으며 진행방향 쪽으로 흩어진다.
② 비드 높이가 높고 폭이 좁은 비드가 형성된다.
③ 용착 금속이 아크보다 앞서기 쉬워 용입이 얕아진다.
④ 용접시 용접선이 잘 보여서 운봉을 정확하게 할 수 있다.

해설 ②는 후진법의 특징이다.

23 구리 및 구리 합금의 용접성에 대한 설명으로 올바른 것은?

① 가스 용접시 수소 분위기에서 가열을 하면 산화물이 환원되어 수분을 생성시킨다.
② 열전도도, 열팽창 계수는 용접성에 영향을 주지 않는다.
③ 열팽창 계수가 작으므로 예열을 하지 않아도 된다.
④ 용접 후 응고 수축시 변형이 생기지 않는다.

해설 구리 및 구리합금의 용접은 아연 증발로 용접사가 중독될 수 있으며, 용접 후 응고 수축시 열팽창계수가 크므로 변형이 크다.

24 일반적인 저탄소강의 용접에 대한 설명으로 틀린 것은?

① 용접법의 적용에 제한이 없다.
② 용접 균열의 발생 위험이 적다.
③ 피복 아크용접의 경우 노치 인성이 요구될 때에는 저수소계 계통의 용접봉을 사용한다.
④ 서브머지드 아크용접의 경우 일반적으로 판두께 25mm 이하에서도 예열이 필요하다.

해설 저탄소강의 용접시 서브머지드 아크용

접을 할 때 판두께 25mm 이하에서는 예열이 필요없다.

25 피복 아크용접 작업에서 전기적 충격을 방지하기 위한 대책으로 틀린 것은?

① 용접기의 내부에 함부로 손을 대지 않는다.
② 홀더나 용접봉을 맨손으로 취급하지 않는다.
③ 땀, 물 등에 의해 습기찬 작업복이나 장갑, 구두 등을 착용한다.
④ 가죽장갑, 앞치마, 발 덮개 등 규정된 보호구를 반드시 착용한다.

해설 아크용접시 감전(전격, 전기적 충격) 방지 대책 중 젖은 장갑이나 작업복, 보호구 등을 사용하면 안된다.

26 스터드 용접에서 페룰의 역할이 아닌 것은?

① 용착부의 오염을 방지한다.
② 용접이 진행되는 동안 아크열을 집중시켜 준다.
③ 탈산제가 들어있어 용접부의 기계적 성질을 개선해 준다.
④ 용융금속의 산화를 방지하고, 용융금속의 유출을 막아준다.

해설 페룰 : ①, ②, ④의 역할을 하지만 탈산제가 없으므로 탈산제에 의한 기계적 성질 개선은 일어나지 않는다.

27 플라스마 아크용접의 장점으로 틀린 것은?

① 용접속도가 빠르다.
② 용입이 낮고 비드 폭이 넓다.
③ 1층으로 용접할 수 있으므로 능률적이다.
④ 용접부의 기계적 성질이 좋으며 변형이 적다.

해설 플라스마 아크용접의 장점 : ①, ③, ④ 외에 피복 아크용접 등에 비해 용입이 깊고 비드 폭이 좁다.

28 박판(3mm 이하) 용접에 적용하기 곤란한 용접법은?

① TIG 용접
② CO_2 용접
③ 심(seam) 용접
④ 일렉트로 슬래그 용접

해설 일렉트로 슬래그 용접은 후판의 수직 상진 용접법이므로 박판 용접은 곤란하다.

29 서브머지드 아크용접에서 사용하는 플럭스 중 분말 원료에 결합제를 혼입하여 500~600℃에서 건조하여 제조한 것은?

① 용융형 용제
② 혼합형 용제
③ 저온소결 용제
④ 고온소결 용제

해설 용융형 용제 : 고온 용접성이 양호하며, 흡습성이 없고 반복 사용이 가능하다.

30 다음 중 항온 열처리 방법에 해당되지 않는 것은?

① 마퀜칭
② 마템퍼링
③ 오스템퍼링
④ 노멀라이징

해설 노멀라이징(normalizing) : 불림, 소준이라고 하며 일반 열처리의 일종이다.

정답 25 ③ 26 ③ 27 ② 28 ④ 29 ③ 30 ④

31 오스테나이트계 스테인리스강에 대한 설명으로 틀린 것은?

① 가공경화성이 높다.
② 실온에서 조직이 마텐자이트이다.
③ 냉간가공에 의한 내력과 강도가 크게 상승한다.
④ 용접 등의 열 가공을 할 경우 변형이나 잔류응력에 대한 문제가 발생한다.

해설 오스테나이트계 스테인리스강 : 실온(상온)에서 오스테나이트 조직을 갖는 비자성체 조직이다.

32 시안화법이라고도 하며 시안화나트륨(NaCN), 시안화칼륨(KCN)을 주성분으로 하는 용융염을 사용하여 침탄하는 방법은?

① 고체 침탄법   ② 액체 침탄법
③ 가스 침탄법   ④ 고주파 침탄법

해설 침탄 : 저탄소강 표면에 탄소를 침투시킨 후 담금질하여 표면을 경화시키는 열처리법으로 숯 등을 사용하는 고체 침탄과 가스를 사용하는 가스 침탄, 그리고 이와 같은 액체 침탄이 있다.

33 탄소강에 포함된 원소 인(P)의 영향이 아닌 것은?

① 연신률을 증가시킨다.
② 상온취성의 원인이 된다.
③ 결정립을 조대화시킨다.
④ Fe_3P는 MnS 등과 접합하여 고스트라인을 형성하여 강의 파괴 원인이 된다.

해설 인(P)은 연신률을 감소시키고 경도가 높아져 취성이 증가되므로 상온 취성의 원인이 된다.

34 다음 중 Al-Si계 합금인 것은?

① 청동   ② 실루민
③ 퍼민바   ④ 미시메탈

해설 실루민 : 미국에서는 알팩스라고도 하며, Al-Si계 합금에 금속 나트륨, 불화물, 가성소다 등으로 개량처리한 대표적인 합금으로 내열성이 좋아 피스톤 등에 이용된다.

35 다음 주철 중 조직은 주로 편상 흑연과 페라이트로 되어 있으나, 약간의 펄라이트를 함유하고 있으며 기계 가공성이 좋고 값이 저렴한 주철은?

① 보통주철   ② 가단주철
③ 구상흑연주철   ④ 미하나이트주철

해설 구상흑연 주철 : 황이 적은 선철을 용해하고 여기에 Mg나 Ce 등을 첨가해서 접종처리하여 흑연을 구상화시킨 주철로, 닥타일 주철(미국), 연성 주철, 노듈러 주철(일본) 등으로 불려진다.

36 황동의 종류 중 톰백에 대한 설명으로 옳은 것은? ★★★★

① 0.3~0.8% Zn의 황동
② 1.2~3.7% Zn의 황동
③ 5~20% Zn의 황동
④ 30~40% Zn의 황동

해설 톰백 : Cu에 아연을 5~20% 첨가한 것으로 색이 아름답고 연성이 커서 금박 대용으로 쓰이며, Zn 성분 %에 따라 길딩메탈(5%Zn), 코머셜 브론즈(10%Zn), 레드 메탈(15%Zn), 로우 브레스(20%Zn)로 부른다.

정답 31 ② 32 ② 33 ① 34 ② 35 ① 36 ③

37 다음 금속침투법 중 철강 표면에 알루미늄을 확산 침투시키는 것은?

① 칼로라이징 ② 크로마이징
③ 세라다이징 ④ 보로나이징

해설 금속 침투법
크로마이징 : Cr 침투, 세라다이징 : Zn 침투, 보로나이징 : B(보론) 침투, 실리코나이징 : Si 침투

38 다음 중 순철에 대한 설명으로 틀린 것은?

① 비중이 약 7.8정도이다.
② 융점이 약 1539℃ 정도이다.
③ 순철의 A_3 변태점은 약 910℃이다.
④ 순철의 조직인 페라이트는 공석강조직보다 경도가 강하다.

해설 순철 : 순철은 상온에서는 0.008%C, 723℃에서 0.025%C를 함유한 것을 말하며, ①, ②, ③ 외에 페라이트는 철강 조직 중 가장 연한 조직으로 전기전도성이 좋아 전기재료 등에 쓰이나 너무 연하므로 기계재료에는 거의 쓰이지 않는다.

39 Ti합금의 결정구조의 종류가 아닌 것은?

① α형 합금 ② β형 합금
③ δ형 합금 ④ $(\alpha+\beta)$형 합금

40 다음 중 스테인리스강의 종류(분류)에 포함되(속하)지 않는 것은? ★★

① 펄라이트계 스테인리스강
② 페라이트계 스테인리스강
③ 마텐자이트계 스테인리스강
④ 오스테나이트계 스테인리스강

해설 조직별 스테인리스강의 종류 : 페라이트계, 마텐사이트계, 오스테나이트계, 석출경화계

41 금속 조직학상으로 강이라 함은 Fe-C 합금 중 탄소의 함유량이 약 몇 % 정도 포함된 것인가?

① 0.008~2.1 ② 2.1~4.3
③ 4.3~6.6 ④ 6.6 이상

해설 강과 주철의 구분 : 학자마다 조금씩 차이가 있으며, 보통 강(steel)은 0.008~2.01%C, 주철은 2.01~6.67%C의 것을 말한다.

42 재료의 선팽창계수나 탄성률 등의 특성이 변하지 않는 불변강에 해당되지 않는 것은?

① 인바(invar)
② 코엘린바(coelinvar)
③ 슈퍼인바(super)
④ 슈퍼엘린바(super elinvar)

해설 불변강 : 보통 길이 불변강에는 인바, 초(super) 인바, 탄성 불변강에는 엘린바, 코엘린바 등이 있다.

43 용접 변형방법 중 용접부의 부근을 냉각시켜서 열영향부의 넓이를 축소시킴으로서 변형을 감소시키는 방법은?

① 피닝법 ② 도열법
③ 구속법 ④ 역변형법

해설 도열법에는 수냉 동판법, 살수법, 석면포 도포법 등이 있다.

정답 37 ① 38 ④ 39 ③ 40 ① 41 ① 42 ④ 43 ②

44 맞대기 이음부의 홈의 형상으로만 조합된 것은?

① I형, V형, U형, H형
② K형, L형, T형, Z형
③ G형, X형, J형, P형
④ U형, K형, B형, Y형

해설 Z, L, G, P, B형 홈은 없다.

45 다음 그림과 같은 용접이음의 형상기호 종류는?

 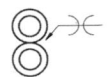

① 필릿용접 X형   ② 플레어용접 X형
③ 모서리용접 V형 ④ 플러그용접 K형

해설 플레어 용접 : 아주 얇은 판의 경우 두장의 판 끝을 위로 향하게 약간 구부린 후( ) 그 위에 용접하거나 파이프 면끼리 맞붙인 후 면 사이를 용접하는 방법을 말한다.

46 용접 아크길이가 길어지면 발생하는 현상으로 틀린 것은?

① 열 집중도가 좋다.
② 아크가 불안정하게 된다.
③ 용융금속이 산화되기 쉽다.
④ 용접금속에 개재물이 많게 된다.

해설 아크 길이가 길어지면 ②, ③, ④ 외에 열 집중도가 낮아져 용입 불량이 생기기 쉽다.

47 용접부에 생기는 잔류 응력 제거법이 아닌 것은? ★★★

① 국부 풀림법
② 노내 풀림법
③ 노멀라이징법
④ 기계적 응력 완화법

해설 노멀라이징 : 탄소강을 오스테나이트 상태로 가열 후 공랭하여 조직의 표준화, 균질화를 목적으로 하는 열처리이다.

48 용접구조물 설계시 주의할 사항 중 틀린 것은?

① 용접이음은 집중, 접근 및 교차를 피한다.
② 용접성, 노치인성이 우수한 재료를 선택하여 시공하기 쉽게 설계한다.
③ 용접금속은 가능한 다듬질부분에 포함되지 않게 주의한다.
④ 후판을 용접할 경우는 용입을 깊게 하기 위하여 용접층수를 가능한 많게 설계한다.

해설 용접 구조물 설계시 주의사항 : ①, ②, ③ 외에 후판의 경우 굵은 용접봉을 사용하여 가능한 용접 층수를 적게 하는 것이 시간절약, 변형감소 등의 이점이 있다.

49 용접으로 인한 변형교정 방법 중에서 가열에 의한 교정방법이 아닌 것은?

① 롤러에 의한 법
② 형재에 대한 직선 수축법
③ 얇은 판에 대한 점 수축법
④ 후판에 대한 가열 후 압력을 주어 수냉하는 법

해설 변형 교정 중 롤러에 의한 방법은 일반적으로 가열을 하지 않고 시행하는 경우가 보통이다.

정답 44 ① 45 ② 46 ① 47 ③ 48 ④ 49 ①

50 사람의 팔꿈치나 손목의 관절에 해당하는 움직임을 갖는 로봇으로 아크 용접용 다관절 로봇은?

① 원통 좌표 로봇(cylindrical robot)
② 직각 좌표 로봇(rectangular coordinate robot)
③ 극 좌표 로봇(polar coordinate robot)
④ 관절 좌표 로봇(articulated robot)

51 용접부의 비파괴 검사 중 비자성체 재료에 적용할 수 없는 검사방법은?

① 침투 탐상 검사
② 자분 탐상 검사
③ 초음파 탐상 검사
④ 방사선 투과 검사

해설 자분 탐상법 : 시험 재료에 자화를 시켜야 검사가 가능하다. 따라서 비자성체의 경우 자화를 할 수 없으므로 결함 탐상이 불가능하다.

52 용접 설계시 주의사항으로 틀린 것은?

① 구조상의 노치부를 만들 것
② 용접하기 쉽도록 설계할 것
③ 용접에 적합한 구조의 설계를 할 것
④ 용접 이음의 특성을 고려하여 선택할 것

해설 용접 설계시 주의사항 : ②, ③, ④ 외에 구조상 노치부를 피할 것

53 겹치기 이음의 비이드 밑 균열시험에 주로 사용하는 시험법으로 열적 구속도 균열 시험법이라고도 한다. 이 시험법은?

① 피스코 균열시험
② CTS 균열시험
③ 리하이형 구속 균열시험
④ 킨젤시험

54 재료의 인성과 취성을 측정하려고 할 때 사용하는 가장 적합한 파괴 시험법은?

① 인장시험　　② 압축시험
③ 충격시험　　④ 피로시험

해설 충격 시험 : 시험기 형상에 따라 샤르피식과 아이죠드식이 있으며 재료의 인성의 정도를 측정하는 파괴 시험법의 일종이다.

55 검사특성곡선(OC Curve)에 관한 설명으로 틀린 것은? (단, N : 로트의 크기, n : 시료의 크기, c : 합격판정개수이다.)

① N, n이 일정할 때 c가 커지면 나쁜 로트의 합격률은 높아진다.
② N, c이 일정할 때 n가 커지면 좋은 로트의 합격률은 낮아진다.
③ $N/n/c$의 비율이 일정하게 증가하거나 감소하는 퍼센트 샘플링 검사시 좋은 로트의 합격률은 영향이 없다.
④ 일반적으로 로트의 크기 N이 시료 n에 비해 10배 이상 크다면, 로트의 크기를 증가시켜도 나쁜 로트의 합격률은 크게 변화하지 않는다.

56 품질특성에서 X관리도로 관리하기에 가장 거리가 먼 것은?

① 볼펜의 길이
② 알코올 농도
③ 1일 전력소비량
④ 나사길이의 부적합품 수

정답　50 ④　51 ②　52 ①　53 ②　54 ③　55 ③　56 ④

57 다음 그림의 AOA(Activity-on-Arc) 네트워크에서 E작업을 시작하려면 어떤 작업들이 완료되어야 하는가?

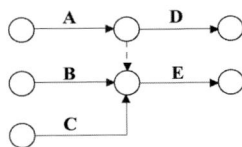

① B
② A, B
③ B, C
④ A, B, C

58 표준시간을 내경법으로 구하는 수식으로 맞는 것은?

① 표준시간 = 정미시간 + 여유시간
② 표준시간 = 정미시간 × (1 + 여유율)
③ 표준시간 = 정미시간 × $\left(\dfrac{1}{1-여유율}\right)$
④ 표준시간 = 정미시간 × $\left(\dfrac{1}{1+여유율}\right)$

59 관리도에 대한 설명 내용으로 가장 관계가 먼 것은?

① 관리도는 표준화가 불가능한 공정에는 사용할 수 없다.
② 관리도는 과거의 데이터의 해석에도 이용된다.
③ 관리도는 공정의 관리만이 아니라 공정의 해석에도 이용된다.
④ 계량치인 경우에는 x - R 관리도가 일반적으로 이용된다.

해설 관리도(Control Chart) : 생산 과정에서 품질의 특성에 맞춰 시간과 경과의 흐름에 맞춰 품질 수준을 표본으로 측정하며, 유, 무적 통계를 결정하는 방법 중 하나

60 다음 데이터로부터 통계량을 계산한 것 중 틀린 것은?

21.5, 23.7, 24.3, 27.2, 29.1

① 범위(R)=7.6
② 제곱합(S)=7.59
③ 중앙값(Me)=24.3
④ 시료분산(s2)=8.988

해설 범위 : 데이터의 최대값 - 최소값
= 29.1 - 21.5 = 7.6
- 평균 = (21.5 + 23.7 + 24.3 + 27.2 + 29.1)/5
= 25.16
- 제곱합 = (21.5 - 25.16)² + (23.7 - 25.16)² + (24.3 - 25.16)² + (27.2 - 25.16)² + 29.1 - 25.16)² = 36.14
- 중앙값 : 24.3
- 시료분산(Variance) : 시료표준편차의 제곱을 말하는데, 편차제곱합을 데이터의 수로 나누어 데이터 1개당의 산포의 크기로 표시한 것이다.

정답 57 ④ 58 ③ 59 ① 60 ②

2018 제63회 용접기능장 최근 기출문제

2018년 3월 31일 시행

01 다음 연료가스 중 발열량(kcal/m³)이 가장 큰 것은?

① 메탄   ② 수소
③ 부탄   ④ 아세틸렌

해설 메탄 : 8133kcal/m³, 수소 : 2448kcal/m³, 부탄 : 26691kcal/m³, 아세틸렌 : 12754kcal/m³, 프로판 : 20550kcal/m³

02 다음 중 용착효율(deposition efficiency)이 가장 낮은 용접은?

① MIG용접
② 피복 아크용접
③ 서브머지드 아크용접
④ 플럭스코어드 아크용접

해설 ② : 65%, ①, ④ : 75~85%, ③ : 100%

03 가스 절단에서 예열 불꽃 세기의 영향을 설명한 것으로 틀린 것은?

① 예열 불꽃이 약할 때 절단면이 거칠어진다.
② 예열 불꽃이 약할 때 드래그가 증가한다.
③ 예열 불꽃이 약할 때 절단 속도가 늦어진다.
④ 예열 불꽃이 강할 때 모서리가 용융되어 둥글게 된다.

해설 예열 불꽃이 세면 절단면이 거칠어진다.

04 스카핑 작업에 대한 설명으로 틀린 것은?

① 스카핑 작업은 강재 표면의 홈을 제거한다.
② 스카핑 토치는 가우징 토치에 비하여 능력이 작고 팁은 직선형을 사용한다.
③ 예열은 표면의 불순물이 떨어져 깨끗한 금속면이 나타날 때까지 가열한다.
④ 작업 방법은 스카핑 토치를 공작물의 표면과 75° 정도로 경사지게 하고 예열 불꽃의 끝이 표면에 접촉되도록 한다.

해설 스카핑 토치는 가우징 토치에 비해 능력이 크고 팁은 슬로우 다이버전트형이다.

05 산소-아세틸렌 가스용접시 연강판 용접에 가장 적당한 불꽃은?

① 중성 불꽃   ② 산화 불꽃
③ 탄화 불꽃   ④ 환원 불꽃

해설 산화 불꽃은 황동이나 동합금 용접에, 약한 탄화 불꽃은 니켈 합금이나 모넬메탈 용접에 사용한다.

06 아크가 발생하는 초기에 용접봉과 모재가 냉각되어 있어 용접 입열이 부족하여 아크가 불안정하기 때문에 아크 초기만 용접 전류를 특별히 높게 하는 장치는?

① 전격 방지 장치   ② 원격 제어 장치
③ 핫 스타트 장치   ④ 고주파 발생 장치

정답 1 ③ 2 ② 3 ① 4 ② 5 ① 6 ③

해설
- 전격 방지 장치 : 작업을 하지 않는 동안 무부하 전압을 30V 이하로 유지하여 감전을 방지하는 장치
- 원격 제어 장치 : 용접기와 멀리 떨어져서 전류나 전압 등을 조절하는 장치

07 다음 용접 자세 중 모재가 눈 위로 들려 있는 수평면의 아래쪽에서 용접봉을 위로 향하게 하여 용접하는 것은?

① F　　　② O
③ V　　　④ H

해설 F : 아래보기 자세(Flat Position), 위보기 자세(Over head Position), V : 수직 자세(Vertical Position), H : 수평 자세(Horizontal Position)

08 속이 빈 피복 용접봉과 모재 사이에 아크를 발생시켜 이 때 발생하는 아크열을 이용하여 절단하는 방법으로 고크롬강, 스테인리스강 등을 절단할 때 사용되는 절단은?

① 탄소 아크 절단　② 금속 아크 절단
③ 플라스마 절단　④ 산소 아크 절단

해설 ① : 탄소 또는 흑연 전극봉과 금속 사이에서 아크를 발생시켜 금속 일부를 제거하는 절단법

09 접합하려고 하는 금속을 용융시키지 않고 모재보다 용융점이 낮은 용가재를 금속 사이에 용융 첨가하여 접합하는 방법은?

① 납땜　　　② 단접
③ 심 용접　　④ 스폿 용접

해설 심 용접 : 전기 저항 용접의 일종으로 원판상 롤러 전극을 회전시키면서 연속적으로 점용접을 반복하는 방법

10 피복 아크용접기의 구비 조건으로 틀린 것은?

① 일정한 전류가 흘러야 한다.
② 구조 및 취급이 간단해야 한다.
③ 아크 발생 및 유지가 용이해야 한다.
④ 사용 중에 온도 상승이 높아야 한다.

해설 용접기는 사용 중에 온도 상승이 없어야 한다.

11 다음 중 압력 조정기의 취급상 주의사항으로 틀린 것은?

① 압력 용기의 설치구 방향에는 장애물이 없어야 한다.
② 조정기를 취급할 때에는 기름이 묻은 장갑 등을 사용해서는 안된다.
③ 압력 지시계가 잘 보이도록 설치하여 유리가 파손되지 않도록 주의한다.
④ 조정기를 설치한 다음 조정 나사를 풀고 밸브는 급격히 빨리 열어야 하며, 가스 누설 여부는 가스 불꽃으로 점검한다.

해설 압력 조정기 밸브는 서서히 조작해야 되며 가스 누설 여부는 비눗물을 사용한다.

12 용해 아세틸렌병의 전체 무게가 33kgf, 빈병의 무게가 30lgf일 때 이 병안에 있는 아세틸렌 가스의 양은 몇 리터(L)인가?

① 2115　　② 2315
③ 2715　　④ 2915

해설 아세틸렌 양 = 905(전체 무게 − 빈병의 무게)
　　　　　　= 905(33-30) = 2715

정답　7 ②　8 ④　9 ①　10 ④　11 ④　12 ③

13 가스용접에서 토치 내부의 청소가 불량할 때 막힘이 생겨 고압의 산소가 배출되지 못하고 산소보다 압력이 낮은 아세틸렌 통로로 밀면서 아세틸렌 호스 쪽으로 흐르는 현상은?

① 탄화 현상　② 역류 현상
③ 역화 현상　④ 인화 현상

해설 인화 : 팁 끝이 순간적으로 막히면 가스 분출이 나빠지고 토치의 가스 혼합실까지 불꽃이 도달하여 토치가 빨갛게 달구어지는 현상

14 다음 중 피복 아크용접기 설치시 가장 적합한 장소는?

① 먼지가 많은 장소
② 진동이나 충격이 심한 장소
③ 주위 온도 4℃ 정도의 장소
④ 휘발성 기름이나 부식성 가스가 있는 장소

해설 용접기 설치 적정 장소 : 먼지가 적고, 진동이나 충격이 없는 장소, 휘발성 기름이나 부식성 가스가 없는 장소

15 교류 아크 용접기 부속장치 중 아크 발생시 용접봉이 모재에 접촉하지 않아도 아크가 발생되는 것은?

① 고주파 발생장치　② 원격 제어장치
③ 전격 방지 장치　④ 핫 스타트 장치

해설 고주파 발생장치 : 아크 안정을 위해 상용 주파수의 아크 전류 외에 고전압 2000~4000V를 발생시켜 용접 전류를 중첩시켜 사용하는 장치

16 불활성 가스 텅스텐 아크용접시 가스이온이 모재 표면에 흐를 때 모재의 표면과 충돌하면서 화학 작용에 의해 모재 표면의 산화물을 파괴한다. 이러한 현상으로 얻어지는 효과는?

① 핀치 효과　② 청정 효과
③ 자기불림 효과　④ 중력 가속 효과

해설 직류 역극성 사용시 청정 효과에 의해 산화물이 제거되기 때문에 알루미늄이나 마그네슘 합금 등의 용접에 적용된다. 그러나 실질적으로는 고주파 중첩 교류에 의해 알루미늄 용접이 실행되고 있다.

17 주철의 용접이 곤란한 이유가 아닌 것은?

① 용접부 또는 다른 부분에서 균열이 생기기 쉽다.
② 탄소가 많기 때문에 용접부에 기공이 생기기 쉽다.
③ 용접 열에 의해 급열 급랭되기 때문에 용접부가 연화된다.
④ 용접시 용접부에 백주철이나 담금질 조직이 생겨 절삭가공이 어렵다.

해설 용접 열에 의해 급열 급랭되기 때문에 용접부가 경화된다.

18 플럭스 코어드 아크용접에서 기공의 발생 원인으로 가장 거리가 먼 것은? ★★

① 아크 길이가 길 때
② 탄산가스가 공급되지 않을 때
③ 보호가스의 순도가 불량할 때(순도가 나쁜 가스를 사용할 때)
④ 용접 와이어의 공급이 적정할 때

해설 기공의 발생 원인은 ①, ②, ③ 외에 와이어가

정답　13 ②　14 ③　15 ①　16 ②　17 ③　18 ④

흡습되었을 때, 모재 표면에 수분이 많을 때, 보호가스 분출이 너무 많거나 적을 때 등이다.

19 플라스마 아크용접에 사용되는 보호가스로 적당하지 않은 것은?

① 헬륨
② 아르곤
③ 아르곤과 수소의 혼합 가스
④ 아세틸렌

해설 아세틸렌은 가연성 가스이므로 용접부 보호가스로는 사용이 불가능하다.

20 서브머지드 아크용접시 적용 재료로 적당하지 않는 것은?

① 티탄
② 탄소강
③ 저합금강
④ 스테인리스강

21 전극 와이어보다 앞에 미세한 입상의 용제를 살포하면서 전극 와이어를 연속적으로 송급하여 용제 속에서 전극 선단과 모재 사이에 아크가 발생되면서 용접이 진행되는 자동 용접 방법은?

① 플라스마 아크용접
② 불활성가스 아크용접
③ 이산화탄소 아크용접
④ 서브머지드 아크용접

22 다음 중 텅스텐 전극봉을 사용하는 비용극식 용접법은?

① MIG 용접
② TIG 용접
③ 피복 아크용접
④ 탄산가스 용접

해설 ①, ③, ④는 용극(소모)식 용접법이다.

23 아크용접 작업 중 전격의 위험이 발생할 수 있는 요인으로 가장 적당한 것은?

① 용접 열량이 클 때
② 전류 세기가 클 때
③ 어스의 접지가 불량할 때
④ 절연된 보호구를 사용할 때

해설 어스의 접지가 불량해서 누전될 경우 전격의 위험이 크다.

24 일반적인 일렉트로 슬래그 용접의 특징으로 틀린 것은?

① 박판 용접에 적용할 수 없다.
② 비교적 최소한의 변형과 최단시간의 용접법이다.
③ 용접 시간에 비하여 용접 준비시간이 길다.
④ 용접 진행 중 용접부를 직접 관찰할 수 있다.

해설 일렉트로 슬래그 용접은 용제 속에서 모재와 용제 사이에 저항열에 의해 용접이 진행되므로 용접 상태를 확인할 수 없다.

25 일반적인 이산화탄소 가스 아크용접의 특징으로 틀린 것은?

① 용접 속도를 빠르게 할 수 있다.
② 전류 밀도가 높으므로 용입이 깊다.
③ 적용 재질이 철계통으로 한정되어 있다.
④ 바람의 영향을 크게 받지 않아 방풍 장치가 필요 없다.

해설 이산화탄소 가스 아크(CO_2) 용접은 풍속 2m/s 이상이면 방풍 장치가 필요하다.

정답 19 ④ 20 ① 21 ④ 22 ② 23 ③ 24 ④ 25 ④

26 다음 중 테르밋 용접의 특징으로 틀린 것은?

① 전기가 필요 없다.
② 작업 장소의 이동이 쉽다.
③ 용접 시간이 짧고 용접 후 변형이 적다.
④ 용접용 기구가 복잡하고 설비비가 비싸다.

해설 테르밋 용접은 기구가 간단하고 설비비가 저렴하다.

27 다음 중 전자빔 용접의 단점이 아닌 것은?

① 용접기의 값이 고가이다.
② 에너지를 집중시킬 수 있어 고용융 재료의 용접이 가능하다.
③ 피용접물 크기의 제한을 받는다.
④ 용접부가 좁기 때문에 냉각 속도가 빨라 경화 현상이 일어나기 쉽다.

해설 ②는 장점에 속한다.

28 저항 용접에 대한 설명으로 틀린 것은?

① 저항 용접의 기본적인 3대 요소는 가압력, 전류의 세기, 통전 시간이다.
② 저항 용접은 작업속도가 빠르고 대량 생산적인 성격이 강한 특징이 있다.
③ 기밀, 수밀, 유밀성을 필요로 하는 탱크의 용접 등에 가장 적합한 것은 심 용접법이다.
④ 퍼커션 용접은 제품 한쪽에 돌기를 만들어 용접 전류를 집중시켜 압접하는 방법이다.

해설 ④는 프로젝션 용접에 대한 설명이다.
- 퍼커션 용접 : 극히 작은 지름의 용접물을 접합에 사용하며, 전원은 축전된 직류를 사용한다. 피용접물을 두 전극 사이에 끼운 후에 전류를 통전하면 빠른 속도로 피용접물이 충돌하게 되게 하여 용접이 이루어진다.

29 다음 중 화재의 분류가 잘못 된 것은?

① A급 화재 : 일반 화재
② B급 화재 : 유류 화재
③ C급 화재 : 전기 화재
④ D급 화재 : 가스 화재

해설 D급 화재 : 금속 화재

30 입방정계 결정계의 결정 격자 종류가 아닌 것은?

① 체심정방격자 ② 면심입방격자
③ 단순입방격자 ④ 체심입방격자

해설 체심정방격자는 $a=b\neq c$, $\alpha=\beta=\gamma=90°$로 입방격자는 $a=b=c$로 c축이 다르다.

31 알루미늄이나 그 합금은 용접성이 대체로 불량하다. 그 이유에 해당되지 않는 것은? ★★★

① 비열과 열전도도가 대단히 커서 단시간 내에 용융 온도까지 이르기가 힘들기 때문이다.
② 용접 후의 변형이 크며 균열이 생기기 쉽기 때문이다.
③ 용융점이 660℃로서 낮은 편이고 색체에 따라 가열온도의 판정이 곤란하여 지나치게 용융되기 쉽기 때문이다.
④ 용융 응고시에 수소가스를 배출하여 기공이 발생되기 어렵기 때문이다.

해설 알루미늄은 응고시에 수소가스 배출이 잘 안되어 기공(핀홀)이 많이 생기기 때문이다.

정답 26 ④ 27 ② 28 ④ 29 ④ 30 ④ 31 ④

32 금속재료의 표면에 강이나 주철의 작은 입자를 고속으로 분사시켜 표면층을 가공 경화하여 경도를 높이는 방법은?

① 침탄법
② 숏 피닝
③ 금속 용사법
④ 연속 냉각 변태처리

해설 침탄 : 저탄소강 표면에 탄소를 침투시킨 후 담금질하여 표면을 경화시키는 열처리법으로 숯 등을 사용하는 고체 침탄과 가스를 사용하는 가스 침탄, 그리고 이와 같은 액체 침탄이 있다.

33 다음 그림이 지시하는 설명으로 틀린 것은?

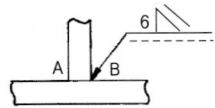

① A쪽을 용접한다.
② 화살표쪽에서 필릿 용접한다.
③ 목길이를 6mm로 한다.
④ 비드를 연마하여 평비드로 한다.

해설 용접기호 표시에서 수평실선(기준선) 위에 기호가 붙으면 화살표쪽(B)쪽에서 용접한다는 의미, 6은 각장(목길이), 삼각형 우측에 평행선은 용접보조기호로 비드 표면을 평면으로 하라는 의미

34 용융점이 650℃, 비중이 1.74 정도로 실용 금속 중에 가장 가벼운 재료이며, 열전도율과 전기 전도율은 Cu, Al보다 낮고 강도는 작으나 절삭성이 좋은 비철 금속 재료는?

① Ni
② Pb
③ Mg
④ Ti

해설 - Ni : 용융점 1453℃, 비중 8.8
- Pb : 327℃, 비중 11.35
- Ti : 용융점 1688℃, 비중 4.51

35 다음 중 풀림의 목적으로 가장 거리가 먼 것은?

① 내부 응력 제거
② 강의 경도 및 강도 증가
③ 금속 조직의 표준화, 균일화
④ 강을 연하게 하여 기계 가공성을 향상

해설 ②는 담금질의 목적에 속한다. 또한 ③도 불림의 목적에 가까우나 어느 정도는 가능하므로 가장 거리가 먼 것은 ②번이다.

36 강재의 KS 기호와 종류의 연결이 틀린 것은?

① STS 11 : 합금 공구강 강재
② SKH 2 : 고속도 공구강 강재
③ STC 140 : 탄소 공구강 강재
④ SCM 415 : 용접 구조용 압연 강재

해설 SCM은 크롬 몰리브덴강으로 합금 구조용강에 속한다.

37 베어링에 사용되는 Cu계 합금의 종류가 아닌 것은?

① 포금
② 켈밋
③ Al 청동
④ 화이트 메탈

정답 32 ② 33 ① 34 ③ 35 ② 36 ④ 37 ④

해설 화이트 메탈은 주석계와 납계가 있다.

38 흑연봉을 양극으로 하고 WC, TiC 등의 초경합금을 음극으로 하여 공구 표면에 불꽃을 일으켜 그 열로 주위를 경화시키는 방법은?

① 화염 경화법
② 금속 침투법
③ 방전 경화법
④ 고주파 담금질

해설 고주파 담금질 : 고주파 경화법이라고도 하며, 중탄소강 이상의 강재에 고주파 유도 코일로 표면을 가열시켜 오스테나이트화한 후 곧 냉각수를 분사시켜 경화시키는 방법이다.

39 강재를 가열하여 그 표면에 Zn을 고온에서 확산 침투시켜 내식성 및 대기 중의 부식방지성 등을 향상시킬 목적으로 표면을 경화시키는 열처리는?

① 크로마이징
② 세라다이징
③ 칼로라이징
④ 실리코나이징

40 Al-Si계 실용 합금으로 10~13% 정도의 Si가 함유된 것으로 용융점이 낮고 유동성이 좋으므로 넓고 복잡한 모래형 주물에 이용되는 것은?

① 실루민
② 엘린바
③ 두랄루민
④ 코로손 합금

해설 엘린바 : Ni 36%-Cr 12% 합금으로 탄성계수가 매우 적으며, 열팽창계수도 적어 시계 태엽, 스프링 등에 사용된다.

41 용융금속이 응고하면서 중심을 향한 가늘고 긴 기둥 모양의 조직은?

① 쌍정 조직
② 편석 조직
③ 주상 조직
④ 등축정 조직

42 용접부의 응력 집중을 피하는 방법이 아닌 것은?

① 강도상 중요한 용접이음 설계시 맞대기 용접부는 가능한 피하고 필릿 용접부를 많이 하도록 한다.
② 부채꼴 오목부를 설계한다.
③ 모서리의 응력 집중을 피하기 위해 평탄부에 용접부를 설치한다.
④ 판두께가 다른 경우 라운딩(rounding)이나 경사를 주어 용접한다.

해설 응력 집중 줄이는 법 : 단면이 급변하는 부분, 즉 언더컷이나, 과잉 덧살(여성높이), 구멍 등이 생기지 않도록 해야 되며, 필릿 용접은 완전 용입이 안되므로 맞대기 용접보다 응력 집중이 더 많이 생긴다.

43 고온 균열 시험에 적합한 방법으로 재현성이 좋고 시험재를 절약할 수 있으며, 지그에 맞대기 용접 시험편을 볼트로 단단히 붙인 다음 비드를 놓아 균열 여부를 조사하는 시험은?

① 킨젤(Kinzel) 시험
② 휘스코(Fisco) 균열 시험
③ 슈나트(Schnact) 시험
④ 리하이 구속(Lehigh restraint) 균열 시험

해설 ④ : 주변에 가공하는 슬리트의 길이를 변경시킴으로서 시험 비드에 미치는 열적 조건을 같게 하면서 역학적 구속을 바꾸어 균열 시험을 한다.

정답 38 ③ 39 ② 40 ① 41 ③ 42 ① 43 ②

44 용입 불량을 방지하기 위한 일반적인 방법으로 틀린 것은?

① 홈 각도에 알맞은 적당한 용접봉을 선택한다.
② 루트 간격을 좁게 하고 아크 길이를 길게 한다.
③ 용접 속도를 너무 빠르지 않게 적당한 속도를 유지한다.
④ 용접 전류가 너무 낮지 않게 하여 홈의 밑부분까지 충분하게 용융되도록 한다.

해설 루트 간격이 좁으면 전류가 더 높아져야 하며, 길이가 길게 되면 모재에 전달되는 입열량이 적어지므로 용입불량이 될 수 있다.

45 용접 변형에 영향을 미치는 인자 중 용접 열에 관계되는 인자가 아닌 것은?

① 용접 속도   ② 용접 층수
③ 용접 전류   ④ 부재 치수

46 다음 그림에서 맞대기 이음을 나타낸 것은?

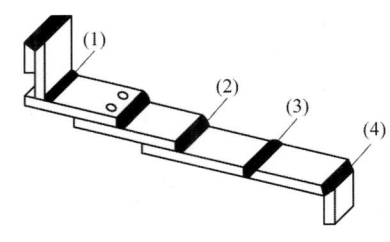

① (1)   ② (2)
③ (3)   ④ (4)

해설 (1) : 필릿 이음, (2) 겹치기 이음, (4) 모서리 이음

47 용착금속의 인장강도가 450N/mm², 모재의 인장강도가 500N/mm²일 때 용접의 이음 효율은 몇 %인가?

① 80   ② 85
③ 90   ④ 95

해설 이음 효율 = $\dfrac{\text{용착금속의 인장강도}}{\text{모재의 인장강도}} \times 100$

= $\dfrac{450}{500} \times 100 = 90$

48 용접용 로봇의 구성 중 작업 기능에 해당되지 않는 것은?

① 동작 기능   ② 구속 기능
③ 계측 기능   ④ 이동 기능

해설 계측 기능은 용접 작업에 직접적인 기능이 아니다.

49 자동 제어의 장점으로 가장 거리가 먼 것은?

① 제품의 품질이 균일화되어 불량률이 감소된다.
② 인간 능력 이상의 정밀 고속 작업이 가능하다.
③ 인간에게는 부적당한 위험 환경에서 작업이 가능하다.
④ 설비나 장치가 간단하여 이동이 용이하다.

해설 자동 제어는 많은 이점이 있지만 설비나 장치가 복잡하며 이동이 곤란하다.

50 다음 용접 보조기호 중 영구적인 이면판재(backing strip) 사용을 의미하는 것은?

① ☐M☐   ② ☐S☐
③ ☐MR☐ ④ ☐SR☐

정답 44 ② 45 ④ 46 ③ 47 ③ 48 ③ 49 ④ 50 ①

해설 ③ : 제거 가능한 이면판재 사용을 의미한다.

51 용접 변형과 잔류응력을 경감시키는 방법에 관한 내용으로 틀린 것은?

① 용접 전 변형을 방지하기 위하여 억제법과 역변형법을 이용한다.
② 모재의 열전도를 억제하여 변형을 방지하는 방법으로 전진법을 이용한다.
③ 용접부의 변형과 응력을 완화시키기 위하여 피닝법을 이용한다.
④ 용접 시공에서 변형을 경감시키기 위하여 대칭법, 후진법 등을 이용한다.

해설 모재의 열전도를 억제하기 위하여 도열법을 이용한다.

52 용접 시공 전의 일반적인 준비 사항이 아닌 것은?

① 예열, 후열의 필요성 여부를 검토한다.
② 용접 전류, 용접 순서, 용접 조건을 미리 정해둔다.
③ 제작 도면을 잘 이해하고 작업 내용을 충분히 검토한다.
④ 용접부 검사 결과를 확인하고 보수 용접 실시 여부를 검토한다.

해설 ④는 용접 후의 사항이다.

53 용접 설계상 주의하여야 할 사항으로 틀린 것은?

① 필릿 용접은 가능한 피할 것
② 반복 하중을 받는 이음에서는 이음 표면을 볼록하게 할 것
③ 용접 이음이 한군데 집중되거나, 너무 접근하지 않도록 할 것
④ 용접 길이는 가능한 짧게 하고, 용착금 속도 필요한 최소한으로 할 것

54 방사선 투과검사의 특징으로 틀린 것은?

① 모든 재료에 적용할 수 있다.
② 내부 결함 검출에 용이하다.
③ 라미네이션 검출에 용이하다.
④ 용접 결과를 필름에 영구적으로 기록할 수 있다.

해설 방사선 투과 검사는 라미네이션이나 방사선 투과선과 직각 방향의 균열 검출이 곤란하다.

55 다음 데이터의 제곱합(sum of squares)은 약 얼마인가?

데이터 : 18.8, 19.1, 18.8, 18.2, 18.4, 18.3, 19.0, 18.6, 19.2

① 0.129   ② 0.338
③ 0.359   ④ 1.02

해설
- 평균 = (18.8+19.1+18.8+18.2+18.4+18.3+19.0+18.6+19.2)/9 = 18.7
- 제곱합 = $(18.8-18.7)^2+(19.1-18.7)^2+ \cdots (19.2-18.7)^2 = 1.03$
- 제곱근 = $\sqrt{1.03} = 1.015 ≒ 1.02$

56 로트(Lot)수를 가장 올바르게 정의한 것은?

① 1회 생산수량을 의미한다.
② 일정한 제조회수를 표시하는 개념이다.
③ 생산목표량을 기계대수로 나눈 것이다.
④ 생산목표량을 공정수로 나눈 것이다.

정답 51 ②　52 ④　53 ②　54 ③　55 ④　56 ②

해설 로트 크기는 생산 목표량 / Lot수 로 표시하며, 크기에 따라 기타 경비가 크게 증가한다.

57 다음 중 품질보증의 개념에 맞지 않는 것은?

① 소비자와 생산자와의 하나의 약속이며 계약이다.
② 품질보증은 품질관리의 핵심이고 감사의 기능이다.
③ 품질이 소정의 수준에 있음을 보증하는 것이다.
④ 품질관리를 기업에 침투시키려는 하나의 방책이다.

해설 품질보증의 뜻 : 품질이 소정의 수준에 있음을 보증하는 것
품질개선 활동의 추진방법 중 가장 먼저 실시해야 할 사항 : 문제점 파악

58 직물, 금속, 유리 등의 일정 단위 중 나타나는 흠의 수, 핀홀 수 등 부적합수에 관한 관리도를 작성하려면 가장 적합한 관리도는?

① c 관리도　　② rp 관리도
③ p 관리도　　④ $\bar{X}$-R 관리도

해설 계수치 관리도 : 특성치가 계수치인 관리도이며, P 관리도, nP 관리도, c 관리도, u 관리도가 있다. 평균을 위한 $\bar{X}$관리도와 산포를 위한 R관리도를 함께작성하는 관리도이다.

59 전수 검사와 샘플 검사에 관한 설명으로 맞는 것은?

① 파괴검사의 경우에는 전수검사를 적용한다.
② 검사 항목이 많을 경우 전수검사보다 샘플링 검사가 유리하다.
③ 샘플링 검사는 부적합품이 섞여 들어가서는 안되는 경우에 적용한다.
④ 생산자에게 품질향상의 자극을 주고 싶을 경우 전수 검사가 샘플링 검사보다 더 효과적이다.

해설 파괴 검사의 경우 샘플링 검사를 적용해야 되나, 이 때 부적합품이 섞여 들어갈 우려가 있으며, 생산자게게 품질 향사에 자극을 줄 필요가 있을 때는 간간히 샘플링 검사를 하는 것이 품질 측면에서 자극을 받아 항상 긴장하며 제조하려 할 것이다.

60 국제 표준화의 의의를 지적한 설명 중 직접적인 효과로 보기 어려운 것은?

① 국제간 규격 통일로 상호 이익 도모
② KS 표시품 수출시 상대국에서 품질인증
③ 개발도상국에 대한 기술 개발의 촉진을 유도
④ 국가 간의 규격 상이로 인한 무역 장벽의 제거

해설 KS는 한국공업표준규격으로 국제 표준이 아니므로 수출시 상대국에서 품질 인증이 어렵다.

정답　57 ④　58 ①　59 ②　60 ②

2018 제 64회 용접기능장 CBT 기출복원 문제

- 기출복원 문제란?
  CBT시행에 따라 저자께서 수검자들의 도움으로 최대한 유형에 가깝게 복원한 문제입니다.

01 다음 중 피복제의 중요한 작용이 아닌 것은?

① 슬래그(slag) 생성 작용
② 피복통(被覆筒)의 작용
③ 아크 분위기의 생성
④ 용접비드 형성 작용

해설 피복제는 녹아서 슬래그로 되어 용착금속을 덮어 냉각속도를 느리게 하고 대기로부터 보호하며, 가스를 발생하여 아크 분위기를 환원성 분위기로 해주나 비드 형성 작용은 하지 않는다.

02 산소-아세틸렌 가스 절단에 관한 설명으로 틀린 것은?

① 생성된 산화물의 용융점은 모재의 용융점보다 낮아야 한다.
② 예열 불꽃을 약하게 하면 역화가 발생할 수 있다.
③ 모재가 산화 연소하는 온도는 그 금속의 용융점보다 낮아야 한다.
④ 동심형 팁은 전후, 좌우 및 직선을 자유롭게 절단할 수 있다.

해설 동심형 절단 팁은 직선 절단은 잘 되나 곡선이나 전후, 좌우 절단은 곤란하다.

03 가스 절단팁의 노즐 모양으로 가우징, 스카핑 등에서 사용하는 것으로 넓고 얇게 용착을 행하기 위한 노즐로 가장 적합한 것은?

① 스트레이트 노즐
② 곡선형 노즐
③ 저속 다이버전트 노즐
④ 직선형 노즐

해설 다이버전트 노즐 : 중심부가 약간 잘록한 형상의 노즐로 유속을 빨리할 수 있어 절단 속도를 20% 이상 높일 수 있다.

04 직류 용접기에 비해 교류 용접기가 유리한 사항은 어느 것인가?

① 역률이 매우 양호하다.
② 아크의 안정이 우수하다.
③ 비피복봉 사용이 가능하다.
④ 자기쏠림 방지가 가능하다.

해설 교류 아크용접기는 직류보다 구조가 간단하며, 고장이 적고, 소음이 적으며, 수리비가 적게 들고, 가격이 저렴하다.

정답 1 ④ 2 ④ 3 ③ 4 ④

05 용해 아세틸렌 용기 전체의 무게가 63.5kgf이었는데, B형 토치의 200번 팁으로 표준불꽃 상태에서 가스용접하고 빈 용기를 달아보았더니 무게가 59kgf이었다면 가스 용접을 실시한 시간은?

① 약 14시간 ② 약 16시간
③ 약 18시간 ④ 약 20시간

해설 가스량 = 905(63.5-59)/200 = 20.4

06 아세틸렌가스와 프로판가스를 이용한 절단시의 비교 내용으로 틀린 것은?

① 포갬절단 속도는 프로판이 아세틸렌보다 빠르다.
② 아세틸렌은 개시까지의 시간이 빠르다.
③ 프로판이 점화하기 쉽고 중성불꽃을 만들기도 쉽다.
④ 프로판은 슬래그의 제거가 쉽다.

해설 프로판을 사용한 가스 절단은 점화가 어렵고, 중성불꽃 만들기도 어렵다

07 용접기의 보수 및 점검시 지켜야 할 사항으로 틀린 것은?

① 용접 케이블 등의 파손된 부분은 절연 테이프로 감아야 한다.
② 가동 부분 냉각팬을 점검하고 주유해야 한다.
③ 탭 전환의 전기적 접속부는 자주 샌드페이퍼 등으로 잘 닦아준다.
④ 2차측 단자의 한쪽과 용접기 케이스는 접지해서는 안 된다.

해설 2차측 단자와 용접기 케이스도 접지해야 된다.

08 용접 차광렌즈(Welding lens)의 차광능력의 등급을 차광도 번호라 한다. 100A 이상 300A 미만의 아크용접 및 절단 등에 쓰이는 차광도 번호는 얼마인가?

① 4 - 5   ② 7 - 8
③ 10 - 12 ④ 14 - 15

해설 차광도는 번호가 높을수록 강력한 빛을 차단할 수 있다.

09 아크용접기의 부속장치에 해당되지 않는 것은? ★★

① 용접봉 건조로 장치
② 원격 제어장치
③ 핫스타트(hot start) 장치
④ 자동전격 방지장치

해설 용접봉 건조로는 용접기에 부착된 부속 장치가 아니고 용접에 관계되는 장치이다.

10 용접부에 발생한 잔류응력을 제거하기 위해서 열거한 방법 중 옳은 것은?

① annealing 처리를 한다.
② quenching 처리를 한다.
③ sub zero 처리를 한다.
④ tempering 처리를 한다.

해설 annealing(풀림) : 재질의 연화, 응력제거, 구상화 등 목적으로 가열 후 로냉(서랭)하는 열처리

11 용접 잔류응력에 관한 설명 중 틀린 것은?

① 용접에 의한 영향 중 역학적인 것으로 잔류응력이 가장 크다.
② 잔류응력은 일반적으로 용접선 부근에

정답 5 ④ 6 ③ 7 ④ 8 ③ 9 ① 10 ① 11 ③

서는 인장 항복 응력에 가까운 값으로 존재한다.
③ 일반적으로 하중 방향의 인장 잔류응력은 피로강도를 어느 정도 증가시킨다.
④ 잔류응력이 존재하는 상태에서는 재료의 부식저항이 약화되어 부식이 촉진되기 쉽다.

해설 잔류응력은 피로강도를 현저히 저하시키는 원인이 된다.

12 용적 이행방법 중 일명 핀치 효과형이라고도 하며, 비교적 큰 용적이 단락되지 않고 옮겨가는 이행형식은? ★★★★

① 단락형 ② 입자형
③ 스프레이형 ④ 글로뷸러형

해설 글로뷸러형은 저수소계 용접봉의 이행형식이다.
단락형(short circuit type) : 용적이 용융지에 접촉하여 단락되고, 표면장력의 작용으로 모재로 옮겨가서 용착된다. 비피복용접봉에서 흔히 볼 수 있음

13 탄소 아크 절단에 압축공기를 병용하여 전극 홀더의 구멍에서 탄소 전극봉에 나란히 분출하는 고속의 공기를 분출시켜 용융금속을 불어내어 홈을 파는 절단방법은?

① 불꽃 절단 ② 아크 에어 가우징
③ 가스 가우징 ④ 철분 절단

14 서브머지드 아크용접(SAW) 장치에 대한 설명 중 틀린 것은?

① 와이어 송급장치, 접촉팁, 용제호퍼를 일괄하여 용접헤드라 한다.
② 용접헤드는 주행 대차의 가이드 레일 위나 강판 위를 이동하게 된다.
③ 송급속도 조정은 전압제어 장치에 의해 항상 아크길이를 일정하게 유지하도록 한다.
④ 용접 후 용융되지 않은 용제는 진공회수 장치로 회수하여 폐기한다.

해설 서브머지드 아크용접 용제 중 용융되지 않은 것은 회수하여 재활용한다.

15 탄산가스 아크 용접장비 중 필요치 않은 것은?

① 용접봉 건조로
② 심선 공급장치
③ 제어 조정기(control box)
④ 용접전원

해설 심선 공급장치는 와이어 송급장치이며, 제어 조정기는 제어 장치(제어 케이블), 그 외 용접 토치, 가스 공급장치(가스용기) 등이 있다.

16 언더컷(Undercut)의 결함이 생기기 쉬운 용접조건이 아닌 것은?

① 용접전류와 아크전압이 높을 때
② 용접속도가 느리고 전류가 작을 때
③ 용접속도가 빠르고 아크전압이 높을 때
④ 용접속도가 빠르고 용접전류가 높을 때

해설 ② : 오버랩 발생 우려

정답 12 ④ 13 ② 14 ④ 15 ① 16 ②

17 불활성가스 텅스텐 아크 (TIG)용접에서 고주파 교류전원은 일반교류 전원에 비하여 다음과 같은 장점을 가지고 있다. 맞지 않는 것은?

① 텅스텐 전극봉의 수명이 길어진다.
② 텅스텐 전극봉을 모재에 접촉시키지 않아도 아크가 발생된다.
③ 아크가 더욱 안정된다.
④ 텅스텐 전극봉에 보다 많은 열이 발생한다.

해설 고주파 발생 장치와 전극봉에 가열과는 관계가 없다.

18 KSB 0052에서 표기되는 용접부의 모양이 아닌 것은?

① S형　② K형
③ J형　④ X형

해설 S형 홈 형상은 규정에 없다.

19 이산화탄소(탄산가스, CO_2) 아크용접의 장점에 대한 설명으로 틀린 것은? ★★

① 단락이행에 의한 박판용접도 가능하다.
② 용착금속의 기계적 성질이 우수하다.
③ 전류 밀도가 높아 용입이 깊다.
④ 옥외 작업시 바람의 영향을 받지 않는다.

해설 탄산가스 아크용접 장점 : ①, ②, ③ 외에 전자세 용접이 가능하고 조작이 간단하다 그러나 풍속 2m/sec 이상에서는 방풍막을 설치한 후 작업해야 된다.

20 퍼커링(puckering) 현상이 발생하는 한계 전류 값의 주원인이 아닌 것은?

① 와이어 지름
② 용접 속도
③ 후열 방법
④ 보호 가스의 조성

해설 퍼커링(puckering) 현상 : 미그용접 등에서 용접전류가 과대할 때 주로 용융풀 앞기슭으로부터 외기가 스며들어 비드 표면에 주름진 두터운 산화막이 생기는 현상, 전류의 한계 값에 영향을 주는 요소는 와이어 지름, 용접 속도, 보호가스의 조성 등이 있다.

21 저항 점용접(spot welding) 중 접합면의 일부가 녹아 바둑알 모양의 단면으로 오목하게 들어간 부분을 무엇이라고 하는가?

① 너깃(neget)　② 스폿트(spot)
③ 슬래그(slag)　④ 플라스마(plasma)

22 스터드 용접에서 페룰의 역할이 아닌 것은?

① 용접이 진행되는 동안 아크열을 집중시켜 준다.
② 용착부의 오염을 방지한다.
③ 용융금속의 유출을 증가시킨다.
④ 용융금속의 산화를 방지한다.

해설 페룰은 용착금속의 유출 방지, 아크열 집중, 산화 방지, 오염 방지 등의 역할을 한다.

23 다음 중 플라스마(plasma) 아크용접장치의 구성 요소가 아닌 것은?

① 토치　② 홀더
③ 용접전원　④ 고주파 발생장치

정답　17 ④　18 ①　19 ④　20 ②　21 ①　22 ③　23 ②

해설 홀더는 피복 아크용접시 사용하는 용접 홀더를 말하며 플라스마 아크용접 장치의 구성 요소는 아니다.

24 연납땜(soldering)을 용제와 용도가 서로 맞게 연결된 것은?

① 인산 – 염화아연 혼합용
② 염산(HCl) – 아연도금 강판용
③ 염화아연($ZnCl_2$) : 일반 전기제품용
④ 염화암모니아(NH_4Cl) : 구리와 동합금용

해설 브레이징은 경납땜을 말한다.

25 기체를 고온(10000–30000℃)으로 가열하고, 그 속의 가스 원자가 원자핵과 전자로 유리(遊離)하여 음, 양의 이온상태로 된 것을 이용하며, 금속재료는 물론 금속 이외의 내화물 절단에도 사용하는 것은?

① 이산화탄소 아아크절단
② 불활성가스 아아크절단
③ 플라스마 제트절단
④ 금속 아아크절단

26 높은 에너지밀도 용접을 하기 위한 $10^{-4} \sim 10^{-6}$ mmHg 정도의 고진공 속에서 용접하는 용접법은?

① 전자빔용접 ② 플라즈마용접
③ 초음파용접 ④ 원자수소용접

해설 전자 빔 용접 : 높은 진공실 속에서 음극으로부터 방출된 전자를 고전압으로 가속시켜 피용접물과의 충돌에 의한 에너지로 용접을 하는 방법

27 스테인리스강(stainless steel)의 용접성에 관한 설명 중 틀린 것은?

① 티그나 미그 용접방법으로 하면 좋다.
② 오스테나이트(austenite)강의 용접성이 마텐사이트(martensite)강보다 좋다.
③ 될수있는 한 저온에서 용접하면 좋다.
④ 피복 아크용접법으로 할 때는 직류 정극성(DCSP)이 좋다.

해설 스테인리스강은 직류 역극성이 좋다.

28 용접 설계상의 유의점이다. 틀린 것은?

① 작업자세는 아래보기 자세가 좋으므로 중요한 이음에서는 아래보기 자세로 한다.
② 잔류응력과 열응력이 한곳에 집중하도록 하고 모우멘트가 작용하지 않게 한다.
③ 두께가 다른 2장의 강판을 용접할 때 중간판을 쓰든지 혹은 두꺼운 강판을 테이퍼지게 하여 붙인다.
④ 모재의 용접부를 용접하기 쉬운 모양으로 한다.

해설 용접부가 한곳에 집중하면 그 부분은 응력 집중 현상이 생겨 파괴를 일으킬 우려가 있으므로 용접부가 교차하거나 집중되는 현상을 피하는 용접법(스캘럽 만듬)을 써야 된다.

29 아크 에어 가우징이 가스 가우징에 비하여 갖는 장점으로서 올바르지 않은 것은?

① 작업능률이 2~3배 정도 높고 경비가 적게 든다.
② 소음이 없고 조정이 쉬우며 모재에 악영향이 거의 없다.
③ 직류 정극성으로 작업하므로 조작이 용

정답 24 ② 25 ③ 26 ① 27 ④ 28 ② 29 ③

이하다.
④ 용접결함, 특히 균열이 쉽게 발견된다.

해설 아크 에어 가우징은 직류 역극성을 사용한다.

30 스테인리스강이나 고장력강의 용접에서 잔류응력에 의해 결정 입계에 따라 발생되는 균열은?

① 횡 균열 ② 재열 균열
③ 응력 부식 균열 ④ 종 균열

31 그림과 같은 용접 이음강도 계산시 어느 것을 기준으로 하여 계산하는가?

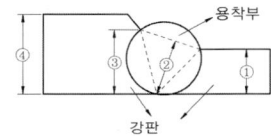

① ①번 ② ②번
③ ③번 ④ ④번

해설 이음의 강도 계산은 '하중/단면적'이며, 단면적은 목두께×용접부 길이로 하지만 두께가 다른 경우는 얇은 판을 기준으로 하므로, ①을 기준으로 한다.

32 순철이 1539℃ 용융상태에서 상온까지 냉각하는 동안에 1410℃부근에서 나타나는 동소 변태의 기호는?

① A_1 ② A_2
③ A_3 ④ A_4

해설 A_3 변태점 : 순철의 동소 변태점으로 A_3 이상에서는 γ철(면심입방격자, 오스테나이트), 이하에서는 α철(체심입방격자, 페라이트)로 변태한다.

33 다음 탄소공구강 중 탄소 함유량이 가장 많은 것은?

① STC 1 ② STC 2
③ STC 3 ④ STC 4

해설
- STC 1 : 1.3~1.5%C, 면도날, 가는 줄
- STC 2 : 1.1~1.3%C, 소형 펀치, 면도날 등
- STC 3 : 1.1~1.1%C, 탭, 나사, 쇠톱날, 태엽
- STC 4 : 0.9~1.0%C, 목공공구, 태엽,

34 용접 후 열처리(Post Weld Heat Treatment)를 실시한 후 시간의 경과에 따라 형상 치수를 안정시키는 방법으로 옳은 것은? ★★

① 최종 잔류 응력을 증가시켜야 한다.
② 냉각 속도는 가급적 빠르게 진행한다.
③ 노로부터 반출 온도는 가급적 낮게 하여야 한다.
④ 용접부의 가열 후 유지 온도의 상하한 폭을 가능한 한 높게 한다.

해설 용접 후열처리 후 형상 치수 안정화 방법은 최종 잔류 응력을 감소시키고, 냉각속도를 가급적 느리게 하며, 가열 유지 온도의 상하한 폭을 가능한 낮게 해야 된다.

35 내마모성과 인성 등의 기계적 성질을 개선하기 위해 침탄, 질화 등을 열처리를 무엇이라 하는가?

① 수인법 ② 담금질
③ 표면 경화 ④ 오스포밍

해설 표면 경화 : 연강 등의 표면에 탄소나 질소를 침투시켜 표면의 경도를 높이는 화학적 표면 경화법과 0.45%C 정도의 강의 표면에 화염이나 고주파열을 가한 후 분사급랭하는 물리적 표면 경화법이 있다.

정답 30 ③ 31 ① 32 ④ 33 ① 34 ③ 35 ③

36 코발트를 주성분으로 하는 주조경질합금의 대표적인 강으로 주로 절삭공구에 사용되는 것은? ★★

① 고속도강 ② 스텔라이트
③ 화이트 메탈 ④ 합금 공구강

해설 Pb, Sn, Zn, Cd, Sb, Bi 등을 주성분으로 하는 저융점 백색 합금, 베어링, 활자, 경랍, 다이캐스트용 합금 등에 사용됨

37 두랄루민(Duralumin)의 조성으로 옳은 것은?

① Al-Cu-Mg-Mn ② Al-Cu-Ni-Si
③ Al-Ni-Cu-Zn ④ Al-Ni-Si-Mg

해설 두랄루민은 알구마망듀, 즉 알루미늄, 구리, 마그네슘, 망간의 합금이다.

38 용접부 균열 발생 원인에 대한 설명 중 적절하지 못한 것은?

① 수축이 큰 이음을 먼저 용접하였을 때
② 구속이 너무 클 때
③ 적정한 예열, 후열을 하지 않았을 때
④ 용접봉의 선택을 잘못했을 때

해설 용접부 균열 발생 원인 : '②, ③, ④' 외에 모재 안에 황 함유량이 많을 때, 루트 간격이 너무 클 때

39 경화되는 강을 용접할 때, 용접열에 의한 경화를 방지하는데 가장 중요한 사항은?

① 예열온도 ② 경화속도
③ 최고온도 ④ 최저온도

해설 용접부의 경화를 방지하기 위해 예열을 하면 용접부가 서서히 냉각되므로 경도 상승은 적어지게 된다.

40 불변강으로서 길이 표준용 기구나 시계의 추 등에 쓰이는 재료는?

① 플래티나이트(Platinite)
② 코엘린바(Coelinvar)
③ 인바(Invar)
④ 스텔라이트(Stellite)

41 금속 침투법 중 철강 표면에 Zn을 확산 침투시키는 방법을 무엇이라고 하는가? ★★

① 크로마이징(chromizing)
② 칼로라이징(calorizing)
③ 보로나이징(boronizing)
④ 세라다이징(sheradizing)

해설 크로마이징 : Cr 침투, 칼로라이징 : Al 침투, 보로나이징 : B 보론 침투

42 탄소강의 기계적 성질인 취성(메짐)과 관계없는 것은?

① 청열 취성 ② 저온 취성
③ 흑연 취성 ④ 적열 취성

해설 청열 취성 : 탄소강을 200~300℃로 가열하면 푸르스럼하게 색이 변하는데 이런 경우 색이 변하지 않은 경우보다 경도는 높고 연성은 낮아져서 쉽게 파괴될 수 있는 성질을 갖게 된다.

정답 36 ② 37 ① 38 ① 39 ① 40 ③ 41 ④ 42 ③

43 용접전류가 과대하거나 운봉속도가 너무 빨라서 용접 비드 토우(toe)에 생기는 작은 홈과 같은 용접결함을 무엇이라 하는가?

① 기공　　② 오버랩
③ 언더컷　④ 용입불량

해설 - 오버랩 : 언더컷과 반대 현상일 때 생김
- 기공 : 모재나 용가재에 습기가 많을 때, 보호가스가 불충분할 때, 아크 길이가 너무 길 때 생김

44 탄산가스를 취급할 때 유의해야 할 사항이 아닌 것은?

① 밸브가 부러지면 가스가 급격히 분출하여 용기가 날아갈 위험이 있다.
② 충격은 절대로 피한다.
③ 온도 상승은 위험을 초래함으로 용기의 보존은 45℃ 이하가 바람직하다.
④ 탄산가스 농도가 3 - 4%이면 두통을 일으킨다.

해설 가스 용기는 40℃ 이하가 바람직하다.

45 용접 구조 설계상의 주의사항으로 틀린 것은? ★★

① 용접 이음이 집중되게 한다.
② 단면 형상의 급격한 변화 및 노치를 피한다.
③ 용접치수는 강도상 필요 이상 크게 하지 않는다.
④ 용접에 의한 변형 및 잔류응력을 경감시킬 수 있도록 한다.

해설 용접부는 용접이음부의 집중을 피하고 교차되는 부분에는 스캘럽 등을 만들어 용접한다.

46 맞대기 이음에서 150N의 인장력을 작동시키려고 한다. 판 두께가 6mm일 때 필요한 용접길이는 약 몇 mm인가? (단, 허용인장응력은 7N/mm²이다.) ★★

① 2.57　② 3.57
③ 3.85　④ 4.75

해설 인장강도 $\sigma = \dfrac{P}{A} = \dfrac{P}{t\ell}$,

$\ell = \dfrac{P}{\sigma t} = \dfrac{150}{7 \times 6} = 3.57$

47 용접부 육안검사의 장점이 아닌 것은?

① 검사원의 경험과 지식에 따라 크게 좌우되지 않는다.
② 육안검사는 용접이 끝난 즉시 보수해야 할 불연속을 검출, 제거할 수 있다.
③ 육안검사는 대부분 큰 불연속을 검출하나 기타 다른 방법에 의해 검출되어야 할 불연속도 예측할 수 있게 된다.
④ 육안검사는 어떤 용접부이건 제작 전, 중, 후에 할 수 있다.

해설 육안 검사는 검사자의 능력에 따라 크게 달라지므로 많은 경험이 필요하다.

48 X-선이나 γ선 투과 시험으로 쉽게 검출되지 않는 용접결함은?

① 기공
② 미세한 비드 밑 터짐
③ 용입불량
④ 슬래그 혼입

해설 X선 투과시험은 X선의 흡수에 따른 필름 상에 명암 차이에 의해 결함을 판별하는 것으로서 극히 미세한 결함, 라미네이션 등은 판별하기 어렵다.

정답　43 ③　44 ③　45 ①　46 ②　47 ①　48 ②

49 박스 지그 중에서 단순한 형태의 것으로 공작물은 두 표면 사이에 유지되고 제3표면을 가공하며, 때로는 지그다리를 사용하여 3개의 면을 가공할 수 있는 지그는?

① 채널 지그
② 샌드위치 지그
③ 분할 지그
④ 리프 지그

해설 지그의 3요소 : 위치 결정 장치, 클램핑 장치, 공구 안내 장치

50 용접용 로봇을 동작형태로 분류할 때 속하지 않는 것은?

① 원통좌표 로봇
② 극좌표 로봇
③ 다관절 로봇
④ 삼각좌표 로봇

51 가용접(가접, tack welding)시 주의해야 할 사항이 아닌 것은?

① 용접봉은 본 용접 작업시에 사용하는 것보다 약간 굵은 것을 사용할 것
② 본 용접과 같은 온도에서 예열을 할 것
③ 가용접 위치는 부품의 모서리나 각 등과 같이 응력이 집중되는 곳을 피할 것
④ 본 용접자와 동등한 기량을 갖는 용접자가 가용접을 시행할 것

해설 가접은 본 용접보다 가는 용접봉을 사용한다. 가용접의 위치는 부품의 끝, 모서리, 각 등과 같이 단면이 급변하여 응력이 집중되는 곳은 피한다.

52 용접작업 중 각변형의 방지대책으로 틀린 것은? ★★★

① 구속 지그 등을 활용한다.
② 판 두께가 얇을수록 첫 패스의 개선깊이를 작게 한다.
③ 개선각도는 용접에 지장이 없는 한도 내에서 작게 한다.
④ 용접속도가 빠른 용접 방법을 선택한다.

해설 각변형 : 후(두꺼운)판의 용접에서는 용착 금속의 표면과 뒷면이 비대칭이므로 온도 분포도 비대칭이 되어 판의 횡수축이 표면과 이면이 다르게 되어 발생한다.

53 용접 후 용착 금속부의 인장응력을 완화시키는데 효과적인 방법으로 구면 모양의 특수해어로 용접부를 가볍게 때리는 것은? ★★★

① 크리프(creep) 가공
② 저온응력 완화법
③ 어닐링(annealing)
④ 피닝(peening)

54 필릿용접의 루트 부분에 생기는 저온 균열이며 모재의 열팽창수축에 의한 비틀림이 주요 원인인 용접결함은?

① 크레이터 균열(crater crack)
② 힐 크랙(heel crack)
③ 비드 밑 균열(under bead crack)
④ 설퍼 크랙(sulfur crack)

해설 설퍼 크랙 : 유황에 의해 생기는 고온 균열

정답 49 ① 50 ④ 51 ① 52 ② 53 ④ 54 ②

55 다음 [표]를 참조하여 5개월 단순 이동평균법으로 7월의 수요를 예측하면 몇 개인가? ★★

[단위 : 개]

월	1	2	3	4	5	6
실적	48	50	53	60	64	68

① 55개 ② 57개
③ 58개 ④ 59개

[해설] 이동평균법 : $M = \dfrac{\sum X_{t-1}}{n} \dfrac{295}{5} = 59$

M : 당기예측치, X_t : 마지막 5개월 자료

56 공정 도시기호 중 공정계열의 일부를 생략할 경우에 사용되는 보조 도시기호는?

57 다음 중 관리도의 사용 절차를 순서대로 나열한 것은?

─ 보기 ─
ⓐ 관리하여야 할 항목의 선정
ⓑ 관리도의 선정
ⓒ 관리하려는 제품이나 종류 선정
ⓓ 시료를 채취하고 측정하여 관리도를 작성

① ㉠ → ㉡ → ㉢ → ㉣
② ㉠ → ㉢ → ㉣ → ㉡
③ ㉢ → ㉠ → ㉡ → ㉣
④ ㉢ → ㉣ → ㉠ → ㉡

58 표준시간을 내경법으로 구하는 수식으로 맞는 것은?

① 표준시간 = 정미시간 + 여유시간
② 표준시간 = 정미시간 × (1 + 여유율)
③ 표준시간 = 정미시간 × $\left(\dfrac{1}{1-\text{여유율}}\right)$
④ 표준시간 = 정미시간 × $\left(\dfrac{1}{1+\text{여유율}}\right)$

59 근래 인간공학이 여러 분야에서 크게 기여하고 있다. 다음 중 어느 단계에서 인간공학적 지식이 고려됨으로서 기업에 가장 큰 이익을 줄 수 있는가? ★★

① 제품의 개발단계
② 제품의 구매단계
③ 제품의 사용단계
④ 작업자의 채용단계

60 다음의 PERT/CPM에서 주공정(Critical path)은? (단, 화살표 밑의 숫자는 활동시간을 나타낸다.)

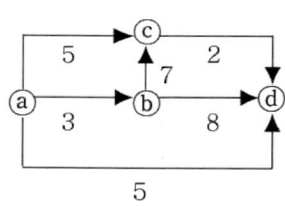

① ⓐ - ⓒ - ⓑ - ⓓ
② ⓐ - ⓑ - ⓒ - ⓓ
③ ⓐ - ⓑ - ⓓ
④ ⓐ - ⓓ

[해설] 주공정 : 각 공정 중 가장 긴 시간을 주공정이라고 한다.
① : 통행 불가, ② : 12시간, ③ : 11시간, ④ : 5시간

제65회 용접기능장 CBT 기출복원 문제

• 기출복원 문제란?
CBT시행에 따라 저자께서 수검자들의 도움으로 최대한 유형에 가깝게 복원한 문제입니다.

01 다음 용접법 중 압접(壓接)에 속하는 것은?

① TIG용접 ② 서브머지드용접
③ 테르밋용접 ④ 전기저항용접

해설 압접 : 용접부를 가열 용융시킨 후 압력을 가하여 접합하는 방법, 전기 저항용접(점용접, 심용접, 프로젝션용접, 플래시 용접)

02 직류 아크용접에서 용접봉을 용접기의 음(-)극에, 모재를 양(+)극에 연결한 경우의 극성은?

① 직류 역극성 ② 직류 용극성
③ 직류 정극성 ④ 교류 역극성

해설 극성 : 직류 아크용접에서 모재를 기준으로 모재가 +인 경우를 정극성, -인 경우를 역극성이라 한다.

03 피복 배합제 중 아크안정에 도움이 되는 것은?

① 탄산나트륨(Na_2CO_3)
② 붕산(H_3BO_3)
③ 알루미나(Al_2O_3)
④ 마그네슘(Mg)

해설 아크 안정제 : 탄산나트륨, 석회석, 규산나트륨, 규산칼륨, 산화티탄, 적철광, 자철광

04 피복 아크 용접봉의 선택시 고려해야 할 사항으로 거리가 먼 것은?

① 스패터 발생성
② 용접봉의 내균열성
③ 아크의 안정성
④ 용착 금속 내의 슬래그의 양

05 다음 피복 아크용접봉의 건조온도가 300~350℃인 것은?

① E4301 ② E4303
③ E4311 ④ E4316

해설 용접봉 건조 : 저수소계(E4316) : 300~350℃에서 1~2시간, 일반 용접봉(①, ②, ③) : 70~100℃에서 30분~1시간

06 내균열성이 가장 좋은 피복아크용접봉의 계통은?

① 일미나이트계 ② 라임티탄계
③ 고산화티탄계 ④ 저수소계

해설 내균열성 높은 순서 : 저수소계 > 일미나이트계 > 고산화철계 > 고셀룰로스계 > 티탄계

07 연강용 피복금속 아크용접봉의 종류 중 철분 산화철계에 해당되는 것은?

① E4324 ② E4340
③ E4326 ④ E4327

정답 1 ④ 2 ③ 3 ① 4 ① 5 ④ 6 ④ 7 ④

해설 ① : 철분고산화티탄계, E4326 : 철분저수소계, E4327 : 철분산화철계

08 피복 아크용접에서 아크 길이가 길어지면 전압은 어떻게 되는가?

① 낮아진다.
② 높아졌다 낮아진다.
③ 높아진다.
④ 변동없다.

해설 피복아크용접은 주로 교류 아크용접기를 사용하며, 전원 특성으로 수하특성이다. 수하특성은 부하전류가 증가하면 단자 전압이 낮아지는 특성이다. 따라서 아크 길이가 길어지면 전압은 높아지고 전류는 낮아지게 된다.

09 용접방법 중 용착 효율(deposition efficiency)이 가장 낮은 것은? ★★★★

① 서브머어지드 아크용접(submerged arc welding)
② 플럭스 코어 용접(flux cored welding)
③ 불활성 가스 금속 아크용접(inert gas metal arc welding)
④ 피복 아크용접(coated electrode welding)

해설 용착효율 큰 순서 : 서브머지드 아크용접, 일렉트로 슬래그 용접 (95~100%) > 불활성가스 금속 아크용접(90~95%) > 플럭스 코드 아크용접(75~85%) > 피복 금속 아크용접(65%)

10 가스용접이나 절단에 사용되는 용접가스의 구비조건으로 틀린 것은?

① 연소속도가 느릴 것
② 불꽃의 온도가 높을 것
③ 발열량이 클 것
④ 용융금속과 화학반응을 일으키지 않을 것

11 가스절단에서 일정한 속도로 절단할 때 절단홈의 밑으로 갈수록 슬래그의 방해, 산소의 오염 등에 의해 절단이 느려져 절단면을 보면 거의 일정한 간격으로 평행한 곡선이 나타난다. 이 곡선을 무엇이라 하는가?

① 가스 궤적
② 절단면의 아크 방향
③ 드래그 라인
④ 절단속도의 불일치에 따른 궤적

12 점용접의 특징이 아닌 것은?

① 모재의 가열이 극히 짧기 때문에 열 영향부가 좁다.
② 줄(주울)열에 의한 용접이므로 아크용접에 비해 적은 전류를 필요로 한다.
③ 전극의 가압에 의한 단압(鍛壓)작용 때문에 용접부가 치밀하게 된다.
④ 용접 장치의 기구가 약간 복잡하며 시설도 비교적 비싸다.

13 서브머지드 용접에서 다른 조건이 일정하고 용접봉 직경이 증가하면 용접부에 어떤 영향을 가장 많이 미치는가?

① 용입증가
② 비드폭 증가
③ 용입감소
④ 비드높이 증가

해설 모든 용접에서 용접 전류 등 조건이 일정할 때 용접봉의 직경이 증가하면 그만큼 전류밀도가 작아지므로 용입이 감소하게 된다.

정답 8 ③ 9 ④ 10 ① 11 ② 12 ② 13 ③

14 서브머지드(submerged) 아크용접법의 단점에 해당되지 않는 것은?

① 용접선이 짧고 복잡한 형상의 경우에는 용접기의 조작이 번거롭다.
② 설비비가 고가(高價)이다.
③ 용제는 흡습이 쉽기 때문에 건조나 취급을 잘 해야 한다.
④ 용제의 단열 작용으로 용입을 크게 할 수 없다.

15 일반적으로 곧고 긴 용접선의 용접에 적합하며 이음면 위에 뿌려놓은 분말 플럭스 속에 용가재(전극)를 찔러 넣은 상태에서 용접하는 용극식의 자동용접법은? ★★★

① 불활성 가스 아크용접
② 전자빔 용접
③ 플라스마 용접
④ 서브머지드 아크용접

> **해설** SAW 용접 : 잠호 용접, 불가시 용접, 유니언 멜트용접 등으로 불려지며, 용제 속에서 용접하는 자동용접법의 일종이다.

16 불활성 가스 아크용접할 때 가속된 이온이 모재에 충돌하여 모재표면의 산화물을 파괴한다. 이러한 현상을 무엇이라 하는가?

① 핀치효과   ② 자기불림효과
③ 중력가속효과 ④ 청정효과

> **해설** 청정 효과 : 알루미늄의 산화막은 알루미늄의 융점(660℃)보다 훨씬 높은 2050℃나 되며 비중도 4.0 정도로 Al 2.67보다 높은데 TIG 용접에서 이 산화막을 직류 역극성 용접시 전극 +쪽에서 양자가 모재 표면을 두드려 산화막을 제거하며 이때 아르곤 가스가 헬리되면서 청정작용을 도와주게 된다.

17 교류를 사용해서 TIG용접할 때의 특성으로 틀린 것은?

① 전극의 직경은 비교적 작다.
② 텅스텐 전극의 정류작용에 의한 교류의 직류 변환으로 아크가 안정하게 되며, 전류밀도가 MIG용접보다 높다.
③ 아크가 끊어지기 쉽다.
④ 비드의 폭이 넓고, 적당한 깊이의 용입이 얻어진다.

> **해설** 교류 TIG 용접시 +, -가 일정하게 교번하게 되나, 습기 등에 의한 전류의 불평등으로 불평형 전류가 작용하므로 아크가 불안정하다.

18 TIG용접시 용입이 깊고 비드 폭을 좁게 하려면 전류 전원의 극성은 어느 것을 선택해야 하는가?

① 직류 정극성   ② 교류
③ 직류 역극성   ④ 고주파수 극성

> **해설** 직류 정극성 : 모재를 +, 전극을 -로 연결한 것으로, +쪽에서 열이 70%, -쪽에서 30% 정도 열이 나므로 비드폭은 좁고 용입이 깊게 된다.

19 이산화탄산가스(CO_2 gas) 아크용접에서 복합 와이어(combined wire) 중 와이어가 노즐(nozzle)을 나온 부분에 자성 플럭스(magnetic flux)가 부착하는 형태의 용접법은?

① 유니온 아크법(union arc process)
② 아코스 아크법(arcos arc process)
③ 휴스 아크 CO_2법(fus arc CO_2 process)
④ NCG법

정답 14 ④ 15 ④ 16 ④ 17 ② 18 ① 19 ①

20 탄산가스 아크용접(CO_2 Arc Welding)에서 전극 와이어의 송급은 다음 중 어느 방식에 따르는가?

① 자기제어 특성을 이용하여 정속 송급한다.
② 전류 A의 크기에 따라 달라진다.
③ 아크길이 제어 특성과 관계없다.
④ 용접속도에 따라 달라진다.

21 아세틸렌 가스와 접촉하여도 폭발의 위험성이 없는 재료는?

① 수은(Hg) ② 은(Ag)
③ 동(Cu)   ④ 크롬(Cr)

해설 아세틸렌 가스와 접촉하면 폭발성 가스를 만드는 원소 : 수은, 은, 동(62% 이상)

22 용접 중에 전격의 위험을 방지하기 위하여 사용되는 전격 방지기에 관한 설명이 틀리는 것은?

① 작업을 쉬는 중에 용접기의 1차 무부하 전압을 25V로 유지한다.
② 용접봉을 접촉하는 순간 전자 개폐기가 닫힌다.
③ 용접봉을 접촉하는 순간 2차 무부하 전압이 70~80V로 되어 교류아크가 발생된다.
④ 용접기에 전격방지기를 설치한다.

해설 전격 방지기는 작업을 쉬는 중에는 2차 무부하 전압을 30V 이하로 유지하고 있다가 용접봉을 접촉하는 순간 전자 개폐기가 닫히며 2차 무부하 전압이 본래대로 전환되어 아크가 발생할 수 있게 된다.

23 티그 용접에 사용되는 텅스텐 용접봉들 중에서 박판, 정밀 항공기 부품 같은 것들의 용접에 적합한 용접봉은?

① 순텅스텐(EWP)
② 4% 토륨 텅스텐(EWTh - 4)
③ 2% 토륨 텅스텐(EWTh - 2)
④ 지르코늄 텅스텐(EWZr)

해설 토륨 텅스텐 전극봉은 토륨이 1~2% 함유된 봉을 사용하며, 일반적으로 2% 토륨 함유 텅스텐 전극봉이 많이 사용된다. 4% 토륨 전극봉은 없다.

24 인장강도와 내식성이 좋고, 고온에서 크리이프(Creep) 한계가 높아, 항공기 부품 및 화학용기 분야에 사용되는 합금은?

① 망간 합금   ② 텅스텐 합금
③ 구리 합금   ④ 티타늄 합금

25 유황은 철과 화합하여 황화철(FeS)을 만들어 열간 가공성을 해치며 적열취성을 일으킨다. 이와 같은 단점을 제거하기 위해서는 철보다 더욱 쉽게 화합하는 원소를 적당량 이상 첨가시켜 불용성의 황화물로 만들어 제거하면 된다. 이때 일반적으로 많이 사용되는 원소는 어떤 것인가? ★★

① Mn(망간)   ② Cu(구리)
③ Ni(니켈)   ④ Si(규소)

해설 Mn은 S와 MnS(유화망간)을 형성하여 제거되므로 유화철을 형성하지 못하게 되어 고온에서 취성이 생기는 경우가 적어지게 된다.

정답 20 ① 21 ④ 22 ① 23 ③ 24 ④ 25 ①

26 스테인리스강(stainless steel)의 용접성에 관한 설명 중 틀린 것은?

① 티그나 미그 용접방법으로 하면 좋다.
② 오스테나이트(austenite)강의 용접성이 마텐사이트(martensite)강보다 좋다.
③ 될수있는 한 저온에서 용접하면 좋다.
④ 피복 아크용접법으로 할 때는 직류 정극성(DCSP)이 좋다.

[해설] 스테인리스강은 직류 역극성이 좋다.

27 백선철에 대한 설명이 아닌 것은?

① 파면이 회색이다.
② 경도가 크고 절삭이 곤란하다.
③ 제강용으로 사용한다.
④ 탄소는 철과 화합상태로 되어 있다.

[해설] 백선철 : 파면이 백색인 선철이며, 탄소가 Fe_3C(시멘타이트) 형태로 된 것으로 경도가 매우 크다.

28 주철의 용접시 주의사항 중 틀린 것은?

① 균열의 보수는 균열의 연장을 방지하기 위하여 균열의 끝에 작은 구멍을 뚫는다.
② 큰 물건이나 두께가 다른 것을 용접할 때는 예열과 후열 후 서냉작업을 반드시 행한다.
③ 비드 배치는 길게 하고 용입을 깊게 하도록 한다.
④ 용접전류는 필요 이상 높이지 말고 직선 비드를 배치한다.

[해설] 주철의 보수 용접 : 주철용접은 주로 보수 용접에 쓰이며, 비드 배치는 가급적 짧게, 좁은 비드를 놓는다.

29 주조용 Mg합금으로 Mg-Al계 합금의 대표적인 것은?

① 다우메탈(dow metal)
② 엘렉트론(elektron)
③ 미쉬메탈(misch metal)
④ 반메탈(bahm metal)

[해설] 엘렉트론 : Al-Zn-Mg. 알드레이 : Al-Mg-Si
라우탈 : Al-Cu-Si

30 (강의 조직을 개선 또는 연화시키는) 풀림의 종류에 해당되지 않는 것은? ★★

① 확산풀림 ② 구상화풀림
③ 완전풀림 ④ 등온풀림

[해설] 풀림의 종류 : '①, ②, ③' 외에 저온응력 제거 풀림 등이 있다.

31 두께가 다른 여러가지 용접물을 노(爐) 내에서 응력제거 열처리를 하고자 한다. 열처리 방법 중 알맞은 것은?

① 가장 두꺼운 용접물을 기준으로 열처리 시간을 정한다.
② 용접물의 평균 두께를 측정하여 열처리 시간을 정한다.
③ 두께별로 분류하여 2단계(2 step method)로 열처리한다.
④ 두께가 1inch 이상 차이나는 것은 분류하여 따로 열처리 하도록 한다.

[해설] 열처리는 가열과 냉각 작용을 이용한다. 이 때 표면과 내면까지 일정 온도가 되기 위하여 유지시간이 필요하게 되는데 이 때 가장 두꺼운 부분을 기준으로 두께 25mm 당 30분 정도 유지한다.

정답 26 ④ 27 ① 28 ③ 29 ① 30 ④ 31 ①

32 응력부식(corrosion)에 대한 설명으로 옳은 것은?

① 응력이 존재하면 부식이 촉진되는 것을 응력 부식이라 한다.
② 부식이 일어나면 응력이 증가한다.
③ 응력이 집중되면 부식은 잘 안 일어난다.
④ 재료에 인장응력이 가해지면 부식이 잘 안 일어난다.

33 인장을 받는 맞대기 용접이음에서 굽힘모멘트 : Mkgf-mm, 굽힘 응력 : σ_b kgf/mm², 용접길이 : Lmm일 때, 용접치수 : tmm를 구하는 식으로 옳은 것은? ★★★

① $t = \sqrt{\dfrac{\sigma_b L}{6M}}$ ② $t = \sqrt{\dfrac{\sigma_b M}{6L}}$

③ $t = \sqrt{\dfrac{6M}{\sigma_b L}}$ ④ $t = \sqrt{\dfrac{6L}{\sigma_b M}}$

34 재료의 안전률을 바르게 나타낸 식은? (단, 안전률 > 1)

① $\dfrac{\text{인장강도}}{\text{탄성강도}}$ ② $\dfrac{\text{허용응력}}{\text{인장강도}}$

③ $\dfrac{\text{인장강도}}{\text{허용응력}}$ ④ $\dfrac{\text{인장강도}}{\text{극한강도}}$

35 지그(jig)를 구성하는 기계 요소에 해당되지 않는 것은?

① 공작물의 내마모 장치
② 공작물의 위치 결정 장치
③ 공작물의 클램핑 장치
④ 공구의 안내 장치

해설 용접 지그 : 공작물의 위치 결정, 고정(클램핑), 공구의 안내 역할을 하며, 공작물의 내마모를 위한 장치와는 무관하다.

36 용접부 부근의 모재가 용접할 때의 열에 의하여 급열 급랭되어 변질된 부분을 무엇이라 하는가?

① 용착금속부 ② 열영향부
③ 원질부 ④ 백비드부

37 용접시 잔류응력을 경감시키는 시공법이 아닌 것은?

① 예열을 한다.
② 용착금속을 적게 한다.
③ 비석법의 용착을 한다.
④ 용접부의 수축을 억제한다.

해설 용접부의 수축을 억제하는 만큼 잔류 응력은 더 커진다.

38 다음 금속 중 냉각속도가 가장 빠른 금속은 어느 것인가?

① 연강 ② 스테인리스강
③ 알루미늄 ④ 구리

해설 냉각 속도는 열전도도의 크기와 밀접한 관계가 있다. 위의 금속 중 구리가 열전도도가 가장 크므로 냉각 속도도 제일 빠르게 된다.

39 경화되는 강을 용접할 때, 용접열에 의한 경화를 방지하는데 가장 중요한 것은?

① 예열온도 ② 경화속도
③ 최고온도 ④ 최저온도

해설 용접부의 경화를 방지하기 위해 예열을 하면 용접부가 서서히 냉각되므로 경도 상승은 적어지게 된다.

정답 32 ① 33 ③ 34 ③ 35 ① 36 ② 37 ④ 38 ④ 39 ①

40 아크 절단에 관하여 틀린 설명은?

① 아크열로 금속을 국부적으로 용해하여 절단한다.
② 주철, 스테인리스강은 절단이 가능하다.
③ 절단면은 가스 절단면보다 곱다.
④ 금속아크에서는 피복봉을 사용하고 직류 정극성 또는 교류를 사용한다.

해설 아크 절단면은 가스 절단면보다 거칠다.

41 전 용접선을 RT(방사선 투과시험)를 실시하여 이상이 발견되지 않은 용접이음의 효율은?

① 80%   ② 90%
③ 100%   ④ 60%

42 고장력강용 피복 아크용접봉에 대한 설명으로 틀린 것은?

① 인장 강도가 50kgf/㎟ 이상이다.
② 용착부의 항복점과 인장력을 높이기 위해 마그네슘, 주석 등을 첨가한다.
③ 구조물 용접에 특히 적합하다.
④ 탄소 함유량을 적게 하여 노치 인성 저하와 메짐성을 방지한다.

43 테르밋 용접(thermit welding)에서 테르밋제(thermit mixture)의 주성분은?

① 과산화바륨과 마그네슘
② 알루미늄 분말과 산화철 분말
③ 아연과 철의 분말
④ 과산화바륨과 산화철 분말

44 납땜의 용제에서 구비조건이 아닌 것은?

① 전기저항 납땜에 사용되는 것은 부도체 이어야 한다.
② 모재나 납땜에 대한 부식작용이 최소한 이어야 한다.
③ 땜납의 표면장력을 맞추어서 모재와 친화도를 높여야 한다.
④ 인체에 해가 없어야 한다.

해설 납땜의 용제 중 전기 저항 납땜용은 도체 이어야 한다.

45 구상 흑연 주철은 조직에 의한 분류 중에 시멘타이트형이 있다. 시멘타이트 조직이 발생하는 원인 중 옳지 않는 것은?

① 마그네슘의 첨가량이 많을 때
② 냉각 속도가 빠를 때
③ 가열한 후 노중 냉각을 시킬 때
④ 탄소, 특히 규소가 적을 때

해설 시멘타이트형은 매우 경취한 것으로 가열 후 로냉하면 시멘타이트형이 아니라 오히려 펄라이트 조직이 생길 수 있다.

46 알루미늄에 규소가 10~14% 함유된 것으로 알루미늄 합금에서 개량처리를 하여 기계적 성질을 개선하는 합금은?

① 실루민   ② 두랄류민
③ 하이드로날륨   ④ Y-합금

해설 두랄류민 : Al-Cu-Mg-Mn
하이드로날륨 : Al-Mg
Y합금 : Al-Cu-Ni-Mg

정답 40 ③ 41 ③ 42 ② 43 ② 44 ① 45 ③ 46 ①

47 78-80% Ni, 12-14% Cr의 합금으로 내식성과 내열성이 뛰어나서 전열기의 부품, 열전쌍의 보호관, 진공관의 필라멘트 등에 사용되는 니켈합금은?

① 알루멜(alumel) ② 코넬(conel)
③ 인코넬(inconel) ④ 니크롬(nichrome)

48 값이 저렴한 구조용 특수강으로서 조선, 건축, 교량 등에 사용하기 위하여 0.8-1.7%의 망간을 첨가한 저탄소 저망간강은?

① 소프트필드강(softfield steel)
② 인바(invar)
③ 코엘린바(coelinvar)
④ 듀콜강(ducol steel)

49 용접용 로봇을 동작형태로 분류할 때 속하지 않는 것은?

① 원통좌표로봇 ② 극좌표로봇
③ 다관절로봇 ④ 삼각좌표로봇

50 비자성체에 적용할 수 없는 비파괴 검사법은?

① 침투 탐상 ② 자분 탐상
③ 초음파 탐상 ④ 와류 탐상

> **해설** 자분 탐상법은 자화가 가능한 자성체의 결함을 검출에 적용할 수 있으며 비자성체의 경우 결함 판별을 위한 자화를 시킬 수 없으므로 이 검사법을 적용할 수 없다.

51 마그네슘과 그 합금 중 Mg-Al-Zn계 합금의 대표적인 것은?

① 도우메탈 ② 엘렉트론
③ 하이드로날륨 ④ 라우탈

> **해설** 도우메탈 : Al-Mg 합금
> 하이드로날륨 : Al-Mg
> 라우탈 : Al-Cu-Si, 실루민 : Al-Si

52 열팽창계수가 유리나 백금과 거의 동일하므로 전구 도입선에 사용되는 불변강은 어느 것인가?

① 플래티나이트(Platinite)
② 엘린바(Elinvar)
③ 스텔라이트(Stellite)
④ 인바(Invar)

> **해설** ② : 실온 부근에서 온도 변화가 있어도 탄성 계수의 변화가 일어나지 않은 불변강, Fe(36%)-Ni(12%)-Cr 합금, 계측기기, 전자기 장치, 정밀 스프링 등에 널리 사용

53 용접시의 온도분포는 열전도율에 따라 많은 영향을 미치게 되는데 다음 금속 중 열전도율이 가장 작은 것은?

① 연강 ② 알루미늄
③ 스테인리스강 ④ 구리

> **해설** 스테인리스강은 열전도율이 탄소강보다 거의 50% 이상 적다

54 니켈 65~70%, 철 1.0~3.0%, 나머지는 구리로 된 합금으로서 내식성이 우수하고 주조성과 단련이 잘되어 화학 공업용으로 널리 사용되고 있는 것은?

① 크로멜(chromel)
② 인코넬(inconel)
③ 모넬메탈(monel metal)
④ 콘스탄탄(constantan)

정답 47 ③ 48 ④ 49 ④ 50 ② 51 ② 52 ① 53 ③ 54 ③

55 샘플링 검사의 목적으로서 틀린 것은?
① 검사비용 절감
② 생산 공정상의 문제점 해결
③ 품질향상의 자극
④ 나쁜 품질인 로트의 불합격

56 월 100대의 제품을 생산하는데 세이퍼 1대의 제품 1대당 소요공수가 14.4H라 한다. 1일 8H, 월 25일, 가동한다고 할 때 이 제품 전부를 만드는데 필요한 세이퍼의 필요 대수를 계산하면? (단, 작업자 가동율 80%, 세이퍼 가동율 90%이다.)
① 8대   ② 9대
③ 10대 ④ 11대

해설 세이퍼의 필요 대수 = $\dfrac{100 \times 14.4}{8 \times 25 \times 0.8 \times 0.9}$ = 10

57 다음의 PERT/CPM에서 주공정(Critical path)은? (단, 화살표 밑의 숫자는 활동시간을 나타낸다.)

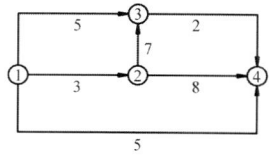

① ①-③-②-④
② ①-②-③-④
③ ①-②-④
④ ①-④

해설 주공정 : 각 공정 중 가장 긴 시간을 주공정이라고 한다.
① 통행 불가, ② 12시간
③ 11시간, ④ 5시간

58 제품공정분석표에 사용되는 기호 중 공정간의 정체를 나타내는 기호는?
① ◯   ② ▽
③ ✡   ④ △

해설 ③ 작업 중 일시 대기.

59 TQC(Total Quality Control)란?
① 시스템적 사고방법을 사용하지 않는 품질관리 기법이다.
② 아프터 서비스를 통한 품질을 보증하는 방법이다.
③ 전사적인 품질정보의 교환으로 품질향상을 기도하는 기법이다.
④ QC부의 정보분석 결과를 생산부에 피드백하는 것이다

해설 TQC는 종합적 품질관리이며, 소비자가 만족할 수 있는 품질의 제품을 가장 경제적으로 생산 내지 서비스할 수 있도록 사내 각 부분의 품질 개발, 품질 유지, 품질 개선 노력을 종합하기 위한 효과적인 시스템임

60 계수값 관리도는 어느 것인가?
① R 관리도   ② x 관리도
③ P 관리도   ④ x-P 관리도

해설 계수값 관리도
P(Percent) 관리도=불량률 관리도
nP 관리도=불량개수 관리도
U(Unit) 관리도=단위당 결점률 관리도
C(Count) 관리도=결점개수 관리

정답 55 ② 56 ③ 57 ② 58 ② 59 ③ 60 ③

제66회 용접기능장 CBT 기출복원 문제

• 기출복원 문제란?
CBT시행에 따라 저자께서 수검자들의 도움으로 최대한 유형에 가깝게 복원한 문제입니다.

01 용접기의 1차선에 비하여 2차선에 굵은 도선을 사용하는 이유는?

① 2차전압이 1차전압보다 높기 때문에
② 2차전류가 1차전류보다 많기 때문에
③ 2차선의 방열효과를 높이기 위하여
④ 전선의 강도상 굵은 쪽이 더욱 튼튼하기 때문에

해설 2차 케이블이 1차선보다 굵은 이유 : 2차 전류가 1차 전류보다 많이 흐리기 때문

02 오버랩(over lap)의 결함이 있을 경우, 어떻게 보수하는 것이 가장 좋은가?

① 직경이 작은 용접봉으로 재용접한다.
② 비드 위에 재용접한다.
③ 결함 부분을 깎아내고 재용접한다.
④ 드릴로 구멍을 뚫고 재용접한다.

해설 결함 보수 : 언더컷 보수 : ①, 슬래그 혼입 보수 : 깎아내고 재용접한다.

03 가스절단(Gas cutting)의 조건 설명 중 틀린 것은?

① 금속 산화물의 융점이 모재의 융점보다 높을 것
② 절단 국부가 쉽게 연소개시 온도에 도달할 것
③ 산화물의 유동성이 좋고 모재에서 쉽게 떨어질 것
④ 모재의 성분에 연소를 방해하는 성분이 적을 것

해설 절단 조건 : ②, ③, ④ 외에 금속 산화물의 융점이 모재 융점보다 낮을 것

04 KS 규격에 의하면 피복(교류) 아크용접기의 용량은 무엇으로 표시하는가? ★★

① 전원입력   ② 피상입력
③ 정격사용률   ④ 정격 2차 전류

05 철강재료의 용접에서 균열을 일으키는 데 가장 예민한 원소는?

① C   ② Si
③ S   ④ Mg

해설 황(S) : 인성, 용접성 저하, 적열 취성의 원인

06 용접 변형 교정법으로 맞지 않는 것은? ★★★

① 얇은 판에 대한 점 수축법
② 형재에 대한 직선 수축법
③ 국부 템퍼링법
④ 가열한 후 해머링하는 방법

해설 용접 변형 교정법 : ①, ②, ④ 외에 소성변형 시켜서 교정하는 법, 외력을 이용한 소성 변형법

정답 1② 2③ 3① 4④ 5③ 6③

07 제어의 형태에 따라 산업용 로봇을 분류할 때 해당되지 않는 것은? ★★★

① 서보제어 로봇
② 논 서보제어 로봇
③ 원통좌표 로봇
④ CP제어 로봇

해설 원통좌표 로봇은 동작 형태에 따른 분류에 속한다.

08 수중 절단 작업에서 점화시키는 방법이 아닌 것은?

① 전기 아크식
② 금속 나트륨 점화식
③ 인산 칼륨 점화식
④ 황산 칼륨 점화식

09 용접의 원리를 가장 올바르게 설명한 것은?

① 금속원자 사이의 인력을 이용한 것이다.
② 금속의 접합을 위해 볼트나 리벳을 이용한 것이다.
③ 보호가스를 이용한 것이다.
④ 산화막 등의 오염물질을 제거하기 위해 용매를 이용한 것이다.

10 탄산가스 아크 용접의 특징에 대한 설명으로 틀린 것은?

① 전류밀도가 높아 용입이 깊고 용접속도를 빠르게 할 수 있다.
② 적용 재질이 철 계통으로 한정되어 있다.
③ 가시 아크이므로 시공이 편리하다.
④ 일반적인 바람의 영향을 받지 않으므로 방풍장치가 필요없다.

해설 특성 : 바람의 영향을 많이 받으므로 풍속 2m/s 이상에서는 방풍장치가 필요하다.
- 용제를 사용하지 않으므로 슬래그 섞임이 없고 용접후의 처리가 간단하다.
- 용금의 기계적, 금속학적 성질이 우수함

11 지그와 고정구(Fixture)에(역할에) 대한 설명으로 잘못된 것은?

① 구조물이나 부재의 위치를 결정하며, 고정과 분리가 단순해야 한다.
② 구조물이나 부재의 지지, 고정 또는 안내를 정확히 해야 한다.
③ 주어진 한계 내에서 정밀도를 유지한 제품이 제작될 수 있어야 한다.
④ 기존 기계장비의 사용을 최초로 억제하기 위해 사용된다.

12 탄소(C)함량 0.25% 이상의 강선을 인발 가공하고자 할 때, 필요로 하는 경우 취하는 열처리 방법은?

① 어닐링(annealing)
② 담금질(quenching)
③ 파텐팅(patenting)
④ 템퍼링(tempering)

해설 ③ : 강을 A1 변태점 이상 가열해 400~550℃에서 열욕 또는 수증기 중에 담금질하는 처리

13 피복아크용접봉의 피복제에서 형석(CaF_2)이 용접 모재에 미치는 성질에 해당되지 않는 것은?

① 아크 안정
② 슬래그화 생성
③ 유동성 증가
④ 환원가스 발생

14 아세틸렌 가스에 관한 설명이다. 틀린 것은?

① 공기보다 가볍다.
② 고압산소가 없으면 연소하지 않는다.
③ 탄소와 수소의 화합물이다.
④ 카바이드와 물의 화학작용으로 발생한다.

해설 아세틸렌은 비중이 공기를 1로 할 때 아세틸렌은 0.907로 공기보다 가벼우며, 토치의 산소를 분출시키지 않더라도 공기 중에 약 21%의 산소가 있기 때문에 연소는 하지만 고열을 얻을 수는 없으며, 산소와 혼합하여 연소할 경우 최고 3420℃의 열을 낸다.

15 저수소계 용접봉은 사용시 충분한 건조가 되어야 한다. 가장 알맞는 건조 온도는?

① 150~200℃   ② 200~250℃
③ 300~350℃   ④ 400~450℃

16 산소-수중절단(underwater cutting)에 대한 설명 중 맞지 않는 것은?

① 침몰선의 해체, 교량의 개조 등에 사용된다.
② 지상에서 보조용팁에 점화하여 수중에 들어간다.
③ 수심이 얕은 곳에서는 수소 또는 프로판을 사용하고 깊은 곳에서는 아세틸렌 가스를 많이 사용한다.
④ 육지에서보다 예열불꽃을 크게 하고 절단 속도도 천천히 하여야 한다.

해설 얕은 수심에는 아세틸렌 사용이 가능, 깊은 곳은 수압으로 폭발할 위험이 있으므로 수소를 사용한다.

17 KSB 0052에서 표기되는 용접부의 모양이 아닌 것은?

① S형   ② K형
③ J형   ④ X형

18 경납땜에 사용되는 용가재가 갖추어야 할 조건으로 잘못된 것은?

① 모재와 친화력이 있어야 한다.
② 용융온도가 모재보다 낮고 유동성이 있어야 한다.
③ 용융점에서 휘발성분이 함유되어 있어 빨리 응고해야 한다.
④ 모재와 야금적 반응이 만족스러워야 한다.

19 압력용기를 회전하면서 아래보기 자세로 용접하기에 적합치 않은 용접설비는?

① 스트롱 백(Strong back)
② 포지셔너(Positioner)
③ 매니퓰레이터(Manipulator)
④ 터닝롤러(Turning roller)

해설 스트롱 백은 구조물의 변형 방지를 위해 가접시 사용하는 부품의 하나이다.

20 용접기의 2차측 케이블의 구리선으로 사용되는 굵기는 몇 mm인가?

① 0.2~0.5   ② 0.7~1.0
③ 1.1~1.5   ④ 1.6~2.0

해설 용접기의 2차측 케이블은 사용시 부드럽게 하기 위해 0.2~0.5mm 정도의 가는 구리선으로 엮어놓은 선을 사용한다.

정답 14 ② 15 ③ 16 ③ 17 ① 18 ③ 19 ① 20 ①

21 용접으로 인한 변형교정 방법 중에서 가열에 의한 교정 방법이 아닌 것은?

① 얇은 판에 대한 점 수축법
② 형재에 대한 직선 수축법
③ 후판에 대한 가열후 압력을 주어 수냉하는 법
④ 롤러에 의한 법

22 산소-아세틸렌 가스용접에서 산소를 아세틸렌보다 적게 공급하면 백심과 속불꽃이 함께 길게 되는 현상, 즉 아세틸렌 과잉불꽃을 의미하는 것은?

① 백색불꽃   ② 산화불꽃
③ 표준불꽃   ④ 탄화불꽃

23 전기적 에너지를 열원으로 하는 용접법을 열거한 것이다. 아닌 것은?

① 피복 금속 아크용접
② 플라스마 제트 용접
③ 테르밋 용접
④ 일렉트로 슬래그 용접

해설 테르밋 용접은 알루미늄과 산화철 분말의 화학 반응열을 이용한 용접법이다.

24 서브머지드 아크용접기에 사용되는 용제(flux)의 종류가 아닌 것은?

① 용융형(溶融型)   ② 소결형(燒結型)
③ 혼성형(混成型)   ④ 가입형(加入型)

25 가변압식 토치의 종류에 해당되는 것은?

① B00호   ② A00호
③ C00호   ④ D00호

해설 가변압식 토치는 프랑스식 또는 B형 토치라고도 하며, B00호로 부른다. A00호는 독일식 토치를 의미한다.

26 특수강 중 인바(invar)라고도 하며, 열팽창계수가 영(0)에 가까워서 정밀기구류의 재료로 사용되는 것은?

① 니켈강   ② 망간강
③ 크롬강   ④ 구리-크롬강

27 용접시공 중에 잔류응력을 경감시키는데 필요한 방법이 아닌 것은?

① 예열을 이용한다.
② 용접후 후열처리를 한다.
③ 용착금속의 양을 될 수 있는 대로 많게 한다.
④ 적당한 용착법과 용접순서를 선정한다.

해설 용접시공시 용착금속의 량이 많으면 열변형과 용접봉 소모가 많으며, 용접시간도 길어지므로 비경제적이다.

28 용접부 시험방법에서 야금학적 방법에 해당하는 것은?

① 피로시험   ② 부식시험
③ 파면시험   ④ 충격시험

해설 ①, ④ : 기계적 시험, ② : 화학적 시험, ③ : 금속학적, 야금학적 시험법

29 강철을 (산소-아세틸렌) 가스절단할 경우 예열온도는 약 몇(℃)인가?

① 100~200℃   ② 300~500℃
③ 800~1000℃   ④ 1100~1500℃

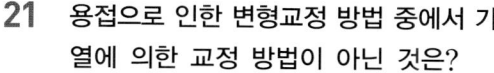

정답 21 ④ 22 ④ 23 ③ 24 ④ 25 ① 26 ① 27 ③ 28 ③ 29 ③

30 용접에서 기공(氣孔) 방지 대책에 대해 옳게 서술한 것은?

① 적정 아크 길이를 유지하지 않으면 안 된다.
② 개선면에 다소의 녹이 붙어 있어도 용접전류를 크게 해서 가스를 부상시킨다.
③ 아크 길이를 길게 해서 용접하면 가스는 부상이 쉽게 되어 좋다.
④ 용재에 있는 다소의 습기는 용접입열을 크게 해서 용접하면 된다.

31 아크 에어 가우징이 가스 가우징에 비하여 갖는 장점으로서 올바르지 않은 것은?

① 작업능률이 2~3배 정도 높고 경비가 적게 든다.
② 소음이 없고 조정이 쉬우며 모재에 악영향이 거의 없다.
③ 직류 정극성으로 작업하므로 조작이 용이하다.
④ 용접결함, 특히 균열이 쉽게 발견된다.

해설 아크 에어 가우징은 직류 역극성을 사용한다.

32 용접 시공시 기공(氣孔) 방지 대책에 대해 틀리게 서술한 것은?

① 적정 아크 길이를 유지하여 용접한다.
② 개선면에 다소의 녹이 붙어 있을 때는 용접전류를 크게 해서 가스를 부상시킨다.
③ 아크 길이를 짧게 해서 용접하면 가스는 부상이 쉽게 되어 좋다.
④ 용재나 모재 표면에 있는 습기는 잘 건조한 후 시공한다.

33 다음 중에서 저항 용접이 아닌 것은?

① 스폿용접   ② 심용접
③ 플래시용접   ④ 플러그용접

해설 플러그 용접은 융접법에서 상부 모재에 구멍을 뚫고 하단부터 채워나가는 용접법이다.

34 주철, 비철금속, 고합금강의 절단에 가장 적합한 절단법은?

① 산소창 절단(oxygen lance cutting)
② 분말절단(powder cutting)
③ TIG절단
④ MIG 절단

35 페라이트와 탄화철이 서로 파상으로 배치된 조직으로 현미경 조직은 흑백으로 된 파상선을 형성하고 있으며, 결정조직은 강하고 또한 질긴 성질이 있고, 브리넬경도 약 300, 인장강도 $600 kgf/mm^2$ 정도인 서냉 조직은?

① 지철   ② 오스테나이트
③ 펄라이트   ④ 시멘타이트

36 아크용접 전원의 외부 특성으로 부하전류 증가시 단자 전압은 낮아지는 특성을 나타내며, 아크를 안정하게 유지시키는 특성은? ★★

① 수하특성   ② 정전압특성
③ 동전류특성   ④ 역극성특성

해설 정전압특성 : 부하 전류가 변하여도 단자 전압은 거의 변하지 않는 특성

37 피복아크용접봉 중 저수소계 용접봉인 것은?

① E4301　　② E4313
③ E4316　　④ E4324

해설 E4601 : 일미나이트계, E4313 : 고산화티탄계, E4324 : 철분고산화티탄계

38 청동에 대한 설명 중 틀린 것은?

① 구리와 주석의 합금이다.
② 포금은 청동의 일종이다.
③ 내식성이 나쁘다.
④ 내마멸성이 좋다.

39 필릿용접 이음부의 루트 부분에 생기는 저온균열로 모재의 열팽창 및 수축에 의한 비틀림이 주원인이 되는 균열의 명칭은? ★★

① 비드 밑 균열　　② 루트 균열
③ 힐 균열　　　　④ 병배 균열

해설 루트균열 : 맞대기용접의 가접부나 첫층 용접의 루트 부근의 열영향부에 발생하는 균열

40 다음 용접기호를 설명한 것으로 옳지 않은 것은?

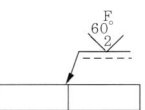

① 개선 각도는 60°로 한다.
② 루트 간격은 2mm로 한다.
③ 용접부의 다듬질 방법은 연삭으로 한다.
④ 용접부의 표면 모양은 평탄하게 한다.

해설 F : 다듬질 방법 지정하지 않음

G : 연삭, M : 기계 가공

41 플래시 용접기를 속도제어 방식에 따라 분류하였다. 틀린 것은? ★★

① 광학식 플래시 용접기
② 수동식 플래시 용접기
③ 공기 가압식 플래시 용접기
④ 유압식 플래시 용접기

42 그림과 같은 V형 맞대기 용접에서 굽힘모멘트가(Mb)가 100000N 작용하고 있을 때 최대 굽힘 응력은?(단, L=150mm, t=20mm이고 완전 용입일 때이다.)

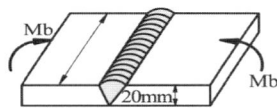

① 1 N/mm²　　② 10 N/mm²
③ 100 N/mm²　　④ 10 N/mm²

해설
$$굽힘응력 = \frac{굽힘모멘트\,M}{단면계수\,Z}$$
$$= \frac{굽힘모멘트}{\frac{용접선길이 \times (두께)^2}{6}}$$
$$= \frac{6 \times 100000}{150 \times 20^2} = 10$$

43 내 균열성이 가장 좋은 용접봉은?

① 고산화 티탄계
② 저수소계
③ 고셀룰로우스계
④ 철분산화티탄계

44 테르밋 용접에서 산화철과 알루미늄이 반응할 때 생성되는 화학반응이 일어날 때의 온도는 다음 중 약 몇도(℃)나 되는가?

① 2000 ② 2800
③ 4000 ④ 5800

45 아래 그림과 같은 필릿 용접부의 종류는?

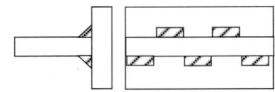

① 연속 병렬 필릿용접
② 연속 필릿용접
③ 단속 병렬 필릿용접
④ 단속 지그재그 필릿용접

46 다음 중에서 엔드탭(end tap)을 붙여서 시공해야 하는 용접법은?

① 심용접 ② TIG 용접
③ 서브머지드용접 ④ 아크 점용접

47 탄산가스 아크용접 작업에서 용접 진행 방향에 대한 토치 각도에 따라 전진법과 후진법이 구분되는데, 전진법에 대해 설명한 것 중 틀린 것은?

① 토치각은 용접 진행 반대쪽으로 15~20°로 유지한다.
② 용접선이 잘 보이므로 운봉을 정확하게 할 수 있다.
③ 비드 높이가 높고, 폭이 좁은 비드를 얻는다.
④ 스패터가 비교적 많다.

48 용접성(weldability) 시험법에 속하는 것은?

① 화학분석시험 ② 부식시험
③ 노치취성시험 ④ 파면시험

49 알루미늄이 철강에 비하여 용접이 어려운 이유로서 옳지 못한 것은?

① 비열 및 열전도도가 크다.
② 용융점이 높다.
③ 지나친 융해가 되기 쉽다.
④ 팽창계수가 매우 크다.

50 용접 이음을 설계할 때의 주의사항 중 틀린 것은?

① 맞대기 용접에서는 뒷면 용접을 할 수 있도록 해서 용입부족이 없도록 한다.
② 용접 이음부가 한곳에 집중하지 않도록 설계 한다.
③ 맞대기용접은 가급적 피하고 필릿 용접을 하도록 한다.
④ 아래보기 용접을 많이 하도록 설계한다.

해설 용접 순서는 수축이 큰 맞대기 용접을 먼저 하고 수축이 적은 필릿 용접을 해야 된다.

51 인체에 전류가 흐르면서 심한 고통을 느끼는 최소 전류값은 몇 mA인가?

① 5 ② 10
③ 20 ④ 50

해설 1mA : 감전을 조금 느낄 정도
5mA : 상당히 아픔, 20mA : 근육 수축
50mA : 심장마비 발생 우려가 높다. 위험

정답 44 ② 45 ④ 46 ③ 47 ③ 48 ③ 49 ② 50 ③ 51 ②

52 서브머지드 아크 용접의 용접헤드에 속하지 않는 것은?

① 와이어 송급장치
② 제어 장치
③ 용접 레일
④ 콘택트 팁

해설 용접 헤드에는 와이어(심선) 송급장치, 제어 장치, 콘택트 팁(조오), 용제 호퍼 등이 있다.

53 온도를 기준으로 하여 열처리의 온도가 높은 것에서 낮은 것의 순서로 된 것은?

① 노멀라이징 - 저온풀림 - 저온뜨임
② 노멀라이징 - 저온뜨임 - 저온풀림
③ 저온뜨임 - 노멀라이징 - 저온풀림
④ 저온풀림 - 저온뜨임 - 노멀라이징

해설 노멀라이징(불림) : A_3변태점 이상, 저온 풀림 : A_1 변태점 이하, 저온 뜨임 : 150 ~ 200℃

54 티탄합금으로 용접할 때, 용접이 가장 잘 되는 것은?

① 피복아크용접
② 불활성가스 아크용접
③ 산소-아세틸렌 가스 용접
④ 서브머지드 아크용접

해설 티탄합금은 고온에서 공기와 접촉하면 매우 산화가 급속하므로 불활성가스를 사용하는 용접법이 좋다.

55 원재료가 제품화 되어가는 과정 즉 가공, 검사, 운반, 지연, 저장에 관한 정보를 수집하여 분석하고 검토를 행하는 것은?

① 사무공정 분석표
② 작업자공정 분석표
③ 제품공정 분석표
④ 연합작업 분석표

해설 제품공정 분석표 : 원재료가 제품화 되어가는 과정에 대한 정보를 수집하여 분석하고 검토하는 표

56 다음 내용은 설비보전 조직에 대한 설명이다. 어떤 조직의 형태인가?

> 보전작업자는 조직상 각 제조부문의 감독자 밑에 둔다.
> • 단점 : 생산우선에 의한 보전작업 경시, 보전기술 향상의 곤란성
> • 장점 : 운전과의 일체감 및 현장감독의 용이성

① 집중보전
② 지역보전
③ 부분보전
④ 절충보전

57 다음 중 검사를 판정의 대상에 의한 분류가 아닌 것은?

① 관리 샘플링검사
② 로트별 샘플링검사
③ 전수검사
④ 출하검사

해설 판정의 대상에 의한 분류 : '①, ②, ③' 외에 무 검사, 자주 검사

58 수요예측 방법의 하나인 시계열분석에서 시계열적 변동에 해당되지 않는 것은?

① 추세변동　② 순환변동
③ 계절변동　④ 판매변동

해설 시계열 분석법 : 시간의 흐름에 따라 변하는 과거의 수요에 기초해서 미래의 수요를 예측하는 기법, 이동 평균법, 지수 평활법, 최소자승법 등이 있음

59 파레토 그림에 대한 설명으로 가장 거리가 먼 내용은?

① 부적합품(불량), 클레임 등의 손실금액이나 퍼센트를 그 원인별, 상황별로 취해 그림의 왼쪽에서부터 오른쪽으로 비중이 작은 항목부터 큰 항목 순서로 나열한 그림이다.
② 현재의 중요 문제점을 객관적으로 발견할 수 있으므로 관리방침을 수립할 수 있다.
③ 도수분포의 응용수법으로 중요한 문제점을 찾아내는 것으로서 현장에서 널리 사용된다.
④ 파레토그림에서 나타난 1~2개 부적합품(불량) 항목만 없애면 부적합품(불량)률은 크게 감소된다.

60 모집단의 참값과 측정 데이터의 차를 무엇이라 하는가?

① 정확도　② 신뢰성
③ 정밀도　④ 오차

정답　58 ④　59 ①　60 ④

고수열강
용접기능장 필기&실기

초 판 인쇄	2013년 9월 1일
초 판 발행	2013년 9월 5일
개정6판 발행	2020년 3월 2일
개정7판 발행	2024년 1월 10일
개정8판 발행	2026년 1월 15일

저　　자 | 정균호·오동수·박승리·박재원
발 행 인 | 조규백
발 행 처 | 도서출판 구민사
　　　　　(07293) 서울특별시 영등포구 문래북로 116, 604호(문래동 3가 46, 트리플렉스)
전　　화 | (02) 701-7421
팩　　스 | (02) 3273-9642
홈페이지 | www.kuhminsa.co.kr
신고번호 | 제2012-000055호 (1980년 2월 4일)
I S B N | 979-11-6875-586-4　13500

값 35,000원

※ 낙장 및 파본은 구입하신 서점에서 바꿔드립니다.
※ 본서를 허락없이 부분 또는 전부를 무단복제, 게재행위는 저작권법에 저촉됩니다.